Doris Grimm
Chemie

Reihe „Paperback PTA"

Herausgegeben von Doris Grimm, Hemmingen/Hannover
und Vera Herbst, Braunschweig

Derendorf/Schulz/Wemhöner, Arzneimittelkunde, 7. Aufl., 2003

Fischer/Kaufmann/Kircher/Wunderer, Apothekenpraxis für PTA, 2. Aufl., 2002

Grimm, Chemie, 7. Aufl., 2003

Holm/Herbst, Botanik und Drogenkunde, 7. Aufl., 2001

Lawaczeck, Physik, 2. Aufl., 1997

Schöffling, Arzneiformenlehre, 4. Aufl., 2003

Schumann (Hrsg.), PTA-Prüfungen in Fragen und Antworten, 3. Aufl., 2001

Spegg, Ernährungslehre und Diätetik, 7. Aufl., 2001

Wilson/Kohm, Verbandmittel, Krankenpflegeartikel, Medizinprodukte, 8. Aufl., 2003

Chemie

Von Doris Grimm, Hemmingen

Unter Mitarbeit von
Marion Romer, Bonn
Silke Dittmar, Bonn
Dorothee Famulla-Weber, Bonn
Claudia Huppertz, Bonn

Mit 304 Abbildungen und 131 Tabellen

7., völlig neu bearbeitete Auflage

 Deutscher Apotheker Verlag Stuttgart 2003

Anschrift der Autoren:

Doris Grimm
Deisterstr. 11
30966 Hemmingen

Marion Romer
Silke Dittmar
Dorothee Famulla-Weber
Claudia Huppertz
Bernd-Blindow Schule
Plittersdorfer Str. 48
53173 Bonn

Bibliografische Information Der Deutschen Bibliothek
Die Deutsche Bibliothek verzeichnet diese Publikation in der deutschen Nationalbibliografie; detaillierte bibliografische Daten sind im Internet über http://dnb.ddb.de abrufbar.
ISBN 3-7692-3083-3

© 2003 Deutscher Apotheker Verlag
Birkenwaldstraße 44, 70191 Stuttgart
Printed in Germany.
Satz: epline, Kirchheim unter Teck
Druck und Bindung: Kösel, Kempten
Umschlaggestaltung: deblik, Berlin

Vorwort zur 7. Auflage

Gespickt mit vielen augenzwinkernden Randbemerkungen kamen die von uns bearbeiteten Manuskripte von der Verfasserin Doris Grimm, die das Buch **Chemie** bis zur 6. Auflage alleine erstellte, korrigiert zurück. Silke Dittmar und Dorothee Famulla-Weber überarbeiteten in der nun vorliegenden 7. Auflage den anorganischen Teil neu, Marion Romer und Claudia Huppertz übernahmen die Überarbeitung des organischen Teils. Voller Respekt stellten wir vier Autorinnen fest, dass uns Frau Grimm bei der Bemühung um eine gute Verständlichkeit des Textes, einer übersichtlichen und sinnvollen Gestaltung der Darstellungen und bei den zahlreichen Tabellen und Schemata mit Scharfsinn und Klarheit unterstützte.

Diese 7. Auflage ist eingeteilt in drei Gebiete: Der erste Teil bietet die Grundlagen der allgemeinen anorganischen Chemie, wobei neu gegliedert und weitere Kapitel eingefügt wurden. Die spezielle anorganische Chemie entstand in enger Anlehnung an die bisherigen Ausgaben, wobei die Tabellen und Texte erweitert wurden, um Zusammenhänge didaktisch übersichtlich darzustellen. Das zweite Gebiet umfasst die organische Chemie und wurde in dessen allgemeinen Teil ebenfalls neu geordnet und durch weitere Kapitel ergänzt. Die Nomenklatur der Stoffgruppen wird nun in den jeweiligen Kapiteln direkt besprochen und ist als eigenes Kapitel aufgelöst worden. Im dritten Teil werden pharmazeutisch wichtige Stoffgruppen vorgestellt. Zugunsten pharmazeutisch interessanter Wirkstoffe wurde hier eine neue Zusammenstellung vorgenommen. In diesem Teil soll das Wissen der beiden ersten Teile Anwendung finden und Querverbindungen zu anderen Disziplinen ermöglichen. Es ist unsere Hoffnung, dass durch das erlangte chemische Grundwissen auch die Freude am Beruf wachsen möge.

Dieses Buch richtet sich zum einen an Anfänger, denen es eine gründliche Einführung bieten möchte, zum anderen aber auch an Fortgeschrittene und Praktiker, denen es bei der Wiederholung, Ergänzung und Vertiefung ihres Wissens hilfreich sein will.

Für ihre Geduld und überzeugende Kompetenz bei der Durchsicht der neu überarbeiteten Teile danken wir Frau Doris Grimm sehr herzlich. Unser Dank gilt auch Frau Romer, die bei der Zusammenführung aller Beiträge die Übersicht behalten hat und uns eine gute und vertrauensvolle Zusammenarbeit mit dem Verlag ermöglichte. Ihrer Initiative haben wir die Chance zu verdanken, an der Neufassung des Buchs mitgewirkt zu haben. Die gemeinsame Arbeit hat uns viel Freude gemacht.

Nicht zuletzt möchten wir Herrn Dr. Scholz und Frau Mayer vom Deutschen Apotheker Verlag danken, für ihre verständnisvolle und reibungslose Zusammenarbeit.

Bonn, im Sommer 2003   Claudia Huppertz

Inhalt

I

Grundlagen der anorganischen Chemie

Einleitung

Chemie ist wie Biologie, Physik oder Geologie eine Naturwissenschaft. Im Laufe der Zeit hat sich die Chemie in verschiedene Fachgebiete verzweigt. Für eine PTA sind die in nachfolgender Tabelle aufgeführten Teilgebiete von Bedeutung.

Chemisches Fachgebiet	Inhalt
Anorganische Chemie	Die Chemie aller Elemente (ausgenommen Kohlenwasser-stoffverbindungen)
Organische Chemie	Die Chemie der Verbindungen des Kohlenstoffs
Allgemeine Chemie	Aufbau von Atomen und Molekülen, chemische Bindungen, die Grundlagen chemischer Reaktionen
Stoffchemie	Synthese, Eigenschaften und Verwendung von Stoffen und ihrer Verbindungen
Pharmazeutische Chemie	Chemie der Arzneistoffe
Analytische Chemie	Qualitative und quantitative Zusammensetzung von Stoffen
Physikalische Chemie	Physikalische Erscheinungen bei chemischen Vorgängen
Biochemie	Beschreibung von Stoffen und Reaktionen in lebenden Organismen
Lebensmittelchemie	Beschreibung und Standardisierung von Nahrungs- und Ergänzungsmitteln

Grundlage der Chemie bilden Stoffe, deren Struktur und Zusammensetzung sowie Reaktionen und Umwandlungen.

Jegliche Materie, die Raum und Masse beansprucht, besteht aus Stoffen, z. B. Sand, Steine, Kochsalz oder Sauerstoff.

Man unterteilt Stoffe in reine, nicht weiter durch chemische Reaktionen zerlegbare und in zusammengesetzte, weiter aufspaltbare Stoffe. **Reine Stoffe** nennt man **Elemente**, aus ihnen können andere Stoffe aufgebaut werden. **Zusammengesetzte Stoffe** bezeichnet man als **Verbindungen**, die sich aus Elementen in einem definierten Massenverhältnis zusammensetzen.

1   Elemente

1.1   Atomaufbau

1.1.1   Elementarteilchen

Elemente sind aus extrem kleinen Teilchen, den **Atomen**, aufgebaut. Der Name Atom stammt aus dem Griechischen (atomos, unteilbar). Die Vorstellung, dass sich die Materie aus kleinsten, unteilbaren Teilchen aufbaut, lässt sich bis ins 4. Jahrhundert v. Chr. zurückverfolgen. Bis ins 18. Jahrhundert war eine Atomvorstellung jedoch rein hypothetisch und spekulativ.

Erst Anfang des 19. Jahrhunderts leitete Dalton eine Atomtheorie mithilfe von chemischen Reaktionen ab und postulierte, dass

- Elemente aus extrem kleinen Teilchen, den Atomen, bestehen,
- alle Atome eines Elementes gleich sind und dasselbe chemische Verhalten zeigen,
- durch chemische Reaktionen Atome miteinander verbunden oder voneinander getrennt werden,
- in einer chemischen Verbindung zwei oder mehrere Elemente in einem festen Mengenverhältnis miteinander verknüpft sind.

Erst Ende des 19. Jahrhunderts wurden Teilchen entdeckt, die kleiner und leichter als Atome sind. 100 Jahre nach Dalton bewiesen Rutherford und seine Mitarbeiter die Existenz der so genannten **Elementarteilchen** im Atom.

Im Mittelpunkt eines Atoms befindet sich der **Atomkern** mit **Protonen** und **Neutronen**. Protonen und Neutronen bilden die **Nukleonen** (lat. nucleus, der Kern). Zwischen den Nukleonen wirken starke Kernkräfte, die den Kern zusammenhalten. Protonen sind positiv geladene Elementarteilchen, Neutronen ungeladene. Die positive Ladung des Atoms ist somit im Atomkern konzentriert. Im Vergleich zur Atomgröße ist der Atomkern verschwindend klein. Der Durchmesser des Kerns beträgt ca. 10^{-15} m, der Atomdurchmesser dagegen 10^{-10} m. Der Durchmesser des Atoms ist somit 100 000 mal größer als der Atomkern.

Die **Hülle eines Atoms** ist entsprechend groß und nimmt fast das gesamte Volumen des Atoms ein. In ihr befinden sich **Elektronen** (s. Abb. 1.1). Elektronen besitzen die gleiche Ladungsgröße wie Protonen, nur mit negativem Vorzeichen.

Insgesamt ist ein Atom nach außen elektrisch neutral, da in der Hülle genauso viele Elektronen wie Protonen im Kern vorhanden sind. Elektronen sind ständig in Bewegung, weil sie sonst in den positiv geladenen Kern stürzen würden.

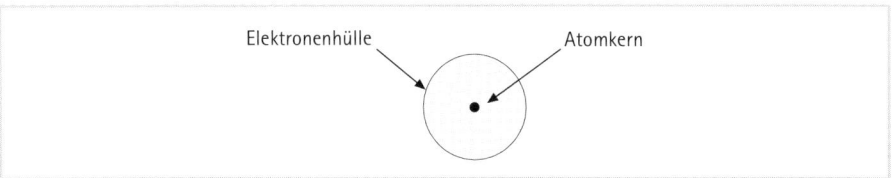

Elektronenhülle   Atomkern

Abb. 1.1   Atomaufbau

Elementarteilchen (s. Tab. 1.1) sind extrem leicht. Mit einer Masse von $1,6748 \times 10^{-24}$ g sind Neutronen die schwersten Elementarteilchen. Protonen sind mit $1,6725 \times 10^{-24}$ g geringfügig leichter. Protonen und Neutronen wiegen ungefähr eine Atommasseneinheit von 1u. Elektronen sind wesentlich leichter und wiegen nur $0,9109 \times 10^{-27}$ g. Das entspricht der $\frac{1}{1836}$ Masse eines Protons. Im Atomkern befindet sich demnach fast die gesamte Masse des Atoms (99 %).

Tab. 1.1   Einteilung der Elementarteilchen

Elementar-teilchen	Abkürzung	Masse	Vorkommen im Atom	Elementarladung
Elektron	e^-	$\frac{1}{1836}$ u	Hülle	–
Proton	p^+	~1 u	Kern	+
Neutron	n	~1 u	Kern	Elektrisch neutral

Neben Protonen, Neutronen und Elektronen sind im letzten Jahrhundert eine ganze Reihe weiterer Elementarteilchen (z. B. Positronen, Mesonen, Antiprotonen, Antineutronen) entdeckt worden, die allerdings instabil sind und nicht das chemische Verhalten von Atomen beeinflussen.

Für die einzelnen Elemente werden anstelle der griechischen bzw. lateinischen Namen Symbole verwendet. Die Symbole bestehen aus ein bis drei Buchstaben und leiten sich von den jeweiligen Namen ab.

Beispiele: Wasserstoff **H** (Hydrogenium), Sauerstoff **O** (Oxygenium), Schwefel **S** (Sulfur) oder Stickstoff **N** (Nitrogenium).

Durch Elektronenaufnahme oder Elektronenabgabe entstehen aus elektrisch neutralen Atomen oder Atomverbänden elektrisch geladene Teilchen, so genannte **Ionen**. Es gibt **positiv geladene Ionen (Kationen)**, die ein Elektronendefizit aufweisen, und **negativ geladene Ionen (Anionen)**, die durch Elektronenüberschuss entstehen. In Formeln wird die Ladung des Ions rechts oben am Elementsymbol gekennzeichnet.

Beispiele:

Kationen Na^+ (Natrium-Kation), Mg^{2+} (Magnesium-Kation), Al^{3+} (Aluminium-Kation), NH_4^+ (Ammonium-Kation), H_3O^+ (Hydroxonium-Kation)

Anionen Cl^- (Chlorid-Anion), O^{2-} (Oxid-Anion), N^{3-} (Nitrid-Anion), OH^- (Hydroxid-Anion), SO_4^{2-} (Sulfat-Anion)

1.1.2 Chemisches Element – Ordnungszahl – Massenzahl – Isotope

Im Periodensystem (PSE, s. Abb. 1.2) sind alle bekannten chemischen Elemente aufgeführt. Die Elemente sind darin so angeordnet, dass sich chemische Eigenschaften regelmäßig (also periodisch) wiederholen. Die Reihenfolge der Elemente wird dabei nach ihrer **Protonenzahl** im Atomkern gewählt. Die Anzahl der Protonen im Kern entspricht der **Ordnungszahl** oder der **Kernladungszahl** eines Elementes. Sie ist für jedes Element charakteristisch und es existieren nie zwei verschiedene Elemente mit derselben Kernladungszahl.

$$\text{Protonenzahl} = \text{Kernladungszahl} = \text{Ordnungszahl}$$

Wasserstoff enthält als einfachstes Element im Kern ein Proton und in der Hülle ein Elektron. Wasserstoff besitzt die Ordnungszahl 1 und ist das erste Element im Periodensystem. Helium hingegen weist im Kern zwei Protonen und zwei Neutronen auf. Es besteht zwar aus vier Nukleonen, erhält aber die Ordnungszahl 2, weil es nur zwei Protonen besitzt.

Grundlagen der anorganischen Chemie

Hauptgruppen							
I	II	III	IV	V	VI	VII	VIII

Periode	I	II	III	IV	V	VI	VII	VIII
1	1,008 1 H Wasserstoff *Hydrogenium*							4,003 2 He Helium
2	6,941 3 Li Lithium	9,012 4 Be Beryllium	10,81 5 B Bor	12,01 6 C Kohlenstoff *Carboneum*	14,01 7 N Stickstoff *Nitrogenium*	16,00 8 O Sauerstoff *Oxygenium*	19,00 9 F Fluor	20,18 10 Ne Neon
3	22,99 11 Na Natrium	24,31 12 Mg Magnesium	26,98 13 Al Aluminium	28,09 14 Si Silicium	30,97 15 P Phosphor	32,06 16 S Schwefel *Sulfur*	35,45 17 Cl Chlor	39,95 18 Ar Argon
4	39,10 19 K Kalium	40,08 20 Ca Calcium	69,72 31 Ga Gallium	72,59 32 Ge Germanium	74,92 33 As Arsen	78,96 34 Se Selen	79,90 35 Br Brom	83,80 36 Kr Krypton
5	85,47 37 Rb Rubidium	87,62 38 Sr Strontium	114,8 49 In Indium	118,7 50 Sn Zinn *Stannum*	121,8 51 Sb Antimon *Stibium*	127,6 52 Te Tellur	126,9 53 I Iod	131,3 54 Xe Xenon
6	132,9 55 Cs Caesium	137,3 56 Ba Barium	204,4 81 Tl Thallium	207,21 82 Pb Blei *Plumbum*	209 83 Bi Bismut *Bismuthum*	209 84 Po Polonium	210 85 At Astat	222 86 Rn Radon
7	223 87 Fr Francium	226 88 Ra Radium						

Hinweis: Am Ende des Buches befindet sich ein vollständiges Periodensystem

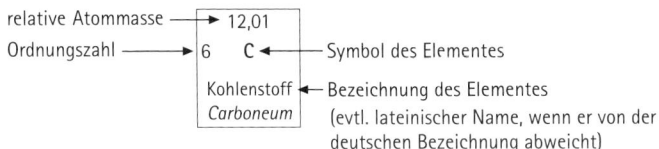

relative Atommasse ──▶ 12,01
Ordnungszahl ──▶ 6 C ◀── Symbol des Elementes
Kohlenstoff ◀── Bezeichnung des Elementes
Carboneum (evtl. lateinischer Name, wenn er von der
deutschen Bezeichnung abweicht)

Abb. 1.2 Vereinfachtes Periodensystem

Die Anzahl aller Nukleonen eines Atoms wird **Massenzahl** genannt. Die **Massenzahl** und die **Ordnungszahl** charakterisieren einen Atomkern und somit eine Atomart eindeutig.

Man bezeichnet eine Atomart mit einer bestimmten Ordnungs- und Massenzahl als **Nuklid**. Um Nuklide in Bezug auf ihre Kernzusammensetzung ausreichend zu beschreiben, verwendet man eine besondere Symbolschreibweise.

Links oberhalb des Elementsymbols steht die Massenzahl und links unten die Ordnungszahl:

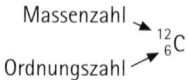

Massenzahl ↘ $^{12}_{6}$C
Ordnungszahl ↗

In den Atomen eines Elementes ist die Anzahl der Protonen immer gleich. Deshalb schreibt man häufig vereinfacht nur ^{12}C. Allerdings kann die Anzahl der Neutronen variieren und somit die Massenzahl bei ein und demselben Element verschieden sein. Nuklide mit gleicher Ordnungszahl, aber unterschiedlicher Neutronenzahl **bezeichnet** man als **Isotope**. Isotope sind Nuklide, die zu ein und demselben Element gehören und im Periodensystem an der gleichen Stelle (Ort) stehen. Die Bezeichnung Isotop stammt aus dem Griechischen isos = gleich und topos = Ort.

Man unterscheidet zwischen **Reinelementen** und **Mischelementen**. Nur wenige Elemente des Periodensystems sind Reinelemente und bestehen nur aus einem Isotop. Es gibt insgesamt 20 Reinelemente, z. B. Be, F, Na, Al oder P.

Mischelemente bestehen aus Isotopengemischen. Kohlenstoff ist beispielsweise ein Mischelement mit drei Isotopen: In der Natur kommen neben ^{12}C- vereinzelt ^{13}C- und ^{14}C-Isotope vor. Aus der Differenz zwischen Massenzahl und Ordnungszahl lässt sich die Anzahl der vorhandenen Neutronen im Kern berechnen. Es gibt also Kohlenstoffatome mit sechs, sieben oder acht Neutronen.

Von Wasserstoff existieren ebenfalls drei Isotope. Jedes Isotop besitzt ein Proton. Weitaus die meisten Wasserstoffatome besitzen kein Neutron im Kern: ^{1}H. Deuterium, ein anderes Wasserstoffisotop, enthält im Kern ein Neutron. Dadurch erhöht sich die Massenzahl: ^{2}H (oder ^{2}D). Tritium besitzt zwei Neutronen: ^{3}H (oder ^{3}T).

1.1.3 Atom- und Molekülmassen – Mol und Molarität

Atom- und Molekülmassen

Die Masse eines Atoms ist äußerst gering. Atome lassen sich nicht einfach mit einer Waage wiegen, dazu sind sie zu leicht. Mithilfe eines Massenspektrometers kann man ihre **absolute Masse** ermitteln.

Ein Wasserstoffatom besitzt die geringste absolute Masse aller Atome: Es wiegt 0,0000000000000000000000001674 g oder $1,674 \times 10^{-24}$ g.

Das ist ein unanschaulicher und sehr unpraktischer Zahlenwert. In der Chemie ist nicht die Masse einzelner Atome wichtig, sondern das Verhältnis zwischen den Massen unterschiedlicher Atome, z. B. wie viel mal schwerer ein Sauerstoffatom als ein Wasserstoffatom ist.

Noch in der ersten Hälfte des 20. Jahrhunderts verwendete man Wasserstoff als einfachstes Element als Bezug zu anderen Atomen. Ein Wasserstoffatom erhielt damals den Wert 1. Abhängig von der Anzahl der Nukleonen eines Elements änderte man die Masse eines Atoms. Beispielsweise war ein Kohlenstoffatom mit 12 Nukleonen 12-mal schwerer als ein Wasserstoffatom. Dieses „12 mal schwerer" wurde als **relative Atommasse** A_r bezeichnet (s. Tab. 1.2).

Doch so ganz stimmte dieses System nicht, denn

- Protonen und Neutronen unterscheiden sich (zwar nur gering) in ihrer Masse, z. B. sind 16 Nukleonen in einem Kern leichter als 16 Kerne mit einem Nukleon (Massendefekt),
- fast alle Elemente kommen als Isotopengemische vor.

Man musste also die relativen Massenverhältnisse ganz genau messen. 1960 wechselte man die Bezugsbasis Wasserstoff für die relativen Atommassen. Man wählte willkürlich das **Kohlenstoff-Isotop** ^{12}C aus und ordnete ihm die relative Masse von genau 12 zu.

Die relative Atommasse gibt an, wie viel mal schwerer ein Atom ist als $1/12$ des Kohlenstoff-Isotops ^{12}C.

Bei Reinelementen lässt sich recht leicht die relative Masse berechnen. Man dividiert die absolute Masse eines Atoms durch ein Zwölftel der absoluten Masse des ^{12}C-Isotops.

Komplizierter ist die Situation bei den Mischelementen. Es fällt beim Betrachten des abgebildeten PSE auf, dass Kohlenstoff eine relative Atommasse von 12,01 und nicht von 12 besitzt. Natürlicher Kohlenstoff besteht zu 99 % aus ^{12}C, 1 % aus ^{13}C und in Spuren aus ^{14}C. Jedes einzelne Isotop besitzt eine andere relative Masse und deren Mittelwert ist 12,01.

Element	Relative Atommasse (gerundeter Wert)
H	1
C	12
N	14
O	16
Na	23
S	32
Cl	35,5

Tab. 1.2 Einige relative Atommassen

Die relativen Atommassen benötigt man zum Ermitteln von relativen Molekülmassen. Moleküle werden ausführlich im Thema Bindungen (s. Kap. 2) erläutert. Atome können sich miteinander verbinden und **Moleküle** bilden. Ein Molekül ist ein Teilchen, in dem zwei oder mehr Atome verknüpft sind. Bei chemischen und physikalischen Prozessen verhalten sich Moleküle als Einheit.

Die Zusammensetzung eines Moleküls ist aus der **chemischen Formel** zu ersehen. Dabei wird jedes vorhandene Element durch sein Elementsymbol angegeben. Kommt ein Atom eines Elementes mehrmals im Molekül vor, wird nach dem Elementsymbol durch eine tiefgestellte Zahl deren Anzahl angegeben.

Beispiele: H_2O (Wasser)

NH_3 (Ammoniak)

O_2 (Sauerstoff)

NaCl (Natriumchlorid)

Mithilfe dieser Molekülformeln kann man die **relative Molekülmassen M_r** ermitteln. Die relative Molekülmasse ist gleich der Summe der relativen Atommasse aller Atome des Moleküls.

Beispiele: $M_r(H_2O) = 2 \times A_r(H) + A_r(O) = 2 \times 1 + 16 = 18$

$M_r(NH_3) = 3 \times A_r(H) + A_r(N) = 3 \times 1 + 14 = 17$

$M_r(NaCl) = A_r(Na) + A_r(Cl) = 23 + 35,5 = 58,5$

Mol

Mit den bisher genannten Atom- und Molekülmassen lassen sich chemische Reaktionen nicht quantitativ verfolgen. Eine abwiegbare Einheit ist notwendig. Dazu definiert man die Stoffmenge Mol:

Ein Mol ist die Masse einer Substanz in Gramm, die dem Zahlenwert der relativen Molekülmasse entspricht.

Ein Mol Wasser entspricht 18 g Wasser, ein Mol Ammoniak 17 g reines Ammoniak und ein Mol Natriumchlorid (oder Kochsalz) 58,5 g.

Schreibt man Mol, spricht man von dem Begriff; mol (kleingeschrieben) ist die Einheit: 18 g Wasser entsprechen 1 mol oder 117 g Kochsalz 2 mol.

In jedem Mol ist die Anzahl der Teilchen des betreffenden Stoffes immer gleich. In 32 g Sauerstoff sind genauso viele O_2-Moleküle wie H_2O-Teilchen in 18 g Wasser, Natriumatome in 23 g Natrium, NaCl-Moleküle in 58,5 g Kochsalz oder Kohlenstoffatome in 12 g Kohlenstoff ^{12}C.

Es sind immer $6{,}023 \times 10^{23}$ Teilchen. Diese Zahl bezeichnet man als **Avogadro-Konstante** N_A.

Ein Mol kann neu definiert werden:

Ein Mol ist die Stoffmenge eines Systems, das aus ebenso vielen Teilchen besteht, wie in 12 g des Nuklids ^{12}C enthalten sind.

oder:

Jede Stoffmenge, die $N_A = 6{,}023 \times 10^{23}$ Teilchen enthält, bezeichnet man als ein Mol. Dabei können mit dem Begriff Teilchen Atome, Moleküle, Ionen, ja sogar Elektronen gemeint sein.

Molare Masse (Molmasse)

Die Masse eines Mols nennt man molare Masse. Die Einheit der molaren Masse ist g/mol.

Beispiele: Wasser: $M_{H_2O} = 18$ g/mol

Natriumchlorid: $M_{NaCl} = 58{,}5$ g/mol

Molarität

Molarität ist ein Konzentrationsmaß und wird in der Chemie am häufigsten zur Konzentrationsangabe genutzt. Mithilfe der Molarität werden die Konzentrationen von Maßlösungen in der quantitativen Chemie angegeben.

Unter der Molarität einer Lösung versteht man die Anzahl der Mole des gelösten Stoffes in einem Liter (1000 ml) Lösung. Die Einheit der Molarität ist dementsprechend **mol/l**.

Zur Herstellung einer Lösung mit 3 mol/l einer Substanz gibt man 3 mol der Substanz in einen 1l-Messkolben, löst sie mit etwas Lösungsmittel an und ergänzt dann mit dem Lösungsmittel bis zur Eichmarke. Man bezeichnet die Lösung auch 3 molar und kürzt sie mit 3M ab.

Wenn man allgemein von der molaren Konzentration spricht, setzt man die Substanz entweder in eckige Klammern, z. B. $[H_2O]$, oder in runde Klammern mit einem kleinen c davor, z. B. $c(H_2O)$.

Rechenbeispiel: Wieviel Gramm NaCl benötigt man, um 500 ml einer Kochsalz-lösung mit c(NaCl) = 2 mol/l herzustellen?

$M_r(NaCl)$ = 58,5 oder M_{NaCl} = 58,5 g/mol

in 1000 ml 1 molarer Lösung müssen 58,5 g NaCl eingewogen werden

in 1000 ml 2 molarer Lösung müssen 117 g NaCl gelöst werden

in 500 ml 2 molarer Lösung sind 58,5 g NaCl notwendig

Lösung: 58,5 g NaCl werden für einen halben Liter einer 2 molaren NaCl-Lösung benötigt.

1.1.4 Das Bohrsche Atommodell

Das von Bohr 1913 entwickelte Atommodell (s. Abb. 1.3) ist der erste Versuch, mithilfe des Aufbaus der Elektronenhülle das chemische Verhalten von Atomen zu erklären.

Bohr postulierte, dass die Elektronen auf bestimmten Kreisbahnen um den Kern kreisen, vergleichbar wie Planeten um die Sonne. Dabei bewegen sich die Elektronen sehr schnell auf ihrer Bahn.

Man nennt die Kreisbahnen auch **Schalen oder Energieniveaus**. Energieniveau deshalb, weil jedes Elektron auf seiner Bahn eine bestimmte Energie hat. Je näher ein Elektron sich am Kern befindet, desto energieärmer ist es. Um ein Elektron auf eine höhere Bahn zu bringen, muss die von außen zugefügte Energie die Anziehungskraft des Kerns übersteigen.

Nach Bohr gibt man den Schalen Nummern, wobei die innerste die erste Schale, die nächste die zweite usw. ist. Allgemein bezeichnet man die Schalennummer mit n.

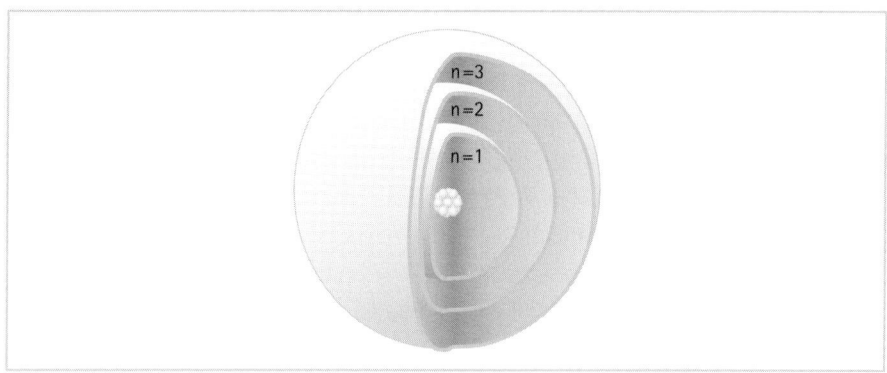

Abb. 1.3   Schalenmodell nach Bohr

Die Elektronen können ihre Bahn nicht ohne weiteres verlassen. Der Bereich zwischen den Bahnen ist für sie verboten.

Theoretisch lässt sich die maximale Zahl z der Elektronen in einer Schale mit $z = 2\ n^2$ berechnen. Damit befinden sich auf der **ersten Schale maximal 2 Elektronen** ($z = 2 \times 1^2 = 2$), auf der **2. Schale 8 Elektronen** ($z = 2 \times 2^2 = 8$) und auf der **3. Schale 18 Elektronen** ($z = 2 \times 3^2 = 18$).

Die Elektronen auf der äußersten Schale nennt man **Valenzelektronen. Valenzelektronen prägen das chemische Verhalten** von Atomen (lat. valere = wert sein).

Das Wasserstoffatom besitzt ein Proton im Kern und ein Elektron in der Hülle. Bei Helium befinden sich zwei Elektronen auf dieser Schale und beim Lithium-Atom mit drei Elektronen sind zwei Elektronen in der ersten und ein Elektron in der äußersten, zweiten Schale verteilt. Wasserstoff und Lithium besitzen ein Valenzelektron und Helium zwei (s. Abb. 1.4).

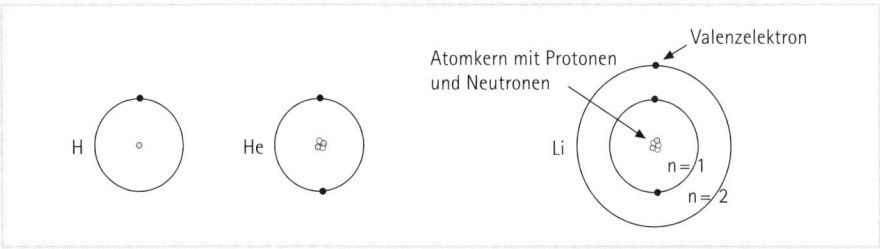

Abb. 1.4   Wasserstoff, Helium, Lithium nach Bohr

Die Anzahl der mit Elektronen besetzten Schalen bestimmen die **Periode** im Periodensystem. Wasserstoff und Helium besitzen nur Elektronen in der ersten Schale und stehen somit im Periodensystem in der ersten Periode. Bei Lithium wird mit einem Elektron die zweite Schale begonnen und deshalb steht dieses Element in der zweiten Periode. In der dritten Periode wird die dritte Schale mit Elektronen aufgefüllt, die erste und zweite Schale sind voll belegt.

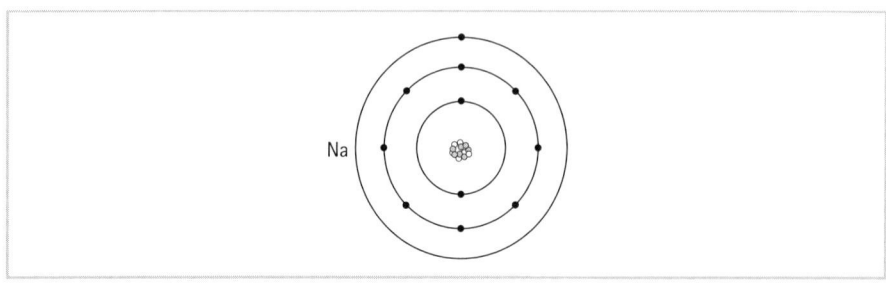

Abb. 1.5   Natrium nach Bohr

Häufig vereinfacht man das Bohrsche Atommodell und zeichnet nur die Valenzelektronen als Punkte:

$$\dot{Li} \quad \cdot\dot{Be} \quad \cdot\dot{B}\cdot \quad \cdot\dot{C}\cdot \quad \cdot\ddot{N}\cdot \quad \cdot\ddot{O}\cdot \quad :\ddot{F}\cdot \quad :\ddot{Ne}:$$

Das Bohrsche Atommodell ist einfach, sehr anschaulich und wird heutzutage noch
genutzt. Allerdings lässt es sich nur auf Elemente mit niedriger Ordnungszahl
anwenden. Schon in der dritten Periode stößt man an die Grenzen dieses Modells.
In der äußersten Schale werden nach Bohr maximal acht Valenzelektronen einge-
zeichnet. Die dritte Schale kann allerdings 18 Elektronen aufnehmen. Interessanterweise existieren weitere Unterschalen, die man mit dem Bohrschen Modell noch
nicht erfassen kann. Deshalb wird noch ein weiter entwickeltes Elektronenmodell
besprochen (s. Kap. 1.1.5).

**Elemente mit der selben Anzahl von Valenzelektronen zeigen ein ähnliches
chemisches Verhalten.**

Aus diesem Grund teilt man das Periodensystem in **8 Gruppen** ein. Die Anzahl
der Valenzelektronen ist aus der Gruppennummer zu entnehmen. Die Gruppen-
nummer wird als römische Ziffer angegeben.

Das Periodensystem ist in Gruppen und in Perioden unterteilt. Die senkrechten
Spalten bezeichnet man als Gruppen und die waagrechten Zeilen als Perioden.

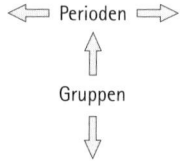

Alle Atome der Elemente in einer **Periode** besitzen die **gleiche Anzahl von
Elektronenschalen**, wobei die Nummer der Periode der Anzahl der Elektronenscha-

Grundlagen der anorganischen Chemie

len entspricht. Alle Atome der Elemente in einer **Hauptgruppe** besitzen die **gleiche Anzahl von Valenzelektronen** und in ihrer äußersten Schale dieselbe Elektronenverteilung. In einer Gruppe stehen Elemente mit ähnlichen chemischen Eigenschaften untereinander.

Die Hauptgruppen besitzen eigene Namen:

Tab. 1.3   Einteilung der Hauptgruppen im Periodensystem

I.	Hauptgruppe: Alkalimetalle (außer H)	mit 1 Valenzelektron
II.	Hauptgruppe: Erdalkalimetalle	mit 2 Valenzelektronen
III.	Hauptgruppe: Borgruppe oder Erdmetalle	mit 3 Valenzelektronen
IV.	Hauptgruppe: Kohlenstoffgruppe	mit 4 Valenzelektronen
V.	Hauptgruppe: Stickstoffgruppe	mit 5 Valenzelektronen
VI.	Hauptgruppe: Chalkogene (Sauerstoffgruppe)	mit 6 Valenzelektronen
VII.	Hauptgruppe: Halogene	mit 7 Valenzelektronen
VIII.	Hauptgruppe: Edelgase	mit 8 Valenzelektronen

Im Periodensystem sind zurzeit 118 Elemente (wobei nur 85 stabil sind) auf **sieben Perioden, acht Hauptgruppen** und **acht Nebengruppen** (s. Kap. 1.1.5) verteilt.

Bisher haben wir über den **Grundzustand** der Elektronen in der Hülle gesprochen. Durch Energiezufuhr können Valenzelektronen in eine höhere Schale gehoben werden. Man spricht dann vom **angeregten Energiezustand** der Elektronen. Fallen diese Elektronen auf ihre ursprüngliche Schale zurück, um den energieärmsten Zustand wieder einzunehmen, wird Energie frei und zwar so viel, wie die Differenz zwischen beiden Energiezuständen beträgt (s. Abb. 1.6). Man spricht auch von einem Energiequant. Diese Energie wird als Licht mit einer bestimmten – für jedes Element charakteristischen – Frequenz frei.

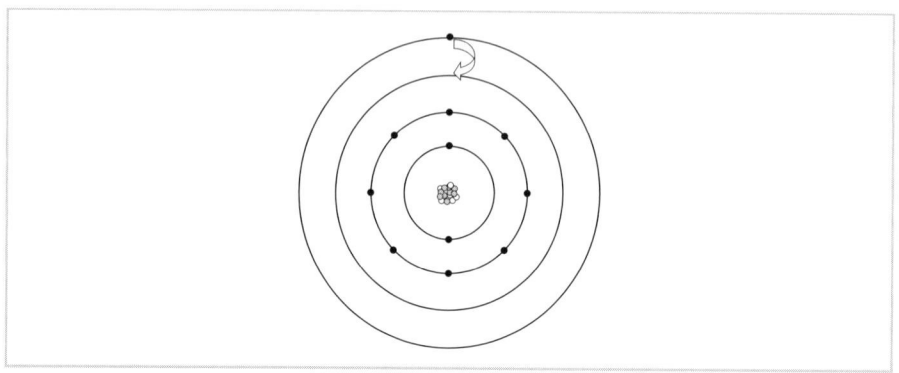

Abb. 1.6   Angeregter Energiezustand im Natriumatom

Diese Eigenschaft nutzt man zur Identitätsprüfung verschiedener Elemente im chemischen Praktikum. Bei der **Flammenfärbung** erhitzt man ein unbekanntes Salz mithilfe eines Magnesiastäbchens in der Bunsenbrennerflamme. Dadurch werden Valenzelektronen auf höhere Schalen gehoben. Durch Zurückfallen der Elektronen wird die Flamme des Bunsenbrenners charakteristisch eingefärbt. Einige Elemente der I. und II. Gruppe lassen sich so eindeutig identifizieren: Die Natriumflamme ist orangegelb, die Bariumflamme grün und die Calciumflamme rot. Im Spektrometer erkennt man diese Elemente an ihren charakteristischen Spektrallinien.

1.1.5   Orbitaltheorie

Schon kurz nach der Entwicklung des Bohrschen Modells gelang es, die Atomtheorie zu erweitern. Die Vorstellung, dass sich Elektronen auf definierten Bahnen bewegen und auf bestimmte Schalen fixiert sind, ließ sich nicht länger halten. Die verschiedenen Energiezustände eines Elektrons werden treffender als **Energieniveaus** bezeichnet. Je näher sich ein Elektron am Atomkern befindet, desto energieärmer ist es, und höhere Energiebeträge sind erforderlich, um es aus dem Atomverband zu entfernen. Man unterscheidet zwischen **Hauptenergieniveaus und Unterniveaus**.

Das Hauptenergieniveau **n** entspricht der **Periode**. Man bezeichnet **n** als **Hauptquantenzahl**, mit deren Hilfe man die Lage von Elektronen in der Hülle charakterisiert. Bei n=1 befinden sich die Elektronen sehr nah am Kern, bei höheren n-Zahlen sind die Elektronen weiter vom Kern entfernt.

Die Elektronen bewegen sich in so genannten **Elektronenwolken**. Allgemein gilt: Je kleiner n, desto näher befinden sich die Ladungswolken am Kern und desto

Grundlagen der anorganischen Chemie

weniger Raum nimmt die Hülle ein. Nimmt n höhere Zahlenwerte an, sind die Elektronen weiter vom Kern entfernt und desto größer ist eine Ladungswolke. Wie die Ladungswolke aussieht, beschreibt n allerdings nicht. Es gibt wie erwähnt lediglich das Energieniveau an.

Für die Beschreibung der räumlichen Elektronenverteilung benötigt man eine weitere Quantenzahl. **Die Nebenquantenzahl ℓ bezeichnet die Unterniveaus und beschreibt die Gestalt der Elektronenwolken.**

Wie viele Unterniveaus in einer Periode vorhanden sind bzw. welche Werte die Nebenquantenzahl einnimmt, lässt sich aus der Hauptquantenzahl n berechnen. Die Nebenquantenzahl ℓ kann Werte von 0 bis n–1 einnehmen.

Bei n = 1 nimmt ℓ den Wert 0 ein. Bei n = 1, also in der ersten Periode, gibt es nur ein Niveau. Entspricht n = 2, so nimmt ℓ die Werte 0 und 1 an. Das 2. Hauptenergieniveau (zweite Periode) besteht aus zwei Unterniveaus. Bei n = 3 hat ℓ die Werte 0, 1, 2 mit drei Unterniveaus und n = 4 ist ℓ = 0, 1, 2 und 3 mit vier Unterniveaus. Ist ℓ = 0 spricht man von einem **s** (sharp)-, ist ℓ = 1 von einem **p** (principal)-, ℓ = 2 von einem **d** (diffuse)- und ℓ = 3 von einem **f** (fundamental)-**Unterniveau.**

Die Aufspaltung in Unterniveaus lässt sich in einem Diagramm darstellen.

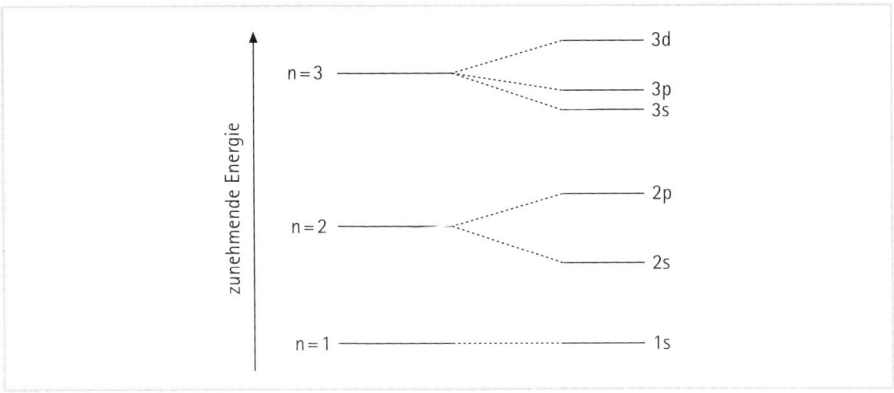

Abb. 1.7   Energieniveauschema

Bereits 1926 berechnete Schrödinger die Aufenthaltsräume der Elektronen um den Atomkern. Die Elektronenwolken besitzen für die einzelnen Unterniveaus, also für s-, p-, d- und f-, ein charakteristisches Aussehen. Der Aufenthaltsraum von Elektronen, die sich in einem **s-Unterniveau** befinden, ist immer **kugelförmig**.

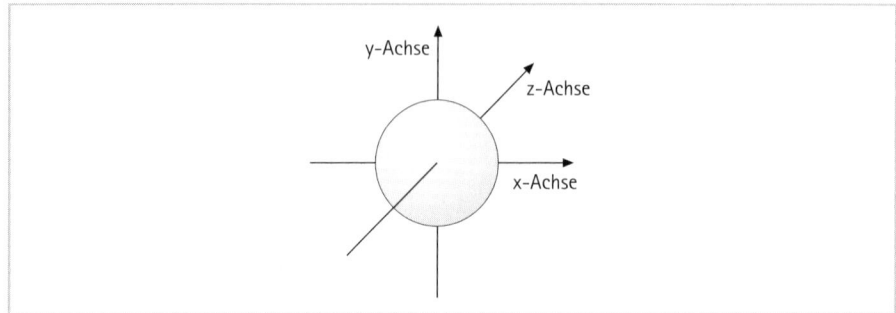

Abb. 1.8   1s-Elektronenwolke

Man bezeichnet den Aufenthaltsraum von Elektronen als **Orbital** und spricht von 1s-, 2s-, 3s- oder auch 4s- Orbitalen. Alle s-Orbitale unterscheiden sich nur in ihrer Größe. Höhere s-Orbitale sind weiter vom Kern entfernt und größer.

Im Gegensatz zu den s-Orbitalen, bei denen es pro Hauptenergieniveau ein s-Orbital gibt (n = 1 mit 1s, n = 2 mit 2s usw.), existieren immer **drei gleichwertige p-Orbitale**. Um die Anzahl einer Orbitalart zu errechnen, benötigt man eine weitere Quantenzahl, die **Magnetquantenzahl m**. m ermöglicht eine Aussage über die **räumliche Anordnung der Elektronenwolke**. Der Name Magnetquantenzahl rührt daher, dass eine bewegte elektrische Ladung ein Magnetfeld induziert. Umgekehrt spaltet ein Magnetfeld z. B. p-Unterniveaus in drei gleichwertige Orbitale auf.

Mathematisch ergibt sich die Magnetquantenzahl m aus der Nebenquantenzahl ℓ, wobei **m** Werte von **−ℓ, 0 und +ℓ** annehmen kann. Bei einem p-Unterniveau mit ℓ = 1 erhält m die Werte -1, 0, +1 (3 Werte), also drei p-Orbitale. Ein p-Orbital mit der Magnetquantenzahl m = −1, eines mit m=0 und eines mit m = + 1.

p-Orbitale sind hantelförmig und symmetrisch angeordnet. Die drei p-Orbitale zeigen räumlich nur in unterschiedliche Richtungen. Sie sind jeweils entlang der x-, y- und z-Achse angeordnet.

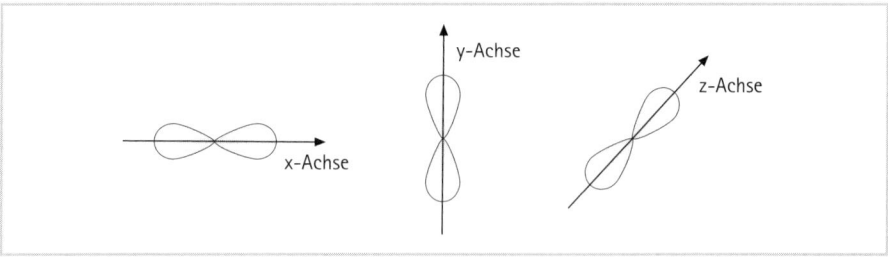

Abb. 1.9   p-Orbitale

Ab der Hauptquantenzahl n=3 existieren **fünf gleichwertige d-Orbitale** (Doppelhanteln) und bei n=4 sogar **sieben f-Orbitale** (Mehrfachhanteln und Ringe).

In einem Orbital befinden sich maximal zwei Elektronen, die sich in einer weiteren Quantenzahl, nämlich der **Spinquantenzahl s**, unterscheiden. Jedes Elektron zeigt eine Eigenrotation. Es kann sich sowohl im als auch gegen den Uhrzeigersinn um seine eigene Achse drehen. Ein Elektron wird als Pfeil dargestellt und seine Rotation wie folgt angedeutet:

 und

Die beiden Spinrichtungen beschreibt man mit $s = +\frac{1}{2}$ bzw. $s = -\frac{1}{2}$.
Tabelle 1.4 gibt eine Übersicht über alle vier Quantenzahlen.

Tab. 1.4   Quantenzahlen

Haupt-quanten-zahl n	Neben-quanten-zahl ℓ	Orbi-tal	Magnetquantenzahl m	Spinquan-tenzahl s	Verteilung der Elektronen
1	0	1s	0	$+\frac{1}{2}, -\frac{1}{2}$	2 ins. 2 e⁻
2	0	2s	0	$+\frac{1}{2}, -\frac{1}{2}$	2
2	1	2p	$-1, 0, +1$	$+\frac{1}{2}, -\frac{1}{2}$	6 ins. 8 e⁻
3	0	3s	0	$+\frac{1}{2}, -\frac{1}{2}$	2
3	1	3p	$-1, 0, +1$	$+\frac{1}{2}, -\frac{1}{2}$	6
3	2	3d	$-2, -1, 0, +1, +2$	$+\frac{1}{2}, -\frac{1}{2}$	10 ins. 18 e⁻
4	0	4s	0	$+\frac{1}{2}, -\frac{1}{2}$	2
4	1	4p	$-1, 0, +1$	$+\frac{1}{2}, -\frac{1}{2}$	6
4	2	4d	$-2, -1, 0, +1, +2$	$+\frac{1}{2}, -\frac{1}{2}$	10
4	3	4f	$-3, -2, -1, 0, +1, +2, +3$	$+\frac{1}{2}, -\frac{1}{2}$	14 ins. 32 e⁻

Jedes Elektron in der Elektronenhülle kann durch die vier Quantenzahlen genau beschrieben werden. **Dabei dürfen zwei Elektronen in einem Atom niemals in allen vier Quantenzahlen übereinstimmen (Pauli-Prinzip).**

Stimmen zwei Elektronen in den Quantenzahlen n, m und l überein und besetzen damit dasselbe Orbital, müssen sie in der Spinquantenzahl variieren.

Man kann die Elektronen der ersten Elemente im Periodensystem in ihr dazugehöriges Energieniveauschema eintragen. Nach **Pauling** wird die Orbitalbesetzung in einem übersichtlichen **Kästchenschema** wiedergegeben (s. Abb. 1.10).

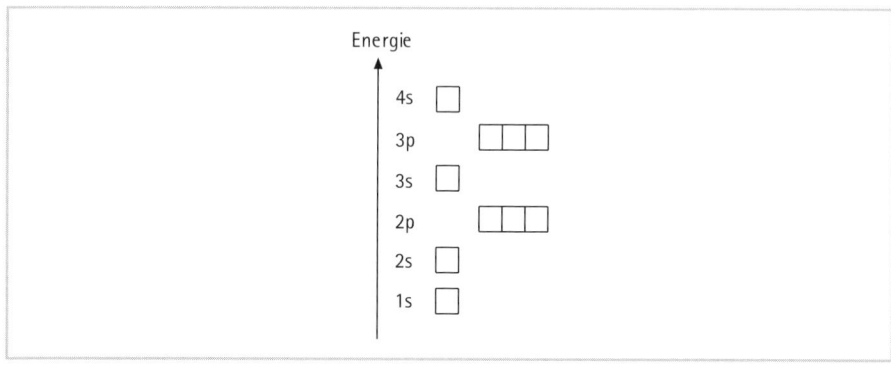

Abb. 1.10 Energieniveauschema der Orbitale

Wasserstoff besitzt in seiner Hülle ein Elektron. Es befindet sich im 1s-Orbital. Das Orbital zeichnet man als kleines Kästchen und darin das oder die Elektron(en) als Pfeil(e).

Man nennt die Elektronenverteilung auf die Orbitale auch **Elektronenkonfiguration** und beschreibt sie wie folgt:

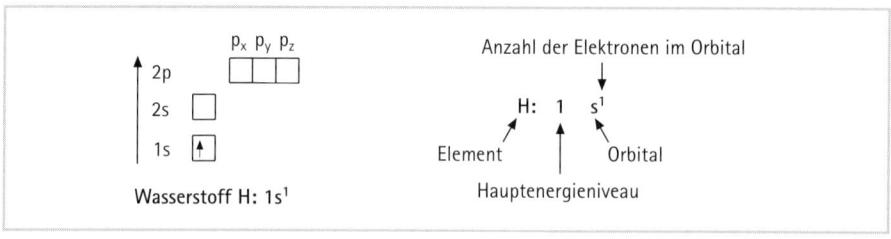

Abb. 1.11 Elektronenverteilung im Wasserstoffatom

Das **zweite Elektron mit entgegengesetztem Spin in einem Orbital** zeichnet man mit entgegengesetztem Pfeil.

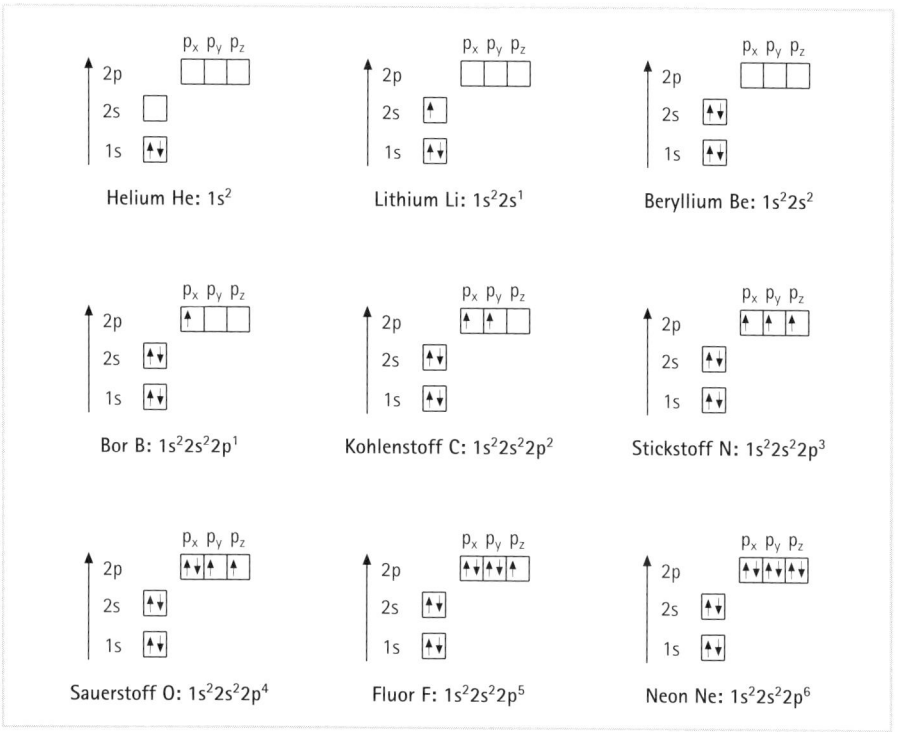

Abb. 1.12 Elektronenkonfigurationen einiger Elemente

Man erkennt eine Systematik bei dem Erstellen der Elektronenverteilung auf die einzelnen Orbitale.

Die Energieniveaus werden von unten nach oben aufgefüllt. Man beginnt mit dem energieärmsten Orbital, dem 1s. Es folgt das 2s-Orbital und dann die 2p-Orbitale.

Ein Orbital kann unbesetzt, d. h. leer, mit einem Elektron oder maximal mit 2 Elektronen besetzt sein. Sind 2 Elektronen vorhanden, haben sie, wie bereits beschrieben, antiparallele Spinrichtung.

Sind mehrere energiegleiche Orbitale, also z. B. drei 2p-Orbitale, vorhanden, besetzt man nach der **Hund`schen Regel** die Orbitale nacheinander nur mit einem Elektron. Dazu zeichnet man die Elektronen mit parallelem Spin, also mit derselben Pfeilrichtung. Erst wenn alle Orbitale zu einer Nebenquantenzahl einfach besetzt sind, wird ein Orbital nach dem anderen durch ein zweites mit entgegengesetzten Spin ergänzt.

Normalerweise sollte man annehmen, dass zunächst alle Unterschalen zu einer Hauptquantenzahl besetzt werden, ehe die Besetzung der nächsten Schale begonnen wird. Allerdings trifft dies nur bei den ersten 18 Elementen zu. Bei höheren Elementen beginnt man bereits das $n = 4$-Energieniveau mit 4s, bevor das $n = 3$-Energieniveau mit den 3s-, 3p- und 3d-Unterniveaus komplett mit Elektronen aufgefüllt ist. Beim Übergang von Argon zu Kalium wird die 4. Hauptschale besetzt, bevor die 3. vollständig ist.

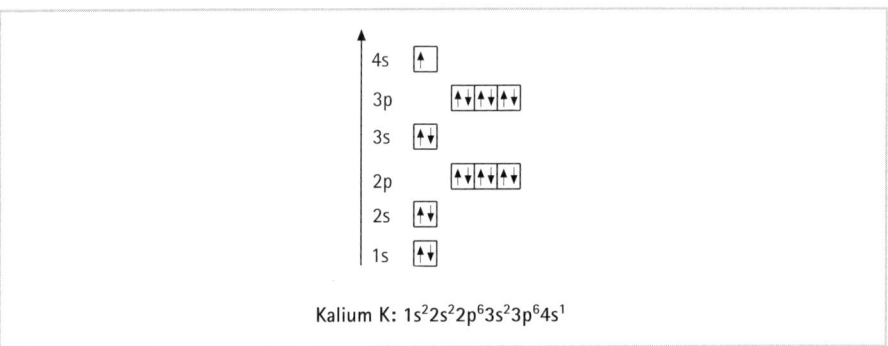

Kalium K: $1s^2 2s^2 2p^6 3s^2 3p^6 4s^1$

Abb. 1.13 Elektronenkonfiguration von Kalium

Der Grund für diese **Abweichung im Periodensystem** ist der unterschiedliche Energiegehalt der Unterniveaus. Die 4s-Orbitale liegen energetisch tiefer als die 3d-Orbitale.

In welcher Reihenfolge die Orbitale mit Elektronen gefüllt werden, erkennt man im nachfolgenden Schema:

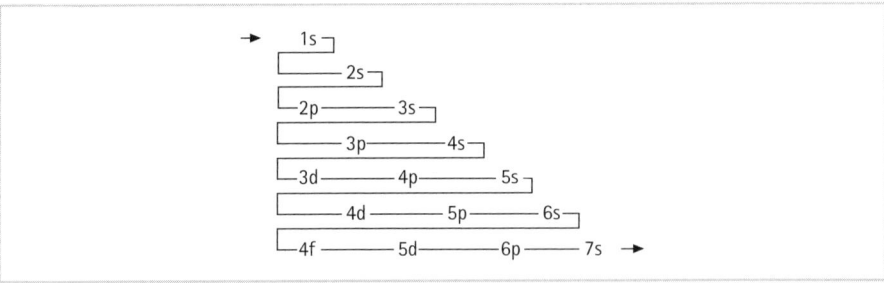

Abb. 1.14 Reihenfolge der Elektronenauffüllung

Grundlagen der anorganischen Chemie

Tabelle 1.5 zeigt einen Überblick über die allgemeine Elektronenkonfiguration der Hauptgruppen:

Hauptgruppe	Elektronenkonfiguration
I. Hauptgruppe	ns^1
II. Hauptgruppe	ns^2
III. Hauptgruppe	$ns^2 np^1$
IV. Hauptgruppe	$ns^2 np^2$
V. Hauptgruppe	$ns^2 np^3$
VI. Hauptgruppe	$ns^2 np^4$
VII. Hauptgruppe	$ns^2 np^5$
VIII. Hauptgruppe	$ns^2 np^6$

Tab. 1.5 Elektronenkonfiguration der Hauptgruppen (n = Hauptquantenzahl)

Man bezeichnet die Elemente der **I. und II. Gruppe** als **s-Elemente**, weil hier jeweils die s-Orbitale mit Elektronen besetzt werden. In der **III. bis VIII. Gruppe** werden die p-Orbitale aufgefüllt. Deshalb nennt man die Elemente dieser Gruppen **p-Elemente**.

Bei den **Nebengruppenelementen** werden die **d-Orbitale** aufgefüllt, z. B.

Mn: $1s^2 2s^2 2p^6 3s^2 3p^6 4s^2 \mathbf{3d^5}$
Fe: $1s^2 2s^2 2p^6 3s^2 3p^6 4s^2 \mathbf{3d^6}$
Ni: $1s^2 2s^2 2p^6 3s^2 3p^6 4s^2 \mathbf{3d^8}$

Aber wohl gemerkt, erst werden die 4s-Orbitale aufgefüllt und dann die energetisch höheren 3d-Orbitale.

Neben den s-, den p- und den d-Elementen gibt es noch die **f-Elemente**. Bei den **Lanthanoiden** werden in der VI. Periode die f-Orbitale der 4. Schale mit Elektronen aufgefüllt und bei den **Actinoiden** die f-Orbitale der 5. Schale.

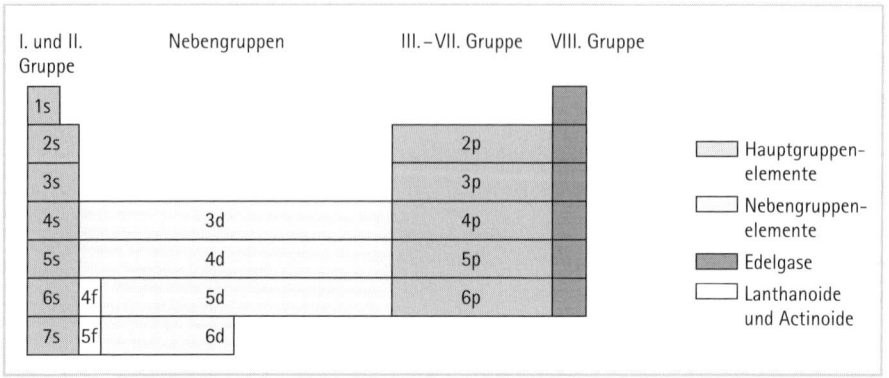

Abb. 1.15 Einteilung des Periodensystems in s-, p-, d- und f-Elemente

1.1.6 Edelgaskonfiguration

Edelgase besitzen eine vollbesetzte Valenzschale mit der Elektronenkonfiguration $ns^2 np^6$ (eine Ausnahme ist Helium mit der Konfiguration $1s^2$).

Vollständig mit Elektronen besetzte Schalen sind besonders stabil. Die Elektronen befinden sich in einem energetisch günstigen Zustand. Die Reaktionsfähigkeit der Elemente der VIII. Hauptgruppe ist deswegen äußerst gering.

Die Konfiguration $ns^2 np^6$ hat einen eigenen Namen, die **Edelgaskonfiguration**. Alle Elemente der Hauptgruppen versuchen durch Reaktion mit anderen Elementen diese Edelgaskonfiguration zu erreichen. Dazu nehmen sie von anderen Elementen Elektronen auf oder geben sie ab, wobei Ionen entstehen. Meistens sind die Ionen **isoelektronisch** mit den entsprechenden Edelgasen.

Isoelektronisch sind Teilchen, wenn sie die gleiche Elektronenverteilung, speziell hier die Edelgaskonfiguration, besitzen. Kationen sind isoelektronisch mit dem vorausgehenden Edelgas.

Beispiel:

Natrium	Na: $1s^2 2s^2 2p^6 3s^1$	$\longrightarrow$	Na$^+$: $1s^2 2s^2 2p^6$	+ e$^-$
			$\equiv$ Ne: $1s^2 2s^2 2p^6$	
Magnesium	Mg: $1s^2 2s^2 2p^6 3s^2$	$\longrightarrow$	Mg^{2+}: $1s^2 2s^2 2p^6$	+ 2e$^-$
			$\equiv$ Ne: $1s^2 2s^2 2p^6$	
Aluminium	Al: $1s^2 2s^2 2p^6 3s^2 3p^1$	$\longrightarrow$	Al^{3+}: $1s^2 2s^2 2p^6$	+ 3e$^-$
			$\equiv$ Ne: $1s^2 2s^2 2p^6$	

Na$^+$, Mg^{2+} und Al^{3+} besitzen die Edelgaskonfiguration und sind isoelektronisch zu Neon.

Grundlagen der anorganischen Chemie

Die Elemente der I., II. und III. Hauptgruppe geben bevorzugt ihre Valenzelektronen ab. So bilden die Alkalimetalle einfach positiv, Erdalkalimetalle zweifach positiv und die Elemente der Borgruppe dreifach positiv geladene Kationen.

Anionen sind isoelektronisch mit dem nachfolgenden Edelgas.

Beispiel:

Chlor $\quad$ Cl: $1s^22s^22p^63s^23p^5 \quad + \quad e^- \quad \longrightarrow \quad$ Cl$^-$: $1s^22s^22p^63s^23p^6$
$$\equiv \text{Ar: } 1s^22s^22p^63s^23p^6$$

Sauerstoff $\quad$ O: $1s^22s^22p^4 \quad\quad + \quad 2e^- \quad \longrightarrow \quad$ O^{2-}: $1s^22s^22p^6$
$$\equiv \text{Ne: } 1s^22s^22p^6$$

Die Elemente der V., VI. und VII. Hauptgruppe erreichen die Edelgaskonfiguration durch Elektronenaufnahme. Die Elemente der VII. Hauptgruppe bilden einfach negativ, der VI. Hauptgruppe zweifach negativ und die Elemente der V. Hauptgruppe dreifach negativ geladene Anionen.

1.2 Eigenschaften der Elemente im Periodensystem

1.2.1 Der metallische Charakter

Man unterteilt die Elemente im Periodensystem in **Metalle, Halbmetalle und Nichtmetalle**. Die Aufteilung beruht auf unterschiedlichen physikalischen und chemischen Eigenschaften.

Hauptgruppen							
I	**II**	**III**	**IV**	**V**	**VI**	**VII**	**VIII**

	I	**II**	**III**	**IV**	**V**	**VI**	**VII**	**VIII**
1	H Wasserstoff							He Helium
2	Li Lithium	Be Beryllium	B Bor	C Kohlenstoff	N Stickstoff	O Sauerstoff	F Fluor	Ne Neon
3	Na Natrium	Mg Magnesium	Al Aluminium	Si Silicium	P Phosphor	S Schwefel	Cl Chlor	Ar Argon
4	K Kalium	Ca Calcium	Ga Gallium	Ge Germanium	As Arsen	Se Selen	Br Brom	Kr Krypton
5	Rb Rubidium	Sr Strontium	In Indium	Sn Zinn	Sb Antimon	Te Tellur	I Iod	Xe Xenon
6	Cs Caesium	Ba Barium	Tl Thallium	Pb Blei	Bi Bismut	Po Polonium	At Astat	Rn Radon
7	Fr Francium	Ra Radium						

Periode

Metall	Halbmetall	Nichtmetall

Abb. 1.16 Einteilung der Elemente in Metalle, Halbmetalle (Stufenlinie) und Nichtmetalle

Die meisten aller bekannten Elemente sind **Metalle** (immerhin über 75 %). Man findet sie im Periodensystem auf der linken Seite und im unteren Bereich. Die I. und II. Hauptgruppe bestehen komplett – bis auf Wasserstoff – nur aus Metallen. Zu den Metallen zählen auch alle Nebengruppenelemente sowie die Lanthanoide und Actinoide.

Metalle sind in der Regel sehr fest, aber trotzdem biegsam. Sie lassen sich unter Krafteinwirkung verformen, sind dehnbar (duktil) und nicht so spröde wie Kristalle. Erkennbar sind sie an ihrem typischen metallischen Glanz.

Charakteristisch für Metalle ist ihre gute elektrische Leitfähigkeit (z. B. Kupferdrähte), die mit steigender Temperatur sinkt. Metalle leiten außerdem Wärme. In

Grundlagen der anorganischen Chemie

chemischen Reaktionen bilden Metalle durch Elektronenabgabe positiv geladene Ionen (Kationen).

Der Übergang im Periodensystem zu den Nichtmetallen ist nicht eindeutig. Zwischen Metallen und Nichtmetallen stehen die **Halbmetalle**. Sie verhalten sich weder wie typische Metalle noch wie typische Nichtmetalle.

Halbmetalle zeigen zwar wie die Metalle elektrische Leitfähigkeit, jedoch ist diese Eigenschaft nur schwach ausgeprägt. Mit steigender Temperatur nimmt, im Gegensatz zu den Metallen, die Leitfähigkeit zu.

Halbmetalle können Elektronen aufnehmen oder abgeben und deshalb in Salzen sowohl negativ geladene (Anionen) als auch positiv geladene Ionen (Kationen) bilden.

Die Elemente an der Übergangslinie liegen zum Teil in unterschiedlichen Modifikationen (räumlich unterschiedliche Atomanordnungen) vor und zeigen verschiedene Eigenschaften. So existieren mehrere Modifikationen des Phosphors. Der weiße und der rote Phosphor sind typische Nichtmetalle und eine andere Modifikation, der schwarze Phosphor, verhält sich wie ein Halbmetall.

Nichtmetalle stehen im Periodensystem rechts im oberen Bereich. Sie haben keine metallischen Eigenschaften, sind im Gegensatz zu den Metallen Isolatoren und leiten den elektrischen Strom nicht.

Alle drei Aggregatzustände kommen bei Nichtmetallen vor. Beispielsweise sind Fluor und Chlor gasförmig, Brom flüssig und Iod fest. In chemischen Reaktionen versuchen Nichtmetalle durch Elektronenaufnahme die Edelgaskonfiguration zu erreichen und bilden bevorzugt Anionen.

Innerhalb einer **Periode sinkt der metallische Charakter** von links nach rechts, während der metallische Charakter **innerhalb einer Gruppe** von oben nach unten **steigt**.

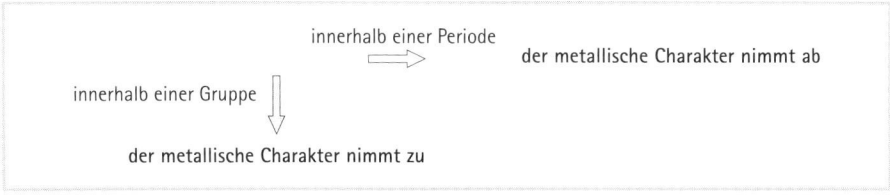

Abb. 1.17 Änderung des metallischen Charakters im Periodensystem

1.2.2 Schrägbeziehung

Man findet im Periodensystem eine Besonderheit: Das jeweils erste Element einer Gruppe ähnelt in einigen Eigenschaften dem zweiten Element der nachfolgenden Hauptgruppe.

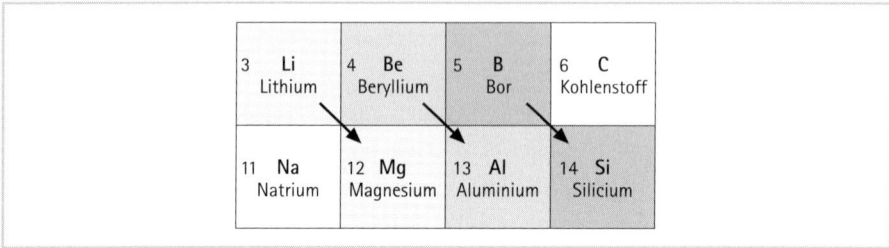

Abb. 1.18 Schrägbeziehung von Lithium, Beryllium und Bor

Man bezeichnet diese Eigenschaft als **Schrägbeziehung.** Lithiumverbindungen ähneln wegen der vergleichbaren Atomradien mehr den Magnesium- als den Natrium-Verbindungen.

1.2.3 Atomradien

Chemisches und physikalisches Verhalten von Stoffen wird durch die Größe ihrer Atome geprägt. Bei Metallen bezeichnet man als Atomradius die Hälfte des Abstandes zweier Kerne im Metallgitter (s. Kap. 2.3). Nichtmetalle gehen untereinander Bindungen ein (s. Kap. 2.2). Hier misst man den Atomradius als halbe Bindungslänge einer Bindung zwischen ein und demselben Element (X–X).

Um sich die Veränderungen der Atomradien innerhalb einer Gruppe vorstellen zu können, denkt man sich die Atome zweckmäßig als Kugeln.

Grundlagen der anorganischen Chemie

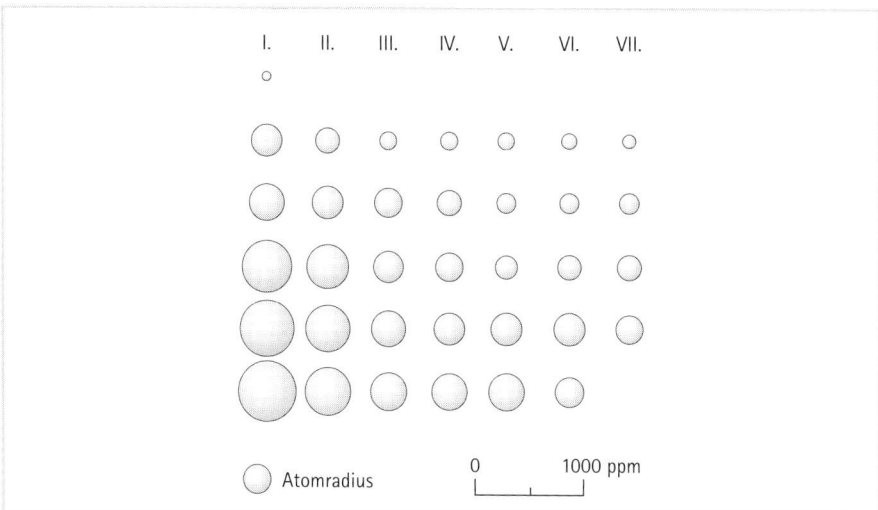

Abb. 1.19 Atomradien

Innerhalb einer Gruppe nehmen die Atomradien von oben nach unten zu. Es ist einleuchtend, dass die Atome mit zunehmender Schalenanzahl größer werden (s. Abb. 1.20).

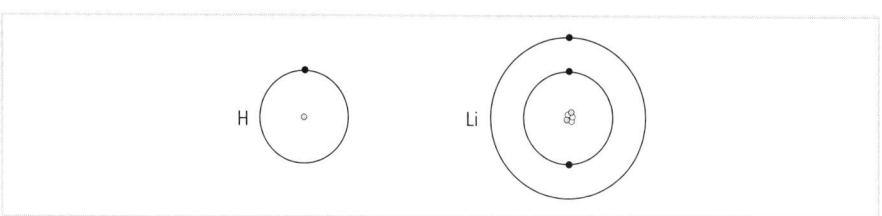

Abb. 1.20 Radiengröße von Wasserstoff und Lithium im Vergleich

Innerhalb einer Periode ändert sich die Zahl der Schalen nicht, während sich die Zahl der Protonen nach rechts hin erhöht und damit die der positiven Kernladungen. Dadurch wächst die Anziehungskraft auf die Elektronen, sodass der Atomradius kleiner wird (s. Abb. 1.21).

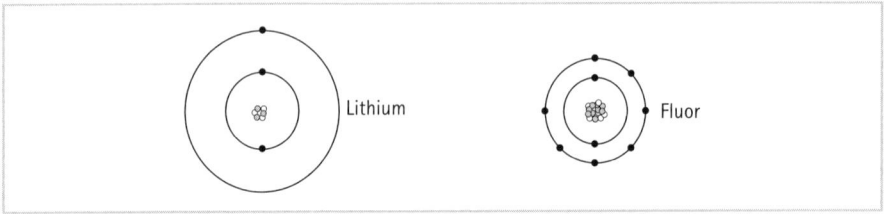

Abb. 1.21 Radiengröße von Lithium und Fluor im Vergleich

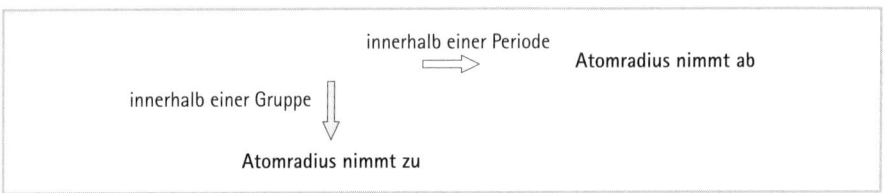

Abb. 1.22 Änderung der Atomradien im Periodensystem

1.2.4 Ionenradien

Durch Elektronenaufnahme oder -abgabe entstehen aus Atomen Ionen. Dadurch verändert sich auch der Radius.

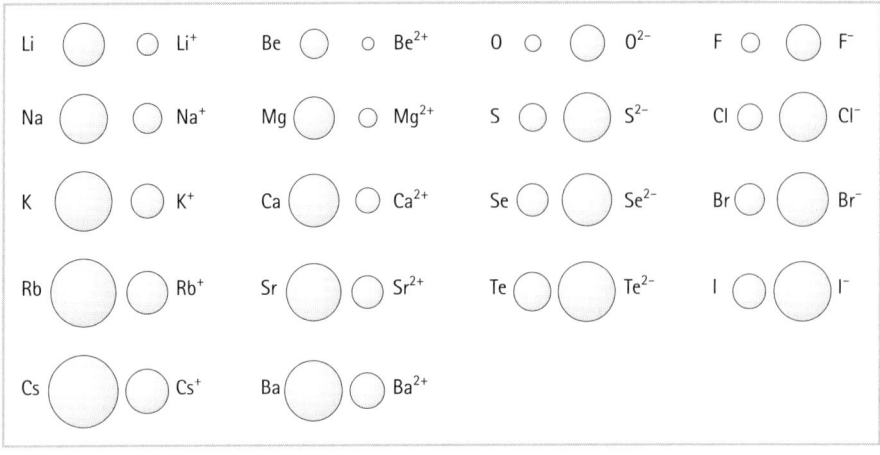

Abb. 1.23 Atom- und Ionenradien der I., II., VI. und VII. Gruppe im Vergleich

Im Allgemeinen ändert sich der Ionenradius innerhalb einer Gruppe von oben nach unten durch Volumenzunahme, da die Schalenanzahl steigt.

Grundlagen der anorganischen Chemie

Der Ionenradius nimmt besonders dann ab, wenn die Elektronen der Außenschale vollständig abgegeben werden. Beim Vergleich der Radien eines Natriumatoms Na und eines Natrium-Kations Na^+ ist dies gut erkennbar. Der Größenunterschied ist deshalb so stark ausgeprägt, weil im Natrium-Kation im Gegensatz zum Natrium-Atom die Außenschale nicht mit einem Elektron besetzt ist.

Negative Ionen sind erheblich voluminöser als ihre Atome, beispielsweise ist das Chlor-Atom Cl wesentlich kleiner als das Chlorid-Ion Cl^-. Das Chlor-Atom besitzt genauso viele Protonen im Kern wie das Chlorid-Ion. Das Ion hat aber seine Valenzschale mit acht Elektronen gefüllt. Im Chlor-Atom befinden sich auf der Außenschale nur sieben Elektronen. Die 8 Valenzelektronen benötigen viel mehr Raum, weil sie sich gegenseitig abstoßen.

1.2.5 Ionisierungsenergie

Unter Ionisierung versteht man die Ablösung oder Anlagerung eines oder mehrerer Elektronen aus der bzw. in die Elektronenhülle eines Atoms. Da die Anzahl der Protonen im Kern sich dabei nicht verändert hat, bekommt das betreffende Atom eine positive oder negative Ladung.

> Die Energie, die man benötigt, um von einem Atom das am schwächsten gebundene Elektron zu entfernen, nennt man Ionisierungsenergie (IE):
>
> Atom + IE $\longrightarrow$ Kation$^+$ + e^-

Man spricht von der 1. Ionisierungsenergie, wenn ein Elektron entfernt wird. Spaltet man ein weiteres ab, von der 2. und noch ein drittes von der 3. Ionisierungsenergie usw.. Es entstehen dann ein- bis mehrfach positiv geladene Ionen.

Die Höhe der Ionisierungsenergie ist für jedes Elektron in einem Atom konstant und kann gemessen werden (Einheit eV – Elektronenvolt).

Wie sich die 1. Ionisierungsenergie innerhalb einer Periode ändert, soll an der 2. Periode gezeigt werden (s. Abb. 1.24).

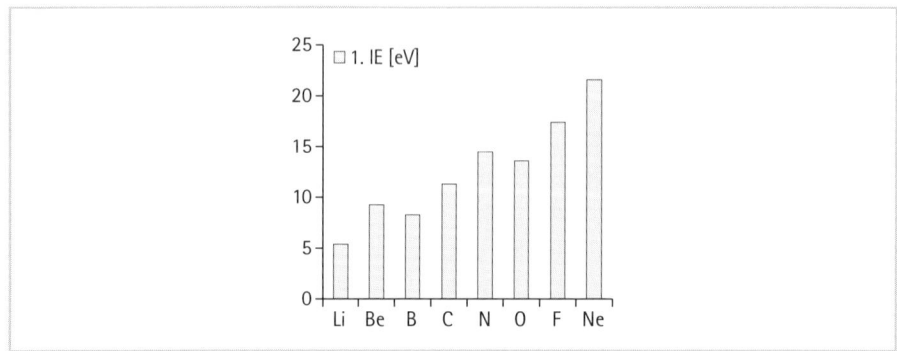

Abb. 1.24 Änderung der Ionisierungsenergie innerhalb der 2. Periode

In dem Diagramm ist deutlich erkennbar, dass die **Ionisierungsenergie innerhalb des Periodensystems von links nach rechts stark steigt.**

Grund dafür ist die durch die wachsende Kernladung bedingte Abnahme des Atomradius innerhalb der Periode. Bei kleineren Atomen ist mehr Energie notwendig als bei größeren, um ein Elektron zu entfernen. Einzelne Elektronen (siehe Lithium) sind von einer Schale leichter zu entfernen als solche aus einem Oktett (siehe Neon).

Bei Bor und Sauerstoff erkennt man leichte Abstufungen der Ionisierungsenergie nach unten. Dieses Phänomen erklärt sich aus dem Aufbau der Außenschale. Die 2. Schale baut sich aus einem 2s-Orbital und drei 2p-Orbitalen auf. Bei Beryllium füllen zwei Elektronen das 2s-Orbital und bei Bor befindet sich das 3. Valenzelektron im 2p-Orbital. Es eröffnet sozusagen eine neue Unterschale. Dadurch ist weniger Energie notwendig, um es zu lösen.

Im Stickstoffatom sind die drei p-Orbitale einfach besetzt, ein energetisch günstiger Zustand. Beim nächsten Element, dem Sauerstoffatom, besitzt dagegen ein p-Orbital zwei Elektronen – also ein Elektron mehr. Zum Lösen dieses Elektrons muss im Vergleich weniger Energie aufgewendet werden, da beim Sauerstoff so die energetisch günstige Elektronenverteilung des Stickstoffs erreicht wird.

Die Elemente der VI. und VII. Hauptgruppe brauchen eine sehr hohe Ionisierungsenergie und geben nur schwer ein Elektron ab. Sie tendieren eher dazu, Elektronen aufzunehmen, um die Edelgaskonfiguration zu erreichen.

Welche Ionisierungsenergie innerhalb einer Gruppe aufgebracht werden muss, zeigt Abbildung 1.25 am Beispiel der Alkalimetalle.

Grundlagen der anorganischen Chemie

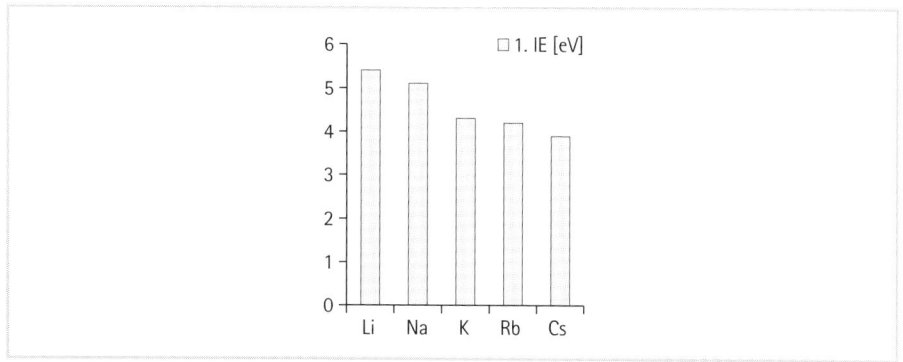

Abb. 1.25 Änderung der Ionisierungsenergie innerhalb der I. Hauptgruppe

Innerhalb einer Gruppe nimmt die Ionisierungsenergie mit steigender Ordnungszahl von oben nach unten ab. Mit zunehmendem Atomradius lassen sich Valenzelektronen leichter entfernen. Man benötigt weniger Energie, da die inneren Schalen die äußere Schale von der Anziehungskraft des Kerns abschirmen.

Werden mehrere Valenzelektronen aus einem Atom entfernt, ändert sich die Ionisierungsenergie wie folgt:

1. IE < 2. IE < 3. IE < 4. IE usw.

Die Abspaltung weiterer Elektronen erfordert erwartungsgemäß mehr Energie, da der Ionenradius eines Kations mit steigender positiver Ladung kleiner wird (s. Abb. 1.26).

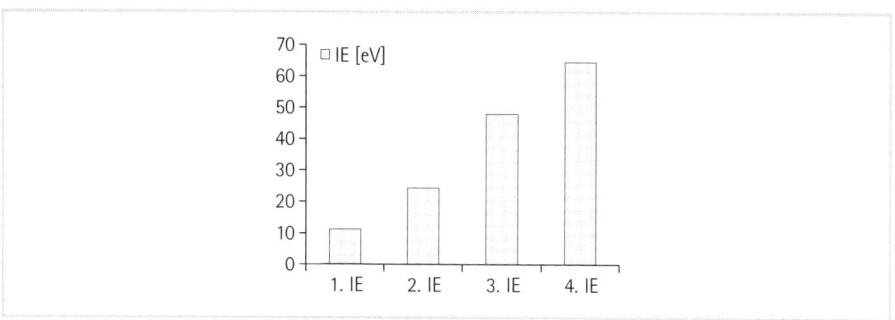

Abb. 1.26 1. bis 4. Ionisierungsenergie bei Kohlenstoff
$(C \rightarrow C^+ \rightarrow C^{2+} \rightarrow C^{3+} \rightarrow C^{4+})$

1.2.6 Elektronenaffinität

Nehmen Atome zusätzliche Elektronen auf, entstehen Anionen. Besonders Nichtmetalle streben an Elektronen aufzunehmen, um ihre Schalen zu füllen. Die dabei umgesetzte Energie nennt man Elektronenaffinität.

> Die Elektronenaffinität (EA) ist definiert als die Energie, die mit der Aufnahme von Elektronen durch ein neutrales Atom umgesetzt wird:
> Atom + e$^-$ → Anion$^-$ + EA

Die höchste Elektronenaffinität besitzen die Elemente in der VII. Hauptgruppe. Ihnen fehlt nur ein Elektron, um das Oktett der äußersten Schale zu füllen. Dabei wird Energie frei.

Atome mit einer hohen Ionisierungsenergie (d. h. die nur unter hoher Energiezufuhr ein Elektron abgeben), besitzen eine hohe Elektronenaffinität und nehmen leicht Elektronen auf.

Im Folgenden ist die Änderung der EA pauschalisiert. Betrachtet man die genauen Werte, erkennt man starke Schwankungen.

Im Allgemeinen steigt innerhalb einer Periode die Elektronenaffinität mit steigender Ordnungszahl (s. Abb. 1.27). Elemente auf der rechten Seite im Periodensystem nehmen freiwillig Elektronen auf, dabei wird Energie frei (negativer Wert der EA). Bei den Elementen auf der linken Seite im PSE muss Energie von außen zugefügt werden (positiver Energiewert), damit sie Elektronen aufnehmen. Sie brauchen eine sehr geringe Ionisierungsenergie, um Elektronen abzugeben.

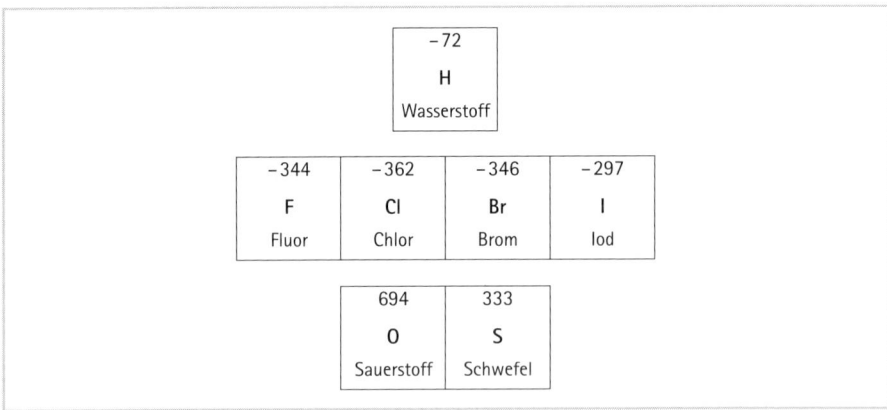

Abb. 1.27 Elektronenaffinitäten in kJ/mol

Innerhalb einer Gruppe sinkt die Elektronenaffinität von oben nach unten (s. Abb. 1.28). Bei Elementen mit höherer Ordnungszahl ist die Anziehung, die der positiv geladene Kern auf die Elektronen ausübt, durch die Abschirmung der inneren Schalen geringer.

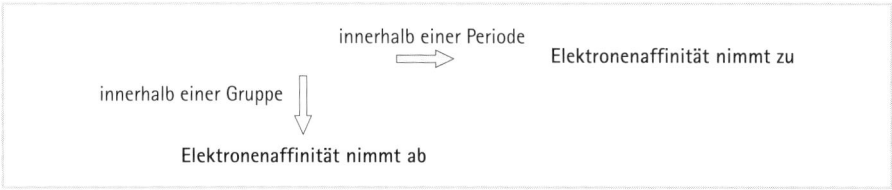

Abb. 1.28 Änderung der Elektronenaffinität im Periodensystem

1.2.7   Elektronegativität

Unter einer chemischen Bindung versteht man die Verknüpfung von Atomen miteinander. Man unterteilt Bindungen in Atom- und Ionenbindungen (s. Kap. 2). In einer Atombindung teilen sich zwei Atome gemeinsame Elektronen. Meistens handelt es sich um ein gemeinsames Elektronenpaar und man spricht von einer Einfachbindung. Besitzen beide Partner unterschiedliche Elektronegativitäten, werden die Bindungselektronen stärker vom elektronegativeren Atom angezogen. Es kommt zu einer ungleichen Ladungsverteilung. Ist die Differenz der Elektronegativität hoch, wie zwischen Metallen und Nichtmetallen, kommt es sogar zu einem Übergang der gemeinsamen Elektronen zum elektronegativeren Partner. Es entsteht eine Ionenbindung, in der das elektronegativere Nichtmetall als Elektronenakzeptor und das Metall mit geringerer Elektronegativität als Elektronendonator fungiert.

> Die Elektronegativität ist ein Maß für die Fähigkeit eines Atoms, in einer Bindung das bindende Elektronenpaar an sich zu ziehen.

Linus Pauling hat 1932 den Begriff der **Elektronegativität (EN)** eingeführt. Er berechnete sie aus der Bindungsenergie verschiedener Moleküle. Er gab Fluor willkürlich die Elektronegativität 4,0 und bezog die EN-Werte aller Elemente auf Fluor. Elektronegativitätszahlen sind immer positiv, dimensionslos und liegen zwischen 0,7 und 4. Neben der Einteilung nach Pauling (s. Abb. 1.29) existieren noch zusätzlich modifizierte Elektronegativitätswerte z. B. nach Allred / Rochow.

Hauptgruppen							
I	**II**	**III**	**IV**	**V**	**VI**	**VII**	**VIII**
2,2 H Wasserstoff							– He Helium
1,0 Li Lithium	1,6 Be Beryllium	2,0 B Bor	2,6 C Kohlenstoff	3,0 N Stickstoff	3,4 O Sauerstoff	4,0 F Fluor	– Ne Neon
0,9 Na Natrium	1,3 Mg Magnesium	1,6 Al Aluminium	1,9 Si Silicium	2,2 P Phosphor	2,6 S Schwefel	3,2 Cl Chlor	– Ar Argon
0,8 K Kalium	1,0 Ca Calcium	1,8 Ga Gallium	2,0 Ge Germanium	2,2 As Arsen	2,6 Se Selen	3,0 Br Brom	– Kr Krypton
0,8 Rb Rubidium	0,9 Sr Strontium	1,8 In Indium	2,0 Sn Zinn	2,1 Sb Antimon	2,1 Te Tellur	2,7 I Iod	– Xe Xenon
0,7 Cs Caesium	0,9 Ba Barium	2,0 Tl Thallium	2,3 Pb Blei	2,0 Bi Bismut	2,0 Po Polonium	2,2 At Astat	– Rn Radon
0,7 Fr Francium	0,9 Ra Radium						

(Periode: 1, 2, 3, 4, 5, 6, 7)

Abb. 1.29 Elektronegativitäten nach Pauling

Elemente mit niedrigen EN-Werten, wie sie die Alkali- und Erdalkalimetalle aufweisen, besitzen eine geringe Tendenz Elektronen in einer Bindung an sich zu ziehen. Sie geben Elektronen an den Bindungspartner ab.

Nichtmetalle besitzen höhere EN-Werte und ziehen bindende Elektronen an sich.

Die Elektronegativität sinkt innerhalb einer Gruppe mit zunehmender Ordnungszahl und steigt innerhalb der Periode von links nach rechts (s. Abb. 1.30).

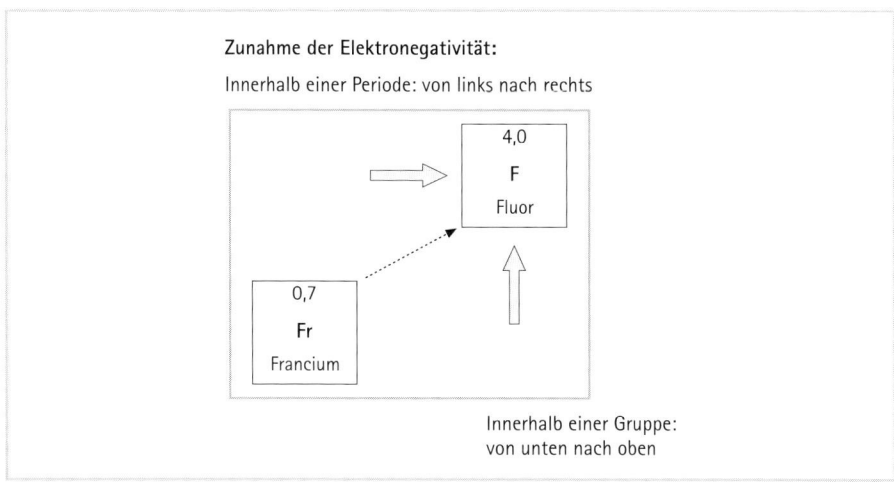

Zunahme der Elektronegativität:

Innerhalb einer Periode: von links nach rechts

Innerhalb einer Gruppe:
von unten nach oben

Abb. 1.30 Änderung der Elektronegativität im Periodensystem

2 Chemische Bindung

Ein einzelnes Atom ist unter Normalbedingungen nicht stabil. Eine Ausnahme bilden die Edelgase Helium (He), Neon (Ne), Krypton (Kr), Xenon (Xe) und Radon (Rn) der VIII. Hauptgruppe. Die Edelgase sind einatomige Gase, die acht Elektronen in der Außenschale besitzen (Ausnahme: Helium mit zwei Elektronen). Aus diesem Grund sind sie auch chemisch inert (d. h. reaktionsträge). Sie zeigen keinerlei Bestreben, ein Elektron auf- bzw. abzugeben oder sich an einer Bindung zu beteiligen.

Die Elemente der I. – VII. Gruppe erreichen durch Bindung mit einem bzw. mehreren Elementen die oben beschriebene Edelgaskonfiguration. Die Zahl der Bindungen, die ein Atom ausbilden kann, wird auch **Bindigkeit** genannt.

Man unterscheidet verschiedene Bindungstypen:

- Ionenbindung,
- Elektronenpaarbindung (Atombindung, kovalente Bindung),
- polare Atombindung,
- koordinative Bindung,
- Metallbindung.

Übergänge zwischen diesen Bindungsarten sind möglich.

2.1   Ionenbindung

2.1.1   Grundlagen der Ionenbindung

Ein Atom kann durch Abgabe eigener oder durch Aufnahme fremder Elektronen die Edelgaskonfiguration erreichen (s. Tab. 2.1, Abb. 2.1). Dabei wird aus dem elektrisch neutralen Atom ein geladenes Teilchen, ein Ion. Bei Abgabe von Elektronen (die ja negativ geladen sind) bleibt ein positiv geladenes Teilchen zurück, weil nun die Zahl der Elektronen in der Hülle geringer ist als die der Protonen im Kern. Positiv geladene Ionen heißen Kationen, weil sie bei der Elektrolyse zur negativen Kathode wandern (s. Kap. 3.11).

Im einfachsten Fall verbinden sich zwei Atome miteinander, von denen eines ein Elektron aufnimmt, z. B. Chlor, und das andere leicht ein Elektron abgibt wie z. B. Natrium. Chlor, als typisches **Nichtmetall** (VII. Hauptgruppe), wird aufgrund seiner hohen Elektronenaffinität ein **Elektron aufnehmen**. Dadurch wird es zum negativ geladenen Chlorid-**Anion** und erreicht die Edelgaskonfiguration von Argon. Für Natrium, als **Metall** (I. Hauptgruppe), ist nur eine geringe Ionisierungsenergie notwendig, um das einzige **Elektron** der Außenschale **abzuspalten**. Natrium wird zu einem einfach positiv geladenen Natrium-**Kation**.

$$Cl + e^- \longrightarrow Cl^-$$
$$Na \longrightarrow Na^+ + e^-$$

Ionen haben wegen ihrer Ladung und ihrer veränderten Elektronenhülle völlig andere Eigenschaften als die Atome, aus denen sie hervorgegangen sind.

Reagieren zwei Atome mit **stark unterschiedlicher Elektronegativität** miteinander, werden die Bindungselektronen dem einen Bindungspartner ganz entrissen. Es kommt zu einer **Elektronenübertragungsreaktion** – eine **Ionenbindung** entsteht.

Tab. 2.1   Erreichen der Edelgaskonfiguration

Aufnahme von Elektronen		$\Rightarrow$ Edelgaskonfiguration	$\Leftarrow$ Abgabe von Elektronen		
VI	VII	VIII	I	II	III
O	F	Ne	Na	Mg	Al
S	Cl	Ar	K	Ca	(Ga)

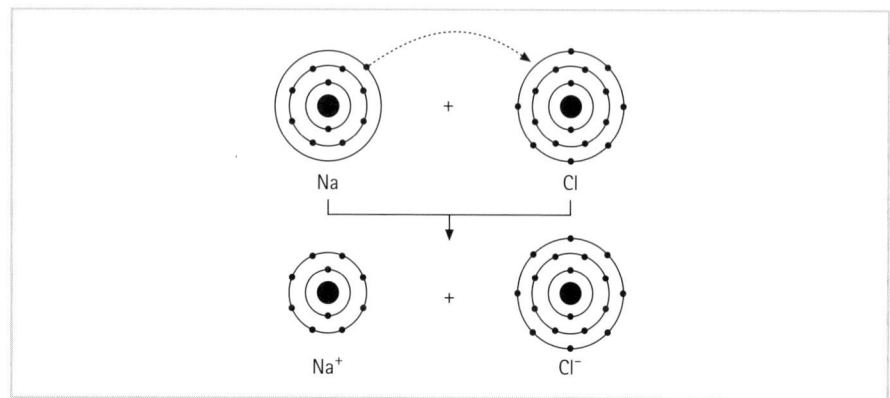

Abb. 2.1 Erreichen der Edelgaskonfiguration durch Abgabe bzw. Aufnahme eines Elektrons

Die Elektronenübertragungsreaktionen der II. Hauptgruppe (Erdalkaligruppe) mit den Halogenen (VII. Hauptgruppe) verlaufen nicht anders: Nur müssen jetzt **zwei** Außenelektronen abgegeben werden. Zu deren Aufnahme sind zwei Chloratome nötig, die ihre Außenschale mit jeweils einem Elektron zur Edelgaskonfiguration auffüllen. So ergibt sich z. B. für Magnesiumchlorid, welches aus Mg^{2+} und Cl^- im Zahlenverhältnis $1:2$ aufgebaut ist, die Formel $MgCl_2$.

Tabelle 2.2 gibt die Ladungen von Kationen und Anionen wieder. In den Zeilen werden die Ionen aufgeführt, die **isoelektronisch** (s. Kap. 1.6) sind, die also dieselbe Elektronen-Anordnung aufweisen.

Tab. 2.2 Isoelektronische Ionen

Anionen	Edelgase	Kationen
O^{2-} F^-	Ne	Na^+ Mg^{2+} Al^{3+}
S^{2-} Cl^-	Ar	K^+ Ca^{2+}
Br^-	Kr	Sr^{2+}
I^-	Xe	Ba^{2+}

Kationen und Anionen unterscheiden sich durch ihre elektrische Ladung. Die Anzahl der Ladungen wird jeweils durch Ziffern am oberen Elementsymbol kenntlich gemacht, z. B. Ca^{2+}. Ionen treten aufgrund elektrostatischer Anziehung zu Ionen-Verbindungen zusammen, wobei die positive Gesamtladung der Kationen durch die negative Gesamtladung der Anionen ausgeglichen werden muss. Dadurch werden Moleküle nach außen hin neutral.

2.1.2 Das Ionengitter

Salze sind aus Ionen aufgebaut und fest. Sie zeichnen sich durch einen regelmäßigen Aufbau aus: Kationen sind in bestimmten Abständen von Anionen umgeben, Anionen sind ihrerseits wieder von Kationen umgeben. Es entsteht eine regelmäßige Struktur, ein **Gitter**, in welchem sich die Ladungen von **Kationen und Anionen** jeweils ausgleichen. Das Ionengitter erstreckt sich in alle drei Richtungen des Raumes.

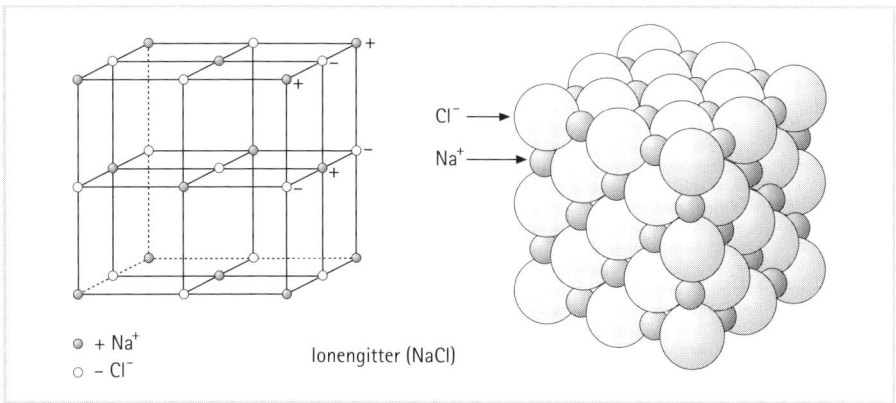

Ionengitter (NaCl)

Abb. 2.2   Das Ionengitter von Natriumchlorid (Kochsalz)

Abbildung 2.2 gibt das Ionengitter des Natriumchlorids wieder. Dadurch dass das von Ionen erzeugte elektrische Feld nach allen Seiten wirkt, umgibt sich jedes Natriumion mit sechs Chloridionen und diese wiederum mit sechs Natriumionen. Es entsteht ein Ionengitter, das sehr viele Na^+-Ionen und die gleiche Anzahl Cl^--Ionen regelmäßig angeordnet enthält. Die Anzahl der jeweils benachbarten Ionen bezeichnet man als **Koordinationszahl**. Im Fall von Natriumchlorid liegt die Koordinationszahl 6 vor.

Je nach Verbindung entstehen so typische Kristallformen. Die geometrische Anordnung des Ionengitters, also die **Kristall**form, hängt zum einen von der Größe der Ionen (Ionenradius) und zum anderen von der Ladungsgröße der einzelnen Ionen ab. Die unterschiedlichen Größenverhältnisse der Ionenradien bedingen andere Strukturen:

Um ein kleines Ion gruppieren sich nur wenige große, entgegengesetzt geladene Teilchen, während bei Ionen mit ungefähr gleicher Größe auch mehr Nachbarn möglich sind.

Auf der anderen Seite können die Zahlenverhältnisse der Ionenbausteine aufgrund der Ionenladung verschieden sein:

NaCl: Zahlenverhältnis 1:1 (Ladung des Natriumions: +1, Ladung des Chloridions: –1)

Na_2O: Zahlenverhältnis 2:1 (Ladung des Natriumions: +1, Ladung des Sauerstoffs: –2)

2.1.3 Eigenschaften von Salzen

Salze sind weit verbreitete Verbindungen, die sich typischerweise aus einem Metallkation und einem Nichtmetallanion zusammensetzen. Leitet man z. B. gelbgrünes Chlorgas über erwärmtes, silberhelles Natriummetall, so bildet sich unter heftiger, gelber Flammenerscheinung ein weißes Produkt, das NaCl.

Bei diesem Vorgang haben sich **Metall- und Nichtmetallatome** zu einem **Gitter** formiert. Die bei der Bildung eines Ionengitters frei werdende Energie ist die so genannte Gitterenergie, sie beträgt bei der Bildung von NaCl –754 kJ/mol.

$$2\ Na\ +\ Cl_2\ \longrightarrow\ 2\ NaCl\ \ -754\ kJ/mol$$

Die Höhe der Gitterenergie ist ein Ausdruck für die Bindungsstärke zwischen den Ionen im Kristall. Deshalb hängen auch einige physikalische Eigenschaften von der Gitterenergie ab (Härte, Siedepunkt, Schmelzpunkt, Löslichkeit). Je größer die Gitterenergie ist, desto stabiler ist das Salz!

Zur Überwindung der relativ hohen Gitterenergien von Salzen sind entsprechend große Energiebeträge notwendig. Erst durch Erhitzen auf hohe Temperaturen können die starken Anziehungskräfte im Ionengitter gelockert werden, sodass die Substanz schmilzt (Schmelzpunkt von NaCl = 800 °C). So erklären sich die **hohen Schmelzpunkte** der Salze.

Salze liegen bei Raumtemperatur in der Regel im festen Zustand vor. Anionen und Kationen sind dabei im Gitter fixiert. Aus diesem Grund sind **Salze schlechte Wärme- und Stromleiter**, denn die für einen Wärmetransport notwendigen leichtbeweglichen Teilchen fehlen. Jedoch leiten **Salzschmelzen und -lösungen** den **elektrischen Strom gut** (s. Kap. 3.11). Hierbei sind die Ionen beweglich und elektrische Ladungen können transportiert werden. Die recht unterschiedlichen Schmelzpunkte der Salze sind von der Gitterenergie abhängig. Die Gitterenergie steigt mit zunehmender Ladung der beteiligten Ionen und mit abnehmender Größe. Aus diesem Grund zeigen beispielsweise Oxide ganz besonders hohe Schmelzpunkte. (O^{2-}: zweifach negative Ladung, kleiner Atomradius).

Salze sind spröde und lassen sich nicht plastisch verformen. Übt man auf ein Salzkristall Druck aus, so werden die Gitterebenen übereinander geschoben. Die Folge ist der Bruch des Gitters, da gleichgeladene Ionen in Nachbarschaft kommen und sich gegenseitig abstoßen.

Salze zeichnen sich durch besonders **große Härte** aus, die auch hier auf der recht hohen Gitterenergie basiert. Aluminiumoxid, Al_2O_3, wird als Schleifmittel eingesetzt.

Beim Auflösen von Salzkristallen in Wasser wird die Gitterordnung aufgehoben. Die Ionen verlassen das Kristallgitter, werden von Wasser-Dipol-Molekülen (s. Kap. 2.2.1 und Kap. 2.4) umringt und sind in wässriger Lösung frei beweglich. Dabei richtet sich der Wasserdipol mit seinem positiven Teilbereich zum Anion des Salzes aus, während sich das Kation dem negativen Pol des Wassermoleküls annähert. Die jeweils entgegengesetzten Teilladungen nähern sich an. Die Wassermoleküle bilden um jedes Ion eine Hydrathülle; den Vorgang nennt man Hydratation (s. Abb. 2.3).

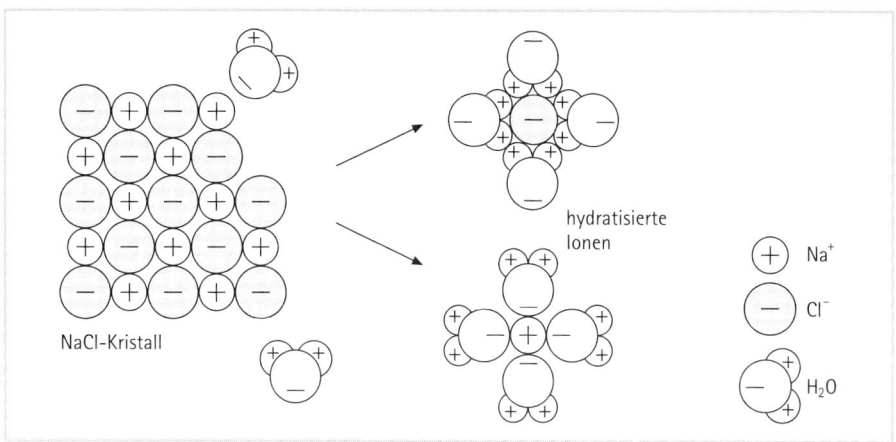

Abb. 2.3 Hydratation von Natriumchloridkristallen

Dieser Lösungsvorgang ist mit Energieumsätzen verbunden. Zu der schon besprochenen Gitterenergie kommt die so genannte Hydratationsenergie hinzu, die frei wird, wenn die einzelnen Ionen aus dem Gitterverband herausgelöst und von Wassermolekülen umgeben werden. Sie ist umso größer, je stärker die Anziehungskräfte zwischen den Ionen und den Wassermolekülen ist.

Von der Größe der Gitterenergie, die überwunden werden muss, bzw. der Hydratationsenergie, die frei wird, ist es abhängig, ob sich die Lösung beim Lösungsvorgang abkühlt oder erwärmt:

Überwiegt die Hydratationsenergie die Gitterenergie, so ist der Lösungsvorgang **exotherm** (d. h. es wird Energie frei; s. Kap. 3.5). Beispielsweise erwärmt sich das System beim Lösen von festem Natriumhydroxid in Wasser.

Ist die **Hydratationsenergie** jedoch **kleiner** als die Gitterenergie, so muss für die Auflösung noch zusätzlich Energie zugeführt werden. Der Lösungsvorgang ist **endotherm**. Zum Beispiel lässt sich durch Zugabe von NaCl zu einer Eis-Wasser-Mischung das System auf bis zu -21 °C abkühlen. Auf diese Weise lassen sich Kältemischungen herstellen.

Die Gitterenergie ist auch von Bedeutung für die **Löslichkeit** von Salzen (s. Tab. 2.3). Obwohl die Löslichkeit eines Salzes ein kompliziertes Problem darstellt und eine Voraussage über die Löslichkeit schwierig ist, ist es logisch, dass Salze mit hohen Gitterenergien in Wasser nur schwer bzw. gar nicht löslich sind (MgO, Al_2O_3 usw.).

Grundsätzlich können aber alle Salze als polare Stoffe in polaren Lösungsmitteln wie z. B. Wasser gelöst werden.

Tab. 2.3   Zusammenhang zwischen Löslichkeit und Gitterenergie

Salz	Gitterenergie (kJ/mol)	Löslichkeit (g Salz/100 g H_2O bei 20 °C)
NaJ	695	178,7
NaCl	778	35,9
KJ	641	144,5
MgO	3936	$6,2 \times 10^{-4}$

Beispiele für **schwer lösliche Salze**:

- Silber(I)-chlorid (AgCl)
- Blei(II)-sulfid (PbS)
- Quecksilber(II)-sulfid (HgS),
- Aluminiumoxid (Al_2O_3)
- Calciumfluorid (CaF_2)
- Eisen(II)-oxid (Fe_2O_3)

Eigenschaften von Salzen
- Salze sind hart und spröde.
- In Abhängigkeit von der Gitterenergie zeigen sie im Allgemeinen eine gute Löslichkeit in polaren Lösungsmitteln wie z. B. Wasser.
- Salzschmelzen und Salzlösungen leiten den elektrischen Strom.
- Sie haben hohe Siede- und Schmelzpunkte.

2.1.4 Nomenklatur von Salzen

Grundsätzlich lässt sich ein Salz mit der Formeleinheit Y^+X^- umschreiben. Dabei entspricht X^- dem Nichtmetall-Anion und Y^+ dem Metallkation. Bei der Wiedergabe von Formeln wird dabei meist auf die Ladungen verzichtet. So schreibt man oft vereinfacht NaCl statt genauer Na^+Cl^-. Man sollte jedoch immer beachten, dass sich Salze aus den einzelnen Ionen und nicht aus Atomen zusammensetzen. Beispielsweise ist Kochsalz auch in fester Form immer aus Natrium- und Chloridionen aufgebaut.

Die Nomenklatur von Salzen basiert auf fünf Grundregeln:

1. Bei binären Salzen (Salzen, die aus zwei Elementen bestehen) wird zuerst das Metall, danach das Nichtmetall genannt. Einatomige Kationen werden mit dem deutschen Namen bezeichnet, z. B. Natrium (Natriumchlorid / NaCl). Mehratomige Kationen, die mit Wasserstoff verbunden sind, erhalten die Endung -onium, z. B. Ammonium / NH_4^+. Bei einigen Nichtmetallen wie Wasserstoff, Sauerstoff, Schwefel oder Kohlenstoff wird die lateinische Bezeichnung zugrunde gelegt:

Hydrid	LiH	Lithiumhydrid
Oxid	Na_2O	Natriumoxid
Sulfid	FeS	Eisen(II)-sulfid
Carbid	SiC	Siliciumcarbid

2. Kommt ein Atom mehrfach im Molekül vor, so wird die Anzahl durch griechische Zahlwörter (mono = eins, di = zwei, tri = drei, tetra = vier, penta = fünf etc.) festgelegt und dem Element- bzw. Ionennamen vorangestellt: Aluminium**tri**fluorid (AlF_3).

Die Vorsilbe mono wird meistens weggelassen, z. B. Natriumchlorid statt der umständlicheren Bezeichnung Mononatriummonochlorid.

3. Liegt das Metall in mehreren Oxidationsstufen vor, wird die Oxidationszahl (s. Kap. 3.2) in Klammern angegeben und dem Metallnamen nachgestellt: $FeCl_3$ – Eisen(III)chlorid, $FeCl_2$ – Eisen(II)chlorid. Besonders die Übergangsmetalle (Nebengruppenelemente) bilden Kationen mit mehreren Oxidationsstufen. Kupfer (Cu) kann z. B. in den Oxidationsstufen +I und +II, Chrom (Cr) in den Oxidationsstufen +III und +VI vorliegen.

4. **Zusammengesetzte Ionen** setzen sich aus mehreren verschiedenen Elementen zusammen. Das Sulfation zerfällt z. B. in wässriger Lösung nicht in einzelne Schwefel- oder Sauerstoffatome, sondern bleibt in diesem Ionenverband SO_4^{2-} bestehen. Es lässt sich in wässriger Lösung mit Bariumchloridlösung nachweisen (das reagierende Teilchen der Bariumchlorid-Lsg. ist hier das Bariumion Ba^{2+}):

$$SO_4^{2-} + Ba^{2+} \longrightarrow BaSO_4 \downarrow$$
$$\text{Bariumsulfat}$$

Weitere Beispiele für zusammengesetzte Ionen:

Nitration	NO_3^-	Natriumnitrat	$NaNO_3$
Nitrition	NO_2^-	Kaliumnitrit	KNO_2
Phosphation	PO_4^{3-}	Aluminiumphosphat	$AlPO_4$
Carbonation	CO_3^{2-}	Calciumcarbonat	$CaCO_3$
Hydroxidion	OH^-	Magnesiumhydroxid	$Mg(OH)_2$

5. Mehratomige Anionen bekommen den lateinischen Namen des Zentralatoms (s. Kap. 2.2.2) mit der Endung -at, z. B. Sulfat, Nitrat. Anionen der Säuren, die auf -ige enden, erhalten die Endung -it, z. B. ist das Anion der Schwefligen Säure das Sulfit.

2.2 Atombindung (Elektronenpaarbindung, kovalente Bindung)

Während es sich bei der Ionenbindung um einen Elektronenübergang vom Metallatom zum Nichtmetallatom handelt, kommt es bei der Ausbildung von **Atombindungen** oder **kovalenten Bindungen** zu einer **gemeinsamen Nutzung von Bindungselektronen**. Wenn **Nichtmetalle untereinander eine chemische Bindung** eingehen, handelt es sich um eine Atombindung. Hierbei erreichen die Bindungspartner ein stabiles Elektronenoktett, dadurch dass die Valenzelektronen zwischen den Partnern **symmetrisch** verteilt werden.

Als Beispiele seien die Gase H_2, N_2, O_2, Cl_2, NH_3 oder auch CO_2 genannt. Auch im Wassermolekül H_2O oder in der Kohlenstoffmodifikation Diamant kommt es zur Ausbildung von Atombindungen.

Mithilfe der **Valenzstrichformel** lassen sich vereinfacht Molekülstrukturen darstellen. Man zeichnet für ein Valenzelektron einen Punkt und für ein Elektronenpaar zwei Punkte oder einen Strich.

$$H\cdot \; + \; \cdot H \quad \longrightarrow \quad H\cdot\cdot H \quad \equiv \quad H\overline{}H$$

gemeinsames Elektronenpaar

Das Wasserstoffatom besitzt ein Elektron. Jedes Wasserstoffatom stellt nun sein Elektron zur Ausbildung einer Elektronenpaarbindung zur Verfügung, wodurch beide Wasserstoffatome die Heliumkonfiguration erreichen und sich somit stabilisieren können.

Ein weiteres Beispiel für eine Atombindung ist Chlor, Cl_2:

$$:\ddot{\underline{C}}l\cdot\cdot\ddot{\underline{C}}l: \quad \equiv \quad |\overline{C}l\,{}^{87}\!\overset{12}{\underset{56}{C}l}{}|{}^3_4$$

Valenzelektronen   Elektronenoktett

Ein Chloratom besitzt sieben Valenzelektronen. Es benötigt nur ein Elektron, um die Edelgaskonfiguration von Argon zu erreichen. Beide Chloratome können sich mit einem **Elektronenoktett (Oktettregel)** umgeben, indem sie sich ein gemeinsames Elektronenpaar teilen. Dabei rechnen sich **beide** Bindungspartner die Bindungselektronen auf ihr Elektronenoktett an! Das ist ganz wichtig!

Stellt man sich einmal die Atome als Jongleure und die Bindungselektronen als Bälle vor, so würden die Elektronen bzw. die Bälle ständig zwischen den Partnern hin- und hergeworfen. So ähnlich lässt sich der Bindungsaufbau einer Atombindung bildlich darstellen.

Wie sieht es beim Stickstoffmolekül aus? Stickstoff steht in der V. Hauptgruppe und besitzt fünf Valenzelektronen. Nur wenn jedes der beiden an der Bindung beteiligten Stickstoffatome drei Elektronen bereitstellt, kommt es zu einer Dreifachbindung zwischen den beiden Stickstoffatomen (und damit zur Neonkonfiguration des Stickstoffs). Jedes Stickstoffatom ist dann von acht Außenelektronen umgeben.

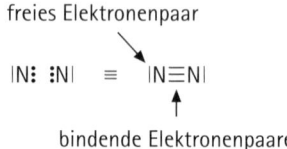

freies Elektronenpaar

$|N\!:\ :N| \equiv |N\!\equiv\!N|$

bindende Elektronenpaare

Elektronenpaare, die nicht an einer Bindung beteiligt sind, nennt man **einsame, freie oder nichtbindende Elektronenpaare**, wie das Beispiel Stickstoff zeigt.

Die Anzahl der gebildeten Bindungen hängt von der Elektronenkonfiguration des Elementes ab. So entsteht zwischen zwei Sauerstoffatomen eine Zweifachbindung, da der Sauerstoff sechs Außenelektronen besitzt und ein Oktett nur unter Bereitstellung von zwei Valenzelektronen möglich ist.

$$:\ddot{O}\cdot\quad\cdot\ddot{O}: \quad\equiv\quad \langle O\genfrac{}{}{0pt}{}{\frac{5\ 6}{7\ 8}}{}O\rangle^{1\ 2}_{3\ 4}$$

Elektronenoktett

Die Oktettregel kann als Faustregel angesehen werden – streng genommen gilt sie nur für die Elemente der zweiten Periode. Diese Elemente der zweiten Periode können maximal vier Bindungen eingehen, da nur vier Orbitale für Bindungen zur Verfügung stehen und auf der äußersten Schale maximal acht Elektronen Platz haben (s. Kap. 1). So können Elemente der 3. Periode und höherer Perioden eine größere Bindigkeit als vier erreichen, da außer den s- und p-Orbitalen auch d-Orbitale zur Bindung zur Verfügung stehen.

2.2.1 Polare Atombindung

Auch aus **verschiedenen** Atomen kann eine Elektronenpaarbindung entstehen. Vereinigen sich beispielsweise zwei unterschiedliche Nichtmetalle wie das Chlor und der Wasserstoff zum Chlorwasserstoffmolekül, so entsteht auch hier eine Atombindung.

Da jedoch Wasserstoff und Chlor eine deutlich **unterschiedliche Elektronegativität** (s. Kap. 1.2.7) aufweisen (H: EN=2,2; Cl: EN=3,2), werden die bindenden Elektronen unterschiedlich stark angezogen. Das elektronegativere Chlor zieht die Elektronen stärker zu sich herüber, sodass die Elektronendichte am Chlor-Atom größer wird als am H-Atom. Am Chlor-Atom entsteht eine negative Teilladung δ^- (sprich: delta minus), am Wasserstoff-Atom entsteht eine positive Teilladung δ^+.

Man spricht dann von einer **polarisierten Bindung**, in der die Ladungen ungleichmäßig (asymmetrisch) verteilt sind.

$$H^{\delta+}\text{---}Cl^{\delta-}$$

Die reine Atombindung oder auch die Ionenbindung stellen Grenzformen dar. Die meisten Verbindungen in der Chemie sind Übergänge zwischen diesen Bindungstypen! Es lassen sich lediglich Abschätzungen vornehmen, welcher Bindungstyp wahrscheinlich vorliegen könnte.

Ist die **Elektronegativitätsdifferenz** zwischen den Bindungspartnern gleich **Null**, so handelt es sich um eine **unpolare Atombindung** (Bsp. Cl_2, H_2, O_2).

Liegt die Differenz zwischen den Elektronegativitäten der Bindungspartner (Nichtmetalle) zwischen **null und zirka 1,7**, liegt eine **polare Atombindung** vor.

Beispiel:

HCl EN von Cl = 3,2 EN von H = 2,2

Das bedeutet, dass im Chlorwasserstoffmolekül eine polare Atombindung vorliegt, denn die Differenz der Elektronegativitäten beträgt 1,0.

Vereinigt sich ein typisches Nichtmetall mit einem Metall und steigt die Elektronegativitätsdifferenz auf einen Wert **über 1,7**, liegt überwiegend eine **Ionenbindung** vor.

Beispiel:

NaCl EN von Na = 0,9 EN von Cl = 3,2

Das bedeutet, dass mit einer Elektronegativitätsdifferenz von 2,3 eine Ionenbindung vorliegt.

Moleküle mit polaren Atombindungen sind nach außen elektrisch neutral. Sie besitzen jedoch häufig **Dipoleigenschaften**.

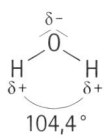 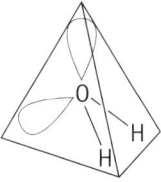

Zwischen dem Wasserstoff und dem Sauerstoff existieren polare Atombindungen. Der Sauerstoff ist aufgrund der höheren Elektronegativität negativ polarisiert, der Wasserstoff dagegen positiv.

Das Sauerstoffatom besitzt zwei einsame Elektronenpaare, die im Vergleich zu den bindenden Elektronenpaaren der O—H-Bindung mehr Platz beanspruchen. Bei der räumlichen Struktur von Molekülen gehen Modellvorstellungen davon aus, dass sich die Valenzelektronenpaare als räumlich gerichtete Elektronenwolken verhalten. Die vier von einem Atom ausgehenden Elektronenwolken richten sich dabei häufig in die Ecken eines Tetraeders. Der Bindungswinkel im Tetraeder beträgt normalerweise 109,5°.

Im Wassermolekül ist nun dieser Winkel durch die beiden einsamen Elektronenpaare etwas verzerrt und beträgt nur noch 104,4° (Bindungswinkel zwischen Wasserstoff-Sauerstoff-Wasserstoff). Die Ladungsschwerpunkte der positiven und negativen Teilladungen fallen hier **nicht** zusammen. Wasser ist daher ein Dipol!

Ein weiteres Dipolbeispiel ist Ammoniak:

Stickstoff (EN = 3,0) ist elektronegativer als Wasserstoff (EN = 2,2) und zieht die bindenden Elektronenpaare stärker an sich als der Wasserstoff. Dieser Elektronenüberschuss ergibt zusammen mit dem einsamen Elektronenpaar den negativen Ladungsschwerpunkt am Stickstoff. Die Wasserstoffatome bilden aufgrund des Elektronenmangels den positiven Ladungsschwerpunkt.

Vergleichen Sie hierzu das Methanmolekül CH_4:

Durch Vergleich der Elektronegativitäten der beteiligten Atome (EN von C: 2,5; EN von H: 2,1) ergibt sich eine Differenz von 0,4. Dieses bedeutet, dass die Bindungen im Methanmolekül praktisch nicht polarisiert sind. Zudem heben sich die extrem schwachen Ladungen durch die Einhaltung des idealen Tetraederwinkels von 109,5° auf – die Ladungsschwerpunkte fallen hier zusammen. Methan ist aus diesen

Grundlagen der anorganischen Chemie

Gründen kein Dipol, sondern unpolar. Ein weiteres Beispiel für einen unpolaren Stoff ist Kohlendioxid.

CO_2 ist trotz der größeren Elektronegativität des Sauerstoffs kein Dipol. Durch seine gestreckte symmetrische Struktur heben sich die Polaritäten auf; die Ladungsschwerpunkte fallen zusammen, und zwar genau in den Mittelpunkt des Moleküls:

$$\underset{\delta-}{\underline{O}} = \underset{\delta+}{C} = \underset{\delta-}{\underline{O}} \qquad \underset{\delta-}{\underline{O}} = \underset{\delta+}{C} = \underset{\delta-}{\underline{O}}$$

Da polare Lösungsmittel in der Lage sind, Ionen und Dipole in Lösung zu bringen, interessiert es, ob ein Dipol vorliegt oder nicht. Hat ein Lösungsmittel keine Dipoleigenschaften, gehört es zu den apolaren (unpolaren) Lösungsmitteln, die dann jedoch wieder gut Fette und andere unpolare Stoffe lösen können.

Eigenschaften eines Dipols
- Ein Dipol enthält polare Atombindungen.
- Das zentrale Atom besitzt freie Elektronenpaare, die mehr Platz beanspruchen als die übrigen Bindungen. Dadurch kommt es zu einer asymmetrischen Anordnung von Bindungselektronen.
- Die Schwerpunkte der negativen und positiven Ladungen fallen **nicht** zusammen.

Nomenklatur von binären Molekülen

Zuerst wird der deutsche Name des Elementes mit der geringeren Elektronegativität genannt. Es folgt der lateinische Name des Elementes mit der höheren Elektronegativität. Dabei wird die Endung durch -id ersetzt. Kommt ein Element mehrmals vor, wird dessen Anzahl durch griechische Präfixe (di, tri ...) vor dem Elementnamen angegeben.

Beispiele:

SO_2 Schwefeldioxid ($EN_S = 2,6$ $EN_O = 3,4$)

N_2O_5 Distickstoffpentoxid ($EN_N = 3,0$ $EN_O = 3,4$)

$BrCl$ Bromchlorid ($EN_{Br} = 3,0$ $EN_{Cl} = 3,2$)

Einige Verbindungen werden nach ihren Trivialnamen benannt.

Beispiele:

H_2O Wasser

NH_3 Ammoniak

2.2.2 Koordinative Bindung

Die koordinative Bindung stellt lediglich eine Sonderform der Atombindung dar, sie ist keine spezielle Bindungsart.

In einer normalen Elektronenpaarbindung stellt jeder Bindungspartner jeweils ein **Elektron** zum Aufbau der Bindung zur Verfügung. Nun besteht auch die Möglichkeit, dass **ein Bindungspartner ein Elektronenpaar in die Bindung einbringt**. Hierbei muss jedoch der zweite Bindungspartner die Möglichkeit und den Platz haben, dieses Elektronenpaar auch in seine Schalen aufzunehmen.

Ein einfaches Beispiel für eine koordinative Bindung stellt die Bildung des Ammoniumions dar:

$$H^+ \ + \ NH_3 \ \longrightarrow \ NH_4{}^+$$

In Valenzstrichformeln:

$$H-\overset{\overset{\textstyle H}{|}}{\underset{\underset{\textstyle H}{|}}{N}}| \ + \ H^+ \ \longrightarrow \ H-\overset{\overset{\textstyle H}{|}}{\underset{\underset{\textstyle H}{|}}{N}}{}^+{-}H$$

Der Stickstoff besitzt ein freies Elektronenpaar, welches mit dem Proton (H^+ = Wasserstoffatom ohne Elektron) eine Elektronenpaarbindung bildet. Es entstehen vier Einfachbindungen zwischen dem Wasserstoff und dem Stickstoff, welche alle gleichwertig sind. Die positive Ladung liegt nun in der Nähe des Stickstoffs, der ja nach der Bereitstellung seines freien Elektronenpaares an Elektronen verarmt ist (vgl. PSE: Außenelektronenzahl des Stickstoffs ist fünf).

Entscheidend für diese Sonderform der kovalenten Bindung ist eigentlich nur ihre Entstehung, denn die fertige Bindung unterscheidet sich nicht von einer Atombindung.

Koordinative Bindungen treten in erster Linie in **Komplexverbindungen** (Koordinationsverbindungen) auf und werden oft als Pfeile dargestellt. Der Pfeil geht von dem Atom aus, das ein Elektronenpaar zur Ausbildung der Bindung zur Verfügung gestellt hat.

Komplexe (s. Tab. 2.4) sind Verbindungen höherer Ordnung, in denen Ionen oder Moleküle unter weiterer Stabilisierung zu größeren Einheiten zusammentreten. Sie bestehen aus einem **Zentralatom** und den **Liganden**. Ein Zentralatom ist stets ein Metall, häufig ein Metall der Übergangselemente (Nebengruppenelement). Liganden sind Atome, Moleküle oder auch Ionen, die mindestens ein freies Elektronenpaar

Grundlagen der anorganischen Chemie

besitzen, z. B. Wasser, Ammoniak, Kohlenmonoxid oder auch Anionen wie Chlorid oder Cyanid (CN⁻).

Das Vorliegen von Komplexionen wird durch eckige Klammern kenntlich gemacht:

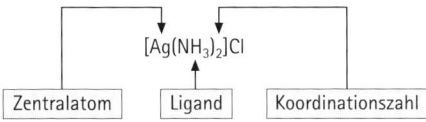

Silberchlorid, AgCl, stellt ein ganz einfaches Salz dar, welches aus Silber- und Chlorid-Ionen aufgebaut ist. Silber gehört zu den Übergangsmetallen, die neben ihrer Valenzschale noch tiefere Schalen besitzen, die mit Elektronen aufgefüllt werden können. Das Silberion kann diese inneren Schalen auffüllen. Ammoniak mit seinem freien Elektronenpaar stellt für das Silber einen geeigneten Reaktionspartner dar.

Löst man das in Wasser schwer lösliche Silberchlorid in Ammoniak auf, so entsteht folgender Komplex:

$$AgCl + INH_3 + INH_3 \longrightarrow \begin{matrix} NH_3 \\ \downarrow \\ Ag^+ \\ \uparrow \\ NH_3 \end{matrix} + Cl^-$$

Es werden gleich zwei Ammoniakmoleküle in den Komplex eingelagert. Die so genannte **Koordinationszahl** ist gleich der Zahl der Liganden. Sie gibt die Anzahl der im Komplex vorkommenden koordinativen Bindungen an. In unserem Beispiel ist die Koordinationszahl gleich zwei.

Tab. 2.4 Beispiele von Komplexverbindungen

Bezeichnung des Komplex-Ions	Formel	Zentralion	Liganden	Koordina-tionszahl	Ladung des Kom-plex-Ions
Kupfertetrammin	$[Cu(NH_3)_4]^{2+}$	Cu^{2+}	4 NH_3	4	2+
Tetraiodomercurat	$[HgI_4]^{2-}$	Hg^{2+}	4 I^-	4	2-
Hexacyanoferrat (II)	$[Fe(CN)_6]^{4-}$	Fe^{2+}	6 CN^-	6	4-

Wenn der Ligand jeweils nur **ein** Elektronenpaar zur Verfügung stellt, spricht man von einem einzähnigen Liganden. Wasser ist ein **einzähniger Ligand**, obwohl er zwei freie Elektronenpaare besitzt. Aus Platzmangel kann aber das zweite freie Elektronenpaar nicht weiter an das Zentralatom heranrücken.

Mehrzähnige Liganden bilden mehrere Bindungen mit dem gleichen Zentralatom aus. Ethylendiamintetraessigsäure (EDTA) ist ein sechszähniger Ligand:

$$\leftarrow {}^-OOCCH_2 \diagdown \quad\quad\quad\quad CH_2COO^- \rightarrow$$
$$N - CH_2 - CH_2 - N$$
$$\leftarrow {}^-OOCCH_2 \diagup \quad\quad\quad\quad CH_2COO^- \rightarrow$$

Ethylendiamintetraessigsäure-Tetraanion

Aus dem Dinatriumsalz der EDTA lässt sich eine Maßlösung für komplexometrische Titrationen herstellen (Komplexon, Titriplex). Natriumedetat vermag komplexbildende Metall-Ionen, insbesondere Erdalkali-Ionen, wie mit einer Schere zu umfassen. Es entstehen die Chelat-Komplexe (aus dem Griechischen: Krebsschere). Das EDTA-Molekül bildet insgesamt 6 Bindungen zum Metallion aus, und zwar von den beiden freien Elektronenpaaren der Stickstoffatome sowie von den 4 Sauerstoffatomen der Carboxylgruppen. Na_2EDTA findet außerdem Anwendung als Wasserenthärtungsmittel und als Zusatz zu Seifen und Waschmitteln. Darüber hinaus ist es ein wichtiger Komplexbildner, der bei einer Bleivergiftung das toxische Blei binden und somit unschädlich machen kann.

Beispiele für mehrzähnige Liganden sind weiterhin das Chlorophyll und das Häm (eisenhaltige Farbstoffkomponente des Hämoglobinmoleküls).

Würde man die elektrische Leitfähigkeit einer Lösung messen, die $[Ag(NH_3)_2]^+Cl^-$ enthält, erhält man keine Leitfähigkeit, die den einzelnen Ionen von Silberkationen und Chloridanionen entsprechen würde. Das Komplexion $[Ag(NH_3)_2]^+$ ist in wässriger Lösung praktisch nicht dissoziiert, d. h. es ist stabil und zerfällt nicht in seine Einzelionen.

Wie bereits oben erwähnt, werden Komplexionen in eckige Klammern gesetzt. Die Ladung wird außerhalb der Klammer hoch gestellt und ergibt sich aus der Summe der Ladungen aller Teilchen, aus denen der Komplex zusammengesetzt ist. Im obigen Beispiel erhält das Komplexion die Ladung +1, da die Ammoniakmoleküle neutral und das Silberion die Ladung +1 erhält (0 + 1 = +1).

Ein weiteres Beispiel mag dieses verdeutlichen: Kalium-hexacyanoferrat(II), auch unter dem Namen gelbes Blutlaugensalz bekannt, hat die Formel:

Grundlagen der anorganischen Chemie

$$K^+{}_4[Fe(CN)_6]^{4-}$$

Das Cyanid-Ion CN^- ist sechsmal in dem Komplexion vorhanden, während das Eisenion nur einmal mit zweifach positiver Ladung vorkommt (s. Nomenklatur Komplexe). Errechnet man nun die Gesamtladung des Komplexions, so kommt man auf den Wert -4 ($6 \times -1 + 1 \times +2 = -4$).

Nomenklatur von Komplexen

Bei der Namensgebung von Komplexen muss unterschieden werden, ob das Zentralion Bestandteil eines **komplexen Kations** (s. Tab. 2.5) oder eines **komplexen Anions** (s. Tab. 2.6) ist. **Komplexe Anionen** erhalten die Endung **-at**, die an den Namen bzw. den Wortstamm des lateinischen Namens des Zentralatoms angehängt wird.

Zentralatom	Bezeichnung	Endung des komplexen Anions
Ag	argentum	-argentat
Cu	cuprum	-cuprat
Fe	ferrum	-ferrat
Co	cobalt	-cobaltat
Al	aluminium	-aluminat

Beispiele: Kaliumhexacyano**ferrat**(III) $K_3^+[Fe(CN)_6]^{3-}$

Kaliumdicyano**argentat** $K^+[Ag(CN)_2]^-$

(Die Zahl der Kaliumkationen wird nicht bezeichnet, sie ergibt sich aus der Ladung des Komplexes.)

Die Zahl der Liganden wird durch griechische Zahlwörter gekennzeichnet: di- (2), tri-(3) , tetra-(4), penta-(5), hexa-(6) usw. Die Zahl der Liganden steht **vor** ihrem Namen: Kalium**di**cyanoargentat. Die Namen **neutraler Liganden** besitzen in der Regel Trivialnamen:

Molekül	Bezeichnung des neutralen Liganden
H_2O	aquo
NH_3	ammin
CO	carbonyl
NO	nitrosyl

Die Namen **anionischer Liganden** leiten sich vom Namen des betreffenden Atoms oder der Gruppe ab. Sie enden alle auf -o.

Ligand	Bezeichnung des Liganden	Bezeichnung im Komplex
F^-	Fluorid	-fluoro
Cl^-	Chorid	-chloro
Br^-	Bromid	-bromo
O^{2-}	Sauerstoff	-oxo
S^{2-}	Schwefel	-thio
OH^-	Hydroxid	-hydroxo
CN^-	Cyanid	-cyano
SO_4^{2-}	Sulfat	-sulfato
NO_2^-	Nitrit	-nitrito
$S_2O_3^{2-}$	Thiosulfat	-thiosulfato

Bei der Benennung der komplexen Anionen folgt der Name des Zentralteilchens dem Namen der Liganden. Enthält ein Komplex gleichzeitig anionische und neutrale Liganden, werden die anionischen Liganden zuerst genannt.

Die Oxidationszahl des Zentralteilchens folgt seinem Namen häufig als römische Zahl in Klammern. Die elektrische Ladung von Komplexionen ergibt sich aus der Ladung des Zentralatoms und der Ladung der Liganden. Sind die Liganden neutral (Wasser, Ammoniak), so entspricht die Ladung des Komplexions der Ladung des Zentralatoms: $[Cu(NH_3)_4]^{2+}$

Tab. 2.5   Nomenklatur eines komplexen Kations am Beispiel [Ag(NH₃)₂]Cl

[Ag(NH₃)₂]Cl					
Kationischer Komplex					**Anion**
Anzahl Liganden	Art Ligand/en	Zentral-teilchen	Oxidations-zahl		Anion
Di	ammin	silber	I		chlorid

Tab. 2.6   Nomenklatur eines anionischen Komplexes am Beispiel Na[Ag(CN)₂]

Na[Ag(CN)₂]					
Kation		**Anionischer Komplex**			
Kation		Anzahl Liganden	Art Ligand/en	Zentral-teilchen	Oxidations-zahl
Natrium		di	cyano	argentat	I

2.3   Metallische Bindung

Metalle besitzen eine charakteristische Elektronenkonfiguration mit nur wenigen Elektronen auf der äußersten Schale. Ihre Ionisierungsenergie ist niedrig, sodass sie leicht positive Ionen bilden.

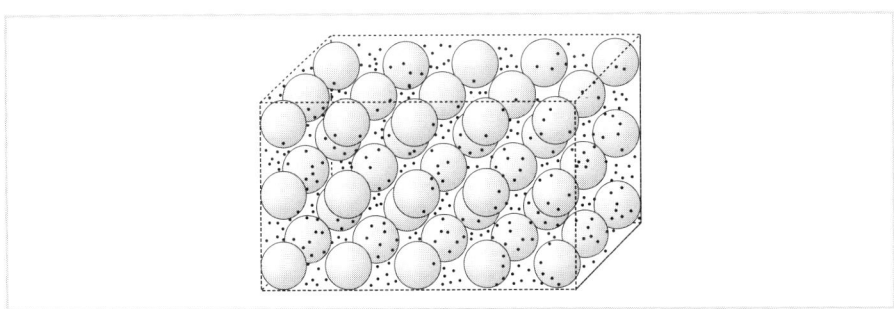

Abb. 2.4   Metallgitter mit positiv geladenen Atomrümpfen und freien Valenzelektronen

Die typischen metallischen Eigenschaften (metallischer Glanz, Dehnbarkeit, elektrische und thermische Leitfähigkeit) bleiben auch im flüssigen Zustand erhalten und gehen erst im dampfförmigen Aggregatzustand verloren. Aus diesem Grund muss man davon ausgehen, dass die metallischen Eigenschaften an das Vorhandensein größerer Atomverbände gebunden sind. In der Tat bilden Metalle typische Metallgitter aus. Im Gegensatz aber zu Ionengittern sind im Metallgitter die Gitterplätze durch **positive Ionenrümpfe** besetzt, und die Valenzelektronen bewegen sich **frei** im Metallgitter (s. Abb. 2.4). In einem Metallgitter geben die Metallatome ihre Valenzelektronen ab, wodurch sie die Konfiguration des nächst niedrigeren Edelgases erreichen. Die dabei frei werdenden Elektronen sind im Gitter delokalisiert (d. h. nicht an einem bestimmten Ort) und schwirren frei zwischen den einzelnen Ionenrümpfen umher, so bleibt das Metall nach außen hin neutral. Die frei beweglichen Elektronen werden auch als **Elektronengas** bezeichnet. Diese Art der Bindung, die Metallatome untereinander ausbilden, nennt man **metallische Bindung** oder **Metallbindung**.

Die Existenz des Elektronengases verursacht die für Metalle typischen Eigenschaften:

- **Gute elektrische und thermische Leitfähigkeit:** Beim Anlegen einer Spannung wandern die frei beweglichen Elektronen in Richtung Anode (s. Kap. 3.11). Die Elektronen fungieren hier als Ladungsträger. Die Leitfähigkeit sinkt mit steigender Temperatur, da die hierbei auftretenden Schwingungen (durch die erbrachte Energiezufuhr in Form von Temperatur) der positiven Atomrümpfe die freie Beweglichkeit der Elektronen stören.
- **Metallglanz:** Durch Reflexion von Licht aller Wellenlängen erhalten Metalle ihren typischen Glanz. Da freie Elektronen zudem Licht unterschiedlicher Wellenlänge absorbieren können, sind Metalle undurchsichtig.
- **Plastische Verformbarkeit:** Übt man einen Druck auf ein Metall aus, so kommt es zwar zu einer Verschiebung der Gitterebenen, nicht jedoch zu einer Abstoßung der Ebenen wie beispielsweise beim Ionengitter (Salze sind spröde, brüchig und nicht verformbar). Die Ionen auf allen Gitterplätzen sind gleich, man kann die einzelnen Schichten also gegeneinander verschieben, ohne dass die Struktur gestört wird (s. Abb. 2.5). Metalle sind also biegsam und lassen sich verformen.

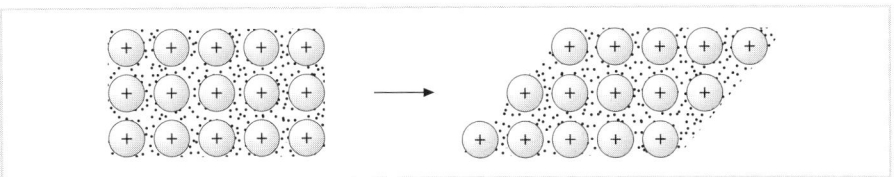

Abb. 2.5 Ausübung von Druck auf die Gitterebenen eines Metalls

2.4   Zwischenmolekulare Bindungen

Nicht nur die schon besprochenen Bindungen sind für das Verständnis chemischer Reaktionen und Stoffeigenschaften wichtig, sondern auch die so genannten zwischenmolekularen Bindungen. Wie der Name schon sagt, existieren meist auch zwischen den einzelnen Stoffteilchen Wechselwirkungen. Diese sind:

- Wasserstoffbrückenbindungen (Dipol-Dipol-Wechselwirkungen)
- Van-der-Waals-Kräfte
- Ion-Dipol-Wechselwirkungen

Wasserstoffbrückenbindungen

Ist Wasserstoff mit einem stark elektronegativen Partner (z. B. F, O, N) verbunden, so erhält der Wasserstoff eine **positive Teilladung,** der Partner mit der höheren Elektronegativität entsprechend eine **negative Teilladung.** Ist zudem ein Partner in der Nähe, der über ein oder mehrere **freie Elektronenpaare** verfügt, so kann der Wasserstoff, der ja eine positive Partialladung trägt, zu diesem Partner eine zusätzliche Bindung, quasi eine Brücke, ausbilden. Damit sich eine Wasserstoffbrückenbindung ausbilden kann, muss ein Molekül also ausgeprägte **Dipoleigenschaften** (s. Kap. 2.2) besitzen.

Beispiel: Wasser

....Wasserstoffbrücke

Beispiel: Fluorwasserstoff

Besondere Bedeutung kommt den Wasserstoffbrückenbindungen im Wassermolekül zu, denn Wasser hat z. B. einen relativ hohen Siedepunkt im Vergleich zu Verbindungen, die keine Wasserstoffbrückenbindungen eingehen und ähnlich gebaut sind (z. B. Schwefelwasserstoff, H_2S). Der Dipol Wasser bildet durch seine Fähigkeit, Wasserstoffbrücken (H-Brücken) ausbilden zu können, große Assoziate (Zusammenlagerungen). Die zusätzlichen Bindungskräfte in Form von H-Brücken müssen überwunden werden, damit Wasser sieden kann. Aus diesem Grund ist Wasser auch bei Zimmertemperatur flüssig und nicht gasförmig, wie zu erwarten wäre.

Ferner bewirken H-Brücken in Peptiden (ein Molekül, das aus mehreren Aminosäuren besteht), dass sich eine schraubenartige Struktur ausbildet. Diese Art Helixstruktur liegt beispielsweise auch in den Nukleinsäuren vor.

Wasserstoffbrückenbindungen nehmen bezüglich ihrer Stärke eine Zwischenstellung ein: Sie sind nicht so stark wie Atom- oder Ionenbindungen, aber doch noch wesentlich stärker als andere zwischenmolekularen Bindungen.

Van-der-Waals-Kräfte

Van-der-Waals-Kräfte sind zwar sehr schwache, dennoch nicht unbedeutende Kräfte zwischen **unpolaren** Molekülen, wie wir sie vor allem in der Organischen Chemie kennen. Wir haben es also mit ungeladenen Molekülen zu tun. Nun sind in keinem Molekül alle Elektronen immer gleichmäßig verteilt. Die Elektronen bewegen sich ständig, sodass es durchaus vorkommt, dass im Molekül für einen kurzen Moment eine unterschiedliche Ladungsdichte herrscht (s. Abb. 2.6). Dann ist für einen Augenblick ein Molekülende ganz schwach positiv und das andere Ende schwach negativ polarisiert. So sind Wechselwirkungen in Form von Abstoßungs- bzw. Anziehungskräften möglich.

Grundlagen der anorganischen Chemie

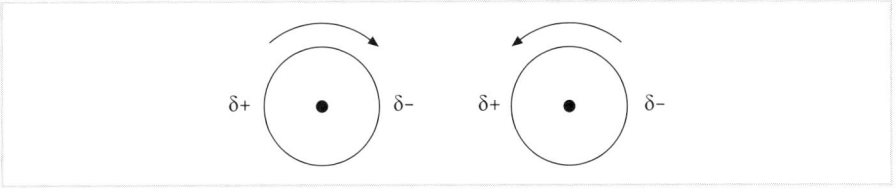

Abb. 2.6   Wechselwirkung zwischen zwei Atomen durch kurzzeitig induzierte Dipole

Die van-der-Waals-Kräfte hängen von der Moleküloberfläche ab und nehmen daher mit steigender Molekülgröße zu.

Ion-Dipol-Wechselwirkungen

Wie der Begriff schon sagt, handelt es sich hier um Wechselwirkungen zwischen Ionen und einem Dipol. Der Dipol richtet sich dann so aus, dass seine positive Teilladung an ein Anion, bzw. seine negative Teilladung an ein Kation grenzt. Ein Beispiel wäre das Lösen von Salzen (Ionen) in wässriger Lösung (Wasser = Dipol), wie Abbildung 2.7 zeigt.

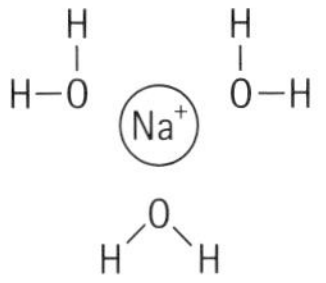

$$
\begin{array}{ccc}
\text{H} & & \text{H} \\
| & & | \\
\text{H}-\text{O} & \text{(Na}^+\text{)} & \text{O}-\text{H} \\
& \text{O} & \\
& \text{H}^{}\text{H} &
\end{array}
$$

Abb. 2.7   Wechselwirkung zwischen Na^+ und H_2O

3 Formeln und Reaktionen

3.1 Chemische Formeln

Wie wir schon anhand des PSE gesehen haben, wird jedem Element ein Symbol zugeschrieben, welches entweder nur aus einem Großbuchstaben (H, O, N, etc.) oder aus je einem Groß- und einem Kleinbuchstaben besteht (Cl, Na, etc.), und in der Regel Abkürzungen des lateinischen oder griechischen Namens darstellen.

Eine chemische Verbindung lässt sich durch verschiedene Formeln darstellen:

- Summenformel
- Strukturformel

Eine **Summenformel** gibt Anzahl und Art aller im Molekül befindlichen Atome an. Es ist also eine schlichte Zusammenfassung bzw. Aneinanderreihung von Atomen: z. B. Ethanol: H_6C_2O. Für Wasser steht die Summenformel H_2O.

Besteht das Molekül oder Ion aus mehreren gleichen Atomen, so wird die Anzahl der Atome durch einen Index gekennzeichnet, der sich unten am Elementsymbol befindet (H_2O; Index = 2).

Die in einer Verbindung vorkommenden Atome werden nach steigender Elektronegativität (EN) geordnet. Im Schwefelsäuremolekül H_2SO_4 hat Wasserstoff beispielsweise die geringste EN, gefolgt von Schwefel und Sauerstoff.

Möchte man jedoch eine Aussage über den jeweiligen Verknüpfungsgrad der einzelnen Atome in einer Verbindung treffen, so bedient man sich der **Strukturformel:**

$$H-\overset{\displaystyle H}{\underset{\displaystyle H}{\overset{|}{\underset{|}{C}}}}-\overset{\displaystyle H}{\underset{\displaystyle H}{\overset{|}{\underset{|}{C}}}}-OH$$

Ethanol

Gerade in der organischen Chemie mit ihrer großen Vielfalt von Verbindungen ist es nötig, sich ein genaueres Bild eines Moleküls zu machen, da es Moleküle gibt, die zwar die gleiche Summenformel besitzen, aber dennoch eine unterschiedliche Struktur haben: Ammoniumcyanat, Ammoniumisocyanat und Harnstoff besitzen die gleiche Summenformel von CN_2H_4O, ihre jeweiligen Strukturformeln sehen jedoch ganz anders aus:

Ammoniumcyanat NH_4OCN
Ammoniumisocyanat NH_4NCO
Harnstoff $H_2N-CO-NH_2$

Diese obigen Verbindungen sind Beispiele für isomere Moleküle (s. Kap. III.7).

Da es oft umständlich ist, die ganze Strukturformel zu schreiben (womöglich dann noch in Valenzstrichweise), verwendet man häufig eine vereinfachte Formelschreibweise, z. B. CH_3CH_2OH für Ethanol.

Darüber hinaus sind chemische Verbindungen oft unter ihrem **Trivialnamen** bekannt, der umgangssprachlichen Bezeichnung eines Stoffes. So bezeichnet man Natriumchlorid als Kochsalz, oder Calciumsulfat ($CaSO_4 \times 2\,H_2O$) als Gips.

3.2   Stöchiometrische Wertigkeit und Oxidationszahl

Atome treten in einer bestimmten Anzahl und auch in einem ganz charakteristischen Verhältnis zu einer chemischen Verbindung zusammen (s. Kap. 3.3).

Viele Elemente bilden miteinander sogar unterschiedliche Verbindungen aus wie z. B. $FeCl_2$ und $FeCl_3$. Um die Bindungsverhältnisse von Atomen erklären zu können, bedient man sich eines Hilfsmittels, der so genannten stöchiometrischen Wertigkeit oder Bindigkeit (s. Tab. 3.1). Darunter versteht man diejenige Anzahl H-Atome, die ein Element binden oder ersetzen kann.

Tab. 3.1   Stöchiometrische Wertigkeit

Verbindung	Anzahl der gebundenen H–Atome	Wertigkeit des 2.Elements
NH_3	3	3 (Stickstoff)
H_2O	2	2 (Sauerstoff)
HCl	1	1 (Chlor)

Um die Zusammensetzung einer Verbindung korrekt beurteilen zu können, erweist sich die Wertigkeit als unzureichend, denn 1. setzen sich viele Verbindungen aus mehr als zwei Elementen zusammen und 2. ist der Wasserstoff nicht immer Bestandteil einer Verbindung. Aus diesem Grund wurde der Begriff der **Oxidationszahl** eingeführt.

> Die Oxidationszahl ist die Summe der Valenzelektronen eines Atoms, wobei die Bindungselektronen dem jeweils elektronegativeren Element formal zugeschrieben werden.

Man stellt sich alle Bindungen als Ionenbindungen vor, sodass die Atome **fiktive Ladungen** (also Ladungen, die sie in Wirklichkeit gar nicht haben) bekommen. Oxidationszahlen werden oben rechts am Elementsymbol in römischen Ziffern angegeben. Zur Berechnung der Oxidationszahlen soll die Schwefelsäure dienen:

$$\overset{+I}{H}-\overset{-II}{O}-\overset{+VI}{\underset{\underset{-II}{O}}{\overset{\overset{-II}{O}}{S}}}-\overset{-II}{O}-\overset{+I}{H}$$

Man vergleicht die Elektronegativitätswerte von jeweils 2 Elementen und löst diese Bindung in Gedanken auf. Dem elektronegativeren Partner werden dann **alle** Bindungselektronen zugesprochen. In obigem Beispiel hat Sauerstoff die höchste Elektronegativität, alle Elektronenpaare werden dem Sauerstoff zuerkannt, wodurch er die Oxidationszahl von –II bekommt. Der Schwefel erhält durch den Verlust von 6 Außenelektronen die Oxidationszahl von +VI. Auch Wasserstoff bekommt eine positive Oxidationszahl von +I, da er formal sein Außenelektron dem elektronegativeren Partner Sauerstoff abgibt.

Für die Ermittlung von Oxidationszahlen lassen sich einfache Regeln aufstellen:

- **Elemente** haben stets die Oxidationszahl von 0. Beispiel: Na^0
- Bei einatomigen **Ionen** entspricht die Oxidationszahl der Ionenladung. Beispiel Chloridanion Cl^-: Ionenladung = –1 Oxidationszahl = –I
- Negative Oxidationszahlen treten nur bei **Nichtmetallen** auf.
- Ist das Molekül oder Ion **mehratomig**, so wird für jedes Atom eine eigene Oxidationszahl ermittelt (vgl. Beispiel Schwefelsäure).
- **Wasserstoff** hat in Verbindungen stets die Oxidationszahl +I, **Sauerstoff** hat stets die Oxidationszahl –II (Ausnahme im **Wasserstoffperoxid**: $\overset{+I}{H_2}\overset{-I}{O_2}$ Sauerstoff : –I)

- Die **Summe** aller Oxidationszahlen eines Moleküls ist **gleich 0.**
  Beispiel H_2O: Wasserstoff hat die Oxidationszahl von $+I$. Da er zweimal im Molekül vorkommt, multipliziert man mit 2 (also $2 \times +I = +II$). Diese zweifach positive Ladung wird durch die zweifach negative Ladung des Sauerstoffs wieder ausgeglichen.
- Bei **mehratomigen Ionen** entspricht die Summe der Oxidationszahlen der **Ionenladung.** Beispiel: Nitration NO_3^-: Das Nitration ist ein zusammengesetztes Ion und hat eine Gesamtladung von -1. Diese Ladung bezieht sich also auf das gesamte Ion. Addiert man nun alle Oxidationszahlen (Stickstoff: $+V$; Sauerstoff: $-II$, aber $3 \times -II = -VI$) so ergibt die Summe ebenfalls -1.
- Viele Elemente haben **mehrere Oxidationszahlen**, je nachdem, welcher Bindungspartner vorliegt. Im Sulfatanion SO_4^{2-} besitzt Schwefel die Oxidationszahl $+VI$, im Schwefelwasserstoffmolekül H_2S jedoch die Oxidationszahl $-II$.
- Bei den **Metallen** der Hauptgruppenelemente stimmen die Oxidationszahlen meist mit der Gruppen-Nummer überein.
- Schreibt man eine chemische Verbindung mit ihrem Namen aus, so wird die Oxidationszahl oft in römischen Ziffern und in Klammern angegeben. Zinn(IV)-chlorid für $SnCl_4$ (sprich: Zinn-vier-chlorid).

Beispiele zum Ermitteln von Oxidationszahlen:

Perchlorsäure $\overset{+I\ +VII\ -II}{H\ Cl\ O_4}$

Stickstoffdioxid $\overset{+IV\ -II}{N\ O_2}$, nicht zu verwechseln mit dem Nitrition $\overset{+III\ -II}{N\ O_2^-}$

Carbonation $\overset{+IV\ \ -II}{C\ O_3^{2-}}$

Stickstoff $\overset{0}{N_2}$

Kaliumpermanganat $\overset{+I\ +VII\ -II}{K\ Mn\ O_4}$

Mangandioxid $\overset{+IV\ -II}{Mn\ O_2}$

3.3 Stöchiometrische Gesetzmäßigkeiten

Stöchiometrische Gesetzmäßigkeiten legen den Grundstein für die Darstellung chemischer Vorgänge. Unter der Stöchiometrie versteht man die Lehre von der quantitativen (mengenmäßigen) Zusammensetzung chemischer Verbindungen und auch den Mengen, die bei chemischen Reaktionen umgesetzt werden.

Gesetz von der Erhaltung der Masse: Bei allen chemischen Reaktionen bleibt die Gesamtmasse aller Reaktionspartner erhalten. Demnach geht keine Masse verloren. Die Masse der eingesetzten Ausgangsstoffe ist also genauso groß wie die Masse der Endstoffe. Erhitzt man beispielsweise Calciumcarbonat, so nimmt die Masse der **festen** Bestandteile zwar ab, die Gesamtmasse bleibt aber erhalten, da die Masse des entweichenden Gases Kohlendioxid berücksichtigt werden muss:

$$CaCO_3 \longrightarrow CaO + CO_2 \uparrow$$

Die Anzahl der Atome auf der linken und auf der rechten Seite ist gleich!

Gesetz von den konstanten Proportionen: In einer chemischen Verbindung sind die Elemente in einem ganz bestimmten Massenverhältnis enthalten. Bei der Synthese von Eisensulfid, FeS, setzen sich Eisen und Schwefel immer in einem bestimmten, konstanten (gleich bleibenden) Massenverhältnis zusammen. Selbst wenn sie vor der Reaktion in anderen Massenverhältnissen miteinander gemischt wurden, so entsteht doch immer ein ganz bestimmtes Massenverhältnis im FeS-Molekül von 1:1,74 (Schwefel zu Eisen). Um zu diesen Verhältniszahlen zu kommen, vergleicht man die beteiligten Atommassen von Schwefel und Eisen miteinander (Atommasse von Fe: 55,84; Atommasse von S: 32,08). Die Atommasse von Eisen ist 1,74 × so groß wie die des Schwefels. Chemische Verbindungen haben also immer eine konstante Zusammensetzung.

Gesetz von den multiplen (vielfachen) Proportionen: Häufig können chemische Elemente mehrere Verbindungen miteinander eingehen. Die Massen der Elemente in diesen Verbindungen stehen zueinander im Verhältnis **kleiner, ganzer** Zahlen. Kohlenstoff und Sauerstoff können einerseits die Verbindung Kohlenmonoxid (CO) bilden, andererseits stehen sie aber in der Verbindung CO_2 (Kohlendioxid) in einem anderen Massenverhältnis zusammen. Kohlenstoff hat die gerundete (in diesem Fall erlaubt) relative Atommasse von 12, Sauerstoff besitzt die Masse 16. Im Kohlenmonoxid verhalten sich nun die Massen von Kohlenstoff zu Sauerstoff wie 1:1,33. Im Kohlendioxid verhalten sich die Massen wie 1:2,66. Die Massen, in denen der Kohlenstoff in **beiden** Verbindungen auftritt, stehen zueinander im Verhältnis 1:1. Die Massen des Sauerstoffs in beiden Verbindungen (CO und CO_2) stehen zueinander im Verhältnis 1:2 (1,33: 2,66).

3.4   Reaktionsgleichungen

Eine Reaktionsgleichung gibt nicht nur Aufschluss darüber, welche Ausgangsstoffe (Edukte) zu einem Endstoff (Produkt) miteinander reagieren, sondern sie gibt auch die jeweils eingesetzten Mengen der beteiligten Stoffe an. Um den Ablauf einer chemischen Reaktion nicht nur qualitativ, sondern auch quantitativ zu beschreiben, ist die Angabe in **Mol** (s. Kap. 1.1.3) von großer Bedeutung. Folgendes Beispiel soll dieses veranschaulichen: Lässt man auf unedle Metalle wie Magnesium oder Zink Säure einwirken, so entsteht Wasserstoff-Gas. Dabei resultieren jedoch aus jeweils gleichen Ausgangsmengen unterschiedliche Volumina an Gas. Setzt man 20 g Magnesium ein, so entstehen 18,4 Liter H_2, bei 20 g eingesetztem Zink entwickeln sich 6,8 Liter H_2. Möchte man die gleiche Menge Wasserstoff herstellen, so muss man unterschiedliche Mengen an Magnesium bzw. Zink einsetzen. In diesem Fall entwickeln sich jeweils 22,41 Liter Wasserstoff, wenn entweder 24,3 g Magnesium oder 65,3 g Zink mit Säure reagieren.

$$Mg + 2\,HCl \longrightarrow MgCl_2 + H_2$$
$$Zn + 2\,HCl \longrightarrow ZnCl_2 + H_2$$

Diese Stoffportionen (24,3 g bzw. 65,3 g) enthalten immer jeweils die gleiche Teilchenzahl, da die Teilchen (Atome, Ionen, Moleküle) der beteiligten Stoffe in ganz bestimmten Zahlenverhältnissen aufeinander treffen (vgl. Gesetz der konstanten Proportionen). In Form der Basiseinheit Mol ist nun eine Größe gefunden worden, die immer diese ganz bestimmte Teilchenanzahl angibt. Dieser Zahlenwert von $6,022 \times 10^{23}$ Teilchen/mol entspricht der **Avogadroschen Konstante.** Die Anzahl von Teilchen, sei es Atome, Moleküle oder Ionen, ist in einem Mol für alle Stoffe gleich. In einem Mol Wasserstoff sind also genauso viele H_2-Moleküle enthalten wie Atome in einem Mol Magnesium.

Entstehen Gase bei einer Reaktion, so nehmen diese ein bestimmtes Raumvolumen ein. Ein Mol eines idealen Gases beansprucht bei Normalbedingungen immer ein Volumen von 22,4 Litern. Dieses molare Volumen ist definiert als: V_m = 22,4 l/mol.

Gehen wir noch einmal zum obigen Beispiel zurück und vergleichen die eingesetzten Massen von Magnesium bzw. Zink mit der relativen Atommasse im Periodensystem. Wir setzten 24,3 g Mg bzw. 65,3 g Zn ein, um ein Mol Wasserstoff zu erhalten. Diese Massen entsprechen den jeweiligen Atommassen. Ein **Mol** eines

Stoffes entspricht also der jeweiligen Atom- oder Molekülmasse angegeben in Gramm. Im obigen Beispiel reagieren 1 Mol Zinkatome mit 2 Mol Chlorwasserstoff in Wasser (Salzsäure) zu 1 Mol Zinkchlorid und 1 Mol Wasserstoff-Gas. Da Wasserstoff immer molekular, also als H_2-Molekül, vorkommt, wiegt 1 Mol Wasserstoff nicht 1,007 g, sondern 2 × 1,007 g = 2,014 g und nimmt ein Volumen von 22,4 Litern ein.

Das **Aufstellen von Reaktionsgleichungen** erfordert etwas Übung. Die folgenden Regeln sollen hierbei hilfreich sein.

- Die Formeln von Verbindungen dürfen, nachdem sie stöchiometrisch richtig zusammengesetzt sind, **nicht** mehr verändert werden.
- Verbindungen, die bei Normalbedingungen molekular vorkommen (H_2, O_2, N_2, F_2, Cl_2, Br_2, J_2), müssen auch genau so in die Reaktionsgleichung eingebracht werden.
- Auf der Edukt- und auf der Produktseite muss die Anzahl der Atome gleich sein.
  Also **nicht** H_2 + Cl_2 $\longrightarrow$ HCl, sondern
  H_2 + Cl_2 $\longrightarrow$ 2 HCl
- Durch Vorzahlen (hier die Zahl 2 vor HCl) lässt sich ein Molekül multiplizieren. Die Zahl 2 gilt also nicht nur für den Wasserstoff, sondern multipliziert auch die Chloridionen.
- Metalle und Edelgase werden einatomig dargestellt.
- Salze, die in Lösung vorliegen, sollten auch als Ionen getrennt notiert werden: Ba^{2+} + SO_4^{2-} $\longrightarrow$ $BaSO_4$ (Nachweisreaktion von Bariumionen mit Schwefelsäure oder anderen löslichen Sulfaten, die hier als reagierendes Agens in Form der Sulfationen dargestellt werden)
- Die Anzahl der Ladungen muss auf beiden Seiten ausgeglichen sein: Beim vorliegenden Beispiel hat man auf der linken Reaktionsseite eine zweifach positive (Ba^{2+}) und eine zweifach negative Ladung (SO_4^{2-}). Die Summe dieser Ladungen auf der linken Seite entspricht demnach 0. Auf der rechten Seite trägt das Bariumsulfatmolekül ebenfalls die Gesamtladung 0.

3.5   Aktivierungsenergie

Die kinetische Energie, also die innere Energie, die in jedem Teilchen steckt, reicht oft nicht aus, um eine chemische Reaktion in Gang zu setzen. Von außen muss dann eine Energiezufuhr erfolgen, die die Teilchen aktiviert, sodass eine Reaktion ablaufen kann. Man spricht auch von der so genannten Aktivierungsenergie. Bei vielen chemischen Reaktionen wird sie durch Erhitzen, Bestrahlung mit Sonnen- oder ultraviolettem Licht zugeführt.

Man stelle sich einmal eine Murmel vor, die in einer Mulde steckt. Diese Murmel würde nie spontan in eine Mulde auf einem niedrigeren Niveau abrollen. Man müsste ihr eine aktivierende Energie zusetzen, man könnte sie z. B. anstupsen. Diese Energie in Form des Anstupsens entspricht der Aktivierungsenergie (s. Abb. 3.1).

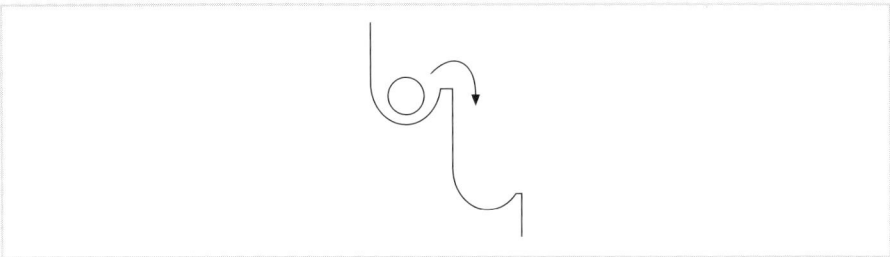

Abb. 3.1   Modellbeispiel zur Aktivierungsenergie

Durch die Bereitstellung einer Mindestmenge an Energie = Aktivierungsenergie wird eine Energieschwelle überwunden und die Reaktion kann ablaufen. Selbst exotherme Reaktionen, also Reaktionen, bei denen Energie frei wird (s. Abb. 3.2) brauchen diese Aktivierungsenergie.

Durch die Aktivierungsenergie werden die Reaktionspartner in einen reaktionsfähigen, aktivierten Zustand gebracht, in welchem Bindungen gelockert oder gelöst werden. Dann erst können neue Bindungen geknüpft werden, die zu neuen Produkten führen. Je nach Reaktionspartner kann die Aktivierungsenergie unterschiedlich groß sein. Reaktionen, die eine hohe Aktivierungsenergie erfordern, verlaufen oft so langsam, dass man mit bloßem Auge kaum eine Veränderung wahrnimmt (z. B. rostet das Blech eines Kotflügels erst nach Jahren durch). Im Gegensatz dazu verlaufen Explosionen in Sekundenbruchteilen; aber auch diese Reaktionen brauchen eine Aktivierungsenergie.

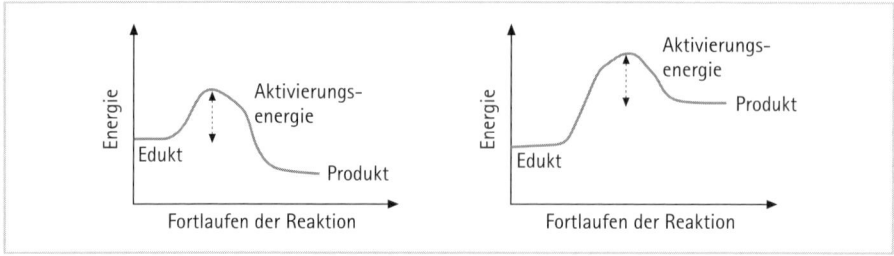

Abb. 3.2   Verlauf einer exothermen und endothermen Reaktion

Ist das Endprodukt einer chemischen Reaktion energieärmer als das Edukt, so spricht man von einer **exothermen Reaktion**. Bei einer exothermen Reaktion wird Energie frei, d. h. auch nach Berücksichtigung der zunächst zugeführten Aktivierungs-energie. Man schreibt auch: $-\Delta H$, wobei H der Reaktionswärme entspricht. Einmal gestartet, laufen exotherme Reaktionen ohne weitere Energiezufuhr ab, weil die frei werdende Reaktionswärme weitere Edukte aktiviert.

Handelt es sich jedoch um eine **endotherme**, energieverbrauchende Reaktion ($+\Delta H$), so muss eine dauernde Energiezufuhr gewährleistet sein. Das Produkt einer endothermen Reaktion ist energiereicher als das Edukt (s. Abb. 3.2).

Die Höhe der Aktivierungsenergie lässt Rückschlüsse auf die Reaktions-geschwindigkeit zu. Mithilfe von **Katalysatoren** kann man die Aktivierungsenergie herabsetzen, wodurch sich die Reaktionsgeschwindigkeit erhöht. Ein Katalysator bildet dabei mit einem Edukt eine Art von Zwischenbindung. Er nimmt also an der Reaktion teil, liegt aber nach der chemischen Reaktion unverändert vor, d.h. er wird dabei selbst nicht verbraucht. Die wichtigsten Biokatalysatoren, die für den Ablauf fast aller Stoffwechselvorgänge von größter Bedeutung sind, stellen die Enzyme dar.

3.6   Reaktionsgeschwindigkeit

$$A + B \longrightarrow C$$

Die Gleichung stellt ein allgemeines Reaktionsschema dar, in dem A und B für Edukte und C für Produkt stehen. Um jedoch überhaupt miteinander reagieren zu können, müssen die Teilchen A mit den Teilchen B zusammenstoßen. Die Geschwin-digkeit des Reaktionsablaufes hängt dabei von der Häufigkeit der Zusammenstöße von A und B ab. Im Laufe der Reaktion nimmt nun aber die Konzentration von A

Grundlagen der anorganischen Chemie

bzw. diejenige von B ab, während die Konzentration von C laufend ansteigt, da stets ein Molekül A bzw. B verbraucht werden muss, damit ein neues Molekül C entsteht.

Die Reaktionsgeschwindigkeit lässt sich also als die Konzentrationsänderung eines an dieser Reaktion beteiligten Stoffe innerhalb einer bestimmten Zeiteinheit definieren:

$$v = -\frac{dA}{dt} \text{ (Abnahme der Konzentration an A pro Zeiteinheit).}$$

Die Geschwindigkeit kann in gleichem Maße auch als Abnahme der Konzentration an B pro Zeiteinheit oder auch als Quotient der Konzentrationszunahme an C pro Zeiteinheit definiert werden.

$$v = -\frac{dA}{dt} = -\frac{dB}{dt} = +\frac{dC}{dt} \ [\text{mol}/(l \times s)]$$

Je größer die Konzentration von A ist, umso mehr Teilchen es also von A gibt, desto höher ist auch die Reaktionsgeschwindigkeit, welche demnach direkt proportional abhängig von der Konzentration von A ist. Das gleiche gilt für B.

[A] in Klammern geschrieben, bedeutet die Konzentration von A gemessen in mol/l. Zusammenfassend lässt sich auch schreiben:

$$v = k \times [A] \times [B]$$

Die Geschwindigkeit eines Reaktionsablaufes hängt also sowohl von [A] als auch von [B] ab, wobei noch zusätzlich eine Geschwindigkeitskonstante k in die Gleichung einfließt, die eine Materialkonstante darstellt und angibt, wie viele Zusammenstöße von A und B erfolgreich sind und tatsächlich auch zu einer Reaktion führen.

Das Reaktionsschema kann natürlich auch in die andere Richtung verlaufen, in Form einer so genannten Rückreaktion, denn auch das Produkt C könnte wieder in seine Ausgangsstoffe A und B zerfallen.

$$A \ + \ B \ \longrightarrow \ C \quad \text{Hinreaktion}$$
$$A \ + \ B \ \longleftarrow \ C \quad \text{Rückreaktion}$$

Jede Reaktion ist prinzipiell in beide Richtungen möglich, sodass also sowohl Hin- als auch Rückreaktion stattfinden. Man umschreibt solch einen Reaktionsablauf mit einem Doppelpfeil:

$$A \ + \ B \ \rightleftharpoons \ C$$

Betrachtet man jedoch nur Hin- oder Rückreaktion, so lässt sich der Reaktionsablauf dadurch vereinfachen.

Verläuft eine Reaktion nach dem Schema einer Rückreaktion, so kann auch hier wieder die Geschwindigkeit bestimmt werden, die jedoch dann nicht den gleichen Wert haben muss wie die Geschwindigkeit der Hinreaktion.

$$v_{Rück} = -\frac{dC}{dt}$$

Hier erscheint ein negatives Vorzeichen, da es sich ja hierbei um eine Abnahme von [C] und folglich um eine Zunahme von [A] bzw. [B] handelt.

Die Geschwindigkeit der Rückreaktion bei diesem Reaktionsschema ist also nur von [C] abhängig, wobei also gilt:

$$v_{Rück} = k_{Rück} \times [C]$$

Die Reaktionsgeschwindigkeit ist jedoch nicht nur von der **Konzentration**, sondern auch noch von folgenden Parametern (unbestimmte Konstanten) abhängig:

- Temperatur,
- Zerteilungsgrad,
- Katalysatoren.

Temperatur

Bei einer Temperaturerhöhung nimmt die kinetische Energie der Teilchen zu. In einer bestimmten Zeit werden deshalb mehr Teilchen mit der nötigen Mindestenergie (Aktivierungsenergie) zusammenstoßen, damit eine Reaktion eintreten kann. J.H. van't Hoff hat 1885 erkannt, dass sich bei einer Temperaturerhöhung von 10 °C die Reaktionsgeschwindigkeit mindestens verdoppelt.

Zerteilungsgrad

Je feiner ein Stoff zerteilt ist, desto größer ist seine Oberfläche und desto mehr Angriffsfläche bietet er seinem jeweiligen Reaktionspartner. Bei heterogenen Reaktionen (Reaktionen, bei denen die Ausgangsstoffe in verschiedenen Aggregatzuständen vorliegen) finden chemische Vorgänge in erster Linie an der Oberfläche der Edukte statt: Bläst man z. B. Magnesium-**Pulver** in eine Flamme, so verbrennt es blitzartig. Benutzt man für den gleichen Vorgang jedoch ein Magnesium-Band der gleichen Masse (jedoch mit insgesamt der kleineren Oberfläche im Vergleich zum Pulver), so verbrennt es wesentlich langsamer.

Katalysatoren

Wie schon besprochen, setzen Katalysatoren die Aktivierungsenergie herab, wodurch sich die Reaktionsgeschwindigkeit erhöht. Ein Beispiel soll dieses verdeutlichen: Wasserstoffperoxid zersetzt sich bei Tageslicht in Wasser und Sauerstoff. Den Zersetzungsvorgang kann man erheblich beschleunigen, indem man einer Wasserstoffperoxidlösung einen Katalysator, z. B. Mangandioxid (Braunstein) hinzusetzt. Als Produkte erhält man wieder Wasser und Sauerstoff, denn ein Katalysator geht nicht in die Reaktionsgleichung ein.

3.7 Chemisches Gleichgewicht

Reagieren zwei Stoffe A und B in einem geschlossenen System bei bestimmter Temperatur miteinander zu C und D, so wird sich ein **dynamisches Gleichgewicht** einstellen, sofern beide Reaktionen nicht gehemmt werden. Alle chemischen Reaktionen enden irgendwann in einem chemischen Gleichgewicht. Dieser Gleichgewichtszustand wird wieder durch einen Doppelpfeil symbolisiert:

$$A + B \rightleftharpoons C + D$$

In einem dynamischen Gleichgewicht verändern sich die Konzentrationen weder auf der Edukt- noch auf der Produktseite, denn die Reaktionsgeschwindigkeiten der Hin- und der Rückreaktion sind gleich. Dieses bedeutet jedoch nicht, dass die Reaktion nach einiger Zeit zum Stillstand gekommen ist. Vielmehr laufen Hin- und Rückreaktion ständig nebeneinander ab.

Befinden sich Edukte und Produkte bei einer chemischen Reaktion in einem dynamischen Gleichgewicht, besitzt das Produkt der Konzentrationen der Reaktionsprodukte geteilt durch das Produkt der Konzentrationen der Edukte einen konstanten Wert (K).

$$K = \frac{[C] \times [D]}{[A] \times [B]}$$

Diese Gleichung ist unter dem Namen **Massenwirkungsgesetz (MWG)** bekannt.

K bezeichnet man als Gleichgewichtskonstante. Sie ist für jedes Gleichgewicht spezifisch, und unabhängig von der eingesetzten Konzentration der Edukte nimmt sie einen konstanten Wert ein.

Das Massenwirkungsgesetz ermöglicht eine Aussage, in welche Richtung eine Reaktion ablaufen wird. Läuft eine Reaktion vollständig ab, erhöhen sich die Konzentrationen im Zähler, und es sinken die Konzentrationen im Nenner. Die Gleichgewichtskonstante K wird einen großen Zahlenwert einnehmen. Man sagt, das Gleichgewicht liegt auf der rechten Seite.

$$A \ + \ B \ \xrightleftharpoons{\hspace{1cm}} \ C \ + \ D$$

Bei kleinen K-Werten laufen Reaktionen nicht vollständig ab. Die Konzentration der Edukte bleibt hoch, die der Produkte ist niedrig. Das Gleichgewicht solcher Reaktionen liegt auf der Seite der Edukte.

$$A \ + \ B \ \xrightleftharpoons{\hspace{0.3cm}} \ C \ + \ D$$

Die Gleichgewichtskonstante ist temperaturabhängig, weil das chemische Gleichgewicht zwischen Hin- und Rückreaktion beeinflusst wird. Man muss stets die Temperatur, bei der eine Gleichgewichtskonstante bestimmt wird, angeben.

In Kapitel I.4 (Säure-Base) werden Gleichgewichtskonstanten zur Beurteilung von Säure- bzw. Basenstärke ausführlich diskutiert.

Ob im Gleichgewichtszustand nun prinzipiell mehr Ausgangs- oder Endprodukte vorhanden sind, hängt von der **freien Enthalpie** der Edukte bzw. Produkte ab. Unter der freien Enthalpie versteht man den maximal nutzbaren Energie-Anteil, der Arbeit verrichten oder in andere Energie-Formen umwandeln kann (Näheres dazu in einschlägigen Lehrbüchern der Chemie).

Chemische Gleichgewichte lassen sich jedoch beeinflussen oder auch verschieben. Das untersuchte der französische Chemiker Le Chatelier vor über hundert Jahren und erkannte folgendes Naturprinzip:

Erfährt ein sich im Gleichgewicht befindendes System durch Änderung der Bedingungen einen Zwang, so verschiebt sich das Gleichgewicht im Sinne einer Verminderung dieses Zwanges.

Nach Le Chatelier kann dieser Zwang in Form einer Temperatur-, Druck- oder Konzentrationsänderung stattfinden. Diese Veränderungen stören das Gleichgewicht, und die Reaktionsteilnehmer versuchen dann, diesem Störfall auszuweichen, indem das Gleichgewicht verlagert wird. Die Reaktionsteilnehmer versuchen also

Grundlagen der anorganischen Chemie

diesem Zwang in Richtung des kleineren Zwangs entgegenzuwirken. In welche Richtung das Gleichgewicht nun verschoben wird, lässt sich nach Le Chatelier voraussagen.

Temperaturänderung: Führt man einer exothermen Reaktion Wärme zu, so wird das Gleichgewicht in Richtung der Ausgangsstoffe verschoben, denn auf diese Weise kann der Zwang (hier: Temperaturerhöhung) vermindert werden. Die folgende Ammoniaksynthese verläuft exotherm:

$$N_2 \ + \ 3\,H_2 \ \rightleftarrows \ 2\,NH_3$$

Eine Temperaturerhöhung im Gleichgewicht begünstigt den Ammoniakzerfall, das bedeutet, dass das Gleichgewicht nach links verschoben wird.

Druckänderung: Auch durch eine Änderung des Drucks lässt sich ein chemisches Gleichgewicht verschieben. Am Beispiel der Ammoniaksynthese (vgl. oben) lässt sich das zeigen:

$$N_2 \ + \ 3\,H_2 \ \rightleftarrows \ 2NH_3$$

Auf der linken Seite stehen insgesamt 4 Volumeneinheiten Gas (1 Volumeneinheit Stickstoff und 3 Volumeneinheiten Wasserstoffgas), demgegenüber stehen nur 2 Volumeneinheiten Ammoniakgas auf der rechten Seite. Eine **Druckerhöhung** im Gleichgewicht fördert nun die Ammoniak-Synthese, denn durch eine Änderung des Drucks kommt es bei Gasreaktionen, die mit einer Volumenänderung einhergehen (in unserem Beispiel von 4 Volumeneinheiten auf 2) zu einer Verschiebung des Gleichgewichts auf die Seite mit dem kleineren Volumen. Das System versucht also auch hier, dem Zwang auszuweichen.

Konzentrationsänderung: Eine Konzentrationsänderung in einem chemischen Gleichgewicht

$$A \ + \ B \ \rightleftarrows \ C \ + \ D$$

lässt sich auf zweierlei Arten herbeiführen: 1. Entfernung der Produkte aus dem Gleichgewicht und 2. Erhöhung der Konzentration der Edukte.

Sorgt man bei diesem allgemeinen Reaktionsschema dafür, dass die Reaktionsprodukte laufend aus dem System entfernt werden (z. B. durch Abdestillieren), so bleibt folglich die Konzentration an C und D gering. Das Gleichgewicht verschiebt sich nach rechts, da die Geschwindigkeit der Rückreaktion (in Richtung der Ausgangsstoffe) im Vergleich zur Hinreaktion gering ist. Erhöht man jedoch die Konzentration von A und B, so erhöht sich die Anzahl der Zusammenstöße und damit die Geschwindigkeit der Hinreaktion. Es entstehen mehr Produkte; demnach wird das Gleichgewicht nach rechts verschoben.

3.8   Oxidation und Reduktion

Folgende Reaktion, bei der sich Eisen mit Sauerstoff verbindet, ist jedem bekannt, denn hierbei entsteht Rost, das Eisen(III)-oxid:

$$4\,Fe \;+\; 3\,O_2 \;\longrightarrow\; 2\,Fe_2O_3$$

Der Begriff der Oxidation war früher stets mit der Umsetzung eines Stoffes mit Sauerstoff verbunden oder mit dem Entzug von Wasserstoff wie das folgende Beispiel zeigt:

$$4\,HI \;+\; O_2 \;\longrightarrow\; 2\,I_2 \;+\; 2\,H_2O$$

Dem Molekül Iodwasserstoff wird hier der Wasserstoff entzogen.

In beiden Fällen handelt es sich um so genannte **Redoxreaktionen**. Dieser Begriff setzt sich aus den Wortstämmen **Red**uktion und **Ox**idation zusammen. Eine Reduktion läuft immer parallel, d. h. gleichzeitig zu einer Oxidation ab. Dabei erkennt man einen Oxidationsvorgang daran, dass die Oxidationszahl steigt, während bei einer Reduktion die Oxidationszahl sinkt.

Das Rosten des Eisens lässt sich noch besser als Oxidation und Reduktion erkennen. Die beiden Edukte liegen elementar vor und bekommen die Oxidationszahl Null. Im Eisenoxidmolekül erreicht Eisen die Oxidationszahl $+III$; die Oxidationszahl hat sich von 0 auf $+III$ erhöht - somit handelt es sich um eine Oxidation des Eisens. Gleichzeitig muss jedoch auch eine Reduktion ablaufen. Während der Reaktion ändert auch Sauerstoff seine Oxidationszahl, und zwar nach $-II$. Sauerstoff wird also reduziert, da sich seine Oxidationszahl erniedrigt.

Die obige Definiton von Oxidation und Reduktion kann man sich für viele chemische Reaktionen zunutze machen. Was aber geschieht, wenn gar kein Sauerstoff im Spiel ist?

Bei der folgenden Reaktion z. B. wird der Wasserstoff oxidiert, während Chlor reduziert wird, **ohne dass Sauerstoff beteiligt ist**.

$$\overset{0}{H_2} \;+\; \overset{0}{Cl_2} \;\longrightarrow\; 2\,\overset{+I\;-I}{HCl}$$

Betrachtet man die Außenelektronen, so stellt man fest, dass es sich beim Wasserstoff um einen **Entzug von Elektronen** handelt:

$$H \longrightarrow H^+ + e^-$$

Da Wasserstoff molekular vorliegt, werden nicht nur ein Elektron, sondern insgesamt zwei Elektronen pro Molekül übertragen. Diese zwei Elektronen müssen auch wieder von einem Stoff aufgenommen werden, in diesem Fall von Chlor. Chlor wird also reduziert, indem es zwei Elektronen aufnimmt:

$$Cl_2 + 2\,e^- \longrightarrow 2\,Cl^-$$

Die erweiterte Definition berücksichtigt auch sauerstofffreie Reaktionen: **Oxidation** ist demnach **Elektronenentzug** (dabei erhöht sich die Oxidationszahl), und **Reduktion** bedeutet **Elektronenaufnahme**, verbunden mit einer Erniedrigung der Oxidationszahl.

Ein weiteres Beispiel soll den Redoxvorgang veranschaulichen:

$$2\,FeCl_3 + H_2 \longrightarrow 2\,FeCl_2 + 2\,HCl$$

Das Fe im Eisen(III)-chlorid ändert seine Oxidationszahl von +III auf +II im Eisen(II)-chlorid; Fe^{3+} wird hierbei reduziert, da es ein Elektron aufnimmt (die Oxidationszahl wird erniedrigt).

Stoffe, die Elektronen aufnehmen, nennt man auch **Oxidationsmittel**. Ein Oxidationsmittel ist immer ein Elektronenakzeptor und wird reduziert. In unserem Beispiel stellt somit Eisen(III)-chlorid das Oxidationsmittel dar. Anders verhält es sich mit dem elementaren Wasserstoff, welcher durch die Abgabe von Elektronen zum **Elektronendonator** wird. Wasserstoff erhöht seine Oxidationszahl von 0 auf +I, er wird also oxidiert. Jedes **Reduktionsmittel** ist ein Elektronendonator und wird bei einem Redoxvorgang oxidiert.

Beispiele für Oxidationsmittel:

- O_2 (auch in Form von H_2O_2)
- Cl_2
- $KMnO_4$ (Kaliumpermanganat)
- MnO_2 (Mangandioxid)
- HNO_3

Beispiele für Reduktionsmittel:

- H_2 (elementarer Wasserstoff)
- C (elementarer Kohlenstoff)
- schweflige Säure (H_2SO_3)
- $SnCl_2$ (Zinn(II)-chlorid)

Aufstellen von Redoxgleichungen

Eine Redoxgleichung zu erstellen, erfordert etwas Übung. Um auch etwas komplizietere Gleichungen zu bearbeiten, empfiehlt es sich, die Gesamtgleichung in zwei Teilgleichungen aufzuspalten. In diesen Teilgleichungen (Halbzellenreaktionen) stehen sich jeweils die oxidierte bzw. reduzierte Form gegenüber. Wir wollen eine solche Redoxgleichung exemplarisch einüben:

Läßt man beispielsweise konzentrierte Salzsäure auf Kaliumpermanganat einwirken, so entstehen Mn^{2+}-Ionen und elementares Chlor. Das Chlorid-Ion (von der HCl stammend) wird also durch eine Oxidation zum gasförmigen Chlor, während aus dem Permanganat-Ion durch eine Reduktionsreaktion das zweiwertige Mangan entsteht. Folgende Arbeitsschritte kann man sich beim Erstellen von Redoxgleichungen zunutze machen:

- Aufstellung von Teilgleichungen mit Angabe von Produkt und Edukt,
- Bestimmung der Oxidationszahlen und Ausgleich der Oxidationszahländerung durch Elektronen (e^- immer auf die oxidierte Seite),
- Vergleich der Ladungen auf der Edukt- und der Produktseite,
- Eventuell notwendiger Ladungsausgleich durch H_3O^+ bzw. OH^- (je nachdem, ob die Reaktion im Sauren oder Alkalischen abläuft),
- Stöchiometrischer Ausgleich mit H_2O-Molekülen,
- Gegenüberstellung der beiden Teilgleichungen und Vergleich der beteiligten Elektronen,
- Abgleich der Elektronenzahlen und Multiplikation der Teilgleichungen (Bildung der kgV = kleinstes gemeinsames Vielfaches),
- Summation der Teilgleichungen.

So wird die **Teilgleichung der Oxidation** aufgestellt:

$$2\ HCl \longrightarrow Cl_2$$

Chlor liegt molekular als Cl_2 vor, sodass auf der rechten Produktseite auf alle Fälle 2 Chloratome gebraucht werden. Nur wenn HCl mit dem Faktor 2 multipliziert wird, sind auch auf der linken Seite zwei Chlorid-Ionen vorhanden. Der Ausgleich der Wasserstoffatome kommt zu einem späteren Zeitpunkt; aus diesem Grund ist die obige Teilgleichung auch stöchiometrisch noch nicht korrekt!

Im nächsten Schritt werden die Oxidationszahlen ermittelt. Chlorid hat in der Verbindung HCl die Oxidationsstufe –I, Chlor dagegen als Element trägt die Oxidationszahl 0. Es werden hier insgesamt 2 Elektronen übertragen, da zwei Chlorid-Ionen beteiligt sind, die jedes für sich 1 Elektron abgeben.

Es folgt:

$$2\,HCl \longrightarrow Cl_2 + 2\,e^-$$

Nun müssen noch die Ladungen auf der linken als auch auf der rechten Seite verglichen werden: Salzsäure hat die Gesamtladung Null (H^+ und Cl^- Teilchen gleichen sich aus), auch Chlor als Element trägt die Ladung Null. Auf der linken Seite beträgt die Ladung demnach Null, wohingegen auf der rechten Seite eine zweifach negative Ladung auftritt, die von den zwei Elektronen herrührt.

Es muss nun also ein Ladungsausgleich und zwar in Form von H_3O^+ Molekülen erfolgen, denn die Reaktion findet im sauren Bereich statt. Da auf der rechten Seite eine zweifach negative Ladung aufgetreten ist, müssen die H_3O^+ folglich auch auf der rechten Reaktionsseite hinzugefügt werden, damit es zum Ladungsausgleich kommen kann:

$$2\,HCl \longrightarrow Cl_2 + 2\,e^- + 2\,H_3O^+$$

Nun sind aber auf der Produktseite 4 Wasserstoffatome und 2 Sauerstoffatome zu viel vorhanden, die durch Addition von 2 Wassermolekülen auf der Eduktseite ausgeglichen werden können:

$$2\,HCl + 2\,H_2O \longrightarrow Cl_2 + 2\,e^- + 2\,H_3O^+$$

Die Aufstellung der Reduktionsreaktion erfolgt nach dem gleichen obigen Regelschema:

$$MnO_4^- \longrightarrow Mn^{2+}$$

Edukt und Produkt werden notiert. Meist werden bei Redoxreaktionen lediglich die agierenden Ionen aufgezeigt, auf die vollständige Verbindung, in diesem Falle $KMnO_4$, wird dann verzichtet. Die Anzahl der Sauerstoffatome wird, wie wir schon oben gesehen haben, später richtig gestellt.

Im nächsten Schritt erfolgt die Oxidationszahlbestimmung und der Ausgleich der Oxidationszahl mit Elektronen: Mangan besitzt im Permanganation die Oxidationsstufe +VII, im reduzierten Zustand hat es die Oxidationszahl +II (Oxidationszahl in einfachen Ionen entspricht der Ladung). Dieses bedeutet, dass insgesamt 5 Elektronen transferiert wurden, sodass folgende Zwischengleichung entsteht:

$$MnO_4^- \ + \ 5\,e^- \ \longrightarrow \ Mn^{2+}$$

Auch hier muss es nun zum Ladungsvergleich und Ladungsausgleich mit H_3O^+ Ionen kommen. Das Permanganation trägt eine einfach negative Ladung, hinzu kommen noch 5 negativ geladene Elektronen, wodurch sich die Gesamtladung auf der linken Seite auf -6 addieren läßt . Dem gegenüber steht die zweifach positive Ladung des Mn^{2+}. Die Ladungsdifferenz zwischen der Edukt- und der Produktseite beträgt nun also 8. Sie wird wieder mit H_3O^+ Ionen ausgeglichen:

$$MnO_4^- \ + \ 5\,e^- \ + \ 8\,H_3O^+ \ \longrightarrow \ Mn^{2+}$$

Da auf der linken Seite jetzt insgesamt 12 Sauerstoffatome stehen, müssen diese in Form von 12 Wassermolekülen auf der rechten Seite hinzugefügt werden. Es resultiert die Teilgleichung der Reduktion:

$$MnO_4^- \ + \ 5\,e^- \ + \ 8\,H_3O^+ \ \longrightarrow \ Mn^{2+} \ + \ 12\,H_2O$$

Um eine bessere Übersicht zu erhalten, sollten nun nochmals beide Gleichungen untereinander geschrieben und verglichen werden:

$$2\,HCl \ + \ 2\,H_2O \ \longrightarrow \ Cl_2 \ + \ 2\,e^- \ + \ 2\,H_3O^+$$
$$MnO_4^- \ + \ 5\,e^- \ + \ 8\,H_3O^+ \ \longrightarrow \ Mn^{2+} \ + \ 12\,H_2O$$

Damit die Elektronenzahl bei beiden Gleichungen übereinstimmt, bildet man das kleinste gemeinsame Vielfache; in diesem Fall aus 2 und 5. Das kgV ist 10, sodass die Oxidationsreaktion mit dem Faktor 5 und die Reduktionsreaktion mit 2 multipliziert werden muss. Die Teilgleichungen lauten dann:

$$10\,HCl \ + \ 10\,H_2O \ \longrightarrow \ 5\,Cl_2 \ + \ 10\,e^- \ + \ 10\,H_3O^+$$
$$2\,MnO_4^- \ + \ 10\,e^- \ + \ 16\,H_3O^+ \ \longrightarrow \ 2\,Mn^{2+} \ + \ 24\,H_2O$$

Grundlagen der anorganischen Chemie

Die Elektronen lassen sich nun in beiden Gleichungen kürzen, und auch alle anderen Stoffe (in diesem Beispiel: Wasser und H_3O^+ Ionen) lassen sich verrechnen. Die Gesamtgleichung des Redoxbeispiels lautet dann:

$$10\ HCl\ +\ 2\ MnO_4^-\ +\ 6\ H_3O^+\ \longrightarrow\ 5\ Cl_2\ +\ 2\ Mn^{2+}\ +\ 14\ H_2O$$

Disproportionierung – Komproportionierung

Eine **Disproportionierung** ist ein Redoxvorgang, bei dem ein Element gleichzeitig oxidiert und reduziert wird. Aus einer Verbindung entstehen zwei Produkte.

Beispielsweise disproportioniert Chlorgas beim Einleiten in Wasser in Salzsäure und Hypochlorige Säure:

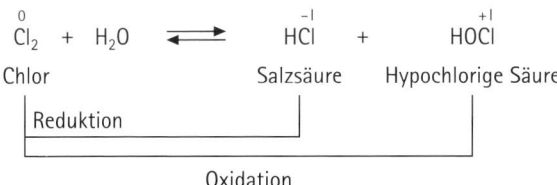

Der umgekehrte Vorgang ist die **Komproportionierung** oder **Synproportionierung**. Hierbei entsteht aus zwei Verbindungen, die ein Element in jeweils einer höheren und einer niedrigeren Oxidationsstufe enthalten, ein Produkt mit einer mittleren Oxidationsstufe.

Beispielsweise komproportionieren Bromat- mit Bromid-Ionen in saurer Lösung zu Brom:

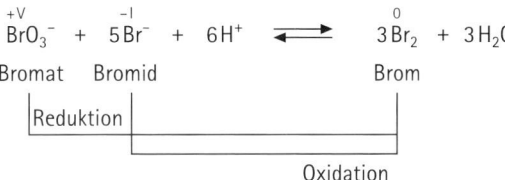

3.9　Galvanisches Element

Taucht man einen Zinkstab (Zn) in eine Lösung, die Kupfersulfat (Cu^{2+}) enthält, findet folgende Redoxreaktion statt:

$$Cu^{2+} \ + \ Zn \ \longrightarrow \ Cu \ + \ Zn^{2+}$$

Die angegebenen Ladungen zeigen, dass Ionen vorliegen.

Auf dem Zinkstab scheidet sich allmählich elementares Kupfer ab, während das Zink sich unter Bildung von Zinkionen (Zn^{2+}) löst. Solch eine Anordnung, in der eine Redoxreaktion abläuft, bezeichnet man als **galvanisches Element** (s. Abb. 3.3). Jede Auto- oder Taschenlampenbatterie besteht aus hintereinander geschalteten galvanischen Elementen.

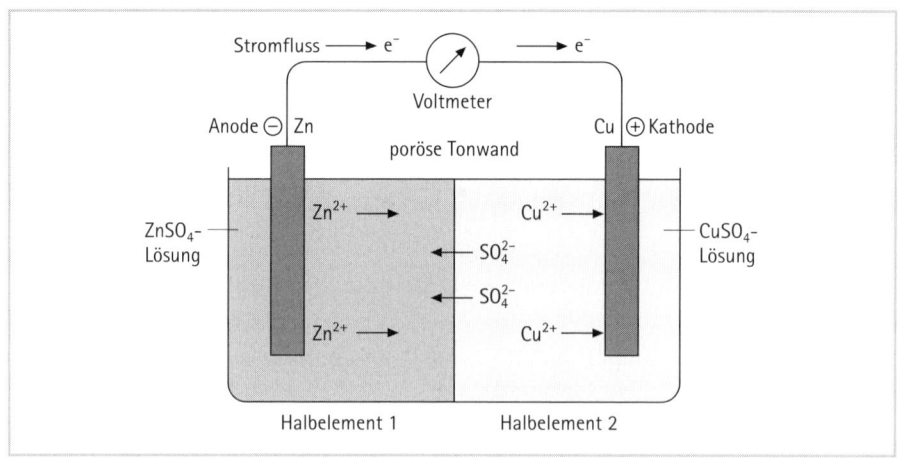

Abb. 3.3　Galvanisches Element

Kathode und Anode werden als Elektroden bezeichnet. An einer **Kathode** findet die **Reduktion,** an der **Anode** die **Oxidation** statt (s. Kap. 3.11).

Ein metallischer Stab aus Zink (Zinkelektrode) taucht in eine Zinksulfatlösung. Im Halbelement 1 liegen also sowohl Zink als auch Zinkionen vor. In der Halbzelle 2 taucht ein Kupferstab (Kupferelektrode) in eine Kupfersulfatlösung. Es liegen hier also Cu und Cu^{2+}-Ionen vor. Beide Halbzellen sind durch eine halbdurchlässige Wand getrennt.

Verbindet man die Zinkelektrode über einen elektrischen Leiter mit der Kupferelektrode, können Elektronen vom Zink- zum Kupferstab fließen.

Da Zink stärker bestrebt ist, Elektronen abzugeben, wird es oxidiert. Die Elektronen fließen über den elektrischen Leiter zum Cu-Stab. Zink wird dabei zum Zn^{2+} oxidiert. Das Kupferion der Kupfersulfatlösung nimmt das Elektron auf und wird zum elementaren Kupfer reduziert, welches sich dann an der Elektrode (Cu) abscheiden kann.

$$\text{Halbelement 1}: \quad Zn \longrightarrow Zn^{2+} + 2\,e^- \quad \text{Oxidation}$$
$$\text{Halbelement 2}: \quad Cu^{2+} + 2\,e^- \longrightarrow Cu \qquad\qquad \text{Reduktion}$$

Durch diese Vorgänge entsteht in der Halbzelle 1 ein Überschuss an positiven Ladungen und im Halbelement 2 ein Defizit, das durch die Wanderung von SO_4^{2-}-Ionen von der Halbzelle 2 zur Halbzelle 1 ausgeglichen wird. Wird nun zwischen Zink-Stab und Kupfer-Stab ein Spannungsmesser geschaltet, so lässt sich eine Potenzialdifferenz, eine Spannung, messen.

Für verschiedene Redoxsysteme gibt es unterschiedliche, messbare Potenzial-differenzen, vorausgesetzt es existiert ein Bezugspotenzial. Prinzipiell lassen sich nur **Potenzialdifferenzen** messen, nicht aber einzelne Potenziale.

Solch ein Bezugsredoxsystem stellt das Redoxpaar

$$H_2 \rightleftharpoons 2\,H^+ + 2\,e^-$$

dar.

Das Potenzial dieser Redoxreaktion wurde willkürlich gleich null gesetzt und gilt für Standardbedingungen (25 °C; Konzentration der Reaktionspartner 1 mol/l bzw. 1 bar Druck) Es wird auch **Normalpotenzial** (E_0) genannt. Für jedes Redox-Paar lässt sich ein charakteristisches Normalpotenzial messen.

3.10 Elektrochemische Spannungsreihe

Ordnet man die verschiedenen Redoxsysteme nach ihrer Fähigkeit, andere Elemente zu reduzieren, so erhält man eine Redoxreihe, die als **elektrochemische Spannungs-reihe** bezeichnet wird (s. Tab. 3.2). Mithilfe dieser elektrochemischen Spannungsreihe können nicht nur Oxidations- und Reduktionsvorgänge erklärt werden, sondern es lassen sich auch Voraussagen machen, ob bestimmte Redoxreaktionen überhaupt möglich sind.

Tab. 3.2 Elektrochemische Spannungsreihe

Reduzierte Form	⇌	Oxidierte Form	+ ne⁻	Normalpotenzial E^0 (V)
Li	⇌	Li^+	$+ e^-$	$-3,04$
K	⇌	K^+	$+ e^-$	$-2,92$
Ca	⇌	Ca^{2+}	$+ 2e^-$	$-2,87$
Na	⇌	Na^+	$+ e^-$	$-2,71$
Al	⇌	Al^{3+}	$+ 3e^-$	$-1,68$
Mn	⇌	Mn^{2+}	$+ 2e^-$	$-1,19$
Zn	⇌	Zn^{2+}	$+ 2e^-$	$-0,76$
S^{2-}	⇌	S	$+ 2e^-$	$-0,48$
Fe	⇌	Fe^{2+}	$+ 2e^-$	$-0,41$
Cd	⇌	Cd^{2+}	$+ 2e^-$	$-0,40$
Sn	⇌	Sn^{2+}	$+ 2e^-$	$-0,14$
Pb	⇌	Pb^{2+}	$+ 2e^-$	$-0,13$
$H_2 + 2 H_2O$	⇌	$2 H_3O^+$	$+ 2e^-$	0
Sn^{2+}	⇌	Sn^{4+}	$+ 2e^-$	$+0,15$
Cu	⇌	Cu^{2+}	$+ 2e^-$	$+0,34$
$2 I^-$	⇌	I_2	$+ 2e^-$	$+0,54$
Fe^{2+}	⇌	Fe^{3+}	$+ e^-$	$+0,77$
Ag	⇌	Ag^+	$+ e^-$	$+0,80$
$NO + 6 H_2O$	⇌	$NO_3^- + 4 H_3O^+$	$+ 3e^-$	$+0,96$
$2 Br^-$	⇌	Br_2	$+ 2e^-$	$+1,07$
$6 H_2O$	⇌	$O_2 + 4 H_3O^+$	$+ 4e^-$	$+1,23$
$2 Cr^{3+} + 21 H_2O$	⇌	$Cr_2O_7^{2-} + 14 H_3O^+$	$+ 6e^-$	$+1,33$
$2 Cl^-$	⇌	Cl_2	$+ 2e^-$	$+1,36$
$Pb^{2+} + 6 H_2O$	⇌	$PbO_2 + 4 H_3O^+$	$+ 2e^-$	$+1,46$
Au	⇌	Au^{3+}	$+ 3e^-$	$+1,5$
$Mn^{2+} + 12 H_2O$	⇌	$MnO_4^- + 8 H_3O^+$	$+ 5e^-$	$+1,51$
$2 F^-$	⇌	F_2	$+ 2e^-$	$+ 2,87$

In der elektrochemischen Spannungsreihe sind Elemente und Ionen nach ihrer Oxidationskraft angeordnet. Je **negativer** das Potenzial , desto stärker **reduzierend** wirkt das Element. Oben stehen demnach die starken Reduktions- und die schwachen Oxidationsmittel; nach unten hingegen wird die Stärke des Oxidationsmittels immer größer. Stärkstes Reduktionsmittel stellt das Lithium dar, stärkstes Oxidationsmittel ist das Fluor.

Eine Redoxreaktion kann nur eintreten, wenn das Reduktionsmittel in der Spannungsreihe **über** dem Oxidationsmittel steht!

Alle Metalle, die in der Spannungsreihe oberhalb vom Wasserstoff stehen und die daher als **Reduktionsmittel** wirken, entwickeln Wasserstoff, wenn ihnen Säure zugesetzt wird:

$$Zn \;+\; 2\,H_3O^+ \;\longrightarrow\; Zn^{2+} \;+\; H_2 \;+\; 2\,H_2O$$

$$Fe \;+\; 2\,H_3O^+ \;\longrightarrow\; Fe^{2+} \;+\; H_2 \;+\; 2\,H_2O$$

Solche Metalle (Zink, Eisen, Mangan, Kalium etc.) bezeichnet man als **unedle Metalle.**

Edle Metalle, wie z. B. Gold (Au) oder Silber (Ag) können im sauren Bereich nicht als Reduktionsmittel fungieren, denn sie haben ein positives Redoxpotenzial. Edelmetalle lösen sich also nicht in Säuren unter Wasserstoffentwicklung auf.

Einige Metalle verhalten sich gegenüber Wasser und Säuren jedoch anders als die Spannungsreihe es erwarten lässt:

Aluminium löst sich nicht in Säuren unter H_2-Entwicklung, da elementares Aluminium rasch von einer säureunlöslichen **Oxidschicht** überzogen wird, wodurch die oben beschriebene Redoxreaktion vereitelt wird (erst in Laugen löst sich diese Oxidschicht wieder auf).

Ebenfalls kann das Redoxpotenzial durch eine **Komplexbildung** beeinflusst werden: Gold löst sich nicht in Salpetersäure, ist aber in Königswasser (Gemisch aus HCl/HNO_3) löslich. In Gegenwart von Chloridionen geht Gold in ein Komplexion über. Durch diese Komplexbildung wird das Redoxpotenzial von Au/Au^{3+} so stark erniedrigt, dass letztendlich doch eine Oxidation von Gold (Gold löst sich dabei auf) möglich wird.

Bei manchen Redoxprozessen kann die aufzuwendende Aktivierungsenergie so groß sein, dass es zu keiner Reaktion kommt (**kinetische Hemmung**), obwohl die Redoxpotenziale eine positive Reaktion zulassen müssten. Zum Beispiel oxidiert das Permanganation (MnO_4^-) Wasser nicht zum elementaren Sauerstoff (E_0 $H_2O/O_2 = +1{,}23$), obwohl es laut Spannungsreihe zu erwarten wäre.

3.11   Elektrolyse

Mithilfe eines galvanischen Elements lässt sich elektrischer Strom erzeugen. Hierbei läuft der Redoxprozess freiwillig ab.

Es gibt jedoch auch Redoxprozesse, die unfreiwillig, d. h. erst nach **Zuführung** von elektrischer Energie, ablaufen. Dieses geschieht bei der **Elektrolyse**. Die Trennung in Anionen und Kationen heißt **Elektrolyse**. Stoffe, die in wässriger Lösung in geladene Teilchen (Ionen) zerfallen, nennt man **Elektrolyte** (Wasser, Basen, Salze, Säuren). Sie lassen sich durch elektrischen Strom trennen; die zur Kathode wandernden Kationen werden dort reduziert (Elektronenzufügung), während die Anionen an der Anode oxidiert werden (Elektronenentzug).

Eine Natriumchlorid**schmelze** zeigt nun auch ganz charakteristische Eigenschaften, die durch die Ladung der Ionen verursacht werden.

Taucht man zwei Drähte in diese Elektrolytschmelze und legt eine elektrische Spannung an diese Drähte, so wandern die Ionen.

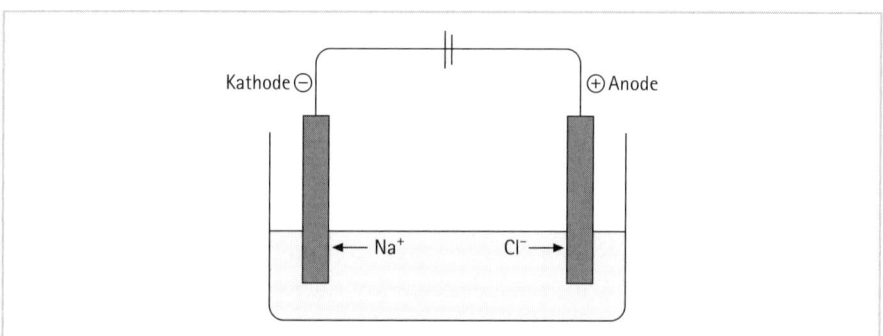

Abb. 3.4   Elektrolyse einer Natriumchloridschmelze (Schmelzelektrolyse)

Grundlagen der anorganischen Chemie

Der Ladungstransport erfolgt hier über die Ionen (im Gegensatz zu den Metallen, bei denen die Elektronen die Ladungsträger darstellen). Salzschmelzen leiten den elektrischen Strom. Mit der Zeit sammeln sich die Kationen an der negativ geladenen Kathode. Die Natriumionen werden dort zum metallischen Natrium reduziert und können sich dort abscheiden.

$$Na^+ + e^- \longrightarrow Na$$

Anionen wandern hingegen zur Anode (= positiv geladene Elektrode). Hier werden, wie das obige Beispiel zeigt, die Chlorid-Ionen zum elementaren Chlor oxidiert und es entwickelt sich Chlorgas:

$$2\,Cl^- \longrightarrow Cl_2 + 2\,e^-$$

4 Säure-Base-Systeme

4.1 Einleitung

Den Begriff der Säure kennt jeder aus dem alltäglichen Sprachgebrauch. Meistens meint man den sauren Geschmack ihrer wässrigen Lösungen, z. B. Essigsäure in Essig oder Zitronensäure in Zitronensaft.

Säuren besitzen für viele Stoffe eine auflösende Wirkung, z. B. löst Zitronensäure wasserunlöslichen Kalk in Kaffeemaschinen oder verdünnte Phosphorsäure in Cola zersetzt ein Stückchen Fleisch in nur wenigen Stunden.

Gefährlich ist das Einatmen ätzender Säuredämpfe oder das Berühren konzentrierter Säuren, weil Haut oder Schleimhäute irreversibel geschädigt werden.

Um auf die ätzende Wirkung starker Säuren hinzuweisen, werden ihre Lösungen mit dem Symbol Ätzend

(schwarze Schrift auf orangefarbenen Hintergrund) gekennzeichnet.

Säuren verwendet man auch in Lebensmitteln. Weinsäure macht z. B. Getränke haltbarer oder Kohlensäure verbessert den erfrischenden Geschmack in Mineralwässern.

Säuren bilden mit Basen Salze. Versetzt man z. B. äquivalente Mengen Salzsäure mit Natronlauge (Base), entsteht gelöstes Kochsalz. Die Bezeichnung Base leitet sich aus dem Griechischen Basis ab, denn Basen bilden die Grundlage (Basis) jedes Salzes.

Basische Lösungen aus der Praxis sind Laugen, die in Reinigungsmitteln enthalten sind. Ein altes Reinigungsmittel ist Ammoniak (Salmiakgeist), welches durch seine schmutzlösende Wirkung gerne zum Fensterputzen verwendet wird. Ein schärferes Reinigungsmittel ist Abfluss-Frei. Es enthält Natriumhydroxid, eine sehr starke Base, die Rohrverstopfungen auflösen kann. Laugen wirken nämlich noch stärker ätzend als Säuren und werden wie die Säuren mit dem gleichen Gefahrensymbol gekennzeichnet.

Basische Verbindungen reagieren alkalisch. Diese Bezeichnung stammt aus dem arabischen Wort al kalja und bedeutet Pflanzenasche. Aus diesem Wort lassen sich auch die Begriffe Alkaloide oder Alkalimetalle ableiten, deren Verbindungen man in Pflanzen vorfindet.

4.2   Arrhenius-Begriffe für Säure und Base

Arrhenius stellte Ende des 19. Jahrhunderts die Ionentheorie auf, nach der in Lösungen von Salzen (Elektrolyte) Ionen vorhanden sind. Das ermöglichte erstmals eine – wenn auch noch recht unvollständige – Definition von Säuren und Basen.

Noch heutzutage werden seine Erkenntnisse verwendet und gehören zum alltäglichen Gebrauch des Chemikers.

Arrhenius bezeichnet **Säuren** als Wasserstoffverbindungen, die in wässriger Lösung in ihre **Ionen** zerfallen (dissoziieren) und dabei H^+-**Teilchen** abspalten.

Salzsäure (HCl) dissoziiert in Wasser in H^+ und Cl^--Ionen, Schwefelsäure (H_2SO_4) in H^+ (pro Molekül zwei H^+) und SO_4^{2-}-Ionen.

Nach Arrhenius sind **Basen** Hydroxidverbindungen, welche beim Auflösen in Wasser in **Ionen** zerfallen und dabei OH^- abspalten. Beispielsweise enthält die wässrige Lösung von Natronlauge (NaOH) Na^+- und OH^--Ionen.

Allerdings weist die Arrhenius-Theorie Mängel auf, wie z. B. die Beschränkung von Säure-Base-Reaktionen auf das Lösungsmittel Wasser. Es gibt zahlreiche nichtwässrige Lösungsmittel, in denen ebenfalls Säure-Base-Reaktionen möglich sind.

Ein andere Schwäche zeigt das Basenmodell. Viele andere Verbindungen, z. B. NH_3 (Ammoniak), zeigen auch ohne eine OH^--Gruppe basischen Charakter.

Deshalb soll eine umfassendere Säure-Base-Theorie vorgestellt werden.

4.3   Brönsted-Säure und Brönsted-Base

Anfang des 20. Jahrhunderts entwickelte der Physikochemiker Johannes Brönsted eine Säure-Base-Theorie, die sich bis heute bewährt hat. Er stellte fest, dass Säuren immer ein oder mehrere Protonen abspalten können.

Man nennt H^+-Teilchen (Wasserstoffionen) Protonen, da sie ausschließlich aus einem Proton im Kern bestehen und über kein Elektron mehr verfügen. Sie sind im wahrsten Sinne des Wortes nackte Wasserstoffkerne ohne ihr Hüllenelektron.

Typische Säuren sind z. B. HCl (Salzsäure), HNO_3 (Salpetersäure), H_2SO_4 (Schwefelsäure) oder H_3PO_4 (Phosphorsäure).

In wässriger Lösung dissoziieren Säuren in H^+ und in das dazugehörige Anion:

$$HCl \rightleftharpoons H^+ + Cl^-$$

$$HNO_3 \rightleftharpoons H^+ + NO_3^-$$

$$H_2SO_4 \rightleftharpoons 2\,H^+ + SO_4^{2-}$$

$$H_3PO_4 \rightleftharpoons 3\,H^+ + PO_4^{3-}$$

Nach Brönsted sind auch andere Lösungsmittel als Wasser verwendbar. Wasser ist jedoch das gängigste Lösungsmittel.

Säuren geben in Lösung ihre Protonen an Basen ab. Brönsted definiert Säuren als Protonendonatoren (lat. donare = schenken) oder Protonenspender.

Salzsäure und Salpetersäure können ein Proton, Schwefelsäure zwei Protonen und die Phosphorsäure drei Protonen an Basen abgeben.

Neben den **Neutralsäuren**, die nach außen ungeladen sind, existieren auch positiv (z. B. NH_4^+ Ammonium, H_3O^+ Hydroxonium, Oxonium oder Hydronium) oder negativ (z. B. $H_2PO_4^-$ Dihydrogenphosphat, HSO_4^- Hydrogensulfat) geladene Säuren (sog. **Ionensäuren**).

Grundsätzlich besitzen sie alle die Fähigkeit, Protonen an Basen abzugeben.

Basen akzeptieren (lat. accipere = annehmen) die Protonen der Säuren. Sie sind **Protonenakzeptoren oder Protonenempfänger.**

Basen können wie Säuren aus neutralen Molekülen (z. B. NH_3 Ammoniak) oder Ionen (z. B. OH^- Hydroxid, CH_3COO^- Acetat) bestehen.

$$NH_3 + H^+ \rightleftharpoons NH_4^+$$

$$OH^- + H^+ \rightleftharpoons H_2O$$

$$CH_3COO^- + H^+ \rightleftharpoons CH_3COOH$$

Damit **Basen** Protonen aufnehmen und binden können, müssen sie ein **freies Elektronenpaar** besitzen.

$$H-\overline{N}-H \quad + \quad H^+ \quad \rightleftharpoons \quad H-\overset{\displaystyle H}{\underset{\displaystyle H}{\overset{+}{N}}}-H$$

$$^-|\underline{O}-H \quad + \quad H^+ \quad \rightleftharpoons \quad \overset{\displaystyle H}{\underset{\displaystyle H}{\langle O}}$$

4.4 Säure-Base-Reaktionen

4.4.1 Protolyse

Eine Säure-Base-Reaktion ist gekennzeichnet durch die Abgabe von Protonen der Säure an eine Base. Man nennt eine **Protonenübertragung**sreaktion auch **Protolyse**.

Beispiel: Protolyse zwischen einer Säure und Wasser:

$$\overset{\displaystyle H^+}{HCl \quad + \quad H_2O} \quad \longrightarrow \quad Cl^- \quad + \quad H_3O^+$$

Salzsäure	Wasser	Chlorid	Hydroxonium
Säure	Base		

Bei der Hinreaktion gibt HCl als Säure ein Proton an H_2O ab. Wasser reagiert basisch und wird selbst zum positiven Hydroxoniumion.

Die Rückreaktion dieser Protolyse verläuft entsprechend:

$$\overset{\displaystyle H^+}{H_3O^+ \quad + \quad Cl^-} \quad \longrightarrow \quad HCl \quad + \quad H_2O$$

Säure	Base

Die Rückreaktion ist nur eine theoretische Überlegung und wird in Wirklichkeit nicht oder kaum ablaufen, weil Salzsäure als starke Säure mit Wasser vollständig reagiert. Hier zeigt nun das Hydroxoniumion sauren Charakter, indem es als Protonendonator ein Proton auf ein Chloridion überträgt. Dadurch wird Chlorid zum Protonenakzeptor, also zur Base.

Bei der Abgabe eines Protons wird die Säure in eine Base (bezeichnet man als korrespondierende Base) übergehen und umgekehrt die Base durch die Aufnahme eines Protons selbst zu einer Säure (korrespondierende Säure).

$$HCl \quad + \quad H_2O \quad \rightleftharpoons \quad Cl^- \quad + \quad H_3O^+$$

Säure   Base   korresp. Base   korresp. Säure

Man spricht von **korrespondierenden Säure-Base-Paaren.**

In unserem Beispiel findet man zwei korrespondierende Säure-Base-Paare:

1.) $HCl \qquad \rightleftharpoons \qquad Cl^- \quad + \quad H^+$

       Säure   korresp. Base

2.) $H_2O \quad + \quad H^+ \rightleftharpoons \quad H_3O^+$

       Base   korresp. Säure

Beispiel: Protolyse zwischen einer Base und Wasser:

$$NH_3 \quad + \quad H_2O \quad \rightleftharpoons \quad NH_4^+ \quad + \quad OH^-$$

Ammoniak   Wasser   Ammonium   Hydroxid
Base   Säure

Im Gegensatz zur vorherigen Protolyse reagiert hier Wasser als Säure, indem es Ammoniak protoniert. Ammoniak reagiert als Base, weil es das Proton des Wassers bindet. Es liegen wieder zwei korrespondierende Säure-Base-Paare vor:

1.) $NH_3 \quad + \quad H^+ \rightleftharpoons \quad NH_4^+$

       Base   korresp. Säure

2.) $H_2O \qquad \rightleftharpoons \qquad OH^- \quad + \quad H^+$

       Säure   korresp. Base

Wässrige Lösungen von **Säuren** enthalten H_3O^+, wässrige Lösungen von **Basen** enthalten OH^-.

Vereinfachte Reaktion einer Säure mit Wasser:

$$HA \;+\; H_2O \;\rightleftharpoons\; A^- \;+\; H_3O^+$$

| Säure | Base | korresp. Base | korresp. Säure |

(A = Acid)

Vereinfachte Reaktion einer Base mit Wasser:

$$B \;+\; H_2O \;\rightleftharpoons\; BH^+ \;+\; OH^-$$

| Base | Säure | korrersp. Säure | korresp. Base |

(B = Base)

In beiden Reaktionen ist Wasser beteiligt. In Gegenwart einer Säure (z. B. Salzsäure) reagiert H_2O als Base zu H_3O^+, indem es ein Proton anlagert. Unter Zusatz einer Base (z. B. Ammoniak) zeigt H_2O einen sauren Charakter, spaltet ein Proton ab, sodass OH^- übrig bleibt.

Moleküle und Ionen, die **sowohl als Säuren** wie auch **als Basen** auftreten können, nennt man **amphoter** bzw. **Ampholyte.** Der Begriff amphoter stammt aus dem griechischen amphoteros und bedeutet beiderseitig.

Amphotere Substanzen sind zur **Autoprotolyse** (Selbstprotolyse) befähigt, d. h. sie können mit sich selbst reagieren, indem sie untereinander Protonen übertragen und akzeptieren.

Tab. 4.1 Autoprotolyse einiger amphoterer Substanzen

amphotere Substanz		korresp. Säure		korresp. Base
$2\,H_2O$	$\rightleftharpoons$	H_3O^+	+	OH^-
Wasser		Hydroxonium		Hydroxid
$2\,NH_3$	$\rightleftharpoons$	NH_4^+	+	NH_2^-
Ammoniak		Ammonium		Amid
$2\,CH_3COOH$	$\rightleftharpoons$	$CH_3COOH_2^+$	+	CH_3COO^-
Essigsäure		Acetacidium		Acetat

Bei Autoprotolyse-Reaktionen (s. Tab. 4.1) liegt das Gleichgewicht der Reaktionen fast vollständig auf der Seite der Edukte.

4.4.2 Neutralisation

Mischt man die äquivalenten (gleichwertigen), wässrigen Lösungen einer Säure und einer Base, so neutralisieren sich beide gegenseitig.

Eine typische Neutralisation findet zwischen Salzsäure und gelöstem Natriumhydroxid (Natronlauge) statt.

In wässriger Lösung dissoziiert Salzsäure vollständig zu Hydroxonium- und Chloridionen:

$$HCl \ + \ H_2O \ \longrightarrow \ Cl^- \ + \ H_3O^+$$

Natriumhydroxid zerfällt beim Lösen in Wasser in Ionen:

$$\underset{\underset{\text{solid = fest}}{\downarrow}}{NaOH(s)} \ \xrightarrow{\text{Wasser}} \ \underset{\underset{\text{aqua = in Wasser gelöst}}{\downarrow}}{Na^+(aq) \ + \ OH^-(aq)}$$

Mischt man beide wässrigen Lösungen in entsprechenden Mengen, neutralisieren sich die Lösungen unter Bildung von **Wasser** und einem **Salz**, in diesem Beispiel Natriumchlorid (Kochsalz). Neutral bedeutet, dass man auf der Seite der Produkte keine Säure und keine Base vorfindet, sondern nur Wasser und ein gelöstes Salz.

$$\underset{\text{Ionen der Salzsäure}}{H_3O^+(aq) + Cl^-(aq)} \ + \ \underset{\text{Ionen der Natronlauge}}{Na^+(aq) + OH^-(aq)} \ \rightleftharpoons \ \underset{\underset{\equiv NaCl(aq)}{\text{Natriumchloridlösung}}}{Na^+(aq) + Cl^-(aq)} \ + \ 2\,H_2O$$

Ein Molekül Salzsäure neutralisiert ein Molekül Natronlauge. Man sagt, beide Substanzen reagieren in **äquivalenten Mengen** miteinander.

> Bei einer **Neutralisation** gilt immer:
>
> $$\text{Säure} \ + \ \text{Base} \ \overset{\text{Neutralisation}}{\rightleftharpoons} \ \text{Salz} \ + \ \text{Wasser}$$

Die eigentliche Neutralisation erfolgt zwischen den Hydroxoniumionen H_3O^+ der Säure und den Hydroxidionen OH^- der Base unter Bildung von Wasser:

$$H_3O^+ \ + \ OH^- \ \rightleftharpoons \ 2\,H_2O$$

Grundlagen der anorganischen Chemie

Die Anionen der Säure (hier: Cl^-) und die Kationen der Base (hier: Na^+) sind nicht an der Neutralisationsreaktion beteiligt.

Typische Beispiele einer Neutralisation:

Schwefelsäure und Natronlauge:

$$H_2SO_4 \quad + \quad 2\,NaOH \quad \rightleftharpoons \quad 2\,Na^+ + SO_4^{2-} \quad + \quad 2\,H_2O$$

| Schwefelsäure | Natronlauge | Natriumsulfat | Wasser |

Ein Molekül Schwefelsäure ist zwei Molekülen Natronlauge äquivalent.

Salpetersäure und Kalilauge:

$$HNO_3 \quad + \quad KOH \quad \rightleftharpoons \quad K^+ + NO_3^- \quad + \quad H_2O$$

| Salpetersäure | Kalilauge | Kaliumnitrat | Wasser |

Ein Molekül Salpetersäure ist einem Molekül Kalilauge äquivalent.

Das nächste Beispiel stammt aus der Pharmazie. Natriumhydrogencarbonat, ein Antacidum, reagiert mit der Salzsäure des Magens:

$$HCl \quad + \quad NaHCO_3 \quad \rightleftharpoons \quad Na^+ + Cl^- \quad + \quad H_2CO_3$$

Salzsäure (Magensäure)   Natriumhydrogencarbonat (z. B. in Kaisernatron oder Bullrichs Salz)   Natriumchlorid   Kohlensäure instabil

$$\Downarrow$$

$$CO_2 \ + \ H_2O$$

Natriumhydrogencarbonat neutralisiert die Magensäure. Dabei entsteht Kohlensäure, die in Kohlendioxid und Wasser zerfällt. Kohlendioxid ist ein Gas, welches zu Magendrücken, Aufstoßen und Blähungen führen kann.

Den umgekehrten Vorgang, also das Lösen eines Salzes in Wasser, nennt man **Hydrolyse:**

$$\text{Salz} \ + \ \text{Wasser} \quad \underset{\text{Neutralisation}}{\overset{\text{Hydrolyse}}{\rightleftharpoons}} \quad \text{Säure} \ + \ \text{Base}$$

4.5 Autoprotolyse des Wassers

4.5.1 Ionenprodukt des Wassers

Völlig reines Wasser weist eine – wenn auch nur sehr geringe – elektrische Leitfähigkeit auf. Es müssen demnach Ionen vorhanden sein, die durch Eigendissoziation des Wassers entstanden sind.

$$H_2O \; + \; H_2O \; \rightleftharpoons \; H_3O^+ \; + \; OH^-$$

Bei dieser **Autoprotolyse** überträgt ein Wassermolekül ein Proton auf ein anderes Wassermolekül. Das Gleichgewicht der Reaktion liegt fast ausschließlich auf der Seite der Wassermoleküle.

Wendet man auf diese Autoprotolyse das Massenwirkungsgesetz (s. Kap. 3.7) an, so erhält man folgende Gleichung:

$$K = \frac{\text{Konzentration (mol/l) der Produkte}}{\text{Konzentration (mol/l) der Edukte}} = \frac{c(H_3O^+) \times c(OH^-)}{c(H_2O) \times c(H_2O)} = \frac{c(H_3O^+) \times c(OH^-)}{c(H_2O)^2}$$

Das Verhältnis der Produkte der Ionenkonzentrationen $c(H_3O^+)$ und $c(OH^-)$ ist zu dem Quadrat der Wasserkonzentration $c(H_2O)$ konstant (K), weil sich ein dynamisches Gleichgewicht einstellt. Allerdings ist die Konzentration der Ionen $c(H_3O^+)$ und $c(OH^-)$ im Vergleich zur Konzentration des Wassers $c(H_2O)$ verschwindend klein. Man betrachtet deshalb die Konzentration des Wassers $c(H_2O)$, die wegen des hohen Überschusses quasi konstant ist.

Schreibt man obige Gleichung um, kommt man zu einer neuen Konstante, dem **Ionenprodukt**:

$$K \times c(H_2O)^2 \; = \; c(H_3O^+) \times c(OH^-)$$

$$K_W \; = \; c(H_3O^+) \times c(OH^-)$$

K_W nennt man das Ionenprodukt des Wassers.

K_W lässt sich berechnen, da man K in Tabellen nachschlagen kann $(3,24 \times 10^{-18}$ unter Normbedingungen) und in einem Liter Wasser 55,5 mol $\left(\frac{1000 \,(\text{von 1 Liter})}{18 \,(\text{rel. Molekülmasse})} \right)$ enthalten sind.

Das **Ionenprodukt** von Wasser hat bei 25 °C einen Wert von 10^{-14} mol^2/l^2. Bei höheren Temperaturen steigt die Konzentration der Ionen und somit K_W, bei niedrigeren Temperaturen sinken beide.

In reinem Wasser entspricht die H_3O^+-Konzentration der OH^--Konzentration. In einem Liter Wasser befinden sich sowohl 10^{-7} mol Hydroxonium- als auch Hydroxidionen:

$$K_W = c(H_3O^+) \times c(OH^-) = 10^{-14} \, mol^2/l^2 \qquad bzw.$$

$$c(H_3O^+) = c(OH^-) = \sqrt{10^{-14} \, mol^2/l^2} = 10^{-7} \, mol/l$$

4.5.2. pH-Wert

Das Ionenprodukt gilt nicht nur für reines Wasser, sondern auch für verdünnte wässrige Lösungen und bleibt unter Normalbedingungen mit $10^{-14} \, mol^2/l^2$ konstant. Versetzt man Wasser mit einer Säure, so tritt ein Überschuss an H^+-Ionen bzw. an Hydroxoniumionen auf. Ein Teil der überschüssigen H_3O^+-Ionen reagiert mit OH^--Ionen (die ja durch die Autoprotolyse des Wassers auch vorhanden sind). Dadurch erniedrigt sich die Hydroxidionenkonzentration (s. Abb. 4.1.a).

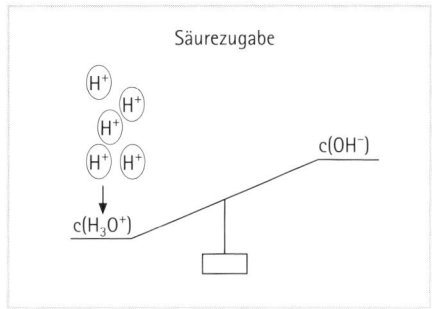
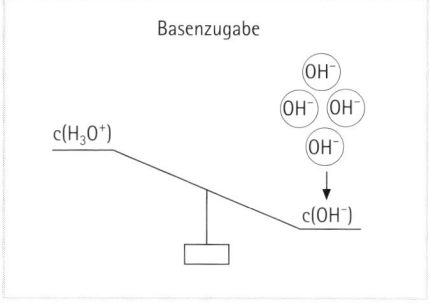

Abb. 4.1.a Bei Säureüberschuss erniedrigt sich die Hydroxidionenkonzentration.

Abb. 4.1.b Bei Basenzugabe sinkt die Hydroxoniumionenkonzentration.

Umgekehrt überwiegt bei Basenzugabe die Anzahl der OH^--Ionen und sinkt die H_3O^+- Ionenkonzentration (s. Abb. 4.1.b).

Um festzustellen, wie **sauer** bzw. wie **basisch (=alkalisch)** eine wässrige Lösung ist, ermittelt man entweder die H_3O^+- oder die OH^--Ionenkonzentration (s. Abb. 4.2).

Üblich ist allerdings nur die Bestimmung der H_3O^+-Ionenkonzentration.

Um mit einfachen Zahlen rechnen zu können (und nicht mit negativen Zehnerpotenzen), verwendet man den negativen dekadischen Logarithmus der H_3O^+-Ionenkonzentration und definiert so den **pH-Wert:**

$$-\lg c(H_3O^+) = pH$$

Der pH-Wert ist der negative dekadische Logarithmus der Hydroxonium-Ionenkonzentration und gibt an, wie sauer oder basisch eine wässrige Lösung ist.

Der Begriff pH kommt aus dem Lateinischen potentia hydrogenii und bedeutet Wasserstoffaktivität. Der pH-Wert liegt in der Regel zwischen 0–14.

Reines Wasser weist einen pH-Wert von **7** auf, es ist **neutral**.

Das lässt sich wie folgt berechnen: In reinem Wasser ist die H^+- bzw. H_3O^+-Konzentration 10^{-7} mol/l. Der negative dekadische Logarithmus davon ist 7.

Säuert man eine wässrige Lösung an, steigt die Anzahl/Konzentration der H_3O^+-Ionen. Dadurch sinkt der **pH-Wert unter 7** (Beispiel: $c(H_3O^+) = 10^{-3}$ mol/l, $pH = -\lg 10^{-3} = 3$).

In alkalischen Lösungen überwiegen die OH^--Ionen, die H_3O^+-Ionenkonzentration ist verhältnismäßig niedrig und der **pH-Wert** nimmt einen Wert **über 7** an (Beispiel: $c(H_3O^+) = 10^{-9}$ mol/l, $pH = -\lg 10^{-9} = 9$).

Rechenbeispiel:

Berechnung des pH-Wertes einer 0,1 molaren Salzsäure

Salzsäure dissoziiert in Wasser vollständig und deshalb gilt:

$c(HCl) = c(H_3O^+) = 0,1$ mol/l $= 10^{-1}$ mol/l

$pH = -\lg 10^{-1} = 1$

Die 0,1 molare Salzsäure besitzt einen pH-Wert von 1.

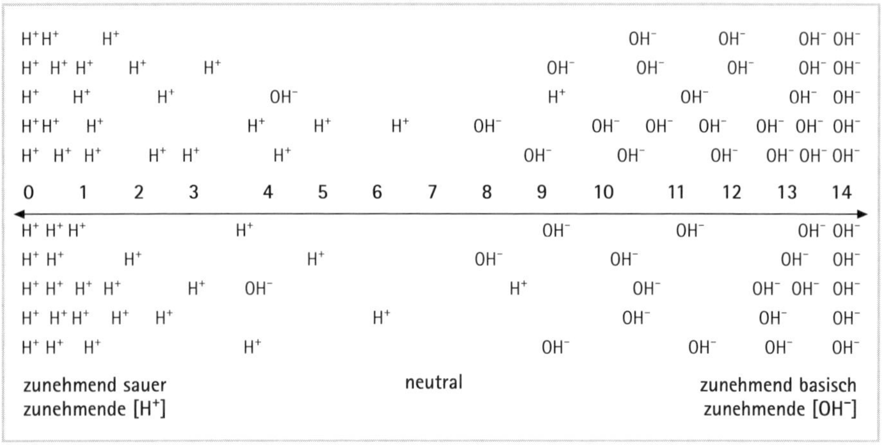

Abb. 4.2   pH-Skala

Lösung	pH
Magensaft	1
Zitronensaft	2
Cola	3
Orangensaft	3
Wein	4
Bier	5
Hautoberfläche	5,5
Kuhmilch	6,5
Trinkwasser	7
Blut	7,4
Darmsaft	8,3
Seifenwasser	10

Tab. 4.2 pH-Werte verschiedener Lösungen aus dem Alltag

4.5.3 pOH-Wert

Analog dem pH-Wert lässt sich ein **pOH**-Wert definieren. Der pOH-Wert bezieht sich auf die OH^--Ionenkonzentration in wässrigen Lösungen.

Man definiert ihn als **den negativen dekadischen Logarithmus der Hydroxid-Ionenkonzentration (mol/l)**. Der pOH-Wert lässt sich aus dem pH-Wert über das Ionenprodukt errechnen.

$$c(H_3O^+) \times c(OH^-) \quad = \quad 10^{-14} \qquad\qquad / \times (-lg)$$
$$-lg\,[c(H_3O^+) \times c(OH^-)] \quad = \quad -lg\,10^{-14}$$
$$-lg\,c(H_3O^+) + (-lg\,c(OH^-)) \quad = \quad 14$$
$$pH + pOH \quad = \quad 14$$

In der Chemie wird nur der pH-Wert verwendet.

Rechenbeispiel:

Berechnung des pH-Werts einer 0,1 molaren Natronlauge

Natronlauge löst sich vollständig in Wasser zu Na^+ und OH^-.

$c(NaOH) = c(OH^-) = 0,1$ mol/l $= 10^{-1}$ mol/l

$pOH = -lg\,10^{-1} = 1$

$pH = 14 - pOH = 13$

Tab. 4.3   pH und pOH in Bezug auf die Hydroxoniumionen- und Hydroxidionenkonzentration einer Lösung

pH	0	1	2	3	4	5	6	7	8	9	10	11	12	13	14
$c(H_3O^+)$ in mol/l	1	10^{-1}	10^{-2}	10^{-3}	10^{-4}	10^{-5}	10^{-6}	10^{-7}	10^{-8}	10^{-9}	10^{-10}	10^{-11}	10^{-12}	10^{-13}	10^{-14}
$c(OH^-)$ in mol/l	10^{-14}	10^{-13}	10^{-12}	10^{-11}	10^{-10}	10^{-9}	10^{-8}	10^{-7}	10^{-6}	10^{-5}	10^{-4}	10^{-3}	10^{-2}	10^{-1}	1
pOH	14	13	12	11	10	9	8	7	6	5	4	3	2	1	0

4.5.4   Indikatoren

Indikatoren sind organische Farbstoffe, deren Farbe vom pH-Wert der Lösung abhängt (s. Tab. 4.4).

Schon seit über 300 Jahren werden Pflanzenextrakte zum Unterscheiden zwischen Säuren und Basen verwendet. Zum Beispiel wechseln rote Rosen, Rotkohl oder Brasilholz reversibel in Säuren oder Basen ihre Farbe.

Heute wird als gängiger Indikator Lackmus verwendet. Im Labor benutzt man Lackmuspapier – ein Papier, welches mit diesem Indikator benetzt ist. Taucht man das Indikatorpapier in eine Säure, färbt es sich rot. Im Alkalischen wechselt es die Farbe nach blau. Man sagt, der Indikator schlägt um.

Indikatoren selbst sind schwache Säuren und wechseln die Farbe durch Protonenaufnahme bzw. -abgabe.

$$\text{HLackmus} \rightleftharpoons \text{Lackmus}^- + H^+$$
$$\quad\text{rot} \qquad\qquad\quad \text{blau}$$

Indikatoren beeinflussen den pH-Wert kaum, da man aufgrund ihrer Farbintensität nur geringe Mengen benötigt.

Tab. 4.4   Wichtige Indikatoren

Indikator	Farbe im niederen pH-Bereich	pH-Umschlagbereich	Farbe im höheren pH-Bereich
Lackmus	Rot	5,0–8,0	Blau
Phenolphthalein	Farblos	8,3–10,0	Rosa
Thymolblau	Grau	8,0–10,0	Violettblau
Methylrot	Rot	4,2–6,3	Gelb
Methylorange	Orange-rot	3,1–4,5	Gelb

Grundlagen der anorganischen Chemie

Häufig werden auch sog. Universalindikatoren verwendet, die aus einer Mischung mehrerer Indikatoren bestehen. Sie können verschiedene Farbtöne annehmen. Der pH-Wert lässt sich dann mit Vergleich einer Farbskala relativ genau ablesen.

4.6 Stärke von Säuren und Basen

4.6.1 Dissoziation von Säuren und Basen

Säuren und Basen reagieren hinsichtlich ihrer Stärke unterschiedlich.

Beispiel Salzsäure:

$$HCl \quad + \quad H_2O \quad \rightleftharpoons \quad H_3O^+ \quad + \quad Cl^-$$

Salzsäure   Wasser   Hydroxonium   Chlorid

Salzsäure ist eine sehr starke Säure und dissoziiert in wässriger Lösung vollständig in ihre korrespondierende Base Cl^- und das dazugehörige Proton. Die Tendenz, das Proton abzuspalten (Hinreaktion), ist wesentlich stärker ausgeprägt als die Rückreaktion. Das Gleichgewicht der obigen Gleichung wird deshalb ausschließlich auf der rechten Seite liegen.

Dieses Verhalten zeigen alle starken Säuren. **Sehr starke Säuren sind außer der Salzsäure Salpetersäure HNO_3, Schwefelsäure H_2SO_4 und Perchlorsäure $HClO_4$. Perchlorsäure ist die stärkste aller Säuren.**

Es gilt immer:
Liegt eine starke Säure in wässriger Lösung vor, dissoziiert sie vollständig in ihre Ionen. Das entsprechende Anion, also die korrespondierende Base einer sehr starken Säure, ist eine sehr schwache Base.
Je stärker die Säure, desto schwächer ist ihre korrespondierende Base.

Beispiel Blausäure:

$$HCN \quad + \quad H_2O \quad \rightleftharpoons \quad H_3O^+ \quad + \quad CN^-$$

Blausäure   Wasser   Hydroxonium   Cyanid

Blausäure ist eine schwache Säure mit geringer Tendenz das Proton abzugeben. In wässriger Lösung werden nur wenige Protonen und Cyanidionen vorhanden sein.

Die Rückreaktion ist gegenüber der Hinreaktion bevorzugt, denn das korrespondierende Anion Cyanid ist eine starke Base, weil es ein guter Protonenakzeptor ist. In diesem Beispiel liegt das Gleichgewicht auf der Seite der Edukte.

Zu schwachen Säuren zählt man z. B. Essigsäure CH_3COOH, Kohlensäure H_2CO_3 und Borsäure H_3BO_3.

Es gilt immer:
Schwache Säuren dissoziieren in wässriger Lösung kaum.
Das Anion bzw. die korrespondierende Base ist eine starke Base.
Je schwächer ein Säure, desto stärker ist ihre korrespondierende Base.

Diese Regeln lassen sich auch auf Basen anwenden.

Beispiel Natronlauge:
Die Alkali- und Erdalkalihydroxide sind sehr starke Basen, z. B. Natriumhydroxid NaOH, Kaliumhydroxid KOH, Calciumhydroxid $Ca(OH)_2$ und Bariumhydroxid $Ba(OH)_2$.

Diese Basen dissoziieren in Lösung vollständig und ihre OH^--Ionen sind ausgezeichnete Protonenakzeptoren.

$$NaOH \quad \xleftarrow{\text{Wasser}} \quad Na^+(aq) \quad + \quad OH^-(aq)$$

Natronlauge   Natriumion   Hydroxid

Beispiel Ammoniak:
Eine typische schwache Base ist Ammoniak NH_3, und damit ist die dazugehörige korrespondierende Säure NH_4^+ (Ammonium) relativ stark.

$$NH_3 \quad + \quad H_2O \quad \xrightleftharpoons{} \quad NH_4^+ \quad + \quad OH^-$$

Ammoniak   Wasser   Ammonium   Hydroxid

Diese Protolyse läuft nicht vollständig ab, weil die Ammoniakmoleküle mit Wasser zu schwach reagieren.

Zusammenfassend:
Je stärker eine Base, umso schwächer ist ihre korrespondierende Säure.
Je schwächer eine Base, umso stärker ist ihre korrespondierende Säure.

Grundlagen der anorganischen Chemie

4.6.2 Säure- und Basekonstante

Für jede Säure und jede Base gibt es eine charakteristische **Säure- bzw. Base-konstante**, die es ermöglicht, die Stärke abzuschätzen.

Säurekonstante

Betrachten wir die Säuredissoziation einer beliebigen Säure HA in Wasser:

$$HA \ + \ H_2O \ \rightleftharpoons \ H_3O^+ \ + \ A^-$$

Bei der Reaktion stellt sich ein Gleichgewicht ein, auf das sich das Massenwirkungs-gesetz anwenden lässt:

$$K = \frac{c(H_3O^+) \times c(A^-)}{c(HA) \times c(H_2O)}$$

Da die Wasserkonzentration annähernd als konstant zu betrachten ist, fasst man K zur **Säurekonstante K_S** zusammen.

$$K \times c(H_2O) = \frac{c(H_3O^+) \times c(A^-)}{c(HA)} \qquad K_S = \frac{c(H_3O^+) \times c(A^-)}{c(HA)}$$

Bei starken Säuren liegt das Gleichgewicht der Reaktion auf der Seite von H_3O^+ und A^-. Dadurch steigt die Konzentration der Produkte (d. h. der Zähler nimmt zu) und sinkt die Konzentration der undissoziierten Säure (d. h. der Nenner wird kleiner).

Starke Säuren besitzen einen relativ hohen K_S-Wert. Für eine sehr starke Säure, hier Salzsäure, gilt:

$$HCl \ + \ H_2O \ \rightleftharpoons \ H_3O^+ \ + \ Cl^- \qquad K_S = 10^3$$

Sehr starke Säuren haben K_S-Werte über 10.

Umgekehrt dissoziieren **schwächere Säuren** kaum und **besitzen eine niedrigere Säurekonstante.**

Ein Beispiel für eine schwache Säure ist Essigsäure:

$$CH_3COOH \ + \ H_2O \ \rightleftharpoons \ H_3O^+ \ + \ CH_3COO^- \qquad K_S = 10^{-4,74}$$

Der K_S-Wert der Essigsäure ist mit $10^{-4,74}$ deutlich kleiner als der der Salzsäure.

Um nicht mit Potenzzahlen rechnen zu müssen, verwendet man **den negativen dekadischen Logarithmus der Säurekonstante, den sog. pK$_S$-Wert.**

$$-lg \ K_S = pK_S$$

Für Salzsäure mit $K_S = 10^3$ ist der dazugehörige $pK_S = -3$.
Bei der Essigsäure ist $K_S = 10^{-4,74}$ und der $pK_S = 4,74$.
Zusammenfassend gilt für die Säurestärke:

Je größer K_S und je kleiner pK_S, desto stärker ist die Säure.
Sehr starke Säuren: $pK_S < 0$
Starke Säuren: $pK_S = 0{-}4,5$
Schwache Säuren: $pK_S = 4,5{-}9,5$
Sehr schwache Säure: $pK_S = 9,5{-}14$
Überaus schwache Säuren: $pK_S > 14$

Basekonstante

Die Überlegungen zu Säuren lassen sich auch auf Basen beziehen.

$$B \; + \; H_2O \; \rightleftharpoons \; BH^+ \; + \; OH^-$$

Die **Basekonstante K_B** lässt sich formulieren:

$$K_B = \frac{c(BH^+) \times c(OH^-)}{c(B)}$$

Daraus ergibt sich: $-lg\,K_B = pK_B$

Für die Basenstärke gilt:

Je größer K_B und je kleiner pK_B, desto stärker ist die Base.
Sehr starke Basen: $pK_B < 0$
Starke Basen: $pK_B = 0{-}4,5$
Schwache Basen: $pK_B = 4,5{-}9,5$
Sehr schwache Basen: $pK_B = 9,5{-}14$
Überaus schwache Basen: $pK_B > 14$

Zusammenhang zwischen der Säure- und der Basekonstante

K_S/pK_S und K_B/pK_B eines korrespondierenden Säure-Base-Paares stehen in fester Beziehung zueinander. Kennt man den K_S/pK_S-Wert einer Säure, lässt sich daraus der K_B/pK_B-Wert der korrespondierenden Base berechnen. Umgekehrt kann man mithilfe des K_B/pK_B-Wertes einer Base den K_S/pK_S-Wert der korrespondierenden Säure bestimmen.

Grundlagen der anorganischen Chemie

Es gilt:

$$K_S \times K_B = 10^{-14} \quad \Rightarrow \quad pK_S + pK_B = 14$$

Beispiel:
Perchlorsäure/Perchlorat

$$HClO_4 \longrightarrow H^+ + ClO_4^-$$

Säure   korresp. Base

bekannt: $pK_{S(Perchlorsäure)} = -9$,   daraus folgt: $pK_{B(Perchlorat)} = 14 - (-9) = 23$

Tab. 4.5   Übersicht von pK_S- und pK_B-Werten der wichtigsten Säure-Base-Paare (Fortsetzung s. nächste Seite)

pK_S	Säuren		Basen		pK_B
	Sehr starke Säuren:		**Überaus schwache Basen:**		
−9	$HClO_4$	Perchlorsäure	ClO_4^-	Perchlorat	23
−8	HI	Iodwasserstoffsäure	I^-	Iodid	22
−6	HBr	Bromwasserstoffsäure	Br^-	Bromid	20
−3	HCl	Chlorwasserstoffsäure	Cl^-	Chlorid	17
−3	H_2SO_4	Schwefelsäure	HSO_4^-	Hydrogensulfat	17
−1,74	H_3O^+	Hydroxonium	H_2O	Wasser	15,74
−1,32	HNO_3	Salpetersäure	NO_3^-	Nitrat	15,32
	Starke Säuren:		**Sehr schwache Basen:**		
0	$HClO_3$	Chlorsäure	ClO_3^-	Chlorat	14
1,42	$H_2C_2O_4$	Oxalsäure	$HC_2O_4^-$	Hydrogenoxalat	12,58
1,92	HSO_4^-	Hydrogensulfat	SO_4^{2-}	Sulfat	12,08
1,96	H_3PO_4	Phosphorsäure	$H_2PO_4^-$	Dihydrogenphosphat	12,04
3,14	HF	Fluorwasserstoffsäure	F^-	Fluorid	10,86
3,35	HNO_2	Salpetrige Säure	NO_2^-	Nitrit	10,65
4,21	$HC_2O_4^-$	Hydrogenoxalat	$C_2O_4^{2-}$	Oxalat	9,79

pK$_S$	Säuren		Basen		pK$_B$
	Schwache Säuren:		**Schwache Basen:**		
4,74	CH$_3$COOH	Essigsäure	CH$_3$COO$^-$	Acetat	9,26
6,52	H$_2$CO$_3$	Kohlensäure	HCO$_3^-$	Hydrogencarbonat	7,48
7,12	H$_2$PO$_4^-$	Dihydrogenphosphat	HPO$_4^{2-}$	Hydrogenphosphat	6,88
7,25	HOCl	Hypochlorige Säure	ClO$^-$	Hypochlorit	6,75
9,24	H$_3$BO$_3$	Borsäure	[B(OH)$_4$]$^-$	Tetrahydroxoborat	4,76
9,25	NH$_4^+$	Ammonium	NH$_3$	Ammoniak	4,75
9,40	HCN	Blausäure	CN$^-$	Cyanid	4,60
	Sehr schwache Säuren:		**Starke Basen:**		
10,4	HCO$_3^-$	Hydrogencarbonat	CO$_3^{2-}$	Carbonat	3,6
12,32	HPO$_4^{2-}$	Hydrogenphosphat	PO$_4^{3-}$	Phosphat	1,68
	Überaus schwache Säuren:		**Sehr starke Basen:**		
15,74	H$_2$O	Wasser	HO$^-$	Hydroxid	−1,74
23	NH$_3$	Ammoniak	NH$_2^-$	Amid	−9

4.6.3   Allgemeines über Säure–Base-Gleichgewichte

An jedem Säure-Base-Gleichgewicht sind zwei Säure-Base-Paare beteiligt:

$$HA \quad + \quad B \quad \rightleftharpoons \quad A^- \quad + \quad BH^+$$

Säure   Base   korresp. Base   korresp. Säure

Wie stark eine Reaktion zwischen einer Säure und einer Base abläuft, bzw. auf welcher Seite sich das Gleichgewicht der Reaktion einstellt, ist vom pK$_S$-Wert der Säure HA und dem pK$_B$-Wert der Base B abhängig.

Reaktion einer starken Säure mit einer starken Base

Je stärker die Säure HA und die Base B sind, umso stärker wird das Gleichgewicht auf die Seite von A$^-$ und BH$^+$ verschoben.

HA	+	B	$\longrightarrow$	A$^-$	+	BH$^+$
stärkere		stärkere		schwächere		schwächere
Säure		Base		(korresp.) Base		(korresp.) Säure

Beispiel:

HCl	+	NaOH	$\longleftarrow$	Na$^+$	+	Cl$^-$	+	H$_2$O
sehr		sehr				korresp.		korresp.
starke Säure		starke Base				überaus		überaus
						schwache Base		schwache Säure
$pK_S = -3$		$pK_B = -1,74$				$pK_B = 17$		$pK_S = 15,74$

Um eine Aussage über den vollständigen Verlauf der Reaktion zu treffen, vergleicht man die pK_S bzw. pK_B-Werte der Edukte und der Produkte miteinander. Salzsäure ist eine sehr starke Säure und wesentlich stärker als die Konkurrenzsäure Wasser. Auch die Natronlauge ist eine erheblich stärkere Base als das Chloridion.

Die Protolyse zwischen Salzsäure und Natronlauge wird vollständig ablaufen und das Gleichgewicht ganz auf die Seite der Produkte verschieben. Die Konkurrenten Wasser und Chlorid sind zu schwach, um das Gleichgewicht nach links zu beeinflussen. Man findet in einer äquivalenten Mischung aus Salzsäure und Natronlauge nur gelöste Natrium- und Chloridionen, aber nicht deren Edukte.

Reaktion einer starken Säure mit dem Salz einer schwächeren Säure

Als Base wird ein Salz verwendet, das eine **Anionenbase** (z.B. NO$_2^-$, CH$_3$COO$^-$) enthält.

Beispiele:

1.)	NaNO$_2$	+	HI	$\longrightarrow$	HNO$_2$	+	Na$^+$	+	I$^-$
	sehr schwache		sehr starke		korresp.				korresp.
	Anionenbase		Säure		starke				überaus
	(Salz einer				Säure				schwache
	starken Säure)								Base
	$pK_B = 10,65$		$pK_S = -8$		$pK_S = 3,35$				$pK_B = 22$

Iodwasserstoffsäure setzt aus Natriumnitrit Salpetrige Säure frei.

2.)

$$CH_3COOK \quad + \quad HCl \quad \rightleftharpoons \quad CH_3COOH \quad + \quad K^+ \quad + \quad Cl^-$$

schwache Base (Salz einer schwachen Säure)	sehr starke Säure	korresp. schwache Säure		korresp. überaus schwache Base
$pK_B = 9,26$	$pK_S = -3$	$pK_S = 4,74$		$pK_B = 17$

Kaliumacetat löst sich auf und freie Essigsäure entsteht. Das Gleichgewicht liegt auf der Seite der Produkte.

Aus diesen zwei Säure-Base-Reaktionen ergibt sich eine wichtige Faustregel:

Starke Säuren verdrängen schwächere Säuren aus ihrem Salz.

Dieses nutzt man z. B. beim Lösen von Salzen aus. Löst sich ein Salz in Wasser nicht (z. B. Silber(I)-phosphat), kann man es durch Zugabe einer starken Säure in seine Ionen aufschließen.

Reaktion einer schwachen Säure mit einer schwachen Base

Eine schwache Säure und eine schwache Base reagieren kaum miteinander und das Gleichgewicht der Protolyse liegt auf der Seite der Edukte:

$$HA \quad + \quad B \quad \rightleftharpoons \quad A^- \quad + \quad BH^+$$

schwächere Säure	schwächere Base	stärkere Base	stärkere Säure

Beispiel:

$$H_2CO_3 \quad + \quad H_2O \quad \rightleftharpoons \quad HCO_3^- \quad + \quad H_3O^+$$

schwache Säure	überaus schwache Base	korresp. Base	korresp. Säure
$pK_S = 6,52$	$pK_B = 15,74$	$pK_B = 7,48$	$pK_S = -1,74$

Kohlensäure als schwache Säure und Wasser als überaus schwache Base reagieren kaum miteinander.

4.6.4   Mehrwertige Säuren und Basen

Säuren, wie z.B. HCl, die nur ein Proton an Basen abgeben können, nennt man einwertig oder einprotonig. **Mehrwertige oder mehrprotonige Säuren hingegen besitzen die Fähigkeit, mehrere Protonen abzuspalten.** Ihre Wertigkeit hängt von der Zahl ihrer Protonen ab.

Von mehrwertigen (mehrprotonigen) Basen spricht man, wenn sie mehrere Protonen aufnehmen.

Beispiele:

Phosphorsäure (3-wertige Säure):	H_3PO_4	$\longrightarrow$ $3\,H^+$ + $PO_4{}^{3-}$
Schwefelsäure (2-wertige Säure):	H_2SO_4	$\longrightarrow$ $2\,H^+$ + $SO_4{}^{2-}$
Calciumhydroxid (2-wertige Base):	$Ca(OH)_2$ + $2\,H^+$	$\longrightarrow$ Ca^{2+} + $2\,H_2O$

Bei mehrprotonigen Säuren dissoziieren die Protonen in Stufen d.h. nacheinander ab, sodass es bei jeder Stufe ein neues Gleichgewicht gibt.

1. Stufe:	$H_3PO_4 \rightleftharpoons$	H^+ + $H_2PO_4{}^-$	$pK_{S1} = 1,96$
2. Stufe:	$H_2PO_4{}^- \rightleftharpoons$	H^+ + $HPO_4{}^{2-}$	$pK_{S2} = 7,12$
3. Stufe:	$HPO_4{}^{2-} \rightleftharpoons$	H^+ + $PO_4{}^{3-}$	$pK_{S3} = 12,32$

An den pK_S-Werten erkennt man, dass das 1. Proton bevorzugt abgespalten wird. Die Tendenz, das 2. und später das 3. Proton abzugeben, ist wesentlich geringer, da die pK_S-Werte steigen. Das letzte Proton kann die Phosphorsäure nur an eine starke Base übertragen.

Aus der Summenformel lässt sich am obigen Beispiel erkennen, wie viel protonig eine Säure ist. Es gibt allerdings einige Säuren mit mehreren Wasserstoffatomen, die nicht alle als Protonen an Basen abgegeben werden. Beispiele sind die H_3PO_3 (Phosphorige Säure), die nur zweiprotonig ist, und die H_3PO_2 (Hypophosphorige Säure), welche nur ein Proton abspalten kann (s. Kap. II.5.3.1).

4.6.5   Nivellierender Effekt

Sehr starke Säuren, z.B. Perchlorsäure, Salzsäure oder Schwefelsäure, protolysieren in Wasser vollständig, d.h. sie übertragen ihre Protonen vollständig auf das Lösungsmittel:

$$HClO_4 + H_2O \longrightarrow H_3O^+ + ClO_4{}^-$$

Das Gleichgewicht dieser Protolyse liegt zu 100% auf der rechten Seite. Fügt man dieser Lösung eine Base hinzu, reagiert als eigentliche Säure das Hydroxoniumion ($pK_S = -1,74$) und nicht die Perchlorsäure ($pK_S = -9$).

Die stärkste Säure, die man in verdünnten wässrigen Lösungen findet, ist H_3O^+.

Man spricht von einem nivellierenden Effekt des Wassers, da Wasser die Säurestärke von sehr starken Säuren mit einem $pK_S < -1,74$ auf das Niveau der Hydroxoniumionen ($pK_S = -1,74$) nivelliert.

Alle wässrigen Lösungen sehr starker Säuren, egal ob Perchlorsäure, Salzsäure oder Schwefelsäure, sind gleich stark sauer und besitzen stets in selber Konzentration den gleichen pH-Wert. Bedingung ist allerdings, dass die Säuren stärker sauer als H_3O^+-Ionen sind, also der $pK_S < -1,74$ ist.

Säuren, die schwächer sauer sind als H_3O^+, werden nicht nivelliert. Beispielsweise dissoziieren Phosphorsäure, Salpetrige Säure oder Essigsäure in wässriger Lösung unterschiedlich und besitzen deshalb verschiedene pH-Werte.

Wasser nivelliert auch sehr starke Basen wie z. B. NH_2^- oder OH^-:

$$NH_2^- \ + \ H_2O \longrightarrow OH^- \ + \ NH_3$$

Das Gleichgewicht dieser Reaktion liegt auch hier komplett auf der rechten Seite, da der pK_B-Wert von NH_2^- mit -9 kleiner als der pK_B-Wert von OH^- mit $-1,74$ ist.

Die stärkste Base, die man in wässrigen Lösungen vorfindet, ist das Hydroxidion.

Möchte man die Säure- bzw. die Basenstärke sehr starker Säuren bzw. Basen vergleichen, muss man andere Lösungsmittel als Wasser wählen.

Bei starken Säuren wählt man ein schwächer basisches Lösungsmittel als Wasser, z. B. wasserfreie Essigsäure, und bei starken Basen ein schwächer saures Lösungsmittel, z. B. wasserfreies Ammoniak.

4.6.6 pH-Wert verschiedener Salzlösungen

Durch Auflösen eines Salzes in einem Lösungsmittel (**Solvatation**) oder in Wasser (**Hydratation**) wird das Salz in seine Ionen zerlegt. Die Ionen werden von Lösungsmittel- oder Wassermolekülen umhüllt (solvatisiert bzw. hydratisiert).

Dabei kann der pH-Wert speziell beim Lösen in Wasser beeinflusst werden, nämlich dann, wenn zwischen den gelösten Ionen und den Lösungsmittelmolekülen eine Protonenübertragung abläuft.

Einige Salze sollen auf eine mögliche pH-Änderung untersucht werden.

Neutrale, saure und basische Salze

Man unterteilt Salze nach ihren Ionen, aus denen sie sich zusammensetzen:

Saure Salze enthalten mindestens ein Proton im Salzmolekül und können in Lösung Protonen abgeben. Ein typischer Vertreter ist z. B. $NaHSO_4$ (Natriumhydrogensulfat). In Lösung kann das Anion HSO_4^- ein Proton abgeben. Dadurch sinkt der pH-Wert der Lösung – die Lösung reagiert sauer.

$$Na^+ \; + \; HSO_4^- \; \rightleftharpoons \; Na^+ \; + \; H^+ \; + \; SO_4^{2-}$$

Die Bezeichnung saures Salz bezieht sich nur auf die Fähigkeit, Protonen abdissoziieren zu können, und bedeutet nicht unbedingt eine pH-Verschiebung in den sauren Bereich. Es gibt saure Salze, die in wässriger Lösung neutral oder sogar alkalisch reagieren. Im obigen Beispiel ist Hydrogensulfat eine starke Säure (vgl. $pK_S = 1,92$). Bei anderen Hydrogenanionen kann der basische Charakter überwiegen, nämlich dann, wenn der pK_B-Wert niedriger als der pK_S-Wert ist (z. B. HCO_3^-: $pK_B = 7,48$, $pK_S = 10,4$)

Man nennt Salze **basische Verbindungen**, wenn sie **basische Gruppen** wie z. B. NH_2^- oder **OH**$^-$ enthalten. Meistens erhöhen sie den pH-Wert. Typische Vertreter sind $NaNH_2$, NaOH oder KOH. Aber auch hier gilt, dass nicht alle basischen Salze den pH erhöhen. Es gibt auch Vertreter, die den pH nicht bzw. in den sauren pH verschieben (vgl. Komplexbildner).

Salze, die aus starken Basen mit starken Säuren entstehen, beeinflussen beim Lösen den pH-Wert nicht. Bei ihnen handelt es sich um **neutrale Salze**. Sie verhalten sich neutral, da sie weder Protonen noch Hydroxidionen besitzen, die mit dem Lösungsmittel reagieren könnten. Typische Vertreter sind z. B. NaCl (entsteht aus Natronlauge und Salzsäure), NaBr (bildet sich aus Natronlauge und Bromwasserstoffsäure) oder K_2SO_4 (aus Kalilauge und Schwefelsäure).

Salze schwacher Basen und starker Säuren

Ein Salz aus einer schwachen Base ist z. B. NH_4Cl (dazugehörige schwache Base: NH_3, starke Säure: Salzsäure). Hier reagiert das Kation als Säure. Löst man Ammoniumchlorid in Wasser, verschiebt sich der pH-Wert leicht in den sauren pH-Bereich.

$$NH_4^+ \; + \; Cl^- \; + \; H_2O \; \xleftarrow{\hspace{2cm}} \; NH_3 \; + \; H_3O^+ \; + \; Cl^-$$

Ammoniumchlorid senkt den pH-Wert, da durch dessen Hydrolyse Hydroxonium-ionen entstehen.

Es gilt: Salze von schwachen Basen und starken Säuren ergeben saure Lösungen mit pH < 7.

Salze starker Basen und schwacher Säuren

Typische Salze sind CH_3COONa (dazugehörige starke Base: NaOH, schwache Säure: CH_3COOH), $NaNH_2$ (dazugehörige starke Base: NaOH, sehr schwache Säure: NH_3), Na_2CO_3 (dazugehörige starke Base: NaOH, sehr schwache Säure: HCO_3^-).

Die Anionen schwacher oder sehr schwacher Säuren reagieren basisch und erhöhen den pH-Wert (pH > 7) einer Lösung.

$$Na^+ \;+\; CH_3COO^- \;+\; H_2O \;\rightleftharpoons\; CH_3COOH \;+\; Na^+ \;+\; OH^-$$

$$Na^+ \;+\; NH_2^- \;+\; H_2O \;\rightleftharpoons\; NH_3 \;+\; Na^+ \;+\; OH^-$$

$$2\,Na^+ \;+\; CO_3^{2-} \;+\; H_2O \;\rightleftharpoons\; HCO_3^- \;+\; 2\,Na^+ \;+\; OH^-$$

Je vollständiger die Hydrolyse abläuft, umso alkalischer wird die Lösung. Beim Lösen einer sehr starken Base wie z. B. Natriumamid ($pK_B = -9$) steigt der pH-Wert deshalb stärker an als bei Natriumacetat ($pK_B = 9{,}26$), einer schwachen Base.

Sonstige

Für Salze aus schwachen Basen mit schwachen Säuren können sich saure, neutrale oder basische Lösungen ergeben. Es gibt keine Faustregel, wie der pH-Wert beein-flusst wird. Beispielsweise reagiert Ammoniumacetat NH_4CH_3COO in Wasser neu-tral, weil NH_4^+ als Säure etwa so stark ist wie die Base CH_3COO^-. Ein Salz wie Ammoniumcyanid NH_4CN reagiert basisch, da CN^- stärker basisch als NH_4^+ sauer ist.

4.7 Puffer

4.7.1 Grundlagen einer Pufferlösung

Gibt man in eine wässrige Lösung von äquimolaren Mengen Essigsäure und Natriumacetat tropfenweise Salzsäure, stellt man überrascht fest, dass der pH-Wert nahezu konstant bleibt. Der pH-Wert ändert sich auch nicht, wenn man zu dieser

Grundlagen der anorganischen Chemie

Mischung eine geringe Menge Natronlauge fügt. Gibt man allerdings Salzsäure bzw. Natronlauge in reines Wasser, steigt oder sinkt der pH-Wert so rasch wie erwartet.

Offensichtlich besitzt die Mischung aus Essigsäure und Natriumacetat eine pH-stabilisierende Eigenschaft und kann sowohl zugefügte H_3O^+ als auch OH^- abfangen bzw. **puffern.**

Für die Pufferfähigkeit muss in ein und derselben Lösung eine Base und eine Säure enthalten sein. In diesem Fall verwendet man als Säure Essigsäure und als Base Natriumacetat. Man bezeichnet eine solche Mischung als **Pufferlösung.**

Die Pufferlösung im obigen Beispiel besteht aus einer **schwachen Säure und dem Salz ihrer korrespondierenden Base.** Damit eine Lösung puffert, kann man nicht irgendein Salz verwenden, sondern es muss sich um ein Salz dieser Säure handeln. Um eine optimale Pufferung zu bekommen, müssen beide Bestandteile – also Essigsäure und Natriumacetat – in **äquimolaren** Mengen verwendet werden.

Bei Zugabe einer Säure, z. B. Salzsäure, fängt Natriumacetat die Protonen ab:

$$CH_3COO^- \quad + \quad H^+ \quad \longrightarrow \quad CH_3COOH$$

Acetat $\qquad$ Proton $\qquad$ Essigsäure

Bei Zugabe einer Base, z. B. Natronlauge, werden die überschüssigen Hydroxidionen von der Säure abgefangen:

$$CH_3COOH \quad + \quad OH^- \quad \longrightarrow \quad CH_3COO^- \quad + \quad H_2O$$

Essigsäure $\qquad$ Hydroxid $\qquad$ Acetat $\qquad$ Wasser

Der Essigsäure / Acetatpuffer puffert im leicht sauren pH-Bereich bei ~ 4,7.

Als Puffer kann man allerdings nur schwache Säuren und ihre Salze verwenden, da starke Säuren vollständig dissoziieren und, wie die gelösten Salze auch, vollständig als Säureanionen vorliegen.

Ein Puffer kann sich ebenfalls aus einer **schwachen Base** und **dem Salz dieser Base** zusammensetzen. Dieser Puffer fängt im leicht alkalischen Bereich überschüssige Protonen und Hydroxidionen ab. Ein gängiger Puffer ist der **Ammoniak / Ammoniumpuffer.** Meistens verwendet man als Salz Ammoniumchlorid, da es sehr leicht löslich ist und vollständig in seine Ionen dissoziiert.

Ammoniak bindet bei Zugabe einer Säure die Protonen:

$$NH_3 \quad + \quad H^+ \quad \longrightarrow \quad NH_4^+$$

Ammoniak $\qquad$ Proton $\qquad$ Ammonium

Ammoniumionen binden bei Zugabe einer Base Hydroxidionen:

$$NH_4^+ \quad + \quad OH^- \quad \longrightarrow \quad NH_3 \quad + \quad H_2O$$

Ammonium · · · · · Hydroxid · · · · · Ammoniak · · · · · Wasser

Dieser Puffer hält den pH-Wert bei ~ 9,2 konstant.

Vergleicht man den pH-Wert beider Puffer (Essigsäure / Natriumacetat: ~ 4,7 und Ammoniak / Ammoniumchlorid: ~ 9,2), fällt auf, dass **der pH-Wert dem pK$_S$-Wert der jeweiligen Säure entspricht.**

Zusammenfassung:

Als Pufferlösung bezeichnet man Lösungen aus
- einer schwachen Säure und ihrem Salz oder
- einer schwachen Base und ihrem Salz.

Beide Bestandteile werden in äquimolaren Mengen eingesetzt und können in einem bestimmten pH-Bereich die Lösung gegen Säure- bzw. Basenzusatz puffern.

Der pH liegt beim pK$_S$-Wert der vorhandenen schwachen Säure.

Tab. 4.6   Puffer mit pharmazeutischer oder analytischer Bedeutung

Puffersystem	pH–Bereich
CH_3COOH / CH_3COONa	4,5 – 5
NaH_2PO_4 / Na_2HPO_4	~ 7
NH_3 / NH_4Cl	9 – 9,5
CO_2 / HCO_3^- (im Blut)	~ 7
HCO_3^- / CO_3^{2-}	~ 10 – 10,5
Citronensäure / Natriumcitrat	~ 2
H_3BO_3 / $Na_2B_4O_7$	~ 9 – 9,5

Den pH-Wert einer Lösung, den ein Puffer konstant hält, kann man berechnen. Dazu soll das Beispiel des Essigsäure / Acetat–Puffers verallgemeinert werden. In Lösung befindet sich Essigsäure, die wir einfach als HA (A bedeutet Acid, HA steht für eine beliebige Säure) abkürzen, und Acetat als A$^-$ (also der korrespondierenden Base).

Die Säure und ihre korrespondierende Base stehen in Lösung miteinander im Gleichgewicht:

$$HA \ + \ H_2O \ \rightleftharpoons \ H_3O^+ \ + \ A^-$$

Daraus ergibt sich die Säurekonstante:

$$K_S = \frac{c(H_3O^+) \times c(A^-)}{c(HA)} \qquad \text{oder:} \qquad c(H_3O^+) = K_S \times \frac{c(HA)}{c(A^-)}$$

Will man den pH-Wert erhalten, muss man den negativen dekadischen Logarithmus in die Gleichung miteinbeziehen:

$$-\lg c(H_3O^+) = -\lg \left(K_S \times \frac{c(HA)}{c(A^-)} \right)$$

$$pH = -\lg K_S - \lg \frac{c(HA)}{c(A^-)}$$

$$pH = pK_S - \lg \frac{c(HA)}{c(A^-)}$$

Diese Gleichung heißt **Henderson – Hasselbalch – Gleichung.**

An dieser Gleichung erkennt man, dass der **pH-Wert einer Pufferlösung vom pK$_S$-Wert der Säure abhängt.** Der pH-Wert entspricht dem pK$_S$-Wert, wenn die Konzentration der Säure gleich der des Salzes ist.

Beispiele

1.) 1 molare Essigsäure / 1 molare Natriumacetatlösung, pK$_{S(Essigsäure)}$ = 4,74
    pH = 4,74 – lg (1/1)   (lg 1 = 0) $\longrightarrow$ pH = 4,74
2.) 0,1 molare NH$_4$Cl-Lösung / 0,1 molare NH$_3$-Lösung, pK$_{S(Ammoniumchlorid)}$ = 9,25
    pH = 9,25 – lg (0,1/0,1) $\longrightarrow$ pH = 9,25

4.7.2   Pufferkapazität

Jede Pufferlösung besitzt eine bestimmte **Pufferkapazität.** Darunter versteht man die **Menge Säure oder Base, die einem Puffer zugesetzt werden kann, ohne dass** sich der pH-Wert der Lösung nennenswert verändert (pH = pK$_S$ +/- 1).

Die Pufferkapazität steigt, wenn beide Bestandteile des Puffers höher konzentriert sind.

An dem Puffersystem 0,1 molare NH_3 / 0,1 molare NH_4Cl – Lösung mit einem pH von 9,25 soll geprüft werden, wie sich der pH-Wert der Lösung bei Säuren- oder Basenzusatz verhält:

Verzehnfacht man die Ammoniumionenkonzentration:
1 molare NH_4Cl-Lösung / 0,1 molare NH_3-Lösung, $pK_{S(Ammoniumchlorid)}$ = 9,25
pH = 9,25 – lg (1/0,1)   (lg 10 = 1)   ⟶ pH = 9,25 – 1 = 8,25

Durch Zusatz einer beliebigen Säure wird nicht die Menge der H_3O^+-Ionen, sondern nur die der NH_4^+ wesentlich erhöht (NH_3 + H_3O^+ ⟶ NH_4^+ + H_2O); der pH-Wert sinkt nur um eine Einheit.

Erhöht man die NH_4Cl-Lösung auf 2 mol/l, also um das 20-fache, sinkt der pH auch nur leicht:
2 molare NH_4Cl-Lösung / 0,1 molare NH_3-Lösung, $pK_{S(Ammoniumchlorid)}$ = 9,25
pH = 9,25 – lg (2/0,1)   (lg 20 = 1,3)   ⟶ pH = 9,25 – 1,3 = 7,95

Senkt man die Ammoniumchloridkonzentration um das Zehnfache, z. B. durch Zusatz einer beliebigen Base (NH_4^+ + OH^- ⟶ NH_3 + H_2O), steigt der pH-Wert nur um eine Einheit:
0,01 molare NH_4Cl-Lösung / 0,1 molare NH_3-Lösung, $pK_{S(Ammoniumchlorid)}$ = 9,25
pH = 9,25 – lg (0,01/0,1)   (lg 0,1 = –1)   ⟶ pH = 9,25 + 1 = 10,25

Erniedrigt man die Ammoniumchloridkonzentration noch weiter, z. B. auf 0,005 mol/l, erhöht sich wie erwartet der pH-Wert kaum:
0,005 molare NH_4Cl-Lösung / 0,1 molare NH_3-Lösung, $pK_{S(Ammoniumchlorid)}$ = 9,25
pH = 9,25 – lg (0,005/0,1)   (lg 0,05 = –1,3)   ⟶ pH = 9,25 + 1,3 = 10,28

4.8   Säure-Base-Begriff nach Lewis

Brönsted definiert eine Säure-Base-Reaktion immer als eine Protolyse, also die Übertragung eines Protons von der Säure auf die Base. Brönsted-Säuren müssen immer wasserstoffhaltig sein und Brönsted-Basen müssen ein freies Elektronenpaar besitzen, um das H^+-Teilchen akzeptieren zu können.

Allerdings existieren zahlreiche Stoffe, die keine Protonen abgeben können und trotzdem einen sauren Charakter besitzen. Löst man z. B. $AlCl_3$, BF_3 oder SO_3, so reagieren diese Substanzen in Wasser sauer. Lewis entwickelte daraus 1923 ein umfassendes Säure-Base-System. Nach Lewis sind Säuren alle Teilchen mit einer unvollständig besetzten äußeren Elektronenschale. **Lewis-Säuren** sind also elektrophil (elektronenliebend) und übernehmen durch Bindung mit Basen Elektronenpaare. Sie sind **Elektronenpaar-Akzeptoren**, weil sie eine Elektronenpaarlücke haben.

Lewis-Basen stellen für eine Bindung ein Elektronenpaar zur Verfügung. Sie sind bei der Lewis-Säure-Base-Reaktion (s. Abb. 4.3) die **Elektronenpaar-Donatoren**.

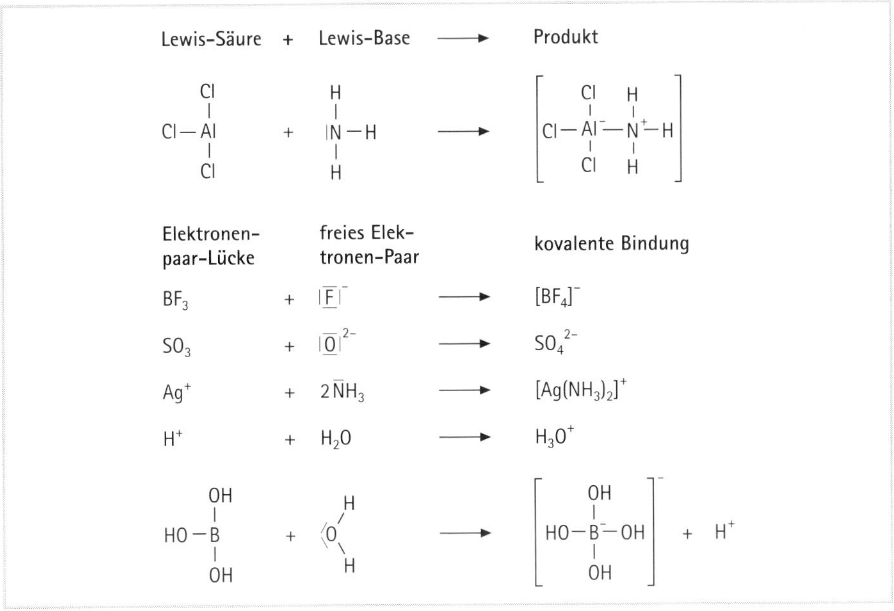

Abb. 4.3   Beispiele für Lewis-Säure und -Base-Reaktionen

Die gängigen **Brönsted-Säuren**, z. B. HCl, HNO_3 oder H_2SO_4, **sind keine Lewis-Säuren**, da sie keinen Elektronenmangel besitzen. Umgekehrt sind typische Lewis-Säuren aber auch keine Brönsted-Säuren, da sie keine Protonen abspalten können.

Jede Brönsted-Base ist auch eine Lewis-Base, da sie beide gleich definiert werden und Elektronenpaare für eine Bindung zur Verfügung stellen können.

II

Spezielle anorganische Chemie

1 Wasserstoff und Alkalimetalle

1.1 Wasserstoff

Elementarer Wasserstoff (H_2) ist pharmazeutisch nicht wichtig, wohl aber viele seiner Verbindungen.

Unter den Elementen nimmt Wasserstoff (Hydrogenium) eine Ausnahmestellung ein. Es ist das kleinste Atom und besitzt die einfachste Struktur aller Atome:

Wasserstoff

Abb. 1.1   Wasserstoffatom nach Bohr mit einem Proton und einem Elektron

Atomarer Wasserstoff hat die Elektronenkonfiguration $1s^1$, denn seine Außenschale enthält nur ein einziges Valenzelektron. Wasserstoff gehört zu **keiner** Gruppe des Periodensystems. Obwohl Elektronendonator, ist er ein ganz typisches Nichtmetall.

Gibt Wasserstoff sein Außenelektron ab, so entsteht ein Proton, H^+. Diese Protonen sind aber für sich allein nicht stabil genug, sodass sie sich schnell mit anderen Molekülen oder Atomen assoziieren. In wässrigen Lösungen lagert sich das Proton an eines der freien Elektronenpaare des Sauerstoffs, sodass das Hydroxoniumion (H_3O^+) entsteht. Die positive Ladung ist über das gesamte Ion verteilt.

Da Wasserstoffatome nur ein Valenzelektron besitzen, können sie auch nur eine kovalente Bindung eingehen. Im elementaren Zustand kommt Wasserstoff molekular vor, d.h. im H_2-Molekül sind die beiden H-Atome durch eine Atombindung miteinander verbunden (s. Abb. 1.2).

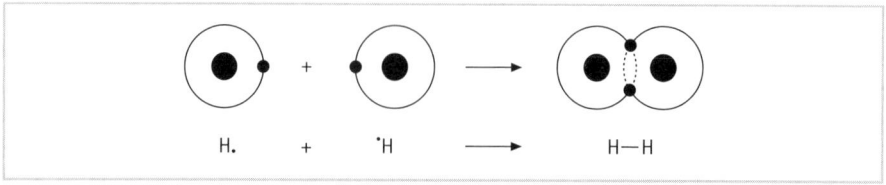

Abb. 1.2 Wasserstoff-Molekül H_2 nach Bohr mit zwei Protonen und zwei Elektronen

Zwischen stark polaren Molekülen wie im Fluorwasserstoff (HF) treten Wasserstoff-brückenbindungen auf (s. Kap. I.2.4).

Elementarer Wasserstoff kommt in rot gestrichenen Stahlflaschen unter Druck in den Handel. Er ist im chemischen Labor und in der Technik ein vielgebrauchtes Reduktionsmittel.

1.1.1   Physikalische und chemische Eigenschaften

Wasserstoff ist bei Raumtemperatur ein sehr leichtes, geruchloses, farbloses und brennbares Gas. Im Gegensatz zum elementaren Wasserstoff (H_2) ist atomarer Wasserstoff (H) sehr reaktiv. Er entsteht nur bei hohem Aufwand an Wärme-Energie oder an der Oberfläche bestimmter Metalle, wie z. B. Platin oder Nickel. Diese Metalle reagieren als Katalysatoren und bewirken eine Spaltung der Atombindung im Wasserstoff-Molekül:

$$H \xrightarrow{} H \xrightarrow{\text{Katalysator}} 2\,H\cdot$$

Abb. 1.3 Homolytische Spaltung eines H_2-Moleküls

Wenn Wasserstoff atomar vorliegt, spricht man auch von Wasserstoff in statu nascendi (im Entstehungszustand). Seine Reduktionskraft ist ausgesprochen groß.

Wasserstoff reagiert mit Sauerstoff stark exotherm unter Bildung von Wasser-dampf:

$$2\,H_2 \;+\; O_2 \;\longrightarrow\; 2\,H_2O$$

Ein Gemisch äquivalenter Mengen Wasserstoff und Sauerstoff bzw. Luft ist explosiv (**Knallgasreaktion**), wenn die Entzündungstemperatur erreicht wird. Aufgrund der großen Verbrennungswärme kann man diese Reaktion zur Erzeugung hoher Temperaturen nutzen (Knallgasgebläse).

Spezielle anorganische Chemie

1.1.2 Darstellung

Reaktion von stark elektropositiven Metallen mit Wasser:

$$2\,Na \ + \ 2\,H_2O \ \longrightarrow \ H_2\uparrow \ + \ 2\,Na^+ \ + \ 2\,OH^-$$

Reaktion von unedlen Metallen mit Säuren:

$$Zn \ + \ 2\,HCl \ \longrightarrow \ H_2\uparrow \ + \ Zn^{2+} \ + \ 2\,Cl^-$$

Technisch durch Reduktion von Wasser mit Koks bei hohen Temperaturen:

$$H_2O \ + \ C \ \longrightarrow \ H_2\uparrow \ + \ CO$$

Durch Elektrolyse (elektrochemische Spaltung) von Wasser:

$$H_2O \ \longrightarrow \ H_2\uparrow \ + \ \tfrac{1}{2}O_2$$

1.1.3 Wasserstoffverbindungen

Wasserstoff geht mit fast allen Elementen Bindungen ein. Je nach Bindungsart unterscheidet man:

- Atombindung,
- Ionenbindung.

Atombindung

a) Bildung von molekularem H_2, durch Überlappung der jeweiligen Außenelektronen:

$$H\bullet \ + \ \bullet H \ \longrightarrow \ H-H$$

b) Überlappung des $1s^1$-Orbitals des Wasserstoffs mit dem Außenelektron von Bor (B), Kohlenstoff (C), Silizium (Si) oder Stickstoff (N).

Beispiele sind die Bildung von Ammoniak (NH_3) und Methan (CH_4):

$$3\,H\bullet \ + \ \bullet\overline{N}\bullet \ \longrightarrow \ \begin{array}{c} H-\overline{N}-H \\ | \\ H \end{array}$$

$$4\,H\bullet \ + \ \bullet\overset{\bullet}{\underset{\bullet}{C}}\bullet \ \longrightarrow \ \begin{array}{c} H \\ | \\ H-C-H \\ | \\ H \end{array}$$

Ionenbindung

Beim Erhitzen von stark elektropositiven Metallen (Alkali- und Erdalkalimetalle) im Wasserstoffstrom kommt es zur Ausbildung von Ionenbindungen. Es entstehen salzartige Hydride, in denen der Wasserstoff ein Elektron annimmt und somit **negativ** geladen wird. So entsteht z. B. aus Wasserstoff und Calcium das Calciumhydrid:

$$\overset{+II}{Ca}\ \overset{-I}{H_2}$$

Hydride sind starke Reduktionsmittel und werden von Wasser unter H_2-Entwicklung zersetzt:

$$CaH_2\ +\ H_2O\ \longrightarrow\ Ca^{2+}\ +\ 2\,OH^-\ +\ H_2 \uparrow$$

1.2 Alkalimetalle

Die **erste Hauptgruppe** wird von den Alkalimetallen gebildet (s. Tab. 1.1). Zu ihnen gehören die Elemente **Lithium (Li)**, **Natrium (Na)**, **Kalium (K)**, **Rubidium (Rb)**, **Caesium (Cs)** und **Francium (Fr)**.

Tab. 1.1   Wichtige Eigenschaften der Alkalielemente (Fortsetzung s. nächste Seite)

Eigenschaften	Lithium	Natrium	Kalium	Rubi-dium	Cäsium	Fran-cium
Aussehen	Silber-weiß	Silber-weiß	Silber-weiß	Silber-weiß	Silber-weiß	Silber-weiß
Ordnungszahl	3	11	19	37	55	87
Relative Atommasse	6,9	22,9	39,1	85,5	132,9	223
Elektronen-konfiguration (Valenzschale)	$2s^1$ allgemein:	$3s^1$ ns^1	$4s^1$	$5s^1$	$6s^1$	$7s^1$
Oxidationszahlen	allgemein: +I, 0					
Schmelzpunkt (°C)	181	98	64	39	28	30
Siedepunkt (°C)	1347	881	754	688	705	680

Spezielle anorganische Chemie

Tab. 1.1   Wichtige Eigenschaften der Alkalielemente (Fortsetzung)

Eigenschaften	Lithium	Natrium	Kalium	Rubi-dium	Cäsium	Fran-cium
Metallcharakter	Metall	Metall	Metall	Metall	Metall	Metall
allgemeine Reaktionsfähigkeit	⟶ zunehmend ⟶					
Atomradius (pm)	152	186	227	248	265	270
	⟶ zunehmend ⟶					
Ionenradius (pm)	60	95	133	148	169	176
	⟶ zunehmend ⟶					
Elektronegativität	1,0	0,9	0,8	0,8	0,7	0,7
	⟶ abnehmend ⟶					
Ionisierungsenergie (eV)	5,39	5,14	4,34	4,18	3,9	3,83
	⟶ abnehmend ⟶					

1.2.1   Allgemeine physikalische und chemische Eigenschaften

Die Alkalimetalle sind weiche, leicht schmelzbare **Leichtmetalle** von geringer Dichte (Lithium und Natrium haben beispielsweise eine geringere Dichte als Wasser). Die Schnittflächen zeigen silbrigen Glanz, laufen aber an der Luft unter Oxidbildung rasch an. Die Metalle der I. Hauptgruppe sind sehr unedel und stehen daher oben in der Spannungsreihe (s. Kap. I.3.10).

Alkalimetalle sind **sehr reaktionsfähig** und kommen deshalb in der Natur nur chemisch gebunden vor. Entsprechend ihrer Stellung im PSE (Hauptgruppen-Nummer gibt Anzahl der Außenelektronen an) verfügen sie über 1 Valenzelektron, welches sie leicht abgeben. Dadurch erreichen sie die Oxidationszahl + I. Eine andere Oxidationszahl ist aufgrund des Atombaus nicht möglich. Ihre Reaktivität und die Tendenz zur Bildung von Ionenverbindungen nimmt mit sinkendem Ionisierungspotenzial und mit fallender Elektronegativität in der Reihe Li ⟶ Cs zu.

Infolge ihrer geringen Ionisierungsenergie reagieren alle Elemente der Gruppe rasch mit Luft und Wasser. Sie bilden an der Luft **Oxide**, **Hydroxide** und **Carbonate**. Die Alkalimetalle müssen daher unter Luftabschluss (z. B. Petroleum oder andere hochsiedende, sauerstofffreie organische Flüssigkeit) aufbewahrt werden. Mit Wasser reagieren sie unter heftiger Wasserstoffentwicklung:

$$2\,K \;+\; 2\,H_2O \;\longrightarrow\; H_2\uparrow \;+\; 2\,KOH$$

Bei Kalium, Rubidium und Caesium ist die entstehende Reaktionswärme (exothermer Vorgang) so groß, dass sich der entwickelnde Wasserstoff entzündet.

Die Alkalihydroxide sind in Wasser leicht löslich und vollständig dissoziiert. Aus diesem Grund gehören sie zu den stärksten bekannten Basen (Laugen):

$$NaOH \;\longrightarrow\; Na^+ \;+\; OH^-$$

Die Basenstärke nimmt in der Gruppe von oben nach unten zu, da die Dissoziation der Basen umso vollständiger verläuft, je leichter das Alkalimetall sein Valenzelektron abgeben kann. Fast alle Salze der Alkalien, auch die Carbonate, Phosphate und Silikate, sind in Wasser leicht löslich und stark dissoziiert. Eine Ausnahmestellung nehmen Lithiumcarbonat und Lithiumphosphat ein, die, wie die analogen Salze der Erdalkalien (Elemente der II. Hauptgruppe) schwer löslich sind (Schrägbeziehung im PSE). Die Lösungen der Salze aus mittelstarken und schwachen Säuren reagieren alkalisch (s. I Kap. 4).

Den Alkali-Ionen sehr ähnlich ist das Ammonium-Ion $[NH_4]^+$. Das Verhalten und die Eigenschaften der Ammoniumsalze (beispielsweise auch die qualitative Analytik) zeigen viele Analogien zu den entsprechenden Natrium- und Kaliumsalzen. Sie unterscheiden sich jedoch von den Alkalisalzen durch ihre Flüchtigkeit und Sublimierbarkeit.

Infolge ihrer einfachen Elektronenkonfiguration geben die Alkalimetalle Emissionsspektren mit nur wenigen markanten Linien und charakteristische Flammenfärbungen, an denen sie erkannt werden können.

Tab. 1.2   Flammenfärbungen und Spektrallinien

Element	Flammenfärbung	Spektrallinien
Li	Karminrot	Rot
Na	Gelb	Gelb
K	Violett	Rot / Violett
Rb	Rot	Rot / Violett
Cs	Blau	Blau

Spezielle anorganische Chemie

Kaliumsalze kommen in Landpflanzen vor, während Natriumverbindungen in erster Linie in Meerespflanzen enthalten sind. Im Organismus des Menschen und der Landtiere stehen Natrium- und Kaliumsalze etwa im Gleichgewicht. Sie halten den osmotischen Druck im Gewebe aufrecht und gehören damit zu den lebensnotwendigen Salzen. Zusammen mit Calciumsalzen bilden sie ein für viele Lebensvorgänge wichtiges Elektrolytgleichgewicht. Kalium-Ionen sind vor allem in den Zellen angereichert, während Natrium-Ionen in den extrazellulären (d. h. außerhalb der Zelle) Körperflüssigkeiten vorherrschen. Der Mensch scheidet mit dem Harn täglich etwa 10 g Natriumchlorid aus, das als Kochsalz mit der Nahrung ergänzt werden muss. Die Kaliumzufuhr wird durch pflanzliche Kost, vorwiegend durch Obst und Gemüse, gedeckt.

1.2.2 Alkalimetalle, Verbindungen und pharmazeutische Vertreter

Lithium
Lithiumcarbonat, Li_2CO_3, sowie auch Lithiumcitrat finden Verwendung als Psychopharmaka zur Behandlung manisch-depressiver Psychosen. In homöopathischer Dosierung dienen sie als Mittel gegen Gicht, Rheumatismus, Nierensteine und Arthritis.

Natrium
Natriummetall (Na) ist ein weiches, leichtes, silberglänzendes Metall mit allen typischen Eigenschaften eines Alkalimetalls. Es findet in erster Linie als Laborchemikalie (Trockenmittel für Ether) Verwendung. Natriumsalze kommen in Meerespflanzen, in Steinsalzlagern (Chile, Kalifornien) aber auch in tierischen Organismen vor. Das wichtigste Natriumsalz ist das Natriumchlorid. Es werden meist nur die Natriumsalze verabreicht, deren Anionen einen therapeutischen Nutzen bringen, da Na^+-Ionen in ausreichender Menge im menschlichen Organismus vorhanden sind.

Natriumverbindungen
Natriumhydroxid
Natriumhydroxid (NaOH) wird auch Ätznatron, Seifenstein oder als wässrige Lösung Natronlauge genannt. Natriumhydroxid ist eine farblose bis weiße, stark hygroskopische (d. h. wasseranziehend) Substanz. Es löst sich leicht in Wasser unter erheblicher Wärmeentwicklung. Die stark alkalisch reagierende Lösung heißt Natronlauge oder Natriumhydroxid-Lösung.

Natriumhydroxid zieht aus der Luft Kohlendioxid an und bildet Natriumcarbonat:

$$2\,NaOH \;+\; CO_2 \longrightarrow Na_2CO_3 \;+\; H_2O$$

Natriumhydroxid ist daher fast immer carbonathaltig. Das Arzneibuch lässt den Gehalt an Natriumcarbonat gesondert bestimmen und begrenzt ihn auf 2 %, wenn Natriumhydroxid für Reagenzlösungen verwendet wird.

Natronlaugeflaschen werden mit Gummi- oder Kunststoffstopfen verschlossen. Glasstopfen würden sich festfressen, denn Natronlauge löst Glas in geringem Maße. Natronlauge greift tierisches Eiweiß an und löst Fette. Sie wirkt dabei schnell und geht in die Tiefe, wodurch es bei Verätzungen zu gefährlichen Nekrosen kommen kann. Verätzungen mit Laugen haben somit schlimmere Auswirkungen als mit Säuren.

Natriumhydroxid ist als starke Base ein vielgebrauchter Grundstoff in der chemischen Industrie, z. B. bei der Seifenherstellung. Im Labor dient es auch als Trockenmittel und zur Absorption von Kohlendioxid.

Natriumchlorid

Natriumchlorid (NaCl, Kochsalz) ist das Ausgangsmaterial zur Herstellung anderer Natriumsalze. Als Viehsalz und auch für technische Zwecke wird es künstlich verunreinigt (denaturiert).

Bei Naturvölkern mit einer gewohnheitsmäßig niedrigen Kochsalzzufuhr ist eine arterielle Hypertonie (Bluthochdruck) unbekannt. Der Kochsalzkonsum von 10–15 g pro Tag in den westlichen Industrieländern liegt weit über dem geschätzten Mindestbedarf von 1 g/Tag. Durch diätetische Kochsalzrestriktion (Einschränkung) auf ca. 5 g/Tag kann bei vielen Hypertonie-Patienten das Blutdruckniveau gesenkt werden.

Zur Vermeidung der Schilddrüsenunterfunktion, z. B. Kropf, wird iodiertes Speisesalz angeboten, das ca. 20 mg KI auf 1 kg NaCl enthält. Schilddrüsenhormone enthalten Iod im Molekül (s. Kap. 7.3).

Eine 0,9 %ige (m/m) Natriumchloridlösung (physiologische Kochsalzlösung) weist den gleichen osmotischen Druck (Isotonie) auf wie die Blutflüssigkeit und das Gewebe. Natriumchlorid ist für die Isotonisierung der meisten Augentropfen geeignet.

Natriumcarbonat

Natriumcarbonat (Na_2CO_3, Soda) kristallisiert normalerweise als Decahydrat (deca = 10) ($Na_2CO_3 \times 10\,H_2O$). Die Kristalle geben aber leicht Wasser ab und verwittern. Durch vorsichtiges Erhitzen kann man das Wasser teilweise (Natrium-carbonat-Monohydrat, $Na_2CO_3 \times H_2O$), durch stärkeres Erhitzen ganz entfernen (wasserfreie Soda, Na_2CO_3).

Wasserfreies Natriumcarbonat löst sich in Wasser unter Wärmeentwicklung. Die entstandene Lösung reagiert alkalisch, da die OH^--Ionenkonzentration größer ist als die H_3O^+-Konzentration (die schwache Säure H_2CO_3 ist so wenig dissoziiert, dass die OH^--Konzentration überwiegt):

$$Na_2CO_3 \; + \; 2\,H_2O \; \rightleftharpoons \; 2\,Na^+ \; + \; 2\,OH^- \; + \; H_2CO_3$$

Durch Einwirken von Säuren auf Soda wird die unbeständige Kohlensäure (H_2CO_3) in Freiheit gesetzt, die leicht in Wasser und Kohlendioxid zerfällt.

$$Na_2CO_3 \quad + \quad 2\,CH_3COOH \; \longrightarrow \; 2\,CH_3COONa \quad + \quad H_2CO_3$$

Natriumcarbonat	Essigsäure	Natriumacetat	Kohlensäure

$$H_2CO_3 \; \longrightarrow \; H_2O \; + \; CO_2 \uparrow$$

Soda ist ein wichtiger Grundstoff der chemischen Industrie. Große Mengen werden in der Seifenindustrie, den Glashütten oder im Haushalt als Reinigungsmittel gebraucht.

Natriumhydrogencarbonat

Natriumhydrogencarbonat (Natron, Natriumbicarbonat, $NaHCO_3$) reagiert in wässriger Lösung schwach alkalisch und ist in Wasser relativ schwer löslich. Beim Erhitzen, teilweise aber auch schon bei Zimmertemperatur zersetzt sich Natron unter Wasser- und Kohlendioxidabspaltung zum Natriumcarbonat, das stärker alkalisch reagiert:

$$2\,NaHCO_3 \; \longrightarrow \; Na_2CO_3 \; + \; H_2O \; + \; CO_2 \uparrow$$

Da Natriumhydrogencarbonat Säuren binden kann, findet es als mildes Neutralisationsmittel sowohl im Labor als auch bei Hyperacidität Verwendung (z. B. Kaiser Natron®)

$$NaHCO_3 \; + \; HCl \; \longrightarrow \; NaCl \; + \; H_2CO_3$$

Als instabile Säure zerfällt Kohlensäure sofort in Wasser und Kohlendioxid. Das gebildete Kohlendioxid kann erhebliche Blähungen hervorrufen, deshalb ist Natron als Antacidum weitgehend obsolet. Zudem führen die leicht resorbierbaren Na^+-Ionen zu einer Alkalibelastung des Organismus.

Daneben dient Natron auch zur Entwicklung von Kohlendioxid, so zum Beispiel in Brausepulvern, Brausetabletten oder im Backpulver. In Brausetabletten ist neben Natron noch eine feste organische Säure, wie z. B. Weinsäure enthalten. Auch sie kann Kohlensäure aus Natriumhydrogencarbonat freisetzen (vgl. Reaktionsgleichung S. 129).

Tab. 1.3 Pharmazeutische Natriumverbindungen (Fortsetzung s. folgende Seiten)

Bezeichnung (nach Arzneibuch)	Formel	Sonstige Bezeichnungen	Verwendung
Natriummetall	Na		Trockenmittel für Ether Zur Herstellung von Na_2O_2 (Bleich- und Waschmittel)
Natriumhydroxid Ph.Eur.	NaOH	Natrii hydroxidum Ätznatron, Seifenstein	Als starke Base in präparativer und analytischer Pharmazie Seifenherstellung
Natriumhydroxid-Lösung	NaOH	Natronlauge	Maßlösung Reagenz 40% + 8,5%
Natriumchlorid Ph.Eur.	NaCl	Natrii chloridum Natrium chloratum Kochsalz	0,9%ige physiologische Kochsalzlösung: Infusionen, Nasentropfen; Inhalation Urtitersubstanz und 0,1 N-Lösung für Argentometrie
Natriumbromid Ph.Eur.	NaBr	Natrii bromidum Natrium bromatum	Sedativum (obsolet)
Natriumiodid Ph.Eur.	NaI	Natrii iodidum Natrium iodatum Iodnatrium	Hustenmittel
Natriumsulfid	Na_2S	Natriumsulfid	Reagenz zum Nachweis von Schwermetall-Ionen

Spezielle anorganische Chemie

Tab. 1.3   Pharmazeutische Natriumverbindungen (Fortsetzung)

Bezeichnung (nach Arzneibuch)	Formel	Sonstige Bezeichnungen	Verwendung
Natriumcarbonat – Decahydrat Ph.Eur.	$Na_2CO_3 \times$ 10 H_2O	Natrii carbonas decahydricus Natrium carbonicum Kristall-Soda	Chemikalie für Defektur und Analyse Badezusatz (0,15%) bei Hauterkrankungen, Antacidum (obsolet) im Haushalt als Reinigungsmittel
– Monohydrat Ph.Eur.	$Na_2CO_3 \times$ H_2O	Natrii carbonas monohydricus Natrium carbonicum siccatum getrocknetes Na_2CO_3	Wasserenthärtungs- und Einweichmittel
– wasserfrei Ph.Eur.	Na_2CO_3	Natrii carbonas anhydricus	Einstellung von Maßlösungen
Natriumhydrogen-carbonat Ph.Eur.	$NaHCO_3$	Natriihydrogeno-carbonas Natrium bicarbonicum Natriumbicarbonat Natron, Speisesoda	Mildes Neutralisierungs-mittel Antacidum Bestandteil von Brause- und Backpulver, in Feuer-löschern
Natriumsulfat Ph.Eur.	$Na_2SO_4 \times$ 10 H_2O	Natrii sulfas decahydricus Natrium sulfuricum Glaubersalz	Salinisches Abführmittel
	Na_2SO_4	Entwässertes Natrium-sulfat Natrii sulfas anhydricus	Bestandteil von künstl. Karlsbader Salz Trockenmittel im Labor
Natriumthiosulfat Ph.Eur.	$Na_2S_2O_3$ $\times$ 5 H_2O	Natrii thiosulfas Natrium thiosulfuricum Fixiersalz	Maßlösung, Lösungsmittel für Silberbromid in der Photographie, zur Entfernung von Iodflecken
Natriumnitrat	$NaNO_3$	Natrium nitricum Chilesalpeter	Düngemittel Pökelsalz

Tab. 1.3   Pharmazeutische Natriumverbindungen (Fortsetzung)

Bezeichnung (nach Arzneibuch)	Formel	Sonstige Bezeichnungen	Verwendung
Natriumnitrit	$NaNO_2$	Natrium nitrosum	Reagenz DAB (Diazotierungen) Oxidationsschutz für ärztliche Instrumente in Desinfektionslösungen Pökelsalz
Natriummono-hydrogenphosphat Ph.Eur.	Na_2HPO_4 × 2 H_2O	Dinatrii phosphas Natrium phosphoricum	Substanz für Puffer-lösungen, Reagenz mildes Laxans
Natriumdihydrogen-phosphat Ph.Eur.	NaH_2PO_4 × 12 H_2O	Natrii dihydrogeno-phosphas	
Natriumtetraborat Ph.Eur.	$Na_2B_4O_7$ × 10 H_2O	Borax	Mildes Antiseptikum Pufferlösungen als Augentropfen wenig empfehlenswert

Kalium

Kaliumsalze kommen in Salzlagern, Landpflanzen und in tierischen Organismen vor. Das Metall Kalium zeigt in seinen Eigenschaften und Verwendungen große Ähnlichkeit mit dem Natrium. Seine chemische Reaktionsfähigkeit ist jedoch noch größer. Geringere Elektronegativität und höhere Schalenanzahl (Hauptquantenzahl) führen dazu, dass das Valenzelektron des Kaliums noch leichter abgegeben wird; somit steigt die Reaktionsbereitschaft. Auch das Kalium kommt in Verbindungen nur als positives Kation vor. Im Gegensatz zu den meisten Natriumsalzen kristallisieren die Kaliumsalze anorganischer Säuren ohne Kristallwasser, sie sind auch seltener hygroskopisch.

Kaliumsalzlösungen werden oral oder i. v. zur Auffüllung des physiologischen Kaliumspiegels gegeben, so z. B. wenn durch Diuretika oder Laxantien zu viele Kaliumsalze ausgeschwemmt wurden. Kaliumsalze sind pharmakologisch nicht so unproblematisch anzusehen wie Natriumsalze. Schon 15 g oral zugeführtes Kaliumchlorid kann toxisch wirken.

Kaliumverbindungen

Kaliumcarbonat

Kaliumcarbonat (K_2CO_3, Pottasche) ist eine weiße, hygroskopische Substanz, die zur Herstellung anderer Kaliumsalze, Kaliglas, Schmierseife und als Treibmittel für Lebkuchenteig gebraucht wird. In Wasser löst es sich leicht unter Bildung einer alkalisch reagierenden Lösung.

Kaliumhydrogencarbonat

Kaliumhydrogencarbonat, $KHCO_3$, ist nicht so wärmeempfindlich wie Natriumhydrogencarbonat, entspricht ihm aber sonst in seinen Eigenschaften. Kaliumhydrogencarbonat wird zur Substitution bei Kaliummangel (Hypokaliämie) in Form von Brausetabletten angewendet.

Kaliumchlorat

Kaliumchlorat ($KClO_3$) ist ein Oxidationsmittel und spaltet in der Wärme leicht Sauerstoff ab, je nach den Bedingungen und Reaktionspartnern auch explosionsartig. Es ist der Sauerstoffträger in manchen Sprengstoffmischungen. Durch die Entwicklung von Sauerstoff wird auch Pflanzengewebe geschädigt bzw. zerstört. Daher wird Kaliumchlorat auch als Totalherbizid (= Pflanzenvernichtungsmittel) eingesetzt.

$$2\,KClO_3 \longrightarrow 2\,KCl + 3\,O_2$$

Vorsicht ist geboten beim Verreiben feiner Mengen an Kaliumchlorat im Mörser, denn schon geringe Staubmengen (Staub hier als Katalysator) reichen zur Explosion aus.

Kaliumbromat

Kaliumbromat ($KBrO_3$) findet als Urtitersubstanz in der Oxidimetrie (das ist ein maßanalytisches Verfahren, bei dem Oxidationen und Reduktionen ablaufen) Verwendung.

Tab. 1.4   Pharmazeutische Kaliumverbindungen

Bezeichnung (nach Arzneibuch)	Formel	Sonstige Bezeichnungen	Verwendung
Kaliumhydroxid Ph. Eur.	KOH	Kalii hydroxidum Ätzkali	Wie Natriumhydroxid Herstellung von Schmierseife
Kaliumhydroxid-Lösung	KOH	Kalilauge Liquor Kali caustici	Reagenz
Kaliumchlorid Ph. Eur.	KCl	Kalii chloridum Kalium chloratum	Kaliumergänzungstherapie, in Infusionslösungen
Kaliumbromid Ph. Eur.	KBr	Kalii bromidum Kalium bromatum	Früher als Beruhigungs- mittel (obsolet) heute technische Verwendung
Kaliumiodid Ph. Eur.	KI	Kalii iodidum Kalium jodatum	Statt des hygroskopischeren Natriumiodids in Therapie und Analytik, Strumaprophylaxe Expektorans
Kaliumchlorat	$KClO_3$	Kalium chloricum	Unkrautvernichtungsmittel toxisch! – Explosionsgefahr

Die Elemente Rubidium, Caesium und Francium sind pharmazeutisch nicht wichtig. Das Caesiumisotop 137, ein β-Strahler mit einer Halbwertszeit von mehr als 30 Jahren war neben Strontium 90 der wichtigste Bestandteil des radioaktiven fallout nach der Reaktorkatastrophe von Tschernobyl 1986.

1.2.3 Analytik

Nachweis von Natriumverbindungen

- Gelbe, intensive Flammenfärbung,
- Fällung des Natriumhexahydroxoantimonats mit Kaliumhexahydroxoantimonat:

$$Na^+ \ + \ K[Sb(OH)_6] \ \longrightarrow \ K^+ \ + \ Na[Sb(OH)_6] \downarrow$$

(im Gegensatz zum K^+-Salz ist das Na^+-Salz schwer löslich und fällt aus),
- Fällung des Natriumsalzes der Methoxyphenylessigsäure.

Nachweis von Kaliumverbindungen

- Kaliumsalze färben die Flamme violett. Die intensiv gelbe Flamme gleichzeitig anwesender Natriumsalze überdeckt die violette Färbung, kann aber durch ein davor gehaltenes Kobaltglas absorbiert werden.
- Ausfällung schwerlöslicher Kaliumsalze:
  a) Ausfällung als schwerlösliches, orangegelbes Dikalium-mononatriumsalz, $K_2Na[Co(NO_2)_6]$, mit Natriumhexanitrocobaltat (III).
  b) Bildung eines feinen, weißen Niederschlags von Kaliumhydrogentartrat (Weinstein) mit Weinsäure.

$$
\begin{array}{cccc}
\text{COO}^- \ \text{H}^+ & & \text{COO}^- \ \text{K}^+ & \\
| & & | & \\
\text{H} - \text{C} - \text{OH} & & \text{H} - \text{C} - \text{OH} & \\
| & + \ \text{K}^+ \longrightarrow & | & + \ \text{H}^+ \\
\text{HO} - \text{C} - \text{H} & & \text{HO} - \text{C} - \text{H} & \\
| & & | & \\
\text{COO}^- \ \text{H}^+ & & \text{COO}^- \ \text{H}^+ &
\end{array}
$$

Weinsäure   Kaliumhydrogentartrat

2 Erdalkalimetalle

2.1 Allgemeine physikalische und chemische Eigenschaften

Die **Erdalkalimetalle Beryllium** (Be), **Magnesium** (Mg), **Calcium** (Ca), **Strontium** (Sr), **Barium** (Ba) und **Radium** (Ra) bilden die II. Hauptgruppe.

Tab. 2.1 Wichtige Eigenschaften der Erdalkalielemente (Fortsetzung s. nächste Seite)

Eigenschaften	Beryllium	Magnesium	Calcium	Strontium	Barium	Radium
Aussehen	Silberweiß, hart, spröde	Silberweiß, glänzend	Silberweiß, sehr weich	Silberweiß	Silberweiß	Silberweiß
Ordnungszahl	4	12	20	38	56	88
Relative Atommasse	9,0	24,3	40,1	87,6	137,3	226
Elektronenkonfiguration (Valenzschale)	$2s^2$ allgemein: ns^2	$3s^2$	$4s^2$	$5s^2$	$6s^2$	$7s^2$
Oxidationszahlen	allgemein: +II, 0					
Schmelzpunkt (°C)	1285	650	845	771	726	700
Siedepunkt (°C)	2477	1105	1483	1385	1696	1140
Metallcharakter	Metall	Metall	Metall	Metall	Metall	Metall
Allgemeine Reaktionsfähigkeit	—— zunehmend ——————————→					
Atomradius (pm)	111	160	197	215	217	223
	—— zunehmend ——————————→					

Tab. 2.1   Wichtige Eigenschaften der Erdalkalielemente (Fortsetzung)

Eigenschaften	Beryllium	Magne-sium	Cal-cium	Stron-tium	Barium	Radium
Ionenradius (pm)	31	65 zunehmend ⟶	99	113	135	137
Elektonegativität	1,6	1,3 abnehmend ⟶	1,0	0,9	0,9	0,9
1. Ionisierungs-energie (eV)	9,32	7,64	6,11	5,69	5,21	5,28
2. Ionisierungs-energie (eV)	18,21	15,03 abnehmend ⟶	11,87	11,03	10,00	10,14

Es sind silberweiße **Metalle** mit guter elektrischer Leitfähigkeit. Die Erdalkalimetalle zeichnen sich durch ihre ausgeprägte chemische Reaktionsfähigkeit aus. Ihre Atome bilden durch Abgabe der zwei Außenelektronen zweifach positiv geladene Ionen. Dieses lässt sich durch die Ionisierungsenergien begründen, die in den Elementen dieser Gruppe von oben nach unten sinken, da auf jeder neu hinzukommenden Schale die Elektronen schwächer gebunden sind.

Die Elemente der zweiten Hauptgruppe treten ausnahmslos in der Oxidationszahl +II auf.

Wegen ihrer **großen Reaktivität** kommen die Erdalkalimetalle in der Natur nicht frei, sondern nur gebunden vor. Auch aus diesem Grund müssen Calcium, Strontium und Barium unter Luftabschluss (beispielsweise unter Petroleum) aufbewahrt werden. Beryllium und Magnesium sind an der Luft beständig, da eine dünne Oxid-Schicht die Metalle vor weiterer Korrosion schützt. Auch die anderen Erdalkalimetalle bedecken sich mit einer Oxidschicht, die jedoch wasserlöslich ist. Aus diesem Grund reagieren sie heftig mit Wasser unter Bildung von Wasserstoff und Hydroxiden:

$$Me \; + \; 2\,H_2O \; \longrightarrow \; Me(OH)_2 \; + \; H_2$$

(Me = Metall)

Die Basizität der Oxide und Hydroxide steigt in der Gruppe von oben nach unten. Bariumhydroxid ist eine sehr starke Base.

Die Löslichkeit der Hydroxide in Wasser nimmt in der gleichen Richtung zu; die Löslichkeit der Sulfate nimmt jedoch ab. Calcium-, Strontium- und Bariumsulfat sind neben Bleisulfat die einzigen schwerlöslichen Sulfate.

Die Nitrate und Chloride der Erdalkalien sind leicht löslich, die Fluoride, Carbonate, Phosphate und Oxalate schwer löslich.

2.2 Erdalkalimetalle, Verbindungen und pharmazeutische Vertreter

2.2.1 Beryllium

ist pharmazeutisch ohne Bedeutung.

2.2.2 Magnesium

Magnesium – und Calciumionen haben einen erheblichen Masseanteil an den in der Erdkruste vorhandenen Mineralien und Gesteinen. In der Natur kommt es gebunden als $MgCO_3$ (Magnesit), $MgCO_3 \times CaCO_3$ (Dolomit) oder als Talk ($Mg_3Si_4O_{10}(OH)_2$) vor.

Magnesium ist ein unedles, silberglänzendes Leichtmetall. Wie oben bereits erwähnt, wird es von kaltem Wasser wegen Ausbildung einer schützenden Oxidschicht nicht angegriffen. Siedendes Wasser löst diese Schicht, sodass sich Magnesium dann unter Wasserstoffentwicklung auflöst:

$$Mg \;+\; 2\,H_2O \;\longrightarrow\; Mg(OH)_2 \;+\; H_2 \uparrow$$

Magnesium löst sich leicht in Säuren, nicht aber in Laugen.

Mit Sauerstoff verbrennt Magnesium unter Aussendung eines intensiven weißen Lichtes zu Magnesiumoxid (Magnesiumpulver dient als Blitzlicht):

$$2\,Mg \;+\; O_2 \;\longrightarrow\; 2\,MgO$$

Magnesium gehört für alle Lebewesen als Elektrolyt und Aktivator vieler Enzyme zu den lebensnotwendigen Elementen. Der tägliche Bedarf liegt bei 300 mg; Schwangere und Kinder brauchen mehr. Magnesium ist der physiologische Gegenspieler des Calciums; durch das Parathormon (= Hormon der Nebenschilddrüse) erfolgt eine Regulierung des Mg/Ca-Verhältnisses im Blut.

Magnesium-Verbindungen wie Magnesiumaspartat, -citrat oder -glutamat werden bei Muskelkrämpfen oder als Zusatztherapie bei Herzrhythmusstörungen eingesetzt. Höhere Dosen von Magnesium sind bei Niereninsuffizienz kontraindiziert.

Verbindungen des Magnesiums
Magnesiumoxid
Magnesiumoxid, MgO, wird auch Magnesia usta genannt. Es lässt sich aus Magnesiumcarbonat oder Magnesiumhydroxid durch starkes Erhitzen herstellen:

$$MgCO_3 \xrightarrow{\Delta t} MgO + CO_2 \uparrow$$

$$Mg(OH)_2 \xrightarrow{\Delta t} MgO + H_2O$$

Es gibt leichtes und schweres Magnesiumoxid, die sich lediglich in ihrem Füllvolumen unterscheiden. Für Pulvermischungen wird stets das schwere MgO verwendet.

Magnesiumperoxid
Magnesiumperoxid, MgO_2, dient wie Magnesiumoxid als säurebindendes Mittel und stellt ein Antacidum dar. Das Magnesiumperoxid des Europäischen Arzneibuchs enthält 25 % MgO_2 und 75 % MgO.

Magnesiumhydroxid
Aus Magnesiumsalzlösungen lässt sich auf Zusatz von Laugen Magnesiumhydroxid, $Mg(OH)_2$, ausfällen. $Mg(OH)_2$ ist keine amphotere Substanz, d. h. es kann nicht als schwache Säure oder Base reagieren wie z. B. Aluminiumhydroxid. Es ist leicht löslich in verdünnten Säuren, in Wasser jedoch nicht.

Magnesiumsulfat
Das in Wasser leicht lösliche Magnesiumsulfat kristallisiert als Heptahydrat, $MgSO_4$ × 7 H_2O. In Dosen von 5–20 g findet es Verwendung als salinisches Abführmittel. Erhöhte Mg-Blutspiegel führen zu peripheren Lähmungen, toxische Dosen ab 0,3 mg/ml können einen Atemstillstand bewirken.

Tab. 2.2   Pharmazeutische Magnesiumverbindungen

Bezeichnung (nach Arzneibuch)	Formel	Sonstige Bezeichnungen	Verwendung
Magnesiumoxid, leichtes und schweres Ph. Eur.	MgO	Magnesii oxidum leve/ponderosum Magnesia usta gebrannte Magnesia	Antazidum, Füllmittel in Pulvern, Mg-Substitution
Magnesiumperoxid Ph. Eur.	25% MgO_2 in MgO	Magnesii peroxidum Magnesium peroxydatum	Antazidum, Desodorans, Bleichmittel
Magnesiumcarbonat, leichtes und schweres basisches Ph. Eur.	$4 MgCO_3 \times Mg(OH)_2 \times 4 H_2O$	Magnesii subcarbonas levis/ponderosus Magnesium carbonicum	Antazidum
Magnesiumchlorid Ph. Eur.	$MgCl_2 \times 6 H_2O$	Magnesii chloridum	In Volumenersatzmitteln
Magnesiumtrisilicat Ph. Eur.	$2 MgO \times 3 SiO_2$	Magnesii trisilicas	Antazidum
Magnesiumsulfat Ph. Eur.	$MgSO_4 \times 7 H_2O$ (48,5% $MgSO_4$)	Magnesii sulfas Magnesium sulfuricum Bittersalz	Salinisches Abführmittel
Magnesiumstearat Ph. Eur.	$(CH_3(CH_2)_{16}COO)_2Mg$	Magnesii stearas Magnesium stearinicum	Tablettierhilfsstoff

2.2.3   Calcium

Auch Calcium kommt in der Natur nur gebunden vor, so zum Beispiel als Calciumcarbonat (in Kalkstein, Kreide oder Marmor), als Sulfat (in Alabaster, Gips) und ferner als Silikat, Phosphat und Fluorid. Es ist wie alle Erdalkalimetalle sehr reaktiv und kommt ausnahmslos in der Oxidationsstufe +II vor.

Der menschliche Körper enthält ca. 1 kg Calcium, davon liegen rund 99 % gebunden im Skelett vor. Die tägliche Zufuhr an Calcium-Verbindungen sollte ungefähr 1 g betragen. Calcium ist wichtig für den Knochenaufbau, die Muskelkontraktion, die Blutgerinnung sowie die Erregungsübertragung an den Synapsen.

Zur Calciumtherapie werden Calciumsalze oral oder parenteral eingesetzt, so zum Beispiel bei Osteoporose, Allergien, Tetanie oder auch zur Unterstützung des Knochen- und Zahnaufbaues.

Verbindungen des Calciums
Calciumoxid
Calciumoxid, CaO, wird gebrannter Kalk oder Ätzkalk genannt. Es lässt sich bei hohen Temperaturen (900–1000 °C) aus Calciumcarbonat herstellen:

$$CaCO_3 \xrightarrow{\Delta t} CaO + CO_2 \uparrow$$

Mit Wasser zerfällt es unter starker Erwärmung in stark basisch reagierendes Calciumhydroxid (gelöschter Kalk):

$$CaO + H_2O \longrightarrow Ca(OH)_2$$

Eine wässrige Lösung von Calciumhydroxid nennt man Kalkwasser. Sie reagiert stark alkalisch:

$$Ca(OH)_2 \longrightarrow Ca^{2+} + 2\,OH^-$$

Eine Suspension von festem Calciumhydroxid in Wasser bezeichnet man auch als Kalkmilch. Diese erstarrt beim Trocknen zu einer festen Masse (Abbinden) und verfestigt sich mit dem CO_2 der Luft unter Bildung von Calciumcarbonat (Erhärten).

Calciumchlorid
Calciumchlorid kristallisiert als Mono-, Di-, Tetra- und Hexahydrat. Darüberhinaus gibt es die wasserfreie Form, das Calcium chloratum siccatum ($CaCl_2$). Offizinell ist das Dihydrat des Calciumchlorids, $CaCl_2 \times 2\,H_2O$. Das Dihydrat kann zur Calciumtherapie eingesetzt werden (Substitution bei Calciummangel); jedoch werden Ca-Salze organischer Säuren aufgrund besserer Verträglichkeit mittlerweile bevorzugt.

$CaCl_2 \times 6\,H_2O$ löst sich in Wasser unter Wärmeverbrauch, sodass es mit Eis Kältemischungen gibt, die bis auf –50 °C abkühlen. Für Kältemischungen ist die wasserfreie Form nicht geeignet, da bei der Hydratation des Calcium-Ions Wärme frei wird.

Calciumsulfat

Das Hemihydrat (Hemi = $1/2$) des Calciumsulfats, $CaSO_4$ × $1/2\,H_2O$ wird auch gebrannter Gips genannt. Dieser reagiert mit Wasser in einer exothermen Reaktion zu einer Aufschlämmung von $CaSO_4$ × $2\,H_2O$, welche nach kurzer Zeit zu einem aus kleinen verfilzten Nadeln bestehenden Feststoff abbindet (medizinische Anwendung: Gipsverband).

Durch Erhitzen von Calciumsulfat-Hemihydrat oberhalb von 500 °C entsteht kristallwasserfreier totgebrannter Gips, $CaSO_4$, der kein Wasser mehr aufnimmt und nicht abbindet.

Calciumsulfat ist in Wasser etwas löslich; eine gesättigte Lösung dient als Reagenz auf Strontium- und Barium-Ionen, deren Sulfate unlöslich sind.

In der Natur kommt Calciumsulfat als Dihydrat vor (Gips, Alabaster).

Calciumcarbonat

Calciumcarbonat kommt in der Natur in Kalkstein, Kreide, Marmor, Muschelschalen usw. vor. Das in Wasser schwer lösliche $CaCO_3$ wird durch Kohlendioxid-haltige Wässer in lösliches Calciumhydrogencarbonat überführt:

$$CaCO_3 \; + \; H_2O \; + \; CO_2 \; \rightleftharpoons \; Ca^{2+} \; + \; 2\,HCO_3^-$$

Wird das System jedoch über 70 °C erhitzt, so verschiebt sich das Gleichgewicht infolge des Entweichens von Kohlendioxid nach links (s. Kap. 3.7), sodass Calciumcarbonat ($CaCO_3$) ausfällt. Auf diesem Phänomen beruht auch die Bildung von Kesselstein.

Härte des Wassers: Das im Brunnen-, Fluss- oder Leitungswasser gelöste Calciumhydrogencarbonat bildet zusammen mit anderen gelösten Salzen des Calciums, des Magnesiums und teilweise auch des Eisens und Mangans die **Härte des Wassers**. Dabei unterscheidet man:

- Carbonathärte (temporäre Härte) und
- permanente (bleibende) Härte.

Carbonathärte (temporäre Härte): Wie der Name schon sagt, handelt es sich hier um einen temporären, vorübergehenden Vorgang. Beim Erhitzen von Calciumhydrogencarbonat-haltigem Wasser fällt Calciumcarbonat aus und stört als Kesselstein in Wasserbädern, Dampfkesseln oder auch in der Kaffeemaschine. Die Carbonathärte bezieht sich auf den Gehalt an Calciumhydrogen- und Magnesiumhydrogencarbonat.

Permanente (bleibende) Härte: Die permanente Härte wird in erster Linie durch Calciumsulfat verursacht, das sich durch Erhitzen nicht entfernen lässt.

Temporäre und bleibende Härte ergeben zusammen die **Gesamthärte.** Sie ist die Summe der Ca- und Mg-Ionen, die im Wasser gelöst sind, und wird in mmol/l angegeben.

1 mmol/l an Ca- und Mg-Ionen entsprechen 2,8 °d (frühere Angabe in deutschen Härtegraden, dH)

1 deutscher Härtegrad entspricht 10 mg CaO in 1 Liter Wasser.

Weiches Wasser enthält weniger als 1,3 mmol/l, sehr hartes Wasser mehr als 3,8 mmol/l an Ca- und Mg-Ionen.

Die Gesamthärte lässt sich komplexometrisch mit 0,1 molarer Na_2EDTA-Lösung bestimmen.

Hartes Wasser stört beim Waschen mit Seife, da es einen Teil der Seife unwirksam macht. Moderne Waschmittel enthalten waschaktive Substanzen (Polyphosphate, s. Kap. 6.2.3), die Erdalkaliionen in lösliche Verbindungen überführen, oder Komplexbildner (Na_2EDTA), die die Ionen einfangen.

Zur Enthärtung von Wasser kommen infrage:

- Destillation des Wassers (s. Kap. 6.2.3),
- Ausfällung der härtebildenden Ionen mit Soda (Na_2CO_3):

$$CaCl_2 \ + \ Na_2CO_3 \ \longrightarrow \ CaCO_3 \downarrow \ + \ 2\,NaCl$$

- Entsalzen des Wassers mit Ionenaustauschern (s. Kap. 6.2.3).

Die Messung der Leitfähigkeit ist ein gutes Kriterium, die Reinheit des Wassers zu beurteilen. Sind keine Ionen enthalten, so sinkt die Leitfähigkeit gegen null.

Tab 2.3   Pharmazeutische Calciumverbindungen (Fortsetzung s. folgende Seiten)

Bezeichnung (nach Arzneibuch)	Formel	Sonstige Bezeichnungen	Verwendung
Calciumoxid	CaO	Gebrannter Kalk Calcaria usta, Ätzkalk	Zur Bereitung von Calciumhydroxid und Kalkwasser, Trockenmittel

Tab 2.3 Pharmazeutische Calciumverbindungen (Fortsetzung)

Bezeichnung (nach Arzneibuch)	Formel	Sonstige Bezeichnungen	Verwendung
Calciumhydroxid Ph. Eur.	$Ca(OH)_2$	gelöschter Kalk Calcii hydroxidum	Reagenz
Calciumchlorid Ph. Eur.	$CaCl_2 \times 2\,H_2O$	Calicii chloridum Calcium chloratum	Calciumtherapie, in Volumenersatzlösungen (Ringer-Lösung)
wasserfreies Calciumchlorid	$CaCl_2$	Calcium chloratum siccatum Calcii chloridum	Trockenmittel
Calciumcarbonat Ph. Eur.	$CaCO_3$	Calcii carbonas Calcium carbonicum Schlämmkreide	Antacidum, Schleifmittel in Zahnpasta, Ca^{2+}-Substitution
Calciumfluorid DAB	CaF_2	Calcii fluoridum Calcium fluoratum Flußspat	Kariesprophylaxe
Calciumpantothenat Ph. Eur.	$C_{18}H_{32}CaN_2O_{10}$	Calcii pantothenas	In Multivitaminpräparaten, bei Dermatosen
Calciumsulfat – Hemihydrat DAB	$CaSO_4 \times 1/2\,H_2O$	Calcii sulfas hemihydricus Calcium sulfuricum ustum gebrannter Gips	Gipsverbände, Gipsabgüsse
– Dihydrat Ph. Eur.	$CaSO_4 \times 2\,H_2O$		
Calciumhydrogenphosphat Ph. Eur.	$CaHPO_4$	Calcii hydrogenophosphas Calcium phosphoricum sek. Calciumphosphat	Calciumtherapie, in Zahnpasten als Schleifmittel
	$CaHPO_4 \times 2\,H_2O$		
Calciumlactat Ph. Eur.		Calcii lactas Calcium lacticum	Calciumtherapie

Tab 2.3 Pharmazeutische Calciumverbindungen (Fortsetzung)

Bezeichnung (nach Arzneibuch)	Formel	Sonstige Bezeichnungen	Verwendung
Calciumgluconat Ph. Eur.		Calcii gluconas Calcium gluconicum	Antiallergikum

2.2.4 Strontium, Barium und Radium

Strontium

Auch Strontium (Sr) hat kaum pharmazeutische Bedeutung. Strontiumsulfid dient als äußerlich anzuwendendes Enthaarungsmittel.

Barium

In der Natur kommt Barium als Bariumsulfat (Schwerspat) und Bariumcarbonat (Witherit) vor. Es ist ein silberweißes Metall, das an der Luft grauschwarz anläuft. Auch das Barium muss unter Luftabschluss aufbewahrt werden, da es sich schnell mit dem Kohlendioxid der Luft verbindet.

Lösliche Bariumsalze wie Bariumchlorid ($BaCl_2$) oder Bariumnitrat ($Ba(NO_3)_2$) sind **giftig**. Auch das Bariumcarbonat gehört dazu, da es sich in der Salzsäure des Magensafts auflöst:

$$BaCO_3 + 2\,HCl \longrightarrow BaCl_2 + CO_2 \uparrow + H_2O$$

Lösliche Bariumsalze bewirken eine Erregung und Kontraktion der glatten, der quer gestreiften und der Herzmuskulatur. Es kommt zu aufsteigenden Lähmungserscheinungen und schließlich zum Atemstillstand.

Verbindungen des Bariums:
Bariumhydroxid

$Ba(OH)_2$ ist eine lösliche Verbindung und eine starke Base. In Lösung gebracht wird es auch Barytwasser genannt. Bariumhydroxidlösung bildet mit Kohlendioxid das schwer lösliche Bariumcarbonat:

$$Ba(OH)_2 + CO_2 \longrightarrow BaCO_3 \downarrow + H_2O$$

Es dient daher als Nachweisreagenz auf CO_2 und CO_2-entwickelnde Substanzen. CO_2-entwickelnde Substanzen sind beispielsweise Carbonate und Hydrogencarbonate nach Ansäuern.

Bariumsulfat

$BaSO_4$ ist nicht nur in Wasser, sondern auch in starken Säuren wie z. B. Salzsäure oder Salpetersäure sehr schwer löslich. Aufgrund seines hohen Absorptionskoeffizienten für Röntgenstrahlung und seiner Unlöslichkeit kann es als Röntgenkontrastmittel für den Magen-Darm-Trakt verwendet werden, denn es wird nicht resorbiert. Aus diesem Grund prüft das Arzneibuch Bariumsulfat sorgfältig auf evt. vorhandene lösliche und damit giftige Bariumverbindungen.

Tab. 2.4 Pharmazeutische Bariumverbindungen

Bezeichnung (nach Arzneibuch)	Formel	Sonstige Bezeichnungen	Verwendung
Bariumhydroxid	$Ba(OH)_2$	Bariumhydroxid-Lösung Barytwasser	Reagenz auf CO_2 und CO_2-entwickelnde Substanzen
Bariumchlorid	$BaCl_2$	Bariumchlorid-Lösung	Reagenz auf Sulfat-Ionen
Bariumsulfat Ph. Eur.	$BaSO_4$	Barii sulfas Barium sulfuricum Schwerspat	Röntgenkontrastmittel

Radium

Radium (Ra) ist ein Zerfallsprodukt des Urans. Es zerfällt selbst unter Aussendung von α-Strahlung und wurde früher zu Bestrahlungen bei Krebserkrankungen eingesetzt.

Spezielle anorganische Chemie

2.3 Analytik

Nachweis von Magnesiumverbindungen

In mit Ammoniumchlorid gepufferter Ammoniak-Lösung geben Magnesiumionen mit Phosphationen eine Fällung von Ammoniummagnesiumphosphat, das unter dem Mikroskop eine charakteristische Kristallform (Sargdeckelform) aufweist.

$$Mg^{2+} \;+\; HPO_4^{2-} \;+\; NH_4^+ \;\longrightarrow\; Mg(NH_4)PO_4 \downarrow \;+\; H^+$$

Nachweis von Calciumverbindungen

Fällung von Calciumoxalat mit Ammoniumoxalat:

$$Ca^{2+} \;+\; (NH_4)_2(COO)_2 \;\longrightarrow\; Ca(COO)_2 \downarrow \;+\; 2\,NH_4^+$$

Das entstandene Calciumoxalat ist in Essigsäure und Ammoniak unlöslich.

Aus Calciumsalzlösungen kann mit Ammoniumcarbonat das schwerlösliche Calciumcarbonat ausgefällt werden.

$$Ca^{2+} \;+\; CO_3^{2-} \;\longrightarrow\; CaCO_3 \downarrow$$

Die Flammenfärbung ist gelbrot.

Im Ph. Eur. sind spezifische Identitätsreaktionen aufgenommen: a) roter Niederschlag mit Glyoxalbishydroxyanil b) weißer Niederschlag mit Kaliumhexacyanoferrat(II).

Die quantitative Bestimmung erfolgt komplexometrisch mit Na_2EDTA.

Nachweis von Bariumverbindungen

Mit Schwefelsäure kann aus Bariumsalz-Lösungen das schwer lösliche Bariumsulfat ausgefällt werden:

$$Ba^{2+} \;+\; H_2SO_4 \;\longrightarrow\; BaSO_4 \downarrow \;+\; 2\,H^+$$

Bariumsalze ergeben eine grüne Flammenfärbung.

3 Borgruppe

3.1 Allgemeine physikalische und chemische Eigenschaften

Zur dritten Hauptgruppe zählen die Elemente Bor (B), Aluminium (Al), Gallium (Ga), Indium (In) und Thallium (Tl).

Tab. 3.1 Wichtige Eigenschaften der Borgruppe (Fortsetzung s. nächste Seite)

Eigenschaften	Bor	Aluminium	Gallium	Indium	Thallium
Aussehen	Braunes Pulver	Silberweiß	Weiß	Silberweiß	Grau
Ordnungszahl	5	13	31	49	81
Relative Atommasse	10,8	27,0	69,7	114,8	204,4
Elektronenkonfiguration (Valenzschale)	$2s^2\ 2p^1$ allgemein:	$3s^2\ 3p^1$ $ns^2\ sp^1$	$4s^2\ 4p^1$	$5s^2\ 5p^1$	$6s^2\ 6p^1$
Oxidationszahlen	allgemein: Thallium:	III, 0 III, I, 0			
Schmelzpunkt (°C)	2300	660	29,8	155	304
Siedepunkt (°C)	2550	2270	2070	1450	1457
Metallcharakter	Nichtmetall	Metall	Metall	Metall	Metall
	——— zunehmend ———————————————→				
Allgemeine Reaktionsfähigkeit	——— zunehmend ———————————————→				
Atomradius (pm)	98	143	141	166	171
	——— zunehmend ———————————————→				

Tab. 3.1   Wichtige Eigenschaften der Borgruppe (Fortsetzung)

Eigenschaften	Bor	Alumi- nium	Gallium	Indium	Thallium
Ionenradius (pm)	20	50	62	81	95
		zunehmend $\longrightarrow$			
Elektronegativität	2,0	1,6	1,8	1,8	2,0
1. Ionisierungs- energie (eV)	8,30	5,98	6,0	5,79	6,11

Von den Elementen der dritten Hauptgruppe besitzt lediglich das Bor Nichtmetall-charakter; Aluminium, Gallium, Indium und Thallium sind typische Metalle.

Entsprechend ihrer Stellung im Periodensystem erreichen alle Elemente die Oxidationsstufe +III; mit steigender Ordnungszahl gewinnt die Oxidationszahl +I an Bedeutung. Während Bor und Aluminium nur die Oxidationszahl +III aufweisen, ist bei Thallium-Verbindungen die Stufe +I vorherrschend.

3.2   Elemente der Borgruppe, Verbindungen und pharmazeutische Vertreter

3.2.1   Bor

In der Natur kommt Bor (B) stets gebunden an Sauerstoff vor. Wichtige Mineralien sind Borax ($Na_2B_4O_7 \times 10\ H_2O$) und Sassolin (Borsäure). Große Bedeutung besitzen die Verbindungen des Bors wie z.B. die Peroxoborate, die in großem Umfang als Bleichmittel in der Textil-, Papier- und Waschmittelindustrie eingesetzt werden.

Borverbindungen
Borsäure
Borsäure (H_3BO_3, $B(OH)_3$, Bor(III)-hydroxid) kristallisiert in farblosen, sich fettig anfühlenden Schuppen oder stellt ein weißes, feinkristallines Pulver dar. Sie ist mäßig löslich in Wasser (in ca. 20 Teilen Wasser bei Raumtemperatur) und gibt beim Erhitzen über zwei Zwischenstufen Wasser ab:

$$2\,H_3BO_3 \xrightarrow{\;-2\,H_2O\;} 2\,HBO_2 \xrightarrow{\;-H_2O\;} B_2O_3$$

| (Ortho)-Borsäure | Metaborsäure | Bortrioxid |

Borsäure wirkt schwach antiseptisch. Wegen ihrer Toxizität und unzureichender Wirksamkeit sind borsäurehaltige Fertigarzneimittel jedoch nicht mehr im Handel. Nur zur Pufferung in Augentropfen wird Borsäure in Kombination mit Borax noch verwendet.

Die Borate, Salze der Borsäure, leiten sich nicht von der Orthoborsäure, sondern von den kompliziert gebauten Polyborsäuren ab.

Natriumtetraborat

Natriumtetraborat, $Na_2B_4O_7 \times 10\,H_2O$ wird auch Borax genannt. Es ist ein kristallines Pulver, welches in wässriger Lösung infolge Hydrolyse schwach alkalisch reagiert.

Borax wirkt schwach bakteriostatisch und adstringierend. Es wurde früher in Mundwässern gegen Aphthen und Soor eingesetzt. Weitere Indikationen waren Augenentzündungen. Wegen seiner relativ hohen Toxizität ist es heute obsolet.

Tab. 3.2   Pharmazeutische Borverbindungen

Bezeichnung	Formel	Sonstige Bezeichnungen	Verwendung
Borsäure Ph. Eur.	H_3BO_3	Acidum boricum	Pufferung von Augentropfen
Natriumtetraborat Ph. Eur.	$Na_2B_4O_7 \times 10\,H_2O$	Borax	

3.2.2   Aluminium

Aluminium (Al) ist ein silberweißes Leichtmetall, welches gut dehn- und walzbar ist. Trotz seines unedlen Charakters ist es relativ widerstandsfähig, da es sich mit einer schwer löslichen Oxidschicht bedeckt. In Wasser, schwachen Säuren oder Basen löst sich Aluminium nicht. In nicht oxidierenden Säuren wie HCl löst sich Aluminium entsprechend seiner Stellung in der Spannungsreihe unter Wasserstoffentwicklung auf:

$$Al \;+\; 3\,H^+ \longrightarrow Al^{3+} \;+\; 1\tfrac{1}{2}\,H_2 \uparrow$$

Die Aufnahme von Aluminium-Ionen durch den Magen-Darm-Trakt ist gering, da diese nur im stark sauren Milieu des Magensaftes in Lösung sind, aber im Darm unter alkalischen Bedingungen in unlöslicher und damit nicht resorbierbarer Form vorliegen.

Aluminium dient zur Herstellung von Salbentuben und anderen Verpackungen. Ferner haben Aluminiumfolien und mit Aluminium bedampfte Gewebe Bedeutung bei der Wundbehandlung, wodurch ein Verkleben der Wundfläche mit dem Verbandmaterial vermieden werden soll (Metalline®, Poroplast®).

Aluminiumverbindungen

Salze des Aluminiums wie z.B. $AlCl_3$ oder Aluminiumacetat reagieren infolge Hydrolyse in wässriger Lösung sauer. Das entstehende Aluminiumhydroxid ist nicht dissoziiert, sodass die saure Reaktion auf die H_3O^+-Ionen zurückzuführen ist:

$$AlCl_3 \ + \ 6\,H_2O \ \longrightarrow \ Al(OH)_3 \ + \ 3\,H_3O^+ \ + \ 3\,Cl^-$$

Aluminiumsalze neigen dadurch zur Abscheidung von schwer löslichem Aluminiumhydroxid. Durch das Aluminium-Ion und die saure Reaktion der Salzlösungen koagulieren Eiweiße. Dadurch wirken Al-Salze adstringierend und antiseptisch.

Aluminiumoxid

Das wasserärmere Hydroxid ($AlO(OH)$) und das Oxid (Al_2O_3) entstehen aus Aluminiumhydroxid durch Trocknen und Glühen:

$$2\,Al(OH)_3 \ \longrightarrow \ 2\,AlO(OH) \ \longrightarrow \ Al_2O_3$$

Aluminiumoxid (Tonerde) ist ein feines, weißes, hygroskopisches Pulver. In Wasser ist es nicht löslich, wohl aber in Säuren. Aufgrund seines Säurebindungsvermögens wird es als Antacidum eingesetzt. In Fertigarzneimitteln wird häufig das Aluminium-Magnesium-hydroxidcarbonathydrat (Hydrotalcit) als Antacidum eingesetzt. In Adsorbatimpfstoffen werden die Erreger oder Toxoide an ein geeignetes Adsorbens wie z.B. Aluminiumhydroxid-, -oxid oder -phosphat gebunden. Dadurch kann die Wirksamkeit erheblich verbessert und verlängert werden.

Im Labor dient Al_2O_3 als Adsorptionsmittel in der Chromatrographie. Unter Ausnutzung der amphoteren Eigenschaften des Aluminiumhydroxids bzw. des -oxids kann man durch eine entsprechende Vorbehandlung Aluminiumoxide mit sauren oder basischen Oberflächen herstellen. Derartig vorbehandelte Aluminium-oxide werden als Säulenfüllung in der Chromatographie verwendet.

Aluminiumhydroxid

Aluminiumhydroxid ($Al(OH)_3$) ist ein weißes, in Wasser unlösliches Pulver. Es löst sich beim Zugeben von starken Säuren (hierbei entstehen Aluminiumsalze) als auch bei Zugabe von Natron- oder Kalilauge (es resultieren Aluminate = negativ geladene Aluminiumkomplexe):

$$Al(OH)_3 \ + \ 3\,H^+ \ \longrightarrow \ Al^{3+} \ + \ 3\,H_2O$$

$$Al(OH)_3 \ + \ OH^- \ \longrightarrow \ [Al(OH)_4]^-$$

Aluminiumhydroxid zeigt somit amphoteres Verhalten, da es sowohl als Säure als auch als Base reagieren kann.

Aluminiumkaliumsulfat – Alaun – Alumen

Alaun, $AlK(SO_4)_2 \times 12\,H_2O$, ist ein gut kristallisierendes Doppelsalz (Doppelsalze entstehen, wenn die H-Atome einer Säure, z. B. H_2SO_4, durch verschiedene Metall-atome ersetzt werden). Es wurde schon im Altertum als Adstringens und Ätzmittel gebraucht. Es ist der Prototyp einer Gruppe von Doppelsalzen, die nach ihm benannt wurde.

Alaune bestehen aus einem einwertigen und einem dreiwertigen Metallkation sowie zwei Sulfat-Ionen:

$$Me^{3+}Me^+[SO_4]_2{}^{2-}$$

Als einwertige Kationen kommen vor: Li^+, Na^+, K^+, Rb^+, Cs^+, NH_4^+, Ag^+.

Als dreiwertige Kationen kommen vor: Al^{3+}, Fe^{3+}, Cr^{3+}, Mn^{3+}.

Alle Alaune kristallisieren im gleichen Kristallsystem mit 12 Kristallwasser.

Aluminiumacetat

Aluminiumacetat, $Al(CH_3COO)_3$ wurde in Form der Essigsauren Tonerde, einer Lösung des Salzes, pharmazeutisch verwendet. Es ist jedoch die haltbarere Alumi-niumacetat-tartrat-Lösung abzugeben, welches äußerlich als Adstringens bei Ver-stauchungen, Prellungen oder Insektenstichen genutzt wird. Al^{3+} fällt Eiweiß, sodass das Gewebe entquillt. Bei längerer Anwendung kann Gewebe absterben.

Tab. 3.3   Pharmazeutische Aluminiumverbindungen

Bezeichnung	Formel	Sonstige Bezeichnungen	Verwendung
Aluminiumoxid Ph. Eur.	Al_2O_3	Aluminii oxidum hydricum Algedrat	Adsorptions- und Ionenaustauschmittel für analytische Zwecke (DC); Antacidum
Aluminiumsulfat Ph. Eur.	$Al_2(SO_4)_3 \times 18\,H_2O$	Aluminii sulfas Aluminium sulfuricum	Ausgangssubstanz für andere Salze
Aluminium-kaliumsulfat Ph. Eur.	$AlK(SO_4)_2 \times 12\,H_2O$	Alumen Alaun	Beize, Adstringens, als Alaunstein zur Blutstillung
Aluminium-acetat-tartrat-Lösung DAB	Etwa $Al(OH)(CH_3COO)_2$	Aluminii acetatis tartratis solutio Liq. Aluminii aceticotartarici (essigsaure Tonerde)	Adstringens bei Verstauchungen, Prellungen, Zerrungen, Insektenstiche
Bentonit Ph. Eur.	$Al_2(SiO_3)_3 \times SiO_2$ wasserhaltig	Kaolinum Weißer Ton Bolus alba	Adsorbens, Quasiemulgator zur Herstellung fettfreier Salben

3.2.3   Gallium, Indium, Thallium

Gallium und Indium sind seltene Elemente, die pharmazeutisch keine Bedeutung haben. Thalliumverbindungen sind giftig. Sie bewirken u. a. totalen Haarausfall und dienen als Rattengift.

3.3   Analytik

Nachweis von Borverbindungen

▨ Der qualitative Nachweis von Borsäure bzw. Boraten besteht in der Esterbildung unter Zunahme von Methanol und einigen Tropfen Schwefelsäure. Der entstandene Borsäuretrimethylester brennt mit grüngesäumter Flamme.

$$H_3BO_3 \quad + \quad 3\,CH_3OH \quad \longrightarrow \quad B(OCH_3)_3 \quad + \quad 3\,H_2O$$

Borsäure   Methanol   Borsäuretrimethylester

▨ Borsäure ist eine sehr schwache Säure, die nicht **direkt** mit NaOH quantitativ bestimmt werden kann. Mit Polyhydroxyverbindungen wie z. B. Mannitol oder Glycerol bildet Borsäure eine einprotonige Säure, die dann in einer Säure-Base-Titration gegen Phenolphthalein als Indikator bestimmt werden kann. Als Maßlösung dient 1 molare NaOH-Lsg.

$$H_3BO_3 \quad + \quad 2\,
\begin{array}{c} CH_2OH \\ | \\ CHOH \\ | \\ CH_2OH \end{array}
\quad \longrightarrow \quad
\left[
\begin{array}{c}
H \qquad\qquad H \\
HCOH \qquad HCOH \\
| \qquad\qquad | \\
HC-O \quad\; O-CH \\
| \quad B^- \quad | \\
HC-O \quad\; O-CH \\
H \qquad\qquad H
\end{array}
\right] H^+ \quad + \quad 3\,H_2O$$

Glycerol

$$H^+ \quad + \quad OH^- \quad \longrightarrow \quad H_2O$$

Neutralisationstitration

Nachweis von Aluminiumverbindungen

▨ Fällung von Aluminiumhydroxid mit gepufferter Ammoniak-Lösung, der Niederschlag ist löslich in Säuren und Natronlauge, unlöslich in Ammoniak-Lösung.

▨ Quantitativ lassen sich Al^{3+}-Salze komplexometrisch mit Na_2EDTA-Lsg. bestimmen.

4 Kohlenstoffgruppe

4.1 Allgemeine physikalische und chemische Eigenschaften

Die IV. Hauptgruppe setzt sich aus folgenden Elementen zusammen: **Kohlenstoff (C), Silicium (Si), Germanium (Ge), Zinn (Sn) und Blei (Pb)**.

Tab. 4.1 Wichtige Eigenschaften der IV. Hauptgruppe (Fortsetzung s. nächste Seite)

Eigenschaften	Kohlen-stoff	Silicium	Germa-nium	Zinn	Blei
Aussehen	Schwarz	Braun/grau	Grauweiß	Silberweiß	Bläulich-grau
Ordnungszahl	6	14	32	50	82
Relative Atommasse	12	28,1	72,6	118,7	207,2
Elektronenkonfiguration (Valenzschale)	$2s^2\,2p^2$ allgemein:	$3s^2 3p^2$ $ns^2\,np^2$	$4s^2 4p^2$	$5s^2 5p^2$	$6s^2 6p^2$
Oxidationszahlen	vorwiegend: selten:	0, IV, II (C, Sn, Pb) –IV (Si)			
Schmelzpunkt (°C)	3550	1410	937	232	328
Siedepunkt (°C)	4827	2355	2830	2270	1740
Metallcharakter	Nicht-metall	Nicht-metall ——— zunehmend	Metall	Metall	Schwer-metall ——➤
Atomradius (pm)	77	117 ——— zunehmend	122	140	154 ——➤
Ionenradius (pm)	15	41 ——— zunehmend	53	71	84 ——➤

Tab. 4.1   Wichtige Eigenschaften der IV. Hauptgruppe (Fortsetzung)

Eigenschaften	Kohlen-stoff	Silicium	Germa-nium	Zinn	Blei
Elektronegativität	2,6	1,9	2,0	2,0	2,3
1. Ionisierungs-energie (eV)	11,26	8,15 abnehmend	7,88	7,34	7,42

Entsprechend den allgemeinen Gesetzmäßigkeiten im Periodensystem nehmen Elektronegativität und damit zusammenhängend Nichtmetallcharakter mit steigender Ordnungszahl ab: Kohlenstoff und Silicium sind typische Nichtmetalle, Germanium ist ein Halbmetall und Zinn sowie Blei haben ausgeprägten Metallcharakter.

Die Elemente der IV. Hauptgruppe haben jeweils vier Valenzelektronen. Die Beständigkeit der maximalen Oxidationsstufe +IV sinkt jedoch in der Gruppe von oben nach unten zugunsten der Oxidationsstufe +II, sodass Kohlenstoff und Silicium fast nur in +IV-Verbindungen vorkommen, während beim Blei schließlich die Stabilität der Oxidationsstufe +II überwiegt.

Kohlenstoff besitzt in der Chemie der Nichtmetalle eine einzigartige Sonderstellung, die auf seiner Fähigkeit beruht, sich zu Verbindungen mit C–C Ketten als auch zu komplizierten Ringsystemen zu vereinigen. Hieraus ergibt sich eine Vielzahl von Verbindungen, die aus praktischen Gründen in der organischen Chemie gesondert behandelt werden.

Die Abgrenzung zwischen organischer und anorganischer Chemie ist dabei willkürlich festgelegt. Als organisch gelten Stoffe, die C–H Bindungen enthalten, während einfache Verbindungen des Kohlenstoffs, wie seine Oxide, Schwefel- und Stickstoffverbindungen zum anorganischen Themenkreis gerechnet werden.

4.2   Elemente der Kohlenstoffgruppe, Verbindungen und pharmazeutische Vertreter

4.2.1   Kohlenstoff und seine Verbindungen

Von den Elementen der IV. Hauptgruppe kommt nur Kohlenstoff in der Natur in elementarer Form vor, und zwar in den kristallinen Modifikationen (Modifikationen sind verschiedene Erscheinungsformen eines und desselben Stoffes infolge unterschiedlicher Kristallsysteme) Diamant und Graphit sowie in den Kohlevorkommen. Hinzu kommen mannigfache **Verbindungen** in Form von organischen Molekülen (s. Kap. III, Organische Chemie) als auch **anorganische** Vertreter:

- Kohlendioxid (CO_2) als Bestandteil der Luft, gelöst im Meerwasser,
- Kohlenmonoxid (CO) als unvollständiges Verbrennungsprodukt von Kohle, Kraftstoffen etc.,
- Carbonate (CO_3^{2-}) als Bestandteil von Gesteinen (z. B. $CaCO_3$ in Kreide, Kalkstein, Marmor),
- Hydrogencarbonate (HCO_3^-) als Reaktionsprodukt von Carbonaten mit Kohlendioxid und Wasser.

Anhand des Kohlenstoffs erkennt man, dass der Übergang vom nicht-metallischen zum metallischen Charakter in der IV. Hauptgruppe stark ausgeprägt ist: Kohlenstoff ist ein Nichtmetall, zeigt aber in seiner Modifikation **Graphit** schon elektrische Leitfähigkeit. Graphit besitzt metallischen Glanz, kommt in grau-schwarzen, amorphen Massen (amorph = Zustand eines festen Körpers, in dem die Atome oder Moleküle nicht regelmäßig angeordnet sind) vor und findet Verwendung in Bleistiftminen sowie als sehr beständiges Schmiermittel.

Eine weitere Kristallmodifikation des elementaren Kohlenstoffs ist der **Diamant**, die härteste aller in der Natur vorkommenden Substanzen.

Feste, organische Substanzen, vor allem Holz und Rohrzucker, ergeben beim Erhitzen unter Luftabschluss (Verkohlung) eine amorphe Form des Kohlenstoffs mit besonders großer Oberfläche – die **Aktivkohle (Carbo activatus)**. Die innere Oberfläche von mehr als 800 m²/g kommt durch eine besonders lockere, schwammartige Struktur zustande. An dieser Oberfläche werden Gase, Toxine (= giftige Stoffwechselprodukte von Bakterien, Tieren und Pflanzen) oder andere höhermolekulare Substanzen adsorbiert. Es findet daher Anwendung als Entgiftungsmittel (unspezifisches Antidot) als auch als Antidiarrhoikum (Mittel gegen Durchfallerkrankung). Die zur antidiarrhoischen Therapie empfohlenen Einzeldosis liegt bei 4–8 g.

Im Labor kommt Aktivkohle (medizinische Kohle) als starkes Adsorptionsmittel zum Einsatz (Entfärben von Lösungen, Aktivkohlefilter).

Natürlich vorkommende Kohle ist kein reiner Kohlenstoff. Kohle entsteht aus Pflanzen durch langsames Zersetzen und Vermodern unter Luftabschluss und Druck. Je nach Alter ist der Kohlenstoffgehalt verschieden groß.

Tab. 4.2   Modifikationen und Formen des Kohlenstoffs

	C-Gehalt	Form	
Diamant	Reiner Kohlenstoff	Kristallin	Harte, farblose, stark lichtbrechende Kristalle
Graphit	Reiner Kohlenstoff	Kristallin	Weiche, grauschwarze, undurchsichtige, abfärbende Masse
Schwarzer Kohlenstoff			
Ruß	Fast reiner Kohlenstoff	Mikrokristalliner Graphit	Ruß ensteht beim Verbrennen von Petroleum, Ethin u. ä. unter ungenügender Sauerstoffzufuhr
Koks	Etwa 95 %		Koks bleibt als Rückstand bei der trockenen Destillation der Steinkohle (Verkoken)
Holz-, Tierkohle	90–100 %		Holzkohle, Tierkohle entsteht beim „Verkohlen" organischer, pflanzlicher oder tierischer Substanz (Holz, Zucker, Stärke, Blut, Fleisch u. a.)
Fossile Kohlearten			
Anthrazit	Etwa 95 %	Schwarze, glänzende Massen	Fossile Reste von baumartigen Farnen und Schachtelhalmen
Steinkohle	80–90 %		
Braunkohle	Etwa 70 %	Braunschwarze Massen	Fossile Reste von Nadelbäumen
Torf	Etwa 60 %	Braune, fasrige Massen	Fossile Reste von Moospflanzen

Durch Erhitzen unter Luftabschluss (trockene Destillation) wird der Verkohlungsprozess gewissermaßen zu Ende geführt. Man gewinnt dabei gasförmige Produkte, wie Wasserstoff, Methan, Kohlenmonoxid, Ammoniak und flüssige Produkte wie Benzol, Toluol, Phenol und Teer. Diese Destillationsprodukte sind wichtige Rohstoffquellen der chemischen Industrie. Als fester Rückstand bleibt der Koks.

Spezielle anorganische Chemie

Eigenschaften des Kohlenstoffs

Das hervorstechende Merkmal der Kohlenstoffchemie ist die Fähigkeit zur Ausbildung stabiler Elektronenpaarbindungen und die daraus resultierende Vielfalt der Kohlenstoffverbindungen. Die Chemie dieser Verbindungen wird in der Organischen Chemie behandelt.

Sauerstoffverbindungen des Kohlenstoffs
Kohlenmonoxid

Kohlenmonoxid (CO) ist ein farb- und geruchloses, sehr giftiges Gas. Gerade aufgrund seiner Geruchlosigkeit kann es für den Menschen sehr gefährlich werden. Bei einer Vergiftung wird CO anstelle von O_2 an das im Hämoglobin vorliegende Eisen – Zentralion gebunden, sodass der Sauerstofftransport nicht mehr gewährleistet werden kann. Für den Menschen sind bereits 0,05 % CO in der Atemluft toxisch, 0,3 % wirken in 15 Minuten tödlich.

CO entsteht z. B. beim Verbrennen von Kohle bei ungenügender Luftzufuhr:

$$2\,C \;+\; O_2 \longrightarrow 2\,CO$$

Kohlenmonoxid verbrennt mit schwach leuchtender, blauer Flamme zu Kohlendioxid:

$$2\,CO \;+\; O_2 \longrightarrow 2\,CO_2$$

Kohlenmonoxid besitzt reduzierende Eigenschaften, die technisch bei der Metallgewinnung ausgenutzt werden.

Das Molekül CO ist isoelektronisch (Verbindungen mit gleicher Elektronenstruktur und Atomzahl) mit elementarem Stickstoff N_2 und besitzt folgende Struktur:

$$|\overset{-}{C} \equiv \overset{+}{O}|$$

Über das freie Elektronenpaar am Kohlenstoffatom kann es von partiell positiv geladenen Molekülen angegriffen werden (s. Kap. IV.6).

Für die Synthese vieler organischer Substanzen, z. B. Methanol, ist Kohlenmonoxid wegen seiner Reaktionsfähigkeit unentbehrlich. Die technische Herstellung erfolgt aus Koks oder Erdgas.

Neben Schwefeldioxid gehört CO zu den Schadstoffen, die maßgeblich an der Luftverunreinigung beteiligt sind. Die Emission dieses Schadstoffes erfolgt hauptsächlich durch Abgase der Verbrennungsmotoren und Haushaltsfeuerungen.

Kohlendioxid

Kohlendioxid (CO_2) ist ein farbloses, geruch- und geschmackloses Gas, welches nicht brennbar ist. Es ist schwerer als Luft.

Es entsteht auf unterschiedlichster Weise:

- Verbrennung von Koks:

$$C \ + \ O_2 \ \longrightarrow \ CO_2 \uparrow$$

- Zersetzung von Carbonaten unter Hitzeeinwirkung:

$$CaCO_3 \ \longrightarrow \ CaO \ + \ CO_2 \uparrow$$

- Zersetzung von Carbonaten unter Säureeinwirkung:

$$CaCO_3 \ + \ 2\,HCl \ \longrightarrow \ CaCl_2 \ + \ H_2O \ + \ CO_2 \uparrow$$

- Vergärung von Zuckern zu Ethanol:

$$C_6H_{12}O_6 \ \longrightarrow \ 2\,C_2H_5OH \ + \ 2\,CO_2 \uparrow$$

Glucose   Ethanol   Kohlendioxid

Kohlendioxid kommt zu 0,03 % in der Luft vor; die Ausatemluft enthält etwa 5 %.

Durch Druck lässt es sich zu einer farblosen Flüssigkeit kondensieren. Beim raschen Verdampfen von flüssigem CO_2 kühlt es sich so stark ab, dass es zu festem CO_2 (Trockeneis) gefriert. Dieses dient als Feuerlöschmittel oder wird zu Kühlzwecken genutzt.

Das lineare Molekül des Kohlendioxids ist stabil und verhältnismäßig reaktionsträge.

$$\overline{O} = C = \overline{O}$$

Im Handel ist CO_2 in grauen Stahlflaschen oder in festem Zustand als Trockeneis zu beziehen.

Verwendung findet es zur Mineralwasserherstellung, als nichtbrennbares Gas zum Löschen von Bränden sowie als Druckgas für feuergefährliche Flüssigkeiten.

Kohlensäure und ihre Salze

CO_2 löst sich in Wasser mit schwach saurer Reaktion (pH = 4–5). Die wässrige Lösung enthält hauptsächlich physikalisch gelöstes Kohlendioxid neben sehr wenig Kohlensäure:

Spezielle anorganische Chemie

$$CO_2 \quad + \quad H_2O \quad \longleftrightarrow \quad H_2CO_3$$

Das Gleichgewicht ist stark nach **links** verschoben, da die freie Säure, H_2CO_3, wenig beständig ist. In reinem Zustand oder in höherer Konzentration ist Kohlensäure nicht darstellbar, da sie sich im Sinne obiger Gleichung in das Anhydrid CO_2 und Wasser zersetzt.

Die Kohlensäure ist eine zweiprotonige Säure, von der sich zwei Salzreihen, die Hydrogencarbonate ($MeHCO_3$) und die Carbonate (Me_2CO_3) ableiten (Me = Metall-ion).

$$CO_2 \quad + \quad H_2O \quad \rightleftharpoons \quad H_2CO_3$$
$$H_2CO_3 \quad + \quad H_2O \quad \rightleftharpoons \quad HCO_3^- \quad + \quad H_3O^+$$
$$HCO_3^- \quad + \quad H_2O \quad \rightleftharpoons \quad CO_3^{2-} \quad + \quad H_3O^+$$

Diese Gleichgewichte treten nebeneinander auf.

In der ersten Protolysestufe ist Kohlensäure eine mittelstarke Säure. Da aber nur wenige CO_2-Moleküle mit Wasser zu Kohlensäure reagieren, wirkt die Gesamtlösung nur als schwache Säure. Durch das Zusammenfassen der beiden Gleichgewichte erhält man die Säurekonstante (pKs = 6,4) bezogen auf CO_2.

Der Kohlensäure-Hydrogencarbonatpuffer (Bicarbonatpuffer) ist ein Puffersys-tem im Blut (pH-Wert Blut: 7,39 +/–0,05).

$$H_2O \quad + \quad CO_2 \quad \rightleftharpoons \quad H_2CO_3 \quad \rightleftharpoons \quad HCO_3^- \quad + \quad H^+$$

Kohlensäure ist vollständig in CO_2 und H_2O zerfallen, kann jedoch je nach Ver-brauch aus den Produkten nachgebildet werden (s. Kap. I.3.7).

Das Carbonat-Ion, CO_3^{2-}, ist eben gebaut. Seine Elektronenstruktur lässt sich durch Überlagerung von mesomeren Grenzstrukturen plausibel machen:

Im Carbonation ist das C-Atom sp^2-hybridisiert (s. Kap III.2).

Carbonate sind mit Ausnahme der Alkalicarbonate in Wasser schwer löslich. Alle Hydrogencarbonate (HCO_3^-) sind in Wasser löslich, Natriumhydrogencarbonat bei Zimmertemperatur nur etwa im Verhältnis 1:10.

Hydrogencarbonate lassen sich durch gelindes Erhitzen unter CO_2-Entwicklung in Carbonate überführen:

$$2\,NaHCO_3 \longrightarrow Na_2CO_3 + H_2O + CO_2 \uparrow$$

Hydrogencarbonate sind verantwortlich für die temporäre Härte (s. Kap. 2).

Versetzt man Carbonate oder Hydrogencarbonate mit Säure, so entwickelt sich Kohlendioxid, da die zunächst entstehende Kohlensäure nur wenig beständig ist:

$$CaCO_3 + HCl \longrightarrow CaCl_2 + [H_2CO_3] \longrightarrow H_2O + CO_2 \uparrow$$

Carbaminsäure

Carbaminsäure, $H_2N-CO-OH$, entsteht aus Ammoniak und Kohlendioxid. Sie ist als freie Säure nicht beständig, kommt aber in Esterform in Insektiziden, Herbiziden und Fungiziden vor. Als Schlaf- und Beruhigungsmittel haben Carbaminsäurederivate ihre Bedeutung verloren.

Harnstoff

Der in Wasser leicht lösliche Harnstoff ($H_2N-CO-NH_2$, Urea pura) ist das Endprodukt des Eiweißstoffwechsels. Im Tagesharn eines Erwachsenen werden etwa 30 g Harnstoff pro Tag ausgeschieden. Harnstoff ist ein dermatologischer Wirkstoff. Eine 10%ige Lösung wirkt antibakteriell. Er ist in Salben und Cremes zur Behandlung trockener Haut (Altershaut, Neurodermitis) enthalten, da er das Wasseraufnahmevermögen der Hornschicht verbessert.

In der Landwirtschaft kommt Harnstoff als Dünger zum Einsatz.

Schwefel- und Stickstoffverbindungen des Kohlenstoffs
Schwefelkohlenstoff

Leitet man Schwefeldampf über glühende Kohle, so entsteht Schwefelkohlenstoff, CS_2. Es ist eine leicht entzündliche Flüssigkeit, die narkotisierende Eigenschaften besitzt. Akute Vergiftungen zeigen sich in einer Schädigung des Nerven- und Gefäßsystems. Schwefelkohlenstoff (Kohlenstoffdisulfid) wird zum Extrahieren von Fetten und Harzen eingesetzt, teilweise findet es auch noch als Lösungsmittel (für Schwefel, Iod, Brom, Kautschuk) Verwendung.

Cyanwasserstoff

Cyanwasserstoffsäure (Blausäure) ist die Lösung der **gasförmigen** Verbindung HCN (Cyanwasserstoff) in Wasser. Blausäure ist eine farblose, nach Bittermandel riechende Flüssigkeit. Sie tritt als Spaltprodukt des Glykosids Amygdalin in den bitteren Mandeln auf. Ihre Salze heißen Cyanide.

Cyanwasserstoffsäure ist extrem giftig – die letale Dosis beim Menschen beträgt 50–60 mg; bei der ebenfalls sehr bekannten Verbindung KCN, Kaliumcyanid (Zyankali), beträgt die letale Dosis 150 mg.

Die Toxizität beruht auf der Blockierung eisenhaltiger Atmungsenzyme, die zu einer sofortigen Unterbrechung der Sauerstoffversorgung im Organismus führt. Cyanid-Ionen haben eine ausgeprägte Neigung zur Komplexbildung. So erhält man aus Fe(II)-Ionen und CN^--Ionen die sehr stabilen Hexacyanoferrat(II)-Komplexionen:

$$Fe^{2+} + 6\,CN^- \longrightarrow [Fe(CN)_6]^{4-}$$

Verwendung findet Cyanwasserstoff bei der Synthese zahlreicher organischer Verbindungen (u. a. Nylonherstellung, Galvanotechnik).

In Wasser reagiert HCN als sehr schwache Säure (pKs = 9,4). Aus diesem Grund zeigen Cyanide in Wasser eine **basische** Reaktion:

$$CN^- + H_2O \longrightarrow HCN + OH^-$$

Thiocyansäure

Thiocyansäure, Rhodansäure, hat die Formel HSCN. In Wasser reagiert sie als starke Säure. Pharmazeutisch relevant ist das Ammoniumsalz der Thiocyansäure: Ammoniumthiocyanatlösung (NH_4SCN) dient als Maßlösung in der Argentometrie und als Reagenz auf Eisen(III)-Ionen. Bei letzterem entsteht eine typische rote Farbe.

Tab. 4.3   Pharmazeutische Kohlenstoffverbindungen (Fortsetzung s. nächste Seite)

Bezeichnung	Formel	Sonstige Bezeichnungen	Verwendung
Medizinische Kohle Ph. Eur.	C	Carbo activatus (Carbo medicinalis) Aktivkohle	Adsorptionsmittel bei Vergiftungen und Infekten des Darms
Kohlendioxid Ph. Eur.	CO_2	Carbonei dioxidum Trockeneis	Zusatz (5 %) zu Sauerstoff bei künstlicher Beatmung, in Feuerlöschern, Treibgas, zur Vereisung bei kleineren Operationen
Harnstoff Ph. Eur.	CH_4N_2O	Urea pura Carbamid	Dermatologikum, Keratolytikum, Reagenz

Tab. 4.3 Pharmazeutische Kohlenstoffverbindungen (Fortsetzung)

Bezeichnung	Formel	Sonstige Bezeichnungen	Verwendung
Schwefelkohlenstoff	CS_2	Kohlenstoffdisulfid	Lösungsmittel
Kaliumcyanid	KCN	Kalium cyanatum „Zyankali"	Reagenz
Ammoniumthiocya-nat	NH_4SCN	Ammoniumrhodanid	Reagenz, Maßlösung

4.2.2 Silicium und seine Verbindungen

Elementares Silicium (Si) findet als Halbleiter für Mikrochips und Solarzellen Verwendung.

Siliciumatome gehen mit Sauerstoffatomen sehr stabile Elektronenpaarbindungen ein. Die wichtigsten sind das Siliciumdioxid und die Silicate (Salze der Kieselsäuren).

Siliciumdioxid

Siliciumdioxid bildet eine vielfach vernetzte Struktur, wobei band-, ring- und flächenförmige Riesenmoleküle entstehen.

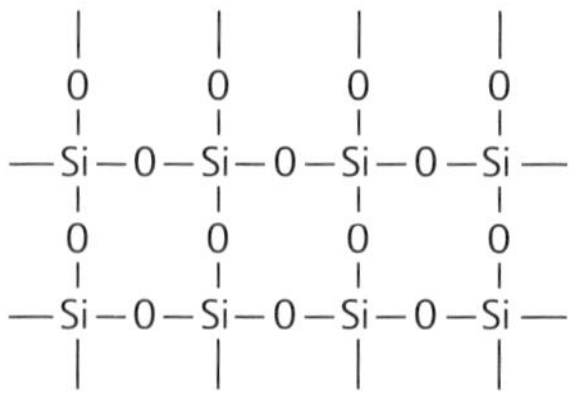

Abb. 4.1 Vernetztes Siliciumdioxid

Aus diesem Grund stellt SiO_2 nur die Formeleinheit dar, korrekter ist die Schreibweise: $(SiO_2)_x$.

Siliciumdioxid kommt in mehreren **kristallinen Modifikationen** vor, so z. B. im Quarz, Sand und Gesteinen der Erdkruste. Es hat einen hohen Schmelzpunkt (1500–1700 °C) und einen sehr kleinen thermischen Ausdehnungskoeffizienten, sodass Quarzglas (beim raschen Abkühlen von SiO_2-Schmelzen entsteht Quarzglas) gegenüber schroffen Temperaturwechseln unempfindlich ist. Dieser Eigenschaft und seiner chemischen Indifferenz verdankt Quarzglas seine Eignung für Destillationsapparaturen, Tiegel etc.

SiO_2 ist chemisch sehr widerstandsfähig, lediglich von Fluorwasserstoff (HF) und starken Laugen wird es angegriffen.

Amorphes Siliciumdioxid findet sich in der Natur in Form von Kieselgur und wird in der pharmazeutischen Technologie als vielseitiger Hilfsstoff genutzt. Durch die Polarität der Si−O-Bindung können Wasserstoffbrückenbindungen zu Wasser oder Alkohol ausgebildet werden.

Im Europäischen Arzneibuch findet man hochdisperses SiO_2 (Silicia colloidalis anhydrica), welches auch unter dem Handelsnamen Aerosil® bekannt ist. Aufgrund seiner großen Oberfläche (1 g hat die Oberfläche von 200 m^2) kann es erhebliche Flüssigkeitsmengen absorbieren.

Aerosil® wird als Trocknungsmittel, Tablettenhilfsstoff, Fließmittel für Kapselfüllungen oder als Sedimentationsverzögerer in Suppositorienmassen genutzt.

Kieselsäuren

Die einfachste Sauerstoffsäure des Siliciums, die Orthokieselsäure H_4SiO_4, ist unbeständig.

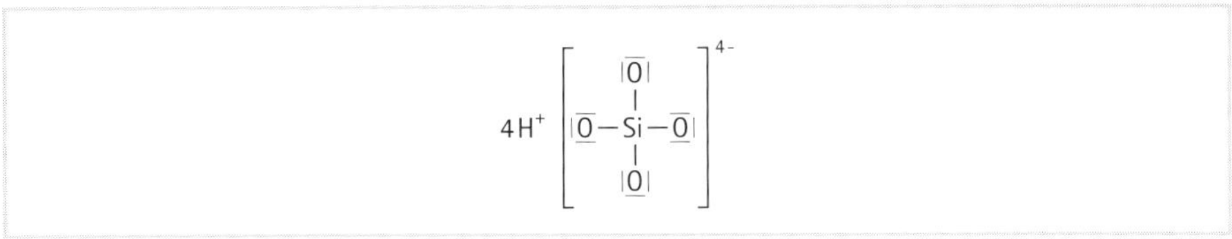

Abb. 4.2 Orthokieselsäure H_4SiO_4

Unter Wasserabspaltung entstehen flächige oder dreidimensionale Riesenmoleküle, die Polykieselsäuren. Weitere Kondensation führt schließlich zum Siliciumdioxid, $(SiO_2)_x$.

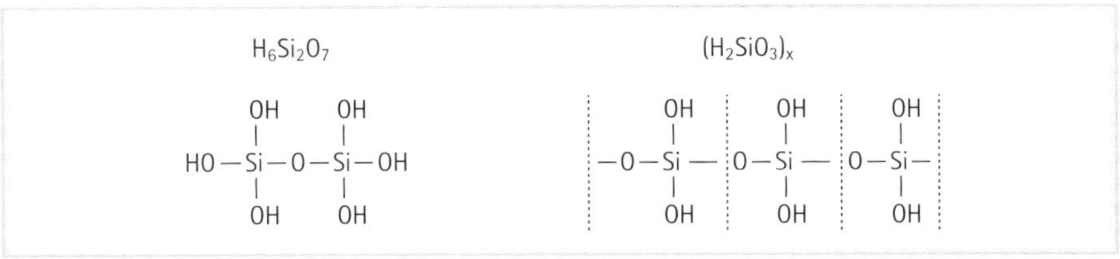

Abb. 4.3 Polykieselsäuren

Ein Kieselsäure mit großer Oberfläche ist das Silicagel, ein Adsorptionsmittel für Wasser, Gase und andere Lösungsmittel.

Für die Beschichtung von Dünnschichtchromatographieplatten werden amorphe Polykieselsäuren verwendet, die durch einen Zusatz von gebranntem Gips haftfähig gemacht werden. Solche Platten müssen vor Laborluft und Feuchtigkeit geschützt werden. Es können auch Fluoreszenz-Indikatoren eingearbeitet werden wie im Kieselgel GF_{254}: G steht für Gips, F für Fluoreszenz-Indikator und der Index 254 gibt die Wellenlänge des Lichtes an, bei der die zu entwickelnden Platten bestrahlt werden müssen, damit die Substanzflecken im Chromatogramm sichtbar werden. Kieselgele (Silicagel) werden auch bei anderen chromatographischen Verfahren (z. B. HPLC) als stationäre Phase benutzt.

Polymere Kieselsäuren kommen als Blaugel oft in Laboratorien und in Apotheken vor. Als Trockenmittel kann Blaugel aufgrund seiner chemischen Struktur Wasser aufnehmen und binden. Es enthält ein Kobaltsalz als Feuchtigkeitsindikator; so ist es blau gefärbt, wenn es Wasser aufnehmen kann und ändert seine Farbe nach rosa, wenn es mit Wassermolekülen abgesättigt ist. Durch Erwärmen lässt es sich regenerieren.

Silicate

Von den Salzen der Kieselsäuren, den Silicaten, sind nur die Alkalisilicate in Wasser löslich. Sie werden durch Zusammenschmelzen von Sand und Alkalicarbonaten hergestellt:

$$SiO_2 \ + \ Na_2CO_3 \ \longrightarrow \ Na_2SiO_3 \ + \ CO_2 \uparrow$$

Infolge Hydrolyse reagieren ihre wässrigen Lösungen stark alkalisch.

Glas ist eine erstarrte Schmelze von Alkali-Calcium-Silicaten, je nach Sorte auch mit Silicaten des Magnesiums, Aluminiums, Bleis und Bors, das durch Zusammenschmelzen von Sand und den genannten Zuschlägen hergestellt wird. Aus manchen Sorten kann Wasser Alkalisilicat herauslösen. Arzneigläser (Glasbehälter für Injektions/Infusionspräparate) werden deshalb auch auf Alkalifreiheit speziell geprüft.

Silicone

Unter Siliconen versteht man siliciumorganische Verbindungen. Nach ihrer Bruttozusammensetzung entsprechen sie der Formel: R_2SiO

Die Siliciumatome sind durch Sauerstoffbrücken miteinander verknüpft, während die anderen freien Valenzen des Siliciums mit organischen Gruppen (Methyl-Phenyl-Reste etc.) besetzt sind.

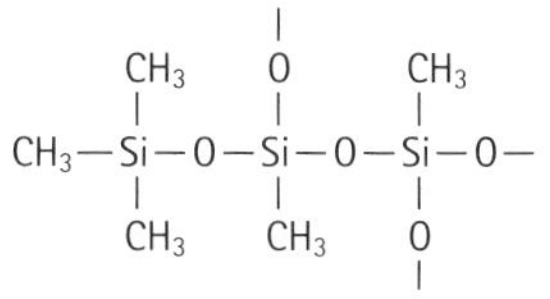

$$
\begin{array}{ccccc}
 & | & & & \\
CH_3 & O & & CH_3 & \\
| & | & & | & \\
CH_3-Si-O-Si-O-Si-O- & & & & \\
| & | & & | & \\
CH_3 & CH_3 & & O & \\
 & & & | &
\end{array}
$$

Abb. 4.4   Ausschnitt aus einem Siliconmolekül

Niedermolekulare Silicone mit Kettenstruktur stellen leichtbewegliche Flüssigkeiten dar, längerkettige sind viskose Öle (Siliconöle) und höher vernetzte harzartige bzw. kautschukartige Substanzen (Siliconharz, Silicongummi).

Siliconöle ändern ihre Viskosität auch bei steigender Temperatur nur wenig. Sie sind chemisch und thermisch sehr beständig, ungiftig und zeigen hydrophobe (Wasser abweisende) Eigenschaften. Aufgrund dessen erlangen sie in der Industrie und auch in der Pharmazie große Bedeutung.

Aufgrund ihrer Wasser abweisenden Eigenschaften werden Silicone in Hautschutzsalben, als Tablettenhilfsstoffe, zur Hydrophobierung von Gläsern oder auch als Heizbadflüssigkeit eingesetzt.

Ein Siliconderivat, das Dimeticon (Dimethylpolysiloxan) wird als Entschäumungsmittel bei Blähungen eingesetzt. Beim Meteorismus (Blähung, Flatulenz) kommt es zu einer feinblasigen Verteilung von Gas im Speisebrei. Dimeticon führt zu einer Entmischung des schaumigen Gas-Flüssigkeitsgemisches und dadurch zu einem erleichterten Weitertransport des Darminhaltes.

Talkum

Talkum (Talk, Speckstein) ist ein Magnesiumhydroxidpolysilicat. Es stellt ein Schichtmineral dar und ist wegen der leichten Verschiebbarkeit der Schichtebenen ein sehr gutes Gleitmittel. So kommt es u. a. als Pudergrundlage zur Anwendung.

Tab. 4.4   Pharmazeutische Siliciumverbindungen

Bezeichnung (nach Arzneibuch)	Formel	Sonstige Bezeichnungen	Verwendung
Siliciumdioxid (Diatomeen-Erde)	SiO_2	Kieselgur	Filtrierhilfsmittel, saugfähiges Packmaterial, Beschichtung von DC-Platten
Siliciumdioxid, hochdisperses Ph. Eur.	SiO_2	Silica colloidalis anhydrica Aerosil®	Adsorptionsmittel, Gel bildender Hilfsstoff
Metakieselsäuren	$SiO_2 + x\ H_2O$	Blaugel Silicagel	Trockenmittel
Magnesiumtrisilicat Ph. Eur.	$MgSi_3O_7$	Magnesii trisilicas	Antacidum
Talkum Ph. Eur.	Etwa $Mg_3(OH)_2(Si_4O_{10})$	Talcum Speckstein	Hilfsstoff, Pudergrundlage, Gleitmittel
Weißer Ton Ph. Eur.	Etwa $Al_2(OH)_4(Si_2O_5)$	Kaolinum ponderosum Bolus alba	Adsorptionsmittel
Dimeticon Ph. Eur.	Polydimethylsiloxan	Siliconderivat	Entschäumer

4.2.3   Zinn und seine Verbindungen

Zinn ist seit etwa 3000 v. Chr. bekannt und wurde schon damals zur Herstellung von Bronze genutzt. Es ist ein Metall, welches sich durch seine Geschmeidigkeit und Dehnbarkeit auszeichnet. Zinnüberzüge dienen als Rostschutz für Eisen (Weißblech für Konservendosen).

Zinn-Verbindungen, die in der Oxidationsstufe +II auftreten, sind weniger stabil als Zinn(IV)-Verbindungen. Aus diesem Grund stellen Zinn(II)-Verbindungen starke Reduktionsmittel dar, denn ein Reduktionsmittel wird selbst oxidiert, sodass aus einer Zinn(II)-Verbindung durch Oxidation die stabilere Zinn(IV)-Verbindung entsteht.

Als Metall mit negativem Redoxpotenzial (s. I, Kap. 3.11, Spannungsreihe) steht Zinn in der Spannungsreihe oberhalb des Wasserstoffs. Es ist ein unedles Metall, welches sich in Säuren löst:

$$Sn \quad + \quad 2\,HCl \quad \longrightarrow \quad SnCl_2 \quad + \quad H_2 \uparrow$$

$SnCl_4$ entsteht durch Erhitzen von Zinn im Cl_2-Strom.

Am Beispiel des $SnCl_2$ bzw. des $SnCl_4$ lässt sich gut zeigen, dass in Verbindungen mit höherwertigen Metallkationen der kovalente Bindungsanteil größer ist als in vergleichbaren Verbindungen, in denen das Metallkation in der niedrigeren Oxidationsstufe vorliegt. Der Ionenradius des Sn^{2+}-Kations liegt bei 112 pm, derjenige des Sn^{4+}-Kations bei nur 71 pm. Höher geladene Kationen sind kleiner und wirken stärker polarisierend auf die Anionen als größere Kationen mit kleinerer Oxidationszahl. Aus diesem Grund ist $SnCl_2$ eine feste, **salzartige** Substanz und $SnCl_4$ eine Flüssigkeit.

4.2.4   Blei und seine Verbindungen

Aufgrund seines unedlen Charakters löst sich Blei in Salpeter- und Essigsäure. In Salzsäure und Schwefelsäure löst es sich nur wenig, da sich dabei auf seiner Oberfläche schwer lösliche Salze bilden, die den Lösungsvorgang mit den genannten Lösungsmitteln einschränken.

In seinen Verbindungen kommt Blei in der Oxidationsstufe +II und +IV vor. Die zweiwertige Oxidationsstufe ist die beständigste; vierwertiges Blei ist ein starkes Oxidationsmittel.

Blei und seine Verbindungen haben aufgrund ihrer Toxizität weitgehend an Bedeutung verloren. Früher wurde Bleioxid (PbO) zur Herstellung von Bleipflastersalben genutzt.

Das Verlegen von Bleirohren für Wasserleitungen ist verboten. Ebenfalls ist der Korrosionsschutz in Form des Mennige (Pb_3O_4) obsolet.

Bleiacetatpapier, (ein mit $(CH_3COO)_2Pb$-Lösung getränktes Papier), wird in der Analytik zum Nachweis von Sulfid-Ionen (S^{2-}) genutzt, wobei sich das Papier verfärbt. Hierbei entsteht das schwarze PbS ($Pb^{2+} + S^{2-} \longrightarrow PbS\downarrow$).

4.3   Analytik

Nachweis einfacher Kohlenstoffverbindungen
Kohlendioxid (CO_2)
Ein Tropfen Bariumhydroxidlösung (Barytwasser) trübt sich in Gegenwart von CO_2
(Fällung von schwer löslichem Bariumcarbonat).

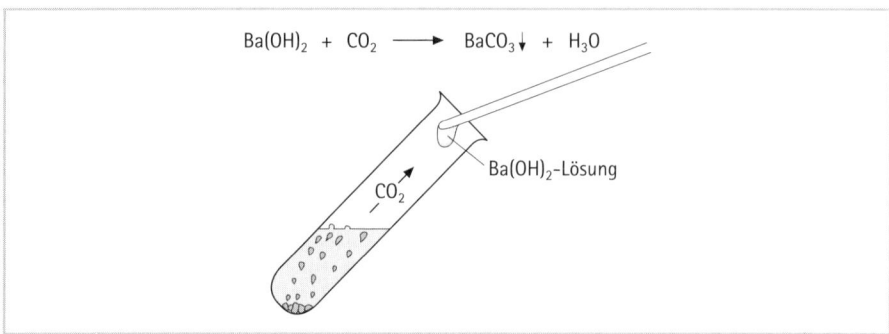

$$Ba(OH)_2 + CO_2 \longrightarrow BaCO_3{\downarrow} + H_3O$$

CO_2

$Ba(OH)_2$-Lösung

Abb. 4.5   Nachweis von Kohlendioxid mit Ba(OH)$_2$-Lösung

Carbonate ($CO_3{}^{2-}$)
Nach Ansäuern entwickelt sich Kohlendioxid (Nachweis von CO_2 siehe oben)

$$Na_2CO_3 + H_2SO_4 \longrightarrow Na_2SO_4 + H_2O + CO_2 {\uparrow}$$

Hydrogencarbonate ($HCO_3{}^{-}$)
Hydrogencarbonate zerfallen beim Erwärmen unter Abgabe von Kohlendioxid.
(Nachweis von CO_2 siehe oben)

$$2\,NaHCO_3 \longrightarrow Na_2CO_3 + H_2O + CO_2 {\uparrow}$$

Cyanide und Cyanwasserstoffsäure

a) Ausfällung von weißem Silbercyanid, löslich in Ammoniak-Lösung.

$$KCN \quad + \quad AgNO_3 \quad \longrightarrow \quad AgCN \downarrow \quad + \quad KNO_3$$

$$AgCN \quad + \quad 2\,NH_3 \quad \longrightarrow \quad [Ag(NH_3)_2]CN$$

b.) Bildung von Hexacyanoferrat(II) durch Erwärmen mit Eisen(II)-sulfat in alkalischer Lösung. Fällung von blauem Hexacyanoferrat (II,III) = Berliner Blau, nach Zusatz von Eisen(III)-chloridlösung:

$$2\,CN^- \quad + \quad Fe^{2+} \quad \longrightarrow \quad Fe(CN)_2$$

$$Fe(CN)_2 \quad + \quad 4\,CN^- \quad \longrightarrow \quad [Fe(CN)_6]^{4-}$$

$$3\,[Fe(CN)_6]^{4-} \quad + \quad 4\,Fe^{3+} \quad \longrightarrow \quad Fe_4[Fe(CN)_6]_3$$

$$\text{Berliner Blau}$$

5 Stickstoffgruppe

5.1 Allgemeine physikalische und chemische Eigenschaften

Die Elemente der **fünften Hauptgruppe** des Periodensystems sind die Elemente der Stickstoffgruppe: **Stickstoff (N), Phosphor (P), Arsen (As), Antimon (Sb)** und **Bismut (Bi)**. Die wesentlichen chemischen und physikalischen Eigenschaften sind in Tabelle 5.1 zusammengefasst:

Tab. 5.1   Wichtige Eigenschaften der Elemente der V. Gruppe (Fortsetzung s. nächste Seite)

Eigenschaften	Stickstoff	Phosphor	Arsen	Antimon	Bismut
Aussehen	Farbloses Gas	Verschiedene Modifikationen: weiß, rot, schwarz	Verschiedene Modifikationen: grau, gelb	Metallisch grau	Metallisch rötlich
Formel	N_2	P_4 (weiß) P_n (rot, schwarz)	$As_{(n)}$	$Sb_{(n)}$	$Bi_{(n)}$
Ordnungszahl	7	15	33	51	83
Relative Atommasse	14,01	30,97	74,92	121,8	209
Elektronenkonfiguration (Valenzschale)	$2s^2 2p^3$ allgemein:	$3s^2 3p^3$ $ns^2\,np^3$	$4s^2 4p^3$	$5s^2 5p^3$	$6s^2 6p^3$
Oxidationszahlen	vorwiegend: selten:	–III (Ausn. Bi), 0, +III, +V Stickstoff mit IV, II			
Schmelzpunkt (°C)	–210	44,1	sublimiert	631	271
Siedepunkt (°C)	–195,8	280	633	1380	1500

Eigenschaften	Stickstoff	Phosphor	Arsen	Antimon	Bismut
Metallcharakter	Nicht-metall	Nicht-metall	Halbmetall	Halbmetall	Metall
		zunehmend →→→→→→→→→→→→→→→→→→→→→→→			
Atomradius (pm)	70	110	121	141	146
		zunehmend →→→→→→→→→→→→→→→→→→→→→→→			
Ionenradius (pm)	11	34	47	62	74
		zunehmend →→→→→→→→→→→→→→→→→→→→→→→			
Elektronegativität	3,0	2,2	2,2	2,1	2,0
		abnehmend →→→→→→→→→→→→→→→→→→→→→→→			
1. Ionisierungs-energie (eV)	14,5	11,0	9,8	8,4	7,8
		abnehmend →→→→→→→→→→→→→→→→→→→→→→→			

In keiner Gruppe des Periodensystems ändert sich so anschaulich der Übergang von Nichtmetall zu Metall wie in der V. Hauptgruppe. Stickstoff ist ein reines Nichtmetall. Von Phosphor existieren drei typisch nichtmetallische Modifikationen (s. Kap. 5.3.1): der weiße, der rote und der violette Phosphor. Eine schwarze Form zeigt elektrisches Leitvermögen und reflektiert Licht wie ein Metall. Arsen und Antimon sind Halbmetalle und besitzen beständige metallische Modifikationen. Bismut hingegen wird als Metall angesehen.

Die Elemente der Stickstoffgruppe besitzen mit **5 Valenzelektronen** die allgemeinen Elektronenkonfiguration $ns^2\,np^3$. Um die äußere Schale zum Oktett zu vervollständigen, müssen sie 3 Elektronen aufnehmen. Von Stickstoff, Phosphor, Arsen, Antimon und Bismut sind erwartungsgemäß Nitride (N^{3-}), Phosphide (P^{3-}), Arsenide, Antimonide und Bismutide bekannt.

In der Regel werden die zur Edelgaskonfiguration fehlenden Elektronen durch **kovalente Bindungen** ergänzt – beispielsweise mit Wasserstoff. Typischer Vertreter ist hier das Ammoniak-Molekül NH_3, in dem der Stickstoff die Oxidationszahl –III besitzt. Analoge Verbindungen sind PH_3 (Phosphan oder Phosphin), AsH_3 (Arsan), SbH_3 (Stiban) uns BiH_3 (Bismutan) – alles Gase, deren Beständigkeit von Phosphan zum Bismutan abnimmt.

Ammoniak und die anderen genannten Wasserstoffverbindungen besitzen ein einsames Elektronenpaar und können als Base ein Proton aufnehmen.

Einzelne Atome dieser Gruppe sind nicht beständig. Sie gehen untereinander unpolare kovalente Bindungen ein. Beispielsweise liegt Stickstoff als N_2-Molekül oder Phosphor als P_4 vor. In beiden Verbindungen ist die Oxidationszahl 0.

Die schweren Elemente dieser Gruppe bilden einfache Kationen (Sb^{3+}und Bi^{3+}). Stickstoff, Phosphor und Arsen besitzen als Nichtmetalle diese Fähigkeit nicht, können allerdings, z. B. in Oxiden, positive Oxidationszahlen haben. Typische Oxide sind $\overset{+II}{N}O$, $\overset{+IV}{N}O_2$, $\overset{+III}{N_2}O_3$, $\overset{+III}{P_4}O_6$ und $\overset{+III}{As_4}O_6$.

5.2 Stickstoff

5.2.1 Stickstoff und Stickstoffwasserstoffverbindungen

Stickstoff N_2

$$|N{\equiv}N|$$

Stickstoff ist das einzige bei Raumtemperatur gasförmige Element der V. Hauptgruppe. Das Elementsymbol stammt von Nitrogenium (=Salpeterbildner).

Das Stickstoffatom ist ein reaktionsfähiges Teilchen mit 3 ungepaarten Elektronen:

$$\cdot\overline{\underset{\cdot}{N}}\cdot$$

Im N_2-Molekül sind die N-Atome jedoch so fest durch eine Dreifachbindung miteinander verknüpft, dass es bei Zimmertemperatur zu keiner chemischen Umsetzung fähig ist. Man verwendet Stickstoff daher als Schutzgas (Inertgas) beim Arbeiten mit Substanzen, die gegen Sauerstoff empfindlich sind.

Stickstoff liegt elementar als Hauptbestandteil in der Luft vor.

Tab. 5.2   Zusammensetzung der Luft

Bestandteile	Volumenanteil (%)
Stickstoff N_2	78,08
Sauerstoff O_2	20,95
Edelgase	0,93
Kohlendioxid CO_2	0,03

Spezielle anorganische Chemie

In reinem Stickstoff (Stickgas) ist kein Leben möglich, es wirkt erstickend.

Wird Luft durch die Atmung aufgenommen, löst sich sowohl Sauerstoff als auch Stickstoff im Blut. Durch Druckanstieg, z. B. beim Tauchen erhöht sich die Löslichkeit des N_2 im Blut. Sinkt plötzlich der Außendruck, wie beim schnellen Auftauchen, wird Stickstoff in Form von gefährlichen Gasbläschen frei. Diese können Blutgefäße blockieren und die Durchblutung stören (Taucherkrankheit).

Ammoniak NH_3

$$H-\overline{N}-H$$
$$|$$
$$H$$

Ammoniak ist ein farbloses, stechend riechendes Gas mit tränenauslösender Wirkung, das die Schleimhäute der Atemwege und Augen reizt.

Unterhalb $-33{,}4\,°C$ kondensiert Ammoniakgas zum flüssigen Ammoniak.

Ammoniakgas löst sich sehr gut in Wasser: 1 Liter Wasser löst bei Raumtemperatur 700 Liter Ammoniakgas. Ammoniak und Wasser bilden als polare Verbindungen untereinander Wasserstoffbrücken.

Verdünnte Ammoniaklösungen nennt man **Salmiakgeist**. Im Handel findet man als höchste Konzentration 25–26 %-ige Ammoniaklösung.

Im Ammoniakmolekül besitzt Stickstoff die Oxidationszahl –III.

Das wichtigste chemische Merkmal ist seine Eigenschaft als **Base**. Ammoniak ist pyramidal gebaut, sodass sich an das einsame Elektronenpaar ein Proton einer Säure leicht anlagert. Dadurch entsteht das Ammonium-Ion:

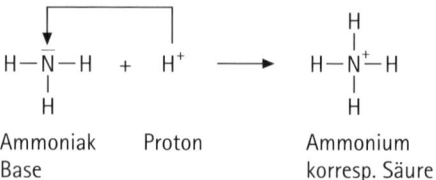

Ammoniak ist wie Wasser ein **Ampholyt**. Es reagiert nicht nur mit Säuren als schwache Base (pK_B-Wert = 4,75), sondern es besitzt auch die Fähigkeit in Gegenwart von sehr starken Basen als Säure zu reagieren. Mit einem pK_S-Wert von 23 ist Ammoniak allerdings eine überaus schwache Säure.

Beispiel:
Unter Zusatz einer Säure reagiert Ammoniak als Base:

$$NH_3 \quad + \quad HCl \quad \longrightarrow \quad NH_4^+ \quad + \quad Cl^-$$

| Base | Säure | korresp. | korresp. |
| | | Säure | Base |

$$pK_B = 4,75 \qquad pK_S = -3$$

Unter Zusatz einer sehr starken Base reagiert Ammoniak als Säure:

$$NH_3 \quad + \quad OH^- \quad \longrightarrow \quad NH_2^- \quad + \quad H_2O$$

| Säure | Base | korresp. | korresp. |
| | | Base | Säure |

$$pK_S = 23 \qquad pK_B = -1,74$$

Ammoniak ist durch seine basischen und sauren Eigenschaften zur **Autoprotolyse** (s. Kap. I.4.4.1) fähig:

$$NH_3 \quad + \quad NH_3 \; \rightleftarrows \quad NH_4^+ \quad + \quad NH_2^-$$

Ammoniak   Ammonium   Amid

Das Gleichgewicht liegt noch stärker als bei der Autoprotolyse des Wassers auf der Seite des Edukts.

Ersetzt man im Ammoniakmolekül Wasserstoff durch Metalle, erhält man Amide, Imide und Nitride:

Spezielle anorganische Chemie

Tab. 5.3 Anionen des Ammoniaks

Anion	NH_2^-	NH^{2-}	N^{3-}
Bezeichnung	Amid	Imid	Nitrid
Beispiel	$NaNH_2$	PbNH	Ba_3N_2
	Natriumamid	Blei(II)-imid	Bariumnitrid

In der Analytik verwendet man wässrige **Ammoniaklösung** mit einer **Ammonium-verbindung** (meistens Ammoniumchlorid) als **Puffer** (s. Kap. I.4.7.1). Werden beide Bestandteile im Verhältnis 1:1 eingesetzt, puffert die Ammoniak/Ammonium-Lösung bei einem pH von **9,26** (pK$_S$-Wert von NH_4^+).

Hydrazin N_2H_4

$$H-\overline{N}-\overline{N}-H$$
$$\quad | \quad |$$
$$\quad H \quad H$$

Hydrazin kann als Derivat des Ammoniaks angesehen werden, in dem ein Wasserstoffatom durch eine NH_2-Gruppe ausgetauscht ist. Hydrazin ist eine farblose, wasserähnliche Flüssigkeit, die an der Luft unter beträchtlicher Wärmeentwicklung verbrennt:

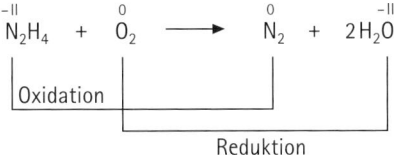

N_2H_4 ist ein starkes **Reduktionsmittel** und wird selbst zu N_2 oxidiert.

Beide Stickstoffatome im Molekül besitzen je ein freies Elektronenpaar. Somit kann Hydrazin zwei Protonen aufnehmen:

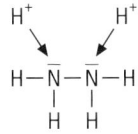

Hydrazin ist mit einem pK$_B$-Wert von 8,18 schwächer basisch als Ammoniak (pK$_B$ = 4,75).

Hydroxylamin H$_2$NOH

$$
\begin{array}{c}
H \\
\backslash \\
N-OH \\
/ \\
H
\end{array}
$$

Hydroxylamin besteht aus hygroskopischen Kristallen, die sich sehr leicht in Wasser lösen. H$_2$NOH ist eine schwächere Base als Ammoniak, kann aber ein Proton über das freie Elektronenpaar binden:

$$
\begin{array}{c}
\quad\ H^+ \\
H \quad \swarrow \\
\backslash \\
N-OH \\
/ \\
H
\end{array}
$$

Bei Temperaturen über 100 °C disproportioniert und zersetzt sich Hydroxylamin explosionsartig:

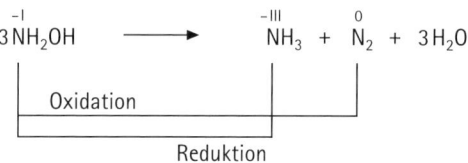

$$\overset{-I}{3\,NH_2OH} \longrightarrow \overset{-III}{NH_3} + \overset{0}{N_2} + 3\,H_2O$$

Oxidation

Reduktion

Stickstoffwasserstoffsäure HN$_3$

$$H\bar{N}=\overset{+}{N}=N\rangle^-$$

Die reine Stickstoffwasserstoffsäure ist ein flüchtige, sehr giftige und explosive Flüssigkeit.

Ihre korrespondierende Base ist das **Azid-Ion** N$_3$⁻. Das Azid-Ion verhält sich chemisch ähnlich wie das Chlorid-Ion. Deshalb bezeichnet man es auch als **Pseudohalogenid**.

Azide besitzen eine geringe chemische Verwendung. Ein Vertreter, Blei(II)-azid, wird als Initialzünder zum Einleiten von Explosionen bei Sprengstoffen und Munitionen verwendet.

5.2.2 Stickstoffsauerstoffverbindungen

Stickstoffsauerstoffsäuren

Salpetersäure HNO_3

Salpetersäure und ihre Salze gehören neben Ammoniak zu den wichtigsten Stickstoffverbindungen.

Wasserfreie Salpetersäure ist eine farblose Flüssigkeit, die an der Luft raucht und sich durch Lichteinwirkung unter Abgabe von Stickstoffdioxid NO_2 und O_2 zersetzt. NO_2 löst sich in der Säure mit roter Farbe. Deshalb nennt man konzentrierte Salpetersäure (98%ig) auch rote, rauchende Salpetersäure.

Die höchste im Apothekenhandel erhältliche Konzentration ist 69%-ig.

Salpetersäure ist eine **starke Säure** mit einem pK_S von $-1,32$. Die korrespondierende Base ist das Nitrat-Ion NO_3^-:

$$HNO_3 \longrightarrow NO_3^- + H^+$$

Salpetersäure	Nitrat
Säure	korresp.
	Base

Das Salpetersäure-Molekül und das Nitrat-Ion sind **trigonal-planar** gebaut, und in beiden Verbindungen hat der Stickstoff die Oxidationszahl +V.

Salpetersäure ist ein **starkes Oxidationsmittel** und kann als konzentrierte Lösung sogar edle Metalle wie Kupfer, Quecksilber und Silber oxidieren:

Beispiel:

$$\overset{0}{3\,Cu} + 2\,H\overset{+V}{N}O_3 + 6\,H_3O^+ \longrightarrow 3\,\overset{+II}{Cu}{}^{2+} + 2\,\overset{+II}{N}O + 10\,H_2O$$

Oxidation

Reduktion

Edlere Metalle wie Gold und Platin werden von Salpetersäure nicht angegriffen. Man bezeichnet deshalb Salpetersäure als **Scheidewasser**, weil Salpetersäure Gold und Silber voneinander trennt.

Gold, den König der Metalle, kann man in **Königswasser** lösen. Königswasser ist ein Gemisch aus einem Teil starker Salpetersäure und drei Teilen starker Salzsäure und wirkt noch stärker oxidierend als Salpetersäure. Die starke Oxidationskraft beruht auf der Reaktivität von Nitrosylchlorid und freiem Chlor:

$$HNO_3 \quad + \quad 3\,HCl \quad \longrightarrow \quad NOCl \quad + \quad 2\,Cl \quad + \quad 2\,H_2O$$

Salpetersäure	Salzsäure	Nitrosylchlorid	Chlor
1	: 3		

Das Anhydrid der Salpetersäure ist Distickstoffpentoxid N_2O_5 und kann aus dieser mit wasserentziehenden Mitteln (z. B. Phosphorpentoxid) hergestellt werden.

$$2\,HNO_3 \rightleftharpoons N_2O_5 + H_2O$$

Salpetrige Säure HNO_2

$$\overset{\displaystyle HO}{\underset{}{}}\diagdown N=O$$

In der Salpetrigen Säure besitzt der Stickstoff die Oxidationszahl +III. Salpetrige Säure ist mit einem pK_S-Wert von 3,35 eine starke Säure und schwächer als Salpetersäure. Die Salze der Salpetrigen Säure sind die Nitrite (NO_2^--Verbindungen).

Reine Salpetrige Säure lässt sich nicht isolieren, da sie **instabil** ist und schon bei Raumtemperatur disproportioniert:

$$3\,\overset{+III}{HNO_2} \quad \longrightarrow \quad H^+ + \overset{+V}{NO_3^-} + 2\,\overset{+II}{NO} + H_2O$$

Oxidation

Reduktion

Man gewinnt HNO_2, indem man die wässrige Lösung eines Nitrits (z. B. $NaNO_2$) mit einer starken Säure (z. B. HCl) versetzt:

$$NaNO_2 + HCl \longrightarrow HNO_2 + NaCl$$

Das Anhydrid der Salpetrigen Säure ist Distickstofftrioxid N_2O_3:

$$2\,HNO_2 \rightleftharpoons N_2O_3 + H_2O$$

Spezielle anorganische Chemie

Stickstoffoxide
Stickstoffmonoxid NO

$$\overset{\cdot}{(}N{=}O\overset{\cdot}{)} \quad \longleftrightarrow \quad \overset{-}{(}N{=}\overset{\cdot}{O}\overset{\cdot}{)}{}^{+}$$

Stickstoffmonoxid ist ein farbloses Gas.

Im NO-Molekül ist ein Elektron ungepaart. NO ist eine **radikalische Verbindung.** Die tatsächliche Struktur des Moleküls lässt sich nicht durch eine Formel darstellen, sondern mit mesomeren Grenzformeln beschreiben (s. Kap. IV.6.7). Durch die mesomere Stabilisierung ist das Molekül trotz Radikalbildung nur mäßig reaktionsfreudig.

Im Molekül besitzt der Stickstoff die Oxidationszahl +II. An der Luft geht NO unter Bildung braunroter Dämpfe in Stickstoffdioxid NO_2 über:

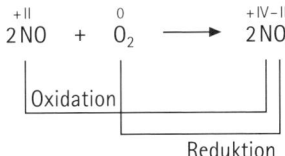

NO spielt im Körper eine wichtige Rolle.

Es lässt **arterielle Blutgefäße erschlaffen** und ist bei Hypertonie und koronarer Herzkrankheit (Durchblutungsstörungen der Herzkranzgefäße, Angina pectoris) indiziert. Das ist auch das Wirkprinzip nitrathaltiger Arzneimittel, die als Prodrugs im Körper in die eigentliche Wirksubstanz NO biotransformiert werden. Die Vertreter werden im Sprachgebrauch Nitroverbindungen bezeichnet und sind Ester der Salpetersäure z. B. Nitroglycerin (Nitrospray), Isosorbiddinitrat oder Isosorbid-5-mononitrat.

$$\begin{array}{l} H_2C{-}O{-}NO_2 \\ \;\;\;| \\ HC{-}O{-}NO_2 \\ \;\;\;| \\ H_2C{-}O{-}NO_2 \end{array}$$

Nitroglycerin

Molsidomin, ebenfalls ein NO-abgebender Wirkstoff, ist chemisch nicht mit den Nitraten verwandt.

Interessanterweise wird vom Gefäßendothel selbst NO zur Regulierung der Gefäßrelaxation gebildet (man nennt es hier allerdings EDRF = Endothelium Derived Relaxing Factor).

Distickstoffmonoxid N_2O

$$^-\langle N=\overset{+}{N}=O\rangle \quad \longleftrightarrow \quad |N\equiv\overset{+}{N}-\overline{\underline{O}}|^-$$

Distickstoffmonoxid ist mesomer stabilisiert und dadurch eine beständige Verbindung.

Das farblose Gas erzeugt eingeatmet mit Sauerstoff einen rauschartigen Zustand mit Lachreiz. Deshalb nennt man N_2O auch **Lachgas**.

N_2O ist ein leichtes Narkosegas mit stark analgetischer Wirkung. Das Gas ist wenig toxisch, wird nicht metabolisiert und flutet im Körper schnell an und ab. Infolgedessen bezeichnet man Lachgas als ein nahezu ideales Narkosemittel. Schon 1844 wurde es das erste Mal von dem Zahnarzt Horace Wells verwendet. Heutzutage wird es bei kleinen Operationen und in der Geburtshilfe benutzt. In der Regel wird es immer mit anderen Narkotika kombiniert.

Lachgas besitzt noch eine weitere Verwendung: anstelle von FCKW wird es in der Lebensmittelindustrie als Treibgas z. B. für gebrauchsfertige Schlagsahne verwendet.

Stickstoffdioxid NO_2

$$\overset{\cdot}{^+N}=O\rangle \quad \longleftrightarrow \quad \overset{\cdot}{^+N}-\overline{\underline{O}}|^-$$

Das NO_2-Molekül ist gewinkelt gebaut (134°) und mesomer stabilisiert. Der Stickstoff besitzt hier die Oxidationsstufe +IV.

Stickstoffdioxid ist ein braunes Gas, welches bei niedrigen Temperaturen ein Dimer mit der Zusammensetzung N_2O_4 bildet. Distickstofftetroxid ist eine farblose Flüssigkeit.

$$2\,NO_2 \;\rightleftharpoons\; N_2O_4$$
$$\text{braun} \qquad\quad \text{farblos}$$

Bei höheren Temperaturen verschiebt sich das Gleichgewicht auf die Seite von Stickstoffdioxid. So besteht der Dampf bei 100 °C zu über 90 % aus Stickstoffdioxid.

Spezielle anorganische Chemie

N_2O_4 (oder auch NO_2) kann als gemischtes Anhydrid der Salpetersäure und der Salpetrigen Säure aufgefaßt werden:

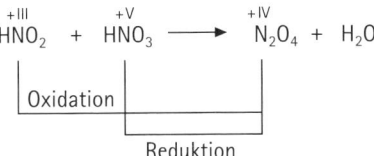

Bei dieser Synproportionierung wird Stickstoff mit den Oxidationszahlen +III und +V reduziert bzw. oxidiert (auf die Oxidationszahl +IV).

5.2.3 Pharmazeutische Stickstoffverbindungen

Die am häufigsten verwendeten stickstoffhaltigen pharmazeutischen Verbindungen sind Ammoniak und Ammoniumchlorid.

10%ige **Ammoniaklösung** bezeichnet man als **Salmiakgeist**. Sie wird aus konzentrierter Ammoniaklösung (26%) hergestellt. Salmiakgeist wird äußerlich zur Behandlung von Insektenstichen verwendet sowie in hyperämisierenden Einreibungen, als Expectorans in Hustenmitteln oder in Tropfen bei Rachenentzündung. Dazu geeignet ist auch anisölhaltige Ammoniaklösung (Liquor Ammonii anisatus).

In **Salmiak**pastillen nutzt man die expectorierende Wirkung von **Ammoniumchlorid**.

Tab. 5.4   Pharmazeutische Stickstoffverbindungen (Fortsetzung s. folgende Seiten)

Bezeichnung (nach Arzneibuch)	Formel	Sonstige Bezeichnungen	Verwendung
Ammoniak-Lösung 10% (Ph. Eur. nur 25%)	NH_3 in H_2O	Liquor Ammonii caustici Salmiakgeist	Reagenz und mit NH_4Cl Puffersubstanz, Reinigungs- und Abbeizmittel, in Linimenten als Einreibungen, Expectorans
Ammoniaklösung, Anisölhaltige		Liquor Ammonii anisatus Anisammoniak	In verdünnten Lösungen als Expectorans

Tab. 5.4   Pharmazeutische Stickstoffverbindungen (Fortsetzung)

Bezeichnung (nach Arzneibuch)	Formel	Sonstige Bezeichnungen	Verwendung
Ammoniumchlorid (Ph. Eur.)	NH_4Cl	Ammonii chloridum Ammonium chloratum Salmiak	Expectorans (Salmiakpastillen, Mixtura solvens), in Stücken zum Löten (Lötstein), Füllung in der Trockenbatterie
Ammoniumbituminosulfonat (Ph. Eur.)		Ammonii bituminosulfonas Ammonium sulfobituminosum Ichthyol®, Tumenol®	Antiphlogistische und schwach antiseptische Wirkung; äußerl. bei Akne, Abszessen und Folliculitis, Gelenkentzündungen, Frostbeulen
Ammoniumcarbonat	$(NH_4)_2CO_3$	Ammonium carbonicum Hirschhornsalz	Backpulver, Riechmittel mit Lavendelöl, bei Ohnmacht
Distickstoffmonoxid (Ph. Eur.)	N_2O	Nitrogenii oxidum Lachgas	Narkosegas, Treibgas
Natriumnitrit	$NaNO_2$	Natrii nitris Natrium nitrosum	Antidot bei Cyanidvergiftungen, LD 4 g; da Methämoglobinbildner, als Pökelsalz, Korrosionsschutz, zur Diazotierung (Azofarbstoff)
Salpetersäure (Ph. Eur.)	HNO_3	Acidum nitricum konzentrierte Salpetersäure: ~69%ig verdünnte Salpetersäure: ~25%ig starke oder rote rauchende Salpetersäure: ~98%ig	Reagenz als Scheidewasser zur Trennung von Gold und Silber, med.: nur noch als Ätzmittel bei Pigmentflecken, Warzen und Hühneraugen

Spezielle anorganische Chemie

Tab. 5.4   Pharmazeutische Stickstoffverbindungen (Fortsetzung)

Bezeichnung (nach Arzneibuch)	Formel	Sonstige Bezeichnungen	Verwendung
Natriumnitrat	$NaNO_3$	Natrium nitricum Natronsalpeter Chilesalpeter	Stickstoffdünger, zum Einpökeln und Röten von Fleisch
Kaliumnitrat (Ph. Eur.)	KNO_3	Kalii nitras Kalium nitricum Kalisalpeter	Als Düngemittel, zum Pökeln
Silbernitrat (Ph. Eur.)	$AgNO_3$	Argenti nitras Argentum nitricum Höllenstein	Antiseptikum, äußerlich als Ätzmittel (0,5%) bei schlechtheilenden Wunden und Geschwüren, techn.: in der Fotografie
Basisches Bismutnitrat (Ph. Eur.)	$Bi(OH)_2NO_3$	Bismuthi subnitras Bismutum subnitricum	Adstringens, bei Magengeschwüren (bakterizide Wirkung gegen Helicobacter pylori)

5.3   Phosphor

5.3.1   Phosphor und seine Verbindungen

Von Phosphor sind mehrere Modifikationen bekannt: weißer, roter und schwarzer Phosphor.

Unter Modifikationen versteht man verschiedene räumliche Strukturen ein und desselben Elementes. Modifikationen besitzen unterschiedliche chemische Eigenschaften.

Weißer Phosphor P_4

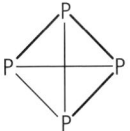

Der weiße Phosphor ist eine wachsartige Masse und die reaktionsfähigste Modifikation des Elementes. Er besteht aus P_4-Molekülen, die tetraedrisch aufgebaut sind. An der Luft entzündet er sich bei etwa 60 °C und verbrennt mit hell leuchtender Flamme zu Diphosphorpentoxid:

$$4\,P \ + \ 5\,O_2 \ \longrightarrow \ 2\,P_2O_5 \quad \text{(stark exotherme Reaktion)}$$

In fein verteilter Form kann weißer Phosphor sich bei Raumtemperatur entzünden und wird deshalb unter Wasser und vor Licht geschützt aufbewahrt.

Roter Phosphor
Ausschnitt:

Roter Phosphor entsteht durch Erhitzen in inerter Atmosphäre aus weißem Phosphor. Dabei lösen sich die Bindungen im P_4-Molekül und verknüpfen sich neu zu einem unregelmäßigen Netzwerk von Phosphoratomen. Man bezeichnet solche Verbände aus vielen Atomen bzw. Molekülen als Polymere mit amorphen – also richtungsunabhängigen – Eigenschaften. Roter Phosphor ist wesentlich reaktionsträger als die weiße Modifikation.

Da er im Magen-Darm-Trakt nicht resorbiert wird, ist er im Gegensatz zu weißen Phosphor nicht giftig.

Schwarzer Phosphor
Schwarzer Phosphor entsteht aus weißem Phosphor unter hohem Druck. Er ist die reaktionsträgste Modifikation des Elementes. Die schuppige Beschaffenheit ist auf die parallel übereinander gestapelten gewellten Phosphorschichten zurückzuführen

Pharmazeutisch wird Phosphor nicht mehr gebraucht. Man findet ihn nur noch in Rattengift. Früher verwendete man weißen Phosphor in niedriger Dosierung zur Härtung von Knochen (z.B. bei Rachitis oder Osteomalazie), weil er das Knochenwachstum anregt. In einer Dosis ab 0,1–0,5 g wirkt er beim Menschen tödlich.

Roter Phosphor ist auf Zündholzreibeflächen (Zündholz: Schwefel, Antimon(V)-sulfid und Kaliumchlorat; Reibefläche: Glaspulver und roter Phosphor).

Sauerstoffsäuren des Phosphors

Tab. 5.5   Phosphoroxosäuren

OZ	Säure	Summen- und Struktur- formel	Anzahl der abspalt- baren Protonen	Anion	Bezeichnung des Anions
+V	Phosphorsäure	H_3PO_4 $$HO-\overset{\displaystyle O}{\underset{\displaystyle OH}{\overset{\|}{P}}}-OH$$	3	$H_2PO_4^-$ HPO_4^{2-} PO_4^{3-}	Dihydrogenphosphat Hydrogenphosphat Phosphat
+III	Phosphorige Säure	H_3PO_3 $$HO-\overset{\displaystyle O}{\underset{\displaystyle H}{\overset{\|}{P}}}-OH$$	2	$H_2PO_3^-$ HPO_3^{2-}	Dihydrogenphosphit Hydrogenphosphit
+I	Hypophosphor- ige Säure	H_3PO_2 $$H-\overset{\displaystyle O}{\underset{\displaystyle H}{\overset{\|}{P}}}-OH$$	1	$H_2PO_2^-$	Dihydrogen- hypophosphit

Phosphorsäure

Reine Phosphorsäure ist eine farblose und feste Verbindung. Im Handel ist sie als 85%ige sirupöse Lösung.

Phosphorsäure ist eine **3-protonige Säure** und kann 3 Protonen an Basen abgeben:

$$1.\,\text{Protolyseschritt}: \quad H_3PO_4 \longrightarrow H_2PO_4^- + H^+$$

$$2.\,\text{Protolyseschritt}: \quad H_2PO_4^- \longrightarrow HPO_4^{2-} + H^+$$

$$3.\,\text{Protolyseschritt}: \quad HPO_4^{2-} \longrightarrow PO_4^{3-} + H^+$$

Dabei wird das 1. Proton am einfachsten abgespalten ($pK_S = 1{,}96$), das 2. etwas schwieriger ($pK_S = 7{,}12$) und das 3. Proton kann nur in Gegenwart starker Basen abdissoziieren ($pK_S = 12{,}32$).

Die **Salze** der Phosphorsäure sind entsprechend **Dihydrogenphosphate, Hydrogenphosphate und Phosphate.**

Mischungen aus Dihydrogenphosphat und Hydrogenphosphat puffern in einem pH-Bereich von 6,5–7,5 (s. Kap. I.4.7).

Phosphorige Säure

Obwohl die Phosphorige Säure H_3PO_3 drei Wasserstoffatome aufweist, reagiert diese Oxosäure mit Basen nur als **zweiprotonige Säure.** Ausschließlich die an den beiden Sauerstoffatomen gebundenen Wasserstoffe können abgespalten werden.

$$1. \text{Protolyseschritt}: \quad H_3PO_3 \longrightarrow H_2PO_3^- + H^+$$

$$2. \text{Protolyseschritt}: \quad H_2PO_3^- \longrightarrow HPO_3^{2-} + H^+$$

Von der Phosphorigen Säure sind Salze mit den Anionen Dihydrogenphosphit, z.B. NaH_2PO_3 und Hydrogenphosphit, z.B. Na_2HPO_3 bekannt. Eine Phosphitverbindung, z.B. Na_3PO_3 existiert nicht.

Hypophosphorige Säure

Die Hypophosphorige Säure H_3PO_2 ist eine **einprotonige Säure**, da nur ein Wasserstoff an Sauerstoff gebunden ist. Die zwei H-Atome, die an Phosphor gebunden sind, können nicht abdissoziieren.

$$H_3PO_2 \longrightarrow H_2PO_2^- + H^+$$

Säurestärke der Phosphoroxosäuren

Vergleicht man die pK_S-Werte dieser 3 Oxosäuren, erkennt man, dass alle 3 starke Säuren sind ($pK_{S(H_3PO_4)} = 1{,}96$; $pK_{S(H_3PO_3)} = 1{,}29$; $pK_{S(H_3PO_2)} = 1{,}1$).

Säureanhydride der Phosphoroxosäuren

Das **Anhydrid der Phosphorsäure** ist P_4O_{10} Phosphor(V)-oxid – auch Diphosphorpentoxid genannt. Der Name stammt von der vereinfachten Formel P_2O_5. Allerdings liegt P_2O_5 bimolekular vor (zweimal $P_2O_5 = P_4O_{10}$).

Spezielle anorganische Chemie

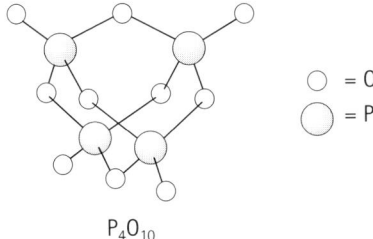

$$\bigcirc = O$$
$$\bigcirc = P$$

$$P_4O_{10}$$

Diphosphorpentoxid ist ein weißes, stark hygroskopisches Pulver, das im Labor aufgrund dieser Eigenschaft als wirksames Trockenmittel eingesetzt wird:

$$P_2O_5 \;+\; 3\,H_2O \;\longrightarrow\; 2\,H_3PO_4$$

$$bzw. \quad P_4O_{10} \;+\; 6\,H_2O \;\longrightarrow\; 4\,H_3PO_4$$

Das Anhydrid der Phosphorigen Säure ist P_2O_3 (Phosphor(III)-oxid) und von der Hypophosphorigen Säure das nicht beständige P_2O (Phosphor(I)-oxid).

5.3.2 Pharmazeutische Phosphorverbindungen

Phosphor kommt in der Natur nicht elementar, sondern als Phosphat vor.

Auch in der Pharmazie spielen i. d. R. nur die Phosphate eine bedeutende Rolle. Beispielsweise dient **Calciumhydrogenphosphat** $CaHPO_4 \times 2\,H_2O$ zum Aufbau von Knochen. Durch radioaktive Isotope konnte bewiesen werden, dass ein großer Anteil des zugefügten Calciums und Phosphats in die Knochen aufgenommen wird.

Eine relativ neue Gruppe in der Osteoporosemedikation sind seit Mitte der 90er Jahre die **Bisphosphonate** (oder Biphosphonate). Zu ihnen zählen Etidronsäure, Alendronsäure, Clodronsäure oder Risedronsäure. Bisphosphonate erhöhen deutlich die Knochendichte und werden therapeutisch zur Regulierung des Calciumhaushaltes eingesetzt. Sie sind bei starker Osteoporose indiziert.

In ihrer chemischen Struktur leiten sich Bisphosphonate von der Diphosphorsäure (Pyrophosphorsäure) ab:

$$\begin{array}{cc} OH & OH \\ | & | \\ O=P-O-P=O \\ | & | \\ OH & OH \end{array} \qquad \begin{array}{ccc} HO & R & OH \\ | & | & | \\ O=P-C-P=O \\ | & | & | \\ HO & R & OH \end{array}$$

Pyrophosphorsäure   Bisphosphonsäure (R = Rest)

Tab. 5.6   Pharmazeutische Phosphorverbindungen

Bezeichnung (nach Arzneibuch)	Formel	Sonstige Bezeichnungen	Verwendung
Calcium-hypophosphit	$Ca(H_2PO_2)_2$	Calciumphosphinat Calcium hypo-phosphorosum	Kräftigungsmittel, Tonikum
Phosphorsäure 85% (Ph. Eur.)	H_3PO_4	Acidum phosphoricum concentratum	Reagenz
Phosphorsäure 10% (Ph. Eur.)		Acidum phosphoricum dilutum	Reagenz; früher: Tonikum, Antipyretikum
Dinatriummono-hydrogenphosphat (Ph. Eur.)	Na_2HPO_4	Natrium phosphoricum	Med.: mildes Laxans, bei Azidose
Natriumdihydrogen-phosphat-Dihydrat (Ph. Eur.)	NaH_2PO_4 $\times 2\, H_2O$	Natrii dihydrogeno-phosphas dihydricus	Nervenstärkungsmittel, bei Schwächezuständen
Calciumhydrogen-phosphat (Ph. Eur.)	$CaHPO_4$	Calcium phosphoricum	Zur Calciumtherapie, Knochenbildungsmittel

5.4   Arsen, Antimon, Bismut und ihre pharmazeutischen Verbindungen

Die nächsten drei Elemente der Stickstoffgruppe spielen in pharmazeutischer Hinsicht kaum eine Rolle und sollen deshalb nur kurz angesprochen werden.

Reines Arsen As ist ein sprödes, pulverisierbares Halbmetall. Allgemein sind **Verbindungen des Arsens** – im Gegensatz zu elementaren Arsen – recht **toxisch**. In der Renaissance und lange danach wurde Arsen(III)-oxid (As_2O_3) als Giftmehl verwendet. Die tödliche Dosis liegt bei 0,3 g. Manche Arsenverbindungen sind noch in Giften zur Bekämpfung von Insekten und Nagetieren enthalten.

Antimon Sb ist ein silberweißes, sprödes und leicht pulverisierbares Element, das ähnlich wie Arsen und Phosphor in verschiedenen Modifikationen vorkommt. Es wird als Härtezusatz in **Legierungen** verwendet.

Das **Bismut**atom ist das schwerste und größte Atom, das gerade noch stabil ist und keinem radioaktiven Zerfall unterliegt.

Bismut Bi ist ein schweres, silbrig glänzendes Metall mit einem rötlichen Schimmer. Wie Arsen und Antimon ist es ebenfalls spröde und pulverisierbar. Es bildet u. a. mit Blei, Zinn und Cadmium Legierungen mit besonders tiefem Schmelzpunkt. Man zählt es aufgrund seiner Stellung in der Spannungsreihe schon zu den edleren Metallen.

Pharmazeutischen Stellenwert dieser drei Elemente besitzt nur Bismut. Gebräuchliche Bismutpräparate sind die schwer löslichen Oxidsalze. Sie werden als Wunddesinfektionsmittel in Pudern, Salben und Zäpfchen verwendet. In Magenpulvern und -tabletten nutzt man ihre adstringierende und schwach desinfizierende Wirkung bei Magen- und Darmschleimhautentzündungen.

Tab. 5.7   Pharmazeutische Bismutverbindungen

Bezeichnung (nach Arzneibuch)	Formel	Sonstige Bezeichnungen	Verwendung
Basisches Bismutnitrat	$BiO(NO_3) \times H_2O$	Bismuthi subnitras Bismutum subnitricum	Obsolet: innerlich bei Magen- und Darmstörungen; äußerlich als Adstringens zur Wundbehandlung
Basisches Bismutcarbonat (Ph. Eur.)	Etwa $(BiO)_2CO_3$	Bismuthi subcarbonas Bismutum subcarbonicum	Antacidum (obsolet)
Nicht eindeutig definierte basische Salze verschiedener organischer Säuren		Basisches Bismutgallat Bismuthi subgallas Bismutum subgallicum = Dermatol® (DAB) Tetrabrombrenzkatechinbismut Bibrocathin = Noviform®	Mildes Desinfektionsmittel zur Haut- und Wundbehandlung Antiseptikum, bei Bindehautentzündungen (3 %) und Hautreizungen (10 % in Salben)

5.5   Analytik

Qualitativer Nachweis von Ammonium-Ionen

Ammoniumsalze reagieren mit Basen (z. B. Natronlauge) zu Ammoniak. Das gasförmige Ammoniak lässt sich am einfachsten identifizieren durch

- den typischen **Ammoniakgeruch** oder
- **Blaufärbung von Lackmuspapier.**

Dabei verdrängt die stärkere Base die schwächere und flüchtige Base aus ihrem Salz:

$$NH_4^+ \;+\; NaOH \;\longrightarrow\; \underset{\text{Ammoniakgas}}{NH_3 \uparrow} \;+\; H_2O \;+\; Na^+$$

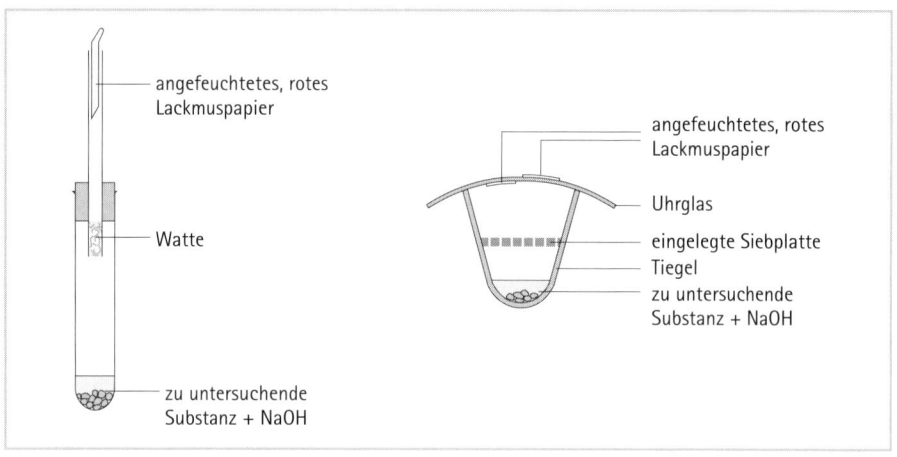

Abb. 5.1   Nachweis von Ammonium-Ionen

Für einen weiteren Nachweis benutzt man **konzentrierte Salzsäure**. Dazu befeuchtet man einen Glasstab mit konzentrierter Salzsäure so, dass sich ein Tropfen bildet. Ammoniakgas bildet mit dem HCl-Gas um den Tropfen einen weißen Nebel von feinverteiltem Ammoniumchlorid:

$$NH_{3\,\text{gasförmig}} \;+\; HCl \;\longrightarrow\; \underset{\text{Ammoniumchlorid}}{NH_4Cl_{\text{fest}}}$$

Mit **Nesslers Reagenz** $K_2[HgI_4]$ lassen sich Ammoniak oder Ammoniumionen nachweisen. Es entsteht $[Hg_2N]I \times H_2O$, welches die Lösung gelbbraun einfärbt. Nach einiger Zeit scheiden sich braune Flocken ab. Das Reagenz ist sehr empfindlich und wird zum Nachweis von Ammoniak in Trinkwasser benutzt.

Qualitativer Nachweis von Nitrit-Ionen

Nitrit-Ionen entwickeln beim Ansäuern mit Schwefelsäure unter Erwärmung schwachbraune, gasförmige und giftige Stickstoffoxide. Dieser Nachweis kann als Vorprobe auf Nitrit unter dem Abzug durchgeführt werden:

$$2\,NaNO_2 \quad + \quad 2\,H_2SO_4 \longrightarrow \quad NO_2 \quad + \quad NO \quad + \quad 2\,NaHSO_4 \quad + \quad H_2O$$

Natriumnitrit   Stickstoff-   Stickstoff-
                                dioxid   monoxid

Qualitativer Nachweis von Nitrat-Ionen
Schicht- oder Ringprobe

Man löst in der zu prüfenden Lösung etwas Eisen(II)-sulfat und unterschichtet die Lösung mit konzentrierter Schwefelsäure. Ein brauner Ring zwischen den zwei Schichten zeigt Nitrat (aber auch Nitrit) an.

An der Grenzschicht bilden Nitrate mit der Schwefelsäure freie Salpetersäure:

$$NaNO_3 \quad + \quad H_2SO_4 \longrightarrow \quad HNO_3 \quad + \quad NaHSO_4$$

Eisen(II)-sulfat reduziert die Salpetersäure zu Stickstoffmonoxid:

$$6\,FeSO_4 \quad + \quad 2\,HNO_3 \quad + \quad 3\,H_2SO_4 \longrightarrow \quad 2\,NO \quad + 3\,Fe_2(SO_4)_3 \quad + \quad 4\,H_2O$$

Weiteres Eisen(II)-sulfat bildet mit dem Stickstoffmonoxid in wässriger Lösung einen braun gefärbten Komplex.

Nachweis mit Lunges Reagenz

Nitrat wird mit Zink zu Nitrit (Achtung: vorhandenes Nitrit in der Analyse ergibt einen positiven Nachweis) reduziert. Dieses bildet mit Sulfanilsäure in saurer Lösung (Zugabe von Essigsäure) und mit α-Naphtylamin einen roten Azofarbstoff.

Dieser Nachweis lässt sich gut auf der Tüpfelplatte durchführen, da wegen der hohen Empfindlichkeit nur wenig Reagenz notwendig ist.

Qualitativer Nachweis von Phosphat-Ionen
Fällung als Silberphosphat
In neutraler Lösung fällt durch Zusatz von verdünnter Silbernitratlösung ein gelber Niederschlag aus, der sich in schwachen Säuren löst:

$$3\,Ag^+ \;+\; PO_4^{3-} \;\longrightarrow\; Ag_3PO_4 \downarrow$$
$$\text{gelb}$$

Ausfällung als Magnesiumammoniumphosphat
mit Magnesiamixtur (Magnesiumchlorid und Ammoniumchlorid) in alkalischer Lösung.

Es bilden sich charakteristische scheren- und sternenförmige Kristalle:

$$Mg^{2+} \;+\; HPO_4^{2-} \;+\; NH_4^+ \;+\; OH^- \;+\; 5\,H_2O \;\longrightarrow\; Mg(NH_4)PO_4 \times 6\,H_2O$$

Nachweis mit Ammoniummolybdat-Reagenz
Die stark salpetersaure Lösung wird mit Ammoniummolybdatlösung versetzt. Es entsteht ein rein gelb gefärbter Niederschlag von Ammoniummolybdatophosphorsäure (verzögerter Niederschlag).

6 Chalkogene

6.1 Allgemeine physikalische und chemische Eigenschaften

Die Elemente der **sechsten Hauptgruppe** des Periodensystems **Sauerstoff (O)**, **Schwefel (S), Selen (Se), Tellur (Te) und Polonium (Po)** werden als **Chalkogene** bezeichnet. Chalkogene sind am Aufbau von Metallerzen (gr. chalkos = Erz) beteiligt.

Polonium ist ein radioaktives Zerfallsprodukt des Urans und kommt in der Natur nur in geringem Maß vor.

Tab. 6.1 Wichtige Eigenschaften der Chalkogene (Fortsetzung s. nächste Seite)

Eigenschaften	Sauerstoff	Schwefel	Selen	Tellur
Aussehen	Farbloses Gas	Tritt in mehreren Modifikationen auf, z. B. als gelber α-Schwefel	Tritt in mehreren Modifikationen auf, z. B. als rotes α-Selen	Silberweißes, metallisches Aussehen
Ordnungszahl	8	16	34	52
Relative Atommasse	16,00	32,06	78,96	127,60
Elektronenkonfiguration (Valenzschale)	$2s^2 2p^4$ allgemein:	$3s^2 3p^4$ $ns^2\,np^4$	$4s^2 4p^4$	$5s^2 5p^4$
Oxidationszahlen:	allgemein: –II, 0, IV, VI (Sauerstoff: –II, –I, 0)			
Schmelzpunkt (°C)	–218,4	112,8	217	449,5
Siedepunkt (°C)	–183	444,6	684,9	989,8
Metallcharakter	Nichtmetall	Nichtmetall	Nichtmetall	Halbmetall
		zunehmend ⟶		

Tab. 6.1   Wichtige Eigenschaften der Chalkogene (Fortsetzung)

Eigenschaften	Sauerstoff	Schwefel	Selen	Tellur
Atomradius (pm)	73	127 — zunehmend ⟶	140	160
Ionenradius (pm)	140	184 — zunehmend ⟶	198	221
Elektronegativität	3,4	2,6 — abnehmend ⟶	2,6	2,1
1. Ionisierungsenergie (eV)	13,6	10,4 — abnehmend ⟶	9,4	8,7
Elektronenaffinität (kJ/mol)	694	333	402	414

Die Elemente der VI. Hauptgruppe mit der allgemeinen Elektronenkonfiguration $ns^2\,np^4$ sind durch **6 Außenelektronen** charakterisiert. Um die Elektronenkonfiguration des nächsten Edelgases zu erreichen, müssen sie zwei Elektronen aufnehmen und gehen deshalb mit sich oder anderen Elementen chemische Bindungen ein:

- Mit sich selbst bilden Chalkogenatome **unpolare Moleküle**, z. B. O_2 oder S_8.
- Mit Elementen, die geringe EN-Werte besitzen (Metalle der I.–III. Hauptgruppe), gehen Chalkogene **Ionenverbindungen**, z. B. MgO, ein. **Sauerstoff ist nach Fluor das elektronegativste Element.** Deshalb sind die meisten Metalloxide überwiegend ionischer Natur.
- Schwefel, Selen und Tellur gehen meist **polare kovalente Bindungen** ein, z. B. H_2S oder SeO_2. Ionenverbindungen sind bei diesen Chalkogenen ausschließlich mit Alkali- und Erdalkalimetallen geringer Elektronegativität möglich.

Grundsätzlich ist die Reaktivität jedes Chalkogens geringer als des nachfolgenden Halogens in der gleichen Periode, weil Chalkogene 2 Elektronen zum Erreichen der Edelgaskonfiguration aufnehmen müssen und nicht nur eins wie die Halogene.

Chalkogene sind größtenteils **Nichtmetalle**. Wie in allen Gruppen des Periodensystems nimmt der metallische Charakter mit steigender Ordnungszahl zu.

Sauerstoff und Schwefel sind Nichtmetalle. Selen kommt außer in einer nichtmetallischen roten auch in einer grauen Modifikation vor, die schon halbmetallische Eigenschaften aufweist. Tellur verhält sich metallähnlich, seine Verbindungen zeigen allerdings Nichtmetallcharakter. Polonium weist vorwiegend metallische Eigenschaften auf.

Bei **Sauerstoff** spielen hauptsächlich **negative Oxidationszahlen** eine Rolle. Die häufigsten Oxidationszahlen sind –II (z. B. in Wasser H_2O oder in Oxiden wie Magnesiumoxid MgO), 0 (z. B. O_2) oder –I (z. B. in Wasserstoffperoxid H_2O_2). Positive Oxidationszahlen sind sehr selten und kommen nur in Verbindung mit dem stark elektronegativen Fluor vor. Von **Schwefel, Selen und Tellur** existieren auch **positive Oxidationszahlen**, beispielsweise +IV (z. B. Schwefeldioxid SO_2) oder +VI (z. B. Schwefelsäure H_2SO_4).

Sauerstoff (O_2) ist ein starkes Oxidationsmittel und wird leicht zum Oxid (O^{2-}) reduziert. Mit steigender Ordnungszahl der Elemente in der Gruppe nimmt diese Eigenschaft rasch ab.

6.2 Verbindungen der Chalkogene

6.2.1 Sauerstoff und Sauerstoffmodifikationen

Sauerstoff ist auf der Erde das häufigste Element. Man findet Sauerstoff gebunden im gesamten Erdreich und in der belebten Natur. Der Mensch besteht zu über 60 % aus gebundenem Sauerstoff. Weiterhin kommt Sauerstoff in vielen Mineralien vor, z. B. ist Sauerstoff im Sand mengenmäßig der Hauptbestandteil.

Tab. 6.2   Häufigkeit chemischer Elemente in der obersten Erdkruste (16 km), den Weltmeeren und der Atmosphäre (Fortsetzung s. nächste Seite)

Elementname (Symbol)	Massenanteil (%)	Atomanteil (%)
Sauerstoff (O)	49,2	54,6
Silicium (Si)	25,7	16,2
Aluminium (Al)	7,5	4,9
Eisen (Fe)	4,7	1,5
Calcium (Ca)	3,4	1,5
Natrium (Na)	2,6	2,0
Kalium (K)	2,4	1,1

Elementname (Symbol)	Massenanteil (%)	Atomanteil (%)
Magnesium (Mg)	1,9	1,4
Wasserstoff (H)	0,9	15,8
Titan (Ti)	0,6	0,2
Chlor (Cl)	0,2	0,1
Phosphor (P)	0,1	0,05
Mangan (Mn)	0,1	0,04
Kohlenstoff (C)	0,09	0,13
Schwefel (S)	0,05	0,004
Barium (Ba)	0,05	0,0007
Rest: 67 natürlich vorkommende Elemente	0,51	0,4753

Sauerstoff ist ein farb-, geruch- und geschmackloses Gas und liegt in der Luft elementar als O_2 vor.

Tab. 6.3   Zusammensetzung von reiner Luft (Fortsetzung s. nächste Seite)

Bestandteile	Volumenanteil (%)
Stickstoff N_2	78,08
Sauerstoff O_2	20,95
Argon Ar	0,933
Kohlendioxid CO_2	0,034
Neon Ne	0,0018
Helium He	5×10^{-4}
Methan CH_4	2×10^{-4}
Krypton Kr	1×10^{-4}

Tab. 6.3   Zusammensetzung von reiner Luft (Fortsetzung)

Bestandteile	Volumenanteil (%)
Distickstoffoxid N_2O	5×10^{-5}
Wasserstoff H_2	5×10^{-5}
Kohlenmonoxid CO	1×10^{-5}
Xenon Xe	8×10^{-6}
Ozon O_3	1×10^{-6}
Ammoniak NH_3	1×10^{-6}
Stickstoffdioxid NO_2	1×10^{-7}
Schwefeldioxid SO_2	2×10^{-8}
Schwefelwasserstoff H_2S	2×10^{-8}

Luft ist ein Gasgemisch (s. Tab. 6.3). Seine Zusammensetzung hängt von der Höhen- und Ortslage ab.

In der Natur existieren drei Sauerstoff-Isotope: O^{16} (99,759 %), O^{17} (0,037 %), O^{18} (0,204 %) und drei Sauerstoffmodifikationen: atomarer und molekularer Sauerstoff sowie Ozon.

Atomarer Sauerstoff O

$$|\dot{\overset{\cdot}{O}}\cdot$$

Atomarer Sauerstoff ist als **Diradikal** (mit zwei ungepaarten Elektronen) sehr reaktionsfähig und nicht isolierbar. Entweder reagiert er sofort mit einem anderen Element oder 2 Sauerstoffatome vereinigen sich zu einem O_2-Molekül.

Elementarer oder molekularer Sauerstoff O_2

$$\langle O{=}O \rangle$$

Sauerstoffgas besteht aus zweiatomigen Molekülen und ist bei Raumtemperatur relativ reaktionsträge.

Ozon O_3

$$\langle O=\overset{+}{\underline{O}}-\overline{\underline{O}}|^- \quad \longleftrightarrow \quad {}^-|\overline{\underline{O}}-\overset{+}{\underline{O}}=O\rangle$$

Ozon ist in hoher Konzentration ein blassblaues, sehr giftiges und stark riechendes Gas. Darauf beruht auch sein Name (gr. ozien = riechen).

Die gesamte Erde ist von einer Ozonschicht umgeben, wobei die höchste Ozonkonzentration über der Erdoberfläche in einer Höhe von 20–25 km (**Stratosphäre**) vorzufinden ist.

Ozon entsteht durch Reaktion von atomarem mit molekularem Sauerstoff:

$$O \ + \ O_2 \ \longrightarrow \ O_3$$

Der dazu erforderliche atomare Sauerstoff wird ständig in kleinen Mengen in der Stratosphäre gebildet, indem durch UV-Strahlung O_2-Moleküle gespalten werden:

$$O_2 \ \overset{UV}{\longrightarrow} \ 2\,O$$

Ozon adsorbiert aus Sonnenlicht die UV-Strahlen ($\lambda \sim 300$ nm) und zerfällt durch die aufgenommene Energie wieder:

$$O_3 \ \overset{UV}{\longrightarrow} \ O_2 \ + \ O$$

Durch diesen natürlichen Abbauprozess schützt Ozon die Erdoberfläche vor der solaren UV-Strahlung.

Zwischen natürlicher Bildung und Zersetzung von Ozon hat sich ein Gleichgewicht eingestellt, sodass immer eine bestimmte Menge Ozon in der Atmosphäre vorhanden ist. In den letzten 50 Jahren haben menschliche Aktivitäten dieses empfindliche Gleichgewicht ungünstig beeinflusst. Die Atmosphäre wurde durch Chemikalien verschmutzt, die die Ozonbildung behindern und den Ozonzerfall fördern. **Chlorhaltige Treibgase**, so genannte FCKW (s. Kapitel III.9.3), die unzersetzt in den Ozongürtel emporsteigen, können in einer Kettenreaktion **Ozon zerstören**. Seit den späten 70ern bildet sich jährlich im September/Oktober ein Ozonloch am Südpol aus, bei dem bereits bis zu 60 % des gesamten Ozons zerstört sind. Die Ozonzerstörung am Nordpol ist wesentlich geringer. In Europa, Nordamerika und Australien ist ein Ozonverlust im Winter von etwa 10 %, im Sommer und Herbst von 5 % schon nachweisbar.

Spezielle anorganische Chemie

Durch die Vernichtung des Ozons gelangt mehr energiereiche Strahlung auf die Erde. Die Folgen sind vielseitig. Die Menge der ungefilterten UV-Strahlung hängt von der Position der Sonne, von der Menge des Ozons und der örtlichen Luftverschmutzung ab. Man befürchtet, dass Hautkrebs (durch vermehrten Sonnenbrand) und Augenschäden häufiger auftreten. Durch die ungefilterte Strahlung werden auch wichtige Bodenbakterien abgetötet. Dadurch sinken die Ernteerträge. Wissenschaftliche Untersuchungen zeigen, dass die durch FCKW verursachte Ozonzerstörung weiter voranschreitet. Deshalb ist die Produktion von FCKW vollständig eingestellt – allerdings gilt für gewisse Ausnahmen eine Übergangsfrist bis zum Jahr 2006.

Im Gegensatz zu der schützenden Funktion des stratosphärischen Ozons (Filterung gefährlicher UV-Strahlung) besitzt **Ozon in Erdnähe** beim Auftreten in überdurchschnittlicher Konzentration eine stark **schädigende Wirkung**.

Ozon bildet sich besonders in Bodennähe in verunreinigter Luft durch chemische Reaktionen aus Stickstoffoxiden und Kohlenwasserstoffen – hauptsächlich Aromaten (Abgase des Autoverkehrs und der Industrie) – unter starker Sonneneinstrahlung. Besonders bei **hochsommerlichem** Wetter kann sich die bodennahe Ozonkonzentration um ein Mehrfaches erhöhen.

Ab $100\,\mu g/m^3$ wirkt Ozon als Atemgift. In diesen Konzentrationen reizt es die Schleimhäute, kann Kopfschmerzen und Hustenreiz auslösen. Bei einem Ozonwert über $180\,\mu g/m^3$ soll nach EU-Richtlinien die Öffentlichkeit informiert werden und ab $360\,\mu g/m^3$ eine Warnung der Bevölkerung erfolgen. Ende Juli 1995 ist in Deutschland das Sommersmog-Gesetz in Kraft getreten. So dürfen ab einer Ozonkonzentration von $240\,\mu g/m^3$ nur Autos mit geregeltem Drei-Wege-Katalysator fahren und für Autos ohne Katalysator besteht Fahrverbot (Ausnahme: Busse, Ärzte, Krankenwagen und Taxis).

Ozon wird zusätzlich als potenzieller Mitverursacher von Waldschäden diskutiert.

6.2.2 Sauerstoffhaltige Anionen und ihre Verbindungen

Oxide O^{2-}

Von allen Elementen (Ausnahme: Edelgase) sind Sauerstoffverbindungen bekannt. **Sowohl Metalle als auch Nichtmetalle reagieren mit Sauerstoff zu Oxiden.** Meist kann man Oxidverbindungen durch direkte Synthese aus den Elementen herstellen.

Dabei muss das Sauerstoffmolekül i. d. R. durch erhöhte Temperatur angeregt werden, um dann unter erheblicher Energieabgabe zum Oxid zu reagieren. Man spricht von einer **Verbrennung oder Oxidation.**

Beispiel:

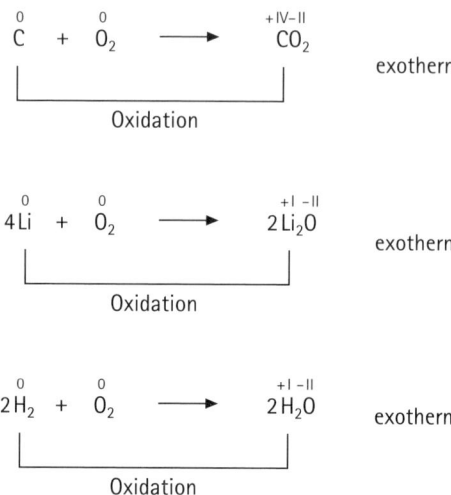

$$\overset{0}{C} + \overset{0}{O_2} \longrightarrow \overset{+IV-II}{CO_2} \qquad \text{exotherm}$$

Oxidation

$$4\overset{0}{Li} + \overset{0}{O_2} \longrightarrow 2\overset{+I-II}{Li_2O} \qquad \text{exotherm}$$

Oxidation

$$2\overset{0}{H_2} + \overset{0}{O_2} \longrightarrow 2\overset{+I-II}{H_2O} \qquad \text{exotherm}$$

Oxidation

Viele **Nichtmetalloxide** reagieren mit Wasser unter Bildung von **Säuren.** Man nennt sie deshalb auch **Säureanhydride.**

Beispiele:

$$SO_3 + H_2O \longrightarrow H_2SO_4$$

Schwefeltrioxid   Schwefelsäure
(Säureanhydrid
der Schwefelsäure)

$$P_2O_5 + 3H_2O \longrightarrow 2H_3PO_4$$

Diphosphorpentoxid   Phosphorsäure
(Säureanhydrid
der Phosphorsäure)

$$N_2O_5 + H_2O \longrightarrow 2HNO_3$$

Distickstoffpentoxid   Salpetersäure
(Säureanhydrid
der Salpetersäure)

Hydroxide OH⁻

Aus Metalloxiden (z. B. CaO) bilden sich durch Wasseranlagerungen Hydroxide:

$$CaO \quad + \quad H_2O \quad \longrightarrow \quad Ca(OH)_2$$

Calciumoxid   Wasser   Calciumhydroxid

Metallhydroxide sind Basen, die in Wasser dissoziieren und den pH-Wert erhöhen:

$$Ca(OH)_2 \quad \xrightarrow{\text{Wasser}} \quad Ca^{2+} \quad + \quad 2\,OH^-$$

Man nennt die wasserfreie Form von Metallhydroxiden Basenanhydride.

Calciumoxid ist die wasserfreie Form oder das Basenanhydrid von Calcium-hydroxid.

Peroxide O_2^{2-} und Peroxoverbindungen

Peroxide enthalten das O_2^{2-}-Ion, z. B. Natriumperoxid.

$$Na^+ \quad ^-|\overline{\underline{O}}\overset{-I}{} - \overset{-I}{\overline{\underline{O}}}|^- \quad Na^+$$

Peroxoverbindungen weisen eine (-O-O-)-Gruppierung auf. Hier ist formal ein -O- durch die Peroxogruppe ersetzt worden, z. B. Peroxoschwefelsäure:

Peroxoschwefelsäure   im Vergleich: Schwefelsäure

Jeder Sauerstoff in Peroxiden oder Peroxoverbindungen hat die Oxidationszahl –I. Peroxide sind Ausgangssubstanzen für Radikale. Diese haben ein ungepaartes Elektron und sind deshalb reaktionsfreudig. So rufen sie z. B. Zellschädigungen und das Ranzigwerden von Fetten hervor. Antioxidantien, wie die Vitamine C und E, können Radikale abfangen und mögliche Folgen verhindern bzw. hinauszögern.

Wasserstoffperoxid H_2O_2

Wasserstoffperoxid ist eine farblose, in dickeren Schichten bläuliche Flüssigkeit. Eine veraltete Bezeichnung ist Wasserstoffsuperoxid.

Das H_2O_2-Molekül ist gewinkelt gebaut:

$$
\begin{array}{c}
H \\
| \\
|\underline{O} - \overline{O}| \\
| \\
H
\end{array}
$$

Wasserstoffperoxid ist eine sehr **instabile** Verbindung. Reine und hochkonzentrierte Lösungen neigen zu einem exothermen Zerfall in Wasser und Sauerstoff:

$$2\,H_2O_2 \quad \longrightarrow \quad 2\,H_2O \;+\; O_2(g)$$

Aus diesem Grund ist Wasserstoffperoxid nur als wässrige Lösung im Handel.

Die höchste erhältliche Konzentration auf dem Markt ist 30 %ig (**Hydrogenium peroxydatum, Ph. Eur.**). Zum Aufbewahren benötigt sie ein besonderes Standgefäß mit einem Spezialverschluss, der einen Druckausgleich für das entstehende Sauerstoffgas ermöglicht.

Die am häufigsten verwendete Konzentration ist 3 % (**Hydrogenium peroxydatum solutum**). Bei Raumtemperatur zersetzt sich auch wässrige Wasserstoffperoxidlösung langsam. Gefördert wird dieser Abbau durch Staub, feinverteilte Metalle, Alkali (in Glas enthalten oder z. B. in Betaisodona®), Blutfarbstoff, Kohleteilchen u. a., indem sie die Zersetzung katalysieren. Wasserstoffperoxidlösungen sind deshalb in Polyethylenflaschen haltbarer als in Glasgefäßen, die Alkali abgeben.

In der Regel **stabilisiert man H_2O_2-Lösungen durch Phosphorsäure** (0,05 %). Phosphorsäure wirkt antikatalytisch. Andere Stabilisatoren, wie z. B. Hydrochinon oder Phenacetin sind selten und werden im Apothekenalltag nicht verwendet.

Die Arzneimittelkommission der Apotheker empfiehlt, bei der Verdünnung von konzentriertem H_2O_2 kein demineralisiertes, sondern destilliertes Wasser und keine gebrauchten Flaschen zu verwenden. Außerdem sollten die Abgabegefäße größer gewählt werden als es dem Inhalt entspricht. Durch Kühllagerung lässt sich die Stabilität erhöhen.

Wasserstoffperoxid besitzt sowohl oxidierende als auch reduzierende Eigenschaften.

Beispielsweise werden Iodide leicht von H_2O_2 zu Iod oxidiert. Hier ist H_2O_2 ein starkes Oxidationsmittel:

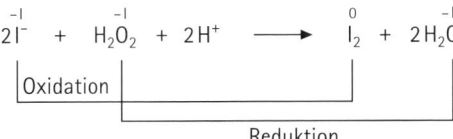

In Gegenwart von starken Oxidationsmitteln z. B. Permanganat wird H_2O_2 oxidiert und agiert selbst als Reduktionsmittel:

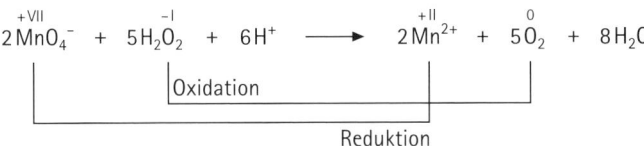

Wegen ihrer stark oxidierenden Eigenschaft werden Wasserstoffperoxid-Lösungen als **Desinfektionsmittel**, z. B. als Mundwässer **zum Gurgeln** oder Lösungen **zum Desinfizieren oberflächlicher Wunden** genutzt. Zur Mundspülung nimmt man nur die 3%ige H_2O_2-Lösung und verdünnt diese 5 bis 10-fach. Zur Wundreinigung verwendet man die 3%-Lösung unverdünnt. Dabei ist aber zu beachten, dass Wasserstoffperoxid wegen der Gefahr einer Gasembolie nicht bei tieferen Wunden angewendet werden darf.

Außerdem wird Wasserstoffperoxid als **Bleichmittel** für Haare (3–6%ig), Fasern und Papier genutzt. Wasserstoffperoxid wird als Zusatz in gebundener Form in Waschmitteln für weiße Wäsche verarbeitet. In Persil® zum Beispiel wird Perborat $NaBO_2 \times H_2O_2 \times 3\,H_2O$ verwendet.

6.2.3 Wasser

Wasser besitzt in chemischer Hinsicht **einzigartige Eigenschaften**, die sich alle auf die **Struktur des Wassermoleküls** und dessen Fähigkeit, **Wasserstoffbrücken** bilden zu können, zurückführen lassen.

Wasser ist ein **gewinkeltes Molekül**. Die beiden Wasserstoffatome stehen in einem Winkel von etwa **105°** zueinander.

$$
\begin{array}{c}
\overset{\delta-}{O} \\
H \diagdown\diagup H \\
105° \\
\delta+ \quad\quad \delta+
\end{array}
$$

Wasser ist ein **Dipol** mit einem positiven und negativen Ladungsschwerpunkt. Dadurch wird Wasser zu einem **polaren Lösungsmittel** und löst bzw. hydratisiert solche Substanzen gut, die ebenfalls Dipole sind oder aus Ionen (=Salze) bestehen.

Da Wassermoleküle untereinander **Wasserstoffbrücken** eingehen, ist die Struktur des flüssigen Wassers recht kompliziert. Im Prinzip liegt **Wasser als ein** $(H_2O)_x$**-Polymer** vor, es ist also innerhalb gewisser Bereiche noch eine Ordnung erkennbar.

Reines Wasser ist mit einem **pH-Wert von 7** neutral. In reinem Wasser sind nur sehr wenige Hydroxonium- und Hydroxid-Ionen enthalten. Diese H_3O^+ und OH^--Ionen entstehen durch **Autoprotolyse** des Wassers:

$$2\,H_2O \rightleftharpoons H_3O^+ + OH^-$$

Wasser ist amphoter (**Ampholyt**) und zeigt sowohl saure als auch basische Eigenschaften:

$$H_2O \longrightarrow OH^- + H^+$$
$$H_2O + H^+ \longrightarrow H_3O^+$$

Wasser weist einen **nivellierenden Effekt** auf und schwächt starke Säuren und Basen auf das Niveau von H_3O^+ und OH^- herab. Die stärkste Säure bzw. Base, die in Wasser existieren kann ist H_3O^+ bzw. OH^-.

Die Dichte des Wassers ist stark temperaturabhängig (s. Tab. 6.4) und zeigt einige Besonderheiten.

Tab. 6.4   Wasserdichte bei unterschiedlichen Temperaturen

Temperatur	Dichte [g/cm^3]
0 °C	0,998
4 °C	1
20 °C	0,998
100 °C	0,958

Man spricht von der **Dichteanomalie des Wassers**.

Im Eis ist die netzförmige Anordnung der Wassermoleküle untereinander sehr locker und voluminös. Erwärmt man Eis, schmilzt es und die Gitterordnung löst sich. Die Moleküle können sich nun dichter aneinander lagern, sodass Wasser **bei 4 °C die höchste Dichte besitzt**. Bei höheren Temperaturen über 4 °C werden die Wassermoleküle beweglicher und nehmen mehr Raum ein. Die Dichte sinkt.

Effekte des Dichtemaximums:

- Im Winter verhindert es das Zufrieren tieferer Wasserschichten in Gewässern, weil das leichtere und voluminösere Eis auf dem Wasser höherer Dichte schwimmt. Fische und Pflanzen können unter der Eisschicht leben.
- Eiswürfel schwimmen in Cola oder Getränkeflaschen platzen, wenn man den Inhalt gefrieren lässt.

Phasenumwandlungen

Wasser **kann 3 verschiedene Aggregatzustände** einnehmen: **fest** (Eis), **flüssig** oder **gasförmig** (Wasserdampf). Welchen Aggregatzustand Wasser einnimmt, hängt von **Temperatur** und **Druck** ab.

Die Trennlinien zwischen den einzelnen Phasen werden in einem Zustandsdiagramm dargestellt. In diesem Diagramm wird auf der Abszisse die Temperatur und auf der Ordinate der Druck angegeben. Jede beliebige Kombination von Druck und Temperatur entspricht einem Punkt in diesem Diagramm. So lassen sich die Bedingungen ablesen, unter denen die einzelnen Phasen existieren und ableiten, bei welcher Temperatur- bzw. Druckänderung Wasser von einem Aggregatzustand in den anderen übergeht.

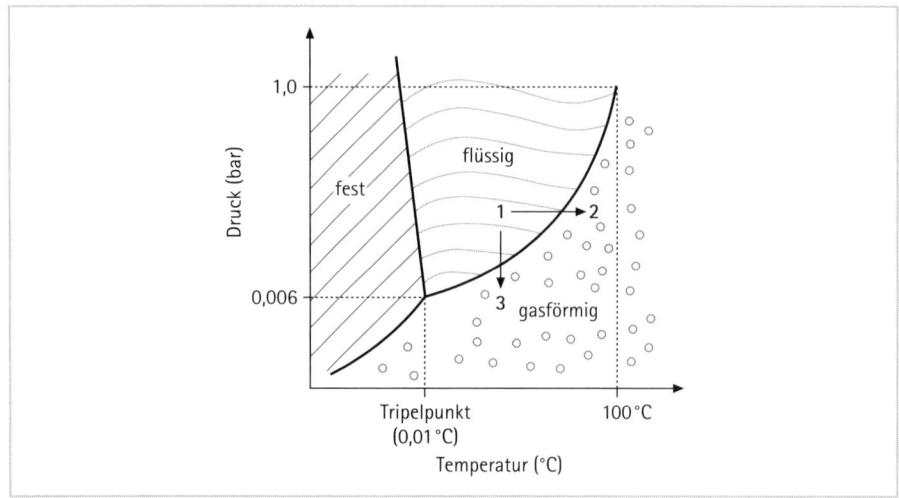

Abb. 6.1 Zustandsdiagramm des Wassers

Die Übergänge der einzelnen Phasen werden wie folgt bezeichnet:

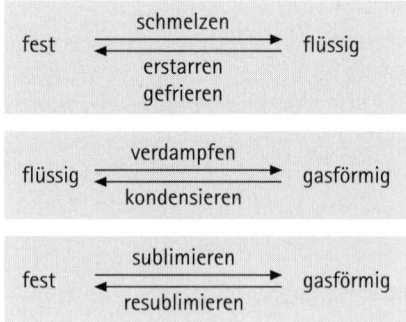

Wasser gefriert bei einem Außendruck von 1013 mbar (Normdruck) bei 0 °C (genauer: bei 0,0025 °C) und siedet bei 100 °C.

Diesen **Schmelz- und Siedepunkt** nutzt man als **Fixpunkte** im Diagramm.

Die Grenzen zwischen den einzelnen Aggregatzuständen werden als Linie bzw. Kurve dargestellt. Die Grenze zwischen fest und flüssig heißt **Schmelzkurve**, zwischen flüssig und gasförmig **Dampfdruckkurve** und zwischen fest und gasförmig **Sublimationskurve**.

Anwendung des Diagramms:

Ändert man die Temperatur bei gleichbleibendem Druck, so erkennt man durch eine fiktiv gezogene waagrechte Linie, ob und wie sich der Aggregatzustand ändert.

Variiert man bei gleicher Temperatur den Druck, erkennt man durch eine gedachte oder gezeichnete senkrechte Linie einen eventuellen Phasenübergang.

So kann man durch Temperaturerhöhung und gleichbleibendem Druck den Übergang von Wasser zu Wasserdampf (1——▶2) ablesen. Beziehungsweise bei sinkendem Druck geht Wasser trotz konstanter Temperatur vom flüssigen in den gasförmigen Zustand über (1——▶3).

Den Punkt, an dem alle 3 Aggregatzustände zusammentreffen, nennt man **Tripelpunkt** (Druck: 6,1 mbar, Temperatur: 0,01 °C). An diesem Punkt stehen alle 3 Aggregatzustände im Gleichgewicht.

Beispiele aus der Praxis:

Man trocknet thermolabile Substanzen sehr schonend im Unterdruck, den man z. B. mit einer Wasserstrahlpumpe erzeugt. Durch den sinkenden Außendruck verdampft z. B. schon bei Raumtemperatur das enthaltene Wasser (z. B. Kristallwasser).

Möchte man Fleisch besonders schnell kochen, verwendet man einen Schnellkochtopf. Durch den erhöhten Druck siedet das enthaltene Wasser bei höheren Temperaturen als bei 100 °C. Dadurch garen Fleisch und Gemüse schneller.

Nach demselben Prinzip arbeitet der Autoklav. Durch die höher erreichten Temperaturen werden Keime abgetötet.

… und noch ein Trick: beschlägt im Wagen durch feuchte Luft die Fensterscheibe, besser warme als kalte Belüftung anstellen. In warmer Luft geht das Wasserkondensat schneller wieder in den gasförmigen Zustand über.

Wasserhärte

Natürliches Wasser ist niemals rein und enthält u. a. lösliche **Calcium- und Magnesiumsalze.**

Diese Salze bestimmen die Härte des Wassers. Ein an Calcium- und Magnesiumsalzen reiches Wasser bezeichnet man als hart, ein -armes Wasser als weich.

Die Wasserhärte (s. Kap. 2.2.3) wird in °dH (Grad deutscher Härte) unterteilt (s. Tab. 6.5).

1° dH entspricht 10 mg Calciumoxid (CaO) pro Liter Wasser.

Tab. 6.5 Einteilung der Wasserhärte

Wasserhärte [°dH]	Einstufung
0 – 4	sehr weich
4 – 8	weich
8 – 12	mittelhart
12 – 18	ziemlich hart
18 – 30	hart
> 30	sehr hart

Hartes Wasser vermindert die Wirkung von Seife, da sich sog. schwerlösliche Kalkseifen bilden, die weder schäumende noch reinigende Wirkungen besitzen.

Enthärtung von Wasser

Typische Wasserenthärter sind **Polyphosphate**:

$$\left[O - \overset{\overset{\displaystyle O}{\|}}{\underset{\underset{\displaystyle O^-}{|}}{P}} - O - \overset{\overset{\displaystyle O}{\|}}{\underset{\underset{\displaystyle O^-}{|}}{P}} - O - \overset{\overset{\displaystyle O}{\|}}{\underset{\underset{\displaystyle O^-}{|}}{P}} - O \right]$$

Waschmittel oder Entkalker enthalten Polyphosphate. Sie bilden mit zweiwertigen Kationen, wie Calcium- und Magnesiumionen, Komplexe und verringern so die Wasserhärte.

Nachteilig wirkt sich die Abwasserbelastung durch Polyphosphate aus. Kläranlagen können nur einen geringen Teil der Phosphate entfernen, sodass der größte Teil mit dem geklärten Wasser in Seen bzw. Flüsse geleitet wird. Dort fördern die Phosphate das Algenwachstum (Eutrophierung). Man kann in Waschmitteln nicht ganz auf Phosphate verzichten. Eine Alternative bieten Silicate als neue umweltschonende Komplexbildner.

Trinkwasser, z.B. für Kaffee- oder Teewasser, enthärtet man mit einem Ionenfilter (s. nächster Abschnitt). Störende Calcium- und Magnesiumionen werden an den Filter gebunden.

Spezielle anorganische Chemie

Pharmazeutische Wässer

Trinkwasser – Aqua fontana

Trinkwasser ist ein für den menschlichen Genuss geeignetes Wasser. Trinkwasser soll farb- und geruchlos, sowie von erfrischendem, appetitlichem Geschmack sein. Dabei muss es frei von Keimen oder Krankheitserregern und schädlichen chemischen Stoffen, wie z. B. Phenol, Blei, Arsen usw. sein. Es darf nur einen geringen Gehalt an Salzen beinhalten. Als Richtlinie gilt, dass in einem Liter Wasser ca. 600 mg Calcium- und Magnesiumsalze enthalten sein dürfen.

Demineralisiertes Wasser – Aqua demineralisata

In demineralisiertem Wasser sind die im Leitungswasser enthaltenen Ionen durch **Ionenaustauscher** entfernt.

Geeignet dafür sind synthetische, zu kleinen Kugeln geformte Harze. Von diesen Kügelchen können entweder H^+ oder OH^- abdissoziieren.

Wenn nun salzhaltiges Leitungswasser über diese Kügelchen läuft, werden die gelösten Kationen, z. B. Na^+ gegen H^+ und die gelösten Anionen, z. B. Cl^- gegen OH^- ausgetauscht. Aus den freigesetzten H^+- und OH^--Ionen bildet sich Wasser.

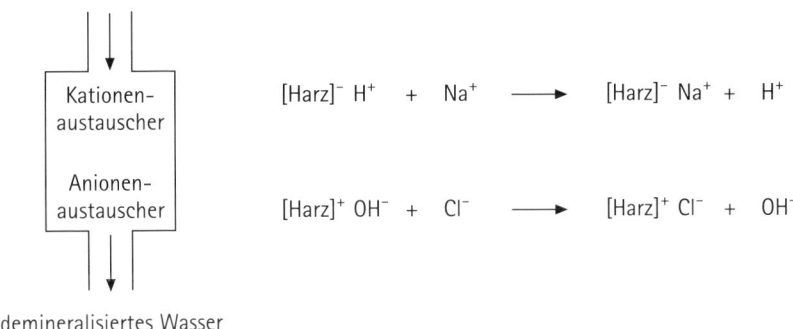

Leitungswasser (z. B. NaCl-haltig)

$$[Harz]^- \ H^+ \ + \ Na^+ \longrightarrow [Harz]^- \ Na^+ \ + \ H^+$$

$$[Harz]^+ \ OH^- \ + \ Cl^- \longrightarrow [Harz]^+ \ Cl^- \ + \ OH^-$$

Kationen-austauscher

Anionen-austauscher

demineralisiertes Wasser

Den Grad der Entsalzung und damit der Reinheit kann man durch Messung der elektrischen Leitfähigkeit des ablaufenden Wassers feststellen. Je weniger Ionen enthalten sind, umso geringer ist die Leitfähigkeit. Steigt die Leitfähigkeit, so ist der Ionenaustauscher erschöpft und der überwiegende Teil der verfügbaren H^+-Ionen und OH^--Ionen ist ausgetauscht.

In der Apotheke verwendet man fertige, mit Ionenaustauschern gefüllte Patronen.

Die Harzkügelchen der erschöpften Patrone können regeneriert werden. Aufgrund unterschiedlicher Dichten werden zunächst die beiden Kugelarten voneinander getrennt und mit starken Basen bzw. starken Säuren behandelt. Nach Abspülen werden beide Sorten wieder in die Patronen gefüllt.

Prinzipiell kann man mit dem Ionenaustauschverfahren – wie der Name schon sagt – nur Ionen austauschen. Die dichte Kugelpackung in der Patrone ermöglicht jedoch auch eine mechanische Reinigung.

Bei Gebrauch sollte der erste Wasserablauf verworfen werden, weil sich Bakterien und Hefen in der Patrone und im Ablaufrohr eingenistet haben können. Grundsätzlich lässt sich bei der Aufbewahrung von gereinigtem Wasser eine Verkeimung nicht verhindern. Deshalb muss das in der Rezeptur und Defektur verwendete Wasser fünf Minuten lang gekocht und in geschlossenen Glasgefäßen gelagert werden. Trotzdem darf dann dieses Wasser nur innerhalb der nächsten 24 Stunden verwendet werden.

Destilliertes Wasser – Aqua destillata

Grundsätzlich bedeutet Destillation, dass eine Flüssigkeit zum Sieden gebracht wird, in den gasförmigen Zustand übergeht (verdampft) und der Dampf durch Kühlung wieder kondensiert wird.

Zur Herstellung von Aqua destillata wird einwandfreies Trinkwasser verwendet. Die Ionen und andere gelöste Feststoffe bleiben als Rückstand im Destilliergefäß zurück; der Wasserdampf wird durch geeignete Kühlvorrichtungen kondensiert und fließt in ein Auffanggefäß.

An das Destillationsgerät werden gewisse Anforderungen gestellt: es soll aus Neutralglas, Quarz oder einem geeigneten Edelmetall bestehen und keine Fremdionen an den Wasserdampf abgeben. Außerdem soll es so gebaut sein, dass beim Verdampfen gegebenenfalls hochgerissene Tröpfchen oder Verunreinigungen abgefangen werden und nicht in das Destillat gelangen können.

Nach dem Destillieren werden die ersten Anteile des Destillats, der so genannte Vorlauf, verworfen. Sie sind nur zum Vorspülen der Anlage gedacht.

Gereinigtes Wasser – Aqua purificata (Ph. Eur.)

Aqua purificata ist für fast alle pharmazeutische Zwecke zu verwenden. Es kann durch Destillation, durch Demineralisation oder andere geeignete Verfahren (z. B. Elektrodialyse, Umkehrosmose) hergestellt werden. Ph. Eur. legt nur die Beschaffenheit, nicht aber das Reinigungsverfahren fest. Im Apothekenalltag wird aus wirtschaftlichen Gründen meistens demineralisiertes Wasser verwendet.

Wasser für Injektionszwecke – Aqua ad iniectabilia (Ph. Eur.)
Wasser für Injektionszwecke ist Wasser, das zur Herstellung von Arzneizubereitungen zur parenteralen Anwendung bestimmt ist. Das sind in erster Linie Injektions- und Infusionslösungen, aber auch Augentropfen.

Aqua ad iniectabilia muss immer durch Destillation gewonnen werden. Das Destillat wird in geeigneten Behältnissen (z. B. Ampullen) aufgefangen, verschlossen und durch Hitze sterilisiert.

6.2.4 Schwefel, seine Verbindungen und pharmazeutische Bedeutung

Schwefel, ein typisches Nichtmetall, kommt in der Natur sowohl elementar als auch in gebundener Form vor.

Von elementarem Schwefel existieren verschiedene Modifikationen (s. Kap. 5.3.1). So gibt es neben α-Schwefel, der als einzige Modifikation in der Pharmazie verwendet wird, β-, λ- und μ-Schwefel. Diese Modifikationen unterscheiden sich chemisch und besitzen charakteristische Farben sowie verschiedene räumliche Strukturen.

Der α- **oder rhombische Schwefel ist gelb** und bei Raumtemperatur stabil. Er baut sich aus **S_8-Molekülen** auf. Die acht Schwefelatome sind durch unpolare kovalente Bindung zu einem zick-zack-förmigen Ring verknüpft. Diese Struktur nennt man auch die **Kronenform**. Alle Bindungen sind gleich lang und der Winkel einer Zacke ist 105°.

In Reaktionsgleichungen sollte man Schwefel korrekt als S_8-Molekül bezeichnen und nicht aus Einfachheit nur S angeben.

S_8 ist als unpolares Molekül wasserunlöslich, löslich aber in unpolaren organischen Lösungsmitteln (z. B. in Kohlendisulfid CS_2).

Schwefelwasserstoff
Schwefelwasserstoff kommt in der Natur in Schwefelquellen vor und entsteht auch bei der Zersetzung von Eiweißen (vgl. Darmgase).

Schwefelwasserstoff H_2S ist ein brennbares, **farbloses und übel riechendes Gas**. Es riecht widerwärtig nach faulen Eiern (Geruch von Stinkbomben). Man nimmt den Geruch sogar wahr, wenn das Gas $1:100\,000$ verdünnt ist. Konzentrationen über 100 ppm reizen die Schleimhäute; in höheren Konzentrationen ist Schwefelwasserstoff ein starkes Nervengift und kann zum Tod führen. Die Geruchsrezeptoren in der Nase können bei längerer Einwirkungszeit abstumpfen, sodass der intensive Geruch nicht mehr wahrgenommen werden kann.

Schwefelwasserstoff ist eine sehr **schwache zweiprotonige Säure** ($pK_{S1} = 7{,}06$; $pK_{S2} = 12{,}09$):

1. Dissoziationsschritt : $\quad H_2S_{aq} \quad \rightleftharpoons \quad HS^-_{aq} \quad + \quad H^+$

Schwefelwasser- Hydrogen-
stoffsäure   sulfid

2. Dissoziationsschritt : $\quad HS^-_{aq} \quad \rightleftharpoons \quad S^{2-}_{aq} \quad + \quad H^+$

Hydrogensulfid   Sulfid

Meist wird im analytischen Praktikum **Thioacetamid**-Lösung ($H_3C-\overset{\overset{\displaystyle S}{\|}}{C}-NH_2$) anstelle von gasförmigem Schwefelwasserstoff verwendet. Dabei entsteht durch Hydrolyse aus Thioacetamid H_2S – mit dem Vorteil, dass nur geringe Mengen des giftigen Gases frei werden. In der Lösung sind trotzdem genügend S^{2-}-Ionen enthalten, um Schwermetallionen als schwerlösliche, charakteristisch gefärbte Sulfide auszufällen.

Das Ph. Eur. gebraucht eine wässrige Thioacetamidlösung mit Natronlauge und Glycerol, um die Hydrolyse zu fördern.

allgemein : $\quad Me^{2+} \quad + \quad S^{2-} \quad \longrightarrow \quad MeS \downarrow$

Beispiel:

As_2S_3	Arsen(III)-sulfid	gelb
Sb_2S_3	Antimon(III)-sulfid	orangerot
ZnS	Zinksulfid	weiß
HgS	Quecksilber(II)-sulfid	schwarz
Bi_2S_3	Bismut(III)-sulfid	braun-schwarz
PbS	Blei(II)-sulfid	schwarz
CdS	Cadmium(II)-sulfid	gelb
Ag_2S	Silber(I)-sulfid	schwarz

Durch Zusatz von verdünnten Säuren lassen sich diese Niederschläge noch weiter differenzieren, da sich nur einige in Säuren lösen.

Alkali- und Erdalkalikationen stören nicht, weil sie keine schwerlöslichen Sulfide bilden können.

Schwefelsauerstoffsäuren
Schwefelsäure H_2SO_4

$$\begin{array}{c} O \\ \parallel \\ HO-S=O \\ \mid \\ OH \end{array}$$

Sie ist die meistgebrauchte anorganische Säure in Labor und Technik.

Reine Schwefelsäure ist eine farblose, ölig-viskose, schwere Flüssigkeit (Vitriol-öl).

Mit Wasser reagiert sie heftig unter Bildung von Hydraten. Dabei wird Hydratationswärme frei:

$$H_2SO_4 \;+\; n\,H_2O \;\longrightarrow\; H_2SO_4 \times n\,H_2O \quad \text{exotherme Reaktion}$$

Es ist besonders wichtig, beim Verdünnen von Schwefelsäure stets die Säure langsam in das Wasser zu gießen (merke: erst das Wasser, dann die Säure, sonst geschieht das Ungeheure!). Gibt man Wasser auf die konzentrierte Säure kann durch heftige Wärmeentwicklung die Säure aus dem Gefäß spritzen.

Die stark **wasserentziehende Eigenschaft** der Schwefelsäure wird zum Trocknen von Substanzen, aber auch von Gasen ausgenutzt. Man kann Schwefelsäure als Trocknungsmittel im Exsikkator verwenden. Das hygroskopische Verhalten ist so stark ausgeprägt, dass sogar Wasser aus chemischen Verbindungen abgespalten werden kann.

Schwefelsäure ist eine **starke, zweiprotonige Säure.**

1. Protolyseschritt : $\quad H_2SO_4 \quad\longrightarrow\quad HSO_4^- \quad + \quad H^+ \quad pK_S = -3$
   Schwefelsäure $\qquad\qquad$ Hydrogensulfat

2. Protolyseschritt : $\quad HSO_4^- \quad\longrightarrow\quad SO_4^{2-} \quad + \quad H^+ \quad pK_S = 1,92$
   Hydrogensulfat $\qquad\qquad$ Sulfat

Die Anionen der Schwefelsäure sind **Hydrogensulfat HSO_4^-** und **Sulfat SO_4^{2-}**, die mit Metallkationen Salze bilden können.

So wird die Bildung des weißen schwer löslichen Bariumsulfats zum qualitativen und quantitativen Nachweis von Sulfat oder Bariumionen herangezogen:

$$SO_4^{2-} + Ba^{2+} \longrightarrow BaSO_4 \downarrow$$

Gegenüber edlen Metallen verhält sich konzentrierte Schwefelsäure als **Oxidationsmittel**:

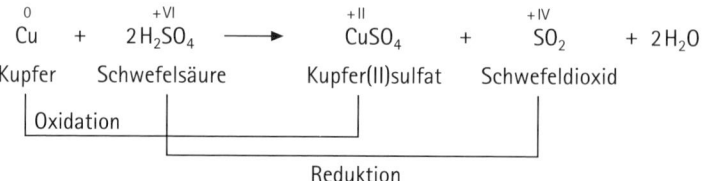

Das **Anhydrid** der Schwefelsäure ist **Schwefeltrioxid**:

$$O = S \begin{matrix} O \\ \end{matrix} $$

Schwefeltrioxid

$$SO_3 + H_2O \longrightarrow H_2SO_4 \qquad \text{exotherm}$$

Schwefeltrioxid   Schwefelsäure

Schwefeltrioxid reagiert sehr heftig mit Wasser.

Thioschwefelsäure $H_2S_2O_3$

$$HO - \overset{\overset{\displaystyle S}{\|}}{\underset{\underset{\displaystyle OH}{|}}{S}} = O$$

Ersetzt man in Schwefelsäure ein Sauerstoffatom durch ein Schwefelatom, so erhält man Thioschwefelsäure (thio = Schwefel).

Thioschwefelsäure ist frei nicht beständig und nur die Thiosulfate ($S_2O_3^{2-}$) sind in der Chemie von Bedeutung.

In Thiosulfat sind die beiden Schwefelatome nicht gleichwertig.

Thiosulfat   Sulfat

Das zentrale Schwefelatom besitzt wie ein Sulfat-Schwefel die Oxidationszahl +VI. Der zweite Schwefel erhält wie der Sauerstoff, den er ersetzt hat, die Oxidationszahl –II.

Thiosulfat ist ein Reduktionsmittel und kann z. B. Iod quantitativ zu Iodid reduzieren (s. Kap. 6.3).

Schweflige Säure H_2SO_3

Von der Schwefligen Säure sind nur ihre Salze, Hyrogensulfite (HSO_3^-) und Sulfite (SO_3^{2-}) bekannt.

Löst man das Anhydrid Schwefeldioxid SO_2 in Wasser, reagiert die Lösung deutlich sauer:

Schweflige Säure ist eine mittelstarke, zweiprotonige Säure.

Pharmazeutische Schwefelverbindungen

Pharmazeutisch wird der α-Schwefel in Pasten, Salben oder Schüttelmixturen lokal bei Hauterkrankungen verwendet. Er wirkt einerseits **bakterizid, antiparasitär (durch Bildung von H_2S), keratolytisch und durchblutungsfördernd.**

Allerdings ist die Verwendung von Schwefel stark zurückgegangen, da Schwefel wegen eines erhöhten toxikologischen Risikos und des geringen therapeutischen Nutzens negativ beurteilt wurde. Deshalb dürfen auch besonders Kinder nie am ganzen Körper mit Schwefelprodukten behandelt werden.

Man unterscheidet in den Arzneibüchern Schwefel nach unterschiedlicher Qualität:

Hier die wichtigsten Vertreter:

- **Sulfur dispersissimum** (feinverteilter Schwefel): Verwendung s. Sulfur praecipitatum
- **Sulfur praecipitatum** (alte Bezeichnung; gefällter Schwefel): feines, gelbes, geruch- und geschmackloses Pulver
  Verwendung: äußerlich (Ph. Eur.) in Pudern, Salben und Mixturen
  cave!: darf nicht innerlich angewendet werden
- **Sulfur depuratum**: gereinigter Schwefel (DAB 8), feines, gelbes, geruch- und geschmackloses Pulver
  Verwendung: innerlich als Laxans
- **Sulfur sublimatum**: Schwefelblüte (DAB 6), feines, amorphes, gelbes Pulver
  Verwendung: obsolet, sonst wie Sulfur dispersissimum
- **Sulfur colloidale**: kolloidaler Schwefel mit Eiweiß als Schutzkolloid (Ph. Eur.), grauweißes Pulver, in Wasser kolloid löslich (milchähnliche Lösung)
  Verwendung: wie Sulfur dispersissimum

Tab. 6.6 Pharmazeutische Schwefelverbindungen (Fortsetzung s. nächste Seite)

Bezeichnung (nach Arzneibuch)	Formel	Sonstige Bezeichnungen	Verwendung
Elementarer Schwefel (Ph. Eur.)	S_8	Schwefel zum äußerlichen Gebrauch Sulfur ad usum externum	S. Text
Thioacetamid	$CH_3-CS-NH_2$		Reagenz auf Schwermetallionen
Natriumsulfid	Na_2S		Reagenz auf Schwermetallionen
Kaliumpolysulfid	K_2S_x	Kalium sulfuratum Schwefelleber	Schwefelbäder bei Hauterkrankungen, Ekzemen, Psoriasis

Spezielle anorganische Chemie

Tab. 6.6   Pharmazeutische Schwefelverbindungen (Fortsetzung)

Bezeichnung (nach Arzneibuch)	Formel	Sonstige Bezeichnungen	Verwendung
Schweflige Säure Natriumdisulfit	H_2SO_3 $Na_2S_2O_5$	Acidum sulfurosum Natrii disulfis	Konservierungsmittel ~
Natrium-hydrogensulfit	$NaHSO_3$	Natrium bisulfurosum	Zum Bleichen; Konservierung von Nahrungsmitteln
Schwefelsäure (Ph.Eur.)	H_2SO_4	Acidum sulfuricum	Stark verdünnt: in durstlöschenden Limonaden; Akku-Säure; Trocknungsmittel im Exsikkator
Natriumthiosulfat (Ph. Eur.)	$Na_2S_2O_3 \times 5\,H_2O$	Natrii thiosulfas Natrium thio-sulfuricum Fixiersalz	Reagenz, Maßlösung in der Iodometrie; Fixier-salz in der Fotografie (löst nach dem Entwick-eln das unveränderte Silberhalogenid)

6.2.5   Selen, Tellur und ihre pharmazeutische Bedeutung

Selen kommt als häufiger Begleiter des Schwefels vor. Auch seine Chemie zeigt viele Analogien zum Schwefel. Metallisches Selen ist ungiftig. Nur die löslichen Selenite SeO_3^{2-} und Selenate SeO_4^{2-} sind giftig.

Tellur ist eine giftige, silberweiße, metallisch glänzende kristalline Masse, die gut Wärme und Strom leitet.

Selen

Pharmazeutisch wird Selendisulfid SeS_2 (Ph. Eur.) in der Dermatologie bei Seborrhoe, speziell auf der Kopfhaut, verwendet. Selendisulfid ist orange-rot und färbt medizinische Shampoos.

Selen wird zu den lebensnotwendigen Spurenelementen gerechnet und ist Bestandteil zahlreicher Enzyme, die das Gewebe vor schädigenden Radikalen, die bei Entzündung und Tumoren gebildet werden, schützen. Empfohlene Dosis sind

75 µg pro Tag (höhere Dosen sind toxisch). Man verwendet Selen häufig mit Vitamin A, C, E und mit Zink, um das Immunsystem zu stärken (z. B. nach Chemotherapie oder bei chronischer Erkrankung).

Tellur

Tellurverbindungen haben keine pharmazeutische Bedeutung.

6.3 Analytik

Qualitativer Nachweis von Wasserstoffperoxid

H_2O_2 reagiert mit Dichromationen $Cr_2O_7^{2-}$ unter Zusatz von Schwefelsäure zu tiefblauem Chromperoxid CrO_5. Da Chromperoxid in wässrig-saurer Lösung sehr instabil ist, schüttelt man es mit Ether aus (s. Kap. 9.2).

Qualitativer Nachweis von Sulfid-Ionen

Durch Ansäuern der Analyse mit einer Säure (z. B. HCl oder H_2SO_4) entsteht Schwefelwasserstoffgas H_2S, das durch seinen typischen Geruch identifiziert werden kann. Hält man ein mit Bleiacetatlösung getränktes Filterpapier an die Öffnung des Reagenzglases, wird es durch Schwefelwasserstoffgas schwarz gefärbt:

$$S^{2-} \; + \; 2\,H^+ \; \longrightarrow \; H_2S \uparrow$$

$$H_2S \; + \; Pb^{2+} \; \longrightarrow \; PbS \downarrow \; + \; 2\,H^+$$

$$\text{Blei(II)-sulfid}$$
$$\text{schwarz}$$

Qualitativer Nachweis von Sulfit- und Sulfat-Ionen

Versetzt man die Analysenlösung mit verdünnter Salzsäure und Bariumchloridlösung, entsteht ein weißer Niederschlag:

$$SO_3^{2-} \; + \; Ba^{2+} \; \longrightarrow \; BaSO_3 \downarrow$$

$$\text{Bariumsulfit}$$
$$\text{weiß}$$

$$SO_4^{2-} \; + \; Ba^{2+} \; \longrightarrow \; BaSO_4 \downarrow$$

$$\text{Bariumsulfat}$$
$$\text{weiß}$$

Spezielle anorganische Chemie

Zum Unterscheiden zwischen Bariumsulfit und Bariumsulfat fügt man der Suspension nach DAB Iodlösung hinzu.

Bariumsulfat reagiert nicht und die Analysenlösung färbt sich bei Iodzugabe gelb (entspricht der Farbe der Iodlösung). Durch tropfenweisen Zusatz von Zinn(II)-chlorid-Lösung verschwindet die gelbe Farbe, da Iod zu Iodid reduziert wird:

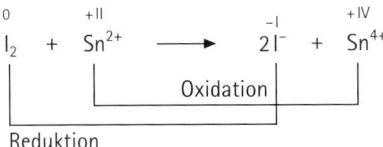

$$\overset{0}{I_2} + \overset{+II}{Sn^{2+}} \longrightarrow 2\overset{-I}{I^-} + \overset{+IV}{Sn^{4+}}$$

Bariumsulfit reagiert mit der Iodlösung. Dabei wird Sulfit zu Sulfat oxidiert, Iod zu Iodid reduziert und dadurch die Iodlösung entfärbt:

$$\overset{+IV}{SO_3^{2-}} + \overset{0}{I_2} + H_2O \longrightarrow \overset{+VI}{SO_4^{2-}} + 2\overset{-I}{I^-} + 2H^+$$

Qualitativer Nachweis von Thiosulfat-Ionen

Zum Nachweis auf Thiosulfat-Ionen, säuert man die Analysenlösung einfach nur an. Am besten verwendet man Salzsäure. Dadurch entsteht unbeständige Thioschwefelsäure, die langsam in Schwefel und Schwefeldioxid (typischer Geruch) zerfällt:

$$S_2O_3^{2-} + 2H^+ \longrightarrow [H_2S_2O_3]$$

$$[H_2S_2O_3] \longrightarrow S\downarrow + SO_2\uparrow + H_2O$$

Gehaltsbestimmung von Wasserstoffperoxid

Wasserstoffperoxid wird maßanalytisch mit starken Oxidationsmitteln, z.B. mit Kaliumpermanganat bestimmt. Dabei wird Wasserstoffperoxid zu Sauerstoff oxidiert:

$$2\overset{+VII}{MnO_4^-} + 5\overset{-I}{H_2O_2} + 6H^+ \longrightarrow 2\overset{+II}{Mn^{2+}} + 5\overset{0}{O_2} + 8H_2O$$

Bei dieser Gehaltsbestimmung ist kein Indikator notwendig, weil durch das Verschwinden der intensiven Violettfärbung von Kaliumpermanganat der Endpunkt der Titration gut ersichtlich ist. Mangan(II)-Ionen sind fast farblos.

Thiosulfat als Maßlösung

Thiosulfat-Maßlösung dient zur maßanalytische Bestimmung von Iod in der Iodometrie. Die Reaktion verläuft in neutraler oder schwach saurer Lösung quantitativ. Thiosulfat wird zu Tetrathionat oxidiert und Iod zu Iodid reduziert:

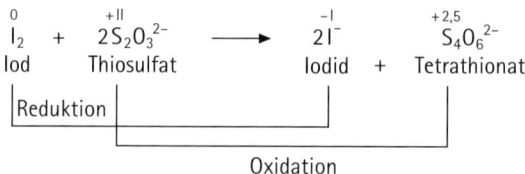

Hinweis: Die Oxidationszahl der Schwefel im Tetrathionat-Ion von 2,5 ist ein Mittelwert verschiedener Oxidationszahlen.

7 Halogene

7.1 Allgemeine physikalische und chemische Eigenschaften

Die Elemente der **siebten Hauptgruppe** des Periodensystems **Fluor (F)**, **Chlor (Cl)**, **Brom (Br)**, **Iod (I)** und Astat (At) bilden die Halogene (gr. halogen = Salzbildner).

Tab. 7.1 Wichtige Eigenschaften der Halogene (Fortsetzung s. nächste Seite)

Eigenschaften	Fluor	Chlor	Brom	Iod
Aussehen	Schwach gelbliches Gas	Gelbgrünes Gas	Braun-schwarze Flüssigkeit (Dampf: rotbraun)	Metallisch glänzende blauschwarze Schuppen (Dampf: violett)
Ordnungszahl	9	17	35	53
Relative Atommasse	19,00	35,45	79,90	126,90
Elektronenkonfiguration (Valenzschale)	$2s^2 2p^5$ allgemein:	$3s^2 3p^5$ $ns^2\, np^5$	$4s^2 4p^5$	$5s^2 5p^5$
Oxidationszahlen	–I, 0, I, III, V, VII (Fluor bildet nur –I, 0)			
Schmelzpunkt (°C)	–223	–102	–7	114
Siedepunkt (°C)	–187	–34	59	183
Metallcharakter	Nicht-metall	Nichtmetall	Nichtmetall	Nichtmetall – zeigt bereits metallische Eigenschaften
Allgemeine Reaktionsfähigkeit	⟵——————— abnehmend ———————⟶			

Tab. 7.1   Wichtige Eigenschaften der Halogene (Fortsetzung)

Eigenschaften	Fluor	Chlor	Brom	Iod
Atomradius (pm)	64	99	114	133
		zunehmend $\longrightarrow$		
Ionenradius (pm)	136	181	195	216
		zunehmend $\longrightarrow$		
Elektronegativität	4,0	3,2	3,0	2,7
		abnehmend $\longrightarrow$		
1. Ionisierungsenergie (eV)	17,4	13,0	11,5	10,1
		abnehmend $\longrightarrow$		
Elektronenaffinität (kJ/mol)	−344	−362	−346	−297

Alle Halogenatome besitzen in ihrer äußersten Schale die **Elektronenkonfiguration** $ns^2\,np^5$ mit **7 Valenzelektronen**. Ihnen fehlt nur ein Elektron, um die äußerste Schale zu füllen und die Edelgaskonfiguration zu erreichen. Ein Halogenatom wird immer versuchen ein Elektron aufzunehmen, sei es unter Bildung eines einfach geladenen Anions oder durch Aufbau einer kovalenten Bindung mit einem anderen Atom. Halogene sind **sehr reaktiv**.

Elementar liegen Halogene immer als zweiatomige Moleküle X_2 (X = F, Cl, Br, I) mit der Oxidationszahl 0 vor.

Bei Raumtemperatur sind **Fluor (F_2) und Chlor (Cl_2) gasförmig, Brom (Br_2) flüssig und Iod (I_2) fest**. Allerdings verdampfen Brom und Iod schon bei Raumtemperatur. Generell reizen Halogene beim Einatmen sehr stark die Schleimhäute der Augen und der Atemwege.

Alle elementaren Halogene sind starke Oxidationsmittel. Fluor besitzt unter den Halogenen die stärkste Oxidationskraft und Iod die schwächste. Deshalb kann Fluor alle übrigen Halogene aus ihren Halogeniden freisetzen.

Beispiel:

$$F_2(g) \;+\; 2\,NaBr(s) \;\longrightarrow\; 2\,NaF(s) \;+\; Cl_2(g)$$

Ihre **Elektronegativität ist relativ hoch** und **Fluor** besitzt sogar die **höchste Elektronegativität** aller Elemente. Mit Metallen, besonders mit Alkali- und Erdalkalimetallen, bilden Halogene aufgrund der hohen Elektronegativitätsdifferenz leicht **Salze.** Ein typisches Salz ist z. B. Kochsalz NaCl. In dieser Verbindung besitzt Chlorid die Oxidationszahl –I.

Alle Elemente dieser Gruppe zeigen einen deutlichen **Nichtmetallcharakter.** Iod erinnert jedoch im Aussehen (metallisch glänzende Schuppen) schon an ein Metall.

7.2 Verbindungen der Halogene

7.2.1 Bindungen der Halogene

Ionenbindung

Halogene werden durch Aufnahme eines Elektrons zu einfach negativ geladenen Ionen, den so genannten Halogeniden (s. Kap. I.2.1). Die Halogenide sind **Fluorid F⁻**, **Chlorid Cl⁻, Bromid Br⁻ und Iodid I⁻.** Das fehlende Elektron zum Erreichen der Edelgaskonfiguration stammt von Metallatomen, die durch Elektronenabgabe zu Kationen werden.

Mit Alkali- und Erdalkalimetallen gehen Halogene **salzartige Verbindungen,** z. B. NaCl (Natriumchlorid) oder LiF (Lithiumfluorid), ein:

Beispiel:	Cl_2	+	2 Na	$\longrightarrow$	2 NaCl
allgemein:	X_2	+	2 Me	$\longrightarrow$	2 MeX
	Halogen		Alkalimetall		Salz

Fluoride weisen generell einen stärker ausgeprägten salzartigen Charakter auf als die übrigen Halogenide. Grund dafür ist die **hohe Elektronegativität** von Fluor. Bromide, Iodide und z. T. auch Chloride zeigen deutliche Übergänge zur kovalenten Bindung.

Allgemein spricht man bei einer EN-Differenz über 1,7 von einer Ionenbindung.:

Beispiele:
NaCl (Natriumchlorid): $EN_{Na} = 0,9$ $EN_{Cl} = 3,2$ EN-Differenz = 2,3
LiF (Lithiumfluorid): $EN_{Li} = 1,0$ $EN_F = 4,0$ EN-Differenz = 3,0

Beide Verbindungen zeigen einen ausgeprägten **Ionencharakter.**

Mit Nebengruppenelementen können Halogene auch Salze bilden.

Beispiel:
AgCl (Silberchlorid): $EN_{Ag} = 1,4$ $EN_{Cl} = 3,2$ EN-Differenz = 1,8

Kovalente Bindung

Polare kovalente Bindung

Halogene erfüllen die Oktettregel, indem sie mit elektronegativen Elementen Atombindungen eingehen.

Bei einer polaren Atombindung ist die Elektronegativitätsdifferenz zwischen beiden Partnern weniger stark ausgeprägt als bei einer Ionenbindung. Hier liegt die EN-Differenz zwischen 0,3 und 1,7.

Beispiel:

HCl (Chlorwasserstoff): $EN_H = 2,2$ $EN_{Cl} = 3,2$ EN-Differenz = 1,0

Schwach polare Verbindungen liegen bei **Interhalogen** vor. In Interhalogenverbindungen (lat. inter = zwischen) sind Halogene miteinander Bindungen eingegangen.

Beispiele:

IBr (Iodbromid)	$EN_I = 2,7$	$EN_{Br} = 3,0$	EN-Differenz = 0,3
ICl (Iodchlorid)	$EN_I = 2,7$	$EN_{Cl} = 3,2$	EN-Differenz = 0,5

Die physikalischen Eigenschaften von Interhalogenverbindungen liegen in der Regel zwischen denen der beiden Elemente, aus denen sie entstanden sind. Die Moleküle sind polar, entsprechend der EN-Differenz der beiden Elemente.

Unpolare kovalente Bindung

Halogene kommen elementar als zweiatomige, unpolare Moleküle (EN-Differenz = 0) mit der Zusammensetzung X_2 vor.

Fluor F_2 ist das reaktionsfähigste Element des Periodensystems. Es ist ein sehr giftiges **Gas** mit stechendem Geruch.

Chlor Cl_2 ist reaktionsfähiger als die nachfolgenden Elemente der Gruppe. Es ist ein grünes, erstickend riechendes und ebenfalls sehr giftiges **Gas**. Schon in sehr geringen Mengen (1 ppm) reizt es die Nasen-, Rachen- und Augenschleimhaut. Höhere Konzentrationen (ab 690 ppm) in der Atemluft führen rasch zu Atemnot und wirken tödlich.

Neben Quecksilber ist **Brom Br_2** das einzige **flüssige Element**, eine tief rotbraune Flüssigkeit, aus der rotbraune giftige Dämpfe entweichen. Brom riecht erstickend und ähnlich stechend, aber noch unangenehmer als Chlor. Bromdämpfe sind 5-mal schwerer als Luft. Brom führt aufgrund besserer Löslichkeit an Schleimhäuten und auf der Haut zu tief greifenden Verätzungen, Blasenbildung und Nekrosen der Haut.

Iod I_2 bildet schwarzgraue, metallisch glänzende, rhombische **Plättchen** von eigenartigem Geruch. Infolge seines hohen Dampfdrucks sublimiert Iod schon bei geringem Erhitzen bzw. bei Raumtemperatur. Ioddämpfe (gr.: wie Veilchen aussehend) sind violett.

Wasserstoffbrücken

Untereinander bilden Halogenwasserstoffe HX (X = F, Cl, Br, I) Wasserstoffbrücken (s. Kap. I.2.4).

Das negativ polarisierte Halogenatom wirkt auf das positiv polarisierte H-Atom eines benachbarten Halogenwasserstoff-Moleküls anziehend. Die Wasserstoffbrücken zwischen Fluor und Wasserstoff sind am stärksten ausgebildet, weil Fluor das elektronegativste Element aller Halogene ist:

$$\overset{\delta+}{H}\rightarrow\overset{\delta-}{F}\cdots\cdots\overset{\delta+}{H}\rightarrow\overset{\delta-}{F}\cdots\cdots\overset{\delta+}{H}\rightarrow\overset{\delta-}{F}\cdots\cdots\overset{\delta+}{H}\rightarrow\overset{\delta-}{F}$$

Wasserstoffbrücke

Aus diesem Grund besitzt Fluorwasserstoff einen relativ hohen Siedepunkt und liegt in flüssiger Form als Polymer $(HF)_n$ vor. Die Wasserstoffbrücken bei HCl, HBr und HI sind schwächer.

Van der Waals-Kräfte

Zwischen unpolaren Molekülen, beispielsweise F_2, Cl_2, Br_2 und I_2, wirken – wenn auch nur sehr schwache – Anziehungskräfte, die so genannten Van der Waals-Kräfte (s. Kap. I.2.4).

Diese Kräfte nehmen mit steigender Molekülmasse zu und bewirken, dass die Siedepunkte der X_2-Verbindungen mit steigender Ordnungszahl des Halogens zunehmen:

F_2	Cl_2	Br_2	I_2
$-187\,°C$	$-34\,°C$	$59\,°C$	$183\,°C$

Zunahme des Siedepunktes

Auch der bei Raumtemperatur feste Aggregatzustand des Iods ist hauptsächlich auf diese Kräfte zurückzuführen.

7.2.2 Halogenwasserstoffe

Halogenwasserstoffe setzen sich aus Wasserstoff und einem Halogen zusammen.

Alle Halogenwasserstoffe, **Fluorwasserstoff HF(g)**, **Chlorwasserstoff HCl(g)**, **Bromwasserstoff HBr(g)** und **Iodwasserstoff HI(g)**, sind bei Raumtemperatur gasförmig. Fluorwasserstoff $(HF)_n$ siedet bei 19,5 °C. Unterhalb dieser Temperatur ist Fluorwasserstoff eine farblose Flüssigkeit.

Generell schädigen Halogenwasserstoffe beim Einatmen die oberen Atemwege bzw. die Schleimhäute. Sie sind **ätzend** und riechen stechend.

Alle Halogenwasserstoffe sind sehr gut wasserlöslich. So löst sich bei Zimmertemperatur in einem Liter Wasser 450 Liter oder 750 g Chlorwasserstoffgas. **Die wässrigen Lösungen heißen Fluorwasserstoffsäure oder Flusssäure HF(aq), Chlorwasserstoffsäure oder Salzsäure HCl(aq), Bromwasserstoffsäure HBr(aq) und Iodwasserstoffsäure HI(aq).**

Halogenwasserstoffsäuren sind starke bzw. sehr **starke Säuren:**

HF	<	HCl	<	HBr	<	HI
$pK_S = 3, 14$		$pK_S = -3$		$pK_S = -6$		$pK_S = -8$

$$\text{Säurestärke nimmt zu} \longrightarrow$$

Die Säurestärke der Halogenwasserstoffsäuren nimmt innerhalb der Gruppe mit steigender Ordnungszahl zu. Nach der Elektronegativität wäre die umgekehrte Reihenfolge zu erwarten. Es kommt aber hier ein zweiter, die Säurestärke beeinflussender Faktor zum Tragen: die Ionengröße. Ist das Ion groß, die Valenzelektronenwolke also auf einen großen Raum verteilt, ist das Proton weniger fest gebunden und damit leichter abspaltbar.

In wässriger Lösung dissoziieren Halogenwasserstoffsäuren vollständig:

$$HX + H_2O \longrightarrow X^- + H_3O^+$$
$$X = Cl, Br, I$$

Sie wirken auf Zellgewebe stark **ätzend**. Besonders Flusssäure verursacht schmerzhafte und schlecht heilende Verätzungen auf der Haut. Ein Besonderheit von Flusssäure ist, dass sie Glas ätzt und deshalb in geeigneten Kunststoffbehältern aufbewahrt werden muss.

Pharmazeutische Verwendung der Halogenwasserstoffsäuren besitzt nur Salzsäure.

Konzentrierte Säure enthält 35,0–39,0 % HCl. Aus Salzsäure, die mindestens einen Gehalt von 30 % enthält, entweicht HCl-Gas. Dieses bildet mit Wasserdampf aus der Luft HCl-Nebel. Deshalb spricht man bei konzentrierter Salzsäure von **rauchender Salzsäure.** Verdünnte Salzsäure ist nur 9,5–10,5 %ig. Wenn man aus konzentrierter Salzsäure verdünnte herstellen möchte, muss immer erst das Wasser vorgelegt und dann unter Rühren die Säure zugegeben werden.

7.2.3 Oxosäuren der Halogene

Die Oxosäuren der Halogene bauen sich aus einem Halogen, einem Wasserstoff und meist mehreren Sauerstoffatomen auf. Von Fluor kennt man nur die sehr instabile Hypofluorige Säure HOF.

Tab. 7.2   Halogensauerstoffsäuren

Ox.-zahl	Summen-formel	Strukturformel	Name der Säure	Anion	Name des Anions
+I	HOX:		Hypohalogenige Säure:	$^-OX:$	Hypohalogenit:
	HOF		Hypofluorige Säure	^-OF	Hypofluorit
	HOCl	$H-\overline{O}-\overline{Cl}\vert$	Hypochlorige Säure	^-OCl	Hypochlorit
	HOBr		Hypobromige Säure	^-OBr	Hypobromit
	HOI		Hypoiodige Säure	^-OI	Hypoiodit
+III	HXO_2:		Halogenige Säure:	XO_2^-:	Halogenit:
	$HClO_2$	$H-\overline{O}-\overline{Cl}=O\rangle$	Chlorige Säure	ClO_2^-	Chlorit
+V	HXO_3:		Halogensäure:	XO_3^-:	Halogenat:
	$HClO_3$	$H-\overline{O}-\overline{Cl}=O\rangle$	Chlorsäure	ClO_3^-	Chlorat
	$HBrO_3$		Bromsäure	BrO_3^-	Bromat
	HIO_3		Iodsäure	IO_3^-	Jodat
+VII	HXO_4:		Perhalogensäure:	XO_4^-:	Perhalogenat:
	$HClO_4$	$H-\overline{O}-Cl=O\rangle$	Perchlorsäure	ClO_4^-	Perchlorat
	$HBrO_4$		Perbromsäure	BrO_4^-	Perbromat
	HIO_4		Periodsäure	IO_4^-	Periodat

Die wichtigsten Halogensauerstoffsäuren sind die des Chlors.

Die Säurestärke der Chlorsauerstoffsäuren nimmt mit zunehmenden Sauerstoffanteil zu.

$$
\begin{array}{cccc}
\text{HOCl} & \text{HClO}_2 & \text{HClO}_3 & \text{HClO}_4 \\
pK_S = 7,25 & pK_S = 2 & pK_S = 0 & pK_S = -9
\end{array}
$$

$\longrightarrow$

Säurestärke nimmt zu

Je mehr Sauerstoffatome in der Säure vorhanden sind, umso stärker zieht das Halogen die Elektronen der O–H-Bindung an sich und umso leichter lässt sich das Proton abspalten.

Perchlorsäure, die stärkste Säure überhaupt, wird für Titrationen von schwachen Basen im **wasserfreien Medium** verwendet. Als Lösungsmittel für die Maßlösung wird konzentrierte Essigsäure verwendet. Zwischen Perchlorsäure und Essigsäure läuft dabei folgende Reaktion ab:

$$
\text{HClO}_4 \quad + \quad \text{CH}_3\text{COOH} \quad \longrightarrow \quad \text{ClO}_4^- \quad + \quad \text{CH}_3\text{COOH}_2^+
$$

Perchlorsäure   Essigsäure   Perchlorat   Acetacidium

Das Acetacidium-Ion ist eine sehr starke Säure und reagiert auch mit schwachen Basen. Würde man Perchlorsäure in Wasser lösen, nivelliert Wasser die Perchlorsäure auf die Säurestärke der Hydroxoniumionen. Hydroxoniumionen sind allerdings schwächer sauer als Acetacidiumionen und wären nicht in der Lage, vollständig mit einer schwachen Base, z. B. Natriumacetat, zu reagieren.

Mit zunehmenden Sauerstoffanteil nimmt auch die Stabilität der Halogensauerstoffsäuren zu.

$$
\begin{array}{cccc}
\text{HOCl} & \text{HClO}_2 & \text{HClO}_3 & \text{HClO}_4
\end{array}
$$

$\longrightarrow$

Stabilität nimmt zu

Hypochlorige Säure ist unbeständig und nur in wässriger Lösung existenzfähig. Chlorige Säure zersetzt sich in wässriger Lösung schnell und ist in reiner Form auch nicht isolierbar. Die wässrige Lösung der Chlorsäure ist stabiler, Perchlorsäure ist am beständigsten.

Die Unbeständigkeit der Hypochlorigen Säure nutzt man aus, indem man sie als wirkungsvolles Oxidationsmittel, z. B. zum Bleichen von Textilien oder als Desinfektionsmittel, verwendet. Wasser in Schwimmbädern oder Abwässer werden damit desinfiziert, da die Säure besonders unter Lichteinwirkung in Salzsäure und atomaren Sauerstoff zerfällt:

$$
\text{HOCl} \quad \longrightarrow \quad \text{HCl} \quad + \quad \text{O}
$$

Der atomare Sauerstoff zerstört Farbstoffe durch Oxidation und tötet Mikroorganismen ab.

Spezielle anorganische Chemie

7.3   Pharmazeutische Halogenverbindungen

Fluor

Fluorid findet man im Körper in den Knochen und in den Zähnen.

Fluorid wird hauptsächlich zur Kariesprophylaxe verwendet, denn kariöse Zähne enthalten weniger Fluorid als gesunde. Gesunder Zahnschmelz enthält 0,01–0,1 % Fluorid. Bei geringerem Anteil ist die Kariesanfälligkeit erhöht. Durch Fluoridgabe wird der Zahnschmelz gehärtet und widerstandsfähiger gegen die Säuren, die durch den Stoffwechsel der Mundbakterien aus Zucker entstehen. Der Bedarf liegt bei 1,5 mg täglich. Durch die Nahrung wird allerdings nur 0,2–0,5 mg Fluorid zugeführt. Trinkwasser enthält 0,2 mg/Liter. Fluorierung ist besonders in Gegenden, in denen das Trinkwasser arm an Fluorid ist, durchzuführen. In Amerika wird dem Trinkwasser 1 mg/Liter Fluorid zugesetzt.

Die Fluoridversorgung kann durch orale Applikation von Fluoriden oder durch Fluoridierungsmittel in Zahnpasten sichergestellt werden. Häufig wird in Zahnpasten Dinatriummonofluorphosphat Na_2PO_3F verwendet. Bei Überdosierung von Fluoriden, bilden sich Schmelzflecken (Dentalfluorose) auf den Zähnen und die Nägel werden brüchig. Oral werden Fluoridtabletten (z.B. als Natriumfluorid) eingesetzt.

Tab. 7.3   Pharmazeutische Fluorverbindungen

Bezeichnung (nach Arzneibuch)	Formel	Sonstige Bezeichnungen	Verwendung
Flusssäure",4,5>Flusssäure	HF	Acidum hydrofluoricum	Reagenz
Natriumfluorid (Ph. Eur.)	NaF	Natrium fluoratum	Kariesprophylaxe (ED 0,25–0,75 mg)
Dinatriummonofluorphosphat	Na_2PO_3F	MFP	Kariesprophylaxe in Zahnpasten
Calciumfluorid	CaF_2	Calcium fluoratum Flussspat	Reagenz (DAB) zum Silicatnachweis, med.: Knochenaufbau

Chlor

Viele Arzneistoffe sind chlorhaltig. Dabei besitzt Chlor keine eigene medizinische Indikation, sondern verstärkt nur die Wirkung des Arzneistoffs, erhöht die Resorption oder einfach nur die Löslichkeit. Hier nur einige Beispiele: Chloralhydrat (das älteste synthetische Schlafmittel), Chloramphenicol (Antibiotikum), Chlorhexidin (Mund- und Rachendesinfiziens), Chloroquin (Malariatherapeutikum), Chlormadinon (Gestagen), Chlormezanon (Muskelrelaxans) oder Chlorphenamin (H_1-Antihistaminikum).

Salzsäure ist ein gängiger Bestandteil des Organismus. Der Magen produziert täglich bis zu 1,5 Liter Salzsäure als Magensäure. Der pH des Magensaftes liegt zwischen 1 und 2. Das entspricht einer 0,1 molaren Salzsäure. Da Salzsäure so stark ätzend wirkt, produziert der Magen schützende Prostaglandine und leicht alkalischen Magenschleim, der die Selbstverdauung des Magens verhindert.

Tab. 7.4   Pharmazeutische Chlorverbindungen (Fortsetzung s. nächste Seite)

Bezeichnung (nach Arzneibuch)	Formel	Sonstige Bezeichnungen	Verwendung
Chlor	Cl_2		Sterilisation von Trinkwasser, zur Desinfektion von Bade- und Abwässern, Bleichmittel
Chlorwasserstoffsäure (Ph. Eur.)	HCl in wässriger Lösung 35,0–39,0 % 9,5–10,5 % 1 N, 0,1 N	Salzsäure Acidum hydrochloricum ~ concentratum ~ dilutum	Chemische Industrie, Magensaftsubstituent (obsolet), Reinigungsmittel Maßlösung
Calciumchloridhypochlorit	CaCl(OCl)	Calcaria chlorata – Bleichkalk –	Med.: Adstringens und Desinfiziens techn.: Grobdesinfektion, Bleichmittel
Kaliumchlorat	$KClO_3$	Kalium chloricum	Auf Zündhölzern, in Sprengstoffen
Natriumchlorat	$NaClO_3$	Natrium chloricum	Totalherbizid

Tab. 7.4   Pharmazeutische Chlorverbindungen (Fortsetzung)

Bezeichnung (nach Arzneibuch)	Formel	Sonstige Bezeichnungen	Verwendung
Aluminiumchlorid-Hexahydrat (Ph. Eur.)	$AlCl_3 \times 6\,H_2O$	Aluminii chloridum hexahydricum	Äußerl. (10–25 %): Adstringens, Antihidrotikum
Perchlorsäure	$HClO_4$	Acidum perchloricum	Titration im wasserfreien Medium

Brom

Pharmazeutische Verwendung besitzt Brom kaum. Früher wurden Bromide als Sedativa verwendet. Da es aber bei regelmäßiger Einnahme zum so genannten Bromismus mit Verwirrtheitszuständen, Gedächtnisschwund, Dermatitiden und Konjunktivitis führt, werden diese Arzneimittel nicht mehr verwendet. Man findet das Halogenid heutzutage nur in Arzneistoffen mit relativ großer Molekülmasse, z. B. in Bromazepam (Sedativum) oder Bromhexin (Mukolytikum, Expektorans). Generell dürfen bromhaltige Arzneistoffe nicht von Schwangeren eingenommen werden, da das ungeborene Leben geschädigt werden kann.

Tab. 7.5   Pharmazeutische Bromverbindungen

Bezeichnung (nach Arzneibuch)	Formel	Sonstige Bezeichnungen	Verwendung
Brom	Br_2		Zur Herstellung von Bromwasser (Reagenz)
Bromide (Ph. Eur.)	KBr	Kalii bromidum Kalium bromatum	Sedativa, Schlafmittel, zentral beruhigend, obsolet!
	$NaBr$	Natrii bromidum Natrium bromatum	
	NH_4Br	Ammonium bromatum	
Silberbromid	$AgBr$	Bromsilber	Fotografie, lichtempfindliche Schicht der Filme
Kaliumbromat	$KBrO_3$	Kalium bromicum	Urtitersubstanz

Iod

Iod spielt im menschlichen Körper eine wichtige Rolle. Im Körper sind 10–30 mg enthalten. Iod ist wichtig für die Biosynthese der Schilddrüsenhormone (Tetraiodthyronin = L-Thyroxin, Triiodthyronin = Liothyronin). Deshalb sollte man jeden Tag mindestens 100–150 µg Iodid zu sich nehmen. In Deutschland ist aus diesem Grund dem Speisesalz 20 mg/kg Iodid zur Kropfprophylaxe zugesetzt.

Äußerlich angewendet wirkt elementares Iod bakterizid und fungizid. Die eintretende Wirkung setzt schnell und gut ein. Verwendet wird Iod mit Kaliumiodid als alkoholische Tinktur, da beide Bestandteile in Ethanol leicht löslich sind. Mit Kaliumiodid bildet Iod den braunen, löslichen und antiseptischen Komplex Kaliumtriiodid $K^+[I_3]^-$. Statt Iodtinktur kann auch Iodsalbe äußerlich aufgetragen werden. Die Verträglichkeit ist allgemein gut, selten kann es zu lokalen Reizungen oder zu allergischen Reaktionen kommen.

Tab. 7.6   Pharmazeutische Iodverbindungen (Fortsetzung s. nächste Seite)

Bezeichnung (nach Arzneibuch)	Formel	Sonstige Bezeichnungen	Verwendung
Iod (Ph. Eur.)	I_2	Iodum Iodum resublimatum	Desinfektionsmittel, durchblutungsfördernd
Iodlösungen (DAB)	2,5 Teile I_2, 2,5 Teile KI, 28,5 Teile Wasser, 66,5 Teile Ethanol 90 %	Ethanolhaltige Iodlösung Iodi solutio ethanolica Tinctura Iodi	Haut- und Wunddesinfektion
	1 Teil I_2, 2 Teile KI auf 100 Teile Wasser	Wässrige Iodlösung Lugolsche Lösung	Mildes Desinfiziens und Fungizidum auf Schleimhäute
Polyvidon-Iod	bindet I_2 und I^-	Polyvidonum-Iodum Polyvinylpyrolidon-Iod PVP-Iod	Bakterizides, fungizides und viruzides Desinfektionsmittel in Salben oder Lösungen
Iod-Maßlösung	I_2	0,1–0,01 N Iodlösung	Maßanalyse Iodometrie
Radioaktives Iod	Iod[123] Iod[125] Iod[131]		Zu diagnostischen Zwecken von Iodstoffwechselstörungen

Tab. 7.6   Pharmazeutische Iodverbindungen (Fortsetzung)

Bezeichnung (nach Arzneibuch)	Formel	Sonstige Bezeichnungen	Verwendung
Natriumiodid (Ph. Eur.)	NaI	Natrii iodidum Natrium iodatum	Bronchitis (Expectorans)
Kaliumiodid (Ph. Eur.)	KI	Kalii iodidum Kalium iodatum	Kropfprophylaxe; Schutz vor radioaktiven Iodisotopen bei Reaktorunfällen
Kaliumiodat	KIO_3	Kalium iodicum	Reagenz (DAB)
Natriumperiodat	$NaIO_4$	Natrium periodicum	Maßanalyse

7.4   Analytik

Qualitativer Nachweis von Fluorid
Ätzprobe
In einem Platintiegel wird die fluoridhaltige Analyse mit konzentrierter Schwefelsäure übergossen. Der Tiegel wird mit einer kleinen Glasplatte (enthält SiO_2) bedeckt und mit schwacher Flamme erwärmt. Es entwickelt sich Fluorwasserstoffgas HF, welches das Glas ätzt.

$$2\,F^- \;+\; H_2SO_4 \;\longrightarrow\; 2\,HF\uparrow \;+\; SO_4^{2-}$$

$$4\,HF \;+\; SiO_2 \;\longrightarrow\; SiF_4\uparrow \;+\; 2\,H_2O$$

Qualitativer Nachweis von Chlorid, Bromid und Iodid
Fällung als Silberchlorid
Beim Versetzen einer chloridhaltigen Lösung mit verdünnter Salpetersäure und Silbernitrat $AgNO_3$ fällt weißes, käsiges Silberchlorid AgCl aus. Auf Zusatz von verdünnter Ammoniaklösung löst sich der Niederschlag unter Bildung des Komplexes Diamminsilber(I)-chlorid $[Ag(NH_3)_2]Cl$ auf.

$$Ag^+ \;+\; Cl^- \;\longrightarrow\; AgCl\downarrow$$

$$AgCl \;+\; 2\,NH_3 \;\longrightarrow\; [Ag(NH_3)_2]^+Cl^-$$

Fällung als Silberbromid

Aus einer Br^--haltigen Lösung fällt bei Zugabe von verdünnter Salpetersäure und Silbernitrat ein hellgelber Niederschlag (Reaktionsgleichung s. Chlorid) von Silberbromid aus, der sich in konzentrierter Ammoniaklösung langsam löst.

Fällung als Silberiodid

Bei Iodid fällt beim Versetzen einer salpetersauren Probelösung mit Silbernitrat ein gelber Niederschlag von AgI aus, der in konzentrierter Ammoniaklösung unlöslich ist (keine Komplexbildung).

Oxidation von Bromid bzw. Iodid

Man säuert die Probelösung mit Salzsäure an, fügt Petrolether und anschließend tropfenweise Chloramin T (setzt in saurer Lösung Cl_2 frei) hinzu. Bromid wird zu Brom bzw. Iodid zu Iod oxidiert. Brom bzw. Iod lösen sich durch Schütteln im Petrolether und färben die organische Phase braun bzw. violett.

$$2\,Br^- \ + \ Cl_2 \ \longrightarrow \ \underset{\text{braun}}{Br_2} \ + \ 2\,Cl^-$$

bzw.

$$2\,I^- \ + \ Cl_2 \ \longrightarrow \ \underset{\text{violett}}{I_2} \ + \ 2\,Cl^-$$

Die oxidierende Wirkung nimmt innerhalb der Halogengruppe mit steigender Ordnungszahl ab. Chlor kann sowohl Bromid als auch Iodid oxidieren, weil Chlor aufgrund seiner höheren Elektronegativität ein größeres Bestreben hat, Elektronen an sich zu ziehen.

Quantitative Bestimmung von Halogeniden
Titration von Halogeniden nach Mohr

Bei dieser Titration werden die Halogenidionen (X^-) **direkt** mit Silbernitrat-Maßlösung in neutraler Lösung unter Zusatz von Kaliumchromat als Indikator titriert. Der Endpunkt der Titration wird durch Bildung eines rotbraunen Niederschlages von Silberchromat angezeigt.

Fällung des Halogenids : $\quad Ag^+ \ + \ X^- \ \longrightarrow \ AgX \downarrow$

Äquivalenzpunkt : $\quad 2\,Ag^+ \ + \ CrO_4^{2-} \ \longrightarrow \ \underset{\text{rotbraun}}{Ag_2CrO_4 \downarrow}$

Titration von Halogeniden nach Volhard

Nach Volhard wird zur quantitativen Bestimmung von Halogeniden ein Überschuss einer abgemessenen Menge an Silbernitrat-Maßlösung zu der Analysenlösung hinzugegeben. Die Menge an Silberionen, die nicht mit dem Halogenid reagiert hat, wird mit Ammoniumthiocyanat-Lösung zurücktitriert. Die Halogenide werden **indirekt** bestimmt. Das Erreichen des Äquivalenzpunktes wird durch Ammonium-eisen(III)-sulfat als Indikator angezeigt.

Fällung des Halogenids : $Ag^+ + X^- \longrightarrow AgX \downarrow$

Rücktitration des Ag^+-Überschusses : $Ag^+ + SCN^- \longrightarrow AgSCN \downarrow$

Äquivalenzpunkt : $Fe^{3+} + 3\,SCN^- \longrightarrow Fe(SCN)_3$
                                                                           rot

Iodometrie

In der Iodometrie nutzt man einerseits die oxidierende Wirkung des elementaren Iods und andererseits die reduzierende Wirkung des Iodidions. Dabei läuft grundsätzlich folgende Reaktion ab:

$$I_2 + 2e^- \rightleftharpoons 2I^-$$

Deshalb können in der Iodometrie sowohl Reduktionsmittel als auch Oxidationsmittel quantitativ bestimmt werden.

Reduktionsmittel z. B. Sulfidionen werden direkt mit Iodlösung titriert:

Oxidationsmittel z. B. Eisen(III)-Ionen werden mit einer Iodidlösung bestimmt:

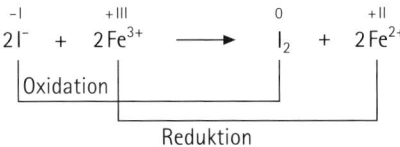

In der Iodometrie verwendet man als Indikator Stärke-Lösung. Durch Einschluss-verbindungen mit Iod entsteht eine tiefblaue Färbung, Iodid hingegen ist in Stärkelösung farblos.

8 Edelgase

Die Elemente der **achten Hauptgruppe** des Periodensystems **Helium (He)**, **Neon (Ne)**, **Argon (Ar)**, **Krypton (Kr)**, **Xenon (Xe)** und **Radon (Rn)** werden als Edelgase bezeichnet.

Tab. 8.1   Wichtige Eigenschaften der Edelgase

Eigenschaften	Helium	Neon	Argon	Krypton	Xenon
Gehalt in der Luft (Vol. %)	0,0005	0,0016	0,9325	0,0001	10^{-5}
Ordnungszahl	2	10	18	36	54
Relative Atommasse	4,00	20,18	39,95	83,80	131,29
Elektronenkonfiguration (Valenzschale)	$1s^2$ allgemein:	$2s^2 2p^6$ $ns^2\,np^6$	$3s^2 3p^6$	$3d^{10}4s^2 4p^6$	$4d^{10}5s^2 5p^6$
Schmelzpunkt (°C)	−270,7	−248,6	−189,4	−157,2	−111,8
Siedepunkt (°C)	−269,0	−246,0	−185,9	−152,9	−108,1

Alle Edelgase sind Bestandteile der Luft. Es sind farb- und geruchlose, **einatomige Gase** mit sehr niedrigen Siedepunkten, die sich durch fraktionierte Destillation flüssiger Luft gewinnen lassen.

Helium kommt in Erdgasen vor (vornehmlich in den USA) und entsteht im Erdinneren durch Zerfall radioaktiver Elemente, z. B. aus Uran.

Edelgase sind außerordentlich **reaktionsträge**, weil sie ein gefülltes und damit stabiles **Elektronenoktett** in ihrer Außenschale besitzen. Sie haben daher keine Tendenz, ein Elektron aufzunehmen, abzugeben oder eine Molekülverbindung einzugehen. Sie sind chemisch inert.

Zwischen den einzelnen Edelgasatomen wirken Van-der-Waals-Kräfte, die von Helium zum Radon zunehmen. Dadurch steigen mit zunehmender Ordnungszahl der Edelgase die Schmelz- und Siedepunkte.

Pharmazeutisch haben Edelgase keine Bedeutung. In der Medizin kann Xenon und Krypton im Gemisch mit Sauerstoff als nachwirkungsfreies Narkosegas angewendet werden. Tiefseetaucher erhalten eine He-O_2-Mischung, um die Taucherkrankheit – eine Luftembolie – zu verhindern. Diese Mischung können auch Asthmatiker besser als Luft einatmen.

Edelgase werden zum Füllen von Glühlampen und Leuchtstoffröhren verwendet, da sie als chemisch indifferente Gase nicht mit dem heißen Glühdraht reagieren. Allgemein werden sie als inerte Schutzgase, z. B. beim elektrischen Schweißen verwendet.

Spezielle anorganische Chemie

9 Übergangselemente

9.1 Allgemeine Eigenschaften

Die Übergangselemente (s. Tab. 9.1) sind die Elemente der Nebengruppen des Periodensystems. Die Nebengruppen liegen zwischen der II. und III. Hauptgruppe (siehe PSE letzte Seite). Man unterteilt die Übergangselemente in 8 Nebengruppen. Nach einer gebräuchlichen Zählweise beginnt man mit der dritten Nebengruppe. Nach der achten Nebengruppe folgt die erste und zweite Nebengruppe.

Tab. 9.1   Übergangselemente

III	IV	V	VI	VII	VIII			I	II
Sc Scandium $[Ar]3d4s^2$	Ti Titan $[Ar]3d^24s^2$	V Vanadium $[Ar]3d^34s^2$	Cr Chrom $[Ar]3d^54s$	Mn Mangan $[Ar]3d^54s^2$	Fe Eisen $[Ar]3d^64s^2$	Co Cobalt $[Ar]3d^74s^2$	Ni Nickel $[Ar]3d^84s^2$	Cu Kupfer $[Ar]3d^{10}4s$	Zn Zink $[Ar]3d^{10}4s^2$
Y Yttrium $[Kr]4d5s^2$	Zr Zirconium $[Kr]4d^25s^2$	Nb Niobium $[Kr]4d^45s$	Mo Molybdän $[Kr]4d^55s$	Tc Technetium $[Kr]4d^65s$	Ru Ruthenium $[Kr]4d5s^7$	Rh Rhodium $[Kr]4d5s^8$	Pd Palladium $[Kr]4d^{10}$	Ag Silber $[Kr]4d^{10}5s$	Cd Cadmium $[Kr]4d^{10}5s^2$
La[*1] Lanthan $[Xe]5d6s^2$	Hf Hafnium $[Xe]4f^{14}5d^26s^2$	Ta Tantal $[Xe]4f^{14}5d^36s^2$	W Wolfram $[Xe]4f^{14}5d^46s^2$	Re Rhenium $[Xe]4f^{14}5d^56s^2$	Os Osmium $[Xe]4f^{14}5d^66s^2$	Ir Iridium $[Xe]4f^{14}5d^76s^2$	Pt Platin $[Xe]4f^{14}5d^96s$	Au Gold $[Xe]4f^{14}5d^{10}6s$	Hg Quecksilber $[Xe]4f^{14}5d^{10}6s^2$
Ac[*2] Actinium $[Rn]6d7s^2$									

*1: Lanthanoide
*2: Actinoide

Bei den Übergangselementen werden d-Orbitale der 3., 4. und 5. Schale mit Elektronen besetzt.

Die Elemente, die zwischen der III. und IV. Nebengruppe stehen und auf Lanthan bzw. Actinium folgen, bezeichnet man als **innere Übergangselemente** mit den Lanthanoiden und Actinoiden. Hier werden die f-Orbitale der 4. und 5. Schale besetzt und stehen in einem selbstständigen Block (s. letzte Seite des Buches).

Viele Nebengruppenelemente sind paramagnetisch und besitzen in ihrer Schale ein ungepaartes Elektron. Unregelmäßigkeiten in der Elektronenkonfiguration, z. B. zwischen Vanadium und Chrom oder Nickel und Kupfer, beruhen auf höhere Stabilität von halb- bzw. mit Elektronen vollbesetzten Orbitalen.

Nebengruppenelemente sind ausnahmslos Metalle und werden daher auch Übergangsmetalle bezeichnet. Sie besitzen alle, mit Ausnahme der Zinkgruppe, relativ hohe Schmelzpunkte und gute elektrische Leitfähigkeit. Die meisten Nebengruppenelemente sind hart und nur wenige spröde.

Bis auf Zink und die Elemente der III. Nebengruppe (Scandium, Yttrium, Lanthan und Actinium) gehen alle Nebengruppenelemente mehrere Oxidationsstufen (s. Tab. 9.2) ein.

Tab 9.2   Oxidationszahlen der Übergangselemente

III	IV	V	VI	VII	VIII			I	II
Sc	Ti	V	Cr	Mn	Fe	Co	Ni	Cu	Zn
III	IV, III	V, IV, III, II, 0	VI, V, IV, III, II, 0	VII, VI, IV, III, II, 0, –I	VI, III, II, 0, –II	III, II, 0, –I	III, II, 0	II, I	II
Y	Zr	Nb	Mo	Tc	Ru	Rh	Pd	Ag	Cd
III	IV, III, II, I, 0	V, III	VI, V, IV, III, II, 0	VII, V, IV, 0	VIII, VI, IV, III, II, 0, –II	V, IV, III, II, I, 0	IV, II, 0	II, I	II, I
La	Hf	Ta	W	Re	Os	Ir	Pt	Au	Hg
III	IV, III, I	V, IV, III, II, I	VI, V, IV, III, II, 0	VII, VI, IV, III, II, 0, –I	VIII, VI, IV, III, II, 0, –II	VI, IV, III, II, I, 0, –I	IV, II, 0	III, I	II, I

Innerhalb einer Übergangsreihe besitzen die mittleren Elemente die höchsten Oxidationsstufen. Diese erreichen die Nebengruppenelemente z. B. durch Bildung von Oxo-Anionen. Typische Oxo-Anionen sind Permanganat MnO_4^- oder Chromat CrO_4^{2-}.

In Verbindungen sind Nebengruppenelemente häufig charakteristisch gefärbt. Zum Beispiel ist Cobalt(II)-oxid olivgrün, Cobalt(II)-hydroxid blau, hydratisierte Cobalt(II)-Ionen sind rosa und wasserfreie Cobalt(II)-Ionen hellblau.

Die Elemente in den Nebengruppen besitzen eine starke Tendenz, Komplexe auszubilden (s. Abb. 9.1).

Spezielle anorganische Chemie

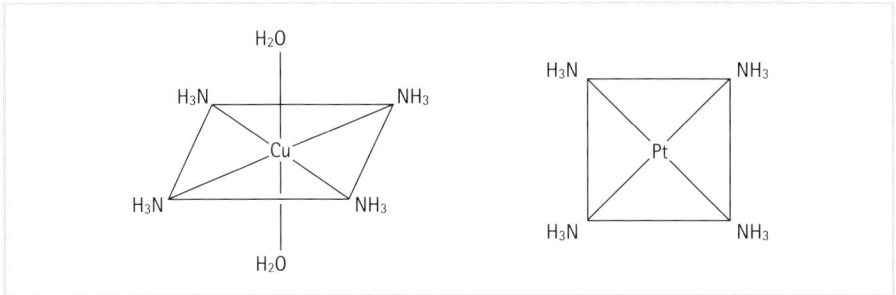

Abb. 9.1 Komplexe: $[Cu(NH_3)_4(H_2O)_2]^{2+}$ und $[Pt(NH_3)_4]^{2+}$

Im nachfolgenden Text werden nur die pharmazeutisch wichtigen Übergangselemente beschrieben.

9.2 Chrom

Chrom ist ein silberglänzendes, zähes aber dehnbares Metall. Gegen Luft und Wasser
ist es weitgehend beständig. Chrom kommt in der Natur nur in gebundener Form
vor, z. B. als Chromeisenstein ($FeCr_2O_4$). Metalle wie Eisen werden mit Chrom legiert
(verchromt), damit sie nicht korrodieren. In Kombination mit Eisen entstehen
Legierungen von hoher mechanischer Festigkeit (Chromstahl). Alle Chromverbin-
dungen sind farbig (gr. chroma = Farbe).

Die wichtigsten Oxidationsstufen des Chroms sind +II, +III und +VI:

Oxidationsstufe II
Chrom reagiert leicht mit Salzsäure unter Bildung von hellblauen Cr^{2+}-Ionen, die
leicht weiter zu Cr^{3+}-Ionen oxidiert werden.

Oxidationsstufe III
Chrom(III)-Ionen besitzen eine starke Tendenz zur Komplexbildung. Dabei ist
Chrom(III) als Zentralion von sechs Liganden oktaedrisch umgeben.

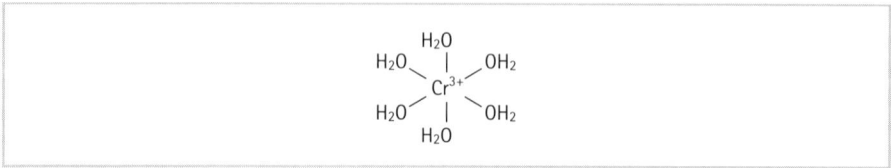

Abb. 9.2   Chrom-Komplex

Versetzt man wässrige Lösungen von Chrom(III)-Salzen mit einer Base, entsteht grünes, schwer lösliches Chrom(III)-hydroxid. Bei weiterer Basenzugabe geht Chrom(III)-hydroxid unter Bildung eines Hydroxokomplexes wieder in Lösung.

$$[Cr(H_2O)_6]^{3+} \quad \xrightarrow{\text{Base}} \quad [Cr(OH)_3] \quad \xrightarrow{\text{Base}} \quad [Cr(OH)_6]^{3-}$$

Chrom(III)-oxid Cr_2O_3, das Anhydrid von Chrom(III)-hydroxid, ist ein grünes Pulver (Chromoxidgrün) und wird als Malerfarbe verwendet:

$$2\,Cr(OH)_3 \quad \longrightarrow \quad Cr_2O_3 \quad + \quad 3\,H_2O$$

Oxidationsstufe VI

Die wichtigsten Chrom(VI)-Verbindungen sind Chrom(VI)-oxid CrO_3, Chromate CrO_4^{2-} und Dichromate $Cr_2O_7^{2-}$.

Chrom(VI)-oxid ist eine giftige, ätzende rote Verbindung mit stark hygroskopischer Wirkung. Bei Zugabe von Wasser bilden sich gelbe Chromat-Ionen und orangefarbene Dichromat-Ionen:

$$2\,CrO_3 \quad \xrightarrow{H_2O} \quad H_2[Cr_2O_7] \quad \underset{}{\overset{H_2O}{\rightleftharpoons}} \quad 2\,H_2[CrO_4]$$

dunkelrot   orange   gelb

Chromate gehen durch Säurezugabe in Dichromate über. Die Reaktion ist umkehrbar, bei höheren pH-Werten gehen Dichromate in Chromate über.

$$2\,CrO_4^{2-} \quad + \quad 2\,H_3O^+ \quad \rightleftharpoons \quad Cr_2O_7^{2-} \quad + \quad 3\,H_2O$$

gelb   orange

Gelbes Kaliumchromat K_2CrO_4 und orangefarbenes Kaliumdichromat $K_2Cr_2O_7$ wirken in saurer oder neutraler Lösung oxidierend:

$$\overset{+VI}{CrO_4}{}^{2-} \;+\; 3\,e^- \;+\; 8\,H^+ \longrightarrow \overset{+III}{Cr^{3+}} \;+\; 4\,H_2O$$

$$\text{gelb} \qquad\qquad\qquad\qquad\qquad \text{grün}$$

Beispielsweise kann man so quantitativ Eisen(II) (wird zu Eisen(III) oxidiert) oder Ethanol (wird zu Essigsäure oxidiert) bestimmen. Am Umschlagspunkt schlägt die gefärbte Lösung von orange nach grün um. Diese Redoxtitrationen werden unter dem Begriff Chromatometrie zusammengefasst.

Eine Mischung aus Natrium- oder Kaliumdichromat und konzentrierter Schwefelsäure bezeichnet man als Chromschwefelsäure. Sie wird wegen der starken Oxidationswirkung im Labor zum Reinigen stark verschmutzter Glasgeräte verwendet. Dabei wird Chrom(VI) in saurer Lösung zu Chrom(III) reduziert.

Tab. 9.3 Pharmazeutische Chrom-Vertreter

Bezeichnung	Formel	Sonstige Bezeichnungen	Verwendung
Kaliumchrom(III)-sulfat	$KCr(SO_4)_2 \times 12\,H_2O$	Chromalaun	Zur Ledergerbung
Chrom(III)-oxid	Cr_2O_3	Chromium oxydatum anhydricum Chromgrün	Malerfarbe, in Schleifmitteln (wegen seiner hohen Härte)
Chrom(VI)-oxid	CrO_3	Acidum chromicum Chromtrioxid	Früher: Ätzmittel bei Warzen, gegen Fußschweiß, in der Färberei
Kaliumchromat	K_2CrO_4	Kalium chromicum	Indikator in der Argentometrie (DAB)
Kaliumdichromat	$K_2Cr_2O_7$	Kalium bichromicum	Maßlösung in der Chromatometrie (DAB)

Analytik

Nachweis als Chromperoxid

Chrom(VI)-Ionen bilden in saurer Lösung unter Zusatz von Wasserstoffperoxid blaues Chromperoxid CrO_5. Chromperoxid lässt sich mit Ether ausschütteln.

$$Cr_2O_7{}^{2-} + 4H_2O_2 + 2H^+ \longrightarrow 2CrO_5 + 5H_2O$$

$$\begin{array}{c} O \diagdown \quad \diagup O \\ \diagdown Cr \diagup \\ O \diagup \;\; \| \;\; \diagdown O \\ O \end{array}$$

Oxidationsschmelze

Die fein gepulverte Substanz wird mit einer Mischung aus gleichen Teilen Natrium-carbonat und Natrium- bzw. Kaliumnitrat geschmolzen. Aus Chrom(III)-Salzen entsteht kräftig gefärbtes, gelbes Chromat.

$$Cr_2O_3 + 3NO_3{}^- + 2CO_3{}^{2-} \longrightarrow 2CrO_4{}^{2-} + 3NO_2{}^- + 2CO_2 \uparrow$$

9.3   Mangan

Mangan ist ein unedles, graues und sprödes Metall.

Manganverbindungen, z.B. Braunstein MnO_2 findet man häufig in der Natur.

Als typisches Übergangselement zeigt Mangan einen relativ leichten Wechsel der Oxidationsstufen von +II bis +VII. Die einzelnen Stufen sind durch unterschiedliche und auffällige Farben charakterisiert (mineralisches Chamäleon).

+II	+III	+IV	+V	+VI	+VII
Mn	Mn	Mn	Mn	Mn	Mn
rosa	violett	rotbraun	hellblau	tiefgrün	violett

Mangan reagiert als unedles Metall mit verdünnten Säuren unter Bildung von rosafarbenen **Mangan(II)-verbindungen**:

$$Mn + 2HCl \longrightarrow MnCl_2 + H_2$$

Mangan(II)-verbindungen liegen als Komplex vor, so ist das Mangan(II)-Ion okta-edrisch von sechs Liganden umgeben. An Mangan(II)-chlorid sind deshalb noch 4 Wassermoleküle angelagert.

Die wichtigste Verbindung mit der Oxidationszahl +IV ist das grauschwarze **Mangan(IV)-oxid** (Braunstein) MnO_2.

Braunstein wird in der Trockenbatterie (Leclanché-Element; Taschenlampenbatterie) mit Graphit als Elektrode verwendet.

Kaliumpermanganat $KMnO_4$ kristallisiert in dunkelvioletten, metallisch schimmernden Kristallen, die sich in Wasser mit tief violetter Farbe lösen. Kaliumpermanganat ist ein starkes Oxidationsmittel. In saurer Lösung wird es bis zum Mn^{2+} reduziert, in schwach saurer, neutraler oder alkalischer Lösung nur bis Mn^{4+}, wo es meist als Braunstein abgeschieden wird.

$$\text{in saurer Lösung:} \quad \overset{+VII}{MnO_4^-} \ + \ 8\,H^+ \ + \ 5\,e^- \ \longrightarrow \ \overset{+II}{Mn^{2+}} \ + \ 4\,H_2O$$

$$\text{in neutraler Lösung:} \quad \overset{+VII}{MnO_4^-} \ + \ 2\,H_2O \ + \ 3\,e^- \ \longrightarrow \ \overset{+IV}{MnO_2} \ + \ 4\,OH^-$$

Beim Erhitzen von festen Kaliumpermanganat reagiert die Substanz zu grünem Kaliummanganat K_2MnO_4 und Braunstein:

$$2\,\overset{+VII}{KMnO_4} \ \longrightarrow \ \overset{+VI}{K_2MnO_4} \ + \ \overset{+IV}{MnO_2} \ + \ O_2$$

Tab. 9.4   Pharmazeutische Mangan-Vertreter

Bezeichnung (nach Arzneibuch)	Formel	Sonstige Bezeichnungen	Verwendung
Mangan(II)-sulfat	$MnSO_4$	Manganum sulfuricum	Reagenz (DAB)
Kaliumpermanganat (Ph.Eur.)	$KMnO_4$	Kalii permanganas Kalium permanganicum	Reagenz auf oxidierbare Substanzen, Maßlösung in der Manganometrie; Desinfektionsmittel mit adstringierender und desodorierender Wirkung

Analytik
Nachweis von Mangan(II)-Salzen: Oxidationsschmelze

Die Mn^{2+}-haltige Substanz wird mit einer Mischung aus gleichen Teilen Natriumcarbonat und Kaliumnitrat geschmolzen. Die Schmelze färbt sich grün, gelegentlich auch blaugrün:

$$Mn^{2+} \; + \; 2\,NO_3^{\,-} \; + \; 2\,CO_3^{\,2-} \; \longrightarrow \; \underset{\text{grün}}{MnO_4^{\,2-}} \; + \; 2\,NO_2^{\,-} \; + \; 2\,CO_2 \uparrow$$

$$Mn^{2+} \; + \; 4\,NO_2^{\,-} \; \longrightarrow \; \underset{\substack{\text{Manganat} \\ \text{grün}}}{MnO_4^{\,2-}} \; + \; 4\,NO \uparrow$$

Löst man die erkaltete Schmelze mit etwas Wasser und säuert sie an, disproportioniert Manganat zu violettem Permanganat und unlöslichem Braunstein.

$$3\,\overset{+VI}{Mn}O_4^{\,2-} \; + \; 4\,H_3O^+ \; \longrightarrow \; 2\,\overset{+VII}{Mn}O_4^{\,-} \; + \; \overset{+IV}{Mn}O_2 \; + \; 6\,H_2O$$

Manganometrie

In der Manganometrie nutzt man die stark oxidierende Wirkung des Permanganats zur quantitativen Bestimmung oxidierbarer Stoffe aus.

Man bestimmt den Gehalt einer Wasserstoffperoxid-Lösung mit Kaliumpermanganat in saurem Milieu. Ein Indikator ist nicht notwendig, da der Umschlagspunkt durch das Verschwinden der intensiven Farbe von Kaliumpermanganat gut sichtbar ist:

$$2\,\overset{+VII}{Mn}O_4^{\,-} \; + \; 5\,H_2O_2 \; + \; 6\,H^+ \; \longrightarrow \; 2\,\overset{+II}{Mn}^{2+} \; + \; 5\,O_2 \; + \; 8\,H_2O$$

9.4 Eisen

Eisen, ein silbrigweißes, weiches Metall, kommt in den Oxidationsstufen +II, +III und seltener in der Oxidationsstufe +VI vor. Es ist das wichtigste Element der VIII. Nebengruppe und weit verbreitet.

Tab. 9.5 Technische Eisensorten

	Schmiedeeisen	Stahl	Gusseisen (Roheisen)
C-Gehalt	0,05–0,5 %	0,5–1,7 %	> 1,7 % meist 2,4–4 %
Eigenschaften	erweicht beim Erhitzen, schmiedbar, verformbar	elastisch	sehr hart, spröde

Alle technischen Eisensorten (s. Tab. 9.5) enthalten außer Kohlenstoff noch andere Verunreinigungen wie Phosphor, Schwefel, Mangan u.a. Chemisch reines Eisen für pharmazeutische und analytische Zwecke darf solche Verunreinigungen nicht enthalten.

Eisen ist an trockener Luft beständig, an feuchter Luft wird es unter Bildung von Rost bis in die Tiefe korrodiert. Rost besteht aus Fe_2O_3 (Eisen(III)-oxid) und FeO(OH) (Eisen(III)-oxidhydrat). Korrosion stammt vom lateinischen Wort corrodere ab und bezeichnet die Zerstörung eines Metalls durch chemische Einflüsse.

In verdünnten Säuren löst sich Eisen entsprechend seiner Stellung in der Spannungsreihe der Metalle unter Wasserstoffentwicklung und Bildung von Eisen(II)-Salzen.

In der Praxis kommen nur Eisen(II)- und Eisen(III)-Verbindungen vor. Sie lassen sich leicht ineinander überführen, deshalb sind Eisen(II)-Salze Reduktionsmittel und Eisen(III)-Salze Oxidationsmittel.

Eisen-Ionen sind kräftige Komplexbildner mit der Koordinationszahl 6, z. B.:

$$\overset{+III}{[Fe(CN)_6]}^{3-} \qquad \overset{+II}{[Fe(CN)_6]}^{4-}$$

Hexacyanoferrat(III)   Hexacyanoferrat(II)

Wegen des leichten Übergangs von Eisen(III) zu Eisen(II) und umgekehrt wirken Spuren von Eisensalzen oxidationskatalytisch. Hierauf muss bei der Herstellung von Arzneimitteln Rücksicht genommen werden, die oxidationsempfindliche Wirkstoffe enthalten: z.B. Vitamin A in Vitaminzubereitungen; in Eisen(II)-Präparaten wird Vitamin C als Oxidationsschutz zugesetzt.

Eisen ist als Zentralatom Bestandteil des Hämoglobins und ein lebenswichtiges Element für den tierischen Organismus. Pflanzen können ohne Eisen kein Chlorophyll bilden, obwohl Chlorophyll kein Eisen enthält.

Der menschliche Resorptionsmechanismus für Eisen ist noch nicht völlig geklärt. Eisen wird aus dem Magen-Darm-Trakt als Fe^{2+} aufgenommen. Erst in den Mukosazellen wird Fe^{2+} zu Fe^{3+} oxidiert. Der Körper speichert das Eisen zunächst in Depots, aus denen es nach Bedarf zur Hämoglobinbildung mobilisiert wird. Überdosierungen können zu Eisenvergiftungen führen (z.B. Gaben > 1 g, wenn sie resorbiert werden). Der tägliche Bedarf liegt bei 1 bis 10 mg. Bei Eisenmangelanämien werden aufgrund ihrer raschen Resorbierbarkeit fast ausschließlich Eisen(II)-Salze verabreicht, häufig mit einem organischen Anion (Gluconat, Fumarat u. a.) der besseren Verträglichkeit wegen.

Eisen–Verbindungen der Oxidationsstufe +II

Eisen(II)-Ionen bilden hellgrüne Salze, die leicht zur Eisen(III)-Stufe oxidieren.

Eisen(II)-sulfat $FeSO_4 \times 7\,H_2O$

Eisen(II)-sulfat bildet grüne Kristalle, die sich an der Luft langsam braun verfärben und verwittern. Beim Erhitzen geben sie einen großen Teil des Wassers ab.

Infolge hydrolytischer Spaltung und saurer Reaktion (H_2SO_4)

$$FeSO_4 \ + \ 2\,H_2O \ \longrightarrow \ Fe(OH)_2 \ + \ H_2SO_4$$

wirkt Eisen(II)-sulfat-Lösung eiweißfällend und ätzend.

Eisenverbindungen der Oxidationsstufe +III

Eisen(II)-Verbindungen oxidieren leicht zu Eisen(III)-Verbindungen. Die in kristallisiertem Zustand meist gelbbraun bis roten Eisen(III)-Salze neigen in wässriger Lösung stark zur Hydrolyse.

Eisen(III)-hydroxid $Fe(OH)_3$

fällt als schwammig-flockiger, rotbrauner Niederschlag aus, wenn man Eisen(III)-Salzlösungen mit Alkalihydroxid oder Ammoniak-Lösung versetzt.

$$Fe^{3+} \ + \ 3\,OH^- \ \longrightarrow \ Fe(OH)_3 \downarrow$$

Eisen(III)-chlorid $FeCl_3$

Eisen(III)-chlorid ist ein rotbraunes, hygroskopisches Salz, das in wässriger Lösung infolge hydrolytischer Spaltung stark sauer reagiert.

Eisen(III)-chlorid-Lösungen verschiedener Konzentration sind häufig gebrauchte Reagenzien, z. B. zum Nachweis phenolischer OH-Gruppen.

Komplexe Eisenverbindungen

Als komplexbildendes Zentralatom haben das Eisen(II)- und das Eisen(III)-Ion meist die Koordinationszahl 6. Jedes Fe-Ion kann sich mit 6 CN^- oktaedrisch umgeben. Die Hexacyanokomplexe sind je nach Oxidationszahl des Eisens gelb oder dunkelrot, der Fe(III)-Komplex ist weniger beständig und deshalb auch giftiger.

- Kaliumhexacyanoferrat(II) – $K_4[Fe(CN)_6]$ – gelbes Blutlaugensalz
- Kaliumhexacyanoferrat(III) – $K_3[Fe(CN)_6]$ – rotes Blutlaugensalz

Beide Salze haben analytische Bedeutung, sie geben mit Eisensalzen der anderen Wertigkeitsstufe blaue Niederschläge. Sie dienen zu deren Nachweis und Unterscheidung. Turnbulls und Berliner Blau sind wahrscheinlich identisch.

Tab. 9.6 Blutlaugensalz dient dem Nachweis von Eisenionen

Fe-Ion	Reagenz	
	$\overset{+II}{K_4[Fe(CN)_6]}$	$\overset{+III}{K_3[Fe(CN)_6]}$
Fe^{2+}	Weißer Niederschlag, der durch Luftsauerstoff oxidiert wird zu blauem Niederschlag	$[\overset{+II}{Fe}\,\overset{+III}{Fe}(CN)_6]^-$ **Turnbulls Blau**
Fe^{3+}	$[\overset{+II}{Fe}\,\overset{+III}{Fe}(CN)_6]^-$ **Berliner Blau**	$\overset{+III}{Fe}[\overset{+III}{Fe}(CN)_6]$ braun

Tab. 9.7 Pharmazeutische Vertreter (Fortsetzung s. nächste Seite)

Bezeichnung (nach Arzneibuch)	Formel	Sonstige Bezeichnungen	Verwendung
Eisen(II)-sulfat (Ph. Eur.)	$FeSO_4 \times 7\,H_2O$	Ferrosi sulfas Ferrum sulfuricum Ferrosulfat	Bei Eisenmangelanämie
Ammonium-eisen(II)-sulfat	$(NH_4)_2Fe(SO_e)_2 \times 6\,H_2O$	Ferro-Ammonium sulfuricum Mohrsches Salz	Mildes Eisenmittel, Reagenz nach DAB
Ammonium-eisen(III)-sulfat	$(NH_4)Fe(SO_4) \times 12\,H_2O$	Ferri-Ammonium sulfuricum Eisenammoniumalaun	Med.: Hämostatikum, Adstringens, Indikator bei der Halogenidbestimmung nach Volhard
Eisen(II)-gluconat (Ph. Eur.)	$C_{12}H_{22}FeO_{14} \times 2\,H_2O$	Ferrosi gluconas Ferrum gluconicum	Bei Eisenmangel-anämien

Tab. 9.7   Pharmazeutische Vertreter (Fortsetzung)

Bezeichnung (nach Arzneibuch)	Formel	Sonstige Bezeichnungen	Verwendung
Eisen(III)-chlorid-hexahydrat (DAC)	$FeCl_3 \times 6\,H_2O$	Ferrum trichloratum Ferrum sesquichlora-tum	Äußerlich: als Eisen-chloridlösung (Solutio Ferri chlorati) zum Blutstillen
Kolloide Eisen(III)-hydroxid-Lösungen	$[Fe(OH)_3]_x$	Ferri oxidum sac-charatum Eisenzucker	Tonikum zur Eisen-therapie
Kaliumhexacyano-ferrat(II)	$K_4[Fe(CN)_6]$	Gelbes Blutlaugensalz Kaliumferrocyanid	Reagenz zum Nachweis von Fe^{3+} (DAB)
Kaliumhexacyano-ferrat(III)	$K_3[Fe(CN)_6]$	Rotes Blutlaugensalz Kaliumferricyanid	Reagenz zum Nachweis von Fe^{2+} (DAB)
Dinatriumpenta-cyanonitrosyl-ferrat(II)	$Na_2[Fe(CN)_5(NO)]$	Natriumnitroprussid Nitroprussidnatrium	Antihypertonikum Reagenz (DAB) auf Aceton und Sulfid-Ionen

Analytik
Eisen(II)-Verbindungen

░ Fällung von schwarzem Eisen(II)-sulfid mit Natriumsulfid

$$Fe^{2+} \quad + \quad S^{2-} \quad \longrightarrow \quad FeS \downarrow$$

░ Bildung von Turnbulls Blau mit Kalium-hexacyanoferrat(III) (siehe oben).

Eisen(III)-Verbindungen

░ Bildung von Berliner Blau mit Kalium-hexacyanoferrat(II) (siehe oben)
░ Bildung einer tief-blutroten Lösung mit Kaliumthiocyanat.

$$Fe^{3+} \quad + \quad 3\,SCN^- \quad \longrightarrow \quad Fe(SCN)_3$$

Spezielle anorganische Chemie

9.5 Cobalt

Cobalt tritt in seinen Salzen als Kation auf, wobei die (II)-Stufe die stabilere ist. Bei komplexen Cobaltsalzen ist allerdings das Cobalt(III) stabiler. Wasserfreie Cobalt(II)-Salze sind blau, wasserhaltige durch das Komplexion $[Co(H_2O)_6]^{2+}$ rosa gefärbt (Feuchtigkeitsindikator im Blaugel). **Cobalt** ist das Zentralatom des für die Blutbildung wichtigen Vitamins B_{12}-Cyanocobalamin – und damit lebensnotwendig. Natriumhexanitrocobaltat(III) dient als Reagenz auf Kalium-Ionen (DAB).

$$Na_3[Co(NO_2)_6] \quad + \quad 3\,KCl \quad \longrightarrow \quad K_3[Co(NO_2)_6] \quad + \quad 3\,NaCl$$
$$\text{gelb, schwer löslich}$$

9.6 Kupfer

Kupfer ist ein hellrotes, dehnbares, zähes Metall. Nach Silber ist es der zweitbeste Leiter für Elektrizität und Wärme. Häufig ist Kupfer Bestandteil technischer Legierungen (s. Tab. 9.8). Unter einer Legierung versteht man Gemische aus 2 oder mehreren Metallen. Legierungen lassen sich als feste Lösungen auffassen.

Tab. 9.8   Kupfer als Bestandteil technischer Legierungen

Legierung	Cu	legiert mit
Messing	20–80 % Cu	Zn
Bronze	75–93 % Cu	Sn
Aluminiumbronze	85–95 % Cu	Al

An der Luft bedeckt sich Kupfer mit einer Schicht von rotem Kupfer(I)-oxid, Cu_2O, die dem Metall die rote Kupferfarbe verleiht und es vor weiterem Angriff eine Zeit lang schützt. An feuchter Außenluft geht die rote Oberfläche dann zunächst in schwarzes Kupfer(II)-oxid, CuO, über und mit dem Kohlendioxid der Luft – eventuell auch Schwefeldioxid aus Rauchgasen oder Chloriden in Meeresnähe – bilden sich grüne, basische Salze (Patina).

Kupfer wird nur von oxidierenden Säuren wie Salpetersäure oder starker Schwefelsäure gelöst, von anderen Säuren nur langsam bei Gegenwart von Luft.

Cu(I)-Verbindungen sind wenig beständig und können leicht zur Cu(II)-Stufe oxidiert werden.

Beide Ionen sind farblos. Nur das Cu(II)-Ion bildet blau gefärbte beständige Komplexe.

$$[Cu(H_2O)_4]^{2+} \qquad [Cu(NH_3)_4]^{2+} \qquad [Cu(CN)_4]^{2-}$$

Tetraqua-Komplex   Tetrammin-Komplex   Tetracyano-Komplex

Kupferspuren wirken wie Eisenspuren als Oxidationskatalysatoren. Bei oxidationsempfindlichen Substanzen muss darauf Rücksicht genommen werden.

Kupfer gehört zu den Spurenelementen. Die Leber ist besonders kupferreich. Die Elektronenübertragung im letzten Schritt der Atmungskette erfolgt durch das kupferhaltige Enzym Cytochromoxidase.

Die Toxizität von Kupfersalzen ist nicht sehr groß: 0,1 g Kupfersulfat werden vom Menschen täglich vertragen, 0,25–0,5 g führen Erbrechen herbei, erst 10–20 g wirken letal. Mikroorganismen, wie Bakterien, Pilze und Algen, sind gegen Kupferverbindungen sehr empfindlich. Daher verwendet man Kupfersulfat gelegentlich zur Reinhaltung von Schwimmbädern und andere Kupferverbindungen als Spritzmittel zur Schädlingsbekämpfung.

Kupfer kommt hauptsächlich in den Oxidationsstufen +I und +II vor. Das gebräuchlichste Kupfersalz ist das kristallisierende, blaue Kupfersulfat, $CuSO_4 \times 5\,H_2O$. Beim Erwärmen über 200 °C erhält man das wasserfreie, weiße Salz. Dieses dient als Reagenz auf Wasser, z. B. in Alkoholen, weil sich blaues, wasserhaltiges Kupfersulfat zurückbildet.

Tab. 9.9   Pharmazeutische Vertreter (Fortsetzung s. nächste Seite)

Bezeichnung (nach Arzneibuch)	Formel	Sonstige Bezeichnungen	Verwendung
Kupfersulfat-Pentahydrat Ph. Eur.	$CuSO_4 \times 5\,H_2O$	Cupri sulfas pentahydricus Cuprum sulfuricum	Schädlingsbekämpfungsmittel; Verhinderung von Algenwachstum; Desinfektionsmittel; Adstringens in der Wundbehandlung

Tab. 9.9   Pharmazeutische Vertreter (Fortsetzung)

Bezeichnung (nach Arzneibuch)	Formel	Sonstige Bezeichnungen	Verwendung
Wasserfreies Kupfer(II)-sulfat DAB	$CuSO_4$	Cupri sulfas anhydricus Cuprum sulfuricum crudum	Nachweis von Wasser
Alkalische Kupfertartratlösung	Etwa: $Na_6[Cu(tartr.)_2]$	Fehlingsche Lösung	Nachweis von reduzierenden Substanzen, z. B. reduzierenden Zuckern

Analytik

Kupfer(II)-salze geben mit Ammoniak-Lösung den dunkelblauen Kupfer(II)-tetramminkomplex.

$$[Cu(NH_3)_4]^{2+}$$

Schwefelwasserstoff oder Natriumsulfidlösung fällen schwarzes Kupfersulfid.

$$Cu^{2+} + S^{2-} \longrightarrow CuS \downarrow$$

9.7   Silber

Reines Silber ist ein weißglänzendes, weiches Metall, das sich zu feinen Drähten und dünnen Folien ziehen und walzen lässt. Es hat die beste elektrische Leitfähigkeit für Wärme und Elektrizität.

Als edles Metall ist es an der Luft beständig. In bewohnten Räumen reagiert es mit dem immer vorhandenen Schwefelwasserstoff und läuft schwarz an.

$$4\,Ag + O_2 + 2\,H_2S \longrightarrow 2\,Ag_2S \downarrow + 2\,H_2O$$

schwarz

Wickelt man angelaufenen Silberschmuck oder -besteck in Aluminiumfolie ein und gibt sie in eine kochsalzhaltige Essigsäure, so lässt sich die (angelaufene) Silbersulfidschicht wieder entfernen (s. Kap. I.3.10).

Silber zeigt neben den aus seiner Stellung im PSE zu erwartenden Eigenschaften auch solche, in denen Beziehungen zur I. Hauptgruppe sichtbar werden (s. u.).

Eigenschaft als Edelmetall

Silber zeigt eine geringe Reaktionsfähigkeit. Aufgrund seiner Stellung in der Spannungsreihe unterhalb vom Wasserstoff löst sich Silber nicht in HCl, wohl aber in oxidierenden Säuren, z. B. in starker Schwefelsäure.

$$2\,Ag \;+\; 2\,H_2SO_4 \;\longrightarrow\; Ag_2SO_4 \;+\; SO_2 \uparrow \;+\; 2\,H_2O$$

Silbersalze sind wegen der hohen Ionisierungsenergie des Silbers wenig beständig. Schon unter der Einwirkung von Licht bildet sich elementares Silber zurück.

Eigenschaften, die auf die I. Hauptgruppe hinweisen

Silberhydroxid ist eine relativ starke Base. Silbernitratlösungen reagieren im Gegensatz zu anderen Schwermetallsalzlösungen nicht sauer, sondern neutral, da das basische Silberhydroxid die Salpetersäure neutralisiert.

$$AgNO_3 \;+\; H_2O \;\rightleftharpoons\; AgOH \;+\; HNO_3 \qquad \text{neutrale Reaktion}$$

Auch die Oxidationszahl +I entspricht der I. Hauptgruppe.

Für Silber-Ionen typische Eigenschaften

Salze des Silbers wirken bakterizid und adstringierend, in höheren Konzentrationen ätzend. Die bakterizide Wirkung ist so groß, dass schon die sehr wenigen Ionen, die von metallischem Silber oder schwer löslichen Salzen in Lösung gehen, wirkungsvoll sind. Besondere Bedeutung als mildes Schleimhautantiseptikum haben kolloidale Silberlösungen mit Proteinen als Schutzkolloid.

Silberverbindungen
Silbernitrat $AgNO_3$

Das gebräuchlichste Silbersalz ist das in schönen, farblosen Rhomben kristallisierende Silbernitrat. Es löst sich leicht in Wasser, die Lösung reagiert neutral. Silbernitrat dient als Ausgangsmaterial für andere Silberverbindungen. In der Pharmazie wird es als Ätzmittel äußerlich angewendet. Neugeborene erhalten ggf. zur Vorbeugung gegen Bindehautgonorrhoe (Blenorrhoe) einen Tropfen einer wässrigen Lösung (1 %) ins Auge. Silbernitrat wird durch Reduktionsmittel, z. B. die organische Substanz der Haut, zu schwarzem, metallischem Silber reduziert (Höllenstein).

Die Lösung ist ein wichtiges Reagenz zur Fällung von Halogenid-Ionen.

Silberhalogenide: AgF, AgCl, AgBr, AgI

Im Gegensatz zu dem sehr leicht löslichen Silberfluorid sind die anderen drei Silberhalogenide schwer löslich (s. Tab. 9.10). Sie fallen auf Zusatz von Halogenid-Ionen zur Silbernitratlösung als käsige, weiße bis gelbe Niederschläge aus, die sich am Licht violett bis schwarz färben. Ihre Löslichkeit nimmt vom Chlorid zum Iodid ab.

Tab. 9.10 Übersicht zur Löslichkeit von Silberhalogeniden und Silbersulfid in verschiedenen Lösungsmitteln

Komplex löslich in		NH_3	NH_3 (konz.)	$Na_2S_2O_3$	NaCN
AgCl	Weiß	+	+	+	+
AgBr	Hellgelb	–	+	+	+
AgI	Gelb	–	–	+	+
Ag_5S	Schwarz	–	–	–	+

Ähnlich schwer löslich sind das Silbercyanid, AgCN, und -thiocyanat, AgSCN.

Tab. 9.11 Pharmazeutische Vertreter

Bezeichnung (nach Arzneibuch)	Formel	Sonstige Bezeichnungen	Verwendung
Silbernitrat Ph. Eur.	$AgNO_3$	Argenti nitras Argentum nitricum Höllenstein	Desinfektionsmittel, Reagenz, Maßlösung der Argentometrie, Ätzmittel
Kolloidale Silberlösungen	8 % Ag mit Protein	Argentum proteinicum Silbereiweiß DAC Silberproteinat	Mildes Desinfektionsmittel und Adstringens, Schleimhautantiseptikum, zum Aufstreuen auf Wunden, Exzeme und Furunkel

Analytik

Fällung von weißem Silberchlorid, löslich in Ammoniak-Lösung. Am Licht verfärbt sich AgCl über violett nach schwarz.

$$Ag^+ \ + \ Cl^- \ \longrightarrow \ AgCl \downarrow$$

weiß, schwer löslich

$$AgCl \ + \ 2\,NH_3 \ \longrightarrow \ [Ag(NH_3)_2]Cl$$

Diamminsilber(I)-chlorid,
farblos, löslich

9.8 Gold

Gold ist ein gelbes, weiches Edelmetall. Um ihm für Münzen, Schmuckstücke u. ä. die nötige Härte zu geben, wird es mit Kupfer (Rotgold), Silber oder Nickel (Weißgold) legiert. Der Goldgehalt wird als Karat oder als Feingehalt angegeben (s. Tab. 9.12).

Tab. 9.12 Der Goldgehalt von Münzen und Schmuckstücken wird als Karat oder Feingehalt angegeben

Goldgehalt	Feingehalt (Stempel)	Karat
100 % Au	1000	24
58,5 % Au	585	14
33,3 % Au	333	8

Gold wird als typisches Edelmetall weder vom Luftsauerstoff noch von Säuren angegriffen. Es löst sich nur in stark oxidierenden Medien wie Königswasser (s. Kap. 5.2.2).

Goldverbindungen (Ridaura®) werden bei Arthritis oral oder parenteral verabreicht. Die Homöopathie schreibt Goldsalzen eine Wirkung auf Herz und Kreislauf zu.

9.9   Zink

Zink ist ein glänzend weißes, sprödes Schwermetall mit einer besonders hohen Dichte. Es zeigt eine geringe elektrische Leitfähigkeit. An der Luft bedeckt es sich mit einer dichten Schicht von Zinkoxid oder basischem Zinkcarbonat, die es vor weiterer Korrosion schützen. Zink ist unedler als der Wasserstoff (s. Spannungsreihe). Es löst sich daher in verdünnten Säuren unter Wasserstoffentwicklung:

$$Zn \quad + \quad 2\,HCl \quad \longrightarrow \quad ZnCl_2 \quad + \quad H_2 \uparrow$$

Auch an die Protonen des Wassers müsste Zink seine Valenzelektronen abgeben und als Ion in Lösung gehen. Das dabei entstehende Zinkhydroxid ist aber wie fast alle Schwermetallhydroxide schwer löslich und bildet auf dem Zink eine Schutzschicht, sodass der Vorgang zum Stillstand kommt.

In Verbindungen hat Zink immer die Oxidationszahl +II, entweder als Kation in Zink(II)-Salzen oder als Metallion in komplexen Anionen (Zinkaten).

Zinkverbindungen

Zinkoxid ZnO

Für pharmazeutische Zwecke wird reines Zinkoxid wegen seiner adstringierenden und antiseptischen Wirkung äußerlich verwendet. Es ist ein weißes, lockeres Pulver, das sich beim Erhitzen reversibel gelb färbt.

Zinksulfat $ZnSO_4$

Das meistgebrauchte Zinksalz ist das mit 7 Kristallwasser kristallisierende Zinksulfat.

Bei Entzündungen der Augenbindehaut und bei Herpes-Infektionen verwendet man eine 0,1 %ige Lösung.

Zinksulfid ZnS

Schwefelwasserstoff fällt aus neutralen oder nur schwach sauren Zinksalzlösungen weißes Zinksulfid.

$$Zn^{2+} \quad + \quad S^{2-} \quad \longrightarrow \quad ZnS \downarrow$$

Zinksulfid ist das einzige weiße Schwermetallsulfid.

Tab. 9.13 Pharmazeutische Vertreter

Bezeichnung (nach Arzneibuch)	Formel	Sonstige Bezeichnungen	Verwendung
Zink	Zn		Stoffwechselaktivator, Immunstimulanz; als Spurenelement (tgl. Bedarf 10–15 mg) bei Haarausfall und Wundheilungsstörungen
Zinkoxid Ph. Eur.	ZnO	Zinci oxidum Zincum oxydatum	Zinksalbe Zinkpaste (Pasta Zinci) Unguentum Zinci Zinkschüttelmixtur (Lotio alba aquosa) Zinkleim (Gelatina Zinci), Puder schwach adstringierend, antiseptisch
Zinkchlorid Ph. Eur.	$ZnCl_2$	Zinci chloridum Zincum chloratum	Desinfiziens; Ätzmittel
Zinksulfat Ph. Eur.	$ZnSO_4 \times 7\,H_2O$	Zinci sulfas Zincum sulfuricum Zinkvitriol	Desinfizierende, adstringierende Augentropfen und Augenspülung; Maßlösung in der Komplexometrie
Zinkstearat Ph. Eur.		Zinci stearas	Adstringens und Antiseptikum in Pudern

Analytik

▦ Alkali- und Ammoniumhydroxid fällen aus Zinksalzen weißes, gallertiges Zinkhydroxid, löslich im Überschuss von Alkalilauge oder Ammoniak.

Spezielle anorganische Chemie

$$ZnSO_4 \quad + \quad 2\,NaOH \quad \longrightarrow \quad Zn(OH)_2 \downarrow \quad + \quad Na_2SO_4$$

$$Zn(OH)_2 \quad + \quad 2\,OH^- \quad \longrightarrow \quad [Zn(OH)_4]^{2-}$$

$$[Zn(OH)_4]^{2-} \quad + \quad 4\,NH_3 \quad \longrightarrow \quad [Zn(NH_3)_4]^{2+} \quad + \quad 4\,OH^-$$

Kaliumhexacyanoferrat(II)-Lösung fällt weißes Kaliumzinkhexacyanoferrat(II)

$$3\,Zn^{2+} \quad + \quad 2\,K^+ \quad + \quad 2[Fe(CN)_6]^{4-} \quad \longrightarrow \quad K_2Zn_3[Fe(CN)_6]_2 \downarrow$$

9.10   Quecksilber

Quecksilber ist das einzige bei Zimmertemperatur flüssige Metall. Die Oberfläche zeigt silbrigen Glanz und hat eine extrem hohe Oberflächenspannung. Sie ist 6-mal größer als bei Wasser. Quecksilber wird als Thermometerflüssigkeit verwendet; wegen seiner hohen Dichte dient es zur Füllung von Barometern und Manometern.

Viele Metalle werden in Quecksilber leicht gelöst. Solche Lösungen werden Amalgame genannt. Die Verwendung von Silberamalgam in der Zahnheilkunde wird seit Jahren kontrovers diskutiert.

Quecksilber gehört zu den Edelmetallen; es steht in der Spannungsreihe der Elemente zwischen Silber und Gold. Quecksilber löst sich nur in oxidierenden Säuren wie Salpetersäure oder konzentrierter Schwefelsäure.

Stabil sind die Quecksilber(II)-Verbindungen; die weniger stabilen Quecksilber(I)-Verbindungen müssen bimolekular als Hg_2^{2+} formuliert werden.

Von den stabileren Quecksilber(II)-Salzen sind Chlorid, Nitrat und Sulfat wasserlöslich. Wenn das Quecksilber(II)-Ion auch keine Farbe bedingt, so sind einige seiner Salze doch auffällig gefärbt:

- Oxid: rot und gelb,
- Sulfid: rot und schwarz,
- Iodid: rot und gelb.

Quecksilberverbindungen fanden früher ausgedehnte Verwendung in der Pharmazie, z. B. als Diuretika, Laxantien, Chemotherapeutika. Im Hinblick auf die Giftigkeit des Quecksilbers beschränkt man sich heute auf die antiseptische und antiparasitäre Wirkung in äußerlich anzuwendenden Arzneimitteln, Desinfektionslösungen.

Organische Quecksilberverbindungen

Quecksilber in direkter Bindung an einem Benzolring liefert starke Desinfektionsmittel, die in Verdünnungen von 1 : 50 000 noch wirksam sind.

Phenylmercuriborat
(Merfen®)

Diese quecksilberorganischen Verbindungen werden u. a. zur Konservierung von Augentropfen gebraucht.

Toxikologie des Quecksilbers

Quecksilber und seine Verbindungen sind für den Menschen sehr giftig, wenn sie resorbiert werden. Akute und chronische Vergiftungen zeigen dabei unterschiedliche Symptome.

Metallisches Quecksilber hat schon bei Zimmertemperatur einen erheblichen Dampfdruck. Deshalb ist ein Leben und Arbeiten in Räumen mit Quecksilberatmosphäre gesundheitsschädlich. Quecksilber reichert sich im Organismus an. Bei $0,1 \text{ mg/m}^3$ Luft muss mit chronischen Vergiftungserscheinungen gerechnet werden(verschüttetes Quecksilber in Laboratorien, zerbrochene Fieberthermometer in Schlafräumen).

Bei Quecksilbersalzen richtet sich die Giftigkeit nach der Löslichkeit. Quecksilber(II)-chlorid wirkt bereits in Dosen von 0,2 bis 0,4 g letal, das schwer lösliche Quecksilber(I)-chlorid wurde in therapeutischen Dosen von 0,1 bis 0,3 g angewendet, und das sehr schwer lösliche Quecksilber(II)-sulfid gilt als indifferent.

Als Antidot bei Quecksilbervergiftungen dient parenteral verabreichtes Dimercaprol.

Tab. 9.14 Pharmazeutische Vertreter

Bezeichnung (nach Arzneibuch)	Formel	Sonstige Bezeichnungen	Verwendung
Quecksilber	Hg	Hydrargyrum Mercurius	In Amalgam
Quecksilber(I)-chlorid	Hg_2Cl_2	Hydrargyrum chloratum Kalomel	Laxans, Diuretikum (obsolet)
Quecksilber(II)-oxid – rote Form – DAC	HgO	Hydrargyri oxidum rubrum	In Salben bei schlecht heilenden Geschwüren
Quecksilber(II)-chlorid Ph. Eur.	$HgCl_2$	Hydrargyri dichloridum Hydrargyrum bichloratum Sublimat	Antiseptische Lösungen $\sim$0,1 %
Quecksilber(II)-iodid	HgI_2	Hydrargyrum biiodatum rubrum	In Nesslers Reagenz auf Ammoniak, Mayers Reagenz auf Alkaloide
Quecksilbersulfid, rotes DAC	HgS	Hydrargyri sulfidum rubrum Zinnober Cinnabaris	Malerfarbe
Quecksilber(II)-amidochlorid DAC	$Hg(NH_2)Cl$	Hydrargyri amidochloridum Weißes Quecksilberpräzipitat	In Quecksilberpräzipitatsalbe DAB 9 als Antiseptikum
Phenylmercuriborat Ph. Eur.		Phenylhydrargyri boras Merfen®	Antiseptikum Konservierungsmittel für Augenarzneien, Injektionslösungen
Thiomersal		Thiomersalum	Konservierung in Augentropfen

Analytik

▫ Beim Einleiten von H_2S in Quecksilber(II)-salzlösungen fällt schwarzes HgS aus

$$HgCl_2 \;+\; H_2S \;\longrightarrow\; HgS \downarrow \;+\; 2\,HCl$$

▫ Mit Natronlauge fällt aus Quecksilber(II)-Salz-Lösungen gelbes Quecksilber(II)-oxid.

$$Hg^{2+} \;+\; 2\,OH^- \;\longrightarrow\; HgO \downarrow \;+\; H_2O$$

▫ Kaliumiodid-Lösung fällt aus Quecksilber(II)-Salz-Lösungen zunächst rotes Quecksilber(II)-iodid, das sich in überschüssigem Kaliumiodid komplex zu Kaliumtetraiodomercurat(II) löst.

$$Hg^{2+} \;+\; 2\,I^- \;\longrightarrow\; HgI_2$$
$$HgI_2 \;+\; 2\,KI \;\longrightarrow\; K_2[HgI_4]$$

III

Grundlagen der organischen Chemie

1 Besonderheiten der organischen Chemie

1.1 Begriffsbestimmung, Geschichte

Als organische Chemie wird aus historischen Gründen die Chemie der Kohlenstoffverbindungen bezeichnet, ausgenommen sind nur das Element Kohlenstoff, die Kohlenoxide, die Kohlensäure und ihre Salze, die Carbonate, und einige einfache Kohlenstoffverbindungen, die im Rahmen der anorganischen Chemie behandelt werden.

Der Begriff organische Chemie wurde erstmals von Berzelius zu Beginn des 19. Jahrhunderts verwendet; er bezeichnete damit aus lebenden Organismen isolierte Verbindungen und vertrat die Ansicht, dass sie ausschließlich in der lebenden Zelle durch die Wirkung einer geheimnisvollen Lebenskraft entstehen könnten. Diese Theorie wurde 1828 durch den Chemiker Friedrich Wöhler widerlegt: Er synthetisierte aus Ammoniumisocyanat, das als anorganische Verbindung gilt, durch Erhitzen Harnstoff, eine organische Verbindung:

$$NH_4OCN \xrightarrow{\Delta t} H_2N-\overset{\overset{\textstyle O}{\|}}{C}-NH_2$$

Ammoniumisocyanat   Harnstoff

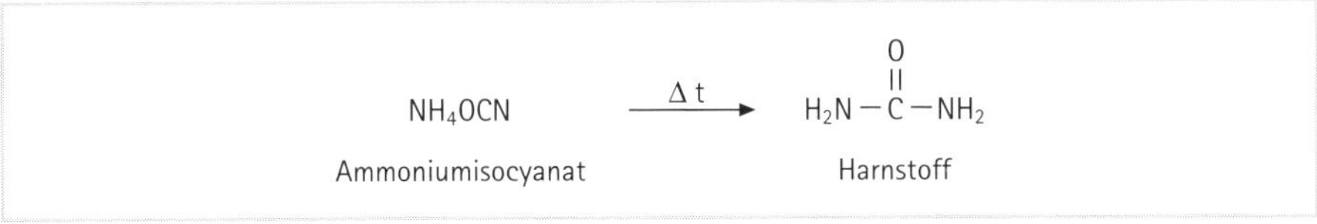

Abb. 1.1   Synthese von Harnstoff

Heute bezeichnet man als „organische Verbindung" die Substanzen, die vorwiegend aus Kohlenstoff, Wasserstoff, Sauerstoff und Stickstoff aufgebaut sind.

Die Zahl der bisher bekannten organischen Verbindungen geht in die Millionen und hat die der anorganischen um ein Vielfaches übertroffen. Im Standardwerk der organischen Chemie, dem „Beilstein", sind 5 Mio. beschrieben. Täglich werden neue entwickelt.

Wo noch vor 50 Jahren ein Chemiker zur Strukturaufklärung eines Naturstoffes raffiniert ausgeklügelte Experimente (und Jahre seines Lebens) benötigte, kann man heute mit geeigneten spektroskopischen Methoden und etwas Glück innerhalb eines Tages den Bauplan komplizierter Moleküle erkennbar machen.

Die Computergrafiksysteme machen es möglich, Strukturen von organischen Molekülen auf dem Bildschirm sichtbar zu machen, noch ehe die Synthese begonnen wird (Molecular Modeling). Ob erwartet werden kann, dass eine solche Struktur pharmakodynamisch wirksam ist, lässt sich ebenfalls computergestützt beurteilen, wenn der infrage kommende Rezeptor in seiner Raumerfüllung in das Programm eingegeben ist.

1.2 Unterschiede zu anorganischen Verbindungen

Die auffälligsten **Unterschiede,** z. B. im physikalischen Verhalten, zwischen organischen und anorganischen Verbindungen lassen sich durch die verschiedenen Bindungsverhältnisse erklären. In **anorganischen Verbindungen** überwiegen die **Ionenbindungen,** während die Atome in **organischen Molekülen** durch **Elektronenpaarbindungen** miteinander verbunden sind (s. Kap. II 2.2)

Die in der Tabelle 1.1 aufgeführten **physikalischen Eigenschaften** werden bei den meisten organischen und anorganischen Verbindungen gefunden, aber es gibt auch viele Ausnahmen. So sind organische Verbindungen in der Regel nicht in Wasser löslich, es existieren aber auch wasserlösliche und den Strom leitende organische Stoffe. Dazu gehören die Salze organischer Säuren und Basen. Ebenfalls eine gute Wasserlöslichkeit zeigen kurzkettige organische Verbindungen (z. B. Methanol) und Moleküle mit mehreren polaren Resten (z. B. Glycerol).

Tab. 1.1 Allgemeine Unterscheidungsmerkmale zwischen organischen und anorganischen Verbindungen

Anorganische Verbindungen	Organische Verbindungen
In Wasser löslich	In Wasser unlöslich
In organischen Lösungsmitteln (z. B. Ether, Aceton) unlöslich	In organischen Lösungsmitteln löslich
Hoher Schmelzpunkt	Schmelzpunkt meist $< 350\,°C$
Schmelzen und Lösungen leiten den elektrischen Strom	Schmelzen und Lösungen nicht leitend
Ablauf von Reaktionen meist sehr schnell	Reaktionsablauf häufig langsam

1.3 Sonderstellung der organischen Chemie

Kohlenstoffatome verbinden sich mit den Atomen anderer Elemente durch **Elektronenpaarbindungen** zu Molekülen. Das bedeutet, dass beide Partner ein **bindendes Elektronenpaar** gemeinsam nutzen. Dadurch kann der Kohlenstoff praktisch unbegrenzt mit sich selbst **Ketten, Ringe, Netze** oder **dreidimensionale Gerüste** bilden. In der organischen Chemie sind daher Makromoleküle mit sehr hohen Molekülmassen (> 1 Mio.) möglich, wohingegen solche Riesenmoleküle in der anorganischen Chemie nicht bekannt sind. Die C—C-Bindungen sind bei Raumtemperatur beständig.

Die häufigsten in der organischen Chemie vorkommenden Verbindungen verfügen über C—C- und C—H-Bindungen. Die **einfachste Kohlenwasserstoff-Verbindung**, das **Methan** (CH_4), zeigt, dass zum Erreichen der Edelgaskonfiguration vier Elektronenpaare gebildet werden. Der Wasserstoff erhält dadurch die Helium-, der Kohlenstoff die Neonkonfiguration. Dabei bildet das Molekül die Form eines **Tetraeders** aus (s. Abb. 1.2).

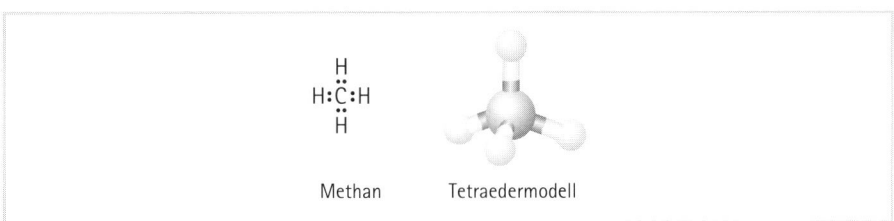

Methan   Tetraedermodell

Abb. 1.2   Methan mit den vier Elektronenpaarbindungen und als Tetraedermodell

Es gibt verschiedene Möglichkeiten, die Atom- und Bindungsverhältnisse in einem Molekül anzugeben (s. Abb. 1.3). Will man sich lediglich auf die Angabe der Anzahl der Atome in einem Molekül beschränken, so reicht die so genannte **Summenformel** aus. Um die räumliche Anordnung der einzelnen Atome zu zeigen, benutzt man die **Strukturformel**, auch als **Konstitutionsformel** bezeichnet, bei der die **gemeinsamen Elektronenpaare** durch einen **Bindestrich** wiedergegeben werden.

Einen plastischeren Eindruck vermittelt die **räumliche Konstitutionsformel**. Die einfachen Striche symbolisieren dabei die Bindungen, die in der Papierebene liegen. Gestrichelt gezeichnete Linien zeigen die hinter der Papierebene verlaufenden Bindungen; Striche, die stark oder keilförmig gezeichnet werden, stellen nach vorne gerichtete Bindungen dar. Der Winkel beträgt wie im Tetraeder jeweils 109,5° (s. Kap. 2.1).

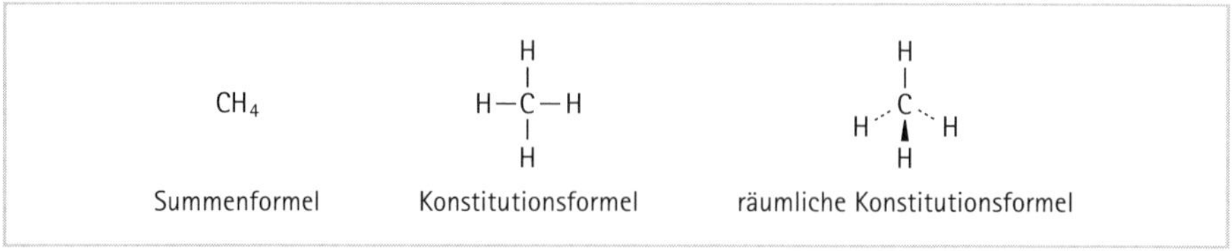

CH_4	H | H—C—H | H	H | H⋅⋅C⋅⋅H | H
Summenformel	Konstitutionsformel	räumliche Konstitutionsformel

Abb. 1.3 Unterschiedliche Formelschreibweisen von Methan

2 Hybridisierung

Um die räumliche Struktur anorganischer und organischer Moleküle erklären zu können, eignet sich die von Pauling entwickelte Theorie der Hybridisierung, bei der sich durch Mischen (Hybridisieren) energiegleiche Orbitale bilden, die zu einer Bindung genutzt werden können.

2.1 sp³-Hybridisierung

Im Grundzustand ($1s^2\ 2s^2\ 2p_x^1\ 2p_y^1$) (s. Abb. 2.2) weist Kohlenstoff zwei ungepaarte Elektronen auf und könnte, da er nur die beiden Elektronen der einfach besetzten $2p_x^1\ 2p_y^1$-Orbitale zur Verfügung hat, maximal zwei Bindungen mit anderen Atomen eingehen. Schaut man sich aber das Tetraedermodell des Methan (CH_4) an, liegen hier vier kovalente Bindungen vor.

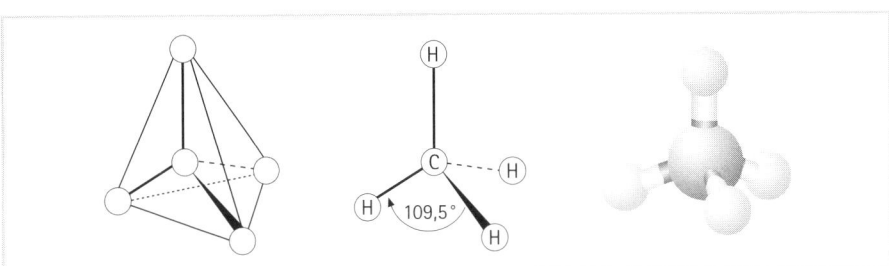

Abb. 2.1 Tetraedermodell des Kohlenstoffes am Beispiel Methan

Wie kommt die Vierbindigkeit des Kohlenstoffatoms zustande? Führt man dem Kohlenstoff Energie zu, ist es möglich, eins der beiden Elektronen des 2s-Orbitals in das noch unbesetzte $2p_z$-Orbital zu heben (promovieren). Das Atom befindet sich nun in einem angeregten Zustand ($1s^2\ 2s^1\ 2p_x^1\ 2p_y^1\ 2p_z^1$), in dem es über vier

Orbitale verfügt, die jeweils nur mit einem Elektron besetzt sind und durch Überlappung mit vier Wasserstoffatomen eine kovalente Bindung eingehen können.

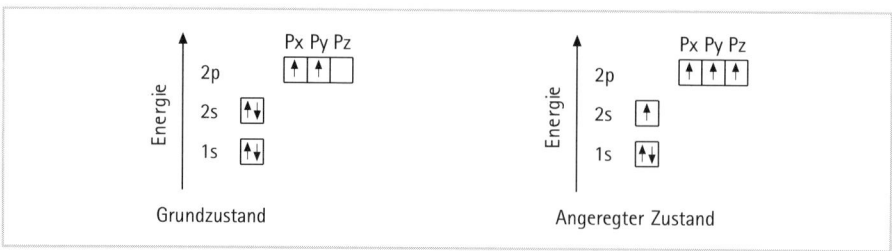

Abb. 2.2 Grundzustand und angeregter Zustand des Kohlenstoffatoms

Aufgrund der unterschiedlichen Form der s- und p-Orbitale (s-Orbital = kugelförmig, p-Orbital = hantelförmig) wäre zu erwarten, dass sich zwei verschiedene Bindungstypen ausbilden. Wie man aber am Tetraeder des Methanmoleküls (CH_4) erkennen kann, entstehen vier gleichwertige Atomorbitale, die nach den Ecken ausgerichtet sind (s. Abb. 2.1). Man erklärt sich diesen Zustand damit, dass aus dem s-Orbital und den drei p-Orbitalen des angeregten Zustandes durch **Mischen** (Hybridisieren, hybrida = lat. Mischling) **vier energiegleiche sp^3-Hybridorbitale** entstanden sind, die vier gleichwertige Bindungen eingehen können (s. Abb. 2.4). Dabei wird mehr Energie frei als zum Erreichen des angeregten Zustandes aufgewendet werden musste. Diese Bindung ist also energetisch günstiger.

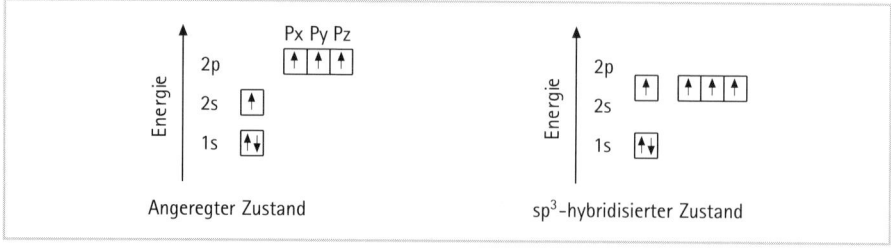

Abb. 2.3 Angeregter und sp^3-hybridisierter Zustand des Kohlenstoffatoms

Sie ähneln in der Form den p-Orbitalen, jedoch ist eine der beiden Hantelhälften kleiner. Die **Bindungen** bilden sich jeweils mit den **größeren Seiten der sp^3-Hybridorbitale** aus (s. Abb. 2.5).

Grundlagen der organischen Chemie

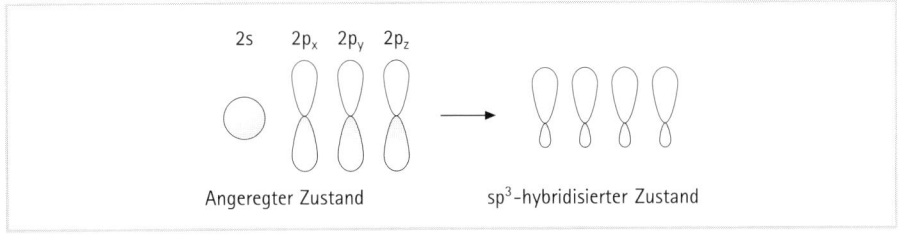

2s   2p$_x$ 2p$_y$ 2p$_z$

Angeregter Zustand   sp^3-hybridisierter Zustand

Abb. 2.4   s- und p-Orbitale des angeregten Zustandes und die durch Mischen entstandenen sp^3-Hybridorbitale

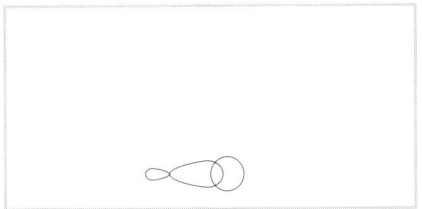

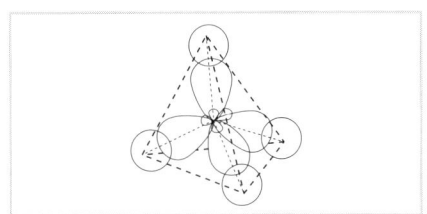

Abb. 2.5   Überlappung von s-Orbital und
Hybridorbital

Abb. 2.6   Tetraedermodell der vier sp^3-Hybrid-
orbitale des Kohlenstoffs im Methan

Bei der **Benennung** versucht man, das hybridisierte Molekül so genau wie möglich zu beschreiben. Der Name weist auf die Art (z. B. **sp**) und Anzahl (z. B. **sp^3**) der an der Hybridisierung beteiligten Orbitale hin. So besteht ein sp^3-Hybridorbital aus **einem s-, und drei p-Orbitalen.**

Jedes Kohlenstoffatom bildet in der Verbindung mit vier anderen Atomen eine Tetraederform aus. Bei größeren Molekülen, z. B. Pentan ($H_3C-CH_2-CH_2-CH_2-CH_3$), sind mehrere C-Atome miteinander verbunden. Da jedes Kohlenstoffatom vier nach den Ecken des Tetraeders ausgerichtete Bindungen besitzt, bildet sich keine geradlinige Kette aus, sondern eine **gewinkelte, dreidimensionale Struktur** (s. Abb. 2.7).

Man kann sich ein solches Molekül mit fünf Äpfeln und Zahnstochern bauen:

In die fünf Äpfel steckt man jeweils vier Zahnstocher so, dass sie möglichst weit voneinander entfernt sind. Es entsteht so die Form des Tetraeders. Unsere Äpfel stehen jetzt auf drei ihrer Beine, das vierte ragt senkrecht in die Höhe. Verbindet man nun die Äpfel miteinander, indem man jeweils einen Zahnstocher gemeinsam benutzt, entsteht eine gewinkelte Apfelkette, die exakt einer Kohlenstoffkette gleicht.

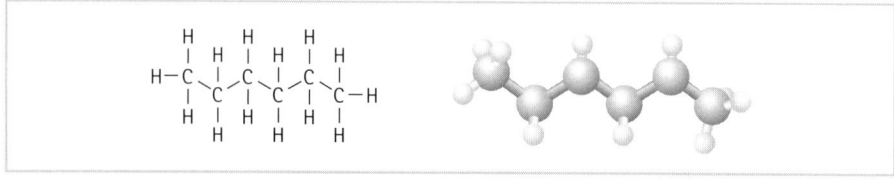

Abb. 2.7 Gewinkelte Form einer Kohlenwasserstoffkette

Natürlich findet man die tetraedrische Struktur auch in den Kohlenstoffringen wieder. (s. Kap. IV. 2.2).

Bei der Hybridisierung können außer **sp³**- auch **sp²- und sp-Hybridorbitale** entstehen, abhängig von der Anzahl der p-Orbitale, die sich an der Hybridisierung beteiligen. Jede Art der Hybridisierung hat ihre charakteristische geometrische Molekülform. Die Form der **sp³-hybridisierten Moleküle** ist die des regelmäßigen **Tetraeders**, die Bindungswinkel betragen jeweils **109,5°**. Alle **sp²-hybridisierten Moleküle** weisen einen Winkel von **120°** auf und bilden ein **gleichseitiges Dreieck**. Bei **sp-hybridisierten Molekülformen** dagegen sind die Hybridorbitale **entlang einer Achse** ausgerichtet, d. h. sie stehen in einem Winkel von **180°** zueinander.

2.2   sp²-Hybridisierung

Bei der sp²-Hybridisierung entstehen aus einem s- und zwei p-Orbitalen **drei gleichwertige sp²-Hybridorbitale**. Man findet die sp²-Hybridisierung in der anorganischen wie in der organischen Chemie wieder. In der organischen Chemie bilden sp²-hybridisierte C-Atome Doppelbindungen aus, an die sich leicht andere Verbindungen anlagern können. Diese Form der Hybridisierung wird unten an einem anorganischen Beispiel gezeigt, dem Boratom, und ausführlich im Kapitel IV.3 am Beispiel der Doppelbindungen der Alkene erklärt.

Das **Boratom** ($1s^2\ 2s^2\ 2p^1$) besitzt im **angeregten Zustand** die Elektronenkonfiguration $1s^2\ 2s^1\ 2p_x^1\ 2p_y^1$. Es können also 3 gleichwertige sp²-Hybridorbitale entstehen, die jeweils mit einem Elektron besetzt sind. Wie bereits erwähnt, bildet sich dadurch eine **trigonale** (dreieckige), **ebene Form** des Moleküls aus. Der Bindungswinkel beträgt **120°**.

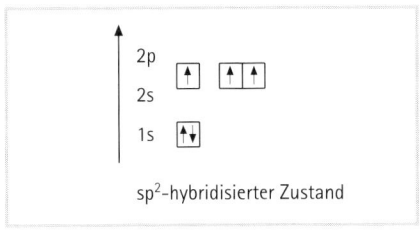

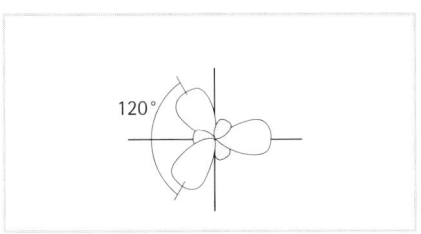

Abb. 2.8 Hybridisierter Zustand des Boratoms

Abb. 2.9 sp²-Hybridorbitale bilden ein Dreieck

2.3   sp-Hybridisierung

Eine sp-Hybridisierung liefert **zwei gleiche sp-Hybridorbitale**. An der Hybridisierung sind jeweils ein s- und ein p-Orbital beteiligt. Auch sie wird hier zur Vereinfachung an einem anorganischen Beispiel vorgestellt. In der organischen Chemie bilden sp-hybridisierte C-Atome Dreifachbindung aus. Im Kapitel IV.4 wird am Beispiel der Alkine näher auf diese Bindungsverhältnisse eingegangen.

Diese Form der Hybridisierung lässt sich am Beispiel des Berylliumatoms erklären (s. Abb. 2.10). Beryllium steht in der zweiten Hauptgruppe und hat im **Grundzustand** die Elektronenkonfiguration $1s^2\ 2s^2$. Im **angeregten Zustand** dagegen zeigt es die Konfiguration $1s^2\ 2s^1\ 2p^1$. Durch Hybridisierung können also zwei einfachbesetzte, energiegleiche Hybridorbitale entstehen. Die Molekülform ist **linear**, der Bindungswinkel beträgt **180°** (s. Abb. 2.11).

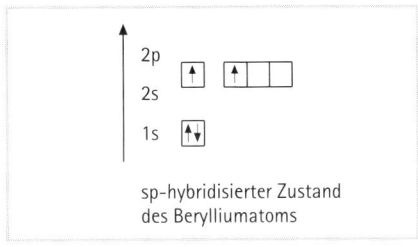

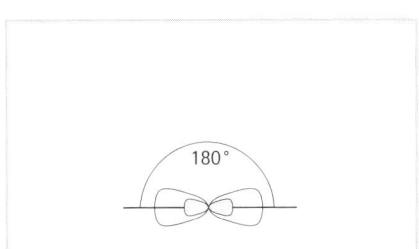

Abb. 2.10 Hybridzustand des Berylliumatoms

Abb. 2.11 sp-Hybridorbitale bilden lineare Moleküle

IV

Organische
Verbindungen, ihre
Eigenschaften und die
wichtigen Vertreter

1 Einteilung der organischen Verbindungen nach dem Grundgerüst

Kohlenwasserstoffverbindungen, von denen weit über 1 Millionen verschiedene bekannt sind, können nach ihrem Grundgerüst zunächst grob in Ketten und Ringe eingeteilt werden. Eine weitere Unterteilung gelingt, wenn man die Art der Bindungen der einzelnen C-Atome betrachtet. So findet man sowohl Einfach-, als auch Zwei- und Dreifachbindungen und bei den Ringen zusätzlich noch aromatische Verbindungen, bei denen das Bindungselektronenpaar keinem C-Atom direkt zugeordnet werden kann. Als Heterocyclen bezeichnet man die Ringsysteme, die sogenannte Fremdatome (O, S, N ...) enthalten (Abb. 1.1).

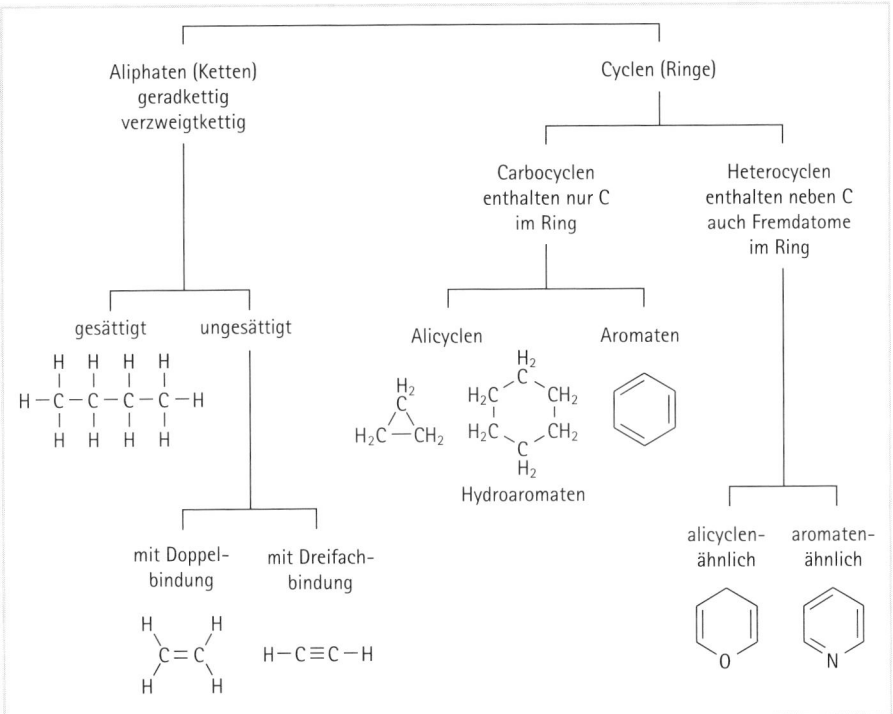

Abb. 1.1   Einteilung der organischen Verbindungen

2 Alkane

Die einfachsten organischen Verbindungen sind die Kohlenwasserstoffe (KW). Sie bestehen **ausschließlich aus Kohlenstoff- und Wasserstoffatomen.** Alle nicht zur Bildung des Gerüstes benötigten Valenzen des Kohlenstoffes sind also durch Wasserstoff abgesättigt. Aus der Art des Gerüstes und der Bindung ergibt sich die Einteilung der Kohlenwasserstoffe (s. Tab. 2.1).

Tab. 2.1 Einteilung der Kohlenwasserstoffe

Bindung	Gerüst			Sonstige Bezeichnungen	Bezeichnung als Rest
	Aliphaten	Alicyclen	Aromaten		
Einfach	Alkane			Gesättigte KW, Paraffine	Alkyl-
		Cycloalkane		Ringparaffine Naphthene	Cycloalkyl-
Doppelt	Alkene			Ungesättigte KW, Olefine	Alkenyl-
		Cycloalkene		Ungesättigte Alicyclen	Cycloalkenyl-
Dreifach	Alkine			Acetylene	Alkinyl-
Aromatisch			Aromaten	Aromatische KW, Benzol-KW	Aryl-

2.1   Aliphatische Alkane

Kettenförmige organische Verbindungen werden **Aliphaten** oder **aliphatische Ver-bindungen** genannt. Diese Bezeichnung ist vom griechischen aleiphatos = Salbe abgeleitet und weist auf die Fette bzw. Fettsäuren hin, die typische Vertreter dieser Gruppe darstellen. Man kennt sie aber auch unter dem Namen **Paraffine** (parum affinis = lat. wenig reaktionsfähig) oder **gesättigte Kohlenwasserstoffverbindun-gen.** Sie bestehen ausschließlich aus Wasserstoff- und Kohlenstoffatomen und besitzen **keine Mehrfachbindungen.** Jedes C-Atom ist mit vier weiteren Atomen verbunden und kann durch Hinzufügen von CH_2-Gruppen zu beliebig langen Ketten verknüpft werden (s. Abb. 2.1).

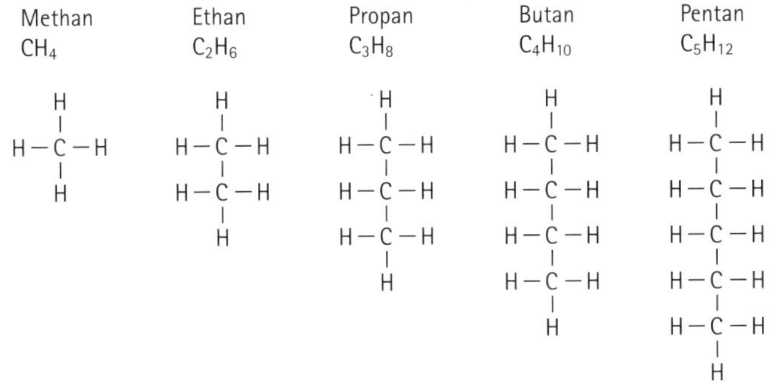

Methan CH_4	Ethan C_2H_6	Propan C_3H_8	Butan C_4H_{10}	Pentan C_5H_{12}

Abb. 2.1   Struktur und Summenformel einiger Kohlenwasserstoffketten

2.1.1   Bindungsverhältnisse, Schreibweise, Eigenschaften, Vorkommen und Darstellung

Die Bindungsverhältnisse

Die Verknüpfungen zwischen den C–C- bzw. C–H-Atomen erfolgen durch **Elek-tronenpaarbindungen,** d. h. beide Bindungspartner besitzen ein gemeinsames Elek-tronenpaar. Die Differenz der Elektronegativität zwischen dem Kohlenstoff und dem Wasserstoffatom ist so gering, dass die C–H-Bindung **unpolar** ist. Die allgemeine Summenformel dieser Ketten ist C_nH_{2n+2}.

Die einzelnen Kohlenstoffatome lassen sich um die C–C-Einfachbindung dre-hen; man spricht von einer **freien Drehbarkeit.**

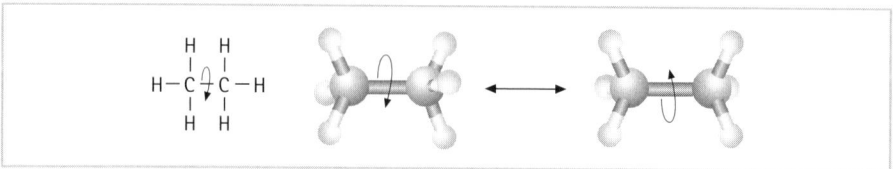

Abb. 2.2   Drehung um die C–C-Einfachbindung beim Ethan

Molekülschreibweise

Für die Zeichnung der Molekülstrukturen bedient man sich verschiedener Schreibweisen (s. Tab. 2.2). Die **Summenformel** (z. B. C_2H_6) gibt lediglich Auskunft über die Art und Anzahl der Atome in einem Molekül. Mit Hilfe der **Strukturformel** kann dagegen gezeigt werden, wie die einzelnen Atome angeordnet sind. Hierbei symbolisiert ein Bindestrich oder Doppelpunkt zwischen zwei Elementen das Bindungselektronenpaar. Bei der **Lewis-Formel** werden zusätzlich zu den Bindungselektronenpaaren auch die Valenzelektronen angegeben, die nicht an der Bindung beteiligt sind. Man zeichnet sie als Punkte oder Striche (ein Strich = ein Elektronenpaar) neben, über und unter die Elementsymbole. Diese Formelschreibweise zeigt das Bestreben der Elemente, durch die Ausbildung einer kovalenten Bindung die Edelgaskonfiguration zu erreichen (Oktettregel), da alle acht Valenzelektronen dargestellt werden. Bei der **vereinfachten Strukturformel** verzichtet man auf die Bindungsstriche zwischen den C- und H-Atomen.

Tab. 2.2   Summen-, Struktur- und vereinfachte Strukturformel

Summenformel	Strukturformel		vereinfachte Strukturformel
C_2H_6 Ethan	H H ·· ·· H : C : C : H ·· ·· H H	H H | | H—C—C—H | | H H	H_3C-CH_3
CH_2O Formaldehyd	H ··C::O H	H\\ C=O⟩ H/ Lewis-Formel	$H_2C=O$

Aus Abbildung 2.3 ist ersichtlich, dass mehrere Verbindungen die gleiche Summenformel, aber eine unterschiedliche Verknüpfung der Atome besitzen können. Man nennt sie **Isomere**. Sie unterscheiden sich untereinander in ihren physikalischen und chemischen Eigenschaften (s. Kap. 7).

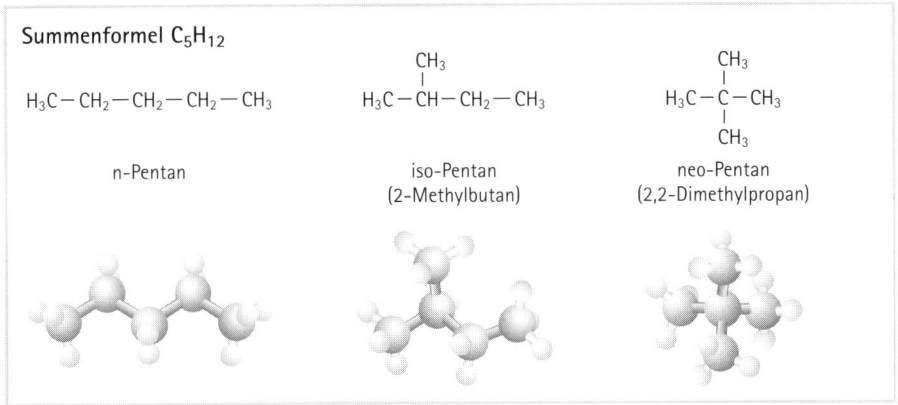

Abb. 2.3 Alle drei Moleküle haben die Summenformel C_5H_{12}, aber unterschiedliche Strukturformeln. Man nennt sie Isomere.

Eigenschaften

Kohlenstoffwasserstoffketten haben unterschiedliche physikalische Eigenschaften, die sich nach der Kettenlänge richten. So sind die sehr kurzkettigen Alkane, d. h. Ketten mit **einem** bis **vier C-Atomen**, bei Raumtemperatur **gasförmig** (z. B. Methan CH_4), solche mit einer **Kettenlänge** von **5** bis **17 C-Atomen flüssig** (z. B. n-Hexan) und Verbindungen mit **18 C-Atomen** und mehr sind **fest**. Das bedeutet, dass **die Schmelz- und Siedepunkte** mit zunehmender Molekülmasse **steigen**, wobei sich das Hinzukommen einer CH_2-Gruppe bei den niederen Gliedern viel stärker bemerkbar macht als bei den höheren, sodass die Siedepunktunterschiede bei den verschiedenen kurzkettigen Kohlenwasserstoffen größer sind.

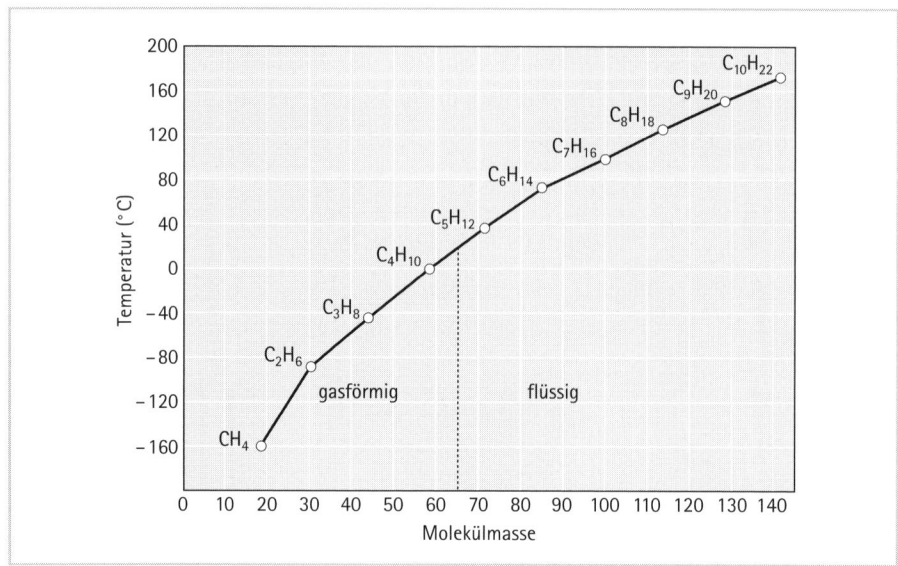

Abb. 2.4 Zusammenhang zwischen Siedepunkt und Molekülmasse bei niederen KW

In allen Kohlenwasserstoffmolekülen sind die C- und H-Atome durch eine **kovalente Bindung** miteinander verknüpft. Wie bereits erwähnt, ist die Elektronegativitätsdifferenz beider Elemente gering, die Bindungen sind folglich **unpolar**. Die fehlende Polarität der gesättigten Kohlenwasserstoffe erklärt ihre **Löslichkeit in unpolaren Lösungsmitteln** wie z. B. anderen Kohlenwasserstoffen und auch die fehlende Mischbarkeit mit polaren Stoffen, z. B. Wasser.

Bei Raumtemperatur sind die Alkane gegenüber den meisten Reagenzien äußerst **reaktionsträge**. Durch Erhitzen auf einige 100 °C und nachfolgendes Abkühlen kann man Kohlenwasserstoffe durch Trennung der C–C-Bindung in kleinere Moleküle (Alkane/Alkene) spalten.

Die **Oxidation** der Alkane zu CO_2 und H_2O ist ein **stark exothermer Vorgang**. Darauf beruht die Verwendung der Alkane als **Energiequelle** (Benzin, Erdgas, Heizöl, Petroleum).

$$CH_4 \ + \ 2\,O_2 \ \longrightarrow \ CO_2 \ + \ 2\,H_2O \qquad \Delta H = -883\,kJ$$

Vorkommen und Darstellung

Erdöl als wichtigster Energielieferant der Erde, aus dem auch zu 92 % die Grundchemikalien für die organische Chemie erzeugt werden, enthält ein Gemisch

Organische Verbindungen, ihre Eigenschaften und die wichtigen Vertreter

verschiedener flüssiger Alkane (s. Tab. 2.3), während das über dem Erdöl oder in davon getrennten Hohlräumen lagernde Erdgas vorwiegend aus Methan besteht.

Die Hauptvorkommen an Erdöl liegen in der Nordsee, im Mittleren Osten, in Nordafrika, Nordamerika, am Kaspischen Meer und in Südamerika (Venezuela). Die Zusammensetzung der Erdöle ist je nach Herkunft unterschiedlich. Die Aufarbeitung (Raffination) des Erdöls erfolgt entweder nahe der Ölfelder oder nach dem Transport mit Tankern oder Pipelines in Raffinerien. Die Raffination besteht in einer fraktionierten Destillation, d. h. man trennt die Bestandteile des Rohöls nach ihren Siedepunkten. Da jedoch vom Pentan an die Isomerenzahl stark wächst und sich die Siedepunkte der Isomeren nur sehr wenig unterscheiden, können nur C_1- bis C_5-Kohlenwasserstoffe als reine Stoffe aus Erdöl und Erdgas erhalten werden. Bei höheren Alkanen muss man sich mit Isomerengemischen begnügen.

Die genaue Auftrennung eines handelsüblichen Autobenzins (Hexan bis Nonan und deren Isomere) mithilfe eines Gaschromatographen und Massenspektroskops ergibt mehr als 250 Substanzen.

Tab. 2.3   Bestandteile des Erdöls (Fortsetzung s. nächste Seite)

Siedegrenze	Name der Fraktion	Enthält	Anwendung
32–37 °C	Pentan	n-Pentan	Reagenz
40–70 °C	Petrolether, Aether petrolei	Pentane und Hexane	Reagenz Lösungsmittel
40–60 °C (75 %)	Benzin, Ligroin, Petrolbenzin, Benzinum petrolei Wundbenzin	Pentane, n-Hexan, n-Heptan	Lösungsmittel für Fette, Harze, Kautschuk
50–200 °C	Autobenzin	Hexan – Nonan	Kraftstoff für Ottomotoren
98–100 °C	Isooctan	2,2,2-Trimethylpentan	Lösungsmittel
150–300 °C	Leuchtpetroleum	Nonan – Pentadecan	Beleuchtung
250–350 °C	Dieselöl	KW ab C_{16}	Kraftstoff für Dieselmotoren, Heizung
über 350 °C	Heizöle, Schmieröle		

Tab. 2.3   Bestandteile des Erdöls (Fortsetzung)

Siedegrenze	Name der Fraktion	Enthält	Anwendung
über 300 °C Vakuumdest.	Dünnflüssiges und dickflüssiges Paraffin Paraffin. perliquidum u. Paraffin. liquidum		Abführmittel Salbenzusatz ölige Sprays
Rückstand			
Erstarrungspunkt 38–56 °C	Gelbes und weißes Vaselin, Vaselinum flavum, Vaselinum album	Wenige n-KW, viele Ring- und verzweigte KW	Salbengrundlage technische Schmierfette
Abscheidung aus hochsiedenden Fraktionen			
Erstarrungspunkt 50–62 °C	Hartparaffin Paraffin. solidum	C_{24}–C_{40}	Konsistenzerhöhend in Salben

2.1.2   Wichtige Vertreter der aliphatischen Alkane

Methan CH_4

Methan ist enthalten in Erdgas, Sumpfgas (Stoffwechselprodukte einiger Fäulnisbakterien), Grubengas; außerdem kommt es in Leuchtgas vor, das bei der trockenen Destillation (Erhitzen unter Luftabschluss auf 1200–1400 °C) der Steinkohle entsteht.

Paraffin

Die Ph. Eur. unterscheidet **dickflüssiges Paraffin** (Paraffinum liquidum) und **dünnflüssiges Paraffin** (Paraffinum perliquidum). Beide bestehen im Wesentlichen aus verzweigten und cyclischen Alkanen und besitzen eine unterschiedlich hohe Dichte und Viskosität. Ist bei einer Verordnung ausschließlich „Paraffin" angegeben, muss immer das dickflüssige Paraffin verwendet werden (außer zu Sprühzwecken).

Paraffin führt bei oraler Einnahme zum Aufweichen des Stuhls und wird aufgrund seiner geringfügigen Resorption als **Abführmittel,** heute hauptsächlich nur noch bei Vergiftungen mit organischen Lösungsmitteln, verabreicht. Die Wirkung tritt nach 8–12 Stunden ein. Als Abführmittel ist es ausschließlich zur kurzfristigen Therapie geeignet, da die geringe Resorptionsmenge bereits ausreicht,

Fremdkörpergranulome hervorzurufen. Des Weiteren kann es bei langfristiger Einnahme zu einer Hypovitaminose fettlöslicher Vitamine kommen, die sich im Paraffin lösen und so der Resorption entzogen werden. Beide Paraffinsorten werden in der Galenik als Hilfsstoffe in Salben und Cremes und als Zusätze in Badeölen verwendet.

Benzin

Benzin ist ein Gemisch niedrig siedender, gesättigter KW und besteht hauptsächlich aus Pentanen und Hexanen. Es wirkt narkotisch, ähnlich Ether, mit ausgeprägter Erregungsphase (Benzinrausch) und kann zur Benzinsucht führen. Pharmazeutisch wird Benzin nur noch zur **Pflasterentfernung** verwendet.

Vaselin

Im Wesentlichen wird Vaselin auch heute noch aus den Rückständen der Erdöldestillation gewonnen. Die Rückstände werden durch Kochen mit Schwefelsäure von ihrem Anteil an anderweitig nutzbaren aromatischen und polycyclischen KW befreit und zu gelbem Vaselin (Vaselinum flavum) aufgearbeitet. Die weitere Reinigung erfolgt durch Adsorption an Bleicherden und liefert schließlich **weißes Vaselin** (Vaselinum album). Wird Vaselin ohne nähere Bezeichnung verordnet, so ist nach DAB weißes Vaselin zu verwenden, denn **gelbes Vaselin** (Ph. Eur.) enthält aufgrund seiner geringeren Reinheit unter Umständen krebserzeugende Substanzen.

Weißes **Kunstvaselin** wird durch Zusammenschmelzen von festen und flüssigen Paraffinen hergestellt. Seine Verwendung ist gestattet, sofern die physikalischen Kennzahlen und die vom DAB geforderte Reinheit erreicht sind.

Die Wasseraufnahmefähigkeit kann durch Zusatz von Emulgatoren erheblich gesteigert werden (Wollwachsalkoholsalbe DAB, Eucerin®). In **hydrophiler Salbe** und **Wollwachsalkoholsalbe** ist es gestattet, bis zu 12 Teile des Vaselins durch dickflüssiges Paraffin zu ersetzen. Vaselin wird als haltbare **Salbengrundlage** mit hydrophoben Eigenschaften und als **Hautschutzsalbe** verwendet.

Tab. 2.4 Vorteile und Nachteile des Vaselin

Vorteile	Nachteile
Chemisch indifferent	Sehr geringe Wasseraufnahmefähigkeit
Kein Ranzigwerden	Keine Verwandtschaft mit dem Hautfett
Sehr gleichmäßiger, beständiger Film	Geringes Eindringungsvermögen
Sterilisierbar	Schwer abwaschbar

Hartparaffin

Hartparaffin, lat. **Paraffinum solidum**, wird als konsistenzerhöhender Zusatz für sehr weiche Salben verwendet. Es besteht aus einem Gemisch gereinigter, gesättigter Kohlenwasserstoffe und wird aus den Rückständen der Erdöldestillation gewonnen. Seine Schmelztemperatur wird in der Ph. Eur. mit 50–61 °C angegeben.

2.2 Cycloalkane

Schließt man gesättigte Kohlenwasserstoffketten (Aliphate) zu einem Ring zusammen, entstehen **Cycloalkane** (auch alicyclische Kohlenwasserstoffe genannt). Sie haben die allgemeine Summenformel C_nH_{2n}. Die freie Drehbarkeit der Kohlenstoffatome ist im ringförmigen Molekül aufgehoben (s. Kap. 7).

Durch den Ringschluss entsteht vor allem bei den **drei-** und **viergliedrigen Ringen** eine Deformation des Tetraederwinkels auf 60° bzw. 90°, die zu einer **Ringspannung** führt. Diese Spannung im Molekül bewirkt bei Cyclopropan und Cyclobutan eine **erhöhte Reaktivität**. Die Moleküle sind dadurch **relativ instabil**.

Cyclopropan   Cyclobutan

Abb. 2.5   Cyclopropan: Bindungswinkel 60°, Cyclobutan: Bindungswinkel 90°

Erst Ringe aus **fünf** und **mehr C-Atomen** zeigen keine nennenswerte Ringspannung mehr und sind **beständig**.

Wie bei den gesättigten Kohlenwasserstoffen versuchen auch die C-Atome der Cycloalkane, ihre ursprüngliche Tetraederstruktur und damit die Bindungswinkel von 109,5° zu wahren. Da aber bei einem ebenen, sechsgliedrigen Ring die Bindungswinkel **120°** betragen würden, bildet das Cyclohexan eine im Raum gewinkelte Molekülform aus und erreicht so den spannungsfreien **Tetraederwinkel** von **109,5°**.

Für das Cyclohexan ergeben sich so **verschiedene Raummodelle**. Die wichtigsten sind die energiearme, stabilere **Sesselform** und die etwas energiereichere, weniger stabile **Wannenform**. Beide Konformationen können durch Drehen um die C—C-Einfachbindung ineinander überführt werden, es muss keine Bindung gelöst werden.

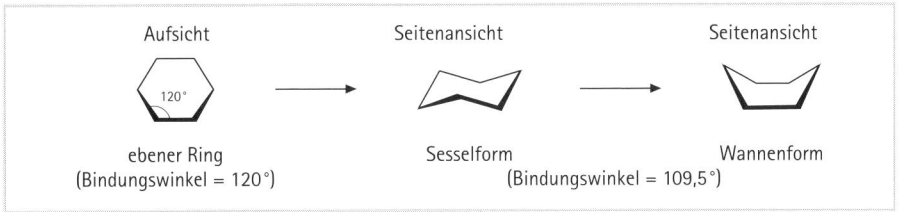

Abb. 2.6   Sessel und Wannenform des Cyclohexans

Bauanleitung für einen Cyclohexanring aus Äpfeln und Zahnstochern.

Man braucht sechs Äpfel, in die jeweils vier Zahnstocher so gesteckt werden, dass sie möglichst weit voneinander entfernt sind. Verbindet man nun die einzelnen Äpfel miteinander, entsteht zunächst eine gewinkelte Apfelkette, die zu einem Ring geschlossen werden kann, indem man den ersten und den letzten Apfel zusammensteckt. Durch Drehung um die Zahnstocher können Sessel- und Wannenform gebildet werden.

Die **5-gliedrigen Ringe** haben in ihrer ebenen Form einen Bindungswinkel von **108°**. Sie benötigen nur eine geringfügige Veränderung der Molekülform um den günstigen Tetraederwinkel von 109,5° zu erreichen. Dazu wird eine CH_2-Gruppe aus der Ebene herausgedreht, d. h. vier C-Atome liegen in einer Ebene, das fünfte ragt aus ihr heraus. Die Form des Moleküls gleicht jetzt einem **Briefumschlag**.

Abb. 2.7   Fünfgliedriger Ring in ebener und leicht gewinkelter Form

2.2.1 Wichtige Vertreter der Cycloalkane

Cyclopentan/Cyclohexan

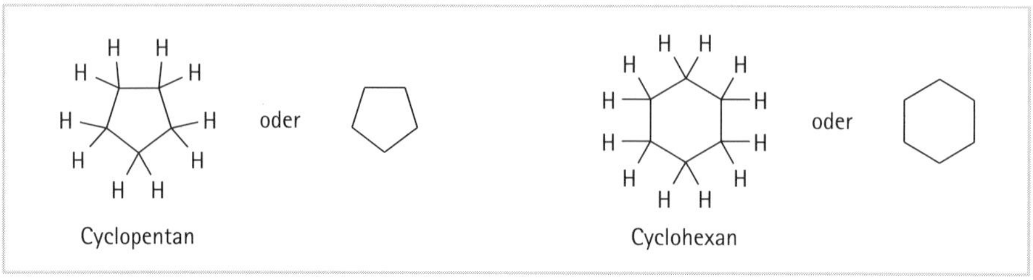

Abb. 2.8 Verschiedene Schreibweisen von Cyclopentan und Cyclohexan

Cyclopentan und **Cyclohexan** finden sich im kaukasischen und rumänischen Erdöl. Cyclohexan kann auch durch Hydrierung von Benzol gewonnen werden und wird als Lösungsmittel gebraucht.

Steroide

Viele **Arzneistoffe** und **Naturstoffe** sind vom **Steran** abgeleitet. Das auch als Gonan bezeichnete Grundgerüst besteht aus **vier kondensierten Ringen**. Je nach Art des Stoffes befinden sich an diesem Grundkörper unterschiedliche funktionelle Gruppen, Doppelbindungen und Seitenketten (s. Kap. V. 3.3).

Derivate des Gonans sind u. a. die **Steroide**, die wir in tierischen und pflanzlichen Zellen finden. Typische Vertreter dieser Gruppe sind das **Cholesterol**, die **Steroidhormone**, **Gallensäuren** wie z. B. die **Cholsäure**, die **Herzglykoside** und das **Vitamin D**.

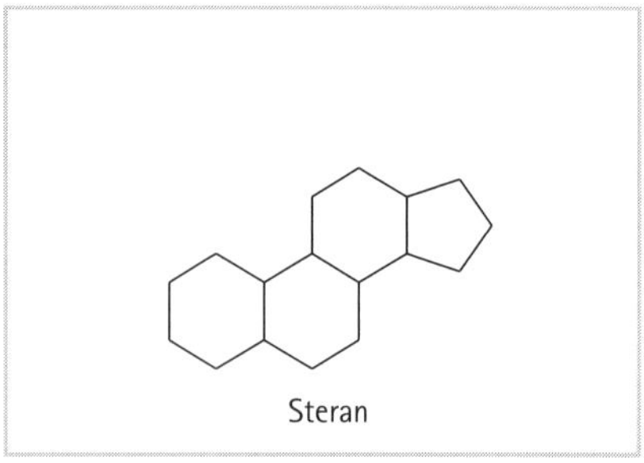

Abb. 2.9 Steran aus vier kondensierten Ringen

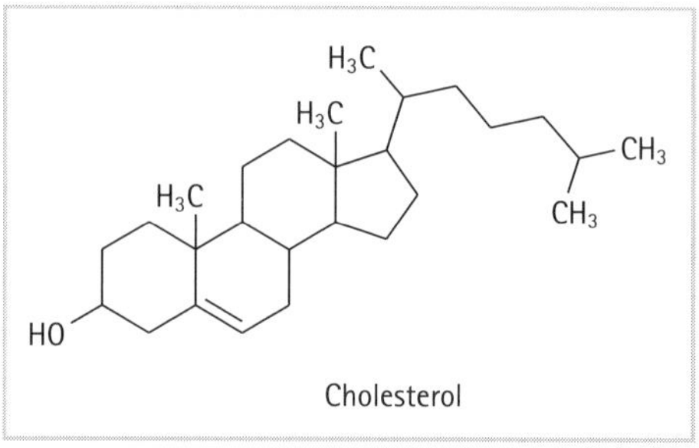

Abb. 2.10 Cholesterol mit Sterangrundgerüst

Organische Verbindungen, ihre Eigenschaften und die wichtigen Vertreter

2.3   Nomenklatur der Alkane und Cycloalkane

Einführung

Wie bereits erwähnt wurde, reicht durch die Vielzahl organischer Moleküle die Beschreibung anhand der Summenformel meist nicht aus. Vielmehr ist die Struktur eines Moleküls von Interesse. Im Gegensatz zu anorganischen Verbindungen kann ein Molekül ketten- oder ringförmig sein. Es können in einem Molekül mehrere funktionelle Gruppen, d. h. Atomgruppen mit charakteristischen Eigenschaften, gleichzeitig vorkommen. So existieren Stoffe, bei denen ein Teil des Moleküls Eigenschaften einer Säure und ein anderer Teil Eigenschaften einer Base zeigt. Es ist sogar möglich, dass bei gleicher Struktur unterschiedliche räumliche Figuren eingenommen werden können.

Zeichnen von Strukturformeln

In einer Strukturformel wird gezeigt, wie die einzelnen Atome miteinander verbunden sind. Beim Aufstellen solcher Strukturformeln ist zu beachten, dass jedes Atom die richtige Anzahl Bindungen aufweist. Da es sich um Elektronenpaarbindungen handelt, lässt sich die Bindigkeit anhand der Valenzelektronen ableiten.

Tab. 2.5   Bindigkeit bei Strukturformeln (Fortsetzung s. nächste Seite)

Atomsorte	Bindigkeit	Darstellung	Beispiel
C	4	$-\overset{\displaystyle \vert}{\underset{\displaystyle \vert}{C}}-$	H H H $\vert$ $\vert$ $\vert$ H$-$C$-$C$-$C$-$H $\vert$ $\vert$ $\vert$ H H H Propan
H	1	$-$H	H H $\vert$ $\vert$ H$-$C$-$C$-$H $\vert$ $\vert$ H H Ethan

Tab. 2.5 Bindigkeit bei Strukturformeln (Fortsetzung)

Atomsorte	Bindigkeit	Darstellung	Beispiel
O	2	$-O-$, $O=$	H | $H-C-OH$ | H Methanol
N	3	$\underset{\diagdown}{\overset{\|}{N}}\diagdown$	H H | / $H-C-N$ | \\ H H Methylamin
Halogen, F, Cl, Br, I	1	$F-$; $Cl-$; $Br-$; $I-$	Cl | $Cl-C-H$ | Cl Trichlorethan
S	2, 4 oder 6	$-S-$, $-\overset{\|}{\underset{\|}{S}}-$, $=\overset{\|}{\underset{\|}{S}}=$	H O | || $H-C-S-OH$ | || H O Methansulfonsäure

Freie Elektronenpaare

Freie Elektronenpaare müssen nicht ausgeschrieben werden. So kann z. B. bei Sauerstoff oder Fluor auf die Darstellung der Valenzelektronen verzichtet werden.

Tab. 2.6 Schreibweise für freie Elektronenpaare

Lewis-Formel: Strukturformel mit Valenzelektronen	Strukturformel
$-\overset{..}{O}-$	$-O-$
$:\overset{..}{\underset{..}{F}}-$	$F-$

Organische Verbindungen, ihre Eigenschaften und die wichtigen Vertreter

Strukturformel

Für kettenförmige Moleküle oder Molekülteile können alle folgenden Schreibweisen verwendet werden, unter Umständen auch in einem Molekül nebeneinander:

Tab. 2.7   Verschiedene Schreibweisen für n-Hexanol

Partielle Summenformel: Die funktionelle Gruppe steht rechts.	$CH_3\text{-}CH_2\text{-}CH_2\text{-}CH_2\text{-}CH_2\text{-}CH_2\text{-}OH$
Mehrere gleiche Gruppen werden in einer Klammer zusammengefasst.	$CH_3\text{-}(CH_2)_4\text{-}CH_2\text{-}OH$
Nur die funktionellen Gruppen werden als Strukturformel geschrieben.	$H_3C - (CH_2)_4 - \overset{\overset{\displaystyle H}{\mid}}{\underset{\underset{\displaystyle H}{\mid}}{C}} - OH$
Zick-Zack-Schreibweise: Auf das Ausschreiben der C- und H-Atome wird verzichtet. In jeder Ecke der Zickzack-Linie steht ein Kohlenstoffatom mit der für diese Position richtigen Anzahl von H-Atomen.	$\diagup\diagdown\diagup\diagdown\diagup\diagdown O-H$
Kohlenstoffatome verfügen nur über Valenzstriche. Auf die Wasserstoffatome an den C-Atomen wird verzichtet.	$-\overset{\mid}{\underset{\mid}{C}} - \overset{\mid}{\underset{\mid}{C}} - \overset{\mid}{\underset{\mid}{C}} - \overset{\mid}{\underset{\mid}{C}} - \overset{\mid}{\underset{\mid}{C}} - \overset{\mid}{\underset{\mid}{C}} - O - H$
Unwichtige Teile eines Moleküls werden durch R-ersetzt.	$R-OH$

Alkane ohne Verzweigung werden bis auf die ersten vier, die Trivialnamen haben, nach der Anzahl ihrer Kohlenstoffatome benannt. Dazu werden griechische Wortstämme (pent-, hex-, hept-, usw.) benutzt.

Tab. 2.8   Die homologe Reihe der Alkane (Fortsetzung s. nächste Seite)

Bezeichnung	Zahl der Kohlenstoffatome	Summenformel	Konstitutionsformel
Methan	1	CH_4	CH_4
Ethan	2	C_2H_6	CH_3CH_3
Propan	3	C_3H_8	$CH_3CH_2CH_3$
Butan	4	C_4H_{10}	$CH_3CH_2CH_2CH_3$

Tab. 2.8   Die homologe Reihe der Alkane (Fortsetzung)

Bezeichnung	Zahl der Kohlenstoffatome	Summenformel	Konstitutionsformel
Pentan	5	C_5H_{12}	$CH_3(CH_2)_3CH_3$
Hexan	6	C_6H_{14}	$CH_3(CH_2)_4CH_3$
Heptan	7	C_7H_{16}	$CH_3(CH_2)_5CH_3$
Octan	8	C_8H_{18}	$CH_3(CH_2)_6CH_3$
Nonan	9	C_9H_{20}	$CH_3(CH_2)_7CH_3$
Decan	10	$C_{10}H_{22}$	$CH_3(CH_2)_8CH_3$
usw.			

Diese Reihe ist eine **homologe Reihe**. Bei einer solchen homologen Reihe unterscheiden sich die einzelnen Glieder jeweils durch eine weitere -CH_2-Gruppe.

Die Anzahl der C-Atome gibt dem Stammsystem seinen Namen. Handelt es sich um eine Kohlenstoffkette, die sich zu einem Ring zusammengeschlossen hat, erhält der Name des Stammsystems die Vorsilbe **Cyclo-**.

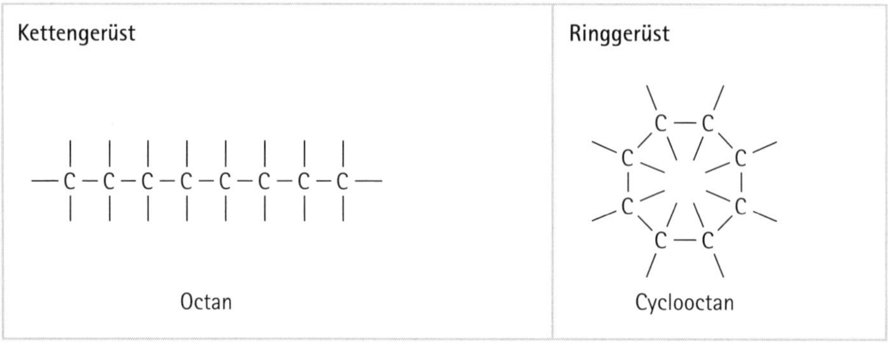

Abb. 2.11   Beispiel für ketten- und ringförmige Struktur

Wenn bei der Nomenklatur organischer Verbindungen solch eine Vorsilbe wie Cyclo- verwendet wird, spricht man von einem **Präfix**. Wird eine Silbe nachgestellt, handelt es sich um ein **Suffix**. Es können auch Zwischensilben, so genannte **Infixe**, verwendet werden.

Homologe Reihe der Cycloalkane

In dieser homologen Reihe steigt die Anzahl der $-CH_2$-Gruppen ebenfalls um jeweils eine von Molekül zu Molekül an. Die allgemeine Summenformel der Cycloalkane lautet C_nH_{2n}. Bei der folgenden Schreibweise wurde, wie bei der Zickzack-Schreibweise, auf die Valenzstriche zu den H-Atomen und auf das Eintragen der C-Atome verzichtet:

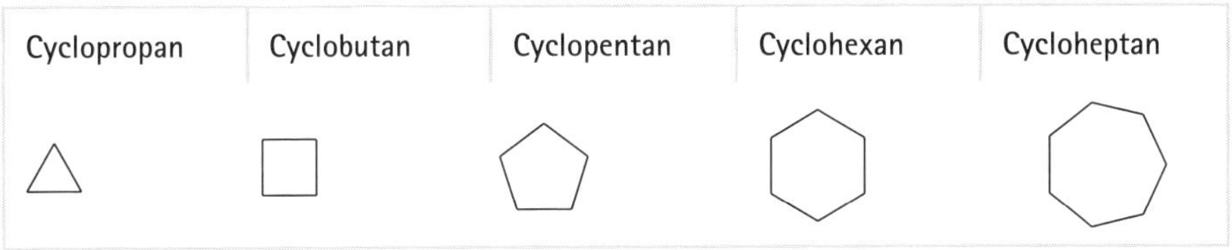

Cyclopropan	Cyclobutan	Cyclopentan	Cyclohexan	Cycloheptan
△	□	⬠	⬡	⬡

Abb. 2.12 Cycloalkane

Die Nomenklatur nach IUPAC

Wie die ersten Glieder der homologen Reihe der Alkane Trivialnamen haben, so kommen in der organischen Chemie viele solcher Eigennamen vor. Auch komplizierte Strukturen wie z. B. Penicillin, Cortison und Nukleinsäuren können so eindeutig beschrieben werden. Doch war es schon vor vielen Jahren den Chemikern klar, dass man mit Trivialnamen alleine nicht auskommen konnte. Eine systematische Nomenklatur war notwendig, wonach im Idealfall für jede Molekülstruktur ein nach den Regeln des Systems entwickelter Name zu entwerfen war und umgekehrt.

Das heute existierende und allgemein akzeptierte Regelwerk für die systematische Nomenklatur wird von der IUPAC (International Union of Pure and Applied Chemistry = Internationale Gesellschaft für Reine und Angewandte Chemie) empfohlen.

Substituent

Unter einem Substituenten versteht man einen Rest, d. h. hier ist eines der H-Atome eines Stammsystems durch eine andere Atomgruppe ausgetauscht worden. Wird das Alkan als Substituent aufgefasst, erhält es die Endung -yl.

Tab. 2.9   Homologe Reihe der Substitutionsnamen

Bezeichnung	Summenformel	Substitutionsname	Konstitutionsformel
Methan	CH_4	Methyl-	CH_3-
Ethan	C_2H_6	Ethyl-	CH_3CH_2-
Propan	C_3H_8	Propyl-	$CH_3CH_2CH_2-$
Butan	C_4H_{10}	Butyl-	$CH_3CH_2CH_2CH_2-$
Pentan	C_5H_{12}	Pentyl-	$CH_3(CH_2)_3CH_2-$
Hexan	C_6H_{14}	Hexyl-	$CH_3(CH_2)_4CH_2-$
Heptan	C_7H_{16}	Heptyl-	$CH_3(CH_2)_5CH_2-$
Octan	C_8H_{18}	Octyl-	$CH_3(CH_2)_6CH_2-$
Nonan	C_9H_{20}	Nonyl-	$CH_3(CH_2)_7CH_2-$
Decan	$C_{10}H_{22}$	Decyl-	$CH_3(CH_2)_8CH_2-$
usw.			

Es können nicht nur Kohlenwasserstoffketten als Substituenten vorkommen, sondern auch Kohlenwasserstoffringe, z. B. Cyclohexyl-:

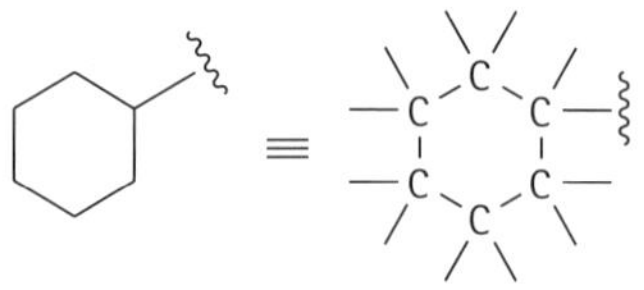

Abb. 2.13 Cycloalkane als Substituenten

Auch die Halogene F-, Cl-, Br-, I- können als Substituenten aufgefasst werden. An ihre Namen wird allerdings nicht die Endung -yl angehängt.

Verzweigungen

Das Kettengerüst, bzw. das Ringsystem mit der größten Anzahl von C-Atomen, bestimmt den Stammnamen. Der Stammname entspricht bei der Namensgebung von Personen dem Nachnamen oder Familiennamen. Alle weiteren Namen, die notwendig sind, um die Struktur genau zu beschreiben, werden ähnlich der Benennung von Kindern einer Familie dem Nachnamen vorangestellt.

Das Stammsystem wird durchnummeriert:

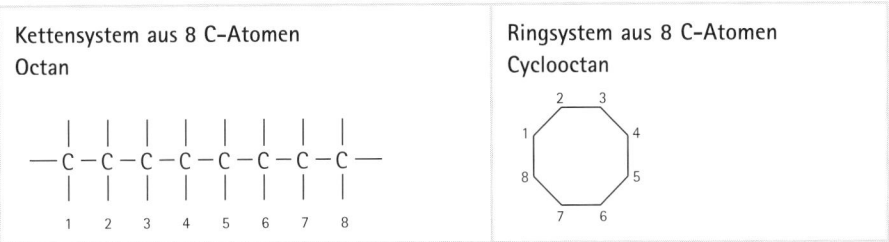

Kettensystem aus 8 C–Atomen
Octan

Ringsystem aus 8 C–Atomen
Cyclooctan

Abb. 2.14 Nummerierung des Stammsystems

Sitzt an einem C-Atom ein Substituent, ist also eine Verzweigung eingetreten, so wird der Name des Substituenten versehen mit der Endung -yl dem Stammnamen als Präfix (Vornamen) vorangestellt, und zwar versehen mit der Nummer des C-Atoms, an dem er sitzt.

Dabei müssen für die Verzweigung möglichst niedrige Zahlenwerte gefunden werden:

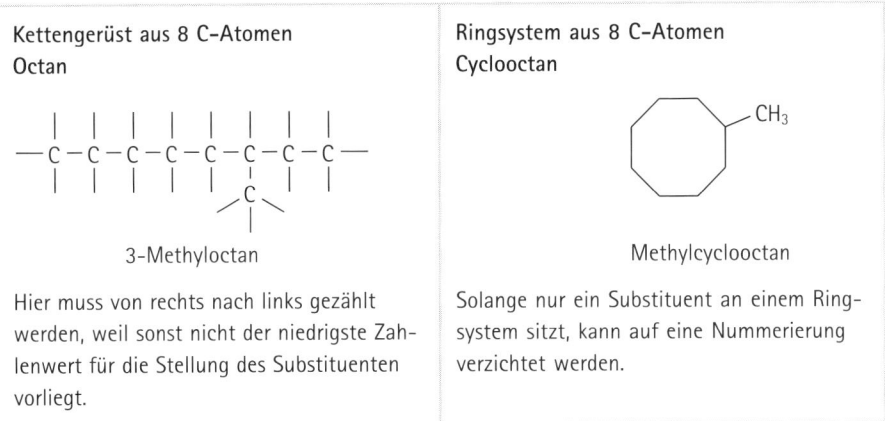

Kettengerüst aus 8 C–Atomen
Octan

Ringsystem aus 8 C–Atomen
Cyclooctan

3-Methyloctan

Methylcyclooctan

Hier muss von rechts nach links gezählt werden, weil sonst nicht der niedrigste Zahlenwert für die Stellung des Substituenten vorliegt.

Solange nur ein Substituent an einem Ringsystem sitzt, kann auf eine Nummerierung verzichtet werden.

Abb. 2.15 Bestimmung der Position des Substituenten

Mehrere gleiche Substituenten an einem Stammsystem: Gleiche Substituenten an verschieden Positionen werden mit einer Multiplikationsvorsilbe zusammengefasst:

- zwei Methylgruppen   Dimethyl-
- drei Methylgruppen   Trimethyl-
- vier Ethylgruppen   Tetraethyl-
- fünf Methylgruppen   Pentamethyl-

Die Positionen der Substituenten werden durch eine Zahl ausgedrückt und an den Anfang des Namens gestellt.

Durch die verschiedenen Schreibweisen von Stukturformeln entstehen scheinbar unterschiedliche Figuren. Tatsächlich handelt es sich aber um ein und dieselbe Substanz (s. Abb. 2.16).

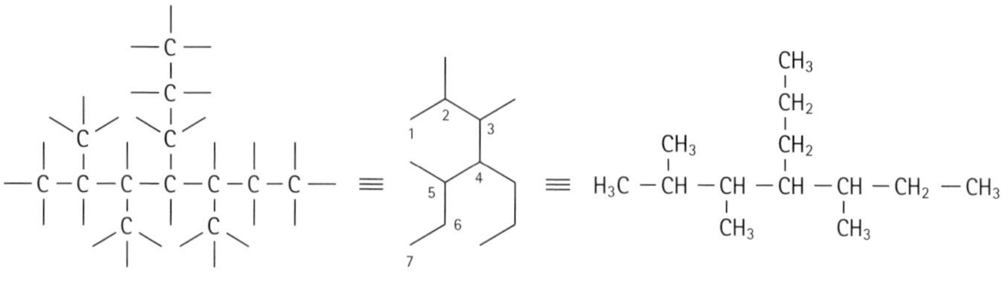

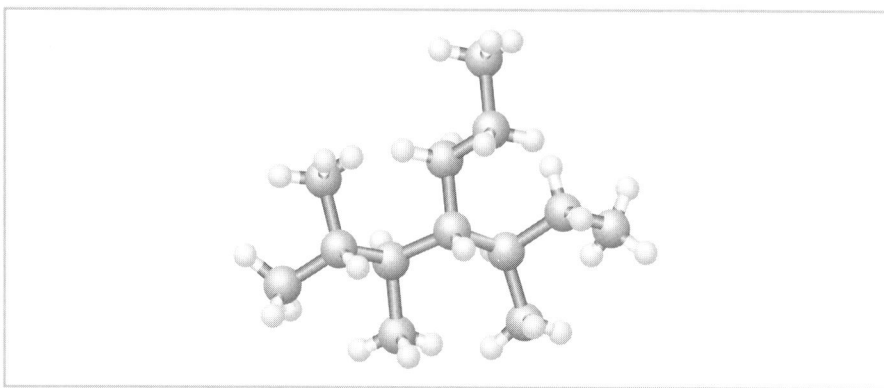

2,3,5-Trimethyl-4-propylheptan

Abb. 2.16 Darstellung verschiedener Schreibweisen

Wenn alle Winkel und Abstände zwischen den Atomen in das Modell mit einbezogen werden, entsteht eine Figur, die die wirkliche Struktur des Moleküls zeigt. Die Zickzack-Schreibweise kommt der wirklichen Konstitution am nächsten.

Abb. 2.17 Molekülmodell

Verzweigte Substituenten

Auch eine Seitenkette kann wiederum verzweigt sein, d. h. es gibt verzweigte Substituenten. Auch diese lassen sich systematisch benennen. Sie werden dann in Klammern zwischen Präfix und Stammnamen gesetzt, um zu zeigen, dass es sich um einen Substituenten handelt, der weiter verzweigt ist. Die Nummerierung des verzweigten Substituenten erfolgt ausgehend vom C-Atom der Hauptkette nach außen. Ein Beispiel dafür ist das am Ende diesen Kapitels dargestellte Molekül: 3,6-Dimethyl-5-(1′,1′-dimethylethyl)-nonan (Abb. 2.19). Oft haben diese besonderen Substituenten aber Trivialnamen, die in der Tabelle 2.10 aufgeführt sind:

Tab. 2.10   Verzweigungen

Substituent	Systematische Bezeichnung	Trivialbezeichnung
	1-Methylethyl-	Isopropyl-
Die Vorsilbe Iso- bezieht sich auf ein C-Atom, das mit drei weiteren C-Atomen verknüpft ist.		
	1,1-Dimethylethyl-	tert.-Butyl- (tertiär-Butyl- oder tertiäres Butyl-)
	2-Methylpropyl-	Isobutyl-
	2,2-Dimethylpropyl-	Neopentyl-
Die Vorsilbe Neo- bezieht sich auf ein C-Atom, das mit vier weiteren C-Atomen verknüpft ist.		

Die Vorsilben Iso- oder Neo- weisen auf Verzweigungen im Molekül hin. Liegt eine lineare, unverzweigte Kohlenwasserstoffkette vor, so wird dem Stammnamen ein n- vorangestellt, wie dies in den Beispielen zur Erläuterung der verschiedenen Schreibweisen von Strukturformeln schon im Molekülnamen verwendet wurde.

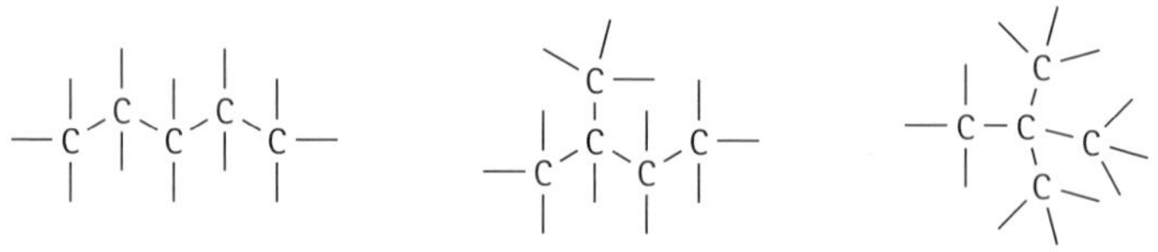

Abb. 2.18 Beispiel: Pentan

Primäres, sekundäres, tertiäres und quartäres C-Atom

Die Begriffe primär, sekundär, tertiär oder quartär definieren die Verknüpfung eines C-Atoms mit einem, zwei, drei oder vier weiteren C-Atomen (s. Abb. 2.19). So erklärt sich auch der oben stehende Name tertiär-Butyl: In diesem Substituenten ist ein C-Atom mit drei weiteren C-Atomen verknüpft, es ist also tertiär (s. Tab. 2.10).

Hier nun ein Beispiel, an dem die genannten systematischen Regeln angewendet werden.

Zuerst wird die längste Kette gesucht und damit der Name des Stammsystems festgelegt (hier Nonan). Der Name des Stammsystems wird an das Ende gesetzt. Ihm werden die Namen der Substituenten vorangestellt (enden alle auf yl). Sind alle Substituenten benannt, werden sie zum Schluss in eine alphabetische Reihenfolge gebracht und mit Bindestrichen aneinander gereiht. Für die alphabetische Reihenfolge werden dabei die Präfixe di, tri etc. nicht berücksichtigt. In dem unten stehenden Beispiel (s. Abb. 2.19) können primäre, sekundäre, tertiäre und quartäre C-Atome den Ziffern zugeordnet werden.

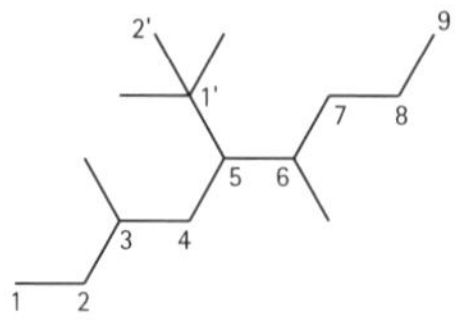

3,6-Dimethyl-5-(1′,1′-dimethylethyl)-nonan oder 3,6-Dimthyl-5-tert.butyl-nonan

Abb. 2.19 Nomenklaturbeispiel (1 und 9 = primäres C-Atom; 2, 4, 7 und 8 = sekundäres C-Atom; 3, 5 und 6 = tertiäres C-Atom; 1′ = quartäres C-Atom)

Organische Verbindungen, ihre Eigenschaften und die wichtigen Vertreter

3   Alkene

Kohlenwasserstoffverbindungen mit **Doppelbindungen** gehören zu den **ungesättigten Kohlenwasserstoffen**. Man bezeichnet sie auch als **Alkene**.

3.1   Die Bindungen der Alkene

Alkene, auch Olefine genannt, sind Kohlenwasserstoffe mit einer oder mehreren C=C-Doppelbindungen.

Alkene mit einer Doppelbindung haben die allgemeine Summenformel C_nH_{2n}. Bei allen Molekülen mit Doppelbindungen ist der Kohlenstoff anstatt mit vier nur mit drei Atomen verknüpft. Er bildet zwei Einfachbindungen und eine Doppelbindung aus. Eine Ausnahme sind die Moleküle mit kumulierten Doppelbindungen.

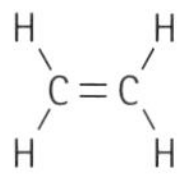

$$\begin{array}{cc} H & H \\ \diagdown & \diagup \\ C = C \\ \diagup & \diagdown \\ H & H \end{array}$$

Abb. 3.1   Ethen

Treten mehrere Doppelbindungen in einem Molekül auf, so gibt es drei Möglichkeiten der Anordnung:

- **Isolierte Doppelbindungen:** Sie sind durch zwei oder mehrere C—C-Einfachbindungen voneinander getrennt.
- **Konjugierte Doppelbindungen:** Sie sind jeweils durch eine -C—C-Einfachbindung voneinander getrennt.
- **Kumulierte Doppelbindungen:** Hier sind die Doppelbindungen benachbart, d. h. sie bilden eine nicht unterbrochene Reihe.

$H_2C{=}CH{-}CH_2{-}CH{=}CH_2$ Isolierte Doppelbindung

$H_2C{=}CH{-}CH{=}CH{-}CH_3$ Konjugierte Doppelbindung

$H_2C{=}C{=}CH_2$ Kumulierte Doppelbindung

Abb. 3.2 Verschiedene Anordnungen der Doppelbindungen

Wie ist es möglich, dass der Kohlenstoff eine Zweifachbindung ausbildet? In einer Doppelbindung liegen die Kohlenstoffatome in **sp²-hybridisierter Form** vor (s. Kap. III 2.2). Aus dem 2s-Orbital und aus zwei der drei vorhandenen 2p-Orbitalen entstehen drei neue sp²-Hybridorbitale. Das bedeutet, dass ein p-Orbital sich nicht an der Hybridisierung beteiligt. Es bleibt hantelförmig.

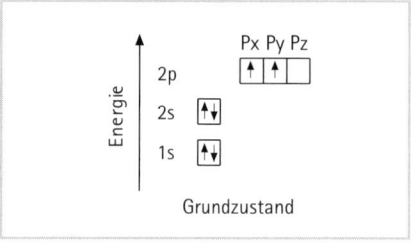

Abb. 3.3 Grundzustand des Kohlenstoffatoms

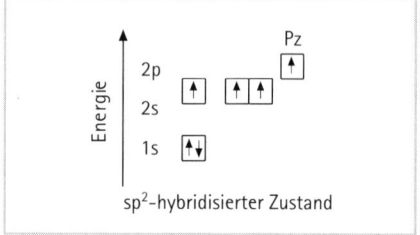

Abb. 3.4 sp²-hybridisierter Zustand des Kohlenstoffatoms

Insgesamt sind also **drei energiegleiche Orbitale** entstanden, die z. B. im Ethen jeweils eine kovalente Bindung mit den beiden Wasserstoffatomen und dem benachbarten Kohlenstoffatom eingehen können und in einer Ebene (trigonal-planar) liegen. Dabei überlappen zwei dieser sp²-Orbitale des Kohlenstoffes jeweils mit dem s-Orbital eines Wasserstoffes und das dritte mit dem sp²-Orbital des benachbarten C-Atoms. Man bezeichnet diese relativ stabilen Bindungen als σ-**Bindungen** (sigma). Es sind also pro Kohlenstoffatom drei σ-Bindungen entstanden (Abb. 3.5 A). Mit dem nicht an der Hybridisierung beteiligten **2p-Orbital** bildet der Kohlenstoff seine vierte Bindung und damit die **Doppelbindung** aus.

Organische Verbindungen, ihre Eigenschaften und die wichtigen Vertreter

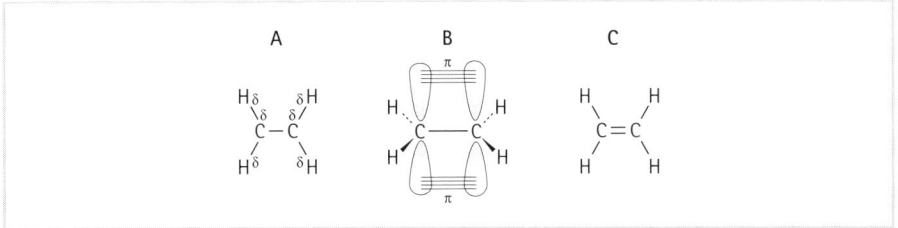

Abb. 3.5   **A**: σ-Bindungen eines Ethenmoleküls, **B**: Überlappung der p-Orbitale **C**: die Doppelbindung

In der Zeichnung (Abb. 3.5 A) des Ethenmoleküls ($H_2C=CH_2$) kann man erkennen, dass jedes der beiden C-Atome der C–C-σ-Bindung ein sp^2-Orbital zur Verfügung stellt. Die beiden nicht hybridisierten 2p-Orbitale stehen senkrecht auf dieser Ebene und so nah beieinander, dass sie sich seitlich überlappen können. Dadurch bildet sich aus den beiden p-Orbitalen, die je ein ungepaartes Elektron enthalten, ein neues, doppelt besetztes Orbital. Es besteht aus zwei Elektronenwolken, von denen die eine über, die andere unter der Molekülebene liegt. Man bezeichnet die so ausgebildete Bindung als π-Bindung (Abb. 3.5 B). Da der Überlappungsgrad zwischen den p-Orbitalen geringer ist als der einer C–C-σ-Bindung, ist die π-Bindung weniger stabil, energiereicher und dadurch reaktionsfähiger. Dies äußert sich in erster Linie darin, dass an die -C=C-Doppelbindung relativ leicht Verbindungen angelagert (addiert) werden können (s. Kap. 6.3.1). In Bezug auf die Schmelz- und Siedepunkte unterscheiden sich die Alkene dagegen nur wenig von den Alkanen.

In den Einfachbindungen können die einzelnen Bindungspartner frei gedreht werden. Im Gegensatz dazu ist eine Doppelbindung aber starr und hat jegliche Drehbarkeit verloren. Im Dimethylbuten liegt die Doppelbindung zwischen dem zweiten und dritten C- Atom und ist nur dadurch zu erkennen, dass der Bindungsabstand deutlich kleiner ist (133 pm) als bei den benachbarten Einfachbindungen (154 pm) (s. Abb. 3.6 B).

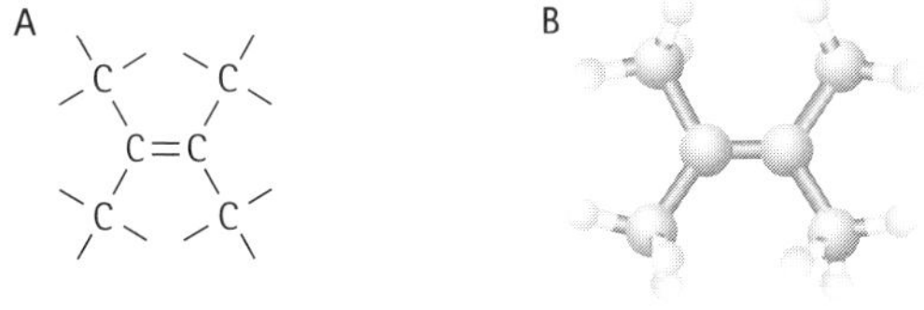

Abb. 3.6   Beispiel: 2,3-Dimethylbut-2-en

Das 1,3,5 Cyclohexatrien (s. Abb. 3.7) gehört aufgrund der gleichmäßigen Verteilung der π-Elektronen zu einer anderen Verbindungsklasse, den Aromaten (s. Kap. 5.1).

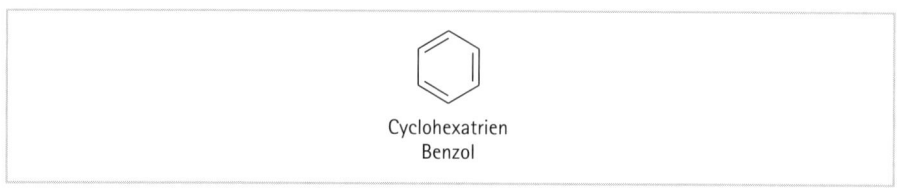

Cyclohexatrien
Benzol

Abb. 3.7 Cyclohexatrien (Benzol) gehört zur Verbindungsklasse der Aromaten

3.2 Nomenklatur der Alkene

In den Grundzügen entspricht die Nomenklatur der Alkene der Kennzeichnung der Alkane, jedoch sind folgende Besonderheiten zu beachten:

Sind im Stammsystem Doppelbindungen enthalten, so ändert sich die Endung des Stammnamens von -an (bei Alk**an**) nach -**en** (bei Alk**en**).

Eine -CH_2-Gruppe als Teil eines größeren Molekülverbands heißt Methylen-gruppe und trägt zwei Substituenten.

Tab. 3.1 Die homologe Reihe der Alkene

Summen-formel	Struktur	Nomenklatur-Bezeichnung	Sonstige Bezeichnung	Rest
C_2H_4	$H_2C=CH_2$	Ethen	Ethylen	$H_2C=CH-$ Vinyl-
C_3H_6	$H_2C=CH-CH_3$	Propen	Propylen	$H_3C-CH=CH-$ 1-Propenyl- $H_2C=CH-CH_2-$ Allyl-
C_4H_8	$H_2C=CH-CH_2-CH_3$	1-Buten	Butylen	$H_2C=CH-CH_2-CH_2-$ Butenyl-
C_5H_{10}		1-Penten		Pentenyl-

Organische Verbindungen, ihre Eigenschaften und die wichtigen Vertreter

Nur durch die Endung -en lässt sich am Namen nicht ablesen, an welcher Stelle der Kohlenwasserstoffkette die Doppelbindung lokalisiert ist. Auch hier wird zur Festlegung der Doppelbindungen die Kette durchnummeriert und das C-Atom, an dem die Doppelbindung beginnt als Chiffre verwendet:

| Hept-2-en | Non-4-en |

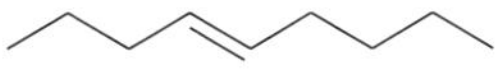

Abb. 3.8 Position der Doppelbindung

Diese, die Doppelbindungen anzeigenden Zahlen, werden unmittelbar vor den Stammnamen gesetzt, um eine Verwechslung mit den Positionen der Substituenten zu vermeiden. Zuweilen wird die Chiffre auch in den Stammnamen vor die Silbe -en gesetzt: 2-Hepten entspricht Hept-2-en oder 4-Nonen entspricht Non-4-en.

Bei der Kennzeichnung der Position der Mehrfachbindung wird so beziffert, dass die Summe der Ziffern aller Mehrfachbindungen möglichst klein ist. Die Nummerierung der Substituenten erfolgt zweitrangig.

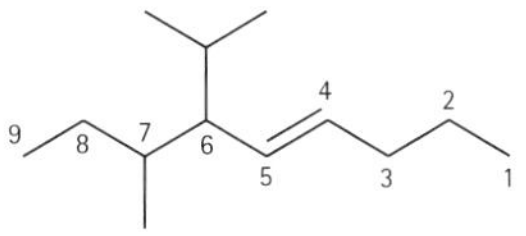

6-Isopropyl-7-methyl-non-4-en

Abb. 3.9 Beispiel

Mehrere Doppelbindungen an verschiedenen Positionen in einem Stammsystem werden mit einer Multiplikationsvorsilbe (di-, tri- u. s.w. wie bei den Substituenten) zusammengefasst.

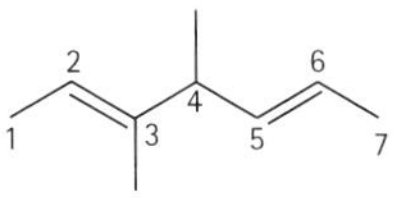

3,4-Dimethyl-hepta-2,5-dien

Abb. 3.10 Beispiel

Oder:

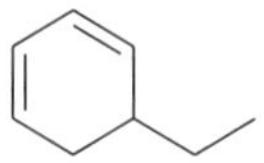

5-Ethyl-cyclohexa-1,3-dien

Abb. 3.11 Beispiel

3.3 Wichtige Vertreter der Alkene

Ethen

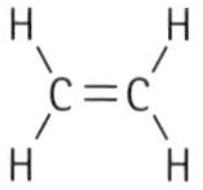

Ethen

Ethen oder **Ethylen** ($H_2C=CH_2$) ist ein Ausgangsstoff vieler technischer Synthesen. Es wird zur Herstellung u. a. von Polyethylen, Ethanol und Glycol verwendet.

Isopren

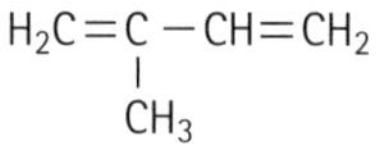

$$H_2C=C-CH=CH_2$$
$$|$$
$$CH_3$$

Isopren

Isopren oder 2-Methyl-1,3-butadien ist ein Baustein vieler Naturstoffe, z. B. Provitamin A (β-Carotin), Chlorophyll und der Terpene. Man kann sich ein **Terpen-Molekül** aus mehreren **Isopren-Molekülen** aufgebaut vorstellen.

Die einfachsten Terpene bestehen aus zwei miteinander verknüpften Isopren-Einheiten, sie verfügen demnach über 10 C-Atome. Verknüpft man 3 Isoprene miteinander, entsteht ein Molekül aus 15 C-Atomen mit der Bezeichnung Sesquiterpen.

Entsprechend verhält es sich bei den Diterpenen (C_{20}), Triterpenen (C_{30}) und Tetraterpenen (C_{40}), sie bestehen aus 4, 6 oder 8 Isopren-Molekülen. Neben den reinen Kohlenwasserstoffen findet man auch Terpenderivate mit funktionellen

Gruppen wie z.B. Alkohole, Ether, Aldehyde und Ketone. Einige Terpene sind cyclisch bzw. aromatisch.

Wichtige Vertreter der Terpene treffen wir häufig in der Natur (s. Abb. 3.12), z. B. gehören zu den **einfachen Terpenen** das **Geraniol**, der Hauptbestandteil des Geranien- und Rosenöls, und **Menthol**, das aus der Pfefferminze gewonnen wird. Ein natürlicher Vertreter der **Diterpene** ist **Vitamin A** und der **Tetraterpene** das **β-Carotin** der Karotten, das in der Zelle durch enzymatische Spaltung in der Mitte des Moleküls in Vitamin A zerfällt. **Polyterpene** sind aus sehr vielen Isopren-Einheiten zusammengesetzt. Ein natürlich vorkommendes Polyterpen ist der **Kautschuk**, der aus dem Milchsaft (Latex) tropischer Bäume gewonnen wird.

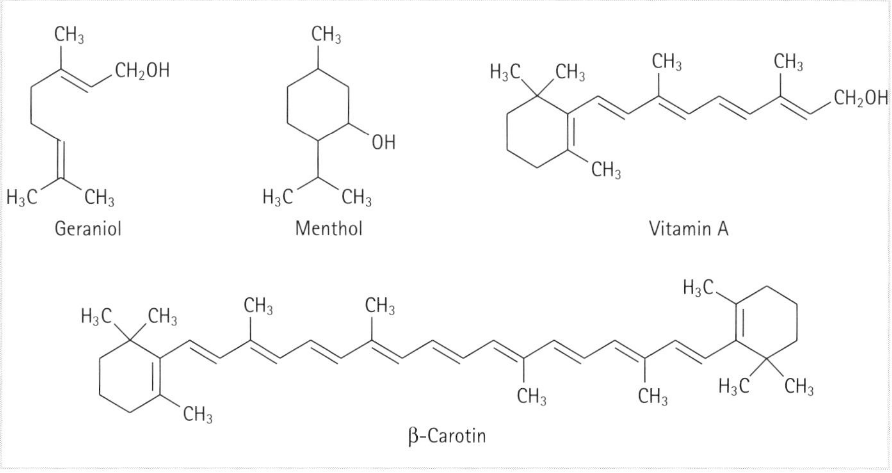

Abb. 3.12 Natürliche Terpene

4 Alkine

Alkine sind Kohlenwasserstoffe mit **einer oder mehreren Dreifachbindungen** und der allgemeinen Summenformel C_nH_{2n-2}. Sie gehören genauso wie die Alkene zu den ungesättigten Kohlenwasserstoffverbindungen. Ein Beispiel für ein Alkin ist das Ethin.

$$H - C \equiv C - H$$

Ethin

4.1 Die Bindungen der Alkine

In der Dreifachbindung ist der Kohlenstoff **sp-hybridisiert**, d. h. an der Hybridisierung haben das 2s- und eins der drei 2p-Orbitale teilgenommen (s. Kap. III 2.3). Es entstehen also **zwei energiegleiche Hybridorbitale**, die eine sigma-Bindung ausbilden können und sich längs der x-Achse ausrichten.

Abb. 4.1   Grundzustand und sp-hybridisierter Zustand des Kohlenstoffatoms

Ähnlich der Doppelbindung, bei der ein p-Orbital nicht an der Hybridisierung teilgenommen hat, findet man bei Dreifachbindungen **zwei nicht hybridisierte, hantelförmige p-Orbitale**. Sie liegen jeweils senkrecht zur Achse der sp-Hybridorbitale (x-Achse) und senkrecht zueinander, d. h. sie ordnen sich demnach auf der y-

Organische Verbindungen, ihre Eigenschaften und die wichtigen Vertreter

und z-Achse an. Sie können sich seitlich überlappen und dadurch **zwei π-Bindungen** ausbilden. Die vier Ladungswolken der beiden Hanteln bilden durch ihre Anordnung über und unter, vor und hinter der C–C-Bindung eine symmetrische Ladungswolke um die C–C-Bindungsachse.

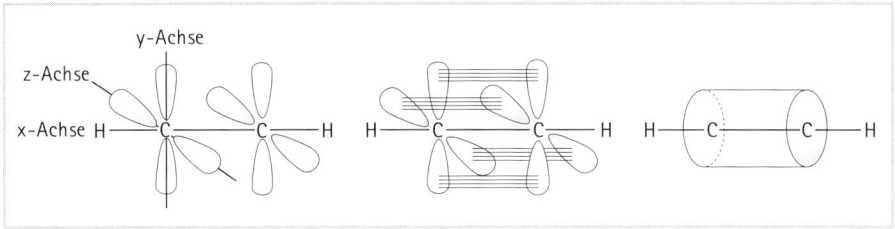

Abb. 4.2   Seitliche Überlappung der π-Orbitale beim Ethin

4.2   Nomenklatur der Alkine

In den Grundzügen entspricht die Nomenklatur der Alkine der Kennzeichnung der Alkane und Alkene, jedoch sind folgende Besonderheiten zu beachten:

Sind im Stammsystem Dreifachbindungen enthalten, so ändert sich die Endung des Stammnamens von -an (bei Alk**an**), bzw. -en (bei Alk**en**) nach **-in** (bei **Alkin**).

Tab. 4.1   Die homologe Reihe der niedermolekularen Alkine bis Pentin

Summen-formel	Struktur	Nomenklatur-Bezeichnung	Sonstige Bezeichnung	Rest
C_2H_2	$HC{\equiv}CH$	Ethin	Acetylen	$HC{\equiv}C-$ Ethinyl-
C_3H_4	$HC{\equiv}C-CH_3$	Propin	Methylacetylen	$HC{\equiv}C-CH_2-$ 2-Propinyl-
C_4H_6	$HC{\equiv}C-CH_2-CH_3$	1-Butin	Ethylacetylen	Butinyl-
C_5H_8		1-Pentin		Pentinyl-

Nur durch die Endung **-in** lässt sich am Namen nicht ablesen, an welcher Stelle der Kohlenwasserstoffkette die Dreifachbindung lokalisiert ist. Auch hier wird zur

Festlegung der Dreifachbindungen die Kette durchnummeriert und das C-Atom, an dem die Dreifachbindung beginnt, als Chiffre verwendet:

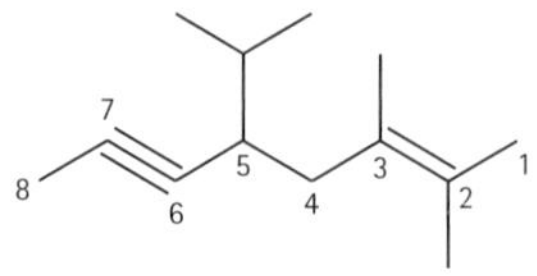

5-Isopropyl-2,3-dimethyl-oct-2-en-6-in

Abb. 4.3   Beispiel mit Doppel- und Dreifachbindungen

Bei der Bezifferung des Stammsystems wird so vorgegangen, dass Mehrfachbindungen insgesamt kleinstmögliche Chiffren erhalten. Da in dem Beispiel – Abbildung 4.3 – die Mehrfachbindungen an den Positionen 2 und 6 lokalisiert sind, wäre es auch denkbar das Molekül 6,7-Dimethyl-4-isopropyl-oct-2-in-6-en zu benennen. Dieser Benennung stehen aber folgende weitere Regeln entgegen:

Ist eine Entscheidung zur Positionsangabe der Mehrfachbindungen nicht möglich, so betrachtet man zunächst die Doppelbindung und erst dann die Dreifachbindung. Daher muss bei dieser Formel mit der Bezifferung des Stammsystems (Octan) von rechts begonnen werden. Falls an dieser Stelle wiederum keine Entscheidung möglich sein sollte, so wird das Stammsystem so beziffert, dass die Substituenten kleinstmögliche Ziffern erhalten.

Schließlich werden dann die Substituenten in alphabetische Reihenfolge gebracht, wobei die griechischen Vorsilben nicht berücksichtigt werden.

5 Organische Ringsysteme

Bei den organischen Ringsystemen unterscheidet man die aromatischen Kohlenwasserstoffverbindungen (Arene) von den vollständig hydrierten und von den Heterocyclen, den Ringsystemen, die neben Kohlenstoff auch Fremdatome im Ring aufweisen.

5.1 Aromatische Kohlenwasserstoffverbindungen

Die Grundgerüste aromatischer Verbindungen enthalten Benzol (C_6H_6). Aromatische Kohlenwasserstoffe haben oft einen deutlich angenehmen Geruch und Geschmack. Zu ihnen gehören zum Beispiel das Vanillin der Vanilleschoten, das Cumarin des Waldmeisters und das Rasperon, der Aromastoff der Himbeere.

5.1.1 Die aromatische Bindung

Die wichtigsten Ringsysteme in der organische Chemie sind die aromatischen Ringe, kurz auch **Aromaten** genannt, bei denen man eine besondere Anordnung der Elektronen findet. Am leichtesten lässt sich die Orbitalsituation am Benzolring (C_6H_6) erklären. Nach der Orbitaltheorie sind alle C-Atome im Ring sp^2-**hybridisiert** (s. Kap. III 2.2). Dabei entstehen **insgesamt drei sp^2-Hybridorbitale und ein nicht hybridisiertes p-Orbital**, wie bei den Alkenen. Im Benzolring bilden zwei der sp^2-Hybridorbitale eines jeden C-Atoms eine σ-Bindung mit dem jeweils rechten bzw. linken benachbarten C-Atom aus. Das dritte sp^2-Orbital geht eine Bindung mit einem Wasserstoffatom ein.

Alle C–C-Bindungen sind gleich lang und besitzen einen Bindungswinkel von 120°. Das gesamte Molekül liegt in einer Ebene und bildet ein Sechseck. Parallel zueinander und senkrecht zu dieser Molekülebene ordnen sich die nicht hybridisierten p-Orbitale an, die sich wie bei den Alkenen paarweise überlappen. Weil man bei Aromaten weder Einfach- noch Doppelbindungen nachweisen kann, geht man davon aus, dass jedes der sechs p-Orbitale sich sowohl mit dem p-Orbital des rechten als auch mit dem des linken C-Atoms überlappen kann.

Damit sind die π-Elektronen im Gegensatz zu denen der Alkene nicht auf eine bestimmte Doppelbindung lokalisiert, sondern über einen **größeren Raum verteilt** (**delokalisiert**). Sie erstrecken sich über das gesamte System sowohl oberhalb als auch unterhalb der Ringebene und erklären die hohe Stabilität der aromatischen Verbindungen (Abb. 5.1).

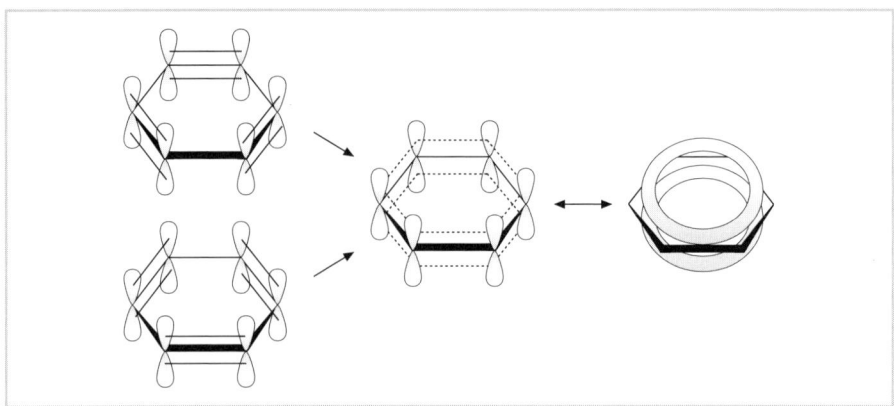

Abb. 5.1   Bindungsverhältnisse am Benzolring

Wie in Abbildung 5.2 deutlich wird, kann der aromatische Ring in verschiedenen Schreibweisen dargestellt werden. In den beiden Zeichnungen A und B ordnet man den einzelnen C-Atomen konjugierte Doppelbindungen zu. Diese eindeutige Zuordnung der Elektronenpaare zu bestimmten Atomen widerspricht aber der Theorie der Delokalisation und stellt das Molekül nur in sehr vereinfachter Weise dar. In der Zeichnung C deutet man die gleichmäßige Verteilung der Bindungselektronen über das ganze Ringsystem durch einen Kreis im Inneren des Ringes an und kommt den tatsächlichen Gegebenheiten näher.

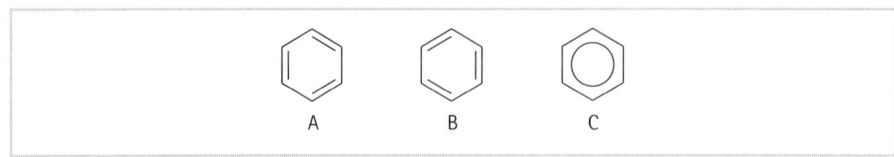

Abb. 5.2   Darstellung der Bindungsverhältnisse am Benzolring

Organische Verbindungen, ihre Eigenschaften und die wichtigen Vertreter

Es gibt auch aromatische Systeme, die aus mehreren Ringen bestehen, man nennt sie **kondensierte Ringsysteme**. Auch hier sind die π-Elektronen über das gesamte Molekül delokalisiert. Im Gegensatz zu nicht kondensierten Ringen haben sie mehrere Ringglieder gemeinsam.

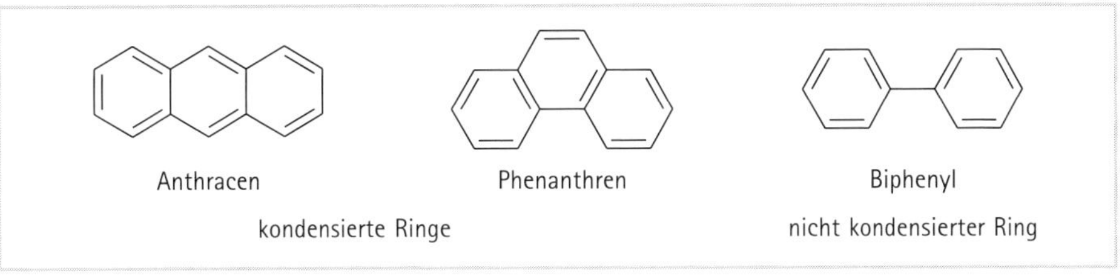

Abb. 5.3   Kondensierte und nicht kondensierte Ringsysteme

Es lassen sich mit dem Benzolkern auch andere, z. B. fünfgliedrige Ringe (Cyclopentadien) kondensieren.

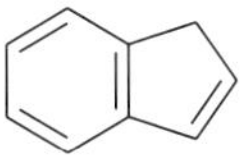

Abb. 5.4   Inden

5.1.2   Nomenklatur der Aromaten

Lange bevor es eine systematische Nomenklatur für organische Verbindungen gab, hatten sich Trivialnamen eingebürgert, die sich bis heute gehalten haben und auch in der IUPAC-Nomenklatur verwendet werden.

Benennung substituierter Benzolderivate

Trägt der Benzolring nur einen Substituenten, spricht man von monosubstituierten Benzolderivaten. Diese Substituenten können Alkylreste (Reste der Alkane) oder auch Reste der Alkene oder Alkine sein, sowie Halogene oder andere funktionelle Gruppen.

Der Name des Substituenten wird vor den Namen des Aromaten gesetzt:

Tab. 5.1   Nomenklaturbeispiele am Aromaten

Chlorbenzol	Ethenylbenzol oder Vinylben- zol	Nitrobenzol	Methylbenzol	Isopropylbenzol
	Trivialname: Styrol		Trivialname: Toluol	Trivialname: Cumol
Cl		NO$_2$	CH$_3$	

Bei zwei Substituenten gibt es drei mögliche Stellungen am Benzolring, die mit der Vorsilbe o- (ortho-), m- (meta-) und p- (para-) bezeichnet werden. Daneben ist es möglich, anhand von Postionsnummern die Moleküle zu benennen. Dabei muss darauf geachtet werden, dass die Substituenten möglichst kleine Ziffern erhalten:

Tab. 5.2   Drei mögliche Stellungen am Benzolring

p–Chlorstyrol	m–Nitrotoluol	o–Dichlorbenzol
4–Chlorstyrol	3–Nitrotoluol	1,2–Dichlorbenzol
IUPAC: 1–Chlor–4–vinylbenzol	IUPAC: 1–Methyl–3–nitrobenzol	
Cl	NO$_2$	Cl Cl

Sind Benzolringe dreifach substituiert, gibt es wiederum drei mögliche Stellungen. Es werden die Anordnungen vicinal (1,2,3-substituiert); symmetrisch (1,3,5-substituiert) und asymmetrisch (1,3,4-substituiert) unterschieden.

Tab. 5.3 Drei weitere Anordnungen von Substituenten am Benzolring

Anstelle **1,2,3** substituiert	Anstelle **1,3,5** substituiert	Anstelle **1,3,4** oder **1,2,4** substituiert
vicinal	symmetrisch	asymmetrisch
1,2,3-Trimethylbenzol	2,4,6-Trinitrotoluol	2,4-Dichlortoluol
	Trivialname: TNT	

Bei dem Beispiel in der Mitte der Tabelle 5.3, 2,4,6-Trinitrotoluol, erhält die Methylgruppe des Toluols die Nummer eins, da diese Teil des Trivialnamens ist. Die drei Nitrogruppen besetzen dadurch die Plätze zwei, vier und sechs.

Bei 2,4-Dichlortoluol ist es ähnlich: Toluol stellt einen mit einer Methylgruppe substituierten Benzolring dar, die beiden Chloratome erhalten im Verhältnis dazu die Positionen zwei und vier.

Mehrkernige aromatische Verbindungen

Mehrkernige aromatische Verbindungen werden immer im Uhrzeigersinn nummeriert. Die Ringverknüpfungen erhalten keine Ziffern.

Tab. 5.4   Beispiele zur Nomenklatur mehrkerniger Aromaten

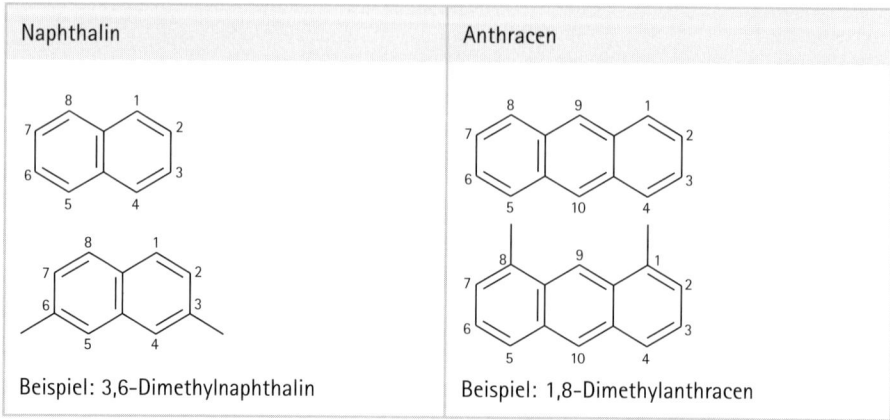

Naphthalin	Anthracen
Beispiel: 3,6-Dimethylnaphthalin	Beispiel: 1,8-Dimethylanthracen

Aromatische Ringe können auch als Substituenten Teil eines umfangreichen Moleküls sein. Sie haben häufig Trivialnamen. Benzol als Substituent eines Moleküls hat die Bezeichnung **Phenyl-**

Abb. 5.5   Stamm- und Substituentenname

Ist Toluol über seine Methylgruppe ein Substituent, so heißt dieser Substituent **Benzyl-**.

Abb. 5.6   Stammsystem und Substituentenname

Zur Veranschaulichung eignen sich die zwei Beispiele in Abb. 5.7:

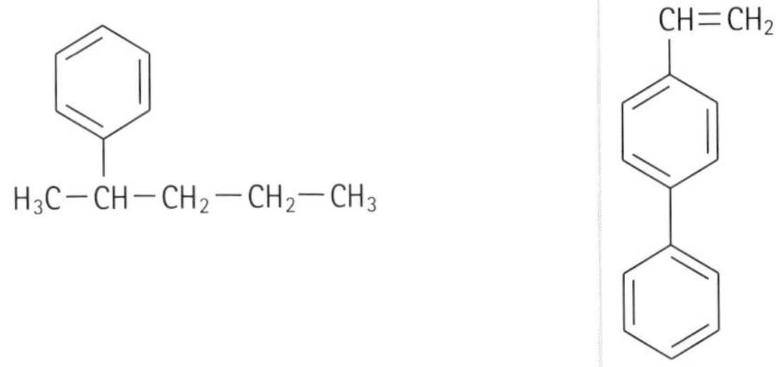

H₃C—CH—CH₂—CH₂—CH₃ (with phenyl group)	CH=CH₂ (with biphenyl)
2- Phenylpentan	p-Phenylstyrol

Abb. 5.7 Beispiele zur Nomenklatur

5.1.3 Wichtige Vertreter aromatischer Kohlenwasserstoffe

Benzol

Benzol

Heute wird Benzol hauptsächlich aus Erdöl hergestellt. Es findet Verwendung als unpolares Lösungsmittel für Fette und andere organische Stoffe. Wegen seiner Toxizität (es ist ein Blutgift) wird es nach Möglichkeit durch andere unpolare, weniger giftige Lösungsmittel, z. B. Toluol, ersetzt.

Alkylbenzole

Toluol

Werden Wasserstoffatome des Benzolringes durch ein oder mehrere Alkylreste ersetzt, spricht man von **Alkylbenzol**. So erhält man durch die Einführung einer Methylgruppe das **Toluol**.

Durch erneute Alkylierung mit einer weiteren Methylgruppe entsteht **Xylol**, das in drei isomeren Formen vorkommt. Die beiden Substituenten können in ortho-, meta- und para-Stellung zueinander stehen. Liegt Xylol als Isomerengemisch vor, zeichnet man die zweite Methylgruppe mit einem Bindungsstrich in den Kreis des Benzolrings hinein und deutet dadurch an, dass alle drei Isomere im Gemisch vorkommen (s. Abb. 5.8).

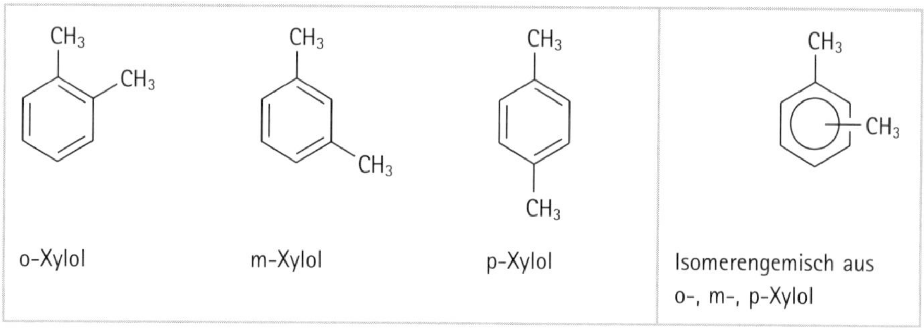

o-Xylol	m-Xylol	p-Xylol	Isomerengemisch aus o-, m-, p-Xylol

Abb. 5.8   Xylol in o-, m- und p- Stellung und als Isomerengemisch

Kondensierte Ringe

Viele Verbindungen mit kondensierten Kohlenwasserstoffringen werden aus Steinkohlenteer gewonnen. Die wichtigsten sind **Naphthalin**, welches aus zwei und das in der Farbstoffindustrie verwendete **Anthracen**, das aus drei kondensierten Benzolringen aufgebaut ist.

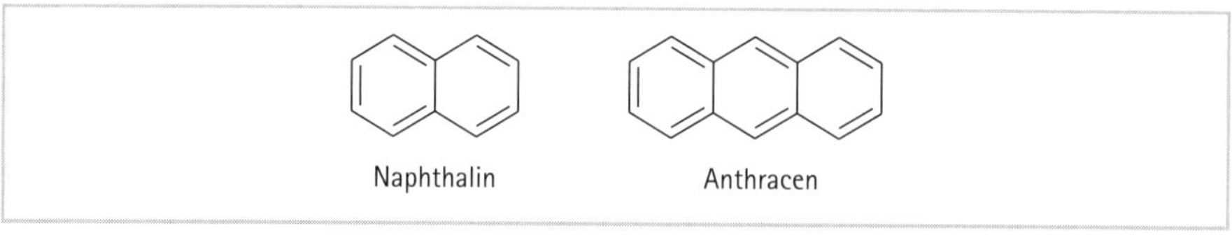

Naphthalin   Anthracen

Abb. 5.9   Naphthalin und Anthracen

Benzpyren (Benzapyren) ist ein aus fünf kondensierten Benzolringen bestehender hochkarzinogener (karzinogen = krebserzeugend) Stoff. Er kommt im Tabakteer vor und ist in der Luft der Großstädte zu finden. Heute führt man die Zunahme des Bronchialkarzinoms u. a. auf das Rauchen und die zunehmende Luftverschmutzung mit Benzpyren zurück.

Organische Verbindungen, ihre Eigenschaften und die wichtigen Vertreter

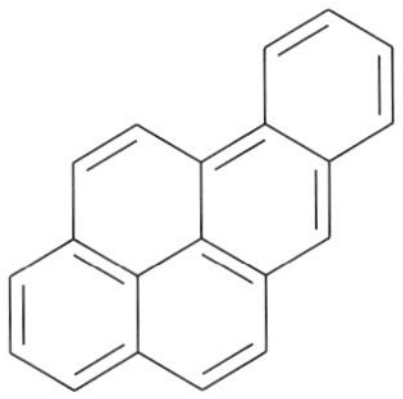

Benzpyren

Im **Azulenmolekül** sind ein fünf- und ein siebengliedriger Ring kondensiert. Azulene sind meistens blau gefärbt und kommen in den ätherischen Ölen vieler Pflanzen vor. Als Derivat des Azulens findet man z. B. das antiphlogistisch wirkende **Chamazulen** im ätherischen Öl der Kamille, der Schafgarbe und des Wermuts.

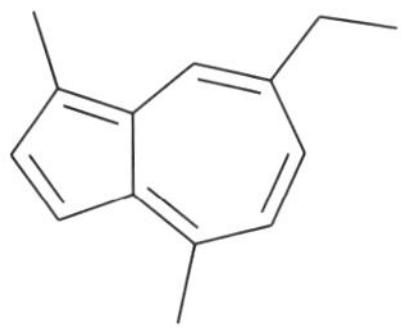

Chamazulen

Tab. 5.5 Die wichtigsten aromatischen Kohlenwasserstoffe (Fortsetzung s. folgende Seiten)

Bezeichnung	Formel	Sonstige Bezeichnungen	Vorkommen
Benzol	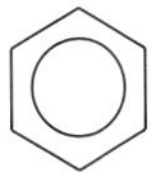		Kokereigas, Steinkohlenteer (Leichtölfraktion)
Toluol	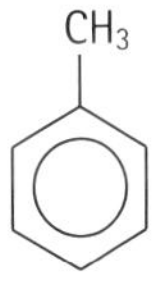	Methylbenzol	Steinkohlenteer (Leichtölfraktion)
Xylol	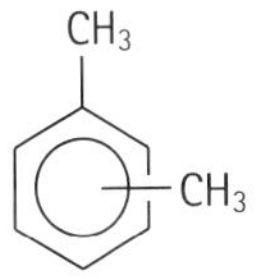	Dimethylbenzol	Steinkohlenteer

Tab. 5.5   Die wichtigsten aromatischen Kohlenwasserstoffe (Fortsetzung)

Bezeichnung	Formel	sonstige Bezeichnungen	Vorkommen
Styrol		Vinylbenzol	Monomer von Polystyrol
Inden			Steinkohlenteer
Azulen			Grundgerüst des Proazulens (Bestandteil des Kamillenöls)
Naphthalin			Steinkohlenteer (Mittel- und Schwerölfraktion)
Anthracen			Steinkohlenteer (Antracenölfraktion)
Phenanthren			Steinkohlenteer (Schwerölfraktion)
Tetracen			Grundkörper der Tetracycline
Benzo[a]pyren			Steinkohlenteer Tabakteer (Kanzerogen = krebserzeugend)
Biphenyl		Diphenyl Phenylbenzol	Steinkohlenteer, Grundlage für viele Farbstoffe

Organische Verbindungen, ihre Eigenschaften und die wichtigen Vertreter

Tab. 5.5   Die wichtigsten aromatischen Kohlenwasserstoffe (Fortsetzung)

Bezeichnung	Formel	Sonstige Bezeichnungen	Vorkommen
Stilben	⟨benzene⟩—CH=CH—⟨benzene⟩	Diphenylethylen	Grundkörper der synthetischen Estrogene (weibl. Sexualhormone)

5.2   Heterocyclen

5.2.1   Die heterocyclische Bindung mit aromatischem Charakter

Heterocyclen enthalten im Ring zusätzlich ein oder mehrere Fremdatome.

In einem aromatischen Ring können Kohlenstoffatome durch ein oder mehrere Heteroatome (hetero, gr. Vorsilbe für fremd) ersetzt werden. Bei diesen Fremdatomen handelt es sich meist um **Stickstoff, Sauerstoff** oder **Schwefel**. Der aromatische Charakter des Ringsystems geht dabei nicht verloren.

Man unterscheidet **fünf-** und **sechsgliedrige Heterocyclen**, z. B. Pyridin und Pyrrol. In beiden Verbindungen ist das Stickstoffatom sp^2-hybridisiert. Im **Pyridin** (s. Abb. 5.10) verfügt der Stickstoff über fünf bindungsfähige Elektronen. Zwei der drei Hybridorbitale sind einfach besetzt und stellen der σ-Bindung, die das Stickstoffatom mit dem jeweiligen rechten bzw. linken benachbarten Kohlenstoff ausbildet, je ein Elektron zur Verfügung. Das dritte Hybridorbital besitzt ein freies Elektronenpaar, mit dem es zum Beispiel eine Proton binden kann. Das fünfte Elektron vervollständigt das Elektronensextett des aromatischen Rings.

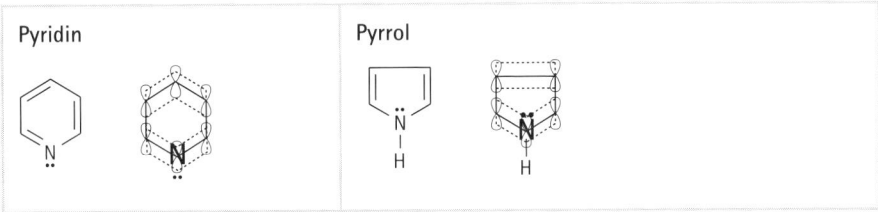

Abb. 5.10   Sechs- und fünfgliedrige Ringe

Durch das freie Elektronenpaar am Stickstoff ist Pyridin ein Protonenakzeptor und deshalb in der Lage, Wasserstoffbrücken zu bilden. Es ist somit wasserlöslich und kann als Base mit Säuren unter Salzbildung reagieren.

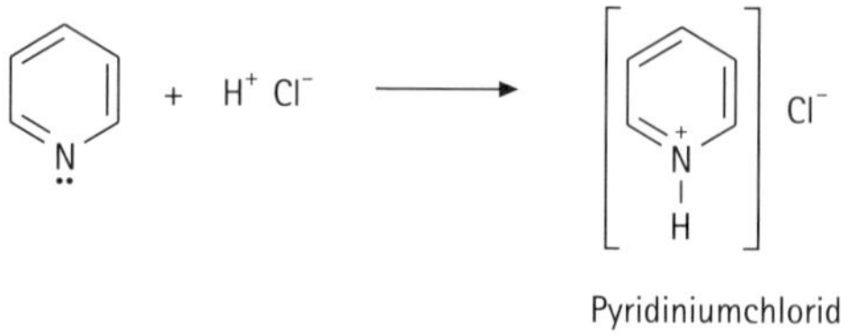

Abb. 5.11 Salzbildung beim Pyridin

Im **Pyrrol** hingegen fehlen zum π-Elektronensextett zwei, denn es sind nur 4 sp^2-hybridisierte Kohlenstoffatome vorhanden. Der Stickstoff muss hier also sein einsames Elektronenpaar an das 6 π-Elektronensystem abgeben. Deshalb ist eine Protonierung des N-Atoms nicht möglich und das Molekül ist wasserunlöslich (s. Abb. 5.10).

Die chemischen Eigenschaften lassen sich auch bei den fünf- bzw. sechsgliedrigen Ringen mit Sauerstoff- oder Schwefelatomen anhand der ähnlichen Elektronenverteilung herleiten. Die Heterocyclen Furan, Pyrrol und Thiophen sind nicht wasserlöslich und nur schwach basisch.

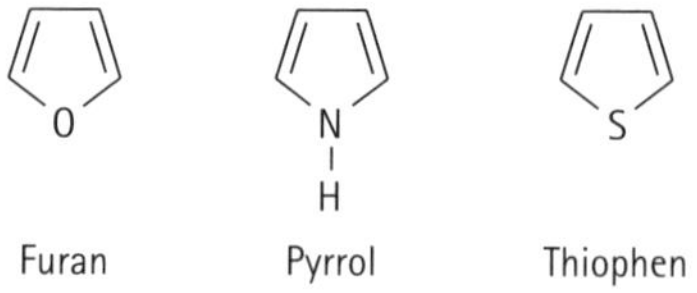

Abb. 5.12 Verschiedene Heterocyclen

Viele Naturstoffe, Farbstoffe sowie eine große Zahl pharmazeutischer Produkte enthalten Heterocyclen.

5.2.2 Nomenklatur der Heterocylen

Viele Heterocyclen sind lange bekannt und besitzen daher Trivialnamen. Nach der IUPAC-Nomenklatur werden sie nach der **Ringgröße** (fünf- oder sechsgliedrig), dem **Sättigungsgrad** des Rings (Anzahl der Doppelbindungen) und der **Art** des Heteroatoms benannt.

Zur Bezifferung der Heterocyclen werden die Atome so durchnummeriert, dass die Heteroatome möglichst niedrige Ziffern erhalten. Sind verschiedene Atomarten im Ring vorhanden, richtet sich die Reihenfolge nach den Hauptgruppen und innerhalb dieser nach der Ordnungszahl der Heteroatome im Periodensystem. Je höher die Gruppennummer ist, desto weiter oben steht das Element in der Rangfolge der Nummerierung: O und S (6. Hauptgruppe im PSE) kommen also vor N (5. Hauptgruppe im PSE). Innerhalb einer Hauptgruppe nimmt die Rangfolge der Elemente bei der Nomenklatur von oben nach unten ab: O kommt vor S.

Für Sauerstoff wird das Präfix **Oxa-**, für Stickstoff das Präfix **Aza-** und für Schwefel das Präfix **Thio-** verwendet.

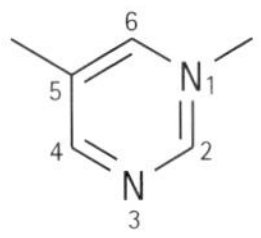

1,5-Dimethylpyrimidin

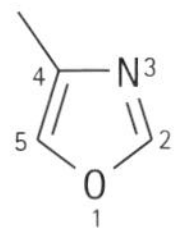

4-Methyloxazol

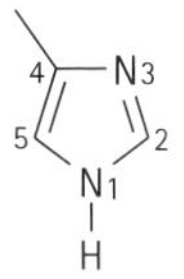

4-Methyl-1H-pyrazol
oder:
4-Methyl-1H-1,3-diazol

Abb. 5.13 Beispiele für die Nomenklatur bei Heterocyclen

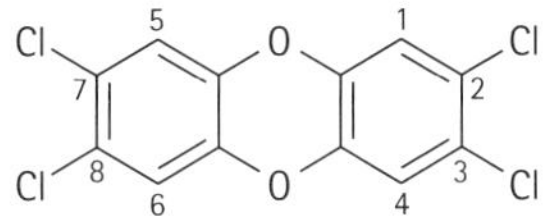

2,3,7,8,-Tetrachlordibenzo-p-dioxin = Dioxin

Abb. 5.14 Beispiel für die Nomenklatur bei Heterocyclen

5.2.3.   Wichtige Vertreter der Heterocyclen

Pyrrol

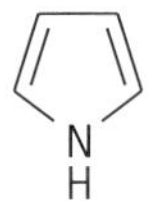

Pyrrol

Wichtig ist die Fähigkeit der Natur, 4 Pyrrolkerne durch Methingruppen ($\equiv$CH) zu einem Ring höherer Ordnung, dem Porphinskelett, zu verknüpfen.

Porphin

Das Porphinskelett liegt so wichtigen Naturstoffen wie dem roten Blutfarbstoff (Hämoglobin), dem Blattfarbstoff (Chlorophyll) und dem Vitamin B_{12} (Cyanocobalamin) zugrunde.

Im Hämoglobin sind die Wasserstoffatome der Pyrrolringe durch Methyl-, Vinyl- und Propionsäuregruppen substituiert. Ein Eisen(II) ist als Zentralatom mit 2 Haupt- und 2 Nebenvalenzen mit dem Stickstoff der Pyrrolringe verbunden, die beiden verbleibenden Nebenvalenzen (Koordinationszahl des Fe = 6) sind mit Protein (Globin) abgesättigt.

Das Hämoglobin bewirkt den Sauerstofftransport im Blut. Dabei löst sich eine der beiden Proteinkomponenten reversibel vom Eisen, um Platz zu machen für ein leicht wieder abspaltbares Sauerstoff-Molekül. Beim Abbau der roten Blutkörperchen (Erythrozyten), in denen das Hämoglobin enthalten ist, bilden sich die Gallenfarbstoffe, z. B. Bilirubin.

Chlorophyll unterscheidet sich vom Hämoglobin in folgenden Punkten:

- Statt Fe steht Mg als Zentralatom.
- Der Proteinanteil fehlt.

Cyanocobalamin, Vitamin B_{12}, besitzt Cobalt als Zentralatom.

Cetylpyridiniumchlorid

Cetylpyridiniumchlorid

Man findet das als Desinfektionsmittel verwendete Cetylpyridiniumchlorid in der Ph. Eur. Es gehört zu den quartären Ammoniumverbindungen mit aromatischem Charakter. In der Pharmazie kommt es als Hautantiseptikum, bei Infektionen des

Mund- und Rachenraumes (z. B. Dobendan® Lutschtabletten) und als kationisches Konservierungsmittel zum Einsatz.

Tab. 5.6 Übersicht einiger wichtiger Heterocyclen (Fortsetzung s. nächste Seite)

Bezeichnung	Formel	enthalten in
Pyrrol		Hämoglobin Chlorophyll
Pyrazol		Phenazonderivaten Propyphenazon Metamizol
Imidazol		Histidin Histamin div. Antimykotika
Pyridin		Nicotinsäure Nicotinamid Celylpyridiniumchlorid Dequaliniumchlorid
Pyrimidin		Nukleinsäuren Barbitursäure
Pyrazin		div. Wurmmitteln
Diazepin		Tranquilizern
Furan		Furfurol
Thiazol		Penicillin Vitamin B_1

Tab. 5.6 Übersicht einiger wichtiger Heterocyclen (Fortsetzung)

Bezeichnung	Formel	enthalten in
Indol		Indigofarbstoff Mutterkorn- u. Strychnosalkaloiden Tryptophan
Chinolin		Chinaalkaloiden Resochin
i-Chinolin		Papaver-Alkaloiden
Acridin		Rivanol® Metifex® Farbstoffen
Phenothiazin		Methylenblau Antihistaminika Neuroleptika
Purin		Nukleinsäuren Harnsäure Theophyllin Theobromin Coffein

6 Wichtige Reaktionen in der organischen Chemie

6.1 Grundlagen

Durch ihre Elektronenpaarbindung reagieren organische Verbindungen nach anderen Mechanismen und langsamer als die aus Ionen bestehenden anorganischen Moleküle. Die Reaktionen lassen sich durch Temperaturerhöhungen und Katalysatoren beeinflussen. Organische Reaktionen laufen selten vollständig ab, denn es entstehen in Nebenreaktionen Produkte, die das gewünschte Reaktionsprodukt verunreinigen und deshalb durch Umkristallisation oder säulenchromatographische Trennung entfernt werden müssen. Organische Reaktionen werden, bezogen auf den Reaktionsverlauf, in drei Gruppen eingeteilt. Man unterscheidet **Addition** (Anlagerung), **Substitution** (Ersatz) und die **Elimination** (Abspaltung) von Atomen oder Atomgruppen.

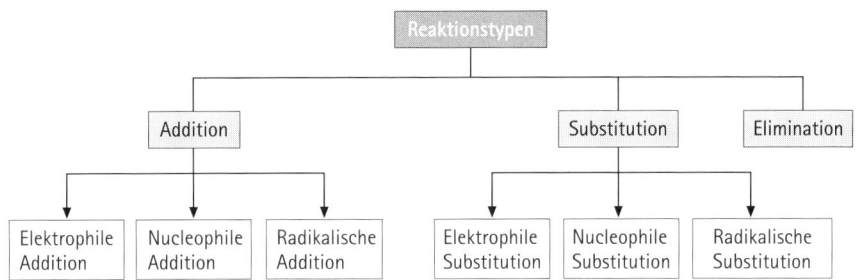

6.2 Ionischer und radikalischer Reaktionsverlauf

Bei organische Umsetzungen findet man zwei wichtige Reaktionsmechanismen: den **ionischen** und den seltener vorkommenden **radikalischen** Reaktionsverlauf.

Ionischer oder polarer Reaktionsverlauf

Kombiniert man einen Reaktionspartner, der ein **freies Elektronenpaar** besitzt, mit einem anderen, der eine **Elektronenpaarlücke** aufweist, wird eine **Elektronenpaarbindung** geknüpft. Reagenzien mit einem freien Elektronenpaar sind **nucleophil** (kernliebend), Reagenzien mit einer Elektronenpaarlücke sind **elektrophil** (elektronenliebend).

R: + () R $\longrightarrow$ R:R   R: = nucleophiler Reaktionspartner mit freiem Elektronenpaar

() R = elektrophiler Reaktionspartner mit Elektronenpaarlücke

---

Abb. 6.1   Ionischer oder polarer Reaktionsverlauf

Reagenzien mit nucleophilen Eigenschaften

Zu den nucleophilen Reagenzien gehören Verbindungen, die Elektronen abgeben, bzw. zur Verfügung stellen können. Dazu zählen **anorganische** und **organische Anionen** und **elektronenreiche organische Moleküle**.

Tab. 6.1   Nucleophile Reagenzien

Anorganische Anionen, z. B.:	OH^-, Halogen-Anionen, CN^-		
Anionen aus organischen Verbindungen, z. B.:	R—O⁻ Alkoholat-Ion	R—C(=O)O⁻ Carboxylat-Ion	Phenolat-Ion
Elektronenreiche organische Moleküle, z. B.:	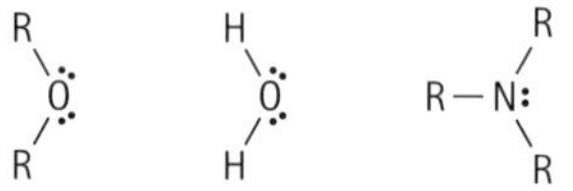 Ether	Wasser	R—N Amin

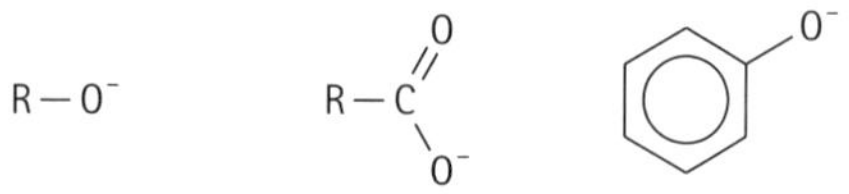

Reagenzien mit elektrophilen Eigenschaften

Reagenzien mit elektrophilen Eigenschaften nehmen die Elektronen der nucleophilen Reagenzien auf. Man unterscheidet **organische** und **anorganische Kationen** und **elektronenarme organische Moleküle**. Was versteht man unter elektronenarmen Molekülen? Ist der Kohlenstoff mit einem elektronegativeren Partner verbunden, der das Elektronenpaar an sich zieht, wie z. B. Sauerstoff, entsteht ein polares organisches Molekül, bei dem der Kohlenstoff eine leicht positive Teilladung bekommt und elektrophil reagiert.

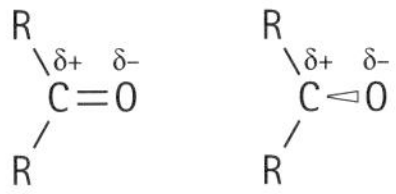

Abb. 6.2 Polarisierung einer organischen Verbindung durch einen elektronegativen Bindungspartner

Tab. 6.2 Elektrophile Reagenzien

Anorganische Kationen, z. B.:	H^+, NO_2^+, Halogen-Kationen
Organischen Kationen, z. B.:	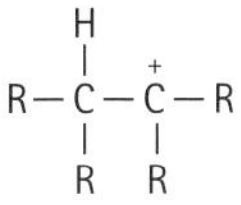 Carbeniumion
Elektronenarme organische Moleküle, z. B.:	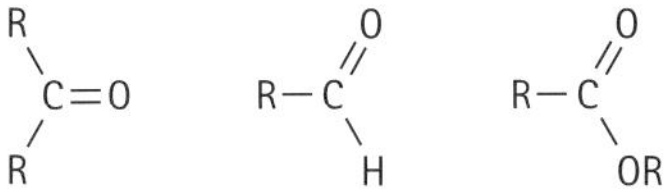 Keton Aldehyd Ester

Ionische Reaktionen werden auf zwei Arten eingeleitet:

- Durch einen **nucleophilen Angriff** einer Verbindung mit einem Elektronen-überschuss auf den Kern eines Partners.
- Durch einen **elektrophilen Angriff**. Die angreifende Verbindung verfügt über ein Elektronenmangel und reagiert mit einem Reaktionspartner, der über ein freies Elektronenpaar verfügt.

Abb. 6.3 Einleitung einer Reaktion: nucleophiler und elektrophiler Angriff

Wichtige Reaktionen in der organischen Chemie

Bei der als **Heterolyse** bezeichneten Spaltung einer Elektronenpaarbindung bilden sich wieder **nucleophile** und **elektrophile Reagenzien**. Als nucleophil bezeichnet man die Atome/Moleküle, die nach der Spaltung das Bindungselektronenpaar behalten haben und damit ein freies Elektronenpaar besitzen. Elektrophile haben das Bindungselektronenpaar dem Partner überlassen und weisen nun eine Elektronenpaarlücke auf.

R:R $\longrightarrow$ R: + () R   R: = nucleophiler Reaktionspartner mit freiem Elektronenpaar
                                          () R = elektrophiler Reaktionspartner mit Elektronenpaarlücke

Abb. 6.4   Heterolyse

Radikalischer Reaktionsverlauf

Ein Radikalmechanismus liegt vor, wenn eine Elektronenpaarbindung durch Kombination von **zwei Radikalen**, d. h. zwei Reaktionspartnern mit je einem ungepaarten Elektron, gebildet wird.

R· + ·R $\longrightarrow$ R:R   R· = Radikal

Abb. 6.5   Radikalischer Reaktionsverlauf

Wird die Elektronenpaarbindung eines Moleküls **homolytisch gespalten**, so entstehen nach der Spaltung (Homolyse) zwei Radikale, die jeweils ein ungepaartes Elektron der Bindung behalten haben.

R:R $\longrightarrow$ R· + ·R   R· = Radikal

Abb. 6.6   Bildung von zwei Radikalen durch homolytische Spaltung

6.3   Die verschiedenen Reaktionstypen

In der organischen Chemie unterscheidet man drei verschiedenen Reaktionsarten: die Addition, die Substitution und die Elimination.

6.3.1 Additionsreaktionen

Bei einer Addition lagert sich eine Verbindung (z. B. HCl) an eine Mehrfachbindung an. Es gibt drei verschiedene Additionsverfahren, die **elektrophile**, die **nucleophile** und die **radikalische Addition**.

Elektrophile Addition = A_E

Bei einer elektrophilen Addition reagiert eine polare Verbindung mit einer **Mehrfachbindung**, wobei die π-Bindung gelöst wird und zwei neue σ-Bindungen entstehen. Im Bereich der Doppelbindung herrscht, bedingt durch beide Elektronenpaare, eine relativ hohe Ladungsdichte. Bekannt ist auch, dass sich in diesem Bereich die Elektronen leicht verschieben lassen, was die π-Bindung instabil macht (s. Kap. 3.1). So reagiert eine Doppelbindung leicht mit positiven Teilchen, d. h. sie wird elektrophil angegriffen. Der Reaktionsverlauf ist **dreistufig**. Er soll hier am Beispiel einer Halogenwasserstoffsäure (HX) erklärt werden, wobei das X anstelle von Cl^-, Br^- oder I^- steht.

Zu Beginn der Reaktion findet eine heterolytische Spaltung der polaren Halogenwasserstoffsäure statt. Das Proton leitet elektrophil die Reaktion ein, das Halogen-Ion beendet sie nucleophil. Abbildung 6.7 zeigt die elektrophile Addition in drei Stufen.

Stufe 1: In der ersten Stufe kommt es also zu einem **elektrophilen Angriff** durch das Proton der Säure. Das positive **Wasserstoffion** lagert sich an die Doppelbindung mit ihrer hohen negativen Ladungsdichte an.

Stufe 2: Die Elektronen der π-Bindung verlagern sich in den Bereich eines der beiden C-Atome der Doppelbindung und bilden mit dem Wasserstoffion dort eine σ-**Bindung** aus. Durch diese Verlagerung der Elektronen ist das andere C-Atom nun positiv geladen. Das nun entstandene, teilweise positiv geladene Molekül nennt man **Carbenium-Ion**.

Stufe 3: In der dritten Stufe wird das negative, **nucleophile Halogen-Ion** an das positive C-Atom des Carbenium-Ions addiert.

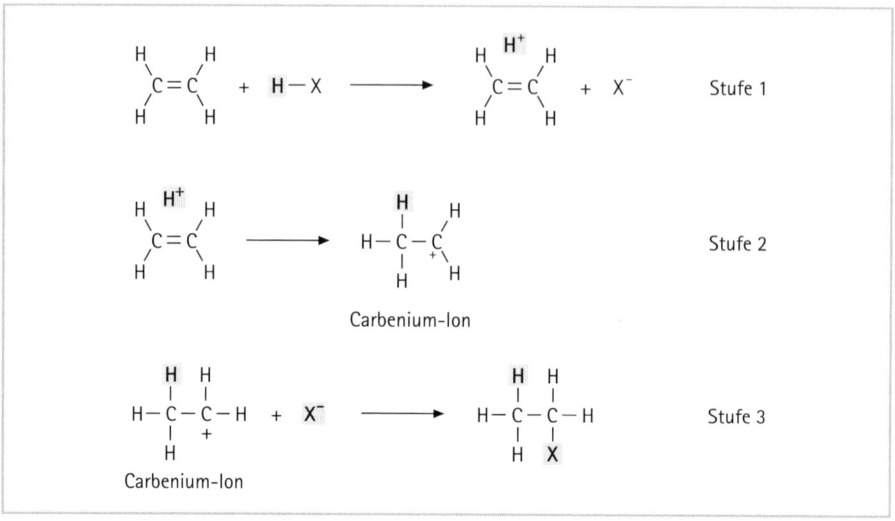

Abb. 6.7   Elektrophile Addition in drei Stufen

Die Reaktionen werden im Allgemeinen nicht mit sämtlichen Zwischenstufen formuliert, sondern vereinfacht dargestellt. So z. B. die Addition von Chlorwasserstoff an Ethen, bei der H^+ die Reaktion **elektrophil** beginnt und Cl^- sie **nucleophil** abschließt.

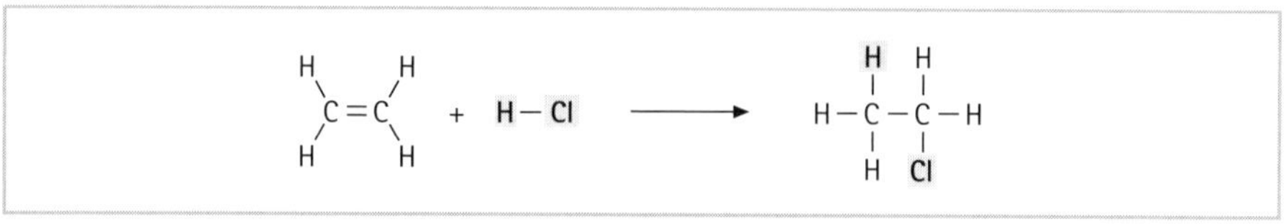

Abb. 6.8   Vereinfachte Darstellung einer elektrophilen Addition

Weitere Beispiele für elektrophile Additionsreaktionen

Addition von Brom: Zunächst erfolgt eine Spaltung (Heterolyse) des Brommoleküls in ein elektrophiles Br^+ und ein nucleophiles Br^-. Danach beginnt die Reaktion mit den elektrophilen Br^+ und endet mit den nucleophilen Br^-.

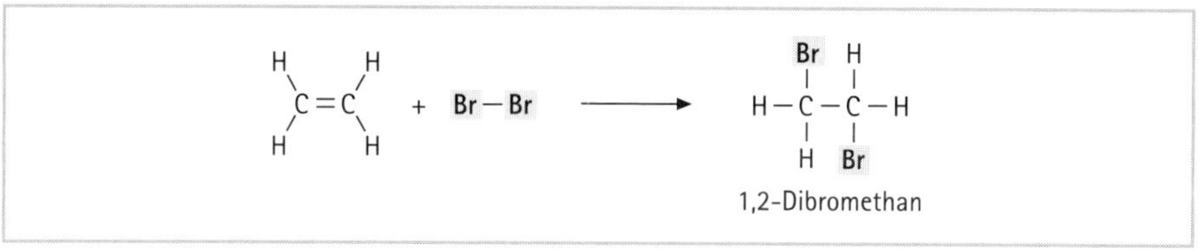

Abb. 6.9   Elektrophile Addition von Brom an Ethen

Addition von Alkohol: Das H⁺-Ion leitet die Reaktion elektrophil ein, RO⁻ schließt sie nucleophil ab, es bildet sich ein **Ether**.

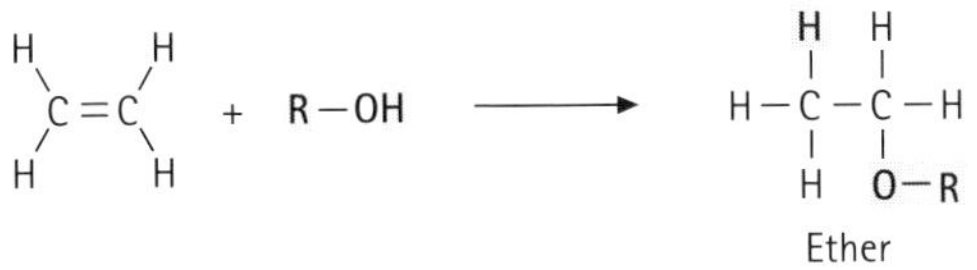

Abb. 6.10 Elektrophile Addition eines Alkohols an Ethen

Addition von Wasser: H⁺ greift elektrophil an, OH⁻ beendet die Reaktion nucleophil. Es bildet sich ein **Alkohol**.

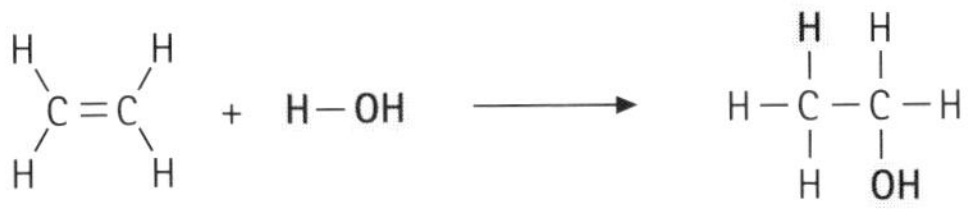

Abb. 6.11 Elektrophile Addition von Wasser an Ethen

Nucleophile Addition = A_N

Durch die erhöhte negative Ladungsdichte im Bereich der Doppelbindung ist eine **nucleophile Addition** nur dann möglich, wenn die Elektronendichte durch einen **elektronenziehenden Doppelbindungspartner** reduziert wird. Dies ist z. B. bei der Carbonylgruppe (-C=O) der Aldehyde oder Ketone der Fall. Der Sauerstoff zieht durch seine hohe Elektronegativität die Bindungselektronen an sich heran und erleichtert damit den nucleophilen Angriff am partiell positiv geladenen C-Atom.

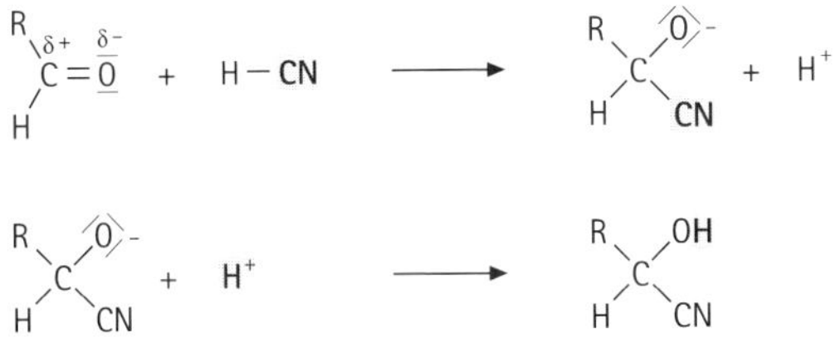

Abb. 6.12 Nucleophile Addition von Cyanwasserstoff an ein Aldehyd

Bei der Addition eines Cyanwasserstoffs an ein Aldehyd zum Beispiel greift die partiell negativ geladene CN^--Gruppe den positivierten Kohlenstoff des Aldehyds nucleophil an. Die π-**Bindung** öffnet sich, indem sich das Elektronenpaar zum Sauerstoff hin verlagert, an dessen negativer Ladung sich das Wasserstoffion binden kann.

Radikalische Addition = A_R

Unter geeigneten Reaktionsbedingungen, z.B. durch UV-Licht, können Additionsreaktionen auch nach einem **radikalischen Mechanismus** ablaufen. Durch die UV-Strahlung kommt es zu einer **homolytischen Spaltung** des Reagenzes (im Beispiel: Br_2) und damit zur Bildung zweier freier Radikale (im Beispiel: Bromradikale) (1). Sie setzen eine **Kettenreaktion** in Gang, bei der eines der beiden Radikale die homolytische Spaltung der Doppelbindung und damit die Ausbildung eines **Kohlenstoffradikals** bewirkt (2). Dieses reagiert wiederum mit einem Molekül des Reagenzes (im Beispiel: Br_2) unter erneuter Radikalbildung (3). Während dieser Reaktion bilden sich zwei σ-Bindungen, deren Bindungselektronen von beiden Radikaltypen stammen. Da die neuen Radikale immer wieder die Ausbildung anderer induzieren, reißt die Reaktion erst ab, wenn zwei Radikale (im Beispiel: 2 Bromradikale) in der Reaktionskette aufeinander stoßen (**Kettenabbruchreaktion**) (4).

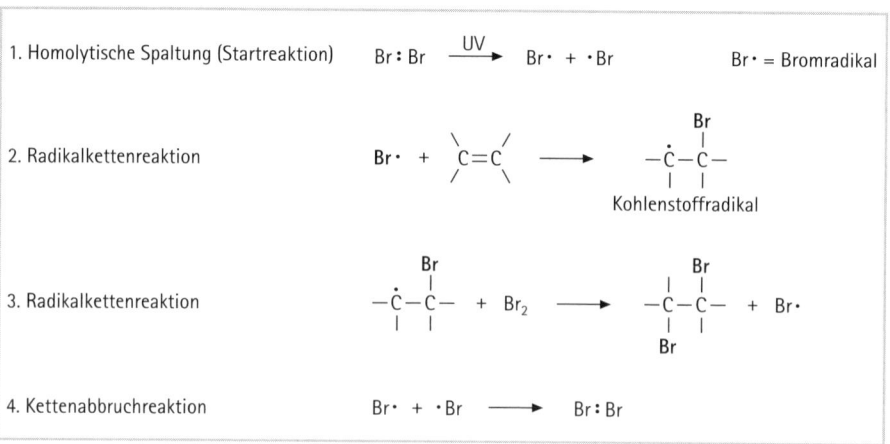

Abb. 6.13 Kettenreaktion

6.3.2 Substitutionsreaktionen

Bei einer **Substitutionsreaktion** wird in einem Molekül ein Substituent gegen einen anderen **ausgetauscht**. Wie bei der Addition gibt es auch hier wieder die Möglichkeit einer elektrophilen, nucleophilen und radikalischen Substitution.

Elektrophile Substitution = S_E

Die **elektrophile Substitution** ist der wichtigste Reaktionstyp der **Aromaten**. Im Aromaten liegen die C-Atome sp^2-hybridisiert vor. Die Doppelbindungen sind delokalisiert, d. h. über und unter der Molekülebene befindet sich eine Elektronenwolke höherer Ladungsdichte. Hier kann der **elektrophile Angriff**, bei dem ein positiv geladenes Zwischenprodukt entsteht, bevorzugt erfolgen. In dem entstandenen Zwischenprodukt ist die positive Ladung über den gesamten Ring verteilt, was zu einer Stabilisierung führt. Die in Abbildung 6.14 Nr. 1–3 abgebildeten drei Zustandsformen zeigen drei Möglichkeiten der Lokalisierung. Man nennt sie mesomere Grenzformen (s. Kap. 6.7). Die wirklichen Gegebenheiten können mit diesen Grenzstrukturen allerdings nicht ausgedrückt werden, sondern liegen dazwischen. Diese Form der **Mesomeriestabilisierung** stellt man zeichnerisch durch einen geöffneten Kreis in der Mitte eines Benzolringes dar (Abb. 6.14 Nr. 4).

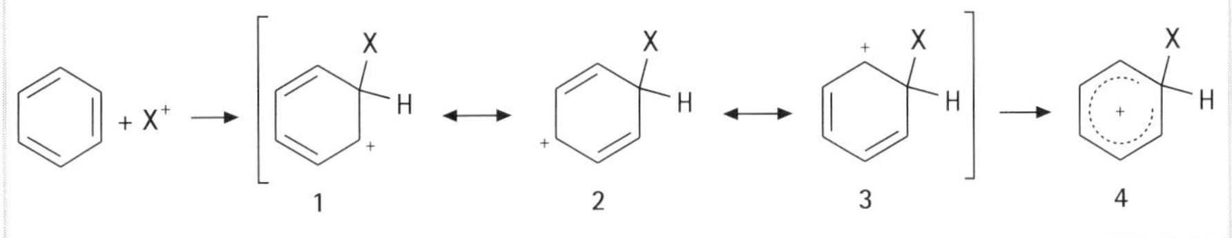

Abb. 6.14 Mesomere Grenzformen

Anders als bei der elektrophilen Addition, bei der die Reaktion mit der Anlagerung eines nucleophilen Partners endet, wird bei der elektrophilen Substitution die Reaktion durch die **Abspaltung eines Protons** beendet und damit der energetisch vorteilhaftere aromatische Zustand wiederhergestellt (s. Abb. 6.15).

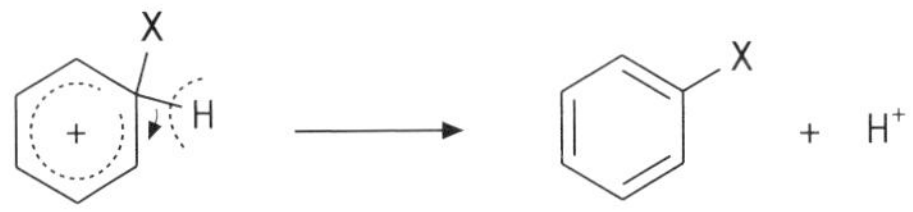

Abb. 6.15 Die Abspaltung eines Protons beendet die elektrophile Substitution

Wichtige S$_E$-Reaktionen von Aromaten in vereinfachter Darstellung:

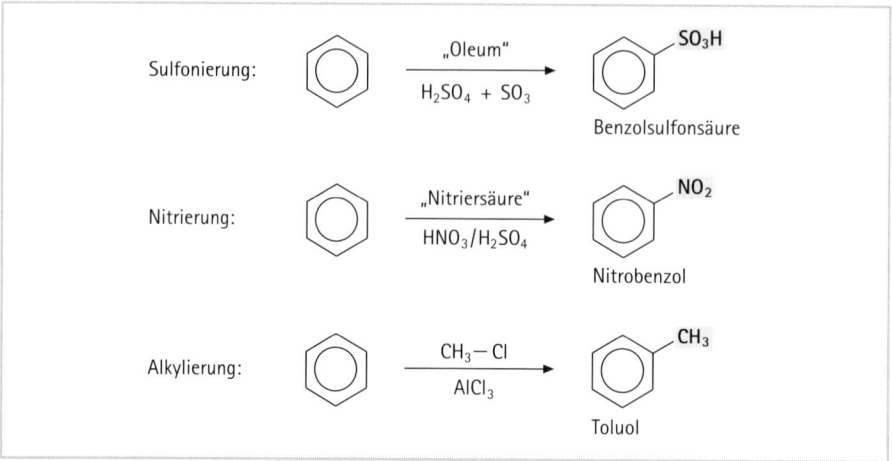

Abb. 6.16 Sulfonierung, Nitrierung, Alkylierung am Aromaten

Nucleophile Substitution = S$_N$

Die **nucleophile Substitutionsreaktion** ist der bevorzugte Reaktionstyp der **gesättigten Kohlenstoffverbindungen**. Bei dieser Reaktion greift ein **nucleophiler Stoff** (X:) eine Verbindung (R-Y) an und verdrängt den Substituenten (Y). Dabei stellt das angreifende Nucleophil sein einsames Elektronenpaar der neuen (R-X)-Bindung zur Verfügung, während die Abgangsgruppe (Y) das Bindungselektronenpaar mitnimmt.

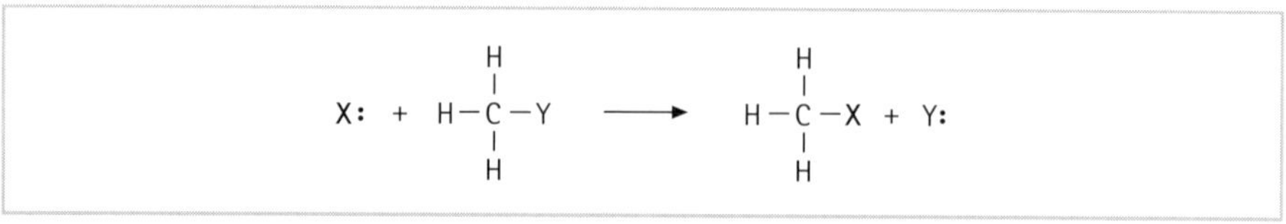

$$
X: + \quad H - \underset{\underset{H}{|}}{\overset{\overset{H}{|}}{C}} - Y \quad \longrightarrow \quad H - \underset{\underset{H}{|}}{\overset{\overset{H}{|}}{C}} - X \ + \ Y:
$$

Abb. 6.17 Nucleophile Substitution: Allgemeine Reaktionsgleichung

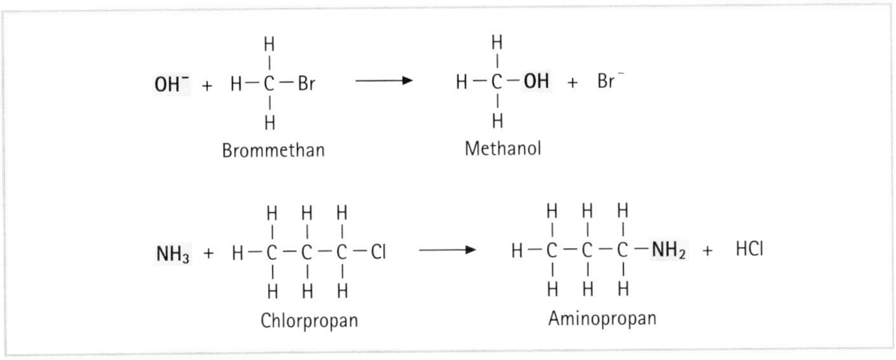

$$OH^- + H-\underset{\underset{\displaystyle H}{|}}{\overset{\overset{\displaystyle H}{|}}{C}}-Br \longrightarrow H-\underset{\underset{\displaystyle H}{|}}{\overset{\overset{\displaystyle H}{|}}{C}}-OH + Br^-$$

Brommethan   Methanol

$$NH_3 + H-\underset{\underset{\displaystyle H}{|}}{\overset{\overset{\displaystyle H}{|}}{C}}-\underset{\underset{\displaystyle H}{|}}{\overset{\overset{\displaystyle H}{|}}{C}}-\underset{\underset{\displaystyle H}{|}}{\overset{\overset{\displaystyle H}{|}}{C}}-Cl \longrightarrow H-\underset{\underset{\displaystyle H}{|}}{\overset{\overset{\displaystyle H}{|}}{C}}-\underset{\underset{\displaystyle H}{|}}{\overset{\overset{\displaystyle H}{|}}{C}}-\underset{\underset{\displaystyle H}{|}}{\overset{\overset{\displaystyle H}{|}}{C}}-NH_2 + HCl$$

Chlorpropan   Aminopropan

Abb. 6.18 Nucleophile Substitution an Brommethan und Chlorpropan

Radikalische Substitution = S_R

Wie bei der radikalischen Addition wird die **radikalische Substitution** durch **thermische** oder **photochemische Einflüsse** ausgelöst. Sie führen zu einer **homolytischen Spaltung**, bei der freie **Radikale** entstehen (**Startreaktion**). Die gebildeten Radikale leiten eine **Kettenreaktion** ein, die immer wieder neue Radikale hervorbringt und nur dann zum Stillstand kommt, wenn zwei Radikale aufeinander treffen (**Abbruchreaktion**).

Im Beispiel Abbildung 6.19 wird das Chlormolekül durch UV-Licht homolytisch gespalten (Startreaktion). Es entstehen zwei Chlorradikale, sie leiten die Reaktion ein. Trifft eines der beiden Chlorradikale auf ein Toluolmolekül, beginnt die Kettenreaktion mit der Bildung eines Toluolradikals, das seinerseits wieder mit einem anderen Chlormolekül reagiert. Diese Reaktion führt erneut zu einer homolytischen Spaltung und damit zu zwei weiteren Chlorradikalen, wobei eines an die Methylgruppe des Toluolradikals angelagert wird und das andere die Kettenreaktion durch eine Reaktion mit einem neuen Toluolmolekül weiterführt. Die Reaktionskette bricht ab, wenn zwei Radikale miteinander reagieren.

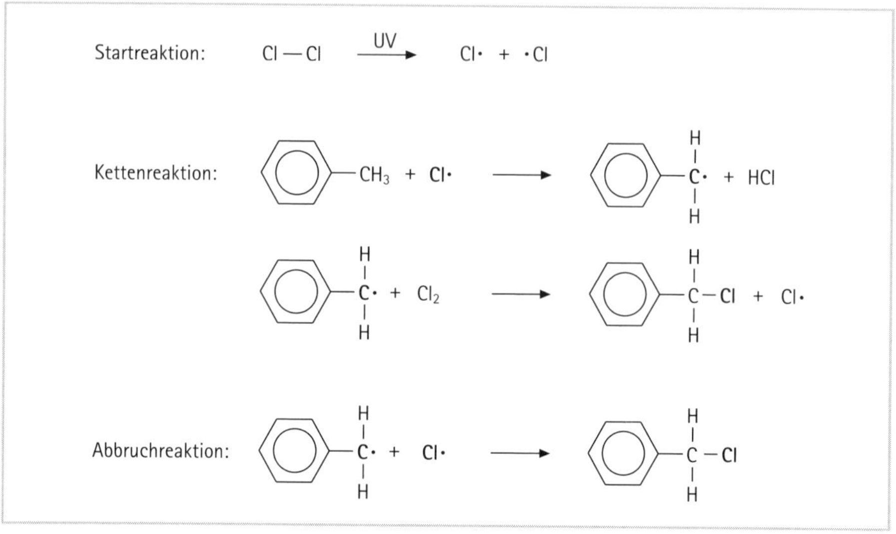

Startreaktion: $Cl - Cl \xrightarrow{UV} Cl\cdot + \cdot Cl$

Kettenreaktion:

Abbruchreaktion:

Abb. 6.19 Radikalische Substitution an Toluol durch Chlorradikale

6.3.3 Eliminierungsreaktionen

Unter einer Eliminierungsreaktion versteht man **den Austritt von zwei Atomen oder Atomgruppen** aus einem Molekül, ohne dass diese – wie bei einer Substitution – durch andere ersetzt werden. In den meisten Fällen erfolgt die Abspaltung an zwei benachbarten C-Atomen. Es entsteht eine **Doppelbindung**. Formal ist die Eliminierung die Umkehrung der Additionsreaktion.

Da der Mechanismus von Eliminierungsreaktionen kompliziert ist, wird auf eine eingehendere Darstellung verzichtet und nur eine allgemeine Formulierung der Reaktionsgleichung gezeigt.

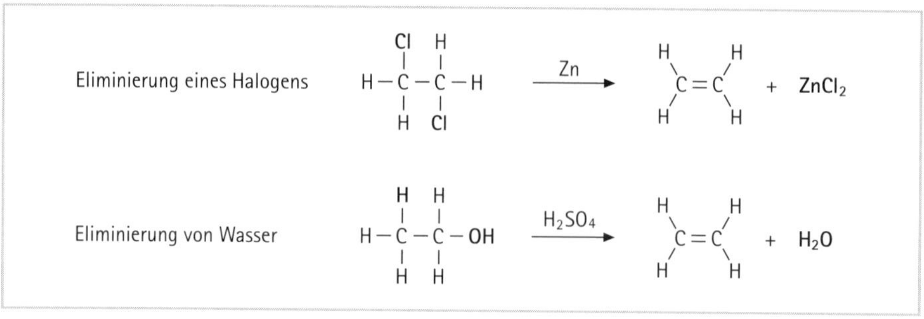

Abb. 6.20 Bildung einer Doppelbindung

Das Beispiel in Abbildung 6.21 zeigt, dass statt einer Eliminierungsreaktion auch eine nucleophile Substitution möglich ist, und tatsächlich treten beide als Konkurrenzreaktionen auf. Welche der beiden Reaktionen abläuft, hängt von den jeweiligen Reaktionsbedingungen ab. Wo sind die Unterschiede? Bei einer Eliminierungsreaktion wird nach dem nucleophilen Angriff ein Proton abgespalten und eine Doppelbindung gebildet.

Nähert sich dagegen bei einer Substitutionsreaktion ein nucleophiles Reagens, wird der an der Kohlenstoffverbindung angelagerte Substituent vollständig verdrängt und stattdessen das Reagens angelagert. Es entsteht also keine Doppelbindung.

1. Eliminierung:

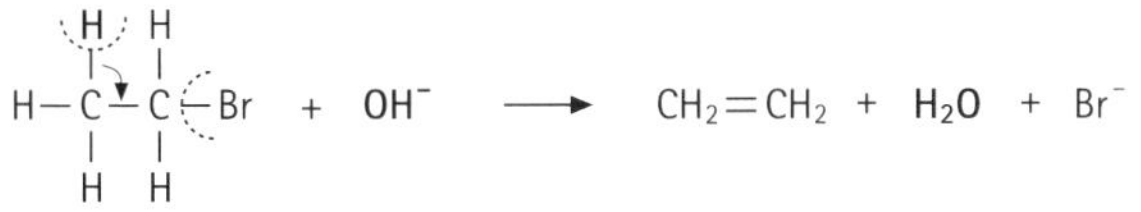

$$H-\overset{\overset{\displaystyle H}{|}}{\underset{\underset{\displaystyle H}{|}}{C}} - \overset{\overset{\displaystyle H}{|}}{\underset{\underset{\displaystyle H}{|}}{C}} - Br \quad + \quad OH^- \quad \longrightarrow \quad CH_2 = CH_2 \quad + \quad H_2O \quad + \quad Br^-$$

OH⁻ greift die Kohlenstoffverbindung nucleophil an, woraufhin ein Proton abgestoßen wird und mit der Hydroxylgruppe zu einem Molekül Wasser reagiert. Gleichzeitig wird das Bromid-Ion samt Bindungselektronenpaar abgespalten (eliminiert) und die Doppelbindung ausgebildet.

2. Nucleophile Substitution:

$$H-\overset{\overset{\displaystyle H}{|}}{\underset{\underset{\displaystyle H}{|}}{C}} - \overset{\overset{\displaystyle H}{|}}{\underset{\underset{\displaystyle H}{|}}{C}} - Br \quad + \quad OH^- \quad \longrightarrow \quad CH_3 - CH_2 - OH \quad + \quad Br^-$$

OH⁻ greift nucleophil an und verdrängt Br⁻ mit dem Bindungselektronenpaar aus der Verbindung.

Abb. 6.21 Eliminierung und nucleophile Substitution als Konkurrenzreaktionen

6.4 Kondensation und Polymerisation

Reagieren zwei Moleküle miteinander unter Austritt eines dritten Moleküls, bezeichnet man diese Reaktion als **Kondensation**. Voraussetzung ist, dass jedes der als monomer (kleinste, sich wiederholende Einheit) bezeichneten Moleküle mindestens eine funktionelle Gruppe hat, mit der es mit dem jeweiligen anderen Monomer reagieren kann. Unter einer **Polykondensation** versteht man den Zusammenschluss mehrerer Grundmoleküle, bei dem **Wasser oder andere niedermolekulare Verbin-dungen** (HCl, NH$_3$ etc.) **austreten**. Es entstehen Polymere wie zum Beispiel Polyester (Trevira®) oder Polyamid (Nylon®). **Polyamid**, ein linear aufgebauter Kunststoff mit ständig wiederkehrenden Säureamidgruppen, ist durch Polykondensation von Di-aminen (z. B. Hexamethylendiamin) mit Dicarbonsäuren (z. B. Adipinsäure) entstan-den.

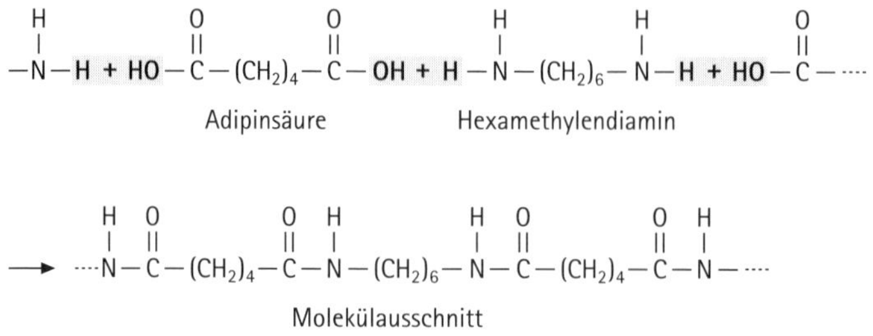

Abb. 6.22 Nylon entsteht durch Polykondensation von Hexamethylentetramin mit Adipinsäure

Polymerisation ist die Verknüpfung **ungesättigter Moleküle** durch Auflösen der Doppel- oder Dreifachbindung. Im Gegensatz zur Kondensation wird **kein nieder-molekulares Reaktionsprodukt abgespalten**. Das entstandene Makromolekül wie-derholt die Strukturprinzipien des Grundmoleküls (Monomer-Moleküls). Substan-zen mit mehrfach ungesättigten Kohlenwasserstoffketten bilden verzweigte Molekülketten.

Polyvinylchlorid, **PVC** ist ein Beispiel für ein Polymerisationsprodukt, das in Anwesenheit von Peroxiden aus vielen Vinylchlorideinheiten (CH$_2$CHCl) polymeri-siert wurde.

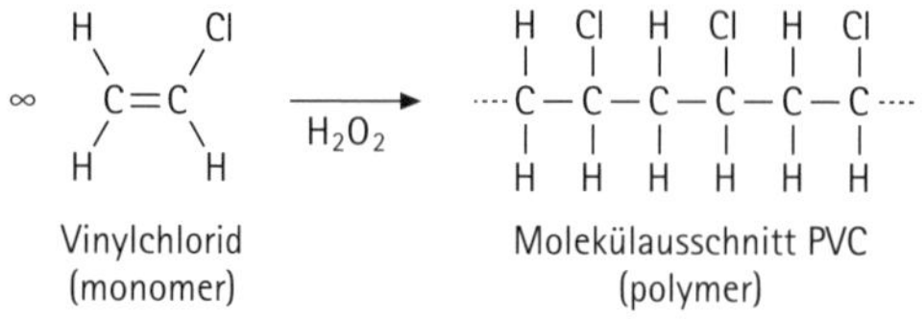

Abb. 6.23 PVC entsteht durch Polymerisation von vielen Vinylchloridmonomeren.

Organische Verbindungen, ihre Eigenschaften und die wichtigen Vertreter

6.5   Polarisierung

Innerhalb einer reinen Kohlenwasserstoffverbindung kommen immer unpolare **kovalente Bindungen** vor, bei denen sich beide Bindungspartner ein Elektronenpaar teilen. Wird ein Wasserstoffatom durch einen elektronegativeren Substituenten ersetzt, zieht dieser das Bindungselektronenpaar näher an sich heran, wodurch sich die Elektronendichte am Kohlenstoff verringert und eine polare Bindung entsteht. In Abbildung 6.24 ist die Iodessigsäure mit dem elektronegativen Iod substituiert, das die Verlagerung der Elektronendichte bewirkt. Die Polarisierung kann sich über die gesamte Kohlenstoffkette fortpflanzen. Diese, als **Induktiver Effekt (–I-Effekt)** bezeichnete Erscheinung, erleichtert z. B. bei einer Säure die Abspaltung des Wasserstoffions der bereits polaren COOH-Gruppe und verstärkt somit die Acidität der Säure. Gruppen mit einem induktiven Effekt sind z. B.: Halogene, $-SO_3H$, $-NO_2$, $-OCH_3$, $-OH$.

Atomgruppen mit einem **+I-Effekt verstärken die Elektronendichte**, z. B. im Bereich einer Säuregruppe (s. Abb. 6.24 Propionsäure). Zu ihnen gehören hauptsächlich **Alkylgruppen**. Mit der Verlagerung der Ladungsdichte zur Säuregruppe hin verringert sich deren Polarität, wodurch das Wasserstoffion schwieriger abgespalten werden kann. Die Acidität der Säure sinkt mit der Länge des Alkylrestes.

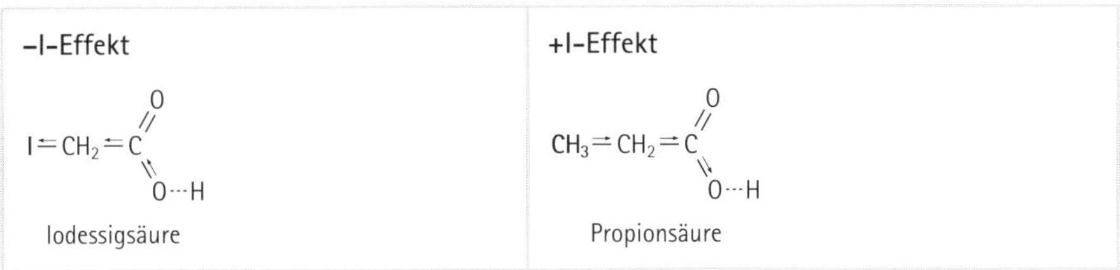

Abb. 6.24   –I-Effekt bei der Iodessigsäure und +I-Effekt bei der Propionsäure

Beim Beispiel der **Iodessigsäure** (Abb. 6.24) liegt zwischen dem Sauerstoff und dem Wasserstoff der Säuregruppe eine **polare Bindung** vor. Der elektronegative Sauerstoff zieht das Elektronenpaar zu sich heran. Damit lockert sich die Bindung zwischen den beiden Atomen. Das am Alkylrest substituierte **Iodatom** verfügt über einen **–I-Effekt**, es zieht also die Elektronendichte in seine Richtung, **verstärkt** somit die **Polarität** und damit die **Acidität** der Säuregruppe, da das Proton leichter abgespalten werden kann. Im umgekehrten Fall der **Propionsäure** verlagert sich die

Elektronendichte, bedingt durch den **+I-Effekt** der Methylgruppe in Richtung der COOH-Gruppe. Die **Bindung zum Wasserstoffatom ist stabiler**, es lässt sich schlechter abspalten.

6.6   Oxidation und Reduktion

Die Begriffe **Oxidation** und **Reduktion** beschreiben die Elektronenübertragung von einem Reaktionspartner auf einen anderen. Beide Reaktionen laufen immer gleichzeitig ab. Einer der beiden Partner, man bezeichnet ihn als **Reduktionsmittel, gibt ein oder mehrere Elektronen ab.** Dabei erreicht er eine **höhere Oxidationsstufe**, d. h. er wurde **oxidiert.** Der zweite Reaktionspartner, das **Oxidationsmittel, nimmt die abgegebenen Elektronen auf**, geht damit in eine **niedrigere Oxidationsstufe** über und wird somit **reduziert.**

Regeln zur Bestimmung der Oxidationszahlen:

- Zur Bestimmung der Oxidationszahl ordnet man dem **elektronegativeren Partner** die **bindenden Elektronenpaare zu.**
- Sind **zwei gleiche Atome** miteinander verbunden, teilt man die Bindungselektronen auf.
- **Die Summe aller Oxidationszahlen eines Moleküls ist immer 0. Die eines Ions entspricht seiner Ionenladung.**
- **Sauerstoff** hat meistens die Oxidationszahl −2 und Wasserstoff +1.
- Oxidationszahlen können in römischen oder in arabischen Ziffern angegeben werden.

Beispiele:

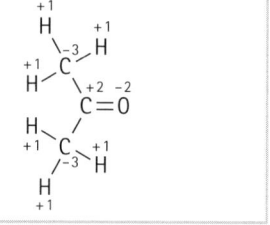

Abb. 6.25 Methan   Abb. 6.26 Formaldehyd   Abb. 6.27 Aceton

Im **Methan** (Abb. 6.25) hat der **Kohlenstoff** die Oxidationszahl –4, da er die elektronegativere Komponente der Verbindung ist und ihm deshalb die Bindungselektronen der vier Wasserstoffe (H = +1) zugeteilt werden. Enthält eine Kohlenstoffverbindung ein **Sauerstoffatom**, werden ihm die Elektronen der -C=O-Bindung zugeordnet. Der Sauerstoff hat dadurch die Oxidationszahl -2. Damit ergibt sich beim **Formaldehyd** (Abb. 6.26) für den **Kohlenstoff** die Oxidationszahl 0. Beim **Aceton** (Abb. 6.27) werden die Elektronen der -C–C-Bindung aufgeteilt, weil es sich um zwei gleiche Atome handelt. Die Elektronen der -C=O-Bindung ordnet man dem Sauerstoff zu, wodurch sich für den **Kohlenstoff** der Carbonylgruppe die Oxidationszahl +2 ergibt. Die Summe aller Oxidationszahlen ist Null.

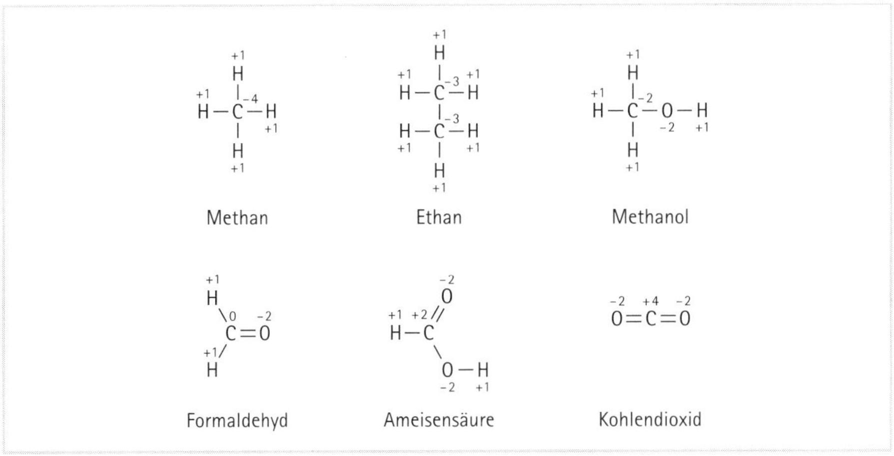

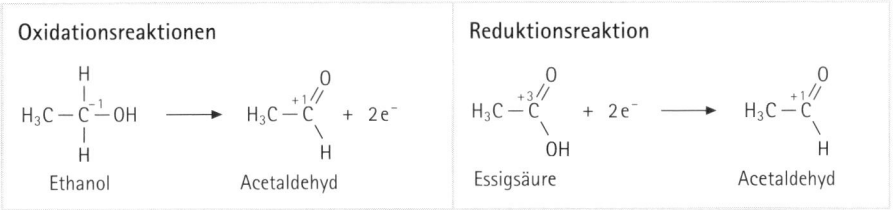

Abb. 6.28 Beispiele: Oxidationszahlen einzelner Elemente in Verbindungen

Abb. 6.29 Oxidation eines Alkohols zu einem Aldehyd und Reduktion einer Säure zu einem Aldehyd

6.7   Mesomerie

Unter **Mesomerie** versteht man die Bindungsverhältnisse in einem organischen Molekül, die nicht durch eine einzige Strukturformel dargestellt werden können. Die wirklichen Verhältnisse liegen zwischen zwei oder mehreren Grenzformen. Die Mesomerie, die man auch unter der Bezeichnung Resonanz findet, lässt sich gut am Beispiel einer organischen Säure verdeutlichen. Betrachtet man das Carboxylation einer Carbonsäure, ist nicht eindeutig festzulegen, welchem der beiden Sauerstoffatome die Doppelbindung zuzuordnen ist (s. Abb. 6.30 A). Es können zwei verschiedene **mesomere Grenzformen** konstruiert werden, die gleichwertig sind und sich chemisch nicht unterscheiden. Die tatsächlichen Bindungsverhältnisse liegen aber dazwischen und können mit diesen beiden Formeln nicht exakt ausgedrückt werden. Die Mesomerie soll zeigen, dass die Valenzelektronen nicht genau lokalisiert werden können, sondern sich gleichmäßig zwischen den beiden Sauerstoffatomen verteilen. So lässt sich auch die durch die hohe Elektronendichte entstandene negative Ladung in ihrer Position nicht festlegen.

Um eine Mesomerie deutlich zu machen, benutzt man verschiedene **Schreibweisen**. Entweder zeichnet man die möglichen mesomeren Grenzformen und verbindet sie mit einem Doppelpfeil, dem so genannten **Mesomeriepfeil** (s. Abb. 6.30 A), oder man verzichtet auf die Darstellung der Grenzformen und deutet die Tatsache, dass die Ladung über mehrere Atome verteilt ist, durch eine **gestrichelte Verbindungslinie zwischen den Atomen** an. Bei dieser Schreibweise wird die negative Ladung, die jetzt nicht mehr einem Atom direkt zugeordnet werden kann, in die Mitte dieser Linie gezeichnet (s. Abb. 6.30 B).

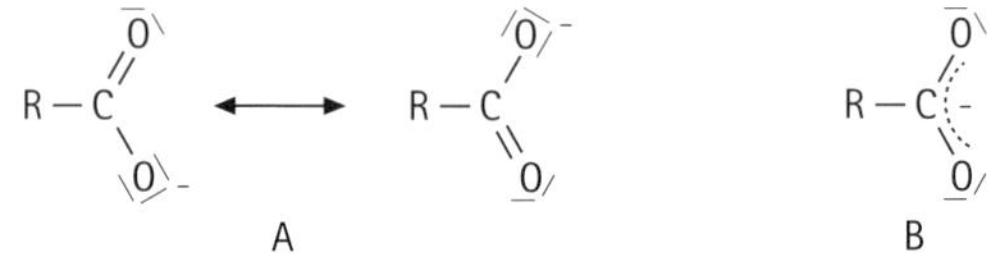

Abb. 6.30 Verschiedene Schreibweisen der Mesomerie

Eine Mesomerie kann sich durchaus auch über mehrere Atome erstrecken, d. h. delokalisiert sein. Da dabei Energie frei wird, ist diese Art der Bindung energiearm und damit relativ stabil. Aromatische Verbindungen (s. Kap. 5.1.1) verfügen wegen ihrer delokalisierten π-Elektronen über ein solches mesomeres Bindungssystem, was sie beständiger macht.

Organische Verbindungen, ihre Eigenschaften und die wichtigen Vertreter

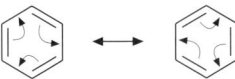

Abb. 6.31 Mesomerie beim Aromaten

M-Effekt

Ist eine aromatische Verbindung substituiert, kann der Substituent möglicherweise mit dem π-Elektronensystem des Benzolringes in Wechselwirkung treten. Man sagt, er hat einen **mesomeren Effekt.** Dabei unterscheidet man den +M-Effekt, bei dem ein Substituent Elektronen zur Verfügung stellt, und den –M-Effekt, bei dem er Elektronen an sich zieht. So kann zum Beispiel das freie Elektronenpaar des Stickstoffatoms eines mit einer Aminogruppe substituierten Benzolringes mit in das Ringsystem einbezogen werden. Die Elektronen verteilen sich zwischen dem Stickstoff und dem gesamten Benzolring und führen dort zu einer Erhöhung der Elektronendichte. Man spricht in diesem Fall von einem **+M-Effekt** (s. Abb. 6.32). Substituenten mit einem +M-Effekt sind **Halogene, -OH, -NH$_2$ etc.,** sie haben alle mindestens ein ungebundenes Elektronenpaar. Ein **–M-Effekt** liegt vor, wenn der Substituent dem Benzolring Elektronen entzieht und es dadurch zu einer Verringerung der Elektronendichte im Bereich des Benzolringes kommt (s. Abb. 6.33). Mehrfach gebundene Atome und Atomgruppen sind Substituenten mit einem –M-Effekt, zu ihnen gehören: =O, -CHO, -COOH, -NO$_2$ etc.

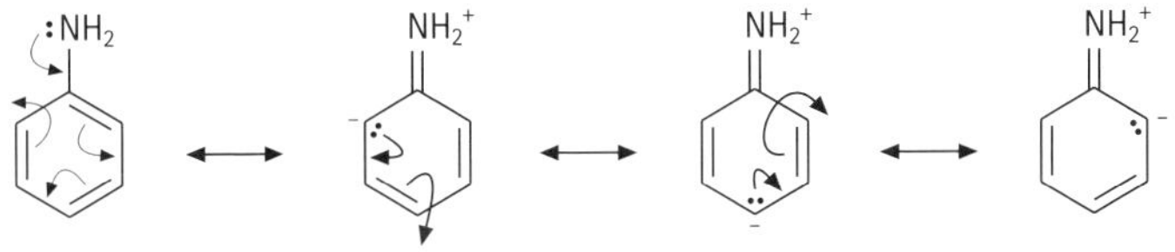

Abb. 6.32 +M-Effekt

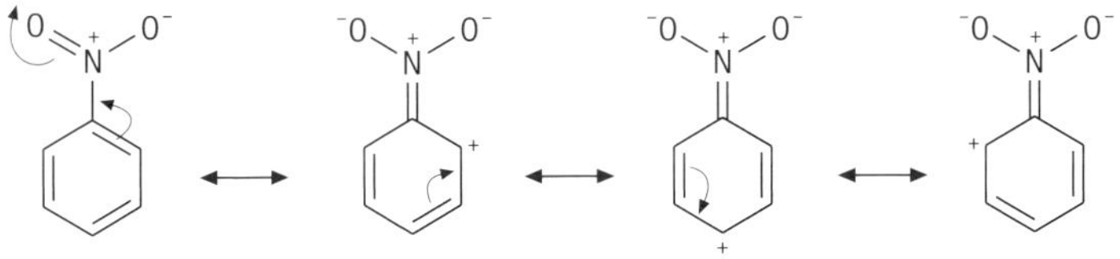

Abb. 6.33 –M-Effekt

7 Isomerie

Obwohl viele organische Verbindungen die gleiche Summenformel besitzen, können sie dennoch völlig unterschiedliche physikalische und chemische Eigenschaften zeigen. Um die Art der Verknüpfung der Atome wiederzugeben, wird – wie schon in den vorangegangenen Kapiteln – die Strukturformel (Lewis-Formel) gebraucht. Allgemein bezeichnet man Verbindungen, die die gleiche Summenformel haben, sich jedoch in ihrer Struktur unterscheiden, als **Isomere** (s. Abb. 7.1) Die Bezeichnung isomer leitet sich vom griechischen isos meros, gleiche Teile, ab. Die Erscheinung der Isomerie ist eine der wesentlichen Ursachen dafür, dass die Anzahl der organischen Verbindungen trotz der wenigen beteiligten Elemente so groß ist.

Man unterscheidet hierbei:

Konstitutionsisomerie, auch Strukturisomerie genannt: Verbindungen gleicher Summenformeln, die sich durch unterschiedliche Verknüpfung der Atome miteinander auszeichnen, die also eine unterschiedliche Konstitution besitzen.

Stereoisomerie: Verbindungen gleicher Summenformeln und gleicher Konstitution, die sich nur durch die räumliche Anordnung der Atome unterscheiden. Die Verbindungspaare besitzen unterschiedliche **Konfiguration.** Konfigurationsisomere können nur mit einem erheblichen Energieaufwand (Drehung um eine „starre" Doppelbindung) oder durch Lösen und Knüpfen einer neuen Bindung ineinander überführt werden.

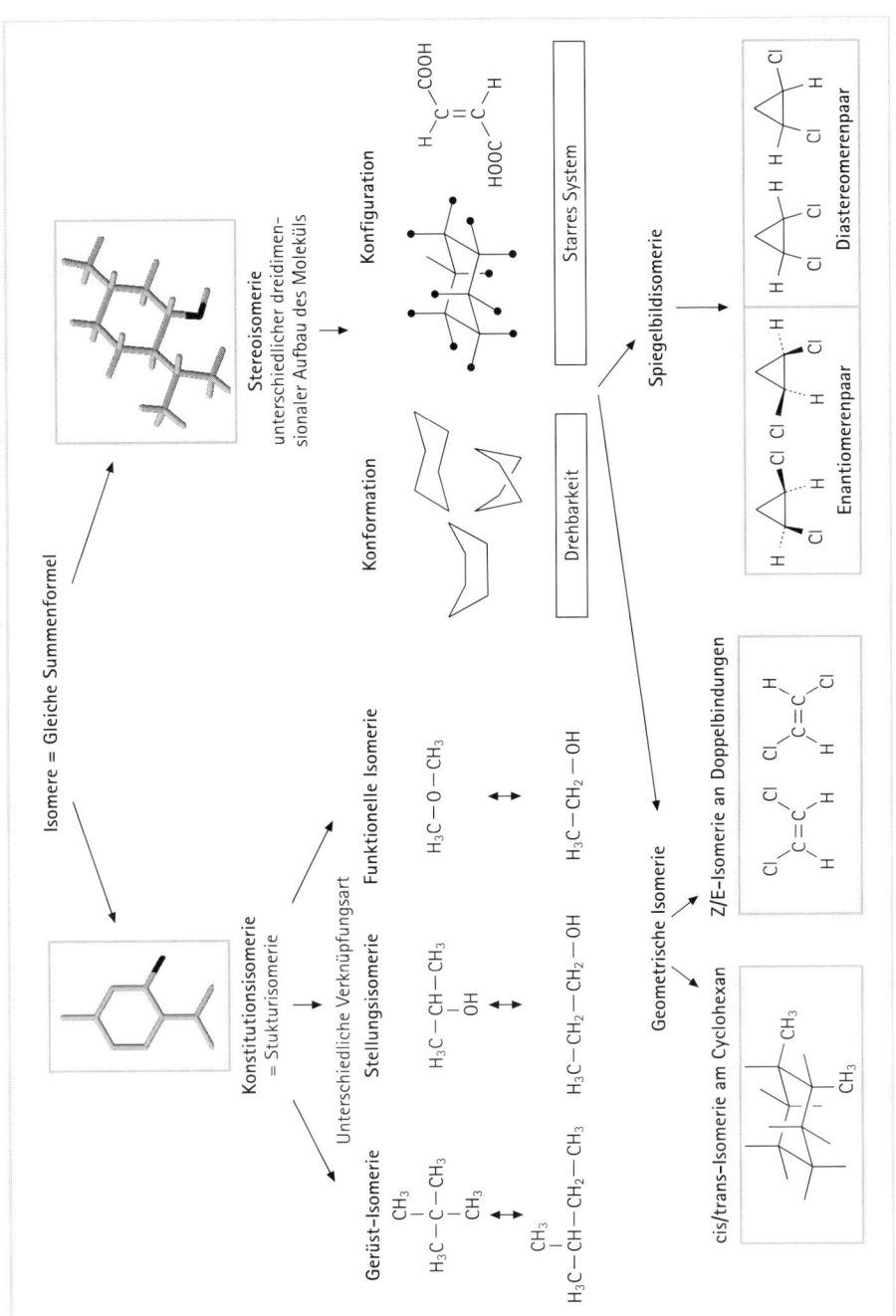

Abb. 7.1 Übersicht Isomerie

7.1 Konstitutionsisomerie

Konstitutionsisomere besitzen bei gleicher Summenformel eine unterschiedliche Sequenz (Reihenfolge) der beteiligten Atome im Molekül.

7.1.1 Gerüstisomerie

Bei der Gerüstisomerie unterscheiden sich die Isomeren durch den Aufbau des Kohlenstoffgerüstes. Mit der Zahl der Kohlenstoffatome wächst die Zahl der möglichen Isomeren. So gibt es für die Summenformel C_5H_{12} drei, für C_6H_{14} fünf und für die Verbindung C_7H_{16} schon neun mögliche Verbindungen usw.

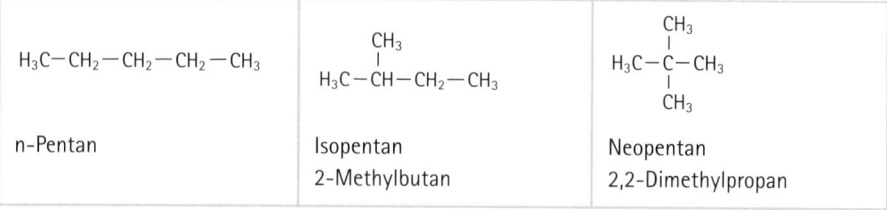

$H_3C-CH_2-CH_2-CH_2-CH_3$	$\overset{\displaystyle CH_3}{\underset{\displaystyle \vert}{H_3C-CH-CH_2-CH_3}}$	$H_3C-\overset{\displaystyle CH_3}{\underset{\displaystyle CH_3}{\overset{\vert}{\underset{\vert}{C}}}}-CH_3$
n-Pentan	Isopentan 2-Methylbutan	Neopentan 2,2-Dimethylpropan

Abb. 7.2   Drei mögliche Gerüste des Pentans

7.1.2 Stellungsisomerie

Bei Verbindungen, die außer Kohlenstoff und Wasserstoff noch weitere Elemente enthalten, können Konstitutionsisomere formuliert werden, die sich nur in der Stellung der funktionellen Gruppe unterscheiden.

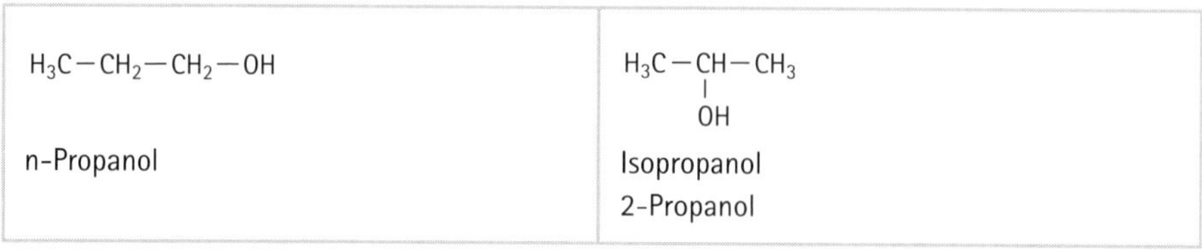

$H_3C-CH_2-CH_2-OH$	$\overset{\displaystyle }{\underset{\displaystyle OH}{\overset{}{\underset{\vert}{H_3C-CH-CH_3}}}}$
n-Propanol	Isopropanol 2-Propanol

Abb. 7.3   Mögliche Stellungen der OH-Gruppe bei Propanol

Organische Verbindungen, ihre Eigenschaften und die wichtigen Vertreter

7.1.3 Funktionelle Isomerie

Bei der funktionellen Isomerie weisen die Verbindungen trotz gleicher Summenformel gänzlich andere funktionelle Gruppen auf, d.h. die Isomeren gehören verschiedenen Verbindungsklassen an.

CH_3-CH_2-OH	CH_3-O-CH_3
Ethanol, Flüssigkeit, Siedepunkt: 78,5 °C	Dimethylether, bei Normaltemperatur ein Gas, Siedepunkt: −23,6 °C

Abb. 7.4 Gleiche Summenformel, aber zwei verschiedene funktionelle Gruppen

Konstitutionsisomeren unterscheiden sich in ihren physikalischen Eigenschaften und, wenn die funktionelle Gruppe verschoben (Stellungsisomerie) oder ganz verändert wird (Funktionelle Isomerie), auch in ihrem chemischen Verhalten. Sie lassen sich deshalb leicht voneinander trennen.

7.2 Stereoisomerie

Isomere, die sich nur durch die räumliche Anordnung der Atome unterscheiden, werden als Stereoisomere bezeichnet. Eine große Gruppe von Arzneistoffen entfaltet ihre Wirkung aufgrund der chemischen Struktur, der Form, der Größe und der stereochemischen, d.h. also der räumlichen Anordnung des Moleküls.

Schon geringfügige Änderungen können somit die pharmakologische Wirkung erheblich beeinflussen. So ist es möglich, dass nur eine Konfiguration eines Isomerenpaares einen Effekt auslöst, während die andere möglicherweise nur die Nebenwirkungen betrifft. Mit Kenntnissen der Stereochemie lassen sich solche Paare chemisch trennen mit dem Vorteil, dass der Patient niedriger dosieren kann und mit weniger Nebenwirkungen rechnen muss.

Man unterscheidet dabei zwischen:

- **Geometrische Isomerie:** Cis-trans-Isomerie oder Z-E-Isomerie und der
- **Spiegelbildisomerie:** Optische Isomerie

Da sich die Stereochemie mit der genauen Beschreibung des räumlichen Baus chemischer Verbindungen beschäftigt, wird es nötig, perspektivische Darstellungen und Projektionen zu benutzen. (Die verschiedenen Systeme, die es dafür gibt, werden im Weiteren jeweils dann vorgestellt, wenn es die Darstellung verlangt).

In einem so einfachen Molekül wie Ethan zum Beispiel kann man theoretisch eine unendlich große Anzahl von Strukturen erhalten, indem man die Methylgruppen um die Kohlenstoff-Kohlenstoff-Bindung gegeneinander verdreht. Jede Position der beiden Molekülhälften zueinander liefert ein strukturell einmaliges Gebilde. Durch Drehung um Einfachbindungen entstehen **Konformere**.

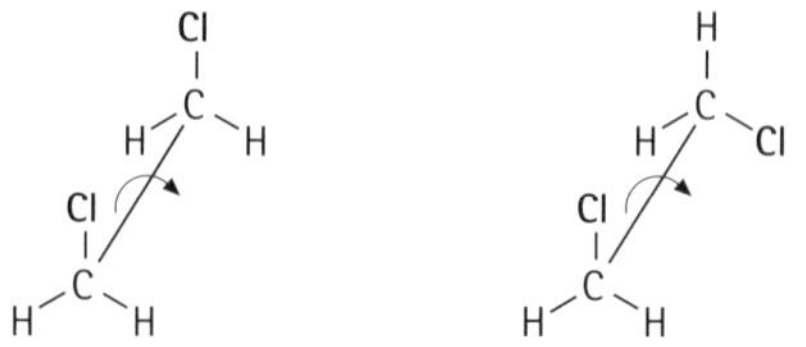

Sägebock-Schreibweise, da die C-C-Achse wie ein Sägebock aussieht.

Abb. 7.5   Zwei von unendlich vielen Konformationsisomeren des 1,2- Dichlorethans

Konformation

Räumlich unterschiedliche Anordnungen von Atomen eines Moleküls, die durch Drehung um eine C–C Einfachbindung entstehen, bezeichnet man als Konformationen. Hierzu ist normalerweise nur ein sehr geringer Energieaufwand notwendig. Die Mehrzahl der chemischen Verbindungen liegt deshalb in Form von Konformerengemischen vor.

Es ist wichtig, die Begriffe Konstitution (siehe Kap. 7.1.), Konfiguration (die Umwandlung einer Konfiguration in eine andere setzt eine neue Verknüpfung der Atome unter hohem Energieaufwand voraus) und Konformation (Umwandlung durch Drehung um Einfachbindungen ohne großen Energieaufwand) zu differenzieren.

Eine weitere Form von Konformationsisomerie liegt bei Cyclohexan vor.

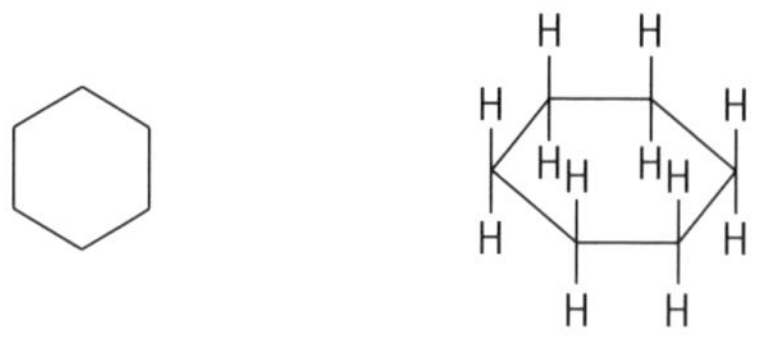

Es wird häufig eine räumliche Darstellung des Moleküls gewählt, da Cyclohexan nicht planar ist. In der ebenen Form hätte Cyclohexan einen Bindungswinkel von 120°. Jede Abweichung vom normalen Tetraederwinkel (109°28′) führt aber zu einer Erhöhung des Energiegehalts für das gesamte Ringsystem, sodass das System auf eine **gewellte** Ringstruktur ausweicht, um einen spannungsfreien, stabilen Zustand zu erreichen (siehe Kap. 2.2).

Die Konformationen des Cyclohexans haben unterschiedliche Namen und verschiedene Darstellungsmöglichkeiten. Man unterscheidet die Sessel-, die Wannen- und die Twistform:

Sessel-Form	Wannen-Form	Twist-Form
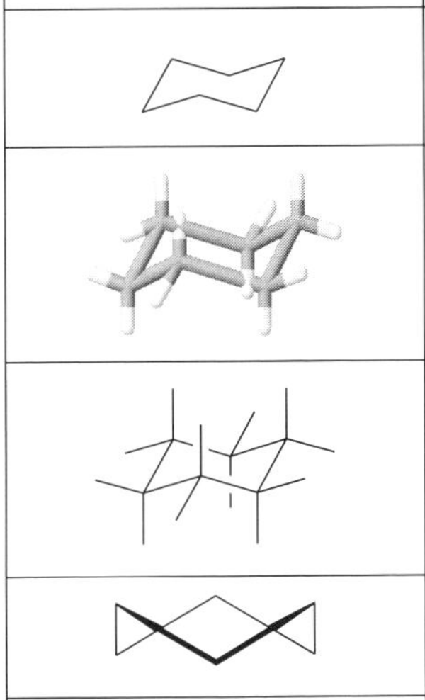	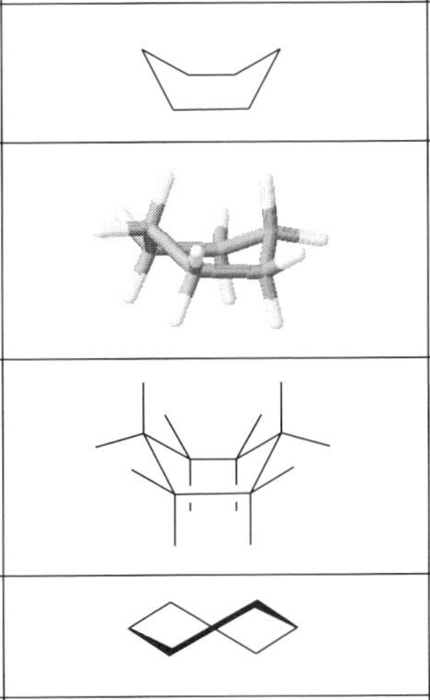	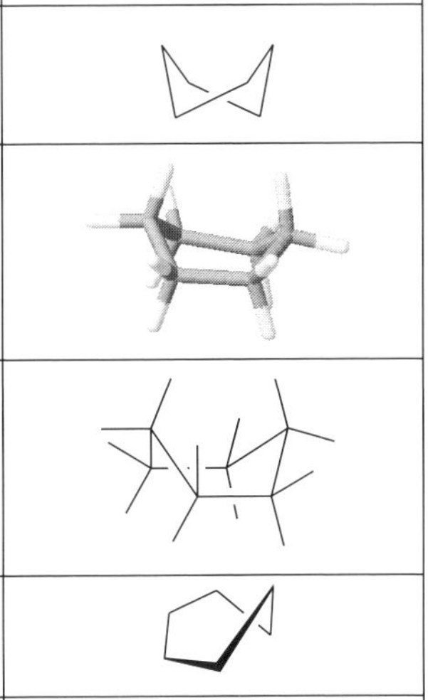
Die Sessel-**Form** ist die stabilste Konformation	Die Wannen-**Form** ist die instabilste Konformation	Die Twist-**Form** liegt in ihrer Stabilität zwischen der Sessel- und der Wannen-Konformation

Abb. 7.6   Konformationen des Cyclohexans

Betrachtet man die zwölf H-Atome am Cyclohexan in der Sessel-Konformation, so ragen sechs davon **axial** senkrecht nach oben oder unten heraus, während die übrigen sechs **äquatorialen** H-Atome ungefähr in der Ringebene liegen:

- Für axiale Substituenten, die senkrecht nach oben oder unten stehen, benutzt man die Abkürzung: a oder α
- Für äquatoriale Substituenten, die in der Ringebene liegen, verwendet man die Abkürzung: e oder β

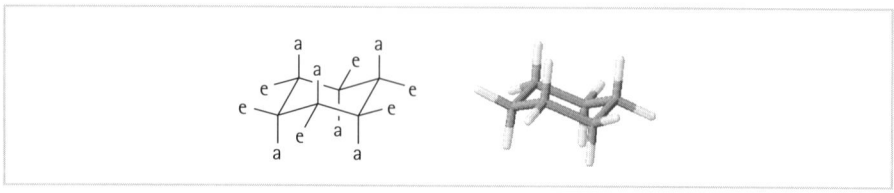

Abb. 7.7 Lage der Substituenten am Cyclohexan

Bei den niedrigkettigen Cycloalkanen wie Cyclopropan, Cyclobutan und Cyclopentan liegen energetisch höhere Werte vor als bei Cyclohexan. Cyclopropan ist planar, die Winkel zwischen den C-Atomen sind sehr viel kleiner als der Tetraederwinkel von 109°28′. Dies führt zu einer Ringspannung, die die hohe Instabilität und die hohe Reaktionsbereitschaft von Cyclopropan (Baeyer-Spannungstheorie) erklärt. Um ihren Ringspannungsanteil zu minimieren, weichen Cyclobutan und Cyclopentan ebenfalls von der ebenen Geometrie ab:

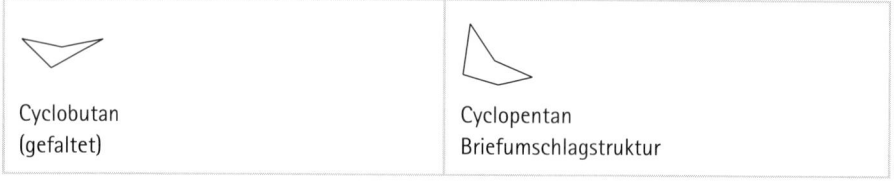

Abb. 7.8 Räumliche Gestalt von Cyclobutan und Cyclopentan

7.2.1   Cis-trans-Isomerie am Cyclohexan

Trägt eine alicyclische Verbindung zwei Substituenten an verschiedenen C-Atomen, so ist eine cis-trans-Isomerie möglich. Die beiden Substituenten können sich befinden

- auf derselben Seite der Ringebene: cis-Konfiguration oder
- auf entgegengesetzten Seiten der Ringebene: trans-Konfiguration.

Neben der oben gezeigten Darstellung des Cyclohexans als Sessel-, Wannen- oder Twistkonformere kann auch der Ring in die Papierebene projiziert werden. Mit einem Keil gekennzeichnete Atome oder Atomgruppen ragen dabei nach vorne aus der Papierebene dem Betrachter entgegen und eine punktierte Schreibweise weist nach hinten. Die nach vorne ragenden Substituenten sind die äquatorialen oder β-ständigen, die hinter die Papierebene weisenden die axialen oder α-ständigen Substituenten.

Organische Verbindungen, ihre Eigenschaften und die wichtigen Vertreter

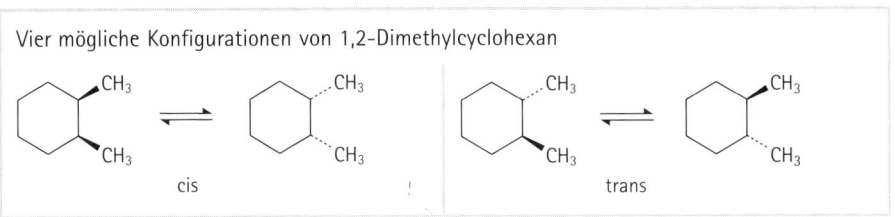

Vier mögliche Konfigurationen von 1,2-Dimethylcyclohexan

cis   trans

Abb. 7.9   Lage der Substituenten bei cis- und trans-Konfiguration

Die cis-Verbindung und die trans-Verbindung unterscheiden sich nur durch die Lage der Atome und Atomgruppen im Raum. Im Gegensatz zu den verschiedenen Konformationen des Cyclohexans, die sich durch Rotation um Einfachbindungen ineinander umwandeln lassen, was bereits bei Raumtemperatur geschehen kann, bedarf es für die Änderung der Konfiguration genauso wie für die Änderung der Konstitution einer chemischen Reaktion. Dabei wird mindestens eine Bindung getrennt und eine neue wieder geknüpft. Verbindungen unterschiedlicher Konfiguration wie z. B. cis- und trans-1-Chlor-2-methylcyclohexan sind verschieden und können daher getrennt als Substanz gewonnen werden. Sie sind nicht durch Drehung um eine C-C-Ringbindung ineinander umwandelbar.

| cis 1e, 2a | cis 1a, 2e | trans 1e, 2e | trans 1a, 2a |

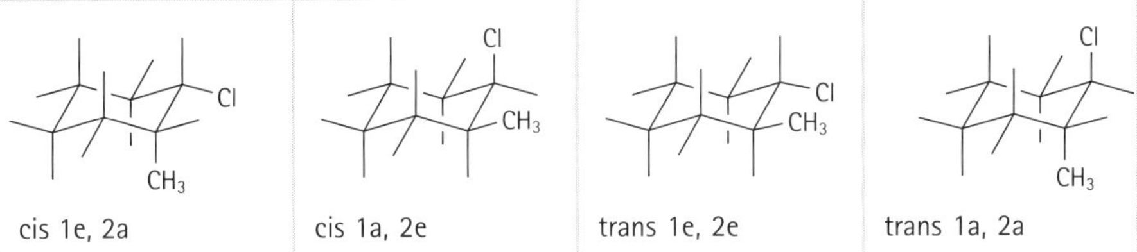

Abb. 7.10 Konfigurationen des Sesselkonformers von Cyclohexan

Die Sesselkonfiguration des an verschiedenen C-Atomen disubstituierten Cyclohexans kann durch Drehung eine andere Position einnehmen. Ein äquatorialer Ligand kann in einen axialen Liganden überführt werden, wodurch die Sesselkonformation jeweils zwei ineinander umwandelbare Formen ausbilden kann:

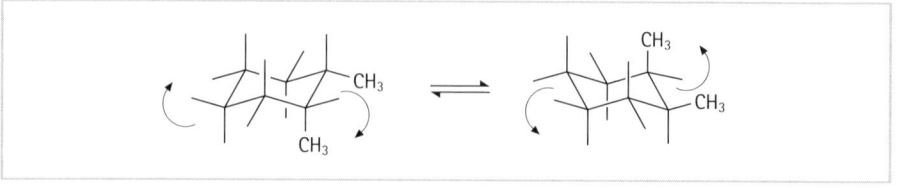

Abb. 7.11 Zwei durch Drehung in einander umwandelbare Konformere des cis-1e-2a-Dimethylcyclohexans

Beide cis-Konfigurationen aus der Abb. 7.10 haben zwei Konformationsmöglichkeiten, die mit einander im Gleichgewicht stehen. Am stabilsten sind diejenigen Konformationen, in denen beide Substituenten eine äquatoriale Lage einnehmen, hier trans-1e,2e-Dimethylcyclohexan.

Die Sesselkonformation findet sich auch bei heterocyclischen Verbindungen z. B. beim Tetrahydropyran.

Abb. 7.12 Sesselkonformation des Tetrahydropyrans

Monosaccharide (Zucker) liegen fast immer als solche fünf- oder sechsgliedrige heterocyclischen Systeme vor. Werden nun diese Monosaccharide mit anderen zu Di-, Tri- oder Polysacchariden verknüpft, so kann dies an axialer oder äquatorialer Position geschehen. Stärke und Cellulose gehören zu den Polysacchariden. Sie sind beide aus vielen D-Glucose-Molekülen aufgebaut. Der Unterschied zwischen diesen beiden Stoffen liegt darin, dass Stärke aus Ketten von α-D-Glucosemolekülen (also axiale Verküpfung), Cellulose dagegen aus Ketten von β-D-Glucosemolekülen (also äquatoriale Verknüpfung) aufgebaut ist:

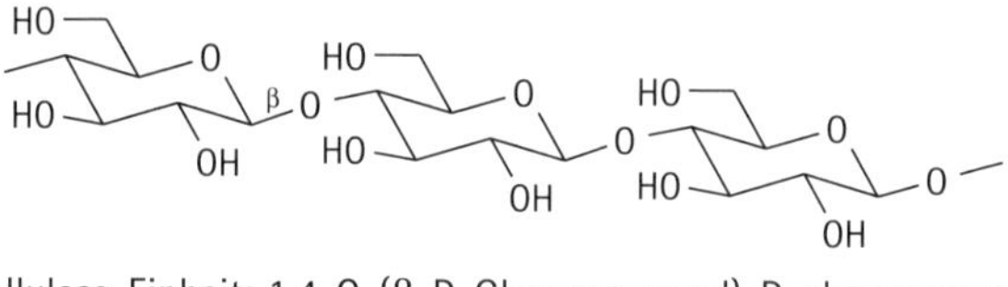

Cellulose-Einheit: 1,4-O-(β-D-Glucopyranosyl)-D-glucopyranose

Abb. 7.13 Ausschnitt aus einem Cellulosemolekül

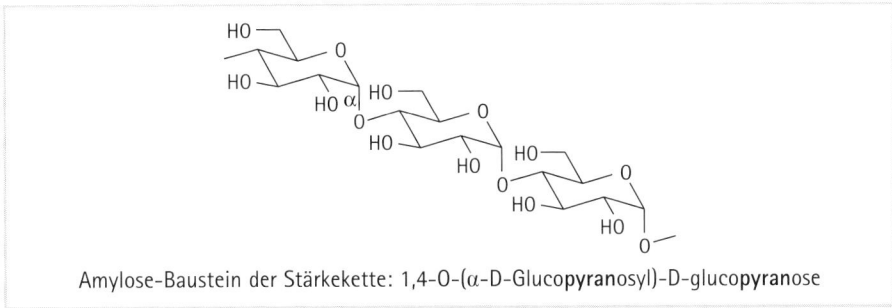

Amylose-Baustein der Stärkekette: 1,4-O-(α-D-Glucopyranosyl)-D-glucopyranose

Abb. 7.14 Ausschnitt aus einem Stärkemolekül

Stärke und Cellulose unterscheiden sich in ihren chemischen und physikalischen Eigenschaften erheblich, obwohl sie aus der gleichen Molekülsorte, der D-Glucose, aufgebaut sind. Cellulose bildet als Gerüstsubstanz den Hauptbestandteil der pflanzlichen Zellwände, während Stärke eine der wesentlichen pflanzlichen Energiereservestoffe ist.

7.2.2 Cis-trans-Isomerie an Doppelbindungen

Die Rotation um eine Doppelbindung ist nur mit einem erheblichen Energieaufwand möglich (UV-Bestrahlung, Erhitzen). Es handelt sich wie bei den cyclischen Aliphaten um „starre" Systeme. Deshalb nehmen die Substituenten an einer Doppelbindung eine definierte Lage im Raum ein.

Im Beispiel des 1,2-Dichlorethens können die Chloratome entweder auf der gleichen Seite, also cis-ständig stehen oder auf entgegengesetzten Seiten der Doppelbindung, also trans-ständig.

　Die cis-Form nennt man auch Z-: **zusammen** auf einer Seite
　Die trans-Form nennt man auch E-: auf **entgegengesetzten** Seiten

$$\begin{array}{cc} \underset{H}{\overset{Cl}{\diagdown}}C = C\underset{H}{\overset{Cl}{\diagup}} & \underset{H}{\overset{Cl}{\diagdown}}C = C\underset{Cl}{\overset{H}{\diagup}} \\[2mm] \text{cis-Form, -Z-} & \text{trans-Form, -E-} \end{array}$$

Abb. 7.15 Z- und E-Konfiguration von 1,2-Dichlorethen

Die cis- und trans- Isomere unterscheiden sich in ihren physikalischen und chemischen Eigenschaften. Die beiden Konfigurationen der 1,2-Ethendicarbonsäure unterscheiden sich nicht nur im Namen:

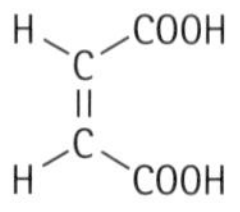

H—C(COOH)=C(COOH)H	H—C(COOH)=C(H)COOH
Maleinsäure, Z-Form	Fumarsäure, E-Form
schmilzt bei 130 °C	schmilzt bei 287 °C
und ist in Wasser gut löslich	und ist in Wasser schlecht löslich
kann ein intramolekulares Anhydrid bilden	

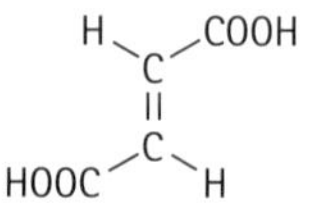

Abb. 7.16 Unterschiede in den physikalischen Eigenschaften

Bei Bestrahlung mit UV-Licht geht die instabile Maleinsäure in die stabilere Fumarsäure über. Die erhöhte Stabilität der trans-Verbindung ist auf die räumlich günstige Anordnung der Substituenten zurückzuführen, die weiter voneinander entfernt stehen als im cis-Isomeren und sich dadurch nicht sterisch behindern. Aus diesem Grunde kann sich beim Erhitzen der trans-Form (Fumarsäure) kein Anhydrid bilden, was jedoch bei der cis-Form (Maleinsäure) leicht möglich ist.

Enthält ein Molekül mehrere Doppelbindungen, werden die cis-trans-Isomere für jede einzelne Doppelbindung bestimmt. So existieren von 2,4-Hexadien drei Isomere:

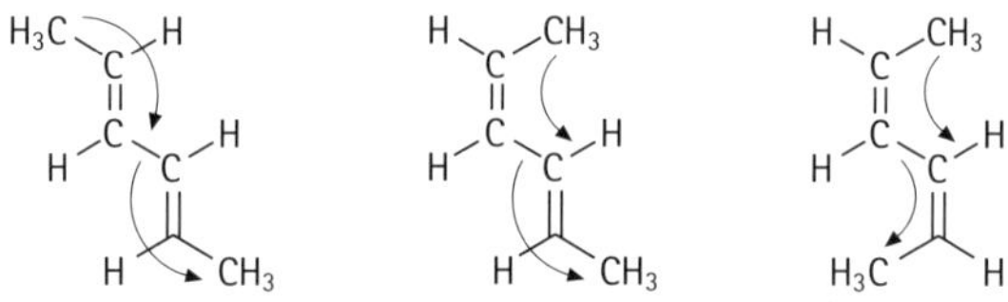

-E,E-   -Z,E-   -Z,Z-

Abb. 7.17 Cis- und trans-Konfigurationen eines Moleküls mit zwei Doppelbindungen

Die geometrische Isomerie an Doppelbindungen ist bei Arzneimitteln immer dann von Bedeutung, wenn der Wirkungseintritt nur durch die Korrespondenz von Arzneistoff und Wirkort (Rezeptor) zustande kommt. Stellt man sich vor, dass ein

Effekt von mehr als drei Partialstrukturen eines Moleküls abhängt, so müssen diese drei Partialstrukturen eine Wechselwirkung mit entsprechenden Partialstrukturen des Rezeptors eingehen. Ist durch eine ungünstige Konfiguration eine solche Wechselwirkung oder Reaktion mit dem Rezeptor nicht möglich, so kommt die erwünschte Wirkung nicht zustande:

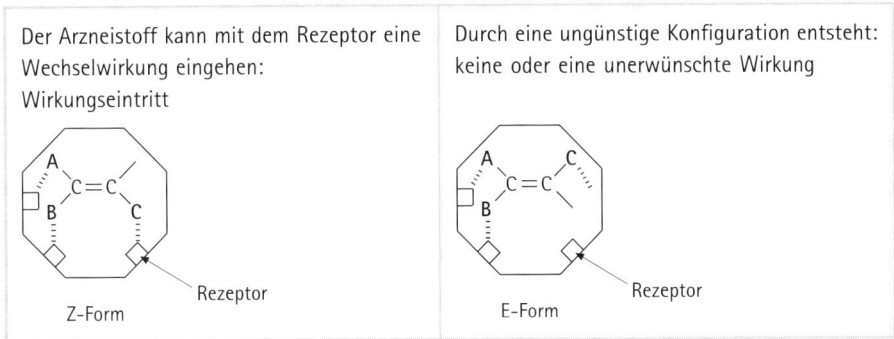

Abb. 7.18 Reaktion mit einem Rezeptor

Ein Beispiel für eine solche Konfigurations-Wirkungs-Beziehung ist das Neuroleptikum Chlorprothixen. Neuroleptika wirken antipsychotisch, sedierend und vegetativ dämpfend. Bei Chlorprothixen ist die Z-Form 30-mal stärker neuroleptisch wirksam als die E-Form.

Bei Clomifen bedingen die beiden Isomeren sogar eine entgegengesetzte Wirkung:

- Die Z-Form besitzt ausgeprägte estrogene Eigenschaften (die Estrogene dienen der Ausbildung und Erhaltung der weiblichen Geschlechtsmerkmale. Partialsynthetische Estrogene sind Bestandteil von hormonalen Kontrazeptiva).
- Das E-Isomer ist dagegen antiestrogen aktiv und wird zur Ovulationsauslösung bei Patientinnen mit unerfülltem Kinderwunsch eingesetzt. Außerdem kann es in der Therapie des Brustkrebses verwendet werden.

7.2.3   Spiegelbildisomerie

Chirale und achirale Gegenstände und Moleküle

Wir wissen, dass sich Rechtshänder oder Linkshänder jeweils gegenseitig zwanglos die Hände schütteln können. Eine rechte Hand mit einer linken Hand zu schütteln, bedarf dagegen schon einer ungewohnten Umstellung. Existiert diese Zweiseitigkeit bei Molekülen, dann spricht man von **Händigkeit** bzw. von **Chiralität** (von griechisch cheir = Hand). Viele Arzneistoffwirkungen werden durch diese Chiralität beeinflusst. Mit dem Begriff Händigkeit bzw. Chiralität soll ausgedrückt werden, dass zwei räumliche, dreidimensionale Formen einer Substanz – ähnlich der linken und der rechten Hand – weder durch Verschieben, noch durch Drehung zur Deckung gebracht werden können. Einen chiralen Gegenstand erkennt man an seiner Deckungsungleichheit mit seinem Spiegelbild. Hält man seine linke Hand vor einen Spiegel so zeigt das Spiegelbild keine linke, sondern eine rechte Hand. Chirale Objekte sind z. B. Hände, Füße, Handschuhe, Schuhe, Golfschläger, Schrauben, Wendeltreppen oder auch die DNS-Doppelhelix. **Achirale** Gegenstände oder Moleküle besitzen keine Händigkeit, z. B. Bälle, Würfel, Quadrate ....

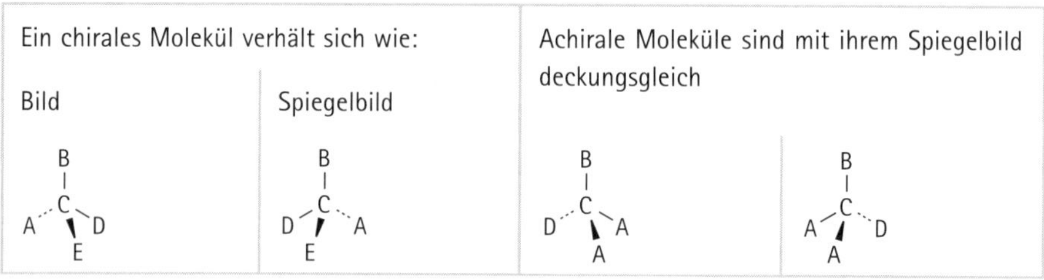

Ein chirales Molekül verhält sich wie:		Achirale Moleküle sind mit ihrem Spiegelbild deckungsgleich	
Bild	Spiegelbild		

Abb. 7.19 Chirale und achirale Molekülmodelle

Um festzustellen, ob ein Molekül chiral oder achiral ist, ist es oft schwierig, sich das Spiegelbild des Moleküls vorzustellen und zu prüfen, ob Bild und Spiegelbild deckungsungleich sind. Einfacher ist es, **Symmetrieeigenschaften** zu untersuchen. Eine Symmetrieebene, manchmal auch Spiegelebene genannt, teilt einen Gegenstand oder ein Molekül so, dass die Teile zu beiden Seiten der Ebene identisch sind. Versucht man z. B. durch eine Hand eine Symmetrieebene zu legen- also einen Spiegel so anzubringen, dass der vor dem Spiegel liegende Teil der Hand mit dem Spiegelbild zusammen ein sinnvolles Bild ergibt-, so wird klar, dass dies bei einer Hand nicht möglich ist. So wird die Chiralität der Hand bestätigt. Durch einen Tennisschläger lässt sich dagegen eine Symmetrieebene legen, also ist der Tennisschläger achiral. Jeder Gegenstand, der mindestens eine Symmetrieebene aufweist, ist achiral. Bezogen auf die Beispiele in der Abbildung 7.19 lässt sich für die beiden ersten Moleküle keine Symmetrieebene finden, die beiden weiteren schneidet sie durch B, C und D.

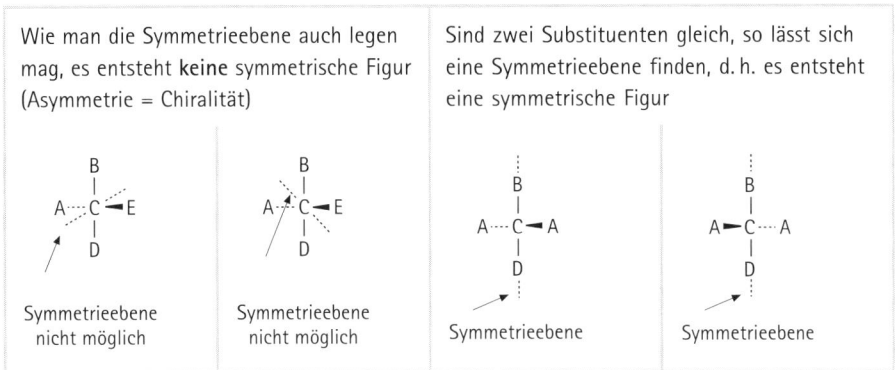

Wie man die Symmetrieebene auch legen mag, es entsteht **keine** symmetrische Figur (Asymmetrie = Chiralität)	Sind zwei Substituenten gleich, so lässt sich eine Symmetrieebene finden, d. h. es entsteht eine symmetrische Figur

Symmetrieebene nicht möglich Symmetrieebene nicht möglich Symmetrieebene Symmetrieebene

Abb. 7.20 Asymmetrische und symmetrische Figuren

Die Spiegelebene lässt sich je nach ausgewähltem Beispiel zu einem Symmetriezentrum reduzieren. Dies ist häufig dann der Fall, wenn mehr als ein chirales C-Atom vorliegt:

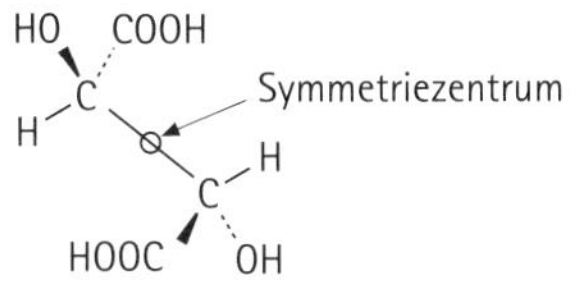

Weinsäure: 1,2-Dihydroxy-ethan-1,2-dicarbonsäure

Abb. 7.21 Symmetriezentrum der Weinsäure

Die Asymmetrie eines C-Atoms ist auch dann gegeben, wenn ein Molekül genau **ein** C-Atom besitzt, das **vier verschiedene Substituenten**, hier meist **Liganden** genannt, trägt. Betrachten wir noch einmal die Abbildung 7.20, so findet sich durch die vier verschiedenen Liganden A, B, D und E die Chiralität dieses Moleküls bestätigt. Auf diese Weise lässt sich sehr schnell und einfach überprüfen, ob ein C-Atom chiral ist.

Ein chirales C-Atom wird auch asymmetrisches C-Atom genannt und mit einem * gekennzeichnet (s. Abb. 7.22):

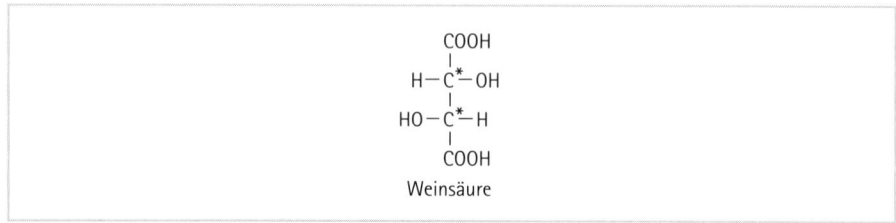

COOH
|
H—C*—OH
|
HO—C*—H
|
COOH
Weinsäure

Abb. 7.22 Weinsäure besitzt zwei optisch aktive C-Atome

Chirale Moleküle sind immer optisch aktiv.

Definition der Chiralität

Chiralität ist die Eigenschaft eines Moleküls, sich von seinem Spiegelbild zu unterscheiden und auf keine Weise – weder durch Drehung noch durch Verschieben – mit ihm zur Deckung zu bringen. Ein solches Molekül muss asymmetrisch gebaut sein.

Enantiomere oder optische Antipoden

Ein Molekül und sein Spiegelbild nennt man **Enantiomere**. Auch dieser Begriff ist aus dem Griechischen abgeleitet (enantio = entgegengesetzt und meros = der Teil). Linke und rechte Hand sind also ein Enantiomerenpaar, auch **optische Antipoden** genannt.

Antipoden gleichen sich in allen chemischen und physikalischen Eigenschaften, sie unterscheiden sich nur in ihrer optischen Aktivität.

Diastereomere

Verhalten sich die Stereoisomeren **nicht** wie Bild und Spiegelbild, so heißen sie **Diastereomere**. Sie sind Konstitutionsisomere.

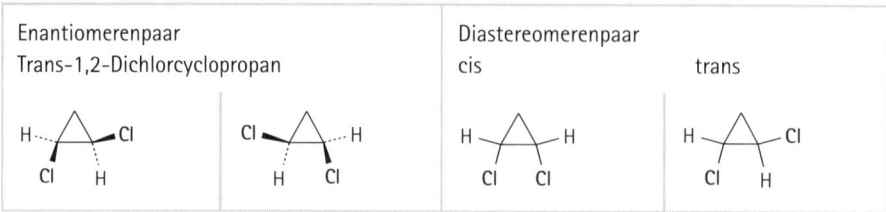

Enantiomerenpaar
Trans-1,2-Dichlorcyclopropan

Diastereomerenpaar
cis   trans

Abb. 7.23 Enantiomeren und Diastereomeren

Organische Verbindungen, ihre Eigenschaften und die wichtigen Vertreter

Eigenschaften von Enantiomeren

Enantiomere weisen dieselben chemischen und physikalischen Eigenschaften auf. Sie unterscheiden sich nur in ihrer Chiralität. Man kann also daraus schließen, dass sie sich nur mit Mitteln unterscheiden lassen, die ebenfalls chiral sind.

Folgende Beispiele sollen dies veranschaulichen: Ein Linkshänder (chiral) und ein Rechtshänder (chiral) können ohne weiteres dasselbe Kartoffelschälmesser (achiral) benutzen, nicht jedoch eine Schere (chiral). Die rechtshändige Schere wird sofort vom Linkshänder als solche erkannt. Das achirale Kartoffelschälmesser kann sowohl vom Links- als auch vom Rechtshänder benutzt werden. So kann eine rechtsgängige Schraube (chiral) genauso wie eine linksgängige mit derselben Unterlegscheibe (achiral) kombiniert werden, nicht jedoch mit derselben Mutter (chiral). Verallgemeinert lässt sich feststellen, dass Chiralität sich nur bemerkbar macht, wenn sie mit anderer Chiralität in Beziehung tritt, nicht aber in Beziehung zu einem achiralen Partner.

Chiralität lässt sich mithilfe des linear polarisierten Lichts erkennen. Die Schwingungsebene des Lichtes wird um einen definierten Betrag gedreht, von dem einen Enantiomer nach links (–), von dem anderen um den gleichen Betrag nach rechts (+).

Auch in der Natur ist das Phänomen der Chiralität vertreten: Mit der Nase kann man sehr verschiedene Duftstoffe erfassen, die Geruchsrezeptoren sind sehr empfindlich. Sie müssen chiral sein, da von manchen Enantiomerenpaaren ganz verschiedene Geruchsempfindungen ausgehen. Zum Beispiel Pfefferminzöl und Kümmelöl riechen verschieden, dabei bilden sie ein Enantiomerenpaar:

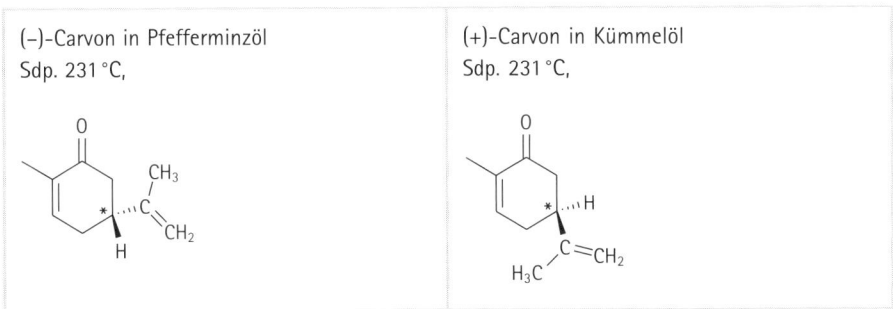

| (–)-Carvon in Pfefferminzöl | (+)-Carvon in Kümmelöl |
| Sdp. 231 °C, | Sdp. 231 °C, |

Abb. 7.24 Das Enantiomerenpaar des Carvons zeigt keine Unterschiede in den physikalischen Eigenschaften. Es lässt sich aber leicht am Geruch unterscheiden.

Die **optische Drehrichtung**, die angibt, ob der polarisierte Lichtstrahl nach rechts (+) oder links (–) gedreht wird, ist nicht nur von der Konfiguration abhängig. Voraussetzung ist vielmehr die räumliche Betrachtung eines asymmetrischen Moleküls, bzw. eines asymmetrischen C-Atoms in einem Molekül. Eine optisch aktive Verbindung kann sowohl rechtsdrehend als auch linksdrehend sein. Umgekehrt lässt das vor dem Namen stehende Vorzeichen keine Rückschlüsse auf die Struktur zu.

7.2.4 Moleküle mit mehreren asymmetrischen C-Atomen

Bei Molekülen mit nur einem asymmetrischen C*-Atom existieren zwei Enantiomere. Dagegen sind bei Molekülen mit zwei optisch aktiven C*-Atomen schon vier optische Isomere zu erwarten: Jedes einzelne chirale C-Atom bildet ein Enantiomerenpaar, das zu dem jeweils anderen diastereomer ist: Im Beispiel, Abbildung 7.25, wird bei gleicher Summenformel, $C_4H_8O_4$, durch eine unterschiedliche Namensgebung auf die verschiedenen chemischen und physikalischen Eigenschaften der Diastereomere hingewiesen.

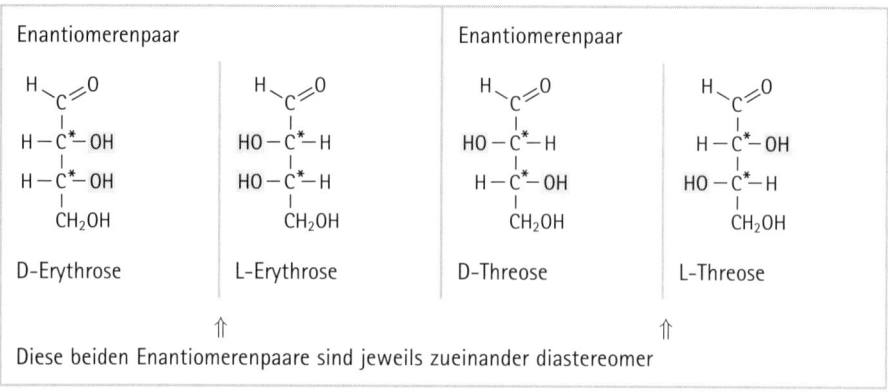

Abb. 7.25 Vier optische Isomere

Bei Verbindungen mit einer größeren Anzahl asymmetrischer C-Atome – angenommen es gibt n-viele – sind 2^n – optische Isomere zu erwarten. Diese 2^n-Regel gilt allerdings nur, wenn die asymmetrischen C-Atome voneinander verschieden sind und sich das Molekül nicht durch Anlegen einer Spiegelebene als symmetrisch erweist.

Zuckermoleküle weisen eine größere Anzahl asymmetrischer C-Atome auf; z.B. D-Glucose besitzt vier C*-Atome. Es sind also $2^4 = 16$ Stereoisomere zu erwarten und zwar acht zueinander diastereomere Enantiomerenpaare. Alle sechzehn Verbindungen sind bekannt (s. Kap. 13.1.1, Abb. 13.5).

7.2.5 Nomenklatur chiraler Moleküle

Die optischen Antipodenpaaren (Abb. 7.24), die sich durch eine gleiche Summenformel und durch jeweils gleiche Konstitution auszeichnen, müssen jedoch durch ihren Namen zu unterscheiden sein.

Dafür gibt es zwei Nomenklatursysteme:

- Die Fischer-Projektion,
- Die Konfigurationsbezeichnung nach dem R-S-System.

Die Fischer – Projektion

Die Fischer-Projektion ist die ältere Nomenklatur. Der Chemiker Emil Fischer schlug 1891 eine Bezeichnungsmethode für chirale Moleküle vor, die heute noch für Naturstoffe, z. B. Zucker oder Aminosäuren, verwendet wird.

Nach folgenden Regeln wird verfahren:

- Die C-Atome werden als Kette von oben nach unten angeordnet.
  Um den räumlichen Verhältnissen der Moleküle gerecht zu werden, wird so projiziert (daher der Name Projektionsformel), dass die Kohlenstoffatome der Kette hinter der Papierebene (erkennbar an der gestrichelten Linie) und die anderen Substituenten vor der Papierebene (mit einem Keil versehen) erscheinen.
- Das C-Atom mit der höchsten Oxidationsstufe steht oben: z. B. Aldehyd, Carbonsäure.
- Betrachtet wird nun das optisch aktive C-Atom, das von dem oben stehenden am weitesten entfernt ist.
- Weist der Substituent (meist eine -OH oder eine NH_2- Gruppe) an diesem C-Atom nach rechts, so erhält der Verbindungsname das Präfix D- (dextro = rechts), weist der Substituent an diesem C-Atom nach links, so erhält der Verbindungsname das Präfix L- (laevo = links).

Beim Glycerinaldeyd ergeben sich die Präfixe nach diesen Regeln (s. Abb. 7.26).

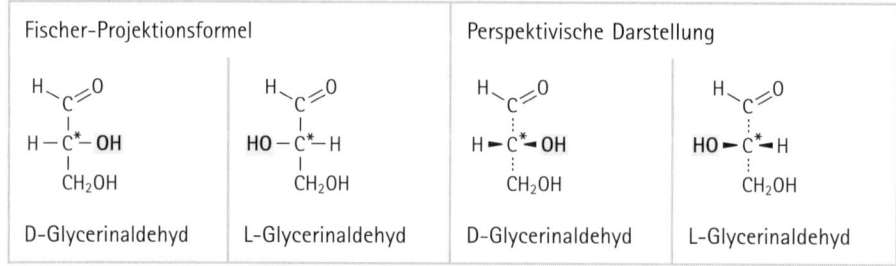

Fischer-Projektionsformel		Perspektivische Darstellung	
$H\diagdown C\diagup O$ $H - C^* - OH$ CH_2OH	$H\diagdown C\diagup O$ $HO - C^* - H$ CH_2OH	$H\diagdown C\diagup O$ $H \blacktriangleright C^* \blacktriangleleft OH$ CH_2OH	$H\diagdown C\diagup O$ $HO \blacktriangleright C^* \blacktriangleleft H$ CH_2OH
D-Glycerinaldehyd	L-Glycerinaldehyd	D-Glycerinaldehyd	L-Glycerinaldehyd

Abb. 7.26 Fischer-Projektionsformel und perspektivische Darstellung

Die Konfigurationsbezeichnung nach dem R-S-System

Die Zuordnung zur D- und L-Reihe gelingt nicht immer eindeutig. Für komplizierte Moleküle, gerade auch für solche mit mehreren Asymmetriezentren, haben Cahn, Ingold und Prelog das **R, S-System** geschaffen, das es ermöglicht, die Anordnung der Liganden für jedes C* zweifelsfrei festzulegen (Absolute Konfiguration). In den Arzneibüchern wird diese Kennzeichnung angewandt, die sich anhand einiger Regeln leicht durchschauen lässt:

- Die Liganden werden nach ihren Prioritäten geordnet.
- Die Priorität wird folgendermaßen festgelegt: Die Atome, die mit Bindungselektronen am C* beteiligt sind, werden nach ihrer Ordnungszahl eingestuft: $J > Br > Cl > S > O > H$
- Sind zwei oder mehr Atome mit gleicher Ordnungszahl beteiligt (in der Regel C-Atome) so entscheidet:
  - die Länge des Liganden: $C_2H_5- > CH_3-$
  - die Anzahl der Doppel- oder Dreifachbindungen innerhalb des Liganden. Das so gebundene Atom zählt bei der Reihenfolge doppelt, bzw. dreifach, z. B.:

$$-C\diagup_{OH}^{\diagup\!\diagup O} \quad > \quad -C\diagup_{H}^{\diagup\!\diagup O}$$

- Ist die Rangfolge festgelegt, wird das Molekül so gedreht, dass der rangniedrigste Ligand nach hinten weist (in der Regel -H). Die übrigen werden von ihrer höchsten zur niedrigsten Priorität hin betrachtet. Ergibt sich dabei eine Reihenfolge **im Uhrzeigersinn,** so bekommt das optisch aktive C-Atom die Kennzeichnung **R** (rectus = gerade). Die Reihenfolge in entgegengesetzter Richtung wird mit **S** (sinister = links) bezeichnet:

Beispiel: 2-Brombutan

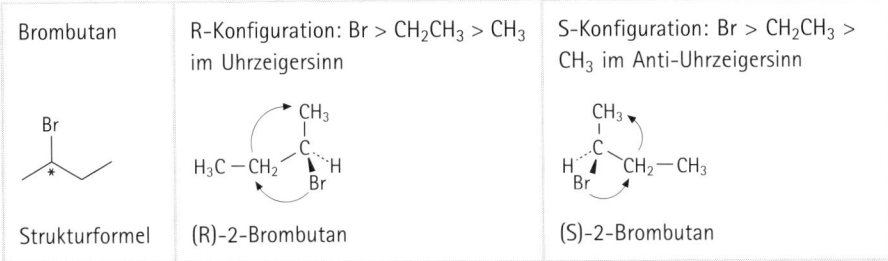

Brombutan	R-Konfiguration: Br > CH₂CH₃ > CH₃ im Uhrzeigersinn	S-Konfiguration: Br > CH₂CH₃ > CH₃ im Anti-Uhrzeigersinn
Strukturformel	(R)-2-Brombutan	(S)-2-Brombutan

Abb. 7.27 (R)- und (S)-2-Brombutan

Spezialfall: Mesoform

Diese Form tritt dann auf, wenn ein Molekül mit zwei oder mehreren **gleich substituierten** C*-Atomen spiegelsymmetrisch ist. Dies lässt sich gut am Beispiel der Weinsäure zeigen. Hier die beiden möglichen Enantiomerenpaare, die zu einander diastereomer sind.

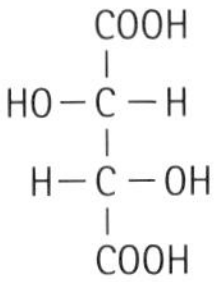 COOH | HO—C—H | H—C—OH | COOH	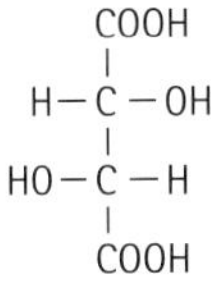 COOH | H—C—OH | HO—C—H | COOH	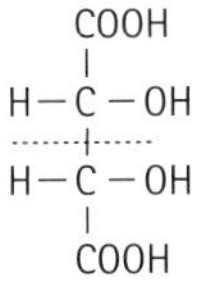 COOH | H—C—OH ·····|····· H—C—OH | COOH	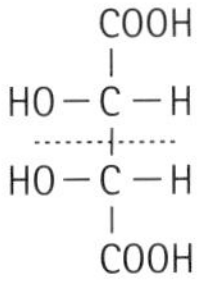 COOH | HO—C—H ·····|····· HO—C—H | COOH
D-Weinsäure Drehwinkel α −12°	L-Weinsäure Drehwinkel α +12°	meso-Weinsäure Keine optische Drehung	

Abb. 7.28 D-, L- und Mesoweinsäure

Die beiden Strukturen rechts im Bild lassen sich durch Drehung um 180° zur Deckung bringen, d. h. sie sind identisch und damit nicht mehr chiral. Eine solche achirale Verbindung zeigt demzufolge auch keine optische Aktivität. Für die Weinsäure lassen sich also nur drei Stereoisomere aufzeichnen.

Racemat

Ein äquimolares Gemisch eines Enantiomerenpaares, in dem also die (–)-Form und die (+)-Form im Verhältnis 1 : 1 vorliegen, heißt Racemat. Bei den meisten Synthesen chiraler Verbindungen, sei es im Labor oder im großen Maßstab industriell, entstehen 1:1 Mischungen von Enantiomeren, d.h. Racemate. Racemate sind optisch inaktiv, da sich ihre beiden Drehrichtungen aufheben. Sie unterscheiden sich in den physikalischen Eigenschaften von den reinen Enantiomeren. So haben sie z.B. unterschiedliche Schmelz- und Siedepunkte.

Bedeutung der Stereoisomerie

Enantiomere besitzen oft verschiedene biologische Eigenschaften. Der Grund hierfür sind Wechselwirkungen mit chiralen Biokatalysatoren (Enzymen), chiralen Transportsystemen und chiralen Rezeptoren. Es handelt sich hierbei immer um Proteine (Eiweißkörper), die grundsätzlich chiral sind. Auch die pharmakologische Wirkung von Arzneistoffen kann je nach Enantiomerie sehr verschieden sein. So regt z.B. nur (–)-Adrenalin den Herzmuskel an, die (+)-Komponente ist völlig wirkungslos. Ein Enantiomer mag ein starkes Gift sein, das andere eine erwünschte Wirkung erzeugen: Das (S)-konfigurierte D-Penicillamin wird erfolgreich bei Polyarthritis eingesetzt, das (R)-Enantiomer wirkt toxisch. Eines kann stark analgetisch sein, wie z.B. das (R)-Enantiomer von Methadon, das andere zeigt keine Wirkung. Sogar entgegengesetzte Wirkungsweisen sind bekannt. Es gibt Enantiomerenpaare, von denen eine Komponente ein Sexuallockstoff ist, die andere abstoßend wirkt. Chiralität ist ein ganz wesentlicher Faktor in der belebten Natur.

In der pharmazeutischen Industrie stellt man – wo immer möglich – Arzneistoffe bereits stereoselektiv her. Dafür spricht:

- der höhere Wirkungsgrad, gegebenenfalls auch die bessere Verträglichkeit eines Enantiomers
- eine bessere Ausnutzung der Ressourcen
- eine kostengünstigere Herstellung, da keine aufwändige Reinigung des Arzneistoffes notwendig ist
- keine oder geringere Mengen von Abfallprodukten.

8 Funktionelle Gruppen

Verbindungen, die ausschließlich C–C- bzw. C–H-Bindungen enthalten, sind in den meisten Fällen reaktionsträge. Viele organische Verbindungen enthalten aber neben C- und H-Atomen weitere Atome (O-, N-, S-, Halogen-), welche mit C- oder H-Atomen mehr oder weniger stark polare und damit reaktionsfähigere Bindungen bilden. Dabei können sich Atomgruppen bilden, die ganz charakteristische Eigenschaften zeigen und das physikalische und chemische Verhalten der Gerüste, mit denen sie verbunden sind, entscheidend prägen. Solche Gruppen werden als „funktionelle Gruppen" bezeichnet.

8.1 Gerüste mit funktionellen Gruppen

Tab. 8.1 Funktionelle Gruppen (Fortsetzung s. nächste Seite)

Verbindungs-klasse	Charakteristische Gruppe	Bezeichnung der funktionellen Gruppe	Präfix	Suffix
Carbonsäure	$-C\overset{O}{\underset{OH}{\Vert}}$	Carboxylgruppe	Carboxy-	-säure -carbonsäure
Carbonsäure-ester	$-C\overset{O}{\underset{O-R}{\Vert}}$	Alkoxycarbonyl-gruppe	…oxycarbonyl-	-yl…at -säure…ylester
Carbonsäure-amide	$-C\overset{O}{\underset{NH_2}{\Vert}}$	Aminocarbonyl-gruppe	…amido-	-säureamid

Tab. 8.1 Funktionelle Gruppen (Fortsetzung)

Verbindungs-klasse	Charakteris-tische Gruppe	Bezeichnung der funktionellen Gruppe	Präfix	Suffix
Sulfonsäure	$\begin{array}{c} O \\ \| \\ -S-O-H \\ \| \\ O \end{array}$	Sulfonatogruppe	Sulfo-	-sulfonsäure
Aldehyd	$-C\begin{array}{c} \nearrow O \\ \searrow H \end{array}$	Carbonylgruppe	Formyl-	-al
Ketone	$\begin{array}{c} O \\ \| \\ R^1-C-R^2 \end{array}$	Carbonylgruppe	Oxo-	-on
Alkohole	$-OH$	Hydroxylgruppe	Hydroxy-	-ol
Phenole	⬡—OH	Hydroxylgruppe	Hydroxy-	meist Trivialname
Thiole, Thioalkohole	$-SH$	Mercaptogruppe	Mercapto-	-thiol
Amine	$-NH_2$	Aminogruppe	Amino-	-amin
Nitro-verbindungen	$-NO_2$	Nitrogruppe	Nitro-	
Alkylhalogenide = aliphatisch Arylhalogenide = aromatisch	$-F, -Cl, -Br, -I$	Halogenname	Fluor-, Chlor-, Brom-, Jod-,	-fluorid, -chlorid, -bromid, -jodid
Ether	R_1-O-R_2	Alkoxygruppe	... oxy-	-ylether

Soll bei einer Reaktionsgleichung oder der Beschreibung einer typischen Verbindungsklasse die funktionelle Gruppe besonders hervorgehoben werden, so verzichtet man auf die ausführliche Formulierung des Gerüstes und benutzt an dessen Stelle das Symbol R. R kann für jeden beliebigen aliphatischen, alicyclischen oder aromatischen Rest stehen. Folgendes Beispiel zeigt Methylphenylketon:

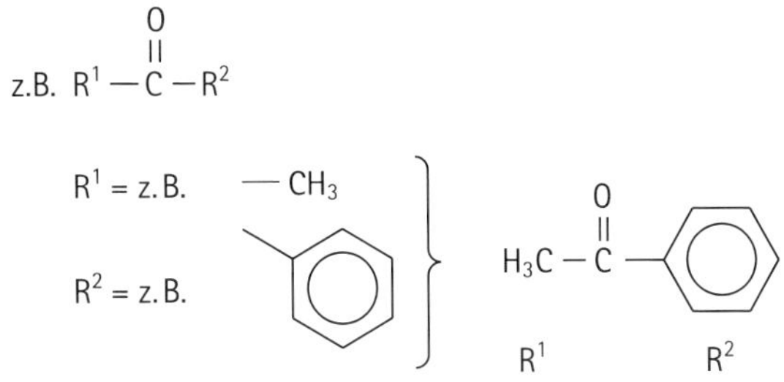

z.B. $R^1 - \overset{\overset{\displaystyle O}{\|}}{C} - R^2$

R^1 = z.B. $- CH_3$

R^2 = z.B.

$H_3C - \overset{\overset{\displaystyle O}{\|}}{C} -$

$R^1 \qquad R^2$

8.2 Nomenklatur funktioneller Gruppen

Die funktionelle Gruppe wird dem Stammnamen nachgestellt und zu einem Wort zusammengefügt. Sind mehrere funktionelle Gruppen gemeinsam in einem Molekül vorhanden, so bestimmt die ranghöchste Gruppe den Namen. Die funktionellen Gruppen in Tabelle 8.1 sind nach dem Rang geordnet. Carbonsäuren sind die ranghöchsten Gruppen und werden daher dem Stammnamen (längste Kohlenstoffkette) unter Verwendung der Suffixe -säure oder -carbonsäure angehängt.

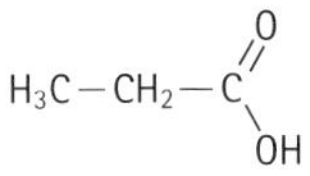

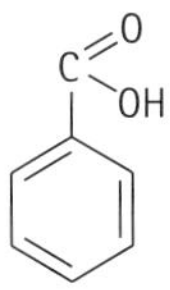

$H_3C - CH_2 - \overset{\overset{\displaystyle O}{\|}}{C}\diagdown_{OH}$

Propansäure
Ethancarbonsäure
Trivialname: Propionsäure

Abb. 8.1

$\overset{O}{\underset{OH}{C\diagup\diagdown}}$

Benzolcarbonsäure
Trivialname: Benzoesäure

Abb. 8.2

Untergeordnete funktionellen Gruppen werden als Substituenten betrachtet. Ihre Namen werden dem Stammnamen als Präfix vorangestellt. Bei der Nummerierung des Stammsystems erhält die ranghöchste funktionelle Gruppe die kleinste Chiffre.

Beispiele zur Nomenklatur funktioneller Gruppen

Tab. 8.2   Nomenklaturbeispiele (Fortsetzung s. nächste Seite)

Verbindungs-klasse	Charakteris-tische Gruppe	Beispiele	IUPAC-No-menklatur	Trivial-name
Carbonsäuren	$-C\overset{O}{\underset{OH}{}}$	CH_2-COOH $HO-C-COOH$ CH_2-COOH	2-Hydroxy-1,2,3-propan-tricarbonsäure	Citronen-säure

Wird dem Stammnamen das Suffix -säure nachgestellt, so zählt das C-Atom der Carboxylgruppe mit zum Stammsystem (Propansäure besteht aus insgesamt 3 C-Atomen). Sind innerhalb des Moleküls mehrere COOH-Gruppen auf verschiedene C-Atome verteilt, so werden sie alle als Substituenten aufgefasst, siehe IUPAC-Nomenklatur für Citronensäure

Verbindungs-klasse	Charakteris-tische Gruppe	Beispiele	IUPAC-No-menklatur	Trivial-name
Carbonsäure-ester	$-C\overset{O}{\underset{O-R}{}}$	$C\overset{O}{\underset{O-CH_2-CH_3}{}}$ (4-substituierter Benzolring mit NH_2 in Position 4)	4-Amino-benzoesäure-ethylester,	Benzocain
Carbonsäure-Amide	$-C\overset{O}{\underset{NH_2}{}}$	$H_3C-C\overset{O}{\underset{NH_2}{}}$	Essigsäureamid	Acetamid
Sulfonsäuren	$-\overset{O}{\underset{O}{\overset{\|\|}{\underset{\|\|}{S}}}}-O-H$	H_2N- (Benzolring) $-\overset{O}{\underset{O}{\overset{\|\|}{\underset{\|\|}{S}}}}-O-H$	4-Aminoben-zolsulfonsäure	
Aldehyde	$-C\overset{O}{\underset{H}{}}$	$H_2C=CH-C\overset{O}{\underset{H}{}}$	Propenal	Acrolein

Die Aldehydgruppe ist immer endständig und das C-Atom der Carbonylgruppe erhält die Chiffre 1. Wenn der Aldehyd die ranghöchste Gruppe ist, muss die Stellung dieser Gruppe nicht bezeichnet werden.

Verbindungs-klasse	Charakteris-tische Gruppe	Beispiele	IUPAC-No-menklatur	Trivial-name
Ketone	$R^1-\overset{O}{\overset{\|\|}{C}}-R^2$	$H_3C-\overset{O}{\overset{\|\|}{C}}-CH_3$	Propanon oder Dimethyl-keton	Aceton

Organische Verbindungen, ihre Eigenschaften und die wichtigen Vertreter

Tab. 8.2   Nomenklaturbeispiele (Fortsetzung)

Verbindungs-klasse	Charakteris-tische Gruppe	Beispiele	IUPAC-No-menklatur	Trivial-name
Alkohole	$-OH$	CH_2-OH $\vert$ $CH-OH$ $\vert$ CH_2-OH	1,2,3-Propan-triol	Glycerol, Glycerin
Thiole Thioalkohole	$-SH$	$HS-CH_2-C\overset{O}{\underset{OH}{\diagup}}$	Mercapto-essigsäure	Thioglykol-säure
Amine	$-NH_2$	(Benzolring mit NH_2)	Aminobenzol Phenylamin	Anilin

Amine, deren H-Atome durch andere Substituenten ersetzt sind (sekundäre oder tertiäre Amine), d. h. Substituenten, die am Stickstoffatom sitzen, werden mit dem Präfix **N-** bezeichnet.

Nitro-verbindungen	$-NO_2$	(Benzolring mit NO_2)	Nitrobenzol	Mirbanöl
Alkyl-halogenide (aliphatisch)	$-F, -Cl, -Br, -I$	$F-\overset{F}{\underset{F}{\overset{\vert}{\underset{\vert}{C}}}}-\overset{H}{\underset{Br}{\overset{\vert}{\underset{\vert}{C}}}}-Cl$	1,1,1-Trifluor-2-chlor-2-bromethan	Halothan
Aryl-halogenide (aromatisch)	$-F, -Cl, -Br, -I$	(zwei Benzolringe, verbrückt über CH_2, mit Cl und OH Substituenten)	3,3',4,4',6,6'-Hexachlor-2,2'-methylen-diphenol	Hexa-chloro-phen
Ether	R_1-O-R_2	$CH_3-CH_2-O-CH_2-CH_3$	Diethylether	Ether

Da Ethergruppen den niedrigsten Rang besitzen, werden sie in den meisten Fällen als Alkoxy-Gruppen (z. B. Methoxy-, Ethoxy-) bezeichnet. Damit kann man Ethergruppierungen in komplizierter aufgebauten Molekülen wie Substituenten behandeln.

9 Halogenkohlenwasserstoffe

Halogenkohlenwasserstoffe erhält man, indem man ein oder mehrere Wasserstoffatome eines KW durch Halogene ersetzt (substituiert).

9.1 Darstellung der Halogenkohlenwasserstoffe

Alkylhalogenide können auf unterschiedliche Weise dargestellt werden, z. B. durch **elektrophile Addition** (s. Kap. 6.3.1) einer Halogenwasserstoffsäure an ein Alken und durch **nucleophile Substitution** (s. Kap. 6.3.2) einer Halogenwasserstoffsäure an einen Alkohol.

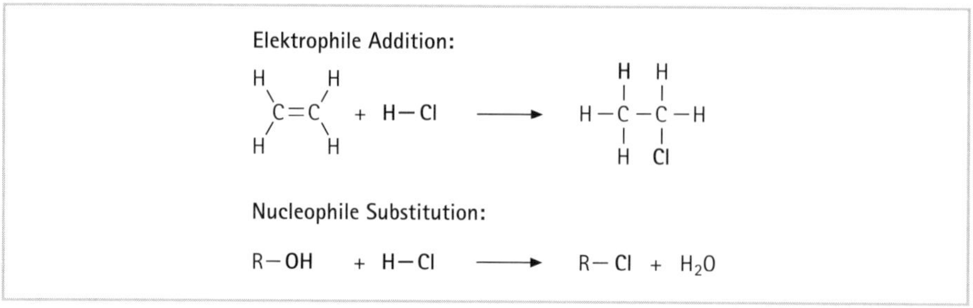

Elektrophile Addition:

$$\begin{array}{c} H \\ \diagdown \\ C=C \\ \diagup \\ H \end{array} \begin{array}{c} H \\ \diagup \\ \diagdown \\ H \end{array} + \ H-Cl \longrightarrow \ H-\overset{\displaystyle H}{\underset{\displaystyle H}{C}}-\overset{\displaystyle H}{\underset{\displaystyle Cl}{C}}-H$$

Nucleophile Substitution:

$$R-OH \ + \ H-Cl \longrightarrow \ R-Cl \ + \ H_2O$$

Abb. 9.1 Darstellung eines Halogenkohlenwasserstoffes durch elektrophile Addition und nucleophile Substitution

9.2 Nomenklatur der Halogenkohlenwasserstoffe

Die Halogenkohlenwasserstoffe werden unterteilt in Alkyl-, Aryl- und Vinylhalogenide.

Organische Verbindungen, ihre Eigenschaften und die wichtigen Vertreter

Alkylhalogenide

Tab. 9.1   Nomenklatur der Alkylhalogenide

Alkylhalogenide = aliphatisch	Das Stammsystem ist eine geradkettige oder verzweigte, gesättigte oder ungesättige **Kohlenwasserstoffkette.**	Substituenten: –F, –Cl, –Br, –I	Abkürzung: R–X, wobei X für ein Halogen steht

Das Halogen wird wie ein Alkylsubstituent ohne Priorität behandelt. Es wird wieder die längste Kette zum Stammsystem und diese so durchnummeriert, dass Substituenten möglichst niedrige Chiffren erhalten. Zum Schluss ordnet man die Substituenten alphabetisch.

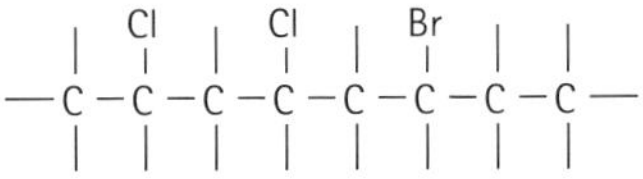

6-Brom-2,4-dichloroctan

Abb. 9.2   Beispiel

Die Trivialnamen der Alkylhalogenide werden genau umgekehrt gebildet, d. h. die Kohlenwasserstoffkette wird als Substituent versehen mit der Endung -yl vor den Namen des Halogens gesetzt. Der halogentragende Kohlenwasserstoff kann als letztes Glied einer Kette vorliegen, d. h. an einem primären C-Atom ist ein Halogenatom substituiert. Liegt eine verzweigte Kohlenwasserstoffkette vor, so wird unterschieden in sekundäres, bzw. tertiäres C-Atom (siehe primäres, sekundäres und tertiäres C-Atom, Kap. 2.3). Es wird dann auf eine Nummerierung verzichtet und die Position des Halogens durch die Bezeichnungen primär, sekundär oder tertiär angegeben. Diese Nomenklatur entspricht zwar nicht der IUPAC- Nomenklatur, ist aber sehr häufig zu finden.

H H H H ⎮ ⎮ ⎮ ⎮ H—C—C—C—C—Cl ⎮ ⎮ ⎮ ⎮ H H H H	H H H H ⎮ ⎮ ⎮ ⎮ H—C—C—C—C—H ⎮ ⎮ ⎮ ⎮ H H Cl H	CH_3 ⎮ H_3C—C—Cl ⎮ CH_3
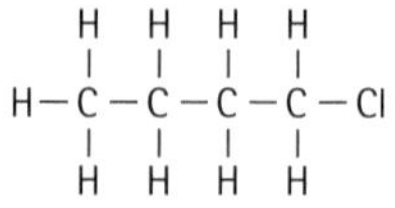 1-Chlorbutan prim.-Butylchlorid	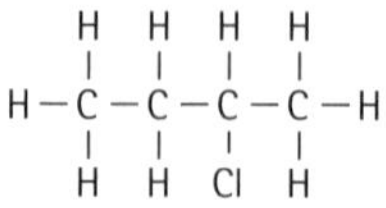 2-Chlorbutan sek.-Butylchlorid	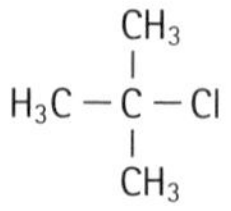 2-Chlor-2-methylpropan tert.-Butylchlorid

Abb. 9.3   Eine weitere gebräuchliche Bezeichnung

Vinylhalogenide

Die Nomenklatur legt entweder Ethen als Stamm zu Grunde und stellt das Halogen als Präfix davor oder fasst Ethen als Substituenten (Vinyl-) des Halogenids auf.

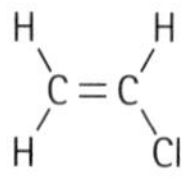

Clorethen oder Vinylchlorid

Abb. 9.4   Beispiel

Arylhalogenide

Tab. 9.2   Nomenklatur aromatischer Halogenide

Arylhalogenide = aromatisch	Das Stammsystem ist ein Aromat oder ein heterocyclisches, aromatisches Ringsystem	Substituent: –F, –Cl, –Br, –I	Abkürzung: X steht für ein Halogen 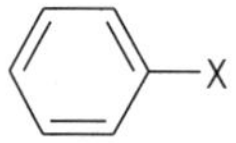

Die Halogene werden auch hier bei der Nomenklatur aufgrund ihrer niedrigen Priorität als Substituenten betrachtet.

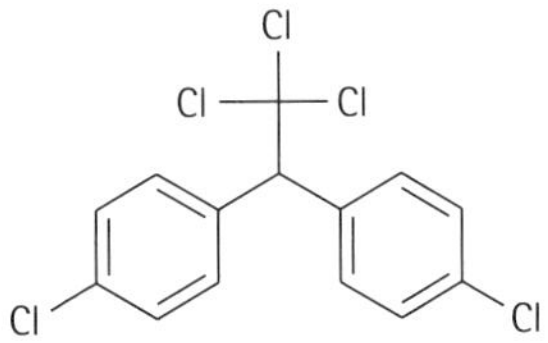

1,1,1-Trichlor-2,2-bis(4'-chlorphenyl)ethan = DDT

Die Bezeichnung **polyhalogenierte Kohlenwasserstoffe** bezieht sich auf Kohlenwasserstoffe, die durch mehrere Halogene substituiert sind. Meist werden Namen abgekürzt, z. B. PCB = Polychlorierte Biphenyle. Auch das oben dargestellte DDT und die Gruppe der FCKW = Fluorchlorkohlenwasserstoffe gehören dazu.

9.3   Wichtige Vertreter der Halogenderivate

Halothan

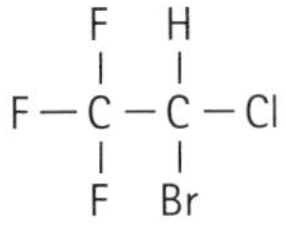

Halothan

Halothan oder 2-Brom-2-chlor-1,1,1-trifluorethan ist eine farblose, nicht brennbare Flüssigkeit. Es gehört zu den **Inhalationsnarkotika** und wird in Kombination mit anderen Narkosemitteln angewendet. Neben der rasch an- und abflutenden narkotischen Wirkung, die eine gute Steuerbarkeit der Narkose mit sich bringt, tritt eine Hypotonie auf, die ein gering durchblutetes Operationsfeld schafft, aber auch zu einer Bradycardie führen kann. Durch die Kombination von Halothan mit anderen Narkotika können die Einzelkomponenten niedrig dosiert und damit die Gefahr der Nebenwirkungen gering gehalten werden.

Hexachlorophen

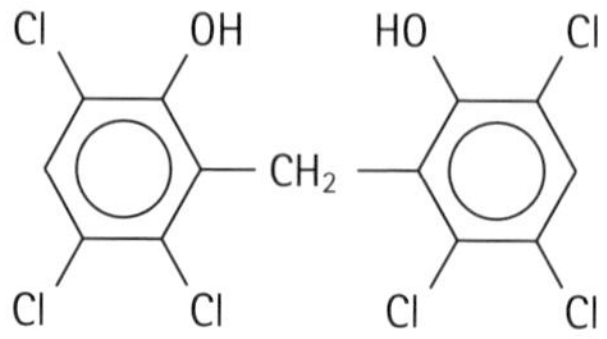

$$Cl \quad OH \quad HO \quad Cl$$

Hexachlorophen

Hexachlorophen ist ein in Wasser unlösliches Pulver. Es wirkt desinfizierend bei Bakterien, Viren und Pilzen. Hexachlorophen wird als **Hautdesinfektionsmittel** angewendet. Handelspräparat z. B. Aknefug® simplex (gegen Akne).

Fluorchlorkohlenwasserstoffe

Die auch als **FCKW** bezeichneten Verbindungen leiten sich vom Methan und Ethan ab und werden als **Treibgase** in Sprühflaschen oder als **Kühlmittel** in Kühlaggregaten (z. B. Kühlschränken) eingesetzt. Ihre Verwendung wurde stark eingeschränkt, als sich zeigte, dass sie in unserer Atmosphäre in einer Höhe von 10–15 km an der **Zerstörung der schützenden Ozonschicht** beteiligt sind (Ozonloch). Hier bewirkt die starke UV-Strahlung der Sonne die Spaltung der Kohlenstoff-Chlor-Bindungen, wobei freie Cl-Radikale entstehen. Sie sind sehr reaktionsfähig und zerstören in einer Kettenreaktion (s. Abb. 9.6) das Ozon. Die Reduzierung der Ozonkonzentration führt zu einer erhöhten Durchlässigkeit der Atmosphäre für hautkrebserzeugende UV-Strahlung.

$$1.\ CF_3Cl \xrightarrow{UV} Cl\cdot \ + \ \cdot CF_3$$

$$2.\ Cl\cdot \ + \ O_3 \longrightarrow ClO\cdot + \ O_2$$

$$3.\ ClO\cdot + \ O\cdot \longrightarrow Cl\cdot \ + \ O_2$$

Abb. 9.6 Zerstörung der Ozonmoleküle: Kettenreaktion

Die Abbildung zeigt die einzelnen Schritte der Kettenreaktion. In der Stratosphäre werden bedingt durch die UV-Strahlung aus den FCKW sehr reaktionsfähige **Chlorradikale** (1.) abgespalten. Sie greifen Ozonmoleküle an und wandeln sie in Sauerstoffmoleküle um (2.). Dabei entstehen **Chlormonoxidradikale**, die ihrerseits mit Sauerstoffradikalen (aus dem natürlichen Ozonabbau) weiterreagieren (3.). Es bilden sich erneut Sauerstoff (O₂) und ein **Chlorradikal**, das wiederum mit einem

Organische Verbindungen, ihre Eigenschaften und die wichtigen Vertreter

Ozonmolekül reagieren kann, sodass die Reaktionskette nicht abreißt. Ein einzelnes Chlorradikal kann 10.000 und mehr Ozonmoleküle zerstören.

FCKW werden heute weitgehend durch unschädliche Treibmittel wie Propan-/Butan-Gemische, Kohlendioxid und Stickstoff ersetzt. Lange galt für ihre Verwendung in pharmazeutischen Inhalationssprays eine Ausnahme. Heute müssen die FCKW in pharmazeutischen Präparaten ebenfalls durch unschädlichere Treibmittel ersetzt werden.

Tab. 9.3 Übersicht einiger wichtiger Halogenkohlenwasserstoffe (Fortsetzung s. nächste Seite)

Bezeichnung (nach Arzneibuch)	Formel	Sonstige Bezeichnungen	Verwendung
Chloroform Ph. Eur.	$CHCl_3$	Trichlormethan	Lösungsmittel
Dichlormethan Ph. Eur.	CH_2Cl_2	Methylenchlorid	Zur Chromatographie
Tetrachlorkohlenstoff Ph. Eur.	CCl_4	Tetrachlormethan Carboneum tetrachloratum, Tetra	Lösungsmittel
Iodoform	CHI_3	Triiodmethan	Antiseptikum
Chlorethan	H_3C-CH_2-Cl	Ethylchlorid Ethylis chloridum	Kälte-Anästhetikum
Frigen, Freon	CF_2Cl_2	Difluor-dichlormethan	Inertes Treibgas, heute durch andere Gase ersetzt
Halothan Ph. Eur.		(R,S)-2-Brom-2-chlor-1,1,1-tri-fluorethan	Inhalationsnarkotikum
Trichlorethylen Tri		1,1,2-Trichlorethen	Inhalationsnarkotikum, Lösungsmittel

Tab. 9.3 Übersicht einiger wichtiger Halogenkohlenwasserstoffe (Fortsetzung)

Bezeichnung (nach Arzneibuch)	Formel	Sonstige Bezeichnungen	Verwendung
Vinylchlorid Ph. Eur.	H, H / C=C / Cl, H	Chlorethen	PVC-Kunststoffe
Hexachlorophen		2,2′-Methylen-bis-(3,4,6-tri-chlorphenol)	Desinfektions-mittel, Desodorans
Hexachlor-cyclohexan Lindan® Jacutin®		γ-Isomeres von 1,2,3,4,5,6-Hexa-chlorcyclohexan	Insektizid
DDT (Einsatz in Deutschland verboten)		1,1,1-Trichlor-2,2-bis-(4′-chlorphenyl)-ethan	Insektizid

10 Stickstoffhaltige Kohlenwasserstoffe

10.1 Amine

Amine sind Derivate des Ammoniaks. Ein oder mehrere Wasserstoffatome des Ammoniakmoleküls wurden durch Alkyreste oder aromatische Ringe ersetzt.

Bei den Aminen unterscheidet man **aliphatische, aromatische und cyclische Amine**. Aliphatische Amine sind mit einem Alkylrest verbunden (z. B. mit einem Methylrest: Methylamin), aromatische Amine tragen einen aromatischen Ring (z. B. einen Benzolring: Anilin) und bei cyclischen Aminen ist der Stickstoff ein Teil eines Ringsystems (z. B. Piperidin).

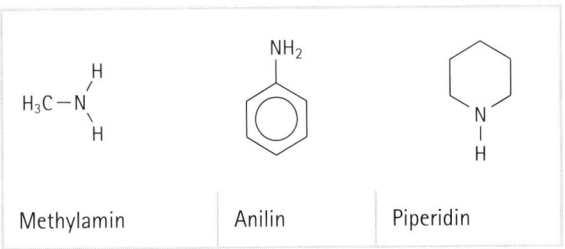

| Methylamin | Anilin | Piperidin |

Abb. 10.1 Aliphatische, aromatische und cyclische Amine

10.1.1 Eigenschaften der Amine

Amine sind **schwache Basen**. Wie beim Ammoniak befindet sich am Stickstoff ein freies Elektronenpaar, das das Proton einer Säure binden kann. Es entsteht ein **Alkylammoniumsalz**. Dieses Salz hat im Gegensatz zu den Aminen, aus denen es gebildet wurde, Ionencharakter und kann dadurch zu einer wasserlöslichen organischen Verbindung werden.

Methylamin — Methylammoniumchlorid

Abb. 10.2 Salzbildung bei Aminen

Lässt man Ammoniumsalze mit Alkalihydroxiden reagieren, kann man die Amine wieder freisetzen. Versetzt man zum Beispiel Methylammoniumchlorid mit Kaliumhydroxid, entstehen Methylamin und Wasser (s. Abb. 10.3).

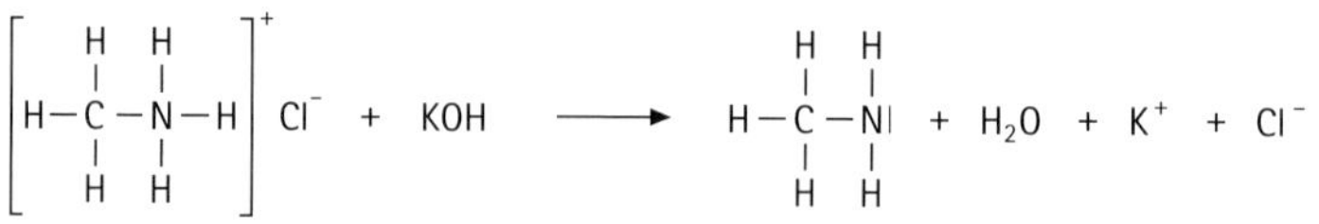

Methylammoniumchlorid — Methylamin

Abb. 10.3 Freisetzung von Aminen aus Ammoniumsalzen

Aromatische Amine sind **schwächer basisch** als die aliphatischen Amine, weil das freie Elektronenpaar, das zur Bindung eines Protons befähigt ist, mit in das π-Elektronensystem des aromatischen Ringes einbezogen wird. Das bedeutet, dass die Anlagerung eines Protons erschwert und damit die Basizität verringert wird. Zudem sind die Salze weniger stabil. Das kleinste, einfachste aromatische Amin ist das Anilin. Es wird zur Herstellung von Farbstoffen und verschiedenen pharmazeutischen Produkten verwendet (s. Kap. 10.1.3).

Cyclische Amine haben ebenfalls Amincharakter, sind also auch Basen und können mit Säuren entsprechende Salze bilden. Zu den pharmazeutisch wichtigsten cyclischen Aminen gehören viele Alkaloide wie zum Beispiel das Morphin und sein entsprechendes Salz, das Morphin-HCl (s. Kap. V.2).

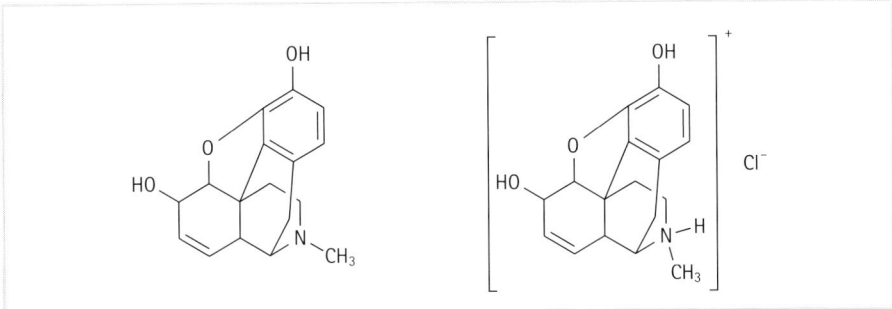

Abb. 10.4 Morphin und Morphin – HCl

Sind alle vier Wasserstoffatome durch ein Alkyrest ersetzt, spricht man von einem **quartären Ammoniumsalz**, z. B. **Tetramethylammoniumchlorid**. Einige quartäre Ammoniumsalze werden als **Desinfektionsmittel** eingesetzt. Zu den bekanntesten zählt das Benzalkoniumchlorid im Sagrotan® (s. Abb. 10.5).

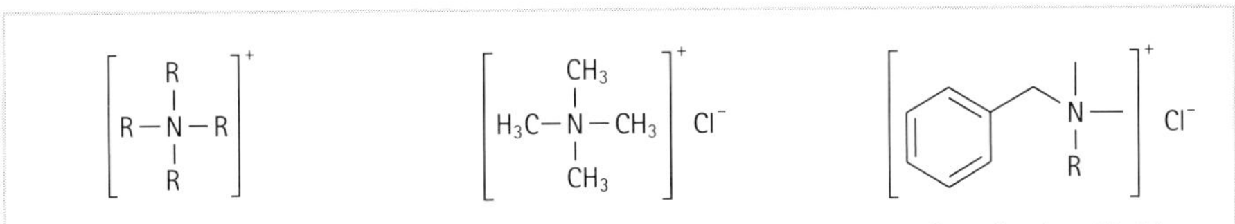

Quartäres Ammoniumion Tetramethylammoniumchlorid Benzalkoniumchlorid

Abb. 10.5 Quartäres Ammoniumion und pharmazeutisch wichtige Vertreter

10.1.2 Nomenklatur der Amine

Amine werden vom Ammoniak NH_3 abgeleitet und entsprechend der Zahl der mit dem Stickstoffatom verbundenen organischen Reste in primäre, sekundäre und tertiäre Amine eingeteilt. Man unterscheidet aliphatische, aromatische und cyclische Amine.

Ammoniak primäres Amin sekundäres Amin tertiäres Amin

Abb. 10.6 Primäres, sekundäres und tertiäres Amin

Aliphatische Amine

Amine stellen namengebende funktionelle Gruppen dar, die in der Priorität relativ weit unten stehen (vergleiche Tabelle der funktionellen Gruppen 8/1). Ist keine weitere ranghöhere funktionelle Gruppe vorhanden, so wird dem Alkylsubstituenten das Suffix **-amin** nachgestellt. Mehrere Amine in einem Molekül werden durch Multiplikationspräfixe (di, tri, tetra ...) angegeben.

Zur Veranschaulichung einige Beispiele in Abbildung 10.7.

Methylamin

Dimethylamin

Trimethylamin

Ethylendiamin

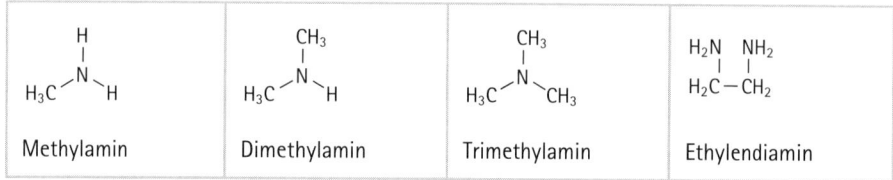

Abb. 10.7 Beispiele zur Nomenklatur aliphatischer Amine

Aromatische Amine

Die Verbindung eines Aromaten mit einer Aminogruppe, das Phenylamin, trägt den Trivialnamen **Anilin** (veraltet: Aminobenzol).

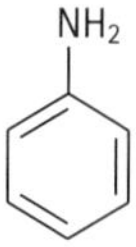

Anilin, Phenylamin und Aminobenzol

Abb. 10.8 Drei Namen für eine Substanz

Stellt in einer Verbindung das Amin nicht die ranghöchste Gruppe dar, wird das Molekül nach den allgemeinen Regeln der Nomenklatur benannt. Die am Stickstoff gebundenen Substituenten kennzeichnet man mit dem Buchstaben N- (s. Kap. 8.2, Tab. 8.2).

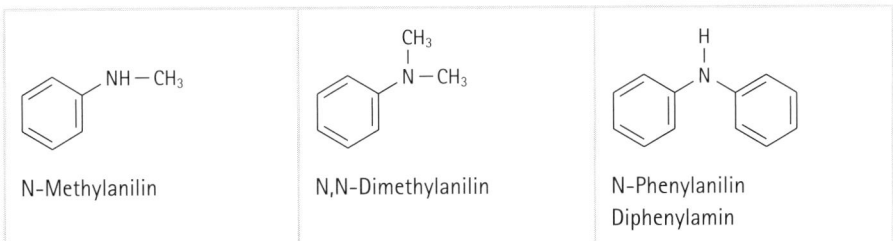

| N-Methylanilin | N,N-Dimethylanilin | N-Phenylanilin
Diphenylamin |

Abb. 10.9 Beispiele für die Nomenklatur aromatischer Amine

In diesen drei Beispielen bildet das Amin die ranghöchste funktionelle Gruppe und steht daher am Ende des Namens. Gibt es einen Trivialnamen, wie hier im Beispiel Anilin, werden wie nach den oben beschriebenen Nomenklaturregeln die Substituenten an den Anfang des Namens gestellt.

Cyclische Amine

Bei vollständig gesättigten Heterocyclen ist das Stickstoffatom Teil des Ringsystems. Die Trivialnamen der Grundgerüste cyclischer Amine weisen immer eine Verwandtschaft zu dem entsprechenden Namen des ungesättigten Moleküls auf. Sie enden fast immer mit dem Suffix **-idin**:

Aromatischer Heterocyclus	Cylisches Amin	Aromatischer Heterocyclus	Cylisches Amin	Aromatischer Heterocyclus	Cylisches Amin
Pyrrol	Pyrrolidin	Pyridin	Piperidin	Pyrazol	Pyrazolidin

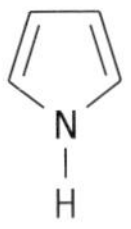

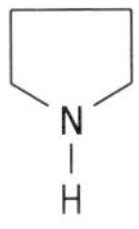

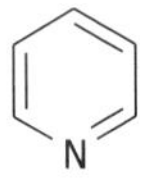

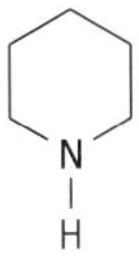

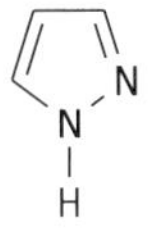

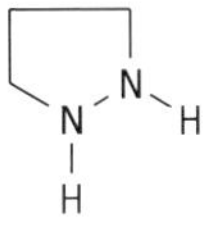

Abb. 10.10 Das Suffix **-idin** deutet auf ein gesättigtes Ringsystem

Die Ableitung zu den aromatischen Heterocyceln drückt sich in dem Suffix **-idin** aus, das in der Regel dem Stammnamen des aromatischen Heterocycels angehängt wird.

10.1.3 Wichtige Vertreter der Amine

Die pharmazeutische Bedeutung der Amine ist gar nicht abzuschätzen. Ein hoher Prozentsatz der organischen Arzneimittel (Naturstoffe wie Synthetika) enthält, neben anderen funktionellen Gruppen, **Aminogruppen** oder **quartäre Ammoniumgruppen** im Molekül. Vergleiche hierzu Tabelle 10.1:

Tab. 10.1 Wichtige Arzneistoffgruppen

Gruppe	Arzneistoff
Alkaloide	Morphin, Atropin, Nicotin ...
Analgetika	Paracetamol, Methadon ...
Lokalanästhetika	Procain, Tetracain, Lidocain ...
Antihistaminika	Diphenhydramin, Pheniramin ...
Lösungsvermittler	Ethylendiamin

Anilin und seine Derivate

Anilin gehört zu den aromatischen Aminen. Es ist eine farblose, ölige Flüssigkeit, die sich nur wenig in Wasser löst. Die Basizität ist schwach (pK$_s$ = 4,6). Anilin ist giftig. Heute bildet das an der Aminogruppe substituierte und damit entgiftete Anilin die Grundlage für wichtige **Analgetika** und **Antipyretika**. So wurde aus Anilin durch Acetylierung der Aminogruppe (Einführung einer Acetylgruppe) **Phenacetin** entwickelt, das bis 1986 Bestandteil vieler Kopfschmerzmittel war. Da bei missbräuchlicher Anwendung schwere Nierenschäden (Phenacetinniere) auftraten, wurde für alle phenacetinhaltigen Präparate die Zulassung widerrufen. Die meisten Hersteller stellten ihre Rezepturen auf **Paracetamol** um, welches auch als Monopräparat (Ben-u-ron®) eingesetzt wird und als Analgetikum und Antipyretikum für jedes Lebensalter geeignet ist.

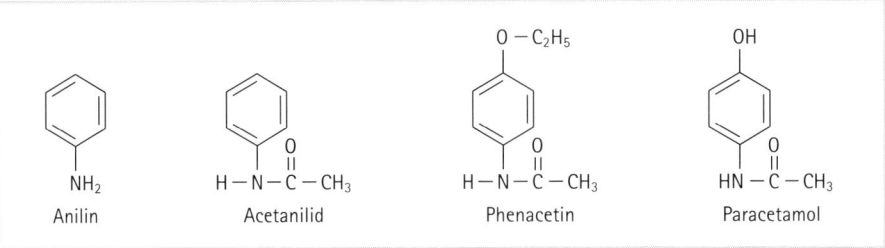

Abb. 10.11 Anilin als Ausgangsstoff für viele Arzneistoffe

Methenamin, Hexamethylentetramin

Wird Formaldehyd mit Ammoniaklösung eingedampft, so entsteht das kristalline, in Wasser gut lösliche Methenamin, das nach IUPAC als 1,3,5,7-Tetraaza-adamantan bezeichnet wird (Adamantan ist die entsprechende stickstofffreie Kohlenwasserstoffverbindung). Es wird äußerlich gegen starke Schweißabsonderung verwendet (Antihydral®) und innerlich als Harnantiseptikum (Arctuvan® enthält Methenamin + Arbutin + Phenylsalicylat).

Methenamin

Tab. 10.2 Übersicht einiger wichtiger Amine (Fortsetzung s. nächste Seite)

Bezeichnung (nach Arzneibuch)	Formel	Sonstige Bezeichnungen	Verwendung
Ethylendiamin Ph. Eur.	$H_2N-CH_2-CH_2-NH_2$	1,2-Ethandiamin	Grundgerüst der Antihistaminika und von EDTA
Benzalkonium-chlorid Ph. Eur.	$\left[H_3C - \overset{CH_3}{\underset{CH_2}{\overset{\mid}{N}}} - R \right]^+ Cl^-$	Alkyl-benzyl-dimethyl-ammo-nium-chlorid, Zephirol®	Bakterizid, Konservierungs-mittel für Augentropfen (0,01 %) u. a. Desinfektionsmittel mit grenzflächen-aktiven Eigenschaften

Tab. 10.2 Übersicht einiger wichtiger Amine (Fortsetzung)

Bezeichnung (nach Arzneibuch)	Formel	Sonstige Bezeichnungen	Verwendung
Anilin		Phenylamin, Aminobenzol	Grundlage für Azofarbstoffe, viele Analgetika, Antipyretika
Diphenylamin			Reagenz auf Nitrat-Ionen

10.2 Nitro- und Nitrosoverbindungen

Nitro- und Nitrosoverbindungen sind Kohlenwasserstoffderivate. Bei **Nitroverbindungen** ist ein Wasserstoffatom durch eine NO_2-Gruppe, bei **Nitrosoverbindungen** durch eine **NO-Gruppe** ersetzt. In beiden Fällen ist der Stickstoff unmittelbar mit einem Kohlenstoffatom verbunden.

10.2.1 Nitroverbindungen in der pharmazeutischen Praxis

Aliphatische Nitroverbindungen sind pharmazeutisch ohne Bedeutung. Alle Vertreter dieser Gruppe lassen sich aber leicht zu primären Aminen reduzieren und sind deshalb Ausgangsverbindungen für viele Arzneistoffe.

Man muss Nitroverbindungen von Estern der Salpetersäure unterscheiden. Das Beispiel Nitroglycerin = Glyceroltrinitrat macht deutlich, dass viele mit Nitro- bezeichneten Arzneimittel keine Nitroverbindungen sind, sondern Salpetersäurees- ter. Ein Ester entsteht, wenn sich ein Alkohol mit einer Säure verbindet. Beim Glyceroltrinitrat haben die drei Alkoholgruppen des Glycerols, mit Salpetersäure unter Wasserabspaltung reagiert (s. Abb. 10.12).

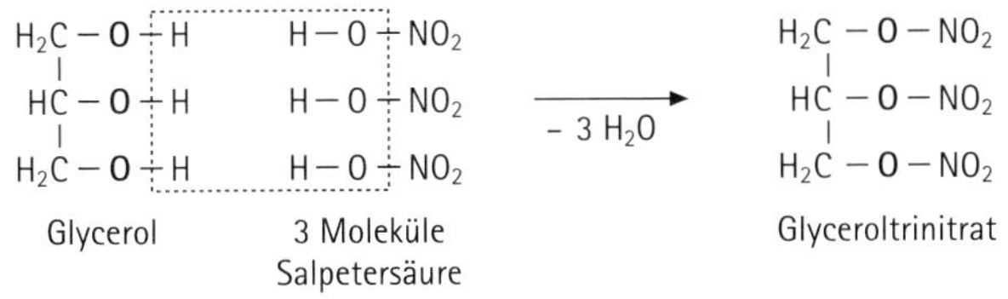

$$H_2C - O \overset{\vdots}{|} H \qquad H - O \overset{\vdots}{|} NO_2 \qquad\qquad H_2C - O - NO_2$$
$$HC - O \overset{\vdots}{|} H \qquad H - O \overset{\vdots}{|} NO_2 \xrightarrow{-3\ H_2O} \qquad HC - O - NO_2$$
$$H_2C - O \overset{\vdots}{|} H \qquad H - O \overset{\vdots}{|} NO_2 \qquad\qquad H_2C - O - NO_2$$

Glycerol   3 Moleküle   Glyceroltrinitrat
Salpetersäure

Abb. 10.12 Glyceroltrinitrat ist der Ester der Salpetersäure und damit keine Nitroverbindung

10.2.2 Nomenklatur der Nitroverbindungen

Die funktionelle -NO_2-Gruppe wird bei der Benennung von Nitroverbindungen gleich behandelt wie die Halogene der Halogenkohlenwasserstoffe. Dies gilt sowohl für aliphatische als auch für aromatische Systeme. Die Nitrogruppe steht im Rang der funktionellen Gruppen so weit unten, dass sie niemals als Suffix, sondern wie für Substituenten üblich, nur als Präfix (NO_2- = Nitro-) verwendet wird.

$H_3C - NO_2$ NO_2 NO_2

Nitromethan   2-Nitropropan   Nitrobenzol

Abb. 10.13 Beispiele zur Nomenklatur von Nitroverbindungen

Als Beispiel aus der Pharmazie sei hier Nitrazepam dargestellt, dass unter dem Namen Mogadan® oder Novanox® als Hypnotikum im Handel ist. Es gehört in die Gruppe der Benzodiazepine.

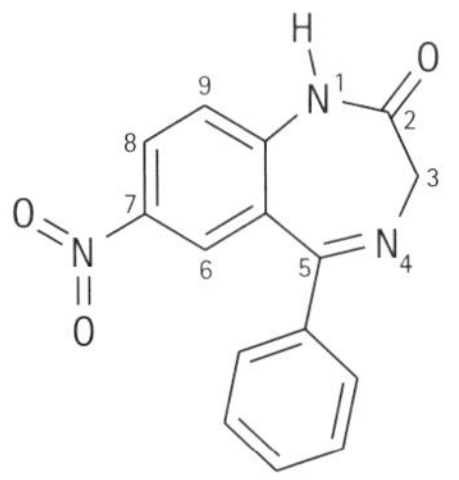

7-Nitro-5-phenyl-1,3-dihydrobenzo-[1,4]-diazepin-2-on

Abb. 10.14 Das Benzodiazepin Nitrazepam besitzt eine Nitrogruppe

Nach Ph. Eur. hat Nitrazepam den IUPAC-Namen: 7-Nitro-5-phenyl-H-1,4-benzodiazepin-2(3H)-on.

10.2.3 Wichtige Vertreter der Nitroverbindungen

Tab. 10.3 Übersicht einiger wichtiger Nitroverbindungen

Bezeichnung (nach Arzneibuch)	Formel	Sonstige Bezeichnungen	Verwendung
Nitrobenzol	NO_2 (Phenylring)	Mirbanöl	Lösungsmittel Anilinsynthese R DAB
Metronidazol Ph. Eur.	CH_2-CH_2OH, O_2N, CH_3 (Imidazolring mit N)	2-(2-Methyl-5-nitro-1-imidazolyl)ethanol	Vaginaltherapeutikum, wirksam gegen Trichomonaden, Applikation als Suppositorien, Vaginalkapseln, Tabletten oder parenteral
Chloramphenicol Ph. Eur.	NO_2 (Phenylring), $HO-C-H$, $H-C-NH-CO-CHCl_2$, CH_2OH	2-Dichloracetamido-1-(4-nitrophenyl)-propan-1,3-diol Leukomycin®	Antibiotikum, auch synthetisch herstellbar

11 Alkohole

Alkohole sind Kohlenwasserstoffe, in denen ein oder mehrere Wasserstoffatome durch eine **Hydroxylgruppe** (OH-Gruppe) ersetzt sind. Die OH-Gruppe kann mehrmals im Molekül an verschiedenen C-Atomen vorkommen, doch ist grundsätzlich nur eine OH-Gruppe an einem C-Atom beständig (Ausnahme: Chloralhydrat).

11.1 Eigenschaften der Alkohole

Löslichkeit: Alkohole können als Alkylderivate des Wassers aufgefasst werden. Ihre Eigenschaften lassen sich deshalb auch aus ihrer Verwandtschaft sowohl mit den Kohlenwasserstoffen als auch mit dem Wasser ableiten. So **steigt die Löslichkeit der Alkohole in Wasser** mit der Anzahl hydrophiler OH-Gruppen, d. h. **mit zunehmender Polarität**, und **sinkt mit wachsender Größe des hydrophoben Kohlenwasserstoffrestes.**

Wie kommt die Polarität der Hydroxylgruppe zustande? Die hohe Elektronegativität des Sauerstoffes bewirkt, dass er das gemeinsame Bindungselektronenpaar zu sich heran, d. h. vom Wasserstoff wegzieht. Es entsteht so eine negative Teilladung im Bereich des Sauerstoffatoms und eine positive in der Nähe des Wasserstoffs. Hier können sich die gegensätzlichen Teilladungen des polaren Wassermoleküls anlagern und so die Substanz lösen.

Kurzkettige Alkohole wie Methanol, Ethanol und Propanol sind gut wasserlöslich, denn es überwiegt der Einfluss der Hydroxylgruppe. Mit zunehmender Kettenlänge wächst der hydrophobe Molekülanteil und damit die Löslichkeit in organischen, hydrophoben Lösungsmitteln. Substanzen mit mehreren alkoholischen OH-Gruppen, z. B. Glycerol sind stark hydrophil.

Tab. 11.1 Physikalische Eigenschaften einiger Alkohole

Anzahl der C-Atome	Bezeichnung	Siede-punkt (°C)	Schmelzpunkt (°C)	Wasserlöslichkeit
1	Methanol	64		Unbegrenzt
2	Ethanol	78		Unbegrenzt
3	1-Propanol	97		Unbegrenzt
6	1-Hexanol	156		0,7 g/100 ml
8	1-Octanol	194		0,05 g/100 ml
10	1-Decanol	230		Unlöslich
14	1-Tetradecanol		39	Unlöslich
16	1-Hexadecanol		60	Unlöslich
3	Glycerol		18	Unbegrenzt
6	Sorbitol		97	83 g/100 ml

Schmelz- und Siedepunkte: Innerhalb der verschiedenen Alkohole steigen Schmelz- und Siedepunkte, wie bei anderen homologen Reihen auch, in Abhängigkeit zur Länge der Kohlenwasserstoffkette an. Vergleicht man sie mit den entsprechenden Alkanen, fällt auf, dass Alkohole bei wesentlich höheren Temperaturen schmelzen bzw. sieden als Alkane mit gleicher Moleküllänge. Durch die hohe Elektronegativität des Sauerstoffes ist die alkoholische Gruppe polar und in der Lage **Wasserstoffbrücken** mit Hydroxylgruppen anderer Alkoholmoleküle auszubilden, wobei sich der Wasserstoff des einen Moleküls an den Sauerstoff des anderen anlagert. Es entstehen dabei große Molekülverbände, so genannte Assoziate, mit entsprechend **hohen Schmelz- und Siedepunkten.**

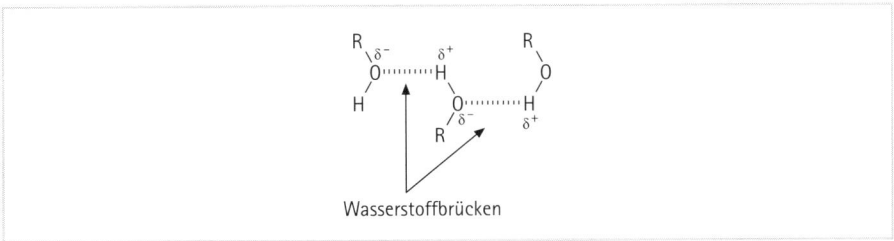

Wasserstoffbrücken

Abb. 11.1 Wasserstoffbrücken zwischen zwei Alkoholen

11.2 Die verschiedenen Reaktionen der Alkohole

Bildung von Alkoholaten: Durch seine Elektronegativität zieht der Sauerstoff das Bindungselektronenpaar der OH-Gruppe zu sich hin, sodass der Wasserstoff abspaltbar wird. Aus diesem Grund reagiert Alkohol **schwach sauer** und kann mit Alkalimetallen (z. B. Natrium) so genannte **Alkoholate** (z. B. R-O⁻ Na⁺) bilden.

$$2\,C_2H_5-OH \;+\; 2\,Na \;\longrightarrow\; C_2H_5-O^-\,Na^+ \;+\; H_2$$

Ethanol   Natriumethylat

Abb. 11.2 Alkoholatbildung bei Alkoholen

Bildung von Estern mit anorganischen und organischen Säuren: Alkohole können mit anorganischen und organischen Säuren unter Wasserabspaltung reagieren. Das Reaktionsprodukt wird Ester genannt (s. Kap. 19).

$$C_2H_5OH \;+\; H_3C-C \overset{O}{\underset{OH}{\big<}} \;\longrightarrow\; H_3C-C \overset{O}{\underset{OC_2H_5}{\big<}} \;+\; H_2O$$

Ethanol   Essigsäure   Essigsäureethylester

Abb. 11.3 Esterbildung bei Alkoholen

Reaktion zweier Alkohole zu einem Ether: Aus zwei Molekülen eines primären Alkohols kann ein Ether entstehen, es tritt dabei Wasser aus. Hierbei kann es sich um zwei gleiche, aber auch um verschiedene Alkohole handeln.

$$C_2H_5OH \quad + \quad C_2H_5OH \quad \longrightarrow \quad C_2H5-O-C_2H_5 \quad + \quad H_2O$$

Ethanol   Ethanol   Diethylether

Abb. 11.4 Etherbildung aus Alkoholen

Oxidation der Alkohole: Typisch für die Alkohole ist deren Oxidation.

Primäre Alkohole (s. Kap. 11.3) werden zu **Aldehyden oxidiert** (sie werden im weiteren Verlauf der Reaktion zu Carbonsäuren oxidiert), **sekundäre** zu **Ketonen**. Geeignete Oxidationsmittel sind Kaliumdichromat ($K_2Cr_2O_7$) oder Kaliumpermanganat ($KMnO_4$). Die Oxidation **tertiärer Alkohole** ist nicht möglich. Sie reagieren nur bei extremen Bedingungen unter Zerstörung des Kohlenwasserstoffkette, wobei CO_2 und Wasser entsteht.

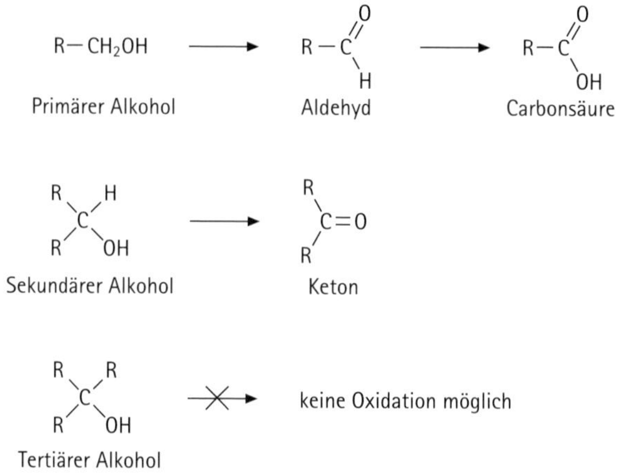

Abb. 11.5 Oxidation primärer, sekundärer und tertiärer Alkohole

11.3 Nomenklatur der Alkohole

Man unterscheidet zwischen einwertigen und mehrwertigen Alkoholen. Einwertige Alkohole enthalten eine, mehrwertige Alkohole mehrere OH-Funktionen. Dabei brauchen die OH-Gruppen nicht an benachbarten C-Atomen zu stehen.

Organische Verbindungen, ihre Eigenschaften und die wichtigen Vertreter

Tab. 11.2 Ein-, zwei- und dreiwertige Alkohole

Bezeichnung	Anzahl der OH-Gruppen	Formeltyp	Suffix	Beispiel
Einwertig	1	$\begin{array}{c} H \\ \vert \\ R-C-H \\ \vert \\ OH \end{array}$	-ol	$H_3C-CH_2-CH_2-OH$ n-Propanol
Zweiwertig	2	$\begin{array}{c} H\ \ H \\ \vert\ \ \vert \\ R-C-C-R \\ \vert\ \ \vert \\ OH\ OH \end{array}$	-diol	CH_2-OH $\vert$ CH_2-OH 1,2-Ethandiol
Dreiwertig	3	$\begin{array}{c} H\ \ H\ \ H \\ \vert\ \ \vert\ \ \vert \\ R-C-C-C-R \\ \vert\ \ \vert\ \ \vert \\ OH\ OH\ OH \end{array}$	-triol	CH_2-OH $\vert$ $CH-OH$ $\vert$ CH_2-OH 1,2,3-Propantriol Glycerin, Glycerol

Entsprechend der Stellung eines Alkohols an einem primären, sekundären oder tertiären C-Atom wird zwischen **primärem, sekundärem und tertiärem Alkohol** unterschieden.

Tab. 11.3 Primäre, sekundäre und tertiäre Alkohole (Fortsetzung s. nächste Seite)

Bezeich-nung	Anzahl R	Formeltyp	Traditionelle Nomenklatur	Beispiel
Primärer Alkohol	0 oder 1	$\begin{array}{c} H \\ \vert \\ R-C-OH \\ \vert \\ H \end{array}$	Alkanol oder Alkan-1-ol oder 1-Alkanol	$H_3C-CH_2-CH_2-CH_2OH$ 1-Butanol
Sekun-därer Alkohol	2	$\begin{array}{c} R \\ \vert \\ R-C-OH \\ \vert \\ H \end{array}$	Alkan-ol mit Bezifferung	$\begin{array}{c} CH_3 \\ \vert \\ H_3C-CH_2-C-OH \\ \vert \\ H \end{array}$ 2-Butanol

Tab. 11.3   Primäre, sekundäre und tertiäre Alkohole (Fortsetzung)

Bezeich-nung	Anzahl R	Formeltyp	Traditionelle Nomenklatur	Beispiel
Tertiärer Alkohol	3	R | R — C — OH | R	Alkan-ol mit Bezifferung der längsten KW-Kette und Angabe eines R als Präfix	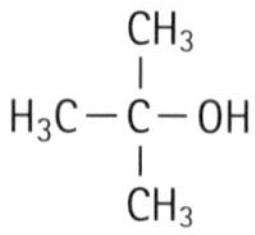 CH_3 | H_3C — C — OH | CH_3 2-Methyl-2-propanol

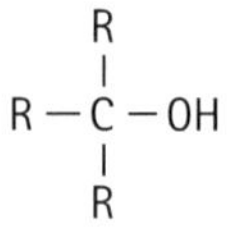

Handelt es sich bei dem Alkohol um die ranghöchste funktionelle Gruppe, wird das Suffix -ol, -diol, -triol usw. verwendet (z. B. 1,2-Ethandiol). Häufig tragen aber die Verbindungen den Namen einer ranghöheren Gruppe, da Alkohole in der Priorität der funktionellen Gruppen eher im Mittelfeld stehen. In diesem Fall bezeichnet das Präfix **Hydroxy-** die Alkoholfunktion.

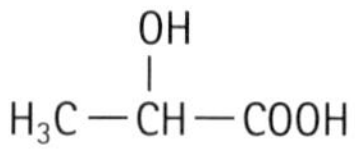

$$
\begin{array}{c}
OH \\
| \\
H_3C - CH - COOH
\end{array}
$$

2-Hydroxypropansäure oder α-Hydroxypropionsäure, Trivialname Milchsäure

Abb. 11.6   Milchsäure

11.4   Wichtige Vertreter der Alkohole

Alkohole werden sowohl als Wirkstoffe als auch als Hilfsstoffe eingesetzt.

11.4.1   Primäre einwertige Alkohole

Methanol CH_3OH

Methanol gewinnt man heute hauptsächlich auf synthetischem Wege. Dazu gibt man zu Kohlenmonoxid elementaren Wasserstoff und führt mithilfe von Katalysatoren die Methanolsynthese durch.

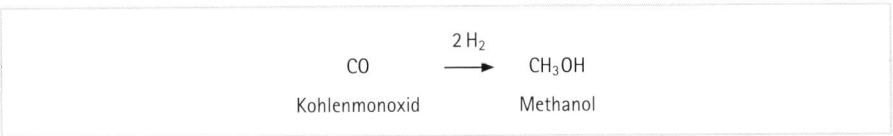

Abb. 11.7 Methanolsynthese

Eigenschaften: Methanol ist ein Zell- und Protoplasmagift. Es kann bereits bei einer einmaligen Gabe von 30–100 ml tödlich wirken. Im Körper wird es zu **Formaldehyd** und weiter zu **Ameisensäure** oxidiert, die dann zu einer **Acidose** (Übersäuerung des Blutes) führen kann (s. Abb 11.8). In ca. 10 % der Fälle tritt eine irreversible, durch Lichteinwirkung beschleunigte **Erblindung** auf, die durch eine Schädigung der Netzhaut und des Sehnerves hervorgerufen wird (bereits bei einer Einnahmemenge von 10 ml möglich). Bedingt durch den langsamen Abbau von Methanol können sich die Vergiftungserscheinungen erst nach einigen Tagen zeigen.

Als Erste-Hilfe-Maßnahme verabreicht man Ethanol, dass mit Methanol um die abbauenden Alkoholdehydrogenasen konkurriert und so die Oxidation des Methanols verlangsamt. Damit verbleibt ausreichend Zeit, einen Teil des Methanols als CO_2 über die Lunge auszuscheiden. Gleichzeitig injiziert man bei einer bestehenden Acidose Natriumhydrogencarbonat- und Dinatriumhydrogenphosphat-Lösungen.

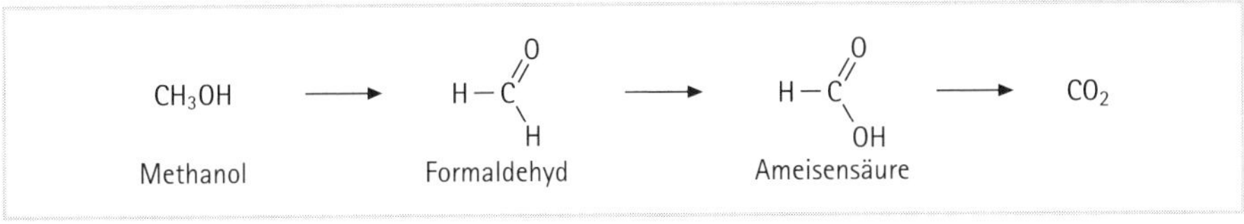

$$CH_3OH \longrightarrow H-\overset{\displaystyle O}{\underset{\displaystyle H}{C}} \longrightarrow H-\overset{\displaystyle O}{\underset{\displaystyle OH}{C}} \longrightarrow CO_2$$

Methanol   Formaldehyd   Ameisensäure

Abb. 11.8 Abbau von Methanol im menschlichen Stoffwechsel

Verwendung: Methanol ist ein billiges Lösungsmittel für Lacke und Harze, es wird u. a. als Treibstoff und zur Herstellung von Formaldehyd verwendet.

Analytik: Zum Nachweis von Methanol setzt man zunächst Borsäure aus Natriumtetraborat in saurer Lösung frei. Die freie Borsäure bildet anschließend mit Methanol in Gegenwart von Schwefelsäure einen Borsäuretrimethylester, der mit grüner Flamme brennt.

$$3\,CH_3OH \;+\; H_3BO_3 \longrightarrow B(OCH_3)_3 \;+\; 3\,H_2O$$

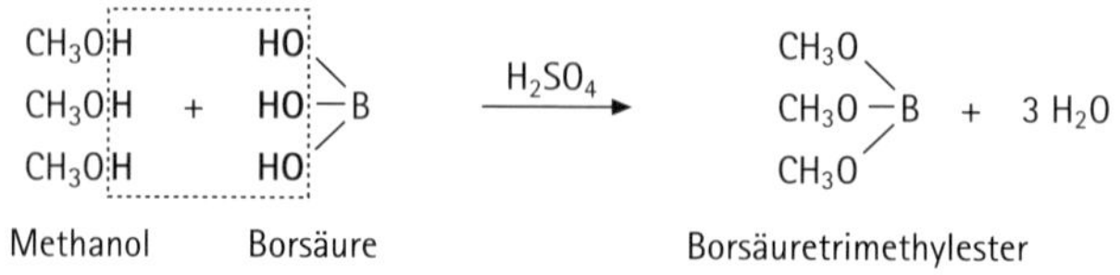

Abb. 11.9 Nachweis von Methanol als Borsäuretrimethylester

Ethanol C$_2$H$_5$OH

Ethanol kann technisch durch Vergärung von geeigneten Kohlenhydraten oder synthetisch durch die Addition von Wasser an Ethen (s. Kap. 6.3.1) gewonnen werden. Ethanol für pharmazeutische Zwecke stammt immer aus vergärbaren Kohlenhydraten.

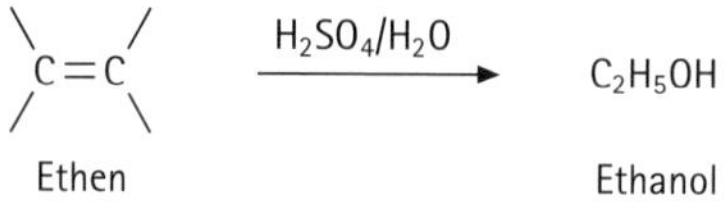

Abb. 11.10 Synthetische Gewinnung von Ethanol aus Ethen

Gewinnung: Bei der Gewinnung von Ethanol zu gewerblichen Zwecken verwendet man für die **alkoholische Gärung** statt Glucose die billigere Kartoffel- oder Maisstärke. Da die Stärke nicht direkt vergärbar ist, gibt man zunächst **gekeimte Gerste (Malz)** hinzu. Das im Malz enthaltene Enzym **Diastase** spaltet die Stärke in **Maltose**. Das maltosehaltige Gemisch versetzt man zur Fortführung des Gärprozesses mit **Hefe**, deren Enzym **Maltase** die Maltose weiter zu 2 Molekülen **Glucose** spaltet. Ein weiteres Enzymgemisch der Hefe, die Zymase, vergärt die Glucose dann endgültig zu Ethanol. So können aus 100 kg Kartoffeln 10–14 l Ethanol gewonnen werden. Die Tätigkeit des Hefeenzyms **Zymase** kommt zum Stillstand, wenn die Ethanolkonzentration etwa 15 % beträgt (s. Abb. 11.11).

Organische Verbindungen, ihre Eigenschaften und die wichtigen Vertreter

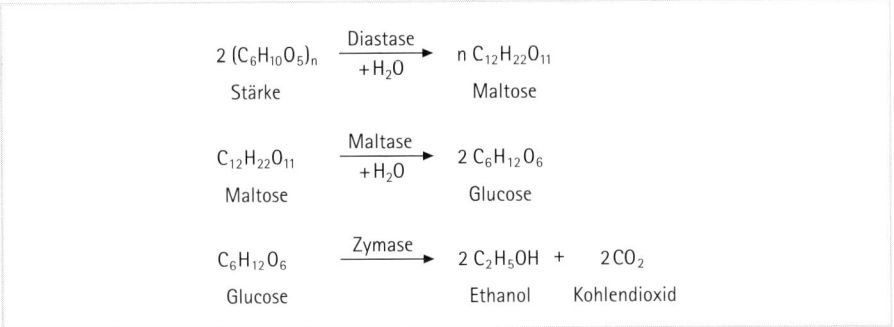

Abb. 11.11 Die alkoholische Gärung

Um höhere Alkoholkonzentrationen zu erhalten, muss Ethanol destilliert (gebrannt) und in Kolonnenapparaturen gereinigt (rektifiziert) werden. Dabei wird das Ethanol von **Fuselölen** befreit. Fuselöle sind **höhere Alkohole**, die durch Vergärung aus den Eiweißstoffen der Kartoffeln bzw. dem Getreide und der Hefe entstanden sind. Sie haben einen höheren Siedepunkt als Ethanol und lassen sich deshalb durch wiederholte Destillation abtrennen.

Der maximale Ethanolgehalt, der auf diesem Wege erreichbar ist, liegt bei 95,6 % (V/V), denn nun siedet das Ethanol-Wassergemisch konstant bei einer Temperatur von 78,2 °C und lässt sich nicht weiter trennen. Man nennt solche Gemische **azeotrope Gemische**. Um wasserfreies Ethanol zu gewinnen, muss über **gebranntem Kalk (CaO)** destilliert werden, wobei dem Ethanol Wasser entzogen wird und sich Calciumhydroxid ($Ca(OH)_2$) bildet (s. Abb. 11.12).

Wasserfreies Ethanol enthält lt. Ph.Eur mind. 99,5 % (V/V) Ethanol und wird auch **Absolutes Ethanol** oder **Ethanolum absolutum** genannt.

$$CaO \quad + \quad H_2O \quad \longrightarrow \quad Ca(OH)_2$$
$$\text{Calciumoxid} \qquad\qquad\qquad\qquad \text{Calciumhydroxid}$$

Abb. 11.12 Trocknung mit Calciumoxid

Eigenschaften: Ethanol ist farblos, brennt mit bläulicher Flamme und ist mit Wasser und vielen organischen Lösungsmitteln, z. B. Ether und Chloroform, in jedem Verhältnis mischbar. Es ist ein **polares Lösungsmittel**, das Wasserstoffbrücken ausbilden kann. Mischt man Ethanol mit Wasser, so muss destilliertes oder entmineralisiertes Wasser verwendet werden, weil die im Leitungswasser gelösten Calcium- und Magnesiumsalze in Ethanol unlöslich sind und eine Trübung hervorrufen.

Beim Verdünnen kommt es zu einer **Volumenkontraktion**, d. h. das Gesamtvolumen der Mischung ist geringer als die Summe der verwendeten Volumina Wasser und Ethanol. Mischt man z. B. 100 ml Wasser mit 100 ml Ethanol erhält man weniger als 200 ml. Deshalb arbeitet man besser mit Gewichtsprozenten. Die Ph.Eur. gibt allerdings Volumenprozent an und fordert für Ethanol 96 % (V/V) einen Mindestgehalt von 95,1 % (V/V), das entspricht 92,6 % (m/m) und einer relativen Dichte von 0,8051–0,8124.

Verwendung: Alles in Deutschland hergestellte Ethanol wird über die **Branntweinmonopolstelle** vertrieben und unter Einbeziehung einer hohen Branntweinsteuer in verschiedenen Qualitäten in den Handel gebracht.

Tab. 11.4   Ethanol-Wassergemische und ihre verschiedenen Dichten

% (V/V)	% (m/m)	relative Dichte	Herstellung (Konzentration: V/V)
90 Spiritus	85,7	0,828–0,834	91,3 g Ethanol 96 % zu 100,0 g verdünnen
80	73,5	0,858–0,863	78,3 g Ethanol 96 % zu 100,0 g verdünnen
70 Spir. dilut.	62,4	0,885–0,889	66,5 g Ethanol 96 % zu 100,0 g verdünnen
45	37,8	0,940–0,942	40,2 g Ethanol 96 % zu 100,0 g verdünnen

Ethanol ist ähnlich wie Wasser ein sehr gutes **Lösungsmittel**, daher wird es zur Extraktion von Drogen verwendet. Die in Ethanol gelösten Extraktivstoffe sind nicht so stark der hydrolytischen Spaltung oder sonstigen chemischen Veränderungen unterworfen wie im wässrigen Medium. **Ethanol 70 %** wirkt bakterizid im Gegensatz zur 90%igen Verdünnung, die lediglich das Bakterienwachstum einschränkt. Es wird häufig als Haut- und Händedesinfektionsmittel eingesetzt. **Brennspiritus** oder **Spiritus denaturatus** ist ein mit Ethylmethylketon vergälltes Ethanol, das hauptsächlich zu Brennzwecken gebraucht wird.

Pharmakokinetik: Bei peroraler Applikation wirkt Ethanol zentraldämpfend. Das Blutspiegelmaximum wird nach 1–2 Stunden erreicht. Der Abbau verläuft gemäß der **Kinetik 0. Ordnung,** was bedeutet, dass die Abbaugeschwindigkeit unabhängig von der Alkoholkonzentration im Blut ist und sich nicht mit zunehmendem

Alkoholspiegel erhöht. Verantwortlich dafür ist ein Enzym der Leber, die Alkohol-dehydrogenase, die Ethanol zu Acetaldehyd dehydriert und dann zu Essigsäure oxidiert. Diese Säure wird anschließend in den Citratzyclus eingeschleust.

Kontraindikationen: Bei Leberschäden und einer bestehenden Schwangerschaft muss unbedingt auf die Einnahme von Alkohol verzichtet werden. Eine äußerliche Anwendung ist erlaubt, da Ethanol nicht oder nur in sehr geringem Maße durch die intakte Haut resorbiert wird.

Interaktionen: Ethanol darf nicht mit zentral dämpfenden Psychopharmaka einge-nommen werden, weil es deren Wirkung verstärkt. Zusammen mit oralen Anti-diabetika, Metronidazol und Cephalosporinen führt Ethanol zu unangenehmen Nebenwirkungen wie Kopfschmerzen und Erbrechen.

Intoxikationen: Bei **akuten Vergiftungen** soll eine Magenspülung erfolgen und eine Kreislaufstabilisierung durchgeführt werden. Bei **chronischen Vergiftungen** treten häufig Leberzirrhose und Schäden am ZNS auf. Ein Alkoholentzug findet in der Regel in Form von Entziehungskuren in geschlossenen Anstalten statt, die Rück-fallquote ist relativ hoch. Als unterstützende medikamentöse Therapie wird Di-sulfiram eingesetzt.

Cetylstearylalkohol

$$H_3C-(CH_2)_{14}-CH_2OH \quad \text{Cetylalkohol}$$

$$H_3C-(CH_2)_{16}-CH_2OH \quad \text{Stearylalkohol}$$

Cetylstearylalkohol ist ein **Gemisch** aus **Cetyl-** und mind. 40 % **Stearylalkohol** und im Handel u. a. unter der Bezeichnung Lanette O®. Die Zusammensetzung der einzelnen Komponenten wird vom Arzneibuch nicht genau festgelegt, da je nach Anforderungen der jeweiligen Rezeptur unterschiedliche Anteile der einzelnen Komponenten hilfreich sein können. Cetylstearylalkohol kommt als Konsistenz-geber in W/O-Emulsionen zum Einsatz. Er erhöht aber das Wasseraufnahmever-mögen von lipophilen Salbengrundlagen nur in geringem Maße. Es lässt sich ganz erheblich durch die Zugabe eines O/W- Emulgators, z. B. **Cetysstearylschwefelsaures Natrium** = Lanette E® steigern. Im **Emulgierenden Cetylstearylalkohol** (Lanette N®), einem Komplexemulgator, findet man beide Alkohole, der Anteil an Lanette E® beträgt mindestens 7 %. Lanette N® wird häufig zur Herstellung pharmazeutischer

Cremes vom Emulsionstyp O/W verwendet, z.B. der Hydrophilen Salbe und der Wasserhaltigen Hydrophilen Salbe.

11.4.2 Sekundäre einwertige Alkohole

Isopropylalkohol

$$H_3C - CH - CH_3$$
$$|$$
$$OH$$

Isopropylalkohol

Isopropylalkohol, Alcohol isopropylicus, Isopropanol oder auch 2-Propanol genannt wird zur Herstellung kosmetischer Präparate und als Desinfektionsmittel verwendet. Seine Desinfektionskraft ist größer als die des Ethanols, wobei die 70%ige Verdünnung eine besonders gute Wirksamkeit zeigt. Wie Ethanol ist Isopropanol ein Lösungsmittel, darf aber nicht bei innerlich anzuwendenden Präparaten verarbeitet werden.

Menthol

Menthol

Menthol oder (1R,3R,4S)-3-p-Menthanol gehört zur Stoffklasse der cyclischen **Terpene** (s. Kap. 3.3) und ist Hauptbestandteil des Pfefferminzöls. Es ist in Ethanol, Ether, Chloroform, flüssigem Paraffin und fetten Ölen löslich, aber nicht in Wasser.

Menthol kann entweder synthetisch hergestellt oder aus dem ätherischen Öl der Mentha-Arten gewonnen werden.

Das Mentholmolekül hat drei Asymmetriezentren. Dadurch existieren vier Diastomerenpaare und folglich acht verschiedene Stereoisomere (s. Kap. 7.2). Das wichtigste Isomer ist das **natürliche** linksdrehende (–)-Menthol. Die Ph.Eur. führt sowohl das natürliche als auch das durch ein synthetisches Verfahren gewonnene Racemat (Gemisch aus gleichen Teilen zweier Isomere, hier (+) und (–)-Menthol), in dem die optische Aktivität aufgehoben ist, auf.

Der Geruch und Geschmack von (–)-Menthol und seine kühlende Wirkung sind um ein Vielfaches stärker als beim (+)-Menthol und beim Racemat. Die Unterschiede der pharmakologischen Wirkungen sind dagegen nicht stark ausgeprägt.

Vom **Pfefferminzöl** (Menthae piperitae aetheroleum) unterscheidet man das **Minzöl** (Menthae arvensis aetheroleum). Es stammt von der in Japan, Indien und Brasilien kultivierten Mentha arvensis var. piperascens und ist **mentholreicher**. Das ätherische Öl dieser Minze hat ein Mentholgehalt von 80–90 % und ist im Handel unter dem Namen **Japanisches Heilpflanzenöl** (JHP Roedler®).

Verwendung: Menthol wirkt **sekretolytisch** auf die Atemwege und wird daher als Broncholytikum verwendet. Auf der Haut verursachte es ein **Kältegefühl**, wodurch Juckreiz und Schmerzen (Migränestift) gelindert werden. Weiterhin wird es aufgrund seiner **spasmolytischen** und **antiseptischen** Wirkung im Magen- und Darmbereich bei einer Gastritis und Enteritis eingesetzt und findet Anwendung als **Choleretikum**. Die Anwendung in der **Pädiatrie** ist problematisch, da es bei Säuglingen und Kleinkindern zu **Stimmritzenkrämpfen** mit tödlichem Ausgang kommen kann. Des Weiteren findet man Menthol in Mundwässern und Zahnpasten (desinfizierende Wirkung) und in vielen Nahrungs- und Genussmitteln.

Cholesterol

Cholesterol

Cholesterol gehört zu den **Steroiden** (s. Kap. V.3.3). Es kommt in allen Zellen des menschlichen und tierischen Organismus vor. Durch den großen lipophilen Rest ist es besonders gut fettlöslich. Es ist Ausgangsstoff für die Biosynthese von Gallensäuren, Sexualhormonen, Nebennierenrindenhormonen und Vitamin D. Der Mensch nimmt Cholesterol überwiegend über die Nahrung auf, kann es aber auch aus körpereigenen Depots (Leber) synthetisieren. Liegt der Cholesterolspiegel im Serum über der Norm (200 mg/dl), so besteht ein erhöhtes Risiko an einer Arteriosklerose bzw. an einem Herzinfarkt zu erkranken.

11.4.3 Mehrwertige Alkohole

Glykol

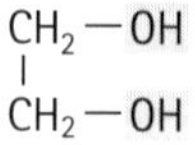

$$CH_2 - OH$$
$$|$$
$$CH_2 - OH$$

Glykol

Glykol oder **Ethylenglykol** gehört zu den zweiwertigen Alkoholen (Diolen). Der chemische Name ist Ethan-1,2-diol. Es wird als Frostschutzmittel verwendet. Unter Wasserabspaltung bildet sich das Anhydrid (Ethylenoxid). Ethylenoxid polymerisiert unter Aufspaltung des Ringes zu Polyethylenglykolen (PEG), die als abwaschbare, fettfreie Salbengrundlagen unter der Bezeichnung **Macrogole** bekannt geworden sind.

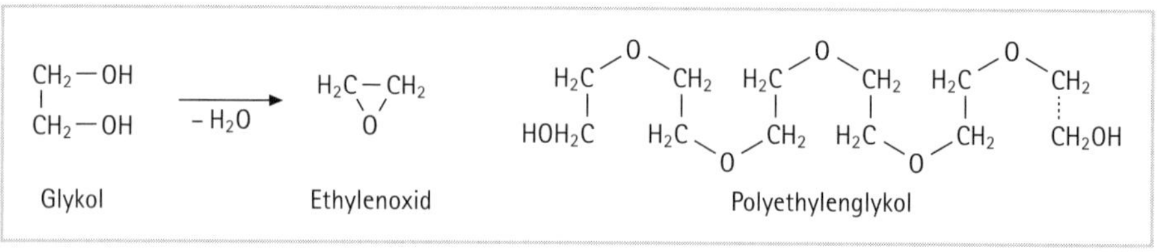

Abb. 11.13 Synthese von Ethylenoxid aus Glykol unter Wasserabspaltung und Bildung von PEG

Macrogole sind wichtige Hilfsstoffe in der Arzneimittelherstellung. Sie sind physiologisch indifferent, werden kaum durch die Haut resorbiert und eignen sich als Salben- und Zäpfchengrundlagen und als Stabilisatoren in Emulsionen. Macrogole und ihre Derivate, z. B. Macrogolstearat 400, sind als O/W-Emulgatoren in der Ph.Eur. aufgeführt.

Glycerol

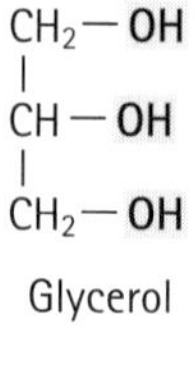

$$CH_2 - OH$$
$$|$$
$$CH - OH$$
$$|$$
$$CH_2 - OH$$

Glycerol

Glycerol (1,2,3-Propantriol) ist der einfachste Vertreter der **Triole**. Es ist die alkoholische Komponente aller natürlich vorkommender Fette. Fette bestehen immer aus Glycerol und Fettsäuren, die unter Wasserabspaltung reagieren (s. Abb. 11.14). Man nennt diesen Vorgang **Veresterung** (s. Kap. 15).

Organische Verbindungen, ihre Eigenschaften und die wichtigen Vertreter

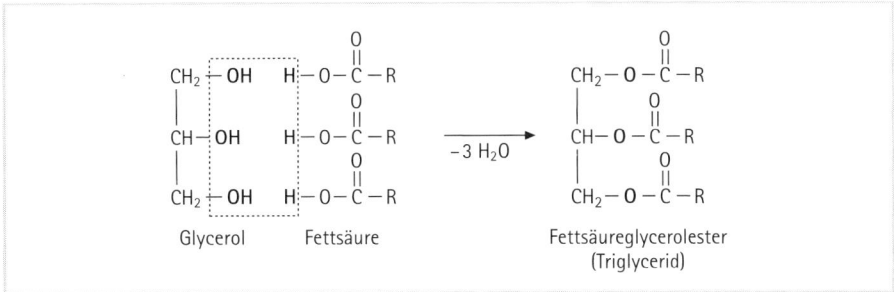

Abb. 11.14 Bildung eines Fettsäureglycerolesters

Gewinnung: Die Gewinnung von Glycerol erfolgt entweder vollsynthetisch aus Propen ($H_3C-CH=CH_2$) oder durch Spaltung des Fettsäureesters, in der Regel mit Alkalihydroxiden. Man nennt eine Reaktion, bei der ein Ester in einen Alkohol und eine Säure gespalten wird, **Verseifung** (s. Kap. 15).

Eigenschaften: Die hohe Viskosität und der hohe Siedepunkt des Glycerols sind auf die drei Hydroxylgruppen und deren Fähigkeit, Wasserstoffbrücken ausbilden zu können, zurückzuführen (vgl. Eigenschaften der Alkohole). Glycerol ist in jedem Verhältnis mit Ethanol und Wasser mischbar. In der Ph. Eur. ist neben dem gebräuchlichen **Glycerol 85 %** ein **wasserfreies Glycerol** aufgeführt.

Verwendung: Verwendet wird Glycerol aufgrund seiner Gleitwirkung und seiner hygroskopischen Eigenschaften als mildes **Laxans**. Es kommt in Zäpfchen und Mikroklysmen, die auch für Säuglinge geeignet sind, in den Handel. Im Ohr erleichtert es die **Auflösung des Ohrenschmalzes** (Cerumen). In **Kosmetika** wird seine Fähigkeit, Wasser anziehen zu können, ausgenutzt. Es entzieht dem umliegenden Gewebe Feuchtigkeit und glättet so die Haut. Darüber hinaus ist Glycerol in vielen pharmazeutischen Zubereitungen als **Weichmacher, Feuchthaltemittel, Lösungsmittel** etc. zu finden.

Analytik: Glycerol bildet in Gegenwart von **Kaliumhydrogensulfat** beim **Erhitzen** das stechend riechende **Acrolein**, welches Neßlers Reagenz schwarz färbt. Kaliumhydrogensulfat entzieht bei dieser Reaktion dem Glycerolmolekül das Wasser und macht so die Acroleinbildung möglich.

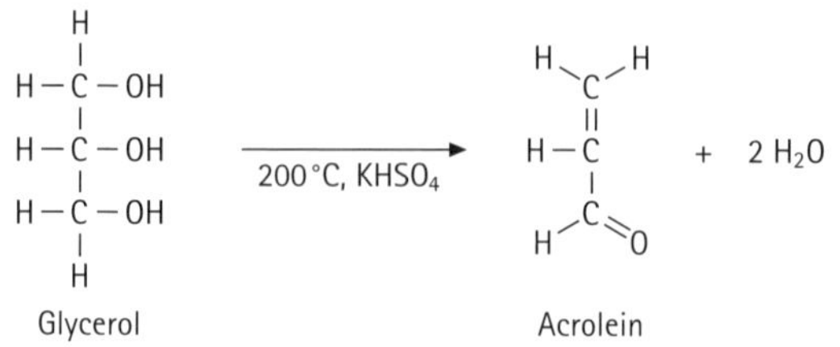

Abb. 11.15 Acroleinbildung beim Nachweis von Glycerol

Bei der Gehaltsbestimmung wird Glycerol mit Natriumperiodat zu Formaldehyd und Ameisensäure oxidiert. Die Ameisensäure kann dann mit 0,1 N Natriumhydroxid-Lösung bestimmt werden.

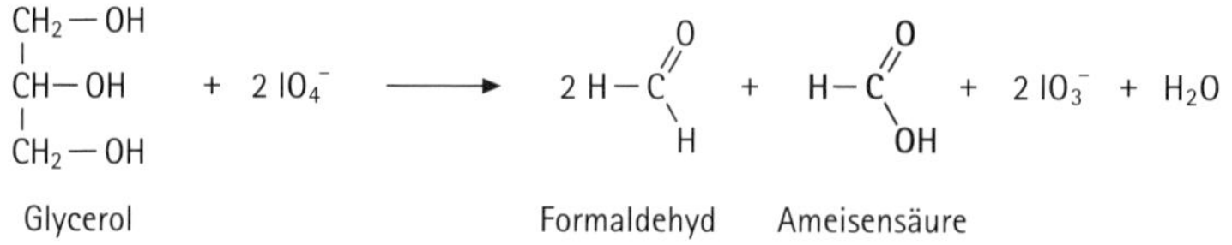

Abb. 11.16 Bildung von Formaldehyd und Ameisensäure aus Glycerol

Sorbitol

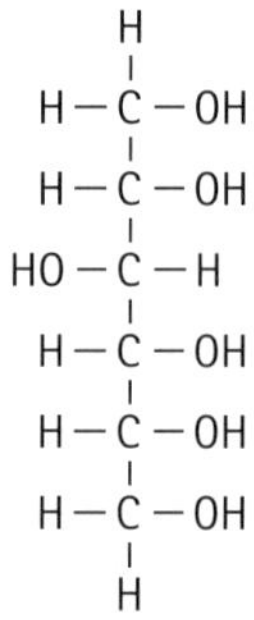

Sorbitol

Sorbitol kommt sehr häufig im Pflanzenreich vor, besonders in der Vogelbeere.

Er gehört zu den **Zuckeralkoholen** und damit zu den **mehrwertigen Alkoholen**, die durch Reduktion aus einem Monosaccharid entstanden sind. Der Zucker, der die Endung -ose trägt, gibt dem entsprechenden Zuckeralkohol den Namen. Die Endung

-ose wird dabei durch die Endung **-itol** (früher -it) ersetzt. So ist Sorb**itol** (Sorbit) durch Reduktion aus der Sorbose entstanden.

Verwendung: Sorbitol wird als **Zuckeraustauschstoff** (Sionon®) für Diabetiker verwendet und aufgrund seiner hygroskopischen Eigenschaften als **Weichmacher** und **Feuchthalter** in der Nahrungsmittelindustrie und in pharmazeutischen und kosmetischen Cremes.

Aus Sorbitol entstehen unter Abspaltung von Wasser die **Sorbitane,** die u. a. durch Veresterung mit Fettsäuren zu **Polysorbat** umgesetzt werden können. Polysorbat wird auch Polyoxyethylensorbitan-Fettsäureester bzw. kurz nur Tween® genannt und kommt als Lösungsvermittler und **O/W-Emulgator** in den Handel. **Sorbitanfettsäureester** kennt man unter dem Namen Span®. Sie sind ebenfalls Fettsäureester des Sorbitols und werden als **W/O-Emulgatoren** verwendet.

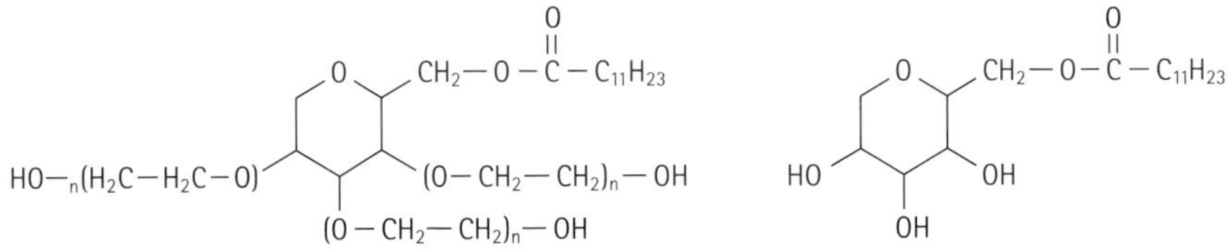

Polysorbat 20: Tween® 20   Sorbitanfettsäureester: Span® 20

Abb. 11.17 Tween® 20 und Span® 20

Mannitol

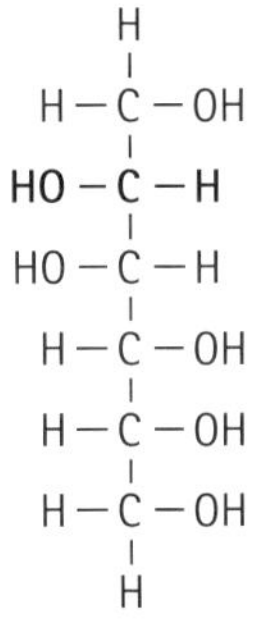

Mannitol

D-Mannitol ist das **Stereoisomer** des D-Sorbitols und unterscheidet sich von diesem nur in der Stellung der OH-Gruppe am C_2. Es gehört ebenfalls zu den Zuckeralkoholen und ist aus der **Mannose** entstanden.

Verwendung: Verwendet wird Mannitol als Zuckerersatz für Diabetiker, als **Laxans** und parenteral zur **Diurese**. In der Technologie wird es u. a. als **Füllmittel** bei der Kapsel- und Tablettenherstellung gebraucht.

Tab. 11.5 Übersicht einiger wichtiger Alkohole (Fortsetzung s. nächste Seite)

Bezeichnung (nach Arzneibuch)	Formel	Sonstige Bezeichnungen	Verwendung
Methanol Ph. Eur.	CH_3OH	Methylalkohol, Holzgeist, Alcohol methylicus	Vergällungsmittel Brennstoff
Ethanol Ph. Eur.	H_3C-CH_2OH	Ethylalkohol, Weingeist	Lösungsmittel Konservierungs-mittel 70 % zur Desinfek-tion
2-Propanol Ph. Eur.	$H_3C-\overset{\displaystyle OH}{\underset{\displaystyle \vert}{CH}}-CH_3$	Isopropanol, Alcohol isopropylicus	Lösungsmittel Desinfektionsmit-tel
Benzylalkohol Ph. Eur.		Alcohol benzylicus	Lösungsmittel Konservierungs-mittel
Cetylstearylalkohol Ph. Eur.	$C_{15}H_{31}CH_2OH$ $C_{17}H_{35}CH_2OH$	Alcohol cetylicus et stearylicus Lanette O® 1-Hexadecanol, 1-Octadecanol	W/O-Emulgator in Komplexemulgato-ren als W/O-Kom-ponente
Menthol und rac. Menthol Ph. Eur.		(1R,3R,4S)-3-p-Menthanol und (1S,3S,4R)-3-p-Menthanol	Sekretolytikum Cholagogum Choleretikum äußerl. b. Migräne

Tab. 11.5   Übersicht einiger wichtiger Alkohole (Fortsetzung)

Bezeichnung (nach Arzneibuch)	Formel	Sonstige Bezeichnungen	Verwendung
Propylenglykol Ph. Eur.	CH_2-OH | $CH-OH$ | CH_3	1,2-Propandiol	Lösungsmittel Feuchthaltemittel Weichmacher
Glycerol Ph. Eur.	CH_2-OH | $CH-OH$ | CH_2-OH Glycerol	Glycerolum Glycerin 1,2,3-Propantriol	Laxans Otologikum zum Auflösen von Cerumen Feuchthaltemittel
Sorbitol Ph. Eur.	CH_2-OH | $H-C-OH$ | $HO-C-H$ | $H-C-OH$ | $H-C-OH$ | CH_2OH	Sorbitolum, Sionon® 1,2,3,4,5,6-Hexanhexol	Zuckeraustauschstoff Weichmacher Feuchthaltemittel
Mannitol Ph. Eur.	CH_2-OH | $HO-C-H$ | $HO-C-H$ | $H-C-OH$ | $H-C-OH$ | CH_2OH	Mannitolum	Osmodiuretikum Zuckeraustauschstoff Laxans Füllmittel b. Kapseln und Tabletten
Macrogole Ph. Eur.	$H-(OCH_2-CH_2)_n-OH$	Polyglykole, PEG, Polyethylenglykole	Lösungsvermittler Einstellen d. Viskosität von flüssigen Arzneistoffen u. Salben
Cholesterol Ph. Eur.		Cholesterin, 5-Cholesten-3β-ol	W/O-Emulgator

12 Aldehyde und Ketone

Aldehyde und Ketone besitzen als funktionelle Gruppe die Carbonyl-Funktion:

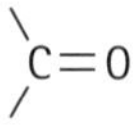

$$\backslash C = O$$

Sie werden häufig zusammenfassend als Carbonyl-Verbindungen bezeichnet.

Aldehyde tragen am Kohlenstoff der Carbonylgruppe zusätzlich zum Sauerstoff ein Wasserstoffatom (s. Abb. 12.1).

Aldehyd-Gruppe	Formaldehyd	Aliphatischer Aldehyd	Aromatischer Aldehyd
$\overset{O}{\overset{\|}{-C-H}}$	$\overset{O}{\overset{\|}{H-C-H}}$	$\overset{O}{\overset{\|}{R-C-H}}$	$\overset{O}{\overset{\|}{Ar-C-H}}$ Ar = Aromat

Abb. 12.1 Verschiedene Aldehyde

In Ketonen ist der Carbonylkohlenstoff mit **zwei** Kohlenstoffatomen verbunden (s. Abb. 12.2).

Aliphatisches Keton	Alkylarylketon	Aromatisches Keton	Cyclisches Keton
$\overset{O}{\overset{\|}{R-C-R}}$	$\overset{O}{\overset{\|}{R-C-Ar}}$	$\overset{O}{\overset{\|}{Ar-C-Ar}}$	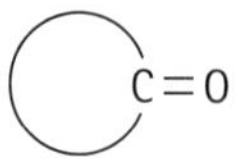 $\bigcirc C = O$

Abb. 12.2 Verschiedene Ketone

In der Kurzstrukturformel werden Aldehyde als R-CHO und nicht als R-COH bezeichnet, um Verwechslungen mit der Hydroxylgruppe von Alkoholen zu vermeiden.

Organische Verbindungen, ihre Eigenschaften und die wichtigen Vertreter

12.1 Eigenschaften

Wasserfreier Formaldehyd ist gasförmig, die übrigen Glieder der Aldehyde und Ketone sind flüssig und leicht flüchtig, die höheren fest. Der Geruch der niederen Aldehyde ist stechend, der der mittleren ist fruchtig wie der Geruch der Ketone.

Die chemischen Eigenschaften der Aldehyde und Ketone beruhen auf der Polarisierung der C=O-Doppelbindung durch die stärkere Elektronegativität des Sauerstoffatoms gegenüber dem Kohlenstoff.

$$-\overset{|}{\underset{\delta^+}{C}}\overset{\ominus}{=}O^{\delta^-} \quad \longleftrightarrow \quad -\overset{|}{\underset{+}{C}}-\overline{\underline{O}}|^-$$

Daraus ergeben sich zwei wichtige Möglichkeiten der Reaktion:

- Die polare Doppelbindung der Carbonylgruppe kann am δ^+-C-Atom nucleophile Reagenzien addieren (vgl. Kap. 6.3.1 Additionsreaktionen)

$$R-\overset{H}{\underset{O}{C}} \quad + \quad R-OH \quad \longrightarrow \quad R-\overset{H}{\underset{OR}{\overset{|}{C}}}-OH$$

Halbacetalbildung

- Durch die elektronenanziehende Wirkung des Carbonylsauerstoffs wird auch die C-H-Bindung am nächstliegenden C-Atom polarisiert und das Proton somit leicht abspaltbar. Es entstehen sehr reaktionsfähige Carbanionen.

Aldehyde und Ketone mit bis zu 4 C-Atomen sind wasserlöslich, wobei sich zwischen den gelösten Molekülen und den Lösungsmittelmolekülen Wasserstoff-brücken ausbilden können, da die Carbonylgruppe polarisiert ist.

12.2 Nomenklatur der Aldehyde und Ketone

Aus historischen Gründen haben zahlreiche einfache Aldehyde und Ketone ihre Trivialnamen beibehalten.

12.2.1 Trivialnamen

Viele Namen von Aldehyden leiten sich von den Namen der entsprechenden Carbonsäuren bzw. deren Salzen ab (s. Kapitel 15.1, Nomenklatur der Carbonsäuren). Dabei wird die Endung -säure durch -aldehyd ersetzt.

z. B.

Ameisensäure	Formiate	Formaldehyd
Essigsäure	Acetate	Acetaldehyd
Propionsäure	Propionate	Propionaldehyd

Bei der halbsystematischen Bezeichnung der Ketone werden zunächst die beiden Substituenten der Carbonylgruppe genannt und dann die Endung -keton hinzugefügt.

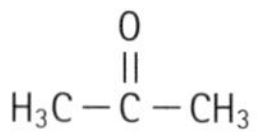

$$O$$
$$\|$$
$$H_3C - C - CH_3$$

Dimethylketon, Aceton

Abb. 12.3 Beispiel für ein Keton

12.2.2 Systematische Namen

Aldehyde erhalten die Endung -al, die an den entsprechenden Namen der Kohlenwasserstoffverbindung angehängt wird, z. B. HCHO Methanal (Trivialname: Formaldehyd). Ketone bezeichnet man durch die Endung -on. Soll die Position der Carbonylgruppe in einer Kette angegeben werden, bestimmt man zunächst die längste Kette und nummeriert so, dass die Carbonylgruppe die niedrigst mögliche Ziffer erhält. Wenn in einem Molekül weitere ranghöhere funktionelle Gruppen vorkommen (s. Kap. 8, Funktionelle Gruppen), so werden die Präfixe **Formyl-** bei Aldehyden und **Oxo-** bei Ketonen verwendet.

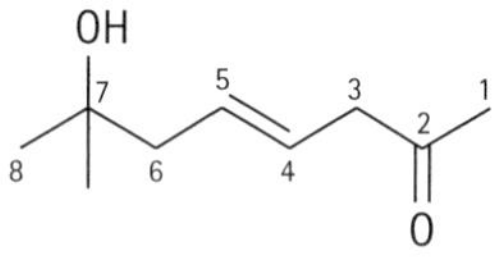

7-Hydroxy-7-methyl-oct-4-en-2-**on**	11-**Oxo**steroid	5-Isopropenyl-2-methyl-cyclo-hex-2-**on**, Carvon

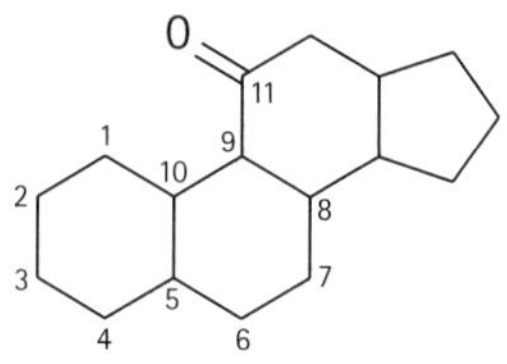

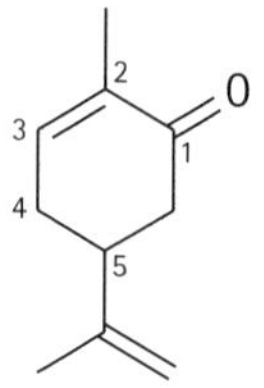

Abb. 12.4 Beispiele zur Nomenklatur

Organische Verbindungen, ihre Eigenschaften und die wichtigen Vertreter

Zur Bezeichnung der Stellung funktioneller Gruppen oder Substituenten, die von Nachbarkohlenstoffatomen neben der Carbonylgruppe getragen werden, verwendet man kleine griechische Buchstaben als Chiffren: α, β oder γ.

Mit α ist das C-Atom direkt neben der Carbonylgruppe gemeint. β und γ bezeichnen das übernächste, bzw. das drittnächste C-Atom von der Carbonylgruppe aus.

Die Methylgruppe im Carvon (s. Abb. 12.4) steht zur Carbonylgruppe in α-Stellung.

12.3   Wichtige Reaktionen der Aldehyde und Ketone

Oxidation
Aldehyde können zu Carbonsäuren oxidiert werden, sie sind also selbst Reduktionsmittel. Andererseits können sie durch Oxidation von Alkoholen gewonnen werden. Diese Oxidation kann auch als Alkohol**dehyd**rierung aufgefasst werden, wovon sich das Wort **Aldehyd** ableitet.

Reduktion
Die Carbonylgruppe kann durch Reduktion in die alkoholische Hydroxyl-Funktion überführt werden: **Aldehyde** werden dabei zu primären, **Ketone** zu sekundären Alkoholen reduziert.

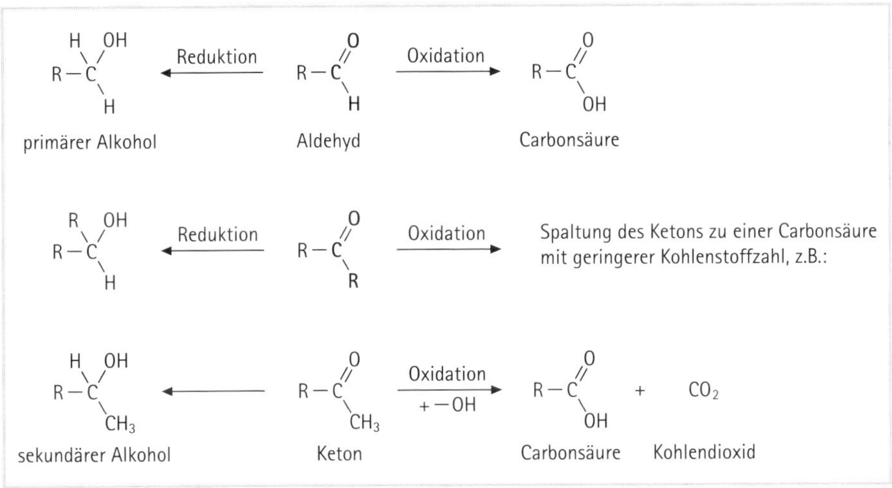

Abb. 12.5 Aldehyde und Ketone zeigen unterschiedliche Eigenschaften bei der Oxidation

Aldehyde und Ketone lassen sich herstellen, indem man die Reduktionsreaktionen umkehrt: Durch Oxidation eines primären Alkohols wird ein Aldehyd und durch Oxidation eines sekundären Alkohols ein Keton gewonnen.

Keto-Enol-Tautomerie

Aufgrund der Polarisierung der Carbonyl-Gruppe der Aldehyde und Ketone ist es möglich, durch Verschiebung eines H-Atoms vom α-C-Atom zum Carbonylsauerstoff und durch Verlagerung eines Elektronenpaares eine neue Konstitution zu bilden:

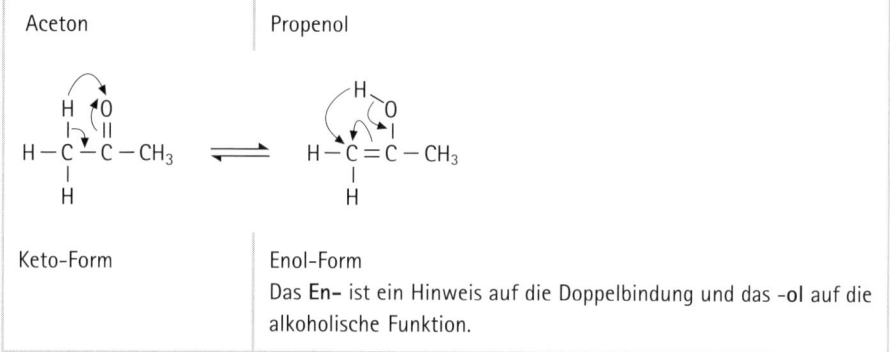

Aceton	Propenol
Keto-Form	Enol-Form
	Das **En-** ist ein Hinweis auf die Doppelbindung und das **-ol** auf die alkoholische Funktion.

Abb. 12.6 Durch Verlagerung eines Elektronenpaares stehen zwei Konstitutionsisomere im Gleichgewicht

Diese Erscheinung heißt **Keto-Enol-Tautomerie**. Allgemein versteht man unter **Tautomerie** das Auftreten zweier konstitutionsisomerer Verbindungen, die sich meistens nur durch die Stellung eines Wasserstoffatoms unterscheiden. Bei der **Keto-Enol-Tautomerie** ist das eine Isomer ein Keton, das andere ein Enol. Wie der dazwischenstehende Doppelpfeil in der Abbildung 12.6 zeigt, stehen die beiden Isomere in einem Gleichgewicht. Dieses Gleichgewicht ist temperatur- und lösungsmittelabhängig. Die Enolform wird durch die Ausbildung von Wasserstoffbrücken-Bindungen bei β-Diketonen begünstigt:

Organische Verbindungen, ihre Eigenschaften und die wichtigen Vertreter

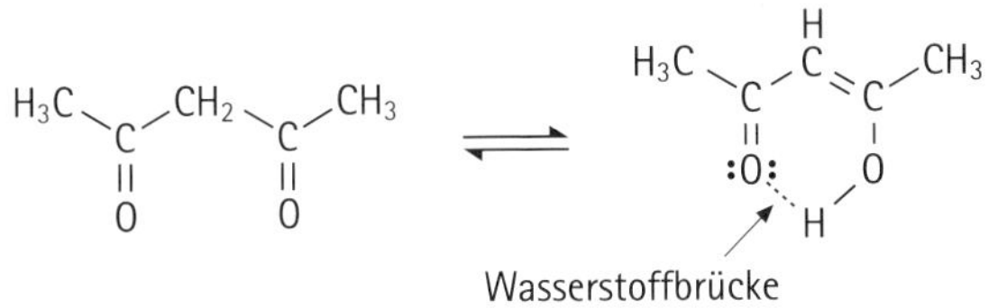

Keto-Form (20 %) | Enol-Form (80 %)

Abb. 12.7 Keto-Enol-Tautomerie bei Acetylaceton (2,4- Pentandion)

Viele typische Reaktionen der Aldehyde und Ketone erklären sich durch diese Tautomerie.

12.4 Wichtige Vertreter der Aldehyde

Formaldehyd, Methanal

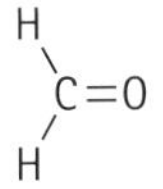

Formaldehyd wird durch Oxidation bzw. Dehydrierung von Methanol gewonnen. Es ist ein stechend riechendes Gas, das in Wasser leicht löslich ist. In der wässrigen 35 %igen Lösung (auch Formalin genannt) liegt Formaldehyd teilweise als Hydrat, teilweise als Trioxan vor.

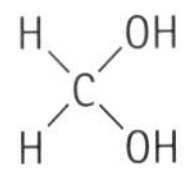

Formaldehydhydrat

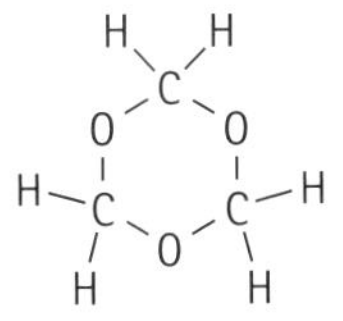

Trioxan

Abb. 12.8 Formaldehyd als Hydrat und als Trioxan

Wird Formaldehyd eingeengt, so polymerisiert er zu linearem, langkettigen (30–100 Glieder) Paraformaldehyd, der sich in der Kälte als weiße, unlösliche Masse abscheidet. Deshalb soll Formaldehyd nicht unter +9 °C gelagert werden, und die Lösung darf mit einem Zusatz von 5–10 % Methanol stabilisiert werden.

Formaldehyd wirkt bakterizid. Es wird als Mittel gegen Fußschweiß eingesetzt und zur Desinfektion der Schuhe bei Fußpilzerkrankungen verwendet. Schon in 1–2 %igen Lösungen werden die Schleimhäute gereizt, sodass Formaldehyd heute wegen seines Allergierisikos und seines nennenswerten krebserzeugenden Potenzials zur Anwendung auf der Haut als obsolet gilt.

Zur Identifizierung verwendet man die Chromotropsäure, die unter Zusatz von Schwefelsäure Formaldehyd zu einem blauen Kondensationsprodukt reagieren lässt. Die Gehaltsbestimmung erfolgt iodometrisch.

Acetaldehyd, Ethanal

$$H_3C - C\underset{H}{\overset{O}{\lesseqgtr}}$$

Acetaldehyd

Acetaldehyd kann im Körper sowohl im Kohlenhydrat- als auch im Fettstoffwechsel entstehen. Auch Alkohol wird im Körper schnell zu Acetaldehyd umgesetzt, das rasch durch Aldehydoxidasen in Essigsäure verwandelt wird. Durch den Arzneistoff Disulfiram (Antabus®), der bei der Alkoholentwöhnung Verwendung findet, wird die Umwandlung von Acetaldehyd in Essigsäure blockiert. Dadurch kommt es nach Alkoholkonsum zur Anreicherung von Acetaldehyd im Körper mit unangenehmen Folgen: Kopfschmerz, Hitzegefühl, Pulsbeschleunigung, Blutdruckabfall, Übelkeit und Erbrechen. Deshalb gilt diese abschreckende Therapie als sehr problematisch und wird nur unter ärztlicher Aufsicht durchgeführt.

Paraldehyd

$$\begin{array}{c} CH_3 \\ | \\ C \\ O \quad O \\ | \quad | \\ H_3C \quad C \quad C \quad CH_3 \\ O \end{array}$$

Paraldehyd

In Gegenwart von konzentrierter Schwefelsäure polymersieren drei Moleküle Acetaldehyd zu Paraldehyd (Ph. Eur.), einer stechend riechenden und brennend schmeckenden Flüssigkeit. Es wurde früher als wenig toxisches und gut abbaubares Durchschlaf- und Beruhigungsmittel meist in Nervenheilanstalten verwendet; in der allgemeinen ärztlichen Verordnung ist es unbeliebt, da es einen unangenehmen Atemgeruch verursacht. Heute ist es obsolet.

Tab. 12.1 Übersichtstabelle der Aldehyde (Fortsetzung s. nächste Seite)

Bezeichnung (nach Arzneibuch)	Formel	Sonstige Bezeichnungen	Verwendung
Formaldehyd-Lösung Ph. Eur.	$H-\overset{\displaystyle O}{\underset{\displaystyle H}{C}}$	Methanal Formaldehyd solutus Formaldehydi solutio Formalin	Mindestens 35%ige Lösung. Desinfektion, Gerberei, Färberei
Acetaldehyd	$H_3C-\overset{\displaystyle O}{\underset{\displaystyle H}{C}}$	Ethanal	R Ph. Eur. Darstellung von Ethanol, Essigsäure, Aceton Polymerisation zu Paraldehyd
Chloralhydrat Ph. Eur.	$Cl_3C-\overset{\displaystyle H}{\underset{\displaystyle OH}{C}}-OH$	2,2,2-Trichlor-1,1-ethandiol Chlorali hydras	Schlafmittel Chloraldurat® Aufhellung botanischer Präparate Synthese von Chloroform
	$H_2C=CH-\overset{\displaystyle O}{\underset{\displaystyle H}{C}}$	Propenal Acrolein	Entsteht beim Nachweis von Glycerol Darstellung aus Glycerol durch H_2O-Abspaltung Sehr reaktionsfähig Synthesen
Benzaldehyd	$C_6H_5-\overset{\displaystyle O}{\underset{\displaystyle H}{C}}$	Phenylmethanal	Reagenz Ph. Eur. Synthesen

Tab. 12.1 Übersichtstabelle der Aldehyde (Fortsetzung)

Bezeichnung (nach Arzneibuch)	Formel	Sonstige Bezeichnungen	Verwendung
Vanillin Ph. Eur.		3-Methoxy-4-hydroxyphenyl-methanal 4-Hydroxy-3-methoxy-benzaldehyd	Aromatisierung von Arznei- und Lebensmitteln Reagenz bei Drogenprüfung
Dimethylamino-benzaldehyd		4-Dimethylamino-phenylmethanal	R Ph. Eur. auf primäre Amine, Phenol, Indol Ehrlichsche Lösung zum Nachweis von Urobilinogen im Harn
Furfural		2-Furancarb-aldehyd Furfurylaldehyd 2-Furalaldehyd	R Ph. Eur. auf Anilin, Phloroglucin, Sesamöl

12.5 Wichtige Vertreter der Ketone

Aceton

$$H_3C-\overset{\overset{\text{O}}{\|}}{C}-CH_3$$

Aceton

Farblose, leicht entzündbare Flüssigkeit, die in jedem Verhältnis mit Wasser, Ethanol und Ether mischbar ist. Wichtiges Lösungsmittel für Lacke, Fette, Harze und bei der Acetatseidenfabrikation. Wegen seines aromatischen Geruchs und seiner berauschenden Eigenschaften (ähnlich Ethanol-Rausch) wird es von „Schnüfflern" eingeatmet.

Aceton findet sich als normales Fettstoffwechselprodukt im Harn von Diabetikern und Hungernden.

Analytik

Legalsche Probe: Natriumpentacyanonitrosylferrat(III) gibt in alkalischer Lösung mit Aceton einen violett gefärbten Komplex, der nach Ansäuern mit Essigsäure in Karminrot übergeht. Auch die Teststreifen (Ketostix®, Ketur-Test® u. a.) zur Prüfung des Harns auf Aceton und Ketosäuren enthalten Natriumpentacyanonitrosylferrat(III).

Liebensche Iodoformprobe: In alkalischer Acetonlösung wird Iod substituiert. Es bildet sich Iodoform, erkennbar am charakteristischen Geruch und am weißgelben Niederschlag.

$$H_3C-CO-CH_3 \ + \ 3\,I_2 \ + \ 4\,OH^- \ \longrightarrow \ CHI_3 \downarrow \ + \ 3\,I^- \ + \ H_3C-COO^- \ + \ 3\,H_2O$$

Campher

Campher

Campher gehört zu den carbocyclischen Ketonen.

Camphora, 2-Bornanon ist ein bicyclisches Monoterpenketon mit 2 asymmetrischen Kohlenstoffatomen; von 4 möglichen Stereoisomeren sind aber nur die beiden enantiomeren cis-Formen, D- und L-Campher sowie die **synthetische** DL-Form bekannt. D-(+)-Campher ist Bestandteil vieler ätherischer Öle, z.B. von Salvia-, Lavandula-, Juniperus-, Valeriana- und Mentha-Arten und wird aus dem ätherischen Öl des Campherbaumes gewonnen.

DL-Campher: Camphora racemica Ph. Eur., racemischer Campher ist auf synthetischem Wege gewonnen und wird nach Ph. Eur. als (1RS,4RS)-2-Bornanon bezeichnet. Campher bildet weiße, durchscheinende, fettig glänzende, kristalline Stücke oder kristallines Pulver mit starkem Geruch und brennendem Geschmack. Er ist sehr schwer löslich in Wasser, leicht löslich in Ethanol, Ether, Chloroform und fetten Ölen und schon bei Zimmertemperatur leicht flüchtig.

Mit vielen Substanzen wie Resorcin, Menthol, Chloralhydrat, Naphthol u. a. verflüssigt sich Campher, mit manchen Harzen gibt er ölige Massen. Diese Eigenschaft muss bei der Herstellung von Rezepturen bedacht werden.

Wirkung und Anwendung: Auf der Haut wirkt Campher hyperämisierend und schwach anästhetisierend und wird daher äußerlich als hautreizendes Mittel in Einreibungen, Salben, Linimenten und Pflastern bei Neuralgien und Rheuma verwendet. Er wird innerlich noch zuweilen als Anregungsmittel für Herz und Atmung und bei akuter Kreislaufschwäche verwendet (Korodin®). Bei Kindern sollte sehr vorsichtig dosiert werden.

In der Tabelle 12.2 sind einige Arzneistoffe beispielhaft aufgeführt, in deren Molekülen die Carbonylgruppe nicht die ranghöchste funktionelle Gruppe sein muss. Meist liegen in solchen Molekülen mehrere funktionelle Gruppen gleichzeitig vor. Phenylbutazon, das als heterocyclisches Keton in der Tabelle in die Gruppe der schwach wirksamen Pyrazol-Analgetika zu ordnen ist, liegt wahrscheinlich durch die Nachbarschaft zu zwei Stickstoffatomen eher als eine vinyloge Amidpartialstruktur vor.

Sicherlich gibt es noch darüber hinaus viele andere Arzneistoffbeispiele. Bei vielen INN-Namen, die für Arzneistoffe verwendet werden, um sich den langen, komplizierten Namen nach der IUPAC-Nomenklatur zu sparen, gibt aber ein Präfix wie **Keto-** oder ein Suffix wie **-on** einen Hinweis auf die vorhandene Carbonylgruppe.

Tab. 12.2 Arzneistoffe mit Carbonylgruppen (Fortsetzung s. nächste Seite)

Anwendung	Beispiel	Formel
Antihistaminikum, Antiasthmatikum, Antiallergikum, Asthmaprophylaktikum, Langzeitprophylaxe bei allergischer Bronchitis und Rhinitis	**Keto**tifen INN: Zaditen®	
Wichtiges in der Nebennierenrinde produziertes Glucocorticoid, zur Substitutionstherapie bei Nebennierenrinden-Insuffizienz, u. a.	Cort**is**on INN: 17a,21-Dihydroxy-4-pregnen-3,11,20-**trion**, Cortison Ciba®	

Tab. 12.2 Arzneistoffe mit Carbonylgruppen (Fortsetzung)

Anwendung	Beispiel	Formel
Antirheumatikum und Gichtmittel mit analgetischer und antipyretischer Wirkung	Phenylbutazon INN Heterocyclisches Keton Butazolidin®, Spondyril®	
Vorbereitung einer instrumentellen Ausräumung des Uterus bei verhaltenem Abort oder zur Geburts- einleitung	Dinoproston INN: Minprostin E2®	

13 Kohlenhydrate

Kohlenhydrate sind **Zucker** und mit diesen nahe verwandte Stoffe. Sie enthalten als wichtige funktionelle Gruppe eine Carbonylgruppe und können daher noch zu den **Aldehyden** und **Ketonen** gerechnet werden. Da sie aber auch immer über eine Reihe von **Hydroxylgruppen** verfügen und in allen Organismen lebenswichtige Aufgaben erfüllen, wird ihnen hier ein eigenes Kapitel gewidmet. Man kann sie auch als **Polyhydroxyaldehyde** oder **Polyhydroxyketone** bezeichnen.

Sie decken mehr als 50 % unseres täglichen Energiebedarfs und sind damit der quantitativ wichtigste Bestandteil der menschlichen Ernährung. Aus dem Namen Kohlenhydrat lässt sich ableiten, dass die einbezogenen Stoffe nur aus Kohlenstoff, Wasserstoff und Sauerstoff im atomaren Verhältnis 1 : 2 : 1 bestehen, also formal als Hydrat des Kohlenstoffs $C_n(H_2O)_n$ aufgefasst werden können. Man rechnet heute jedoch auch Stoffe dazu, in denen das Verhältnis nicht eingehalten ist oder Hetero-Atome wie N und S beteiligt sind, wenn sie nur den Kohlenhydraten nahe verwandt sind.

Die Einteilung von Kohlenhydraten erfolgt im allgemeinen nach der Molekül-größe in **Monosaccharide, Oligosaccharide** und **Polysaccharide**. Der Ausdruck Saccharid kommt vom lateinischen saccharum (Zucker) und deutet darauf hin, dass die meisten niedermolekularen Zucker süß schmecken.

Die drei genannten Kohlenhydratklassen stehen über eine Hydrolysereaktion miteinander in Beziehung:

$$\text{Polysaccharid} \xrightarrow{+H_2O} \text{Oligosaccharid} \xrightarrow{+H_2O} \text{Monosaccharid}$$

Einteilung

Monosaccharide (einfache Zucker) können nicht weiter hydrolysiert werden, d. h. sie lassen sich nicht in andere Zucker zerlegen, z. B. Mannose, **Glucose**, Galactose.

Organische Verbindungen, ihre Eigenschaften und die wichtigen Vertreter

Oligosaccharide sind zuckerähnliche Polysaccharide, die aus 2 bis höchstens 12 Monosacchariden aufgebaut sind. Man nennt sie je nach Zahl der Einheiten Disaccharide, Trisaccharide u. s. w. Hier können die Monosaccharid-Einheiten gleich oder verschieden sein. So ist die Maltose ein aus zwei Glucoseeinheiten aufgebautes Disaccharid, während das Disaccharid Saccharose (Rohr- oder Rübenzucker) aus einem Molekül Glucose und einem Molekül Fructose besteht.

Polysaccharide setzen sich aus vielen Monosaccharideinheiten, manchmal Hunderten oder Tausenden zusammen. Sie dienen der Kohlenhydratspeicherung im tierischen und menschlichen Organismus in Form von Glykogen und in Pflanzen in Form von Stärke. Polysaccharide sind außerdem wichtig als Gerüstsubstanzen (z. B. Cellulose, Chitin, Lignin u. a.) und als Bestandteil von zusammengesetzten Proteinen (Glykoproteine) und Lipiden (Glykolipide).

13.1 Monosaccharide

Als charakteristische Gruppe findet man in den Monosacchariden eine Carbonylgruppe und mehrere alkoholische Gruppen. Sie bestehen – wie schon erwähnt – aus den Atomsorten Kohlenstoff – Wasserstoff – Sauerstoff im Verhältnis 1 : 2 : 1. Die allgemeine Summenformel lautet: $C_n(H_2O)_n$. Das Wasser im Molekül hat den Kohlen**hydraten** ihren Namen gegeben. Die typische Endung der Monosaccharidbezeichnung ist -**ose**. Auch die Zucker, die Trivialnamen tragen, sind an dieser Endung zu erkennen. Sie sind als primäre Oxidationsprodukte von aliphatischen Polyalkoholen mit meist unverzweigten Kohlenstoffketten aufzufassen.

Erfolgt die Oxidation dieser Polyalkohole an der endständigen **primären Alkoholgruppe**, so entsteht ein als **Aldose** bezeichneter Polyhydroxy**ald**ehyd, z. B. Mannose, Glucose, Galactose (s. Abb. 13.1).

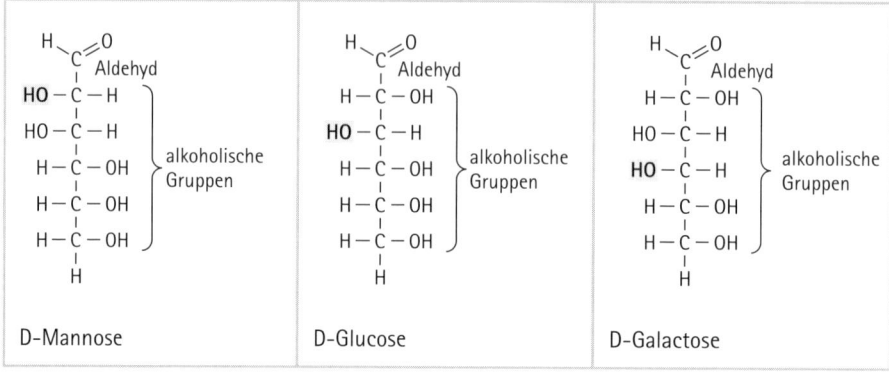

Abb. 13.1 Jedes Konstitutionsisomer hat seinen eigenen Trivialnamen

Man klassifiziert die Monosaccharide außerdem nach der Anzahl der in ihnen enthaltenen Kohlenstoffatome **Triose = 3 C-Atome, Tetrose = 4 C-Atome, Pentose = 5 C-Atome** (häufig), **Hexose = 6 C-Atome** (häufig), **Heptose = 7 C-Atome** (selten). Beide Konstitutionsmerkmale kann man zusammenfassen und bei den in Abbildung 13.1 gezeigten Beispielen von Aldohexosen sprechen.

Bei der Oxidation einer **sekundären OH-Gruppe**, meist am C-Atom 2, entsteht ein Polyhydroxyketon, eine **Ketose**, z. B. Fructose. Nach der Zahl der C-Atome unterscheidet man bei den Ketosen aber **Tetrulosen (4 C), Pentulosen (5 C)** und **Hexulosen (6 C)**. Monosaccharide mit einer noch höheren Anzahl an C-Atomen, etwa Heptosen oder Heptulosen (7 C), treten als Zwischenprodukte im Stoffwechsel auf.

```
                H
                |
         H — C — OH      alkoholische
                |         Gruppe
              C = O       Keton
                |
        HO — C — H    ⎫
                |      ⎪
         H — C — OH   ⎪
                |      ⎬  alkoholische
         H — C — OH   ⎪   Gruppen
                |      ⎪
         H — C — OH   ⎭
                |
                H
```

D-Fructose = **Keto**hexulose (Ketohexose)

Abb. 13.2 Beispiel D-Fructose

Organische Verbindungen, ihre Eigenschaften und die wichtigen Vertreter

Fehlt an einem C-Atom eine Hydroxylgruppe, so erhält der Stammname das Präfix **Desoxy-**. Bei Ersatz einer Hydroxylgruppe durch eine Aminogruppe entsteht ein Aminozucker: D-Glucosamin (Bedeutung als Bakterienzellwandsubstanz).

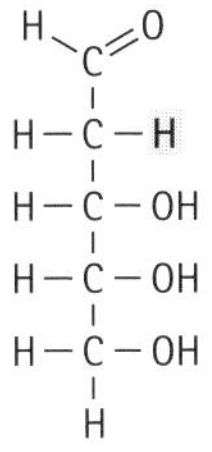

H–C=O H–C–H H–C–OH H–C–OH H–C–OH H	H–C=O H–C–NH₂ HO–C–H H–C–OH H–C–OH H–C–OH H
D-2-Desoxyribose (Bestandteil der DNA)	2-Amino-2-desoxy-D-glucose D-Glucosamin

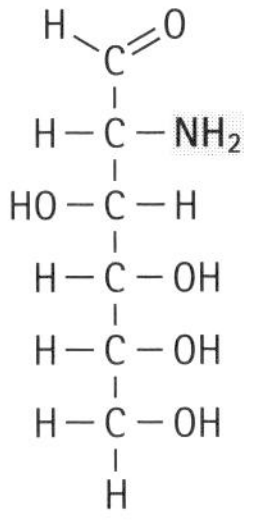

Abb. 13.3 Austausch einer Hydroxylgruppe

13.1.1 Chiralität in Monosacchariden

Alle natürlichen Monosaccharide sind optisch aktiv. Wie im Kapitel 7.2.4 schon dargestellt wurde, sind bei n-asymmetrischen C-Atomen 2^n optische Isomere zu erwarten. Eine Aldohexose wie Glucose hat 4 Asymmetriezentren und $2^4 = 16$ Stereoisomere oder 8 Enantiomerenpaare. Eine Ketohexose wie Fructose zeigt bei 3 Asymmetriezentren $2^3 = 8$ Stereoisomere bzw. 4 Enantiomerenpaare.

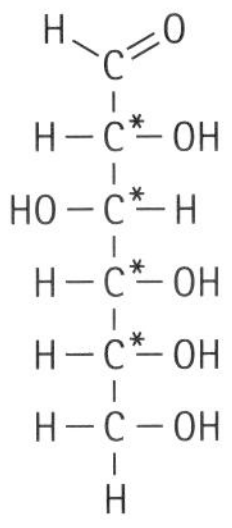

H–C=O H–C*–OH HO–C*–H H–C*–OH H–C*–OH H–C–OH H	H H–C–OH C=O HO–C*–H H–C*–OH H–C*–OH H–C–OH H
Glucose: 4 asym. C-Atome = 16 Stereoisomere bzw. 8 Enantiomerenpaare	Fructose: 3 asym. C-Atome = 8 Stereoisomere bzw. 4 Enatiomerenpaare

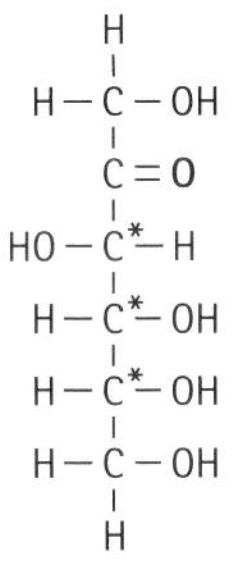

Abb. 13.4 Glucose und Fructose mit asymmetrischen C-Atomen in der Fischer-Projektion

Obwohl es inzwischen die moderne R/S-Schreibweise bei der Nomenklatur chiraler Moleküle gibt, wird die **Fischer-Projektion** heute noch auf alle Monosaccharide angewandt. Sie geht zurück auf den großen Chemiker, Emil Fischer (1852–1919), der sehr erfolgreich in fast allen Bereichen der Naturstoffchemie arbeitete und dafür 1902 den Chemie-Nobelpreis erhielt. Bei dieser Darstellungsweise wird die Kohlenstoffkette senkrecht geschrieben und mit dem C-Atom mit der höchsten Oxidationszahl begonnen oder es so hoch wie möglich gesetzt (s. Abb. 13.4). Die Konfiguration, bei der die Hydroxylgruppe des mit der kleinsten Oxidationszahl vorkommenden C-Atoms (meist die Hydroxymethylgruppe) oder das am weitesten entfernt liegende C-Atom mit einer Hydroxylgruppe nach rechts weist, wird mit dem Buchstaben D (dexter = rechts) bezeichnet, weist die Hydroxylgruppe nach links, wird das Präfix L (laevus = links) verwendet. Die D- und L-Konfigurationsisomere bilden zusammen ein Enantiomerenpaar. Die diastereomeren Formen tragen alle eigene Trivialnamen.

Abbildung 13.5 zeigt die 16 Stereoisomere der Aldohexose:

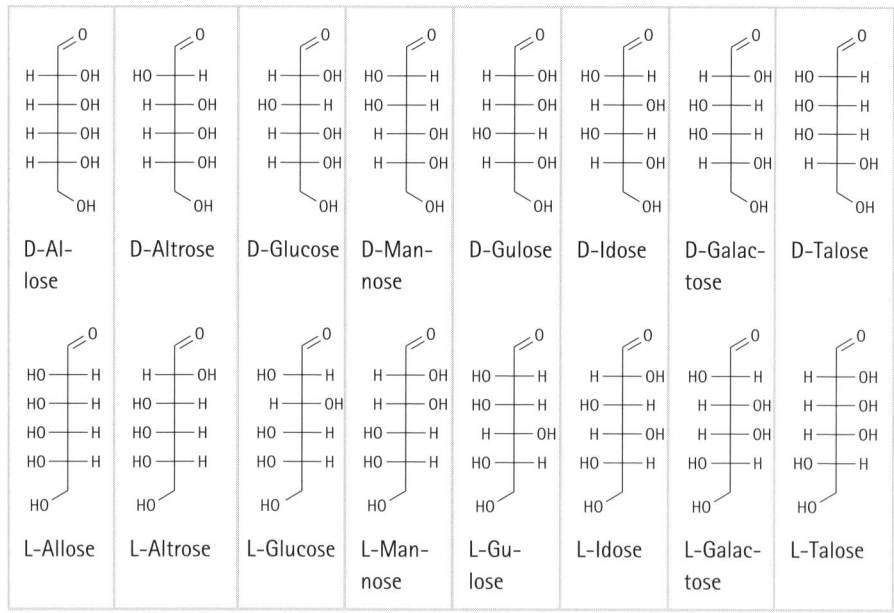

Abb. 13.5 16 Stereoisomere der Aldohexose

Fast alle natürlich vorkommenden Monosaccharide sind unverzweigt.

Die Konfigurationsangabe erfolgt durch die Vorzeichen D und L (s. Abbildungen und Kap. 7.2.4), wobei diese Bezeichnung nichts mit dem optischen Drehvermögen

Organische Verbindungen, ihre Eigenschaften und die wichtigen Vertreter

zu tun hat. Dieses wird mit (+) und (–) angegeben, z. B. D-(+)-Glucose, und mit linear polarisiertem Licht im Polarimeter gemessen.

13.1.2 Cyclische Strukturen der Monosaccharide

Obwohl die Konstitutionsformeln der Monosaccharide nach der Fischer-Projektion deren chemische Eigenschaften im Großen und Ganzen richtig wiedergeben, ist deren räumliche Struktur nicht ausreichend dargestellt. Die wirkliche Struktur der meisten Monosaccharide hat mit den in Abbildung 13.5 gezeigten Konstitutionsformeln wenig Ähnlichkeit. Monosaccharide liegen nicht oder nur zum geringen Teil in offenkettiger Form vor. Vielmehr bildet die Carbonylgruppe mit einer Hydroxylgruppe eine **Halbacetalbindung** aus, sodass ein sauerstoffhaltiger Ring entsteht.

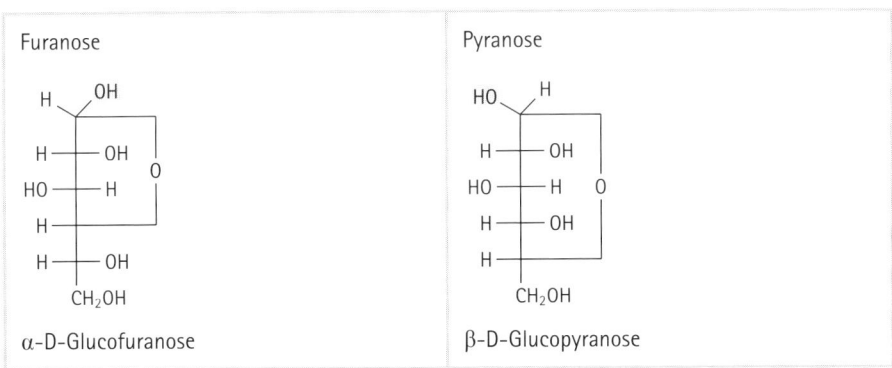

Abb. 13.6 Aldehyde addieren Alkohole nucleophil unter Bildung von Halbacetalen

Bei einer Halbacetalbindung vom C_1-Atom zum C_4-Atom entsteht die fünfgliedrige **Furanose**, ein sechsgliedriger Ring vom C_1-Atom zum C_5-Atom wird als **Pyranose** bezeichnet. Die meisten Monosaccharide liegen als Pyranosen vor.

Um die Halbacetalbildung deutlich zu zeigen, soll hier die kettenförmige Schreibweise verwendet werden:

Furanose	Pyranose

Furanose

H — OH
H —— OH
HO —— H   O
H
H —— OH
CH₂OH

α-D-Glucofuranose

Pyranose

HO — H
H —— OH
HO —— H   O
H —— OH
H
CH₂OH

β-D-Glucopyranose

Abb 13.7 Furanose und Pyranose

Die Präfixe α- und β- wurden im Kapitel 7.2 Stereoisomerie erklärt. Steht die OH-Gruppe an C_1 axial (Schreibweise nach rechts), so erhält das Isomer das Präfix α-, bei äquatorialer Stellung (nach links) das Präfix β-.

13.1.3 Schreibregeln für cyclische Monosaccharide

Wie in der Abbildung 13.7 gezeigt, kann die Fischer-Projektionsformel auch zur Darstellung der Ringform verwendet werden, da die Bindungslängen und die Bindungswinkel aber völlig wirklichkeitsfremd sind, gilt diese Schreibweise heute als veraltet. Die Fischer-Formeln wurden durch die von W. N. Haworth, einem britischen Nobelpreisträger, bei dessen Schreibweise die sechsgliedrigen Ringe planar dargestellt werden, ersetzt.

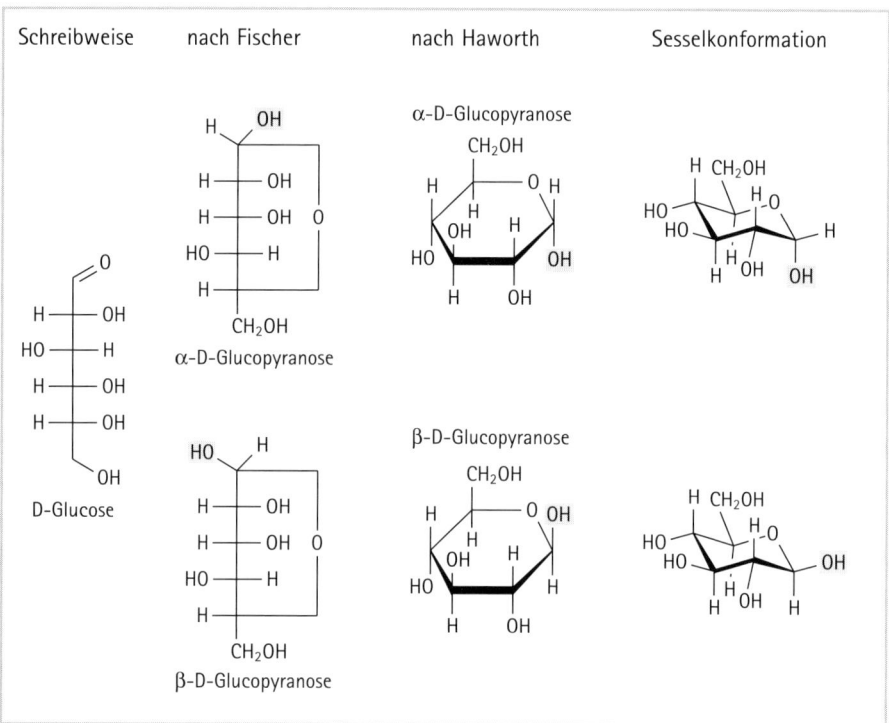

Abb. 13.8 Formelschreibweisen der Pyranosen

Pyranosen liegen meist in der energetisch günstigen Sesselform vor. Die jeweiligen Substituenten stehen senkrecht zur Ringebene oder liegen äquatorial dazu. Räum-

Organische Verbindungen, ihre Eigenschaften und die wichtigen Vertreter

lich liegen bei Pyranosen ähnliche Verhältnisse vor wie beim Cyclohexan. Von den 10 Substituenten an den 5 Ringatomen sind 5 axial und 5 äquatorial angeordnet (s. Abb. 13.8), in der β-D-Glucose sind z. B. alle Hydroxylgruppen und die Hydroxymethylgruppe äquatorial angeordnet. Die Konformationsformeln kommen der Wirklichkeit am nächsten, da sie die räumliche Anordnung der Substituenten am besten zum Ausdruck bringen und so ein besseres Verständnis für die chemischen und biochemischen Reaktionen und die physikalischen Eigenschaften der Kohlenhydrate ermöglichen.

Durch die Ringbildung entsteht am ursprünglichen Carbonylkohlenstoffatom (bei Aldosen am C_1-Atom, bei Ketosen am C_2-Atom) ein neues Asymmetriezentrum. Dadurch treten 2 weitere Diastereomere auf, die als α- und β-Formen bezeichnet werden.

13.1.4 Mutarotation

In wässrigen Lösungen besteht zwischen den beiden Enantiomeren α- und β-Glucose und der offenkettigen Form ein Gleichgewicht, das sich erst nach einiger Zeit eingespielt hat. Eine frisch bereitete Glucoselösung enthält zunächst im Wesentlichen noch α-Glucose, die gealterte Lösung ein Gemisch von α- und β-Glucose, das die Ebene des polarisierten Lichts um +52° dreht. Man nennt solche zeitabhängigen Drehwertsänderungen Mutaroration.

13.1.5 Chemische Eigenschaften

Monosaccharide sind neutrale, in Wasser leicht, in Ethanol und anderen organischen Lösungsmitteln schwer bzw. unlösliche Verbindungen. Viele schmecken süß, doch ist ihre Süßkraft unterschiedlich. Es gibt auch geschmacklose und bitterschmeckende Monosaccharide.

Die chemischen Eigenschaften der Monosaccharide beruhen auf dem Vorhandensein der reaktionsfähigen Keto- bzw. Aldehydgruppen und den alkoholischen Hydroxylgruppen. Milde Oxidation führt zu Aldonsäuren. Eine geeignete Oxidation, bei der die empfindliche Carbonylfunktion geschützt ist, ergibt Uronsäuren. Reduktion eines Monosaccharids ergibt Zuckeralkohole (s. Abb. 13.9).

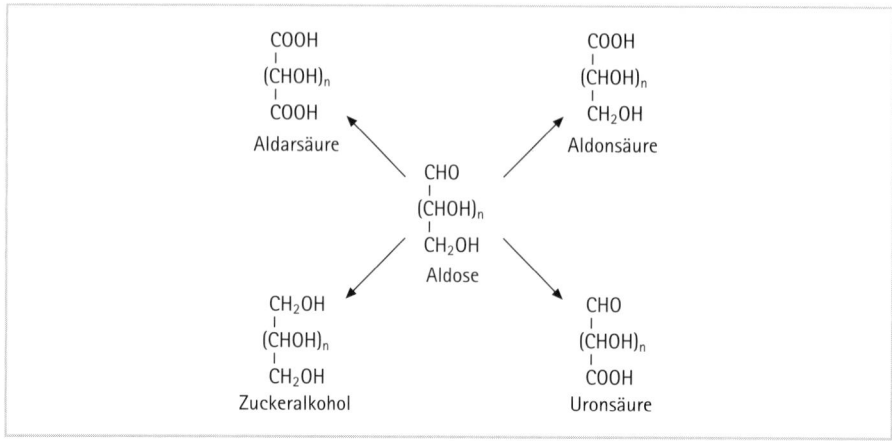

Abb. 13.9 Oxidation und Reduktion von Monosacchariden

13.1.6 Analytik

Monosaccharide reduzieren Fehlingsche Lösung und ammoniakalische Silbernitrat-lösung. Die Fehlingsche Probe kann auch quantitativ ausgewertet werden.

Die spezifische Drehung ist eine wichtige Konstante zur Charakterisierung der Monosaccharide. Sie dient auch zur Gehaltsbestimmung, wenn die spezifische Drehung des Monosaccharids bekannt ist.

Hexosen werden von Hefe zu Ethanol und Kohlendioxid vergoren. Bestimmung durch Messung des gebildeten CO_2 im Gärröhrchen.

Monosaccharide lassen sich im DC unterscheiden (Detektion mit Thymol).

13.1.7 Wichtige Vertreter der Monosaccharide

Monosaccharide, vor allem D-Glucose und D-Fructose, findet man in der Natur in freier Form und gebunden als Grundbausteine in vielen Oligo- und Polysacchariden. Einige spielen in Form ihrer Phosphorsäureester als Zwischenprodukte bei Stoff-wechselprozessen eine entscheidende Rolle.

Glucose, Traubenzucker, Dextrose

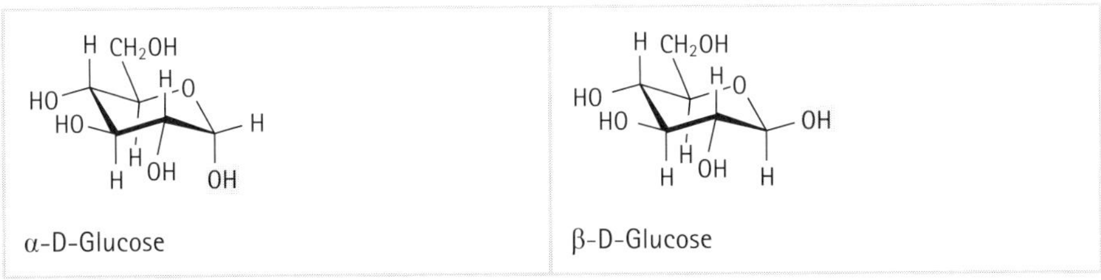

α-D-Glucose

β-D-Glucose

Abb. 13.10 Enantiomerenpaar der Glucose

Glucose wird auch als D-Glucose, D-Glucopyranose, Dextrose oder Traubenzucker bezeichnet.

Glucose ist eine Hexose, die in 2 enantiomeren Formen auftritt. Sie liegt als Pyranose in der Sesselkonformation vor, wobei alle OH-Gruppen in der thermodynamisch stabileren β-Form äquatorial angeordnet sind. In der β-Form sind die beiden OH-Gruppen am C_1-Atom und C_2-Atom trans-ständig, in der α-Form cis-ständig (OH-Gruppe am C_1 daher axial) angeordnet. In wässriger Lösung tritt das Phänomen der Mutarotation auf, d. h. es ergibt sich ein Gleichgewicht aus 64 % β- und 36 % α-Glucose (vgl. Kap. 13.1.4).

Glucose gehört zu den am weitesten verbreiteten natürlich vorkommenden organischen Verbindungen und stellt das wichtigste Monosaccharid des tierischen Organismus dar. In freier Form findet man Glucose in zahlreichen süßen Früchten, im Honig und Nektar und im Blut (bis zu 0,1 %; pathologisch vermehrt bei Diabetes mellitus). Beim so genannten Blutzucker wird die Konzentration an Glucose gemessen. Häufig ist Glucose Baustein von Oligo- und Polysacchariden (Saccharose, Lactose, Maltose, Stärke, Glykogen, Cellulose usw.) und Glykosiden.

Im Ph. Eur. ist die wasserfreie Form und das Monohydrat aufgeführt und jeweils eine Monographie zu deren parenteraler Anwendung.

Anwendung

Glucose wird verwendet zur parenteralen Ernährung, Behandlung und Prophylaxe der Dehydration, zeitweisen Erhöhung des Blutvolumens, Beseitigung des hypoglykämischen Komas; peroral auch zur Beseitigung von Schwächezuständen und als „Energiespender": Dextromed®, Dextroenergen®. Durch die rasche Resorption der Glucose steigt der Blutzuckergehalt, was wiederum die Sekretion von Insulin bewirkt. Es stellt sich eine Hypoglykämie ein, die von Hungergefühl begleitet wird, daher wird Glucose auch zur Erhöhung des Körpergewichts verwendet. Außerdem findet Glucose als Füll- und Bindemittel speziell in Kau-, Lutsch- und Vaginal-tabletten pharmazeutisch-technologische Verwendung; ferner zum Süßen von Getränken.

Fructose, Fruchtzucker, Lävulose, Laevulosum

β-D-Fructopyranose

Fructose findet man im Ph.Eur. in der Monographie Fructosum (Laevulosum), aber es gibt auch noch andere Bezeichnungen: D-Fructose, Fruchtzucker, Lävulose, Laevulose. Als eine Ketohexose liegt sie in kristalliner Form als β-Pyranose vor, geht aber auch Verbindungen als Furanose ein.

Man findet Fructose zusammen mit Glucose und Saccharose in vielen süßen Früchten und im Honig. Sie ist Bestandteil zahlreicher Oligosaccharide wie z. B. Saccharose und Raffinose, und verschiedener Polysaccharide wie Inulin.

Anwendung

In der Leber wird Fructose schnell in das Polysaccharid Glykogen umgewandelt, verbleibt also nicht so lange im Blut wie Glucose. Fructose wird zur Therapie von Leberintoxikationen und akuter Alkoholvergiftung verwendet. Sie dient Diabetikern als Zuckeraustauschstoff mit gleichem Brennwert wie Glucose, der auch in größeren Mengen den Blutzuckerspiegel nicht wesentlich erhöht.

13.2 Oligosaccharide

Oligosaccharide sind aus 2 bis 12 Monosaccharideinheiten aufgebaut, wobei man Di-, Tri-, Tetrasaccharide usw. unterscheidet. Nach der Art der Verknüpfung teilt man in den Trehalose-Typ und den Maltose-Typ ein.

13.2.1 Trehalose-Typ

Beide im Ring vorliegenden halbacetalischen Hydroxylgruppen sind unter Vollacetalbildung verschlossen. Darunter versteht man die Verknüpfung eines als Pyranose oder Furanose vorliegenden Halbacetals mit einer OH-Gruppe eines anderen Monosaccharids.

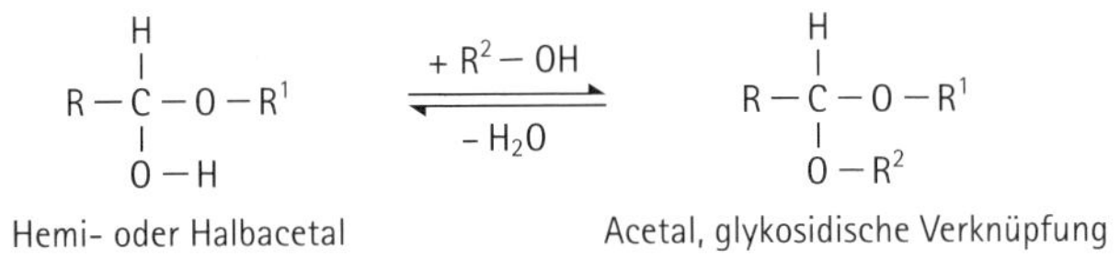

Abb. 13.11 Bildung eines Vollacetals

Der wichtigste Vertreter dieses Typs ist die Saccharose:

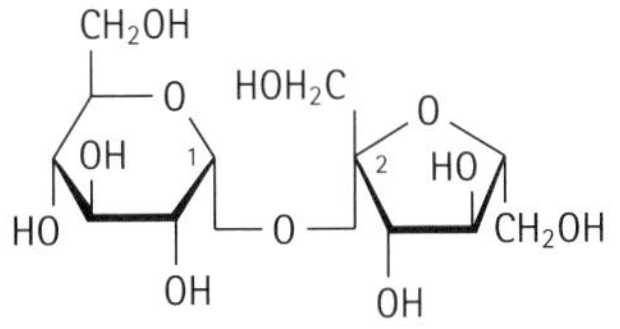

Abb. 13.12 Saccharose in der Haworth-Darstellung

Beim Trehalose-Typ sind die beiden halbacetalischen Hydroxylgruppen zweier Monosaccharide glykosidisch miteinander verknüpft (am C_1-Atom der Aldosen, am C_2-Atom der Ketosen) und werden daher von Fehling-Reagenz nicht mehr oxidiert, d. h. sie haben keine reduzierenden Eigenschaften mehr. Durch die glykosidische Verknüpfung liegt das Molekül auch in wässriger Lösung als definierte Struktur vor, sodass eine Mutarotation nicht mehr möglich ist.

13.2.2 Maltose-Typ

Beim Maltose-Typ ist dagegen die halbacetalische Hydroxylgruppe eines Monosaccharids mit einer alkoholischen Hydroxylgruppe eines zweiten Monosaccharidmoleküls verbunden, meist über eine 1,4- oder 1,6-Verknüpfung; sie sind Fehlingpositiv. Vertreter dieser reduzierenden Zucker sind Maltose, Lactose und Cellobiose.

13.2.3 Wichtige Vertreter der Oligosaccharide

Oligosaccharide sind im Pflanzen- und Tierreich weit verbreitet. Besondere Bedeutung besitzen die aus 2 gleich- oder verschiedenartigen Monosaccharidresten aufgebauten Disaccharide. Je größer die Anzahl der Monosaccharide in einem Molekül, umso mehr nehmen Wasserlöslichkeit und Süßkraft ab. Durch saure Hydrolyse oder enzymatische Spaltung lassen sich die meisten Oligosaccharide in ihre Monosaccharide zerlegen.

Saccharose, Zucker, Saccharum

Saccharose heißt auch Rohrzucker, Kochzucker, Rübenzucker.

Das Disaccharid aus Glucose und Fructose hat nach der IUPAC-Nomenklatur den Namen: α-D-Glucopyranosyl-β-D-fructofuranosid.

Zucker findet sich in vielen Früchten und Pflanzensäften, besonders im Zuckerrohr (14–16 %) und in der Zuckerrübe (16–20 %).

Saccharose hat die spezifische Drehung +66,2 bis +67,0°; sie zeigt keine Mutarotation und reduziert Fehlingsche Lösung nicht. Die Verbindung der beiden Monosaccharide erfolgt also über die beiden Carbonylgruppen und damit ist die Reaktionsfähigkeit dieser Gruppen aufgehoben. Durch Enzyme entstehen bei der Hydrolyse die beiden Monosaccharide D-Glucose und D-Fructose, wobei eine Umkehrung (Inversion) der spezifischen Drehung eintritt. Dreht Saccharose ca. 66,5° nach rechts, so dreht das Hydrolysat nach links, weil Fructose stärker links als Glucose rechts dreht. Diese Erscheinung bezeichnet man als **Inversion** und das Gemisch von freier Glucose und freier Fructose als **Invertzucker**. Invertzucker-Lösung kann im Gegensatz zur Saccharose-Lösung mit Fehlingscher Lösung reagieren (Identitätsnachweis).

Honig (Mel) ist ein natürlicher Invertzucker, der allmählich durch Auskristallisieren von Glucose fest wird.

Anwendung

Beim Erhitzen auf 200 °C geht Saccharose in Karamel (Caramel) über, eine nicht mehr gärungsfähige, braune und nicht mehr süß schmeckende Masse, deren wässrige Lösung als Zuckercouleur, Saccharum tostum, zum Färben von Speisen und Arzneimitteln dient. Saccharose wird als Nahrungsmittel und Süßungsmittel verwendet. In höheren Konzentrationen hemmt sie das Wachstum von Mikroorganismen und dient als Konservierungsmittel. Zuckersirup (Sirupus simplex DAB 10) wird aus 64 Teilen Saccharose und 36 Teilen Wasser bereitet. Mikroorganismen können darin nicht gedeihen, weil ihnen durch Osmose Wasser entzogen wird. Der Zusatz von 0,1 % p-Hydroxybenzoesäureestern (PHB-Estern) ist gestattet, um Zubereitungen, die mit Zuckersirup gesüßt sind, zu konservieren.

Lactose, Milchzucker

Galaktose-Teil   Glucose-Teil

α-Lactose

Lactose ist auch bekannt unter dem Namen: Milchzucker, Saccharum lactis, Lactobiose. Der IUPAC-Nomenklaturname lautet: 4-O-β-D-Galactopyranosyl-β-D-glucopyranose.

Lactose ist ein reduzierendes Disaccharid vom Maltosetyp und besteht aus einem Molekül Galactose, die β-1,4-glykosidisch mit einem Molekül Glucose verknüpft ist, wobei beide Monosaccharidreste als Pyranosen vorliegen. Es kommt als α- und β-Form vor.

Im Ph. Eur. findet sich in der Monographie Lactose-Monohydrat: Lactosum monohydricum 4-O-β-D-Galactopyranosyl-α-D-glucopyranose-Monohydrat. Es ist ein weißes, kristallines Pulver von schwach süßem Geschmack.

Anwendung

Lactose findet Gebrauch als Zusatz zu Säuglingsnährmitteln, als mildes Laxans in Gaben von 9 bis 15 g. Technologisch wird Lactose für die Tablettierung und Kapselabfüllung als Füll-, Binde- (Trockengranulierung) und Adsorptionsmittel für flüssige Arzneistoffe verwendet. Lactose dient auch in Pulvermischungen zum Einstellen eines vorgeschriebenen Wirkstoffgehalts (z. B. Drogenpulver, Extrakte) und in homöopathischen Zubereitungen als Füllmittel. Als reduzierender Zucker können mit Lactose in der Technologie einige Unverträglichkeitsreaktionen auftreten. Dann wird auf Mannitol als Ersatzstoff ausgewichen.

Maltose, Malzzucker

α-Maltose (Malzzucker) = 4-O-(α-Glucopyranosyl)-D-glucopyranose

β-Maltose: Am rechten Ring sind am Atom C-1 H-Atom und OH-Gruppe vertauscht; beide Formen stehen in Lösung miteinander im Gleichgewicht

Maltose wird auch Maltobiose oder Malzzucker genannt. Es ist ein Disaccharid aus zwei Molekülen Glucose, die α-1,4-glykosidisch verknüpft sind. Der IUPAC-Name lautet: 4-O-α-D-Glucopyranosyl-D-glucose. Sie ist ein Zwischenprodukt beim Abbau linearer Polysaccharidketten, z. B. von Stärke und Glykogen. Beide Glucosereste liegen als Pyranose vor. Neben Lactose und Saccharose gehört Maltose zu den 3 am häufigsten in der Natur vorkommenden Disacchariden. Durch verdünnte Säuren oder enzymatisch durch α-Glucosidasen, die in Hefe, Malz und Verdauungssäften enthalten sind, wird Maltose in zwei Moleküle D-Glucose gespalten.

Anwendung

Sie dient als vergärungsfähiges Substrat in der Bierbrauerei, als Bestandteil von Bienenfutter, als Substrat von mikrobiologischen Nährböden und allgemein als Nähr- und Süßungsmittel.

Organische Verbindungen, ihre Eigenschaften und die wichtigen Vertreter

Lactulose

Lactulose, Ph.Eur., ist ein Disaccharid aus Galactose und Fructose. Als Abführmittel bei chronischer Obstipation wird sie praktisch nicht resorbiert und schafft im Dickdarm günstige Lebensbedingungen für die normale Darmflora: Bifiteral®.

13.3 Polysaccharide

Polysaccharide, auch als **Glykane** bezeichnet, sind mengenmäßig eine sehr umfangreiche Gruppe von Kohlenhydraten. Nach dem gleichen Bauprinzip wie bei den Oligosacchariden sind 12 oder mehr Monosaccharideinheiten α- oder β-glykosidisch, zu verzweigten oder unverzweigten Ketten verbunden. Die Ketten können linear, schrauben- oder kugelförmig angeordnet sein. Als Monosaccharid-Bausteine kommen vor allem die Hexosen D-Glucose, D-Fructose, D-Galactose und D-Mannose vor, bei den Pentosen sind es D-Arabinose und D-Xylose sowie der Aminozucker D-Glucosamin. Polysaccharide haben eine sehr hohe relative Molmasse und zeigen andere chemische und physikalische Eigenschaften als die jeweiligen Mono- bzw. Oligosaccharide. Wasserlöslichkeit, Reduktionsfähigkeit und Süßkraft nehmen mit steigender Molekülgröße ab.

Polysaccharide erfüllen im Tier- und Pflanzenreich wichtige Aufgaben:

- als Reservestoffe: Amylose, Amylopektin und Stärke,
- als Gerüstsubstanzen: Cellulose.

13.3.1 Wichtige Vertreter der Polysaccharide

Stärke, Amylum

Ausschnitt aus einem Stärkemolekül

In unter- oder oberirischen Teilen höherer Pflanzen wird Stärke als Reservekohlenhydrat gelagert. Sie ist aus dem Monomer Glucose aufgebaut. Nach Ph.Eur. sind Maydis amylum (Maisstärke, A. Maydis), Oryzae amylum (Reisstärke, A. Oryzae),

Solani amylum (Kartoffelstärke, A. Solani) und Tritici amylum (Weizenstärke, A. Tritici) offizinell.

Stärke ist ein uneinheitliches Polysaccharidgemisch aus ausschließlich α-glykosidisch verknüpften D-Glucose-Bausteinen, wobei zwischen 300 bis 1000 Glucosemolekülen aneinander geknüpft vorliegen.

Stärke ist praktisch unlöslich in organischen Lösungsmitteln und in kaltem Wasser. Beim Kochen mit Wasser quillt die Stärke und bildet eine viskose kolloidale Lösung. Nach dem Abkühlen entsteht ein weißer Kleister (Gel), der mit Iodlösung eine tiefblaue Färbung ergibt.

Stärke besteht aus zwei Bestandteilen, die aufgrund ihrer unterschiedlichen Molekularstruktur und Molekülgröße verschiedenes Verhalten zeigen:

1. **Amylose** (ca. 15 bis 30%): Amylose ist im Inneren der Stärkekörner eingelagert. Sie besteht aus langen, unverzweigten Kettenmolekülen (M_R ca. 50 000 bis 200 000), die aus D-Glucopyranose-Einheiten (300 bis 1 000) in α-1,4-glykosidischer Bindung aufgebaut sind und an einem Ende eine reduzierende (aldehydische) Gruppe enthalten. Amylose ist in hydratisiertem Zustand nicht geradkettig, sondern helixartig angeordnet. Die spiralige Struktur mit 6 Glucosemolekülen pro Windung umschließt einen kanalartigen freien Raum, in den sich passende Moleküle (z. B. Iod) einlagern können (Einschlussverbindung).

Amylose (Bindung α-O-β)

2. **Amylopektin** (ca.70 bis 85%): Die äußere Hülle der Stärkekörner besteht aus Amylopektin. Amylopektin liegt im Gegensatz zur Amylose in Form von weit verzweigten Molekülen (M_R ca. 100 000 bis 1 000 000) vor, die aus vielen linearen Einzelgliedern von 20 bis 30 Glucose-Einheiten in α-1,4-glykosidischer Bindung bestehen; diese linearen Einzelglieder sind durch α-1,6- (seltener 1,3-) Verzweigungsstellen miteinander verknüpft.

Organische Verbindungen, ihre Eigenschaften und die wichtigen Vertreter

Anwendung

Stärke findet in der Technologie Anwendung, und zwar als Füllmittel, Sprengmittel und Feuchthaltemittel in Tabletten, auch zum Sprühgranulieren. Als Puderbestandteil wird Stärke wegen des großen Wasseraufnahmevermögens auch als Kühl- und Gleitmittel eingesetzt. Sie dient weiter als Grundlage für Salben (Salbengele, Hydrogele, Schleimsalben) und als Grundstoff für die Herstellung von Stärkekapseln.

Sie ist Ausgangsstoff für die Gewinnung von Stärkehydrolysaten (Glucose, Dextrine, Maltose, Oligosaccharide), Emdex®, Malto-Dextrine und für weitere Hilfsstoffe: z. B. Natriumcarboxymethylstärke, Natriumcarboxymethylamylopektin (Primojel®, Ultraamylopectin®), UAP.

Außerdem wird Stärke auch als Diätetikum und Mucilaginosum verwendet.

Cellulose

Cellulose (Bindung β-O-β)

Cellulose ist ein pflanzliches Polysaccharid und besteht aus hochmolekularen **unverzweigten** Ketten, in denen die D-Glucoseeinheiten β-1,4-glykosidisch miteinander verknüpft sind. Die relative Molmasse beträgt je nach dem Polymerisationsgrad zwischen 10 000 und über 2 000 000, was 500 bis 10 000 Glucoseeinheiten entspricht. (Bei Cellulose in Holz beträgt der Polymerisationsgrad etwa 500 bis 2000, in Baumwolle 3 000 bis über 10 000.) Cellulose wird enzymatisch zum Disaccharid Cellobiose hydrolysiert, das weiter zu D-Glucose gespalten werden kann.

Cellulose stellt den Hauptbestandteil der pflanzlichen Zellwände dar. Bestimmte Pflanzenfasern wie Baumwolle, Hanf, Flachs und Jute bestehen fast vollständig aus reiner Cellulose, Holz dagegen enthält nur 40 bis 60 % Cellulose. Pflanzen fressende Tiere können Cellulose verwerten, da sie in ihrem Verdauungssystem symbiotisch lebende Mikroorganismen mit geeignetem Enzymsystem enthalten, sodass ein Abbau der Cellulose bis zum einzelnen energiespendenden Glucosemolekül möglich ist. Der Mensch und Fleisch fressende Tiere können dagegen Cellulose nicht spalten.

Anwendung

Cellulose hat große Bedeutung in der Industrie. Zum Beispiel wird Zellstoff primär aus Holz oder anderen cellulosehaltigen Pflanzenteilen gewonnen. Nach verschiedenen chemischen Verfahren erhält man regenerierte Cellulose, die z. B. auch zu Verbandwatte (Lanugo cellulosi absorbens) verarbeitet wird. In der pharmazeutischen Technologie verwendet man für die Tablettierung und Kapselabfüllung Cellulose in mikrokristalliner oder mikrofeiner Qualität und in verschiedenen Feinheitsgraden (Pulver, Granulat).

Cellulosederivate: Die Art des Substituenten und der Substitutionsgrad nehmen Einfluss auf die Löslichkeit. Durch Einführung hydrophiler Substituenten (Hydroxyethyl-, Hydroxypropylgruppen) in das Cellulosemolekül wird Wasserlöslichkeit erreicht. Hydrophobe Substituenten (Ethyl-, in geringem Maße auch Methyl-) bewirken Löslichkeit in organischen Lösungsmitteln. Hierdurch erreicht man gelbildende Stoffe, die als Emulgatoren und als Suspensionsstabilisatoren verwendet werden können. Dazu gehören: Carboxymethylcellulose, Ethylcellulose, Ethylhydroxyethylcellulose, Hydroxyethylcellulose, Hydroxypropylcellulose, Hydroxypropylmethylcellulose, Hydroxypropylmethylcellulosephthalat, Methylcellulose.

Celluloseacetatphthalat wird als magensaftresistenter Überzug bei Tabletten und Kapseln verwendet, Cellulosenitrat und Collodium, DAC, bilden nach Verdunsten des Lösungsmittels ein elastisches Häutchen.

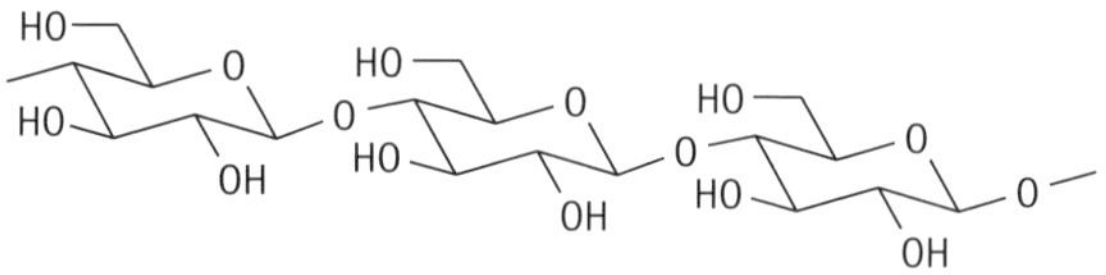

Abb. 13.13 Ausschnitt aus einem Cellulosemolekül

Tab. 13.1 Übersicht über die wichtigsten Polysaccharide (Fortsetzung s. nächste Seite)

Bezeich-nung	Molekülbau	Abbau zu	Vorkommen
Stärke	Unverzweigte und ver-zweigte Glucoseketten M_r 50 000–100 000	Dextrin ↓ Maltose ↓ Glucose	Weit verbreitet im Pflanzen-reich als Reservekohlenhydrat Kartoffelstärke Maisstärke Reisstärke Weizenstärke } Ph. Eur.
Cellulose	Starres Fadenmolekül aus Glucoseketten	über Cellobiose zu Glucose	Gerüstsubstanz der Pflanzen Holz besteht zu 45 % aus Cellulose
Glykogen	Stark verzweigte Glucoseketten, kugelför-miger Bau des Moleküls	Glucose	Tierisches Reservekohlen-hydrat, Aufbau, Abbau und Speicherung in Leber und Muskeln
Dextran	Verzweigte Glucoseketten	Glucose	Verwendung zu Blutplasma-Ersatzstoffen
Inulin	Fructoseketten	Fructose	Reservekohlenhydrat der Asterales, als Diabetiker-nahrung
Pektin	Pektinsäuren: Poly-galacturonsäuren Pektine: Methylesther d. Pektinsäure Protopektine	Galacturon-säure, Pentosen, Phosphorsäure, Methanol	Fruchtsäfte, Äpfel Behandlung der Diarrhoe
Alginsäure	polymerisierte Mannur-on- und Guluronsäure	Uronsäuren	Algen Anwendung: in Form der Salze Alginate: Technologie, Schlankheitsdiätetika
Pflanzen-gummi	Ca-Salze der Arabinsäure (Pentosane), z. T. Schwefelsäureester	Glucuronsäure, Galactose, Pentose	Tragant, Agar, arabisches Gummi in der Technologie

Tab. 13.1   Übersicht über die wichtigsten Polysaccharide (Fortsetzung)

Bezeich-nung	Molekülbau	Abbau zu	Vorkommen
Chitin	Polysaccharid, stickstoffhaltig	N-Acetyl-D-glucosamin	Panzer der Krebse und Insekten, Zellwände der Pilze und Flechten
Heparin	Polysaccharid stickstoff- und schwefelhaltig	Glucuronsäure, Glucosamin z. T. mit Schwefelsäure verestert	Wasserlösliche Substanz aus der Leber, hemmt Blutgerinnung Zur Prophylaxe von Thrombosen und Embolien

14 Glykoside

Glykoside sind weit verbreitete Naturstoffe. Charakteristisch für sie ist die Verknüpfung eines Monosaccharids über dessen OH-Gruppe an C_1 oder C_2 mit einem geeigneten Partner, dem Aglykon, der eine alkoholische oder phenolische OH-Gruppe trägt. Das Monosaccharid wird dabei vom Halbacetal zum Vollacetal (s. Kap. 13.2.1).

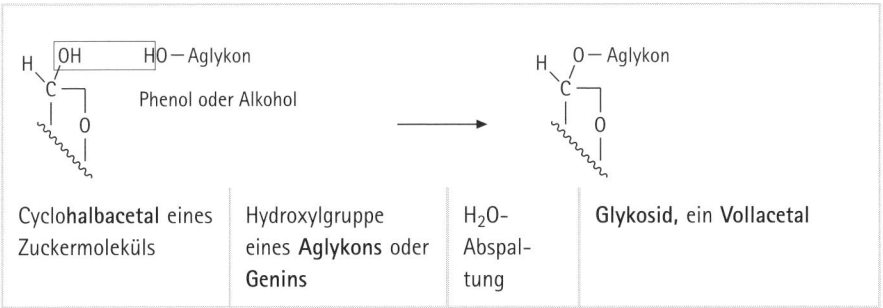

| Cyclohalbacetal eines Zuckermoleküls | Hydroxylgruppe eines **Aglykons** oder **Genins** | H_2O-Abspaltung | **Glykosid**, ein **Vollacetal** |

Abb. 14.1 Bildung eines Glykosids

Fast immer handelt es sich um eine β-glykosidische Verknüpfung.

Man kann zwischen Holosiden und Heterosiden (oft Glykosiden gleichgesetzt) unterscheiden.

Nomenklatur
Man bezeichnet Glykoside durch Anhängen der Silbe -id an den Namen des betreffenden Zuckers, z.B. Glucosid, das Glykosid der Glucose; oder Mannosid, das Glykosid der Mannose.

Anwendung
Zu den Glykosiden gehören viele pflanzliche Geruchsstoffe (z. B. Cumarine), Farbstoffe (z.B. Anthocyane, Flavonglykoside), Gerbstoffe und pharmakologisch wirk-

same Stoffe: Herzglykoside, z.B. Digitalisglykoside; Saponine, Anthraglykoside, z.B. Laxantien vom Anthrachinontyp; Glykoalkaloide; Senfölglykoside; Aminoglykosid-Antibiotika und Cumarinderivate.

14.1 Holoside

Werden ausschließlich Zuckermoleküle miteinander glykosidisch verknüpft, so spricht man von Holosiden. **Holoside** ist also eine andere Bezeichnung für komplexe Kohlenhydrate. Es handelt sich also um Di-, Tri-, Tetra-, Oligo- oder Polysaccharide. Die Polysaccharide werden auch Glykane genannt.

14.2 Heteroside

Die Bezeichnung hetero (gr. verschieden) deutet schon darauf hin, dass an dieser Verbindung nicht nur Zucker, sondern auch Nichtzuckermoleküle beteiligt sind. Eine saure oder enzymatische Hydrolyse von Heterosiden führt also zur Spaltung in einen Zucker und einen Nicht-Kohlenhydrat-Anteil, dem Aglykon oder Genin. Die Verknüpfung eines Monosaccharids mit der OH-Gruppe eines Nicht-Kohlenhydrats nennt man **O-Glykosid**. Viele sind pharmakologisch wirksame Inhaltsstoffe von Drogen. Im Arbutin besteht eine solche Sauerstoffbrücke zwischen dem Zuckeranteil und dem Aglykon. Arbutin ist daher ein O-Glykosid.

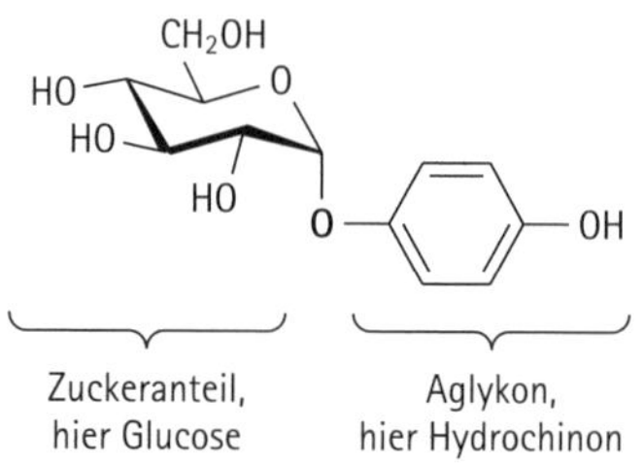

Abb. 14.2 Das O-Glykosid Arbutin

Organische Verbindungen, ihre Eigenschaften und die wichtigen Vertreter

Ein weiteres Beispiel für ein O-Glykosid ist das Strophantin, ein wichtiges herzwirksames Glykosid. Enzyme (Glykosidasen) können Glykoside in Zucker und Aglyka zerlegen. Gegen Laugen sind sie dagegen sehr beständig. Wenn die Carbonylgruppe durch die Glykosidbildung blockiert ist, kann der Zuckeranteil eines Glykosids nicht mehr reduzieren (s. Kap. 13.1.6).

Interessant ist die Tatsache, dass häufig weder Aglykon noch Zuckeranteil für sich allein wirksam sind, sondern nur das Glykosid. Deshalb ist es wichtig, bei Trocknung, Lagerung und Verarbeitung glykosidhaltiger Drogen enzymatische und hydrolytische Spaltprozesse möglichst auszuschalten. In den häufig gebrauchten pflanzlichen Abführmitteln, z.B. Sennesblätter oder Rhabarberwurzel, beruht die abführende Wirkung auf Glykosiden, die Anthranoide genannt werden. Die Anthranoide sind die Transportform, die unverändert Magen und Dünndarm passieren kann. Erst im Dickdarm spalten Darmbakterien (z. B. Escherichia coli) die Glykoside in Zucker und Aglykon, hier Anthrone genannt.

Anstelle eines Aglykons mit OH-Gruppe(n) können sich auch solche mit Amino-($R-NH_2$) oder Mercapto-Gruppen (R-SH) mit dem Monosaccharid unter Wasseraustritt verbinden.

So ensteht

- mit einer NH_2-Gruppe ein **N-Glykosid** (z. B. Nucleotide, RNS, DNS),
- mit einer SH-Gruppe ein **S-Glykosid** (Thioglykosid) (z. B. Sinigrin),
- mit einer CH-Gruppe ein **C-Glykosid** (Glykosil) (z. B. Vitexin oder Aloin).

14.3 Wichtige Vertreter der Glykoside

Aus der Vielzahl der arzneilich verwendeten Glykoside werden Arbutin und die herzwirksamen Glykoside als Prototypen herausgegriffen, andere werden je nach dem chemischen Aufbau des Aglykons an entsprechender Stelle besprochen.

Arbutin
Das zu etwa 5–10% in den Bärentraubenblättern enthaltene Arbutin ist ein Glykosid mit dem Aglykon Hydrochinon und dem Monosaccharid Glucose.

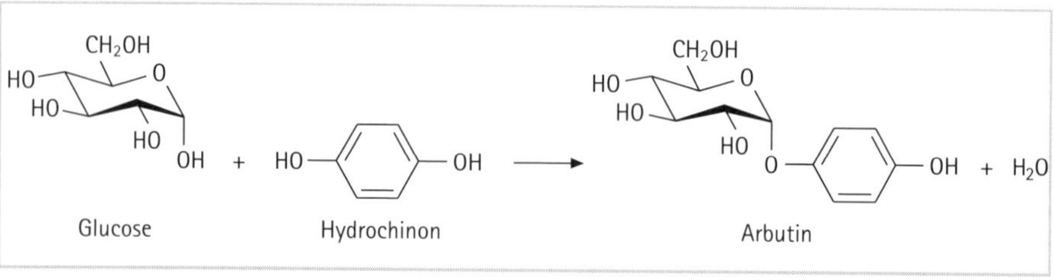

Abb. 14.3 Das Glykosid Arbutin

Bärentraubenblätter werden als Tee zur Therapie von bakteriell bedingten Blasen- und Nierenentzündungen verwendet. Die in den Blättern enthaltenen Glykoside Arbutin und Methylarbutin sind unwirksam. Arbutin wird während der Körperpassage zu Hydrochinon hydrolysiert, es kann allerdings nur im alkalisch reagierenden Harn freigesetzt werden. Hydrochinon ist für die antibakterielle und harndesinfizierende Wirkung verantwortlich. Alkalisch reagierenden Harn erzielt man durch gleichzeitige Gabe von Natriumhydrogencarbonat.

Herzwirksame Glykoside

Herzwirksame Glykoside bewirken eine Ökonomisierung der Herzarbeit. Sie bestehen aus dem Aglykon, das sich vom Cyclopentanoperhydrophenanthren, auch Steran genannt, ableitet. Wie die Nebennierenrinden- und Sexualhormone, Cholesterol, Gallensäuren, Vitamin D und Saponine zählt man Herzglykoside zur Stoffklasse der Steroide (s. Kap. I.3).

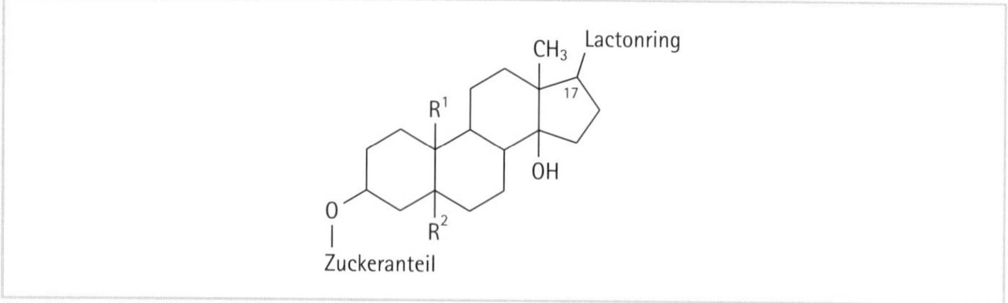

Abb. 14.4 Herzwirksame Glykoside sind Steroide der Cardenolid-Reihe

Der glykosidisch verbundene Zuckeranteil besteht aus der Glucose, der Rhamnose und vor allem den charakteristischen Desoxyzuckern wie z. B. Digitoxose und Digitalose.

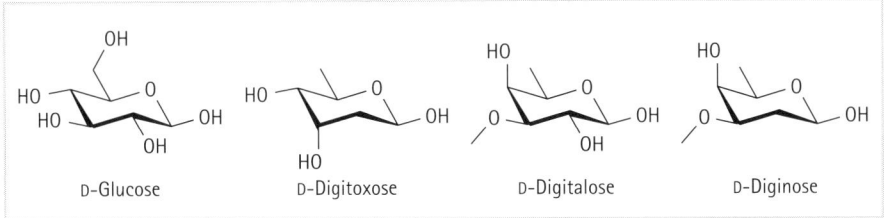

Abb. 14.5 Zucker der Herzglykoside

Die Zuckerreste sind für die Verteilung im Organismus entscheidend.

Herzwirksame Glykoside besitzen ein Steroidgerüst mit 21 C-Atomen, verknüpft mit einem Lactonring am C_{17}. Sind sie mit einem 5-gliedrigen, einfach-ungesättigten γ-Lactonring (Butenolidring) verknüpft, spricht man von **Cardenoliden**. Das wichtigste Cardenolidglykosid ist das **Digitoxin** (siehe Abbildung 14.6), das aus Digitalisblättern gewonnen wird. Bufadienolide haben einen 6-gliedrigen δ-Lactonring mit zwei Doppelbindungen. Dazu zählt das Glykosid Scillaren A (siehe Abbildung 14.6).

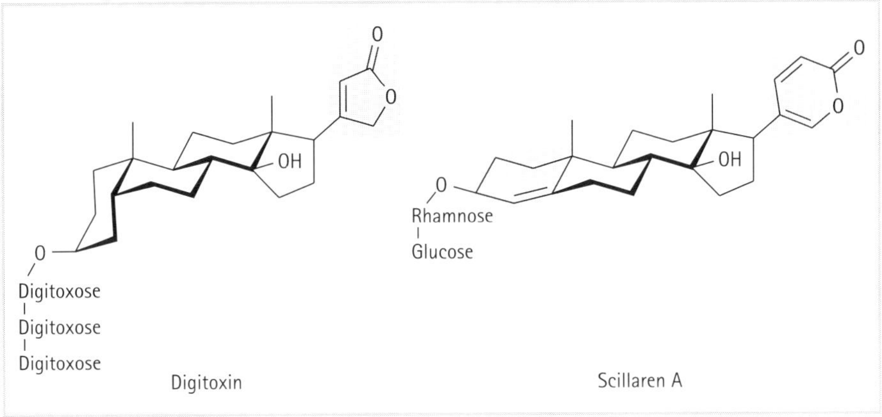

Abb. 14.6 Sterische Darstellung der Herzglykoside Digitoxin und Scillaren A

Herzglykoside kommen in verschiedenen Pflanzen vor, z. B. in Digitalis-, Strophanthus-, Scilla- und Convallariaarten. Heute werden fast ausschließlich Strophanthus- und Digitalisglykoside zur Therapie verwendet. Wegen ihrer komplizierten chemischen Struktur sind sie bis heute nicht durch Synthetika ersetzt worden. Es werden jedoch in der Therapie weitgehend die Reinglykoside Digoxin und Digitoxin und am Zuckeranteil veränderte Derivate eingesetzt, die eine exakte Dosierung, definierte Wirkung, gleichmäßige Resorption und hohe Bioverfügbarkeit sowie gute Haltbarkeit ermöglichen.

Anwendung

Herzglykoside werden verwendet zur Steigerung der Kontraktilität des Myokards, zur Erhöhung des Schlagvolumens, zur Senkung der Herzfrequenz und zur Verbesserung der Pumpleistung am insuffizienten Herzen. Allen Herzglykosiden ist die enge therapeutische Breite gemeinsam, weshalb die Einstellung auf eine bestimmte Verabreichungsdosis individuell erfolgen muss. Therapeutisch verwendet werden Herzglykoside mit hoher Bioverfügbarkeit wie Digitoxin, Digoxin und deren Derivate Lanitop® und Novodigal®.

15 Carbonsäuren

Carbonsäuren sind die wichtigsten organischen Säuren. Ihre funktionelle Gruppe ist die Carboxylgruppe. Die Bezeichnung ergibt sich aus der Kombination von Carbonyl- und Hydroxylgruppe.

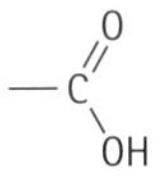

Abb. 15.1 Carboxylgruppe

Carbonsäuren können auf verschiedene Weise geschrieben werden (s. Abb. 15.2).

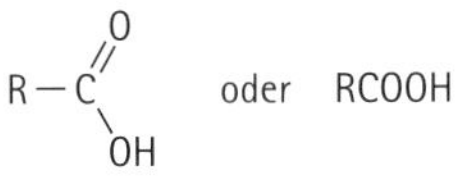

Abb. 15.2 Allgemeine Konstitutionsformel und Summenformeln für Carbonsäuren

Carbonsäuren unterscheiden sich durch die Anzahl der Carboxylgruppen und sie werden in aliphatische und aromatische Carbonsäuren eingeteilt. Substituenten ändern die chemischen Eigenschaften soweit, dass neue Verbindungsklassen entstehen. Abbildung 15.3 gibt eine Übersicht.

15.1 Eigenschaften der Carbonsäuren

Acidität

Die wichtigste Eigenschaft der Carbonsäuren ist ihre Fähigkeit Protonen abzugeben, d. h. sauer zu reagieren. Bei der Protolysereaktion einer Carboxylgruppe steht die Carbonsäure mit ihrer korrespondierenden Base, dem Carboxylatanion, und den durch das Wasser konjugierten Hydroxoniumionen im Gleichgewicht:

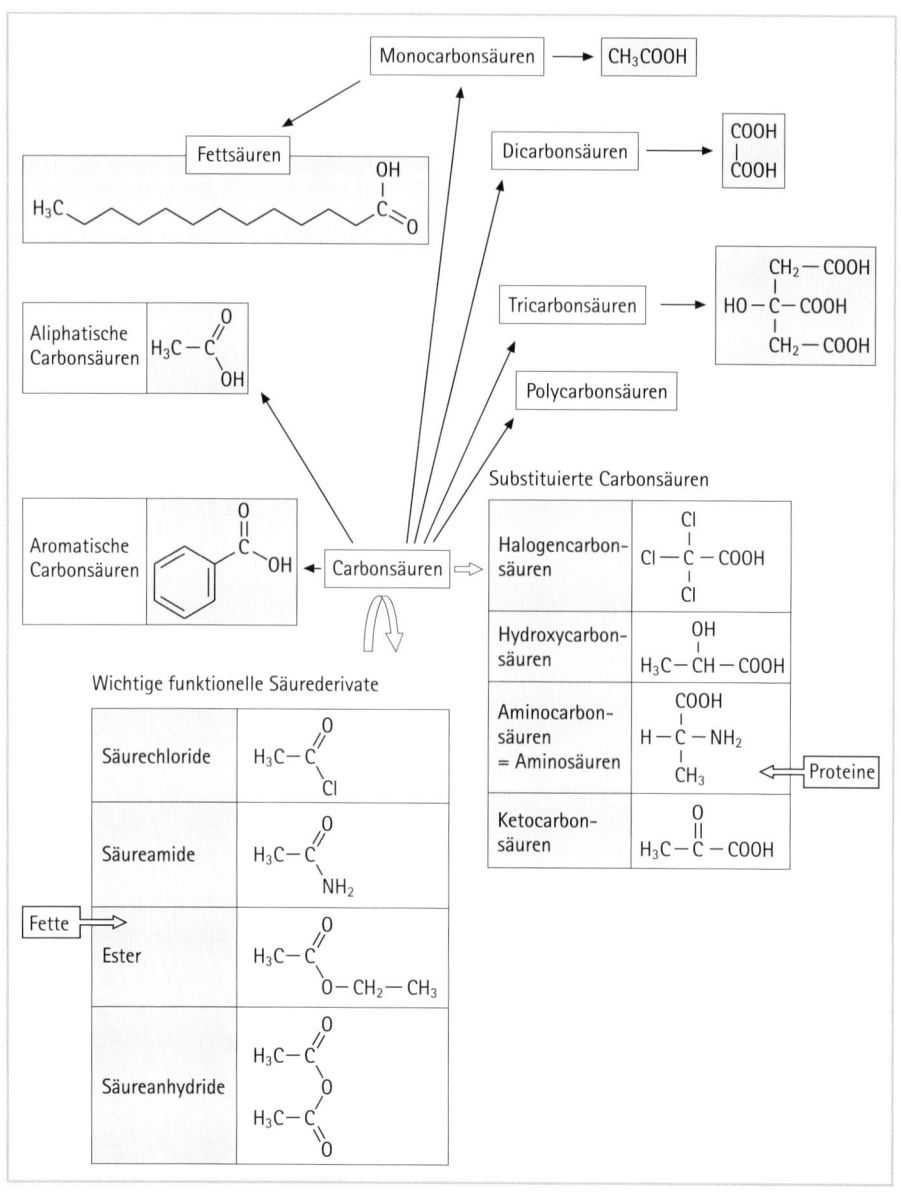

Abb. 15.3 Übersicht Carbonsäuren

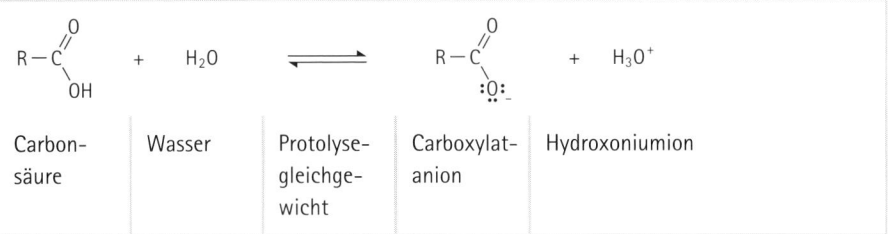

Abb. 15.4 Protolysereaktion einer Carbonsäure

Bei der Zugabe einer Base wird die Carbonsäure zu Salz und Wasser neutralisiert:

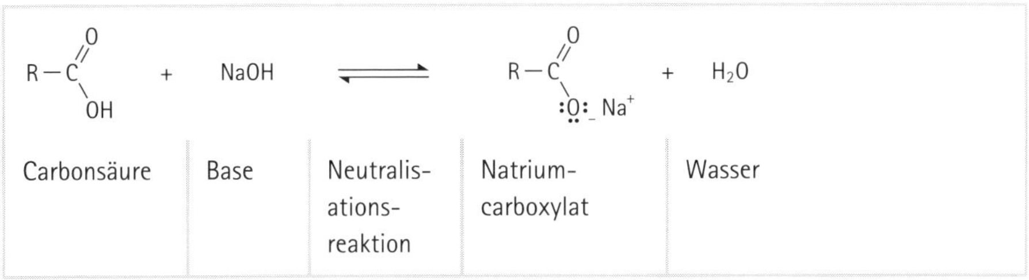

Carbonsäure	Base	Neutralisationsreaktion	Natriumcarboxylat	Wasser

Abb. 15.5 Neutralisationsreaktion einer Carbonsäure

Carbonsäuren sind relativ schwache Säuren. Ihre pK_s-Werte liegen zwischen 4 und 5. Der Grund dafür ist die mesomeriestabilisierte gleichmäßige Ladungsverteilung im Carboxylatanion:

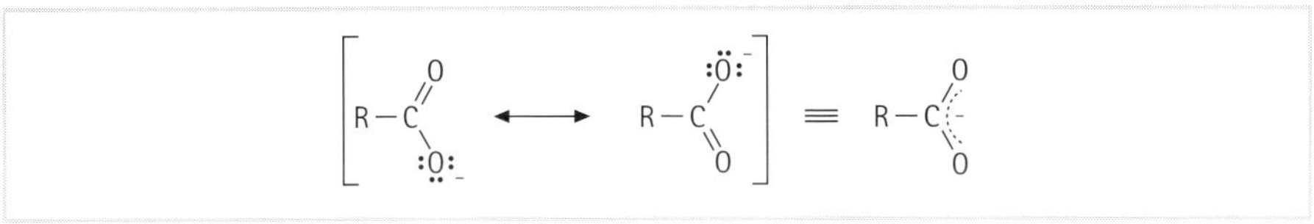

Abb. 15.6 Resonanzstabilisiertes Carboxylatanion

Diese völlig symmetrische Ladungsverteilung zweier äquivalenter Grenzstrukturen stabilisiert das Carboxylation im Vergleich zur nicht dissoziierten Carbonsäure. Durch die Ausbildung des mesomeriebegünstigten Carboxylatanions steigt bei einer Protolysereaktion auch die Konzentration an freien Hydroxoniumionen, womit die Acidität steigt. Ein Alkoholatanion dagegen zeigt keine mesomeriestabilisierte Struktur, sodass hier bei einer Protolysereaktion das Gleichgewicht auf der Seite der Edukte liegt und mit einer geringen Konzentration an freien Hydroxoniumionen und damit mit einer geringeren Acidität zu rechnen ist (s. Abb. 15.7).

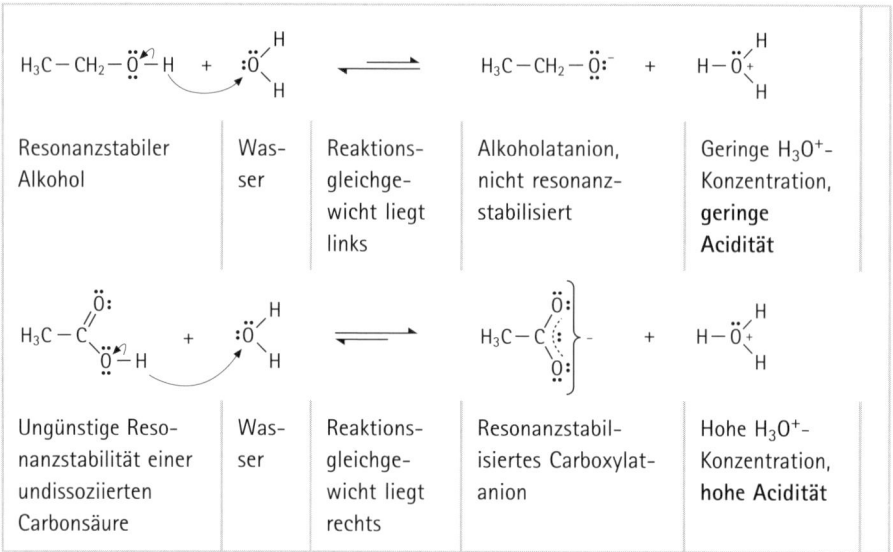

Abb. 15.7 Beurteilung des Protolysegleichgewichts, Vergleich Alkohol und Carbonsäure

Alkohole ($pK_S \sim 16$) und Phenole ($pK_S \sim 10$) sind also schwächere Säuren als aliphatische und aromatische Carbonsäuren.

Im Vergleich zu den meisten anorganischen Säuren sind die Carbonsäuren eher schwache Säuren, mit Ausnahme der Ameisensäure. Bei Dicarbonsäuren, d. h. also bei Carbonsäuren, die zwei Carboxylfunktionen tragen, ist die erste Säurekonstante (K_s) größer, wenn die COOH-Gruppen nahe beieinander liegen, d. h. solche Dicarbonsäuren sind saurer als die Monocarbonsäuren. Durch elektronenanziehende Substituenten, vor allem solche in α-Stellung, wird die Acidität der Carbonsäuren stark gesteigert.

Aus der Kenntnis der schwach sauer reagierenden Carbonsäuren lässt sich folgendes ableiten:

- Lösungen von carbonsauren Salzen in Wasser reagieren basisch.
- Lösungen von Carbonsäuren und ihren Salzen (im Verhältnis 1:1) stellen daher Puffersysteme dar.

Organische Verbindungen, ihre Eigenschaften und die wichtigen Vertreter

Löslichkeit

Die Carboxylgruppe verleiht polare Eigenschaften. Wie die Alkohole kann sie mit sich selbst oder mit anderen Molekülen Wasserstoffbrücken bilden, wodurch die Wasserlöslichkeit der niedermolekularen Carbonsäuren verständlich ist. Mit zunehmender Länge der Kohlenstoffkette nimmt die Wasserlöslichkeit ab; die höheren Glieder sind paraffinähnlich.

Aromatische Carbonsäuren sind meist fest, kristallin und in Wasser mäßig bis schwer löslich. Sie reagieren aber wie aliphatische Carbonsäuren sauer.

Siedepunkt

Durch die Fähigkeit, Wasserstoffbrücken zwischen den COOH-Gruppen bilden zu können, entstehen dimere Assoziate, die der Grund für vergleichsweise hohe Siedepunkte der Carbonsäuren sind. Ihre Siedepunkte liegen noch über denen der entsprechenden Alkohole.

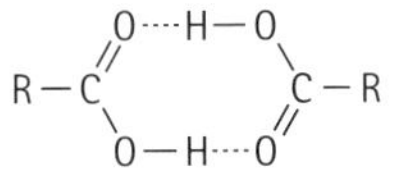

Abb. 15.8 Dimeres Assoziat einer Carbonsäure

Geruch

Die niedermolekularen Carbonsäuren sind farblose Flüssigkeiten mit scharfem, oft unangenehmem Geruch. Der typische Geschmack und Geruch des Haushaltsessigs ist auf einen Gehalt von 4–5 % Essigsäure zurückzuführen. Ranzige Butter riecht nach Buttersäure, und der unangenehme, Ziegen anhaftende Geruch rührt von den drei höheren Carbonsäuren Capron-, Capryl und Caprinsäure her.

15.2   Nomenklatur der Carbonsäuren

Viele Carbonsäuren, besonders die mit kurzer Kohlenstoffkette, haben Trivialnamen, z. B. Ameisensäure oder Essigsäure.

Nach IUPAC wird an den Namen der Kohlenstoffkette (einschließlich des C-Atoms der Carboxylgruppe) das Suffix -säure angehängt (s. Abb. 15.9). Das Carboxyl-C-Atom erhält die Ziffer 1.

Tritt eine Carboxylgruppe als Substituent auf, kann sie entweder durch das Präfix Carboxy- oder durch das Suffix -carbonsäure ausgedrückt werden (s. Abb. 15.10, links). Da die Carbonsäuren bei der Benennung in der Rangfolge der funktionellen Gruppen ganz oben stehen, wird dieser Fall nur dann eintreten, wenn mehrere COOH- Gruppen substituiert sind oder ein Ringsystem zugrunde liegt. In diesem Fall sucht man zunächst den Stammnamen und stellt dann die Anzahl der COOH-Gruppen mit dem Präfix Mono-, Di-, Tri- usw. vor das Wort Carbonsäure. Dabei ist im Gegensatz zu den einfachen Carbonsäuren zu beachten, dass das Carboxylkohlenstoffatom nicht die Nummerierung 1 erhält.

IUPAC-Nomenklatur: Butansäure	IUPAC-Nomenklatur: 2-Hydroxy-1,2,3-propantricarbonsäure
$\overset{4}{H_3C}-\overset{3}{C}H_2-\overset{2}{C}H_2-\overset{1}{C}OOH$	$\overset{1}{C}H_2-COOH$ $HO-\overset{2}{C}-COOH$ $\overset{3}{C}H_2-COOH$
Trivialname: Buttersäure	Trivialname: Citronensäure

Abb. 15.9 Nomenklaturbeispiel

Wird der Trivialname der Carbonsäure verwendet, gibt man die Position eines weiteren Substituenten mit Buchstaben des griechischen Alphabets an. Das der Carboxylgruppe benachbarte C-Atom wird mit α bezeichnet, das nächste ist das β-Kohlenstoffatom usw., z. B. α-Brompropionsäure in der Abbildung 15.10 Mitte.

Das Carboxylat-Anion R-COO⁻ wird durch Anhängen des Suffixes -at an den entsprechenden systematischen Namen oder Trivialnamen benannt. Salze von Carbonsäuren bezeichnet man, indem man zuerst das Kation und dann das Carboxylat-Ion nennt, z. B. in der Abbildung 15.10, rechts.

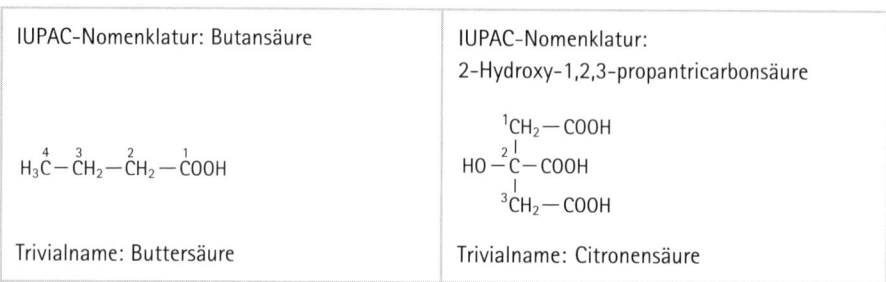

2-Oxo-cyclohexan- carbonsäure, (2-Carboxycyclohexanon)	IUPAC: 2-Brompropansäure oder α-Brompropionsäure	Ammoniumacetat

Abb. 15.10 Beispiele zur Nomenklatur der Carbonsäuren

15.3 Einteilung der Carbonsäuren

Um die große Zahl von Carbonsäuren zu ordnen, können verschiedene Kriterien zugrunde gelegt werden. Einmal ist es sinnvoll, anhand der Eigenschaften eine Einteilung vorzunehmen, dann wieder können aufgrund von homologen Reihen gleiche Merkmale erkannt werden.

Hier wurde zwischen drei verschiedenen Möglichkeiten gewählt:

- Zuordnung nach der Anzahl der COOH-Gruppen
- Aliphatische und aromatische Carbonsäuren
- C-substituierte Carbonsäuren

15.3.1 Zuordnung nach der Anzahl der COOH-Gruppen

Verbindungen mit einer Carboxylgruppe heißen Monocarbonsäuren, Verbindungen mit zwei, drei oder mehr COOH-Gruppen bezeichnet man als Di-, Tri- oder Polycarbonsäuren. Es lassen sich jeweils homologe Reihen aufstellen.

Tab. 15.1   Die homologe Reihe der Monocarbonsäuren

Struktur	Trivialname	IUPAC-Name
HCOOH	Ameisensäure	Methansäure
CH_3COOH	Essigsäure	Ethansäure
CH_3CH_2COOH	Propionsäure	Propansäure
$CH_3CH_2CH_2COOH$	Buttersäure	Butansäure
$CH_3CH_2CH_2CH_2COOH$	Valeriansäure	Pentansäure
$CH_3CH_2CH_2CH_2CH_2COOH$	Capronsäure	Hexansäure

Viele der gebräuchlichen Carbonsäuren wurden erstmalig aus natürlichen Produkten isoliert, speziell aus Fetten, woher insbesondere für höhere Monocarbonsäuren auch der Name Fettsäuren stammt. Unter **höheren Carbonsäuren** sind lange Kohlenwasserstoffketten mit einer Carboxylgruppe zu verstehen, also Säuren mit einer hohen Anzahl von $-CH_2$-Gliedern. Ihre Kohlenwasserstoffkette ist unverzweigt und geradzahlig aufgebaut. Sie sind Bestandteil von Fetten und Lipiden, daher der Name **Fettsäure**. Sie lassen sich weiter einteilen in:

- Gesättigte Fettsäuren, die keine Doppelbindung in der Kohlenstoffkette haben (Summenformel: $C_nH_{2n}O_2$, z. B. Caprylsäure, Palmitinsäure, Stearinsäure).
- Einfach oder mehrfach ungesättigte Fettsäuren ($C_nH_{2(n-x)}O_2$) mit einer (z. B. Ölsäure 18 : 1) oder mehreren (cis-konfigurierten) Doppelbindungen (x), die stets durch zwei Einfachbindungen voneinander getrennt sind (z. B. Linolsäure 18 : 2, Linolensäure 18 : 3, Arachidonsäure 20 : 4). Die erste Ziffer gibt die Länge der Kohlenwasserstoffkette an, die zweite die Anzahl der Doppelbindungen.

Tab. 15.2 Einige Beispiele für Fettsäuren

Gesättigte Fettsäuren	Bezeichnung	Vorkommen
	Palmitinsäure (Hexadecansäure)	In tierischen und pflanzlichen Fetten
	Stearinsäure (Octadecansäure)	
Ungesättigte Fettsäuren		
	Ölsäure (Z-Octadec-9-ensäure)	Maisöl, Olivenöl, Fischtran
	Linolsäure (Z,Z-Octadeca-9,12,-diensäure)	Maisöl, Leinöl

Für die Dicarbonsäuren kann ebenfalls eine homologe Reihe aufgestellt werden. Die ersten Glieder tragen Trivialnamen:

Organische Verbindungen, ihre Eigenschaften und die wichtigen Vertreter

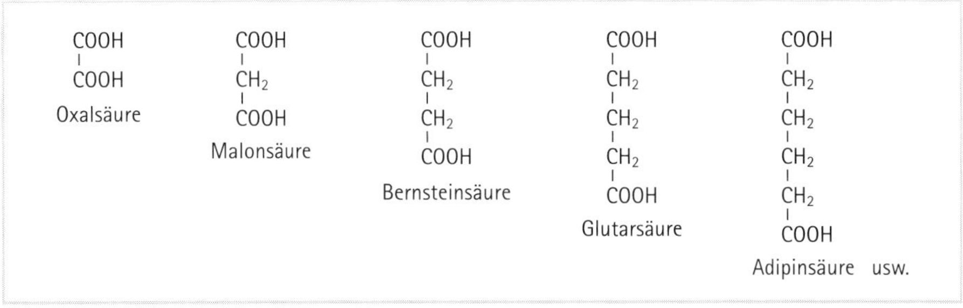

COOH	COOH	COOH	COOH	COOH
COOH	CH$_2$	CH$_2$	CH$_2$	CH$_2$
Oxalsäure	COOH	CH$_2$	CH$_2$	CH$_2$
	Malonsäure	COOH	CH$_2$	CH$_2$
		Bernsteinsäure	COOH	CH$_2$
			Glutarsäure	CH$_2$
				COOH
				Adipinsäure usw.

Abb. 15.11 Dicarbonsäuren

Auch für die Tri- oder Polycarbonsäuren lassen sich homologe Reihen formulieren, aber nicht alle sind von pharmazeutischem Interesse. In Kapitel 15.5 sind nach der gleichen hier gewählten Einteilung zu jeder Gruppe pharmazeutisch interessante Beispiele aufgeführt.

15.3.2 Aliphatische und aromatische Carbonsäuren

Außerdem unterscheidet man zwischen aliphatischen und aromatischen Carbonsäuren:

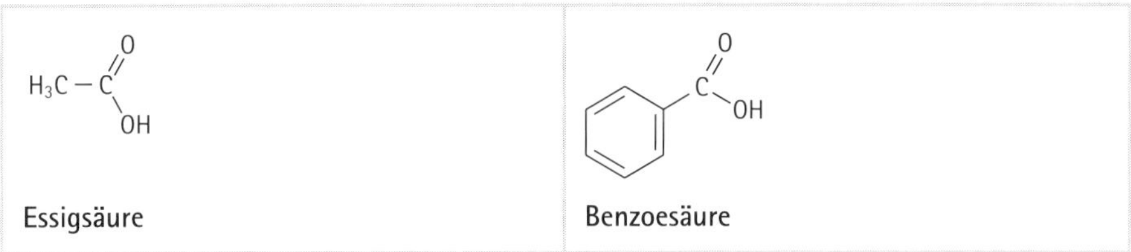

Essigsäure

Benzoesäure

Abb. 15.12 Beispiele für aliphatische und aromatische Carbonsäuren

Aliphatische und aromatische Carbonsäuren zeigen aufgrund der verschiedenen Reste unterschiedliche Eigenschaften.

15.3.3 C-substituierte Carbonsäuren

α-substituierte Carbonsäuren zeigen eine erheblich stärkere Acidität als ihre nichtsubstituierten Vertreter, wenn es sich bei den Substituenten um solche mit elektonenanziehenden Eigenschaften handelt. Wenn man zum Beispiel die Säurekonstanten von Essigsäure, Mono-, Di- und Trichloressigsäure miteinander vergleicht, wird klar, welch großen Einfluss ein Substituent am α-Kohlenstoffatom hat. Die

Acidität kann hier um den Faktor 10 000 variieren. Verantwortlich ist der **induktive Effekt** der Chloratome (s. Kap. 6.5):

Elektronenziehende Substituenten am α-Kohlenstoffatom erhöhen die Acidität, elektronenliefernde verringern die Acidität.

Tab. 15.3 Elektronenziehende Substituenten erhöhen die Acidität

Essigsäure, durch die Ladungsverteilung kann das Proton nicht so leicht abdissoziieren	Monochloressigsäure, das acide H wird aufgrund des elektronenanziehenden Cl-Atoms locker gebunden	Dichloressigsäure, ein weiteres elektronenanziehendes Cl-Atom lockert die Bindung zusätzlich, das acide H-Atom kann leicht gelöst werden	Trichloressigsäure, durch die Ladungsverteilung ist die Struktur des Carboxylatanions so stark begünstigt, dass die Konzentration an dissoziierten H^+ bzw. H_3O^+ steigt
$pK_S = 4{,}74$	$pK_S = 2{,}82$	$pK_S = 1{,}30$	$pK_S = 0{,}70$

Die Kohlenstoff-Chlor-Bindung ist wegen der höheren Elektronegativität des Chlors polarisiert. Der Kohlenstoff trägt eine positive Partialladung und ist in der Lage, das benachbarte, negativ geladene Carboxylation durch Ausgleich der Ladungen zu stabilisieren. Je mehr Chloratome vorhanden sind, umso größer ist die Wirkung und umso acider wird die Carbonsäure. Allerdings nimmt die induktive Wirksamkeit des Substituenten mit steigender Entfernung von der COOH-Gruppe ab.

Organische Verbindungen, ihre Eigenschaften und die wichtigen Vertreter

Tab. 15.4 Einteilung nach der Art des Substituenten

Bezeichnung	Beispiel	Wichtige Vertreter
Halogencarbonsäure	$$Cl-\overset{\displaystyle Cl}{\underset{\displaystyle Cl}{C}}-COOH$$ Trichloressigsäure	Kap. 16.1
Hydroxycarbonsäure (aliphatische und aromatische)	$$H_3C-\overset{\displaystyle OH}{C}H-COOH$$ Milchsäure, α-Hydroxypropionsäure	Kap. 16.2
Aminocarbonsäuren = Aminosäuren	$$H-\overset{\displaystyle COOH}{\underset{\displaystyle CH_3}{C}}-NH_2$$ L-Alanin, α-Aminopropionsäure	Kap. 16.4
Ketocarbonsäuren	$$H_3C-\overset{\displaystyle O}{\overset{\displaystyle \|}{C}}-COOH$$ Brenztraubensäure, α-Oxopropionsäure	Kap. 16.3

15.4 Wichtige Reaktionen der Carbonsäuren

Zu den wichtigsten Reaktionen der Carbonsäuren zählt ihr Verhalten gegenüber basischen Reagenzien, die Reduktion zum Alkohol und die Überführung in wichtige Carbonsäurederivate, wobei neue funktionelle Gruppen entstehen.

15.4.1 Salzbildung

Carbonsäuren reagieren mit Basen wie z. B. Hydrogencarbonaten, Carbonaten, Hydroxiden, Ammoniak und Aminen unter Bildung von Carboxylaten, den Salzen der Carbonsäuren. Diese sind in der Regel gut wasserlöslich.

In Abbildung 15.13 sind die Neutralisationsreaktionen mit Natriumhydroxid und Ammoniak ausformuliert:

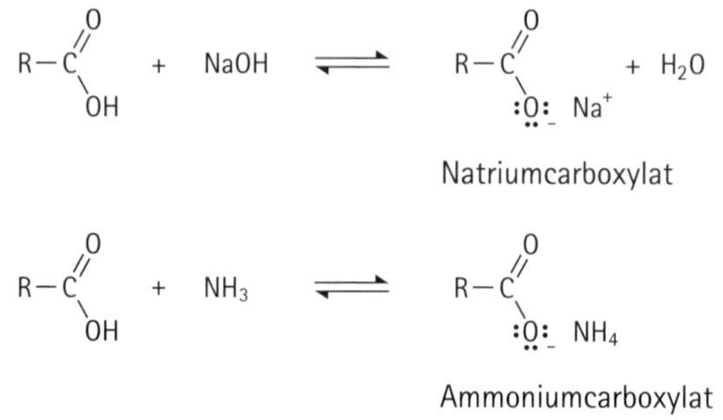

$$R-C\overset{O}{\underset{OH}{}} + NaOH \rightleftharpoons R-C\overset{O}{\underset{:\ddot{O}:^-\ Na^+}{}} + H_2O$$

Natriumcarboxylat

$$R-C\overset{O}{\underset{OH}{}} + NH_3 \rightleftharpoons R-C\overset{O}{\underset{:\ddot{O}:^-\ NH_4}{}}$$

Ammoniumcarboxylat

Abb. 15.13 Salzbildung mit NaOH und NH$_3$

15.4.2 Reduktion

Carbonsäuren können durch Hydrid-Donatoren (Bereitstellung von H$^-$) wie Lithiumaluminiumtetrahydrid direkt zu primären Alkoholen reduziert werden:

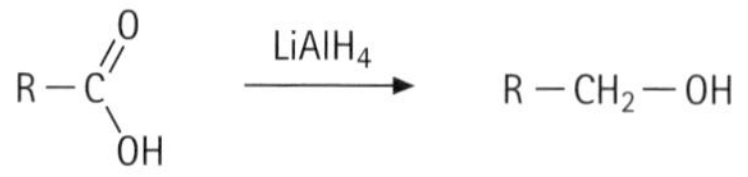

$$R-C\overset{O}{\underset{OH}{}} \xrightarrow{LiAlH_4} R-CH_2-OH$$

Abb. 15.14 Reduktion einer Carbonsäure zum Alkohol

15.4.3 Überführung in funktionelle Säurederivate

Die OH-Gruppe einer Carbonsäure kann durch viele andere Gruppen ersetzt werden. Es entstehen dann neue Verbindungsklassen mit anderen Eigenschaften. Da sie durch Hydrolyse (Zugabe von H$_2$O) wieder in die entsprechende Carbonsäure umgewandelt werden können, spricht man von funktionellen Säurederivaten.

Typisch für Säurederivate sind die **Ester**: Carbonsäuren reagieren mit Alkoholen unter Bildung von Wasser und eines Carbonsäureesters. Diese Gleichgewichtsreaktionen werden durch starke Säuren wie H$_2$SO$_4$ katalysiert, die dem System das entstandene Wasser entziehen:

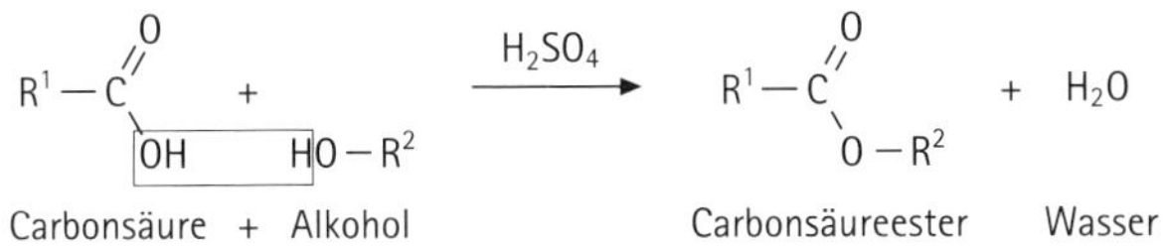

Abb. 15.15 Carbonsäuren reagieren mit Alkoholen unter Bildung eines Esters

Zu den wichtigsten funktionellen Säurederivaten zählen die unten aufgeführten Vertreter, die in Kap. 18 besprochen werden.

In Tabelle 15.5 sind sie jeweils mit einem Beispiel und der Angabe des Kapitels, in dem sie näher besprochen werden, aufgelistet.

Tab. 15.5 Wichtige funktionelle Säurederivate

Bezeichnung	Beispiel	Angabe des Kapitels
Säurechloride	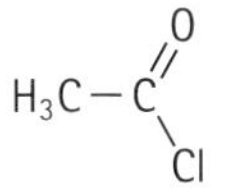 Acetylchlorid	Kap. 18.1
Ester	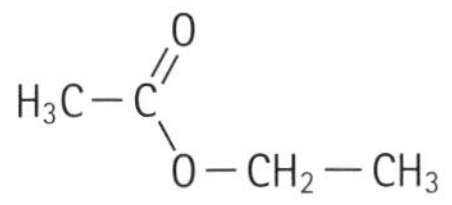 Essigsäureethylester	Kap. 19
Säureamide	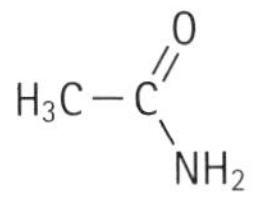 Acetamid	Kap. 18.3
Säureanhydride	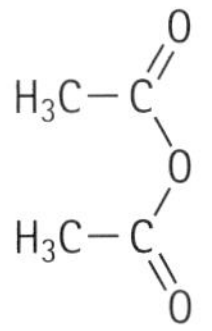 Acetanhydrid	Kap. 18.2

15.5 Wichtige Vertreter der Carbonsäuren

Es werden verschiedene Monocarbonsäuren vorgestellt, einschließlich der Fettsäuren. Da Seifen Fettsäuresalze darstellen, schließt sich ein Kapitel darüber an. In den Kapiteln 15.5.3 und 15.5.4 werden wichtige Vertreter der Dicarbonsäuren und Vertreter der aromatischen Carbonsäuren aufgeführt.

15.5.1 Monocarbonsäuren

Die Monocarbonsäuren lassen sich unterteilen in die aliphatischen und die aromatischen Carbonsäuren.

Ameisensäure

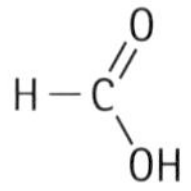

$$H-C\begin{smallmatrix}O\\OH\end{smallmatrix}$$

Ameisensäure (Acidum formicicum), nach IUPAC-Nomenklatur Methansäure genannt, ist eine farblose, klare, stechend riechende Flüssigkeit, die mit Ethanol, Wasser, Ether und Glycerol in jedem Verhältnis mischbar ist. In der Natur ist Ameisensäure weit verbreitet: in Ameisen, im Bienenstachel, in Brennnesseln und im Schweiß.

Als erstes Glied einer homologen Reihe nimmt Ameisensäure eine Sonderstellung ein:

Die Carboxylgruppe trägt hier noch keinen Kohlenwasserstoffrest, sodass man die Ameisensäure auch als Aldehyd ansehen kann (s. Abb. 15.16).

Abb. 15.16 Sonderstellung der Ameisensäure als Carbonsäure und als Aldehyd

Die Aldehydeigenschaften zeigen sich in der Reduktionskraft der Ameisensäure: Blei-, Quecksilber(II)- und Silbersalze werden zum Beispiel zu den jeweiligen Elementen reduziert. Es sind daher Inkompatibilitätsreaktionen mit Ameisensäure zu beachten.

Ameisensäure ist eine sehr viel stärkere Säure als Essigsäure, was mit dem deutlich schwächer ausgeprägten elektronenliefernden Effekt des H-Atoms gegenüber der Methylgruppe der Essigsäure begründet werden kann. Da das Formiatanion mesomeriestabilisiert vorliegt, wird das acide Proton nicht mehr so fest gebunden. Es kann leicht abdissoziieren und ist so für die stärkere Acidität der Ameisensäure verantwortlich.

Anwendung
Die Ameisensäure findet Anwendung in Form von Einreibungen bei Rheuma, Neuralgien usw. (in 5 %iger Konzentration, Spiritus Formicarum). Ameisensäure wird z. B. verordnet bei der Neuraltherapie und zur Umstimmungstherapie bei Allergien.

Technisch verwendet man sie zur Konservierung.

Essigsäure

$$H_3C-C\overset{\displaystyle O}{\underset{\displaystyle OH}{\diagup}}$$

Essigsäure

Essigsäure (Acidum aceticum), nach IUPAC-Nomenklatur Ethansäure, ist eine stechend riechende, farblose Flüssigkeit, die in konzentrierter Form bei niedriger Temperatur (bei +14,8 °C) auskristallisiert und deshalb Eisessig heißt. Sie ist mit Wasser, Ethanol, Ether, Chloroform und Glycerol mischbar.

Als Weinessig ist eine essigsäurehaltige Flüssigkeit schon seit dem Altertum bekannt. Man ließ den Wein an der Luft längere Zeit stehen, und die Essigsäurebakterien (Acetobacter), die sich stets in der Luft finden, oxidierten Ethanol über Acetaldehyd zu Essigsäure.

Bei der Herstellung des Weinessigs geht man heute noch von Wein aus. Konzentrierte Essigsäure entsteht aus Methanol.

$$H_3C-OH + CO \xrightarrow[\text{Kat.}]{} H_3C-COOH$$

Die Essigsäure ist in Form von so genannter aktivierter Essigsäure (Acetyl-CoA, Coenzym A) wichtiges Zwischenprodukt des intermediären Stoffwechsels.

Die Ph. Eur. führt Essigsäure 99 % (m/m) und einige Verdünnungen zu analytischen Zwecken auf.

Anwendung

Äußerlich verwendet man Essigsäure als Ätzmittel bei Warzen und Hühneraugen (konzentrierte Essigsäure), zu Umschlägen bei Entzündungen und Quetschungen (5- bis 6%ig); als Hyperämisierungsmittel, zu Abreibungen bei Nachtschweißen, als Antidot bei inner- und äußerlichen Laugenverätzungen (1- bis 3%ig) und als Antiseptikum (1- bis 5%ig).

Technisch dient Essigsäure zur Herstellung von Speiseessig (Essig) und in großem Umfang zur Herstellung von Acetylcellulosen, Acetatseide, Farbstoffen und Arzneimitteln.

In der Homöopathie wird Essigsäure als Acidum aceticum in D3- bis D6-Verdünnungen verordnet, z. B. gegen Diarrhö, Ödeme und Abmagerung.

Analytik

- Lanthannitrat La(NO$_3$)$_3$ bildet mit Essigsäure in ammoniakalischer Lösung basische Acetate, die bei Erwärmung Iod einschließen (Blaufärbung).
- Bildung des wohlriechenden Ethylesters durch Erwärmen mit Ethanol und Schwefelsäure.

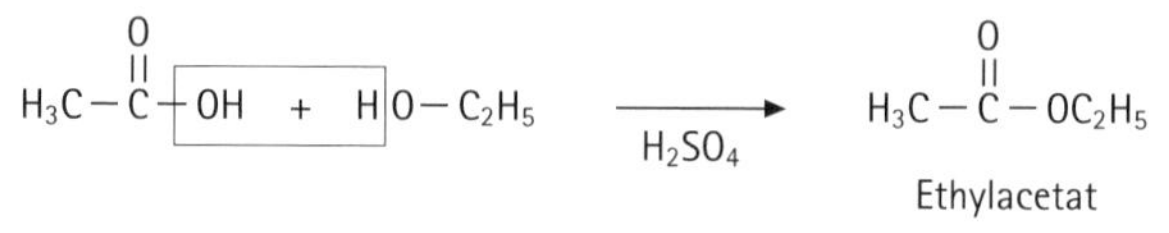

Abb. 15.17 Essigsäure bildet mit Ethanol den Ester Ethylacetat

Die Salze der Essigsäure sind die Acetate, z. B. Natriumacetat CH$_3$COONa. Es bildet zusammen mit Essigsäure die so genannte Acetatpuffer-Lösung (Ph. Eur.).

Außerdem existiert im DAB 10 eine **Aluminiumacetat-tartrat-Lösung**; Aluminii acetatis tartratis solutio oder Solutio (Liquor) Aluminii acetico-tartarici genannt. Diese essig-weinsaure Tonerdelösung hat die altbekannte essigsaure Tonerde abgelöst.

Aluminiumsulfat wird mit Calciumcarbonat umgesetzt und das entstandene Aluminiumhydroxid mit Essigsäure in basisches Acetat übergeführt.

$$Al_2(SO_4)_3 \ + \ 3\,CaCO_3 \ + \ 3\,H_2O \ \longrightarrow \ 2\,Al(OH)_3 \ + \ 3\,CaSO_4 \ + \ 3\,CO_2$$

$$Al(OH)_3 \ + \ 2\,CH_3COOH \ \longrightarrow \ (CH_3COO)_2AlOH \ + \ 2\,H_2O$$

Abb. 15.18 Essigsaure Tonerde

Das basische Aluminiumacetat wird durch Weinsäure komplex in Lösung gehalten.

Sie findet als Adstringens äußerlich bei Verstauchungen, Prellungen, Zerrungen und Insektenstichen **Anwendung**. Al^{3+} fällt Eiweiß als festes Koagulans, das Gewebe entquillt, darunter liegende Gewebe werden abgedichtet, was die Haut runzelig werden lässt. Bei längerer Anwendung kann Gewebe absterben, daher Vorsicht bei offenen Wunden!

Übliche Dosierung: 5- bis 10 % für Umschläge (1 Esslöffel auf 1 Glas Wasser).

Fettsäuren

Zu den hochmolekularen Monocarbonsäuren zählen die Fettsäuren. Sie sind obligate Bestandteile von Fetten. Die natürlichen Fette enthalten fast ausschließlich Fettsäuren mit einer geraden Zahl von C-Atomen. Die wichtigsten sind die Palmitin- und Stearinsäure, deren Glycerolester die Hauptbestandteile aller tierischen und pflanzlichen Fette sind.

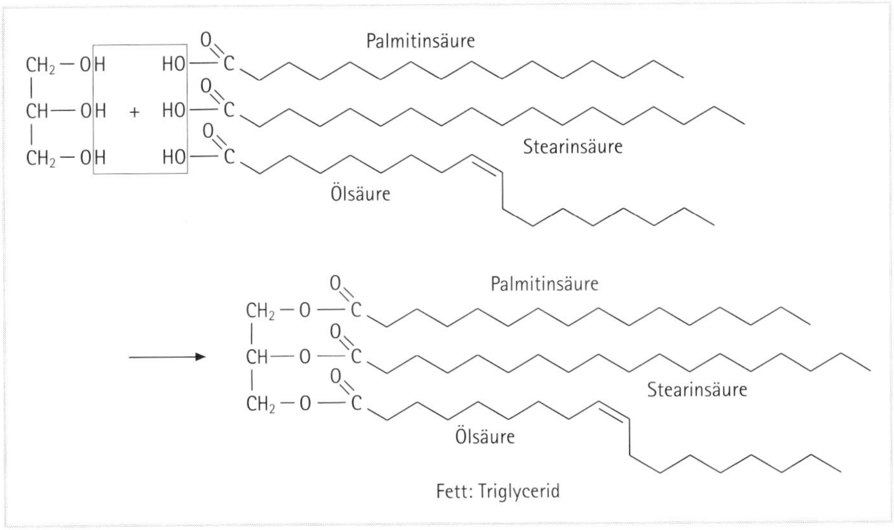

Abb. 15.19 Fette sind Ester aus Glycerol und langkettigen Monocarbonsäuren

Bei der hydrolytischen Spaltung dieser Ester mit Alkalien (Verseifung) entstehen die Alkalisalze der Fettsäuren, die **Seifen.**

Tab. 15.6 Übersicht über die wichtigsten aliphatischen Monocarbonsäuren (Fortsetzung s. nächste Seite)

Bezeichnung (nach Arzneibuch)	Formel	Salz	Geruch	Verwendung
Ameisensäure Acid. formicicum	$H-COOH$	Formiat		Hautreizung; Konservierung
Essigsäure Ph. Eur. Acid. aceticum glaciale	$H_3C-COOH$	Acetat	Stechend	Speiseessig Synthese von Aceton, Acetatseide u. Arzneimittel
Propionsäure	H_3C-CH_2-COOH	Propionat	Stechend	Konservierungsmittel
Acrylsäure Propensäure	$H_2C=CH-COOH$	Acrylat	Ranzig	Polymerisat zu Polyacrylsäure, Kunststoffen, Carbomer
Buttersäure	$H_3C-(CH_2)_2-COOH$	Butyrat	Ranzig	Ester als Aromastoffe
Valeriansäure	$H_3C-(CH_2)_3-COOH$	Valerat	Ranzig	Zur Herstellung von Salzen
Capronsäure	$H_3C-(CH_2)_4-COOH$	Capronat	Ranzig	Ester bei Depotsteroiden
Palmitinsäure	$H_3C-(CH_2)_{14}-COOH$	Palmitat	Geruchlos	Bestandteil aller natürlichen Fette
Stearinsäure	$H_2C-(CH_2)_{16}-COOH$	Stearat	Geruchlos	
Undecylensäure Ph. Eur.	$H_2C=CH-(CH_2)_8-COOH$	Undecylenat		Bei Hautpilzerkrankungen

Bezeichnung (nach Arzneibuch)	Formel	Salz	Geruch	Verwendung
Ölsäure Acid. oleicum Ph. Eur.	$CH-(CH_2)_7-CH_3$ $\|$ $CH-(CH_2)_7-COOH$	Oleat	Geruchlos	Häufigste, einfach ungesättigte Fettsäure, Ester als Oleyloleat DAB (Cetiol®)
Linol- und Linolensäure	$C_{17}H_{31}COOH$ $C_{17}H_{29}COOH$	Linolat Linolenat	Geruchlos	Essentielle, ungesättigte Fettsäuren

15.5.2 Seifen: Salze der Fettsäuren

Seifen sind Alkalisalze der höheren Fettsäuren. Sie entstehen beim Kochen pflanzlicher oder tierischer Fette mit Alkalilaugen (s. Abb. 15.20).

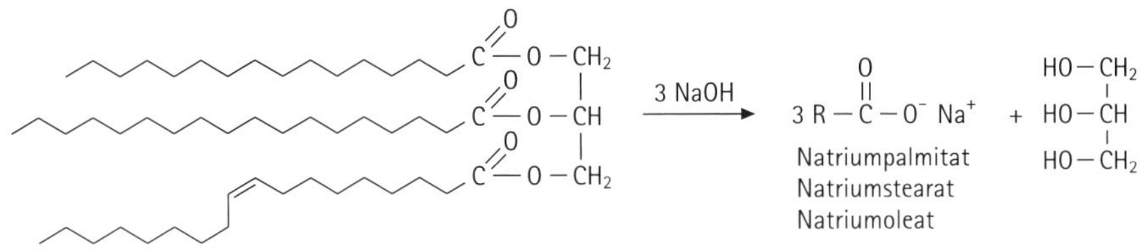

Abb. 15.20 Verseifung: Herstellung einer Alkaliseife

Die Spaltung eines Ester in Glycerol und Carbonsäure nennt man **Verseifung**. Diese Hydrolyse kann entweder mit Wasser bei 170 °C und Überdruck oder mit Säuren oder Basen durchgeführt werden. Im Organismus wird sie durch fettspaltende Enzyme

(Lipasen aus der Bauchspeicheldrüse) vorgenommen, die sich auch aus Rizinussamen isolieren lassen und zur industriellen Fettspaltung herangezogen werden.

Natronseifen

Beim Erhitzen der Fette mit Natronlauge bildet sich eine Lösung, die Glycerol und die Natriumsalze der Fettsäuren enthält. Zur Beschleunigung der Verseifung wird etwas Alkohol zugegeben. Der Vorgang ist beendet, wenn der Seifenleim sich klar in Wasser löst.

Aus diesem Seifenleim wird durch reichlich Kochsalzzugabe die Seife ausgesalzen, d. h. die spezifisch schwerere, wässrige Glycerollösung trennt sich von der Rohseife. Diese wird abgeschöpft, getrocknet, feingeschnitzelt und mit Zusätzen wie Farb- und Duftstoffen, Wollwachsalkoholen oder Desodorantien versehen und in Formen gepresst. Medizinalseifen enthalten statt dessen Teer, Ichthyol, Salicylsäure, Schwefel oder Pflanzenextrakte.

Kaliseifen

Die Verseifung mit Kalilauge liefert die weiche Kaliseife (Schmierseife), Sapo kalinus DAC, die nicht ausgesalzen werden kann und deshalb noch Glycerol und Wasser enthält. Schmierseifen dürfen nicht mit Harzen verschnitten sein.

10% Kaliseife ist auch im Seifenspiritus, Spiritus saponatus DAC 1986 enthalten. Kresolseifenlösung (Lysol®) mit 30% Rohkresol und Formaldehydseifenlösung (Lysoform®) mit 23% Formaldehyd werden zur Grobdesinfektion, z. B. in der Tiermedizin verwendet.

Waschvorgang

In Wasser bilden die Seifen ein kolloidales System. Die reinigende Wirkung beruht zu einem geringen Teil auf abgespaltenem freiem Alkali. Die eigentliche Wirkung kommt durch die Emulgierung der Schmutzteilchen zustande, wobei die Kohlenstoffketten in die Schmutzteilchen eindringen und sie so weggewaschen werden können. Seifen bestehen aus einem unpolaren (hydrophoben) KW-Rest und einem polaren (hydrophilen) Anteil: Sie sind amphiphil.

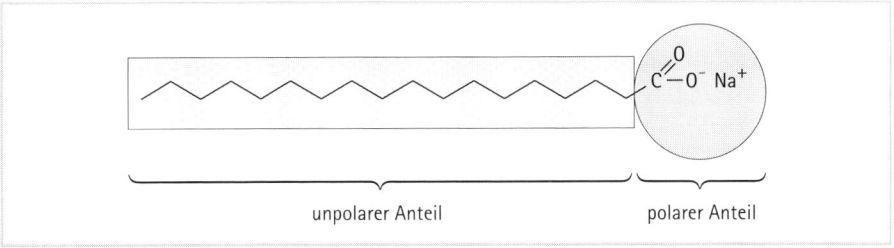

unpolarer Anteil   polarer Anteil

Abb. 15.21 Aufbau einer Seife

Andere Waschmittel, Detergentien

Es ist störend, dass die Seifen in hartem Wasser nicht brauchbar sind, weil die löslichen Ca- und Mg-Ionen des harten Wassers unlösliche Kalk- und Magnesiumseifen bilden; außerdem macht ihre alkalische Reaktion Seife für Hautkranke ungeeignet.

Daher wurden Moleküle mit besseren Eigenschaften gesucht. Detergentien, auch Tenside genannt, sind ebenfalls amphiphile, oberflächenaktive Substanzen. Man unterscheidet:

- anionenaktive Tenside,
- kationenaktive Tenside,
- nichtionogene Tenside,
- zwitterionische Tenside.

Anionenaktive Tenside, z.B. Salze der Fettalkoholschwefelsäureester (s. Abb. 15.22).

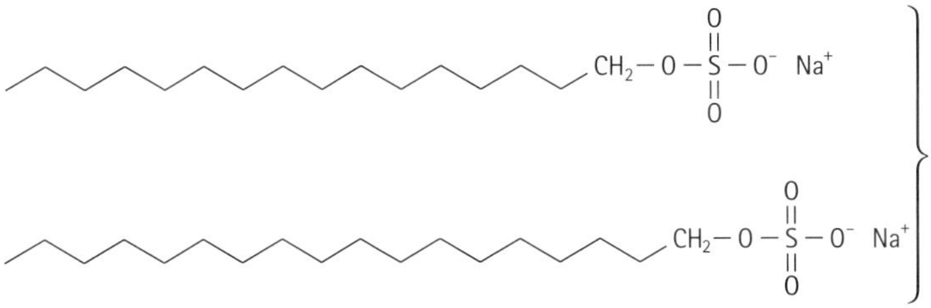

$$CH_2-O-\overset{\overset{O}{\|}}{\underset{\underset{O}{\|}}{S}}-O^-\ Na^+$$

$$CH_2-O-\overset{\overset{O}{\|}}{\underset{\underset{O}{\|}}{S}}-O^-\ Na^+$$

Natriumcetylstearylsulfat = Lanette E®

Abb. 15.22 Beispiel für ein anionenaktives Tensid

Solche Stoffe setzen die Oberflächenspannung des Wassers herab, verleihen der Waschlösung ihr gutes Netzvermögen und sind als anionenaktive Emulgatoren gut geeignet. Auch Sulfonate sind anionenaktiv. Sie haben eine direkte Bindung zwischen dem C- und dem S-Atom (s. Abb. 15.23).

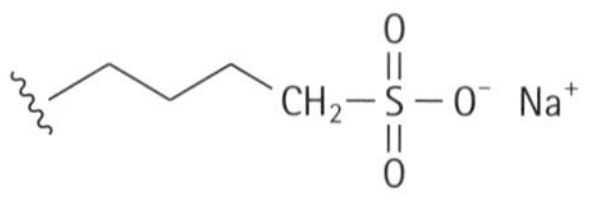

Abb. 15.23 Anionenaktives Sulfonat

Ein kompliziert gebautes Sulfonat ist das Natriumdioctylsulfosuccinat DAC, das in Abführmitteln, z. B. Florisan® enthalten ist.

Kationenaktive Tenside

Es handelt sich um quartäre Ammoniumsalze (s. Kap. 10.1). In der Tabelle 15.17 ist das Tetraalkylammoniumchlorid stellvertretend aufgeführt, an dem man die kationische Struktur erkennen kann. Sie werden auch als Invertseifen bezeichnet und werden häufig als Desinfektionsmittel verwendet: Benzalkoniumchlorid (Lysoform®, Sagrotan®). Sie entfalten ihre Netzwirkung nur in saurem Milieu und können nicht mit Seifen kombiniert werden. Halsschmerzen und bakterielle Beläge im Hals werden mit Cetylpyridiniumchlorid (Dobendan®) behandelt.

Nichtionogene Tenside

Hierzu gehören mit Fettsäuren veresterte Polyalkohole wie die Sorbitanderivate und die Polyethylenglykolether. Wegen ihrer geringen Reizwirkung werden sie häufig in Dermatika verwendet.

Zwitterionische Tenside

Sie können an- wie kationisch hydrophil sein, z. B. Betaine und Phospholipide.

Tab. 15.7 Tenside, Übersicht

Anionenaktive Tenside

$a = 10...20$; $b = 8...16$; $c = 3...5$.

Hydrophiler Rest	Bestimmender Bestandteil	Name
$-COO^-$	$H_3C-(CH_2)_a-COO^-\ Na^+$	Seifen, Natrium-salze von Fettsäuren
$-O-SO_2-O^-$	$H_3C-(CH_2)_a-O-SO_2-O^-\ Na^+$	Fettalkoholsulfate
$-SO_2-O^-$	$H_3C-(CH_2)_a-SO_2-O^-\ Na^+$	Alkylsulfonate
$-SO_2-O^-$		Alkylbenzolsulfo-nate
$-CO-N-(CH_2)_a-SO_2-O^-$ $\quad\ \ \vert$ $\quad\ \ R$	$H_3C-(CH_2)_a-CO\ -N-(CH_2)_a-SO_2-O^-\ Na^+$ $\qquad\qquad\qquad\quad \vert$ $\qquad\qquad\qquad\quad R$	Fettsäureacylierte Aminoethylsulfo-nate

Kationenaktive Tenside

$\begin{array}{c} CH_3 \\ \vert \\ -N^+-CH_3 \\ \vert \\ CH_3 \end{array}$	$\begin{array}{c} CH_3 \\ \vert \\ H_3C-(CH_2)_a-N^+-CH_3\ \ Cl^- \\ \vert \\ CH_3 \end{array}$	Tetraalkyl-ammoniumchlorid Invertseifen

Zwitterionische Tenside, Amphotenside

$\begin{array}{c} CH_3 \\ \vert \\ -N^+-CH_2-COO^- \\ \vert \\ CH_3 \end{array}$	$\begin{array}{c} CH_3 \\ \vert \\ H_3C-(CH_2)_a-N^+-CH_2-COO^- \\ \vert \\ CH_3 \end{array}$	N-Alkylbetain

Nichtionogene Tenside

Hydrophiler Rest	Bestimmender Bestandteil	Name
$-O-(CH_2-CH_2-O)_c-H$	$CH_3-(CH_2)_a-O-(CH_2-CH_2-O)_c-H$	Alkoholethoxylate
$-O-(CH_2-CH_2-O)_c-H$		Alkylphenol-ethoxylate

Wasserstoffbrückenaktive, nichtionogene Tenside

$-CO-NH-CH_2-CH_2-OH$	$CH_3-(CH_2)_a-CO-NH-CH_2-CH_2-OH$	Fettsäure-ethanolamid

15.5.3 Wichtige Vertreter der Dicarbonsäuren

Alle Dicarbonsäuren sind feste Substanzen. Die niederen Glieder lösen sich recht gut in Wasser. Weil zwei Carboxylgruppen vorhanden sind, ist ihre Acidität größer als die der entsprechenden Monocarbonsäuren, mit denen sie im übrigen große Ähnlichkeit haben.

Oxalsäure

$$\begin{array}{c} COOH \\ | \\ COOH \end{array}$$

Oxalsäure kristallisiert mit zwei Molekülen Kristallwasser. Beim Erhitzen mit Schwefelsäure disproportioniert Oxalsäure zu Kohlenmonoxid und Kohlendioxid:

$$\begin{array}{c} COOH \\ | \\ COOH \end{array} \xrightarrow{\ H_2SO_4\ } CO \ + \ CO_2 \ + \ H_2O$$

Von Kaliumpermanganat wird Oxalsäure vollständig zu Kohlendioxid und Wasser oxidiert. Redox-Gleichung:

$$5\,(COOH)_2 \ + \ 2\,MnO_4^- \ + \ 6\,H^+ \longrightarrow 10\,CO_2 \ + \ 2\,Mn^{2+} \ + \ 8\,H_2O$$

Oxalsäure ist deshalb als Urtiter zum Einstellen der 0,02 M-KMnO$_4$-Lösung geeignet.

Ammoniumoxalat-Lösung wird zum Nachweis von Calcium-Ionen (Grenzwertprüfung) gebraucht.

$$\begin{bmatrix} COO \\ | \\ COO \end{bmatrix}^{2-} 2\,NH_4^+ \ + \ Ca^{2+} \longrightarrow \begin{bmatrix} COO \\ | \\ COO \end{bmatrix}^{2-} Ca^{2+} \ + \ 2\,NH_4^+$$

Ionengleichung: $(COO)^{2-} \ + \ Ca^{2+} \longrightarrow (COO)_2Ca\downarrow$

Oxalsäure und Kaliumhydrogenoxalat (Kleesalz) kann man zum Entfernen von Rostflecken gebrauchen, weil die Oxalsäure mit einigen Metall-Ionen z. B. Eisen, lösliche Komplexsalze bildet.

Oxalsäure und ihre löslichen Salze sind giftig.

Organische Verbindungen, ihre Eigenschaften und die wichtigen Vertreter

Tab. 15.8 Übersicht über die wichtigsten Dicarbonsäuren

Bezeichnung	Formel	Andere Bezeichnung	Verwendung
Oxalsäure Ph. Eur.	COOH | COOH		Vorkommen: als Kaliumsalz in Algen, Farnen, Flechten; als Magnesiumsalz im Spinat (ca. 9 mg/100 g), in Sellerie, Rhabarber, Spargel, Tomaten, Honig
Malonsäure	COOH ⁄ CH₂ ＼ COOH	Methan-dicarbonsäure, Salze: Malonate	Anwendung zu organischen Synthesen, zur Herstellung von Barbitursäure und ihrer Derivate
Bernsteinsäure Reagenz Ph. Eur.	CH₂—COOH | CH₂—COOH	Butandisäure Salze: Succinate	Metabolit des Fett- und Kohlenhydratstoffwechsels; Anwendung: für organische Synthesen; K-, Ca-, Mg-succinat als Kochsalzersatz; früher als Expektorans und Diuretikum
Glutarsäure	CH₂—COOH ⁄ CH₂ ＼ CH₂—COOH	Pentandisäure, 1,3-Propandicarbonsäure; Salze: Glutarate	Abbauprodukt von Lysin und Tryptophan

15.5.4 Wichtige Vertreter der aromatischen Carbonsäuren

o-Phthalsäure

Benzol-1,2-dicarbonsäure

Kaliumhydrogenphthalat ist Bestandteil der Pufferlösungen pH 3,6 und pH 5,2 Ph. Eur.

o-Phthalsäure bildet ein Anhydrid, das mit Phenol zu Phenolphthalein kondensiert werden kann. Phenolphthalein ist ein vielgebrauchter Indikator für die Acidimetrie. Medizinisch wird es als Abführmittel gebraucht.

Phenolphthalein

Viele wichtige Analgetika – so genannte nichtsteroidale Analgetika – sind aromatische Carbonsäuren, z. B. Diclofenac und Ibuprofen.

Tab 15.9 Übersicht über wichtige aromatische Carbonsäuren (Fortsetzung s. nächste Seite)

Bezeichnung	Formel	Andere Bezeichnung	Verwendung
Ibuprofen Ph. Eur.		Ibuprofen (INN): (RS)-2-(4-Isobutyl-phenyl)-pro-pionsäure	Nichtsteroidales Antiphlogistikum, Analgetikum
Diclofenac Ph. Eur.		Diclofenac (INN): 2-(2,6-Di-chloranilino)-phenylessigsäure	Nichtsteroidales Antiphlogistikum, Analgetikum
Benzoesäure Ph. Eur.		Benzolcarbonsäure	Fungizides und bakterizides Konservierungsmittel, nur die undissoziierte Säure (pH 3 bis 5) wirkt bakteriostatisch, Antiseptikum, Ausgangsstoff wichtiger Lokalanästhetika

Tab 15.9   Übersicht über wichtige aromatische Carbonsäuren (Fortsetzung)

Bezeich-nung	Formel	Andere Bezeichnung	Verwendung
Heterocyclische Carbonsäuren			
Nicotin-säure Ph. Eur.	COOH		Wirkungen: in hoher Dosierung und ggf. als Ester: Gefäßerweiterung, Steigerung der Hautdurchblutung, Lipidsenkung durch Hemmung der Lipolyse und Verminderung der VLDL- und LDL-Synthese (mit resultierender Cholesterin- und Triglyceridsenkung); bei N-Mangelzuständen (Pellagra)

16 Substituierte Carbonsäuren

Wenn man ein oder mehrere Wasserstoffatome der Kohlenwasserstoffkette durch andere Atome oder Atomgruppen ersetzt, erhält man C-substituierte Carbonsäuren. Dabei bleibt die **Carboxylgruppe unverändert.** Bei der Einteilung der Carbonsäuren wurde schon im Kapitel 15.3.3 auf den Einfluss des Substituenten auf die der Carboxylgruppe benachbarten C-Atome hingewiesen.

Tab. 16.1 Einteilung nach der Art des Substituenten

Bezeichnung	Beispiel	Bezeichnung	Ersatz eines oder mehrerer H-Atome des KW-Restes durch:
Halogencarbonsäure	$Cl - \overset{\displaystyle Cl}{\underset{\displaystyle Cl}{C}} - COOH$	Trichloressigsäure	Halogen
Hydroxycarbonsäure",4,5>**Hydroxy**carbonsäure	$H_3C - \overset{\displaystyle OH}{CH} - COOH$	Milchsäure, α-**Hydroxy**propionsäure	Hydroxylgruppen
Aminocarbonsäuren = Aminosäuren	$H - \overset{\displaystyle COOH}{\underset{\displaystyle CH_3}{C}} - NH_2$	L-Alanin, α-**Amino**propionsäure	Aminogruppen
Ketocarbonsäuren	$H_3C - \overset{\displaystyle O}{\overset{\displaystyle \|}{C}} - COOH$	Brenztraubensäure, α-**Oxo**propionsäure	Carbonylgruppen

Nomenklatur

Nach der IUPAC-Nomenklatur wird der Substituent mit der Ziffer des C-Atoms, an dem er steht, dem Namen der Carbonsäure als Präfix vorangestellt. Da viele dieser Carbonsäuren schon viel früher aus Naturstoffen isoliert wurden, findet oft der

Organische Verbindungen, ihre Eigenschaften und die wichtigen Vertreter

Trivialname der Carbonsäure Verwendung. Die Positionen der Substituenten gibt man mit griechischen Buchstaben an. Das der Carboxylgruppe benachbarte C-Atom wird demnach mit α bezeichnet, das nächste ist das β-Kohlenstoffatom usw. Ein Beispiel ist in Abbildung 16.1 aufgeführt.

Tab. 16.2 Benennung der C-Atome mit Buchstaben aus dem griechischen Alphabet

zur Carboxalgruppe benachbartes C-Atom	Symbol	Bezeichnung
1. C-Atom	α	Alpha
2. C-Atom	β	Beta
3. C-Atom	γ	Gamma
4. C-Atom	δ	Delta
... das letzte C-Atom	ω	Omega

Hier ein Beispiel:

$$\overset{\delta}{\underset{5}{}} \quad \overset{\gamma}{\underset{4}{}} \quad \overset{\beta}{\underset{3}{}} \quad \overset{\alpha}{\underset{2}{}} \quad \underset{1}{}$$
$$HO - CH_2 - CH_2 - CH_2 - CH_2 - COOH$$

Abb. 16.1 IUPAC: 5-Hydroxypentansäure; Trivialname: δ-Hydroxyvaleriansäure

16.1 Halogencarbonsäuren

Halogencarbonsäuren, insbesondere die α-substituierten, haben eine erhöhte Acidität im Vergleich zu einfachen Carbonsäuren, da das stark elektronegative Halogenatom das Bindungselektronenpaar anzieht und dadurch am C-Atom eine positive Partialladung induziert, was die Protonenabgabe der Carboxylgruppe erhöht (s. Kap. 15.3.3). Der wichtigste Vertreter unter den Halogencarbonsäuren ist die Trichloressigsäure.

Trichloressigsäure

$$Cl - \underset{\underset{Cl}{|}}{\overset{\overset{Cl}{|}}{C}} - \overset{\overset{O}{\displaystyle\parallel}}{C}\diagdown_{OH}$$

Trichloressigsäure

Trichloressigsäure, Acidum trichloraceticum, besteht aus farblosen, leicht zerflie-ßenden Kristallen von schwach stechendem Geruch. Sie ist ätzend, sehr leicht löslich in Wasser, Ethanol 96 %, Ether und Chloroform.

Anwendung
Diese Säure wird äußerlich als Ätzmittel (50 %) bei Warzen und Hornhaut, in der Harn- und Blutanalyse als eiweißfällendes Mittel angewendet. Sie findet sich als Reagenz im DAC.

16.2 Hydroxycarbonsäuren

Die Hydroxycarbonsäuren sind fest; die niederen Glieder sind hygroskopisch. Wie zu erwarten werden durch den Eintritt der Hydroxylgruppe die Eigenschaften der Carbonsäuren verändert. Die Hydroxycarbonsäuren sind besser in Wasser löslich und stärker sauer im Vergleich zu Carbonsäuren, sie sind aber weniger flüchtig.

Lactone
Hydroxycarbonsäuren gehen typische intramolekulare (innerhalb eines Moleküls) Reaktionen ein. Verbindungen, deren Hydroxylgruppe und Carboxylgruppe durch drei oder vier Methylenreste von einander getrennt sind (γ- oder δ-Hydroxycar-bonsäuren), bilden sehr leicht, manchmal sogar spontan, cyclische Ester, die die spezielle Bezeichnung **Lactone** führen. Ein Beispiel ist in Abbildung 16.2 aufgeführt.

Organische Verbindungen, ihre Eigenschaften und die wichtigen Vertreter

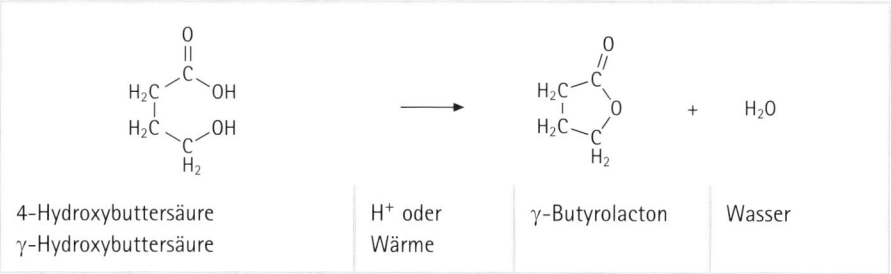

| 4-Hydroxybuttersäure
γ-Hydroxybuttersäure | H^+ oder
Wärme | γ-Butyrolacton | Wasser |

Abb. 16.2 Bildung eines Lactonringes

Lactone sind normalerweise fünf- oder sechsgliedrige Ringe. Cumarin zum Beispiel hat einen sechsgliedrigen Lactonring. Bei den herzwirksamen Glykosiden findet man die Cardenolide mit einem ungesättigten und die Bufadienolide mit einem doppelt ungesättigten γ-Lactonring (s. Kap. 14.5).

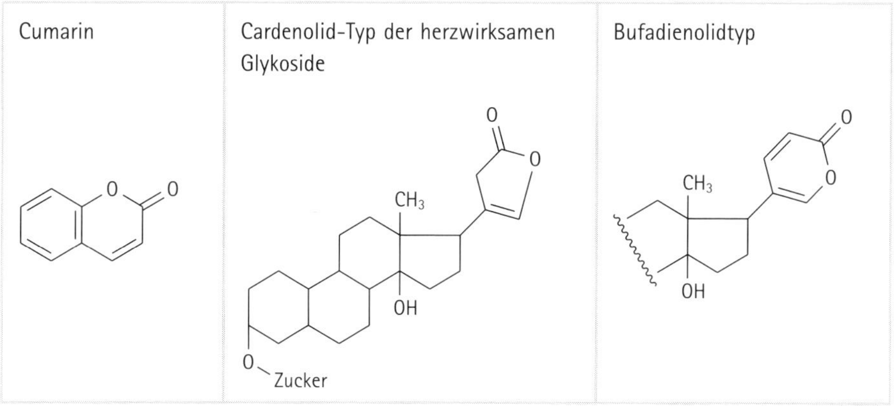

| Cumarin | Cardenolid-Typ der herzwirksamen Glykoside | Bufadienolidtyp |

Abb. 16.3 Beispiele für pharmakologisch hochwirksame Naturstoffe mit Lactonringen

Auch bei bestimmten Antibiotika gibt es Lactonringe. Die Macrolidantibiotika weisen große Lactonringe auf, das Magnamycin besitzt einen sechzehngliedrigen Lactonring.

Vitamin C, Ascorbinsäure, ist ein Lacton, das am C_4-Atom des Furanonringes (5 C-Atome) eine OH-Gruppe trägt, wodurch die saure Eigenschaft entsteht. Das Anion ist mesomeriestabilisiert.

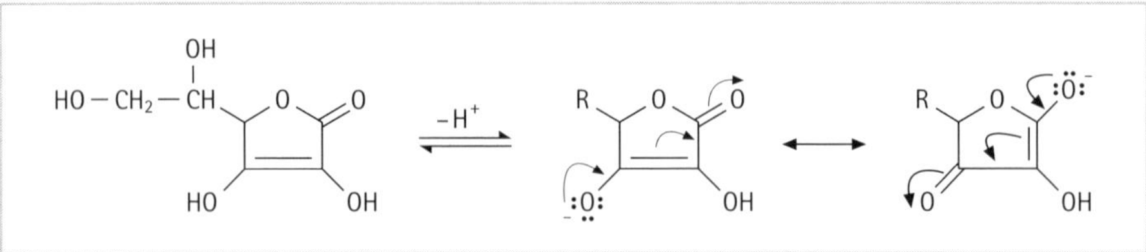

Abb. 16.4 Mesomeriestabilisiertes Anion der Ascorbinsäure

16.2.1 Wichtige Vertreter der Hydroxycarbonsäuren

Milchsäure

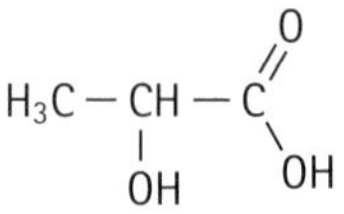

Milchsäure

Milchsäure, Acidum lacticum Ph.Eur., nach IUPAC-Nomenklatur α-Hydroxypropionsäure. Milchsäure enthält ein asymmetrisches C-Atom und kommt in 2 optisch aktiven Formen, der L(+)-Milchsäure und der D-(–)-Milchsäure sowie als Racemat der D- und L-Form vor.

Hydroxycarbonsäuren spalten beim Erhitzen Wasser ab. Bei α-Hydroxyalkansäuren entsteht aus zwei Säuremolekülen ein Molekül eines cyclischen Carbonsäureesters. Diesen nennt man **Lactid** (s. Abb. 16.5).

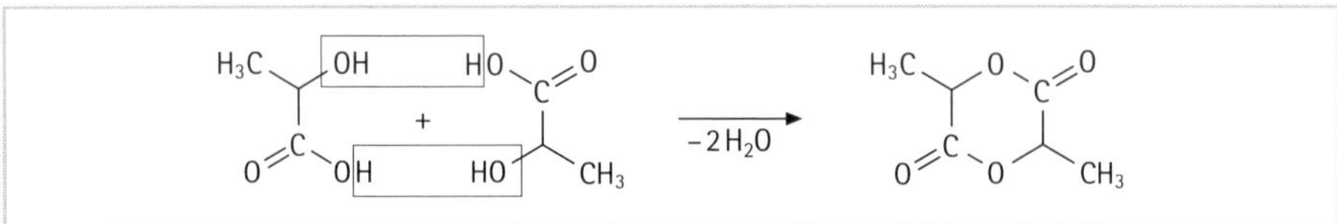

Abb. 16.5 Bildung eines cyclischen Lactids aus 2 Molekülen Milchsäure

Reagieren zwei Milchsäuremoleküle nur unter einer Esterbildung, so bildet sich kein Ring sondern man spricht von Lactylmilchsäure.

Milchsäure ist eine klare, farblose bis schwach gelbliche, sirupdicke, ätzende, fast geruchlose, hygroskopische Flüssigkeit, die mit Wasser, Ethanol 90% und Ether mischbar ist. Mit einem pK_s = 3,86 gehört Milchsäure zu den mittelstarken Säuren. Die Salze der Milchsäure heißen Lactate.

Organische Verbindungen, ihre Eigenschaften und die wichtigen Vertreter

Milchsäure kommt in sauer gewordenen zucker- und stärkehaltigen Flüssigkeiten vor wie saurer Milch, Sauerkraut, sauren Gurken usw., auch im Magen- und Darminhalt, in Muskeln und im Gehirn.

Anwendung

Man verwendet Milchsäure zur Herstellung von Sauermilch für Säuglingsnahrung. Äußerlich wird Milchsäure als Ätzmittel bei Geschwüren, zu Mundwässern (Tonsillosan®) und Scheidenspüllösungen verwendet.

Calciumlactat Ph. Eur.: Das Calciumsalz der Milchsäure wird zur Calciumtherapie besonders bei Schwangeren und Kindern eingesetzt; ferner als Hämostatikum nach kleineren Operationen und bei Blutungen in der Nachgeburtsperiode.

Weinsäure

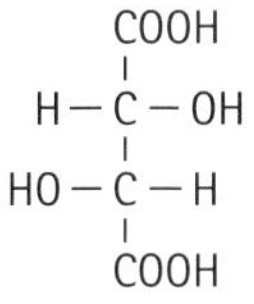

$$
\begin{array}{c}
\text{COOH} \\
| \\
\text{H} - \text{C} - \text{OH} \\
| \\
\text{HO} - \text{C} - \text{H} \\
| \\
\text{COOH}
\end{array}
$$

Weinsäure

Weinsäure, Acidum tartaricum Ph.Eur., ist nach IUPAC-Nomenklatur 2,3-Dihydroxybernsteinsäure. Ein veralteter Name ist Weinsteinsäure.

Weinsäure besteht aus farblosen Kristallen oder weißem, kristallinem Pulver von saurem Geschmack. Sie ist sehr leicht löslich in Wasser und leicht löslich in Ethanol.

Weinsäure besitzt ein Symmetriezentrum:

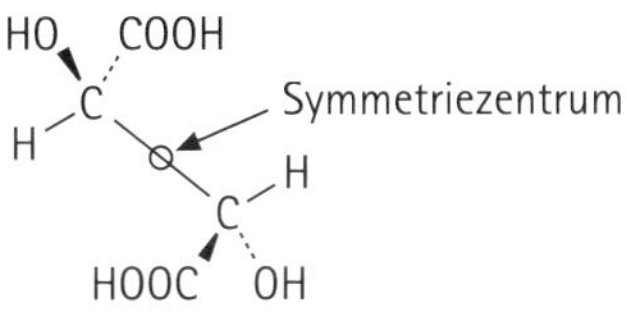

Bei der Weinsäure liegt ein Spezialfall (genannt Mesoform) vor, da sie mit zwei **gleich substituierten** C*-Atomen spiegelsymmetrisch ist (s. Kap. 7). Die beiden Enantiomerenpaare sind zueinander diastereomer (s. Abb. 16.6).

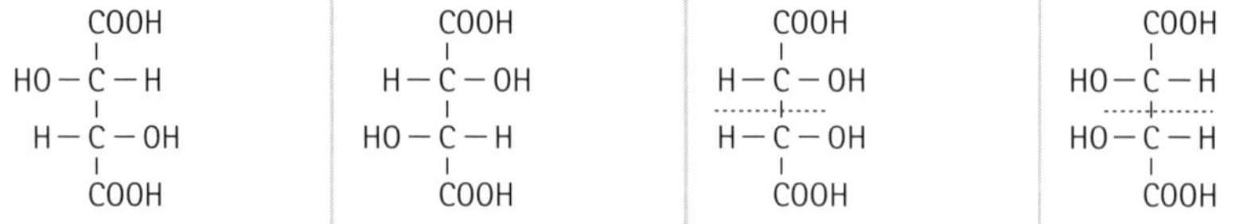

COOH	COOH	COOH	COOH
HO − C − H	H − C − OH	H − C − OH	HO − C − H
H − C − OH	HO − C − H	H − C − OH	HO − C − H
COOH	COOH	COOH	COOH
D-Weinsäure	L-Weinsäure	meso-Weinsäure	
Drehwinkel α = −12°	Drehwinkel α = +12°	Keine optische Drehung	

Abb. 16.6 D-, L- und meso-Weinsäure

Bei der meso-Weinsäure heben sich die Drehwinkel der beiden optisch aktiven C-Atome innerhalb des Moleküls auf. Eine solche achirale Verbindung zeigt demzufolge auch keine optische Aktivität. Für die Weinsäure lassen sich also nur drei Stereoisomere aufzeichnen.

Anwendung

Weinsäure findet man in durstlöschenden Limonaden, hauptsächlich in Brausepulvern und Brausetabletten, und zur Stabilisierung der Essigsauren Tonerdelösung. Das schwer lösliche Kaliumhydrogentartrat (Tartarus depuratus, Weinstein) wird als Laxans (Pulvis aerophorus laxans) eingesetzt und ist Bestandteil von Backpulvern. Zu beachten sind Inkompatibilitäten: Calciumtartrat, Ammonium- und Kaliumhydrogentartrate sind schwer löslich.

Citronensäure

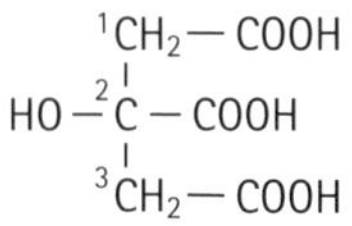

$$^{1}CH_2 - COOH$$
$$HO - {}^{2}C - COOH$$
$$^{3}CH_2 - COOH$$

Citronensäure

Citronensäure, Acidum citricum Ph. Eur., wird nach IUPAC- Nomenklatur 2-Hydroxy-propan-1,2,3-tricarbonsäure genannt. Sie ist optisch inaktiv. Citronensäure besteht aus weißen Kristallen oder kristallinem Pulver von saurem Geschmack. Sie ist sehr leicht löslich in Wasser und leicht löslich in Ethanol. Citronensäure ist im Pflanzenreich weit verbreitet. Sie kommt auch im Blut, Harn, Muskel und in der Milch der Säugetiere vor und spielt im Stoffwechsel eine wichtige Rolle (Tricarbonsäurezyklus, Citronensäurezyklus).

Anwendung

Citronensäure wird bei Salzsäuremangel im Magen, als Geschmackskorrigens und zusammen mit Hydrogencarbonaten in Brausepulver verwendet; außerdem zur Herstellung des Citratpuffers, z. B. für die Gewinnung von Citratplasma. In der Lebensmittelindustrie wird Citronensäure als Zusatz in Limonaden, außerdem als Essigersatz, zur Entfernung von Kesselstein, Tintenflecken und Rost eingesetzt.

Salicylsäure

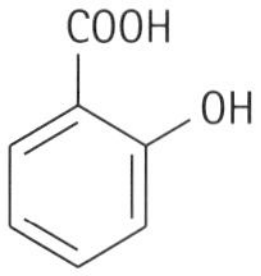

Salicylsäure

Salicylsäure, Acidum salicylicum Ph. Eur., heißt nach IUPAC-Nomenklatur 2-Hydroxybenzoesäure. Salicylsäure besteht aus Kristallnadeln oder ist ein weißes oder farbloses kristallines Pulver mit süßlichem, später kratzendem Geschmack. Sie ist löslich in Wasser und in Ethanol und Ether. Mit einem $pK_s = 3,0$ zählt sie zu den mittelstarken Säuren.

Beim Identitätsnachweis wird die an ortho-Stellung stehende phenolische OH-Gruppe der Salicylsäure nachgewiesen: Eisen(III)-ionen bilden mit phenolischen OH-Gruppen in neutraler Lösung charakteristische Färbungen, die auf der Bildung komplexer Eisen(III)-salze beruhen; Salicylate ergeben eine Violettfärbung. Charakteristisch für Salicylate ist, dass – im Gegensatz zu einfachen Phenolen – diese Färbung auch in einer schwach sauren Lösung bestehen bleibt.

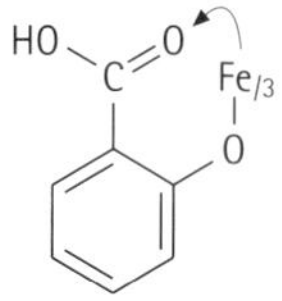

Abb. 16.7 Salicylatnachweis mit Eisen(III)-ionen als Salicylat-Eisen(III)-Komplex

Anwendung

Salicylsäure hat eine antipyretische, analgetische, antiphlogistische und keratolytische Wirkung. Bei den erforderlichen Dosierungen treten zahlreiche Nebenwirkungen wie Ohrensausen, Schweißausbrüche und Hitzewallungen auf. Daher ist

Salicylsäure heute innerlich verabreicht veraltet. Als Keratolytikum wirkt Salicylsäure eiweißfällend, bakteriostatisch und fungizid. Anwendung finden Schälsalben und Hühneraugenpflaster mit 40- bis 60%iger Salicylsäure (Guttaplast®, Cornina®).

Besser als die freie Salicylsäure werden z. B. das Salicylsäureamid (Salicylamid DAC) und das Ethenzamid vertragen, die zusammen mit anderen Wirkstoffen in vielen nichtverschreibungspflichtigen Analgetika und Antirheumatika enthalten sind.

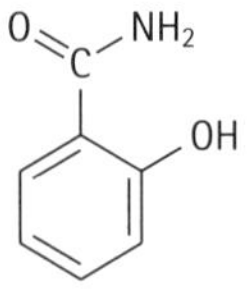

Salicylamid	Ethenzamid, 2-Ethoxybenzamid
(Säureamid der Salicylsäure)	(Ethylether des Salicylamids)

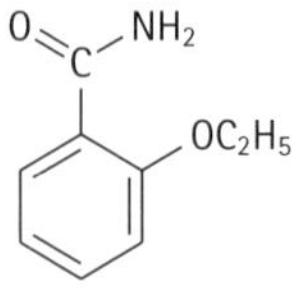

Abb. 16.8 Derivate der Salicylsäure

Acetylsalicylsäure

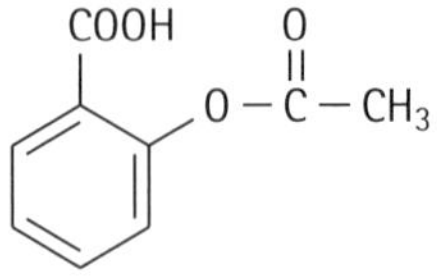

Acetylsalicylsäure

Acetylsalicylsäure, nach IUPAC 2-Acetoxybenzoesäure genannt, ist unter der Abkürzung **ASS** bekannt und hat außer der intakten Säurefunktion noch eine Estergruppe. Durch die Veresterung der phenolischen Hydroxylgruppe der Salicylsäure mit Essigsäure erreicht man nicht nur eine bessere lokale Verträglichkeit, sondern auch eine stärkere antipyretische, antiphlogistische und insbesondere thrombozytenaggregationshemmende Wirkung. ASS ist daher eines der wichtigsten Analgetika, Antiphlogistika und der wirksamste Thrombozytenaggregationshemmer.

Es handelt sich um farblose Kristalle oder ein weißes, kristallines Pulver von saurem Geschmack. ASS ist geruchlos oder fast geruchlos und leicht löslich in Ethanol 90% und wenig löslich in Wasser.

Ph.Eur. lässt zur Identitätsprüfung zunächst den Ester durch Erhitzen mit Natronlauge zu Natriumacetat und Natriumsalicylat verseifen.

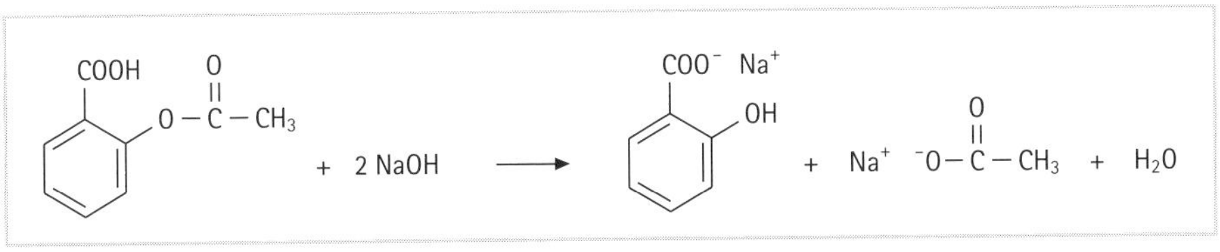

Abb. 16.9 Verseifung des Esters und Salzbildung der Carbonsäure mit NaOH

Beim Ansäuern mit H_2SO_4 wird die wasserunlösliche Salicylsäure frei.

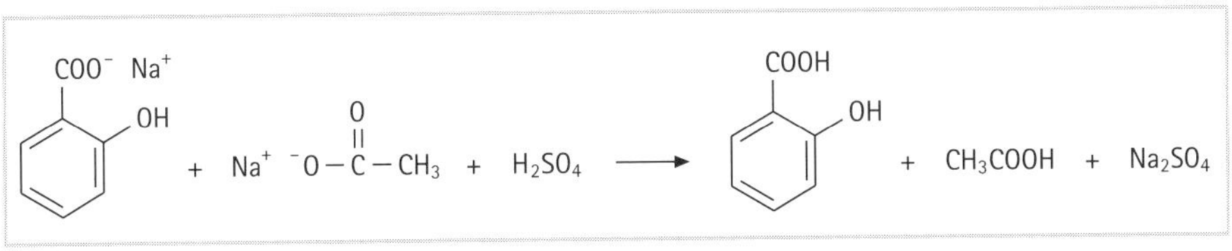

Abb. 16.10 Freisetzung von Salicylsäure aus Natriumsalicylat

Die Salicylsäure wird nach Waschen und Trocknen durch ihren Schmelzpunkt und den in Abbildung 16.7 angegebenen Nachweis identifiziert.

Der Gehaltsbestimmung liegt ebenfalls die Esterspaltung zugrunde, diesmal mit 0,5 molarer Natriumhydroxid-Lösung. Nicht verbrauchtes NaOH wird mit 0,5 molarer Salzsäure zurücktitriert.

Anwendung

ASS wird als Analgetikum mit antipyretischer, antiphlogistischer Wirkung, Antirheumatikum und Thrombozytenaggregationshemmer zur Thrombose- und Infarktprophylaxe und zur Reinfarktprophylaxe angewendet. Wichtige ASS-haltige Fertigarzneimittel sind Alka-Seltzer®, Aspirin®, Aspro®, Colfarit®, Contrheuma®, Solpyron®, Trineral®, Contradol®, Godamed®.

ASS greift durch die Hemmung der Cyclooxygenase (COX) in die Umwandlung der Arachidonsäure (stammt aus Zellmembranen) zu Prostaglandinen (beteiligt am Schmerz- und Entzündungsgeschehen) und zu Thromboxan (Thrombocytenaggregation) ein. Die Kontraindikationen entsprechen denen anderer nichtsteroidaler Antiphlogistika: Magen-Darm-Geschwüre, Asthma und in den letzten Wochen der Schwangerschaft. Außerdem sollte ASS nicht zusammen mit Cumarin-Derivaten (Marcumar®) gegeben werden. Für Kinder mit viralen Infektionen ist ASS nicht geeignet, da in sehr seltenen Fällen das Reye-Syndrom (Leberschaden, Enzephalopathie mit hoher Sterblichkeitsrate) auftreten kann.

4-Hydroxybenzoesäure
p-Hydroxybenzoesäure

$$O=C-OR$$

R = H = Säure
R = CH_3 = Methylester
R = C_2H_7 = Propylester

OH

p-Hydroxybenzoesäure hat, obwohl es zur Salicylsäure eine konstitutionelle Stellungsisomerie zeigt (s. Kap 7.1.2) keine antirheumatischen und antipyretischen Eigenschaften. Ihre Methyl- und Propylester (Ph. Eur.) dienen als Konservierungsmittel (PHB-Ester, Parabene).

p-Hydroxybenzoesäuremethylester (Ph. Eur.), auch bekannt unter Methylparaben oder dem Präparatenamen Nipagin M®, ist ein weißes Pulver, das in Ethanol, Ether, Aceton leicht und in Wasser schwer löslich ist und zur Konservierung in Konzentrationen von 0,1 bis 0,3 % verwendet wird. Es wirkt fungistatisch, ist aber wenig wirksam gegenüber Bakterien. Nicht geeignet ist Nipagin zur parenteralen und ophthalmologischen Anwendung. In pharmazeutischen Zubereitungen findet sich häufig ein Gemisch mit Nipasol®, dem Propylester der p-Hydroxybenzoesäure (z. B. 7 Teile Nipagin und 3 Teile Nipasol); auch ein Zusatz von Propylenglykol begünstigt die Wirksamkeit. Durch Tenside und andere Makromoleküle (bes. Polyethylenglykole), sowie durch Alkalien und Eisensalze tritt eine Wirkungsminderung ein. Eine allergisierende Wirkung ist möglich und wird häufig beobachtet.

Tannin

COOH

HO OH

OH

Gallussäure

Tannin besteht aus Estern der Gallussäure mit Glucose und ist auch unter dem Name Gerbsäure bekannt. Die Gallussäure ist eine 3,4,5-Trihydroxybenzoesäure und wird in der Ph. Eur. als Reagenz verwendet. Der Name Acidum tannicum ist nicht korrekt, weil durch die Esterbilduung keine freie Säuregruppe der Gallussäure mehr vorhanden ist.

Anwendung

Tannin wird als Antiseptikum, Adstringens und sowohl innerlich als auch äußerlich als Blutstillungsmittel verwendet (oral 0,2 g, Spülungen 1 %, Pinselungen 20 %), außerdem innerlich bei Diarrhoe (Tannacomp®). Tannin zeigt die typischen Nebenwirkungen der Gerbstoffe.

Basisches Bismutgallat

Bismutgallat

Bismutsubgallat, Bismut(h)i subgallas, Bismutum gallicum basicum, Bismutum subgallicum hat die Summenformel $C_6H_2(OH)_3-COOBi(OH)_2$. Es ist ein gelbes, amorphes, geruch- und geschmackloses Pulver und unlöslich in Wasser.

Anwendung

Bismutgallat wurde früher bei Gastritis und Enteritis angewandt (Kot färbt sich schwarz). Heute wird es äußerlich als Adstringens zur Behandlung von Wunden, Ekzemen, Verbrennungen (Dermatol®) und zur Anwendung bei Hämorrhoiden verwendet.

Tab. 16.3 Übersicht über die wichtigsten Hydroxycarbonsäuren (Fortsetzung s. nächste Seite)

Bezeichnung (nach Arzneibuch)	Formel	Weitere Bezeichnungen	Vorkommen/Verwendung
Milchsäure Acid. lacticum Ph. Eur.	CH$_3$ | CHOH | COOH	2-Hydroxy-propionsäure	Saure Milch, Magensaft, Sauerkraut (Racemat), im Muskel als Fleischmilchsäure (rechtsdrehend)

Bezeichnung (nach Arzneibuch)	Formel	Weitere Bezeichnungen	Vorkommen/Verwendung
Mandelsäure	CHOH COOH	2-Hydroxy-2-phenyl-essigsäure	Harnantiseptikum, Benzylester als Spasmolytikum u. a. in Stadapyrin®, Algostadol®
Salicylsäure Acid. salicylium Ph. Eur.	COOH OH	2-Hydroxy-benzoe-säure	Frei und verestert in Pflanzen, bes. als Methylester in Gaultheria procumbens: Keratolytikum
Gallussäure Acid. gallicum R DAB	COOH HO OH OH	3,4,5-Trihydroxyben-zoesäure	Frei in chin. Tee, glycosidisch in Tanningerbstoffen
Weinsäure Acid. tartaricum Ph. Eur.	COOH $(CHOH)_2$ COOH	$(2R,3R)$-2,3-Dihy-droxy-bernsteinsäure	Als Kaliumhydrogentartrat im Traubensaft (Weinstein): K Na-tartrat in Fehling II
Gluconsäure	COOH $(CHOH)_4$ CH_2OH	1,2,3,4,5-pentahy-droxy-pentancarbon-säure	Als Ca-Salz (Ph. Eur.) zur Kalktherapie, als Fe^{2+}-Salz (Ph. Eur.) zur Eisentherapie
Citronensäure Acid. citricum Ph. Eur.	CH_2 — COOH HO — C — COOH CH_2 — COOH	2-Hydroxy-1,2,3-pro-pantricarbonsäure	Früchte, Zuckervergärung durch Aspergillus niger
Ascorbinsäure Acid. asorbicum Ph. Eur. Vitamin C	CH_2OH *HCOH O O H OH OH	3-Oxo-l-gulonsäure-γ-lacton (Enolform)	Citrusfrüchte, Sanddorn usw. siehe Kap. 16.2

16.3 Ketocarbonsäuren

Diese Säuren enthalten außer der Carboxylgruppe eine oder mehrere Carbonylgruppen an der zur COOH-Gruppe benachbarten Kohlenwasserstoffkette (s. Abb. 16.11).

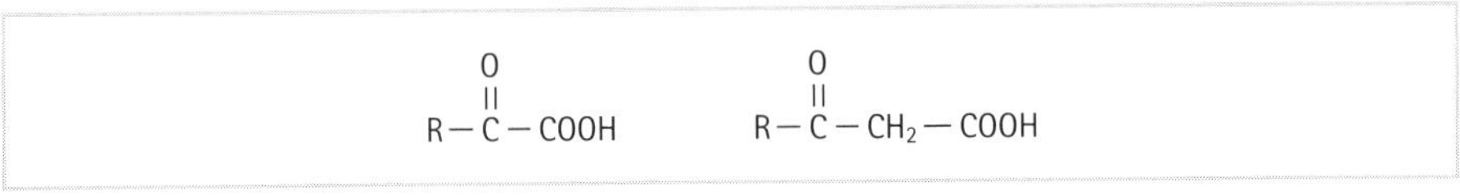

$$\underset{R-\overset{\overset{\displaystyle O}{\|}}{C}-COOH}{} \qquad \underset{R-\overset{\overset{\displaystyle O}{\|}}{C}-CH_2-COOH}{}$$

Abb. 16.11 α- und β-Ketocarbonsäure

α- und β-Ketosäuren beteiligen sich an Redox-Reaktionen im Stoffwechsel.

Brenztraubensäure

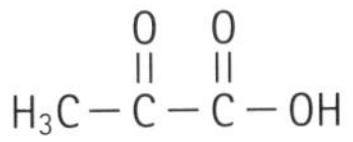

$$H_3C-\overset{\overset{\displaystyle O}{\|}}{C}-\overset{\overset{\displaystyle O}{\|}}{C}-OH$$

Brenztraubensäure ist die bekannteste α-Ketosäure. Sie entsteht durch biologischen Abbau von Glucose und ist Ausgangsverbindung für zahlreiche Stoffwechselwege. Vor allem stammt aus ihr der Acetylrest des Enzyms Acetyl-Coenzym A. Sie ist damit die Ausgangsverbindung für die Biosynthese von Fettsäuren und anderen verwandten Naturstoffen.

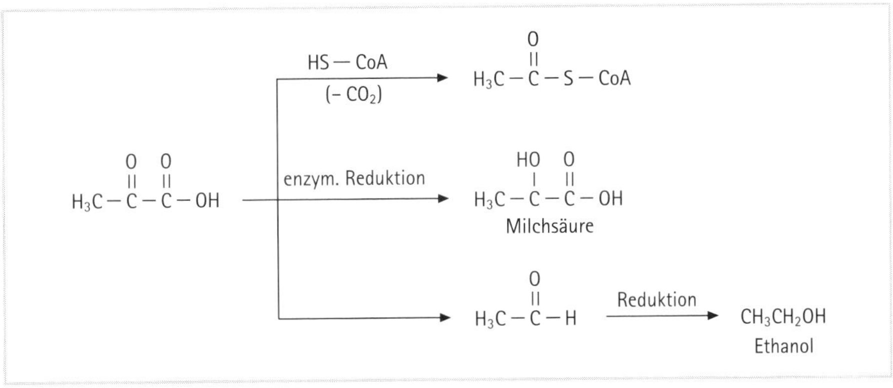

Abb. 16.12 Brenztraubensäure ist im Organismus Zwischenprodukt bei der Entstehung von Acetyl-Coenzym A, Milchsäure und Ethanol

Sie stellt das Verbindungsglied zwischen Aminosäure- und Glucosestoffwechsel dar und kann nach Einführung einer weiteren COOH- Gruppe als Oxalessigsäure in den Zitronensäurezyklus eingeschleust werden. Ihre Salze werden als Pyruvate bezeichnet.

16.4 Aminocarbonsäuren, Aminosäuren

Aminosäuren, bzw. Aminocarbonsäuren bestehen mindestens aus einer Carboxyl- und einer Aminogruppe. Je nach der Stellung der NH_2-Gruppe in der Kohlenstoffkette zu der endständigen Carboxylgruppe unterscheidet man α-, β-, γ-...Aminosäuren.

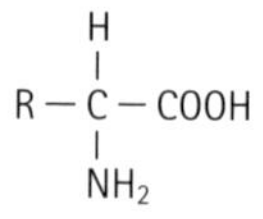

$$
\begin{array}{c}
H \\
| \\
R - C - COOH \\
| \\
NH_2
\end{array}
$$

α-Aminosäure

Abb. 16.13 Carboxylgruppe und Amino-Gruppe sind benachbart

Die α-Aminosäuren gehören als Bausteine der Proteine und Peptide, jedoch auch in freier Form, zu den wichtigsten organischen Stoffen der lebenden Zelle. Mit Ausnahme des Glycins kommen alle in L-Form vor (s. Kap. 7).

Im Organismus existieren ca. 25 Aminosäuren., davon sind 8 essenziell. Nichtessenzielle können aus essenziellen Aminosäuren umgewandelt werden, umgekehrt ist das nicht möglich, sodass die essenziellen Aminosäuren Tryptophan, Threonin, Isoleucin, Lysin, Valin, Leucin, Methionin und Phenylalanin mit der Nahrung aufgenommen werden müssen.

Durch säureamidartige Verknüpfung (s. Kap. 15.4.3) von zwei oder mehreren Aminosäuren entstehen Peptide, ab ca. hundertgliedrigen Ketten spricht man von Proteinen.

Organische Verbindungen, ihre Eigenschaften und die wichtigen Vertreter

16.4.1 Nomenklatur und Strukturformeln der Aminosäuren

In der Tabelle 16.4 sind die zwanzig proteinogenen Aminosäuren zusammengestellt. Jede führt einen Trivialnamen, der auch der gebräuchlichen Drei-Buchstaben-Abkürzung zugrund liegt. Die Aminosäuren sind konstitutionell sehr verschieden. Hier sind sie nach gemeinsamen Strukturmerkmalen und chemischen Eigenschaften in Gruppen geordnet.

Tab. 16.4 Die wichtigsten Aminosäuren haben alle Trivialnamen (Fortsetzung s. nächste Seite)

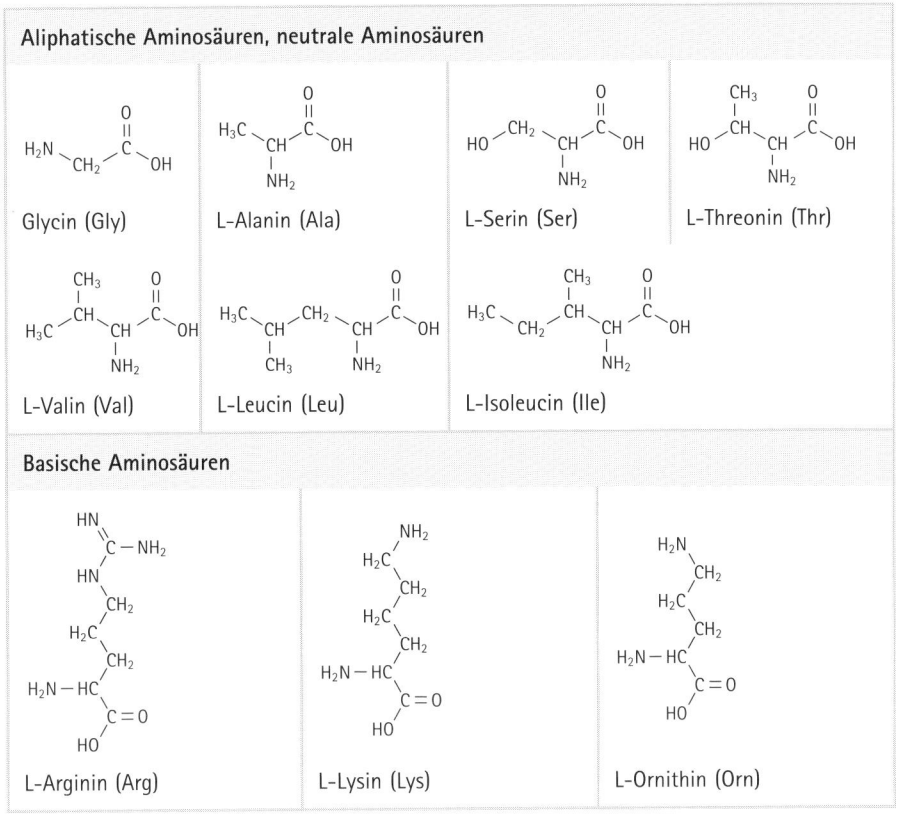

Saure Aminosäuren und ihre Amide

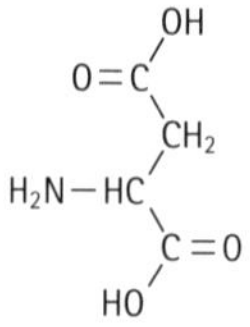

L-Asparaginsäure (Asp)

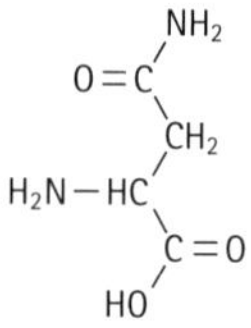

L-Asparagin (Asn)

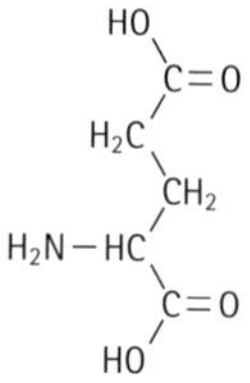

L-Glutaminsäure (Glu)

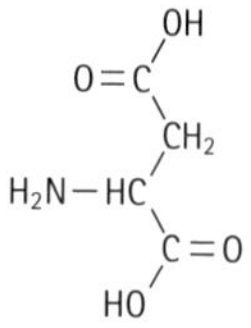

L-Glutamin (Gln)

Schwefelhaltige Aminosäuren

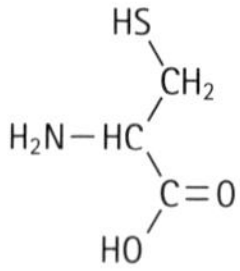

L-Cystein (Cys)

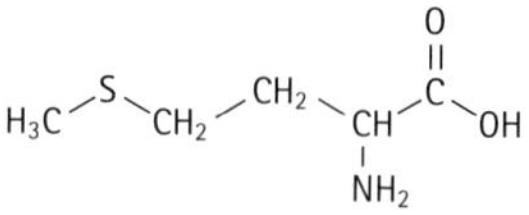

L-Methionin (Met)

Aromatische Aminosäuren

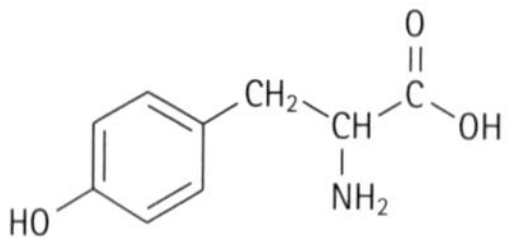

L-Thyrosin (Tyr)

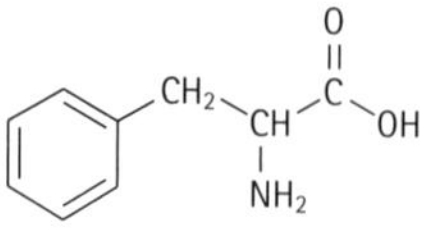

L-Phenylalanin (Phe)

Heterocyclische Aminosäuren

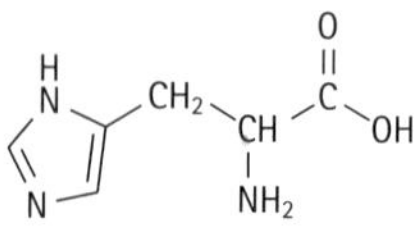

L-Histidin (His)

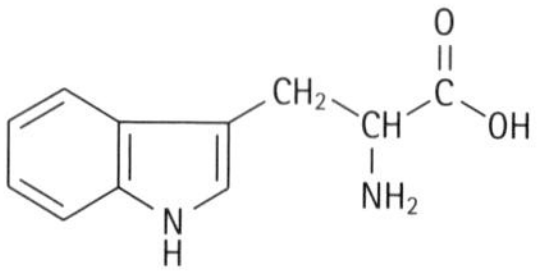

L-Tryptophan (Trp)

16.4.2 Eigenschaften der Aminosäuren

Die Aminosäuren sind kristallin und in Wasser leicht löslich, in vielen organischen Lösungsmitteln jedoch unlöslich. Sie verhalten sich demnach Lösungsmitteln gegenüber wie Salze. Dass sie tatsächlich Salze sind, bei denen sich Kation und Anion innerhalb desselben Moleküls befinden, wird bei der Betrachtung des Moleküls klar.

Aminosäuren haben durch ihre Carboxylgruppe $-COOH$ saure, durch die Aminogruppe $-NH_2$ basische Eigenschaften. Diese beiden Gruppen können innerhalb des Moleküls miteinander reagieren,

indem das abdissoziierfähige H^+ der Carboxylgruppe an das freie Elektronenpaar des Stickstoffs wandert (Ausbilden von Zwitterionen). Aminosäuren können mit Basen

und mit Säuren Salze bilden. Sie sind Ampholyte.

Legt man an eine Lösung von Aminosäuren ein elektrisches Feld an, so wandern die Aminosäuren je nach pH an die Elektroden. In saurer Lösung liegen sie als Kationen vor und wandern zur Kathode, in alkalischer Lösung wandern sie als Anionen zur Anode. Für jede Aminosäure gibt es einen pH-Bereich, in dem sie nicht wandert, weil sie als Zwitterion vorliegt. Dieser Bereich (isoelektrischer Punkt) ist für jede Aminosäure verschieden, weil die Ausbildung des Zwitterions von den übrigen

Substituenten der Aminosäure beeinflusst wird. Am isoelektrischen Punkt haben Aminosäuren die geringste Wasserlöslichkeit.

Die Aminosäuren kommen in der Natur aufgrund eines oder zweier asymmetrischer C-Atome als optisch aktive Verbindungen vor (außer Glycin) und haben meist die L-Konfiguration. Komplexe Mischungen von Aminosäuren können mittels der Papierchromatographie oder der Ionenaustausch-Chromatographie getrennt, identifiziert und bestimmt werden.

16.4.3 Anwendung der Aminosäuren

Schwefelhaltige Aminosäuren, besonders Methionin, werden bei Arzneimittelvergiftungen und in der Leberschutztherapie eingesetzt. In der Ph. Eur. ist racemisches (R/S) Methionin aufgeführt. Penicillamin ist ebenfalls eine schwefelhaltige Aminosäure, die allerdings nicht in Proteinen, sondern als Abbauprodukt des Penicillins vorkommt. Anwendung bei Schwermetallvergiftungen und Rheuma (Metalcaptase®, Trolovol®).

Der Glutaminsäure wird eine Steigerung der geistigen Leistungsfähigkeit zugeschrieben. Ihr Na-Salz ist in Suppenwürzen enthalten. Tryptophan soll schlafanstoßende Wirkung haben.

Für die parenterale Ernährung oder nach großen Proteinverlusten (Verbrennungen, Operationen) werden Infusionslösungen mit allen essentiellen Aminosäuren im ausgewogenen Verhältnis angeboten.

Ebenfalls ein Aminosäurederivat ist das Acetylcystein Ph. Eur., das die Viskosität des Bronchialsekrets herabsetzt, indem die den Schleim stabilisierenden Disulfidbrücken aufgebrochen werden. Dadurch wird das Abhusten erleichtert.

Acetylcystein ist in zahlreichen sekretolytisch wirkenden Fertigarzneimitteln enthalten.

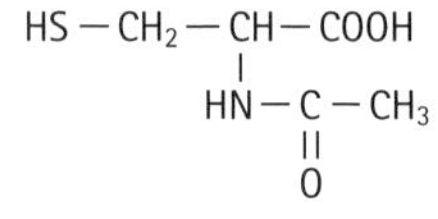

$$HS-CH_2-CH-COOH$$
$$HN-C-CH_3$$
$$\|$$
$$O$$

Abb. 16.14 Acetylcystein (ACC)

Ethylendiamintetraesssigsäure

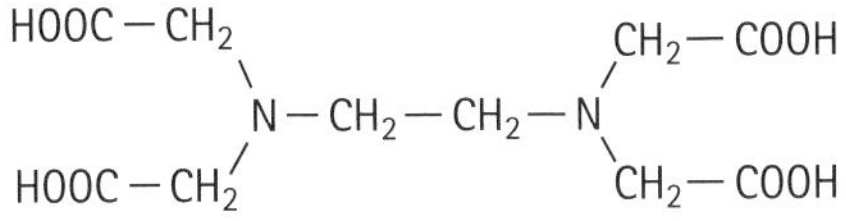

$$HOOC-CH_2 \diagdown$$
$$N-CH_2-CH_2-N$$
$$HOOC-CH_2 \diagup \qquad\qquad CH_2-COOH$$
$$CH_2-COOH$$

EDTA

Ethylendiamintetraessigsäure

Das A in der Abkürzung EDTA steht für das englische Wort -acid = Säure.

Ein Aminosäurederivat, das nicht biologischen Ursprungs ist, ist Ethylendia-mintetraessigsäure (EDTA), aus deren Dinatriumsalz Maßlösungen für komplexome-trische Titrationen hergestellt werden. Natriumedetat vermag komplexbildende Metall-Ionen, auch die sonst schwer komplexierbaren Erdalkali-Ionen wie mit einer Schere zu umfassen (Chelat).

17 Andere organische Säuren

Neben den Carbonsäuren gibt es auch andere organische Verbindungen, die ein abdissoziierbares Wasserstoffion haben und daher Säuren sind. Von besonderem pharmazeutischen Interesse sind die Sulfonsäuren. Daher soll hier nur auf diese und deren funktionelle Säurederivate, nämlich auf die Sulfonamide eingegangen werden.

17.1 Sulfonsäuren

Sulfonsäuren sind organische Verbindungen, die eine oder mehrere SO_3H-Gruppen enthalten. Bei aromatischen Kohlenwasserstoffen ist ihre Herstellung durch direkte Sulfurierung (Sulfonierung) mit konzentrierter Schwefelsäure möglich. Da diese Reaktion unter Wasseraustritt verläuft, wird sie als Kondensation bezeichnet.

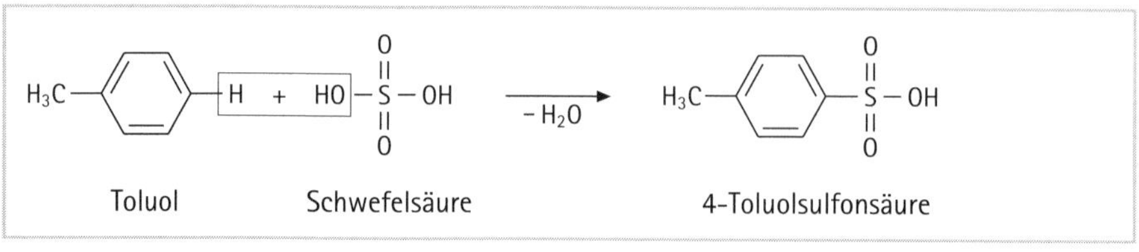

Abb. 17.1 Synthese einer Sulfonsäure

Sulfonsäuren sind starke Säuren, die sich leicht in Wasser lösen. In Analogie zu den funktionellen Carbonsäurederivaten bilden Sulfonsäuren **Sulfochloride** sowie **Sulfoester** und **Sulfoamide**, die auch **Sulfonamide** genannt werden.

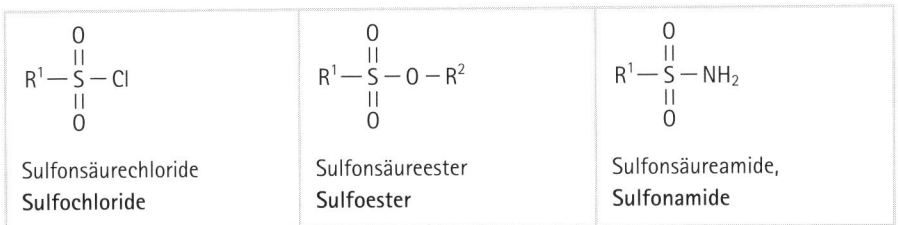

$\overset{O}{\underset{O}{\overset{\|}{\underset{\|}{R^1 - S - Cl}}}}$	$\overset{O}{\underset{O}{\overset{\|}{\underset{\|}{R^1 - S - O - R^2}}}}$	$\overset{O}{\underset{O}{\overset{\|}{\underset{\|}{R^1 - S - NH_2}}}}$
Sulfonsäurechloride, **Sulfochloride**	Sulfonsäureester, **Sulfoester**	Sulfonsäureamide, **Sulfonamide**

Abb. 17.2 Funktionelle Sulfonsäurederivate

Zu den Derivaten der Sulfonsäure und der Sulfonsäurechloride gehören einige Süßstoffe, die im Gegensatz zu Zuckeraustauschstoffen keinen Brennwert (in kcal oder kJ) haben und daher für Diabetiker sowie zur Reduktionskost geeignet sind.

Tab. 17.1 Pharmazeutisch verwendete Sulfonsäurederivate

Bezeichnung	Formel	Verwendung
Saccharin-Natrium, o-Benzoesäuresulfimid	$Na^+ \cdot 2\,H_2O$	Synthetischer Süßstoff, ca. 550fach süßer als Saccharose; Saccharin-Natrium wird unverändert mit dem Harn ausgeschieden
Natriumcyclamat Natriumalz der N-Cyclohexylsulfaminsäure	$NH - \overset{O}{\underset{O}{\overset{\|}{\underset{\|}{S}}}} - O^-\ Na^+$	Cyclamate werden als Ersatz für Saccharose, z.T. in Kombination mit Saccharin (10:1), bei Diabetes mellitus verwendet.
Chloramin T Ph. Eur., Tosylchloramid-Natrium, Natriumtoluol-p-sulfonylchloramid, Chloramin 80®, Clorina®	Na^+ $\cdot 3\,H_2O$ $SO_2 - \overline{N}^- - Cl$	Pulver, leicht löslich in Wasser, Anwendung: Antiseptikum, Desinfiziens (0,5%ig für Flächen-, Wäsche-, Händedesinfektion; 0,25%ig für Körperhöhlendesinfektion). Spaltet in saurer Lösung Chlor ab. Lösungen frisch herstellen

17.2   Sulfonamide

Bei der Einwirkung von Ammoniak auf Sulfonsäurechloride entstehen die **Sulfon-amide.**

Abb. 17.3 Herstellung eines Sulfonamids

Sulfonamid ist eine Sammelbezeichnung für **Amide aromatischer Sulfonsäuren.** Sie werden in der Pharmazie auf verschiedenen Gebieten eingesetzt.

Sie sind bekannt geworden als antibakterielle Chemotherapeutika (Sulfanilamid-typ).

Tab. 17.2   Bakteriostatisch wirkende Sulfonamide

INN-Bezeichnung, Spezialität	Formel	Anwendung
Sulfamethoxazol, Ph. Eur. Bactrim® Eusaprim®	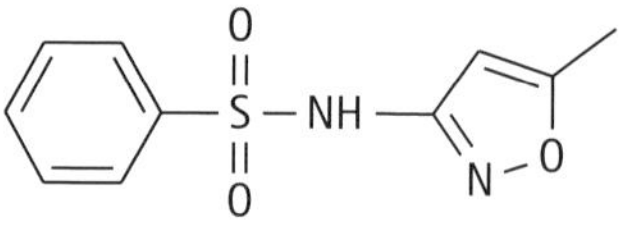	Mittelzeit-Sulfonamid, Anwendung in Kombination mit Trimethoprim (Cotrimoxazol®)
Sulfalen, Longum®	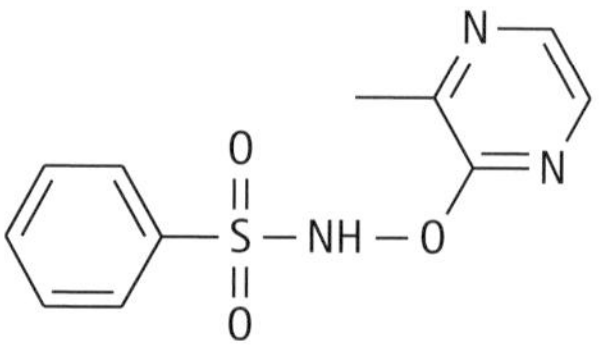	Langzeit-Sulfonamid, Anwendung zur Malariaprophylaxe in Kombination mit Pyrimethamin bei Chloroquin-Resistenz von Plasmodium falciparum

1942 wurde die blutzuckersenkende Wirkung einiger Sulfonamid-Derivate an Typhuspatienten beobachtet. 1955 erfolgte die Einführung des ersten oralen Anti-diabetikums. Lipophile und andere Substituenten erhöhten die blutzuckersenkende Wirksamkeit und hoben die unerwünschte antibakterielle Wirkung auf. INN-Name: Glibenclamid, Fertigarzneimittel: Euglucon N®, Glibenhexal® u. a.

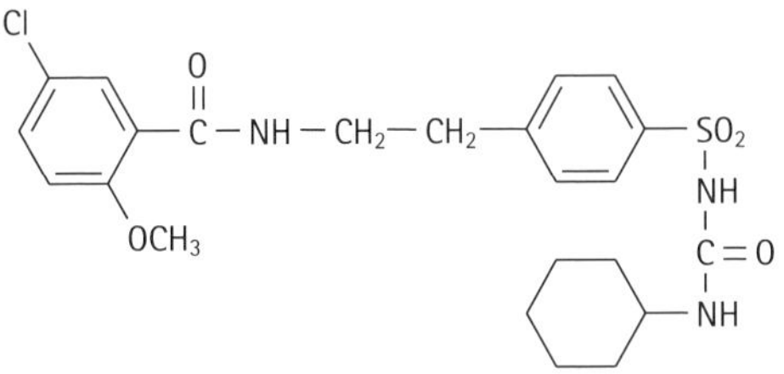

Abb. 17.4 Ein oral wirksames Antidiabetikum vom Sulfonylharnstoff-Typ: Glibenclamid

Außerdem werden Sulfonamide als Schleifendiuretika eingesetzt. So weist Furosemid eine Sulfanilamidstruktur mit einem elektronenziehenden Substituenten in o-Stellung auf. Es trägt eine freie Carboxylgruppe und ist stark wirksam.

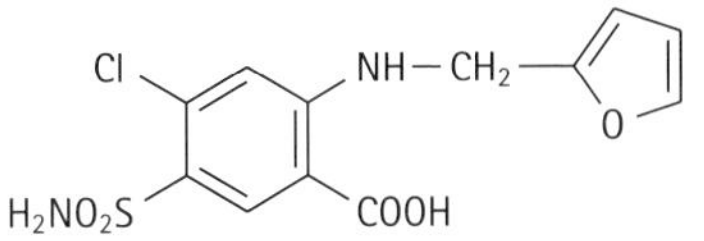

Abb. 17.5 Furosemid, Lasix® zählt zu den häufig verschriebenen Diuretika.

1940 wurde beobachtet, dass Sulfanilamid und andere Sulfonamide das Enzym Carboanhydratase hemmen, wodurch die renale Ausscheidung von Natrium-, Kalium-, und Hydrogencarbonationen und dadurch von Wasser ansteigt. Therapeutisch genutzt werden die Carboanhydrasehemmer mit systemischer Wirkung nur noch zur Glaukomtherapie: Acetazolamid (Diamox®, Glaupax®) und zur lokalen Anwendung: Dorzolamid und Brinzolamid (Trusopt®, Azopt®).

Ein weiterer Arzneistoff mit einer freien Sulfonamidgruppe ist das 2-Methoxybenzamidderivat Sulpirid (z. B. Dogmatil®, Meresa®, Neogamma®), das in niedriger Dosierung antidepressiv und in höherer neuroleptisch wirkt und somit ein Zwischenglied zwischen Antidepressiva und Neuroleptika darstellt.

18 Funktionelle Säurederivate

In funktionellen Säurederivaten ist die OH-Gruppe der Carboxylgruppe durch andere Gruppen ersetzt. Der Säurecharakter ist bei diesen Verbindungen aufgehoben. Durch Hydrolyse kann die freie Carboxylgruppe wiederhergestellt werden

$$R-\overset{\overset{\displaystyle O}{\|}}{C}-X \quad \xrightarrow{\ H_2O\ } \quad R-\overset{\overset{\displaystyle O}{\|}}{C}-OH \quad + \quad HX$$

funktionelles Säurederivat   Säure

Der Rest $R-\overset{\overset{\displaystyle O}{\|}}{C}-$ wird als Acylrest bezeichnet.

Tab. 18.1 Übersicht über wichtige funktionelle Säurederivate

Funktionelles Säurederivat	Ausgetauschte Gruppe Statt −OH:	Formel
Säurehalogenid	−Cl	$R-\overset{\overset{\displaystyle O}{\|}}{C}-Cl$
Säureester	$-O-R^1$	$R-\overset{\overset{\displaystyle O}{\|}}{C}-O-R^1$
Säureanhyrid	$-O-\overset{\overset{\displaystyle }{}}{C}-R^1$ mit $\|$ über O	$R-\overset{\overset{\displaystyle O}{\|}}{C}-O-\overset{\overset{\displaystyle }{}}{C}-R^1$
Säureamid	$-NH_2$	$R-\overset{\overset{\displaystyle O}{\|}}{C}-NH_2$
Säureureid	$-NH-\overset{\overset{\displaystyle O}{\|}}{C}-NH_2$	$R-\overset{\overset{\displaystyle O}{\|}}{C}-NH-\overset{\overset{\displaystyle O}{\|}}{C}-NH_2$
Säurehydrazid	$-NH-NH_2$	$R-\overset{\overset{\displaystyle O}{\|}}{C}-NH-NH_2$

18.1   Carbonsäurehalogenide

Carbonsäurehalogenide entstehen formal durch Ersatz der Hydroxylgruppe einer Carbonsäure durch ein Halogen:

$$R - \overset{\overset{\displaystyle O}{\|}}{C} - Cl$$

Die leicht herstellbaren Carbonsäurehalogenide werden wegen ihrer großen Reaktionsfähigkeit zur Darstellung anderer Carbonsäurederivate und als Acylierungsmittel verwendet.

Nomenklatur

Bei der IUPAC-Nomenklatur wird dem Namen der Acyl-Gruppe, R—CO—, der Name des Halogenids hinzugefügt. Säurehalogenide, die sich von Carbonsäuren mit dem Suffix -carbonsäure ableiten, erhalten das Suffix **-carbonylhalogenid**.

Tab. 18.2   Zwei interessante Säurechloride

Bezeichnung, IUPAC-Bezeichnung	Formel	Verwendung
Acetylchlorid Essigsäurechlorid, Ethanylchlorid	$H_3C - \overset{\overset{\displaystyle O}{\|}}{C} - Cl$	Flüssigkeit von stechendem Geruch, reizt die Augen; zersetzt sich mit Wasser und Alkoholen; feuergefährlich, Anwendung: in der analytischen organischen Chemie zur Bestimmung von Hydroxylgruppen; in der präparativen Chemie zum Acetylieren und Chlorieren
3,5-Dinitrobenzoylchlorid		Bildet mit Ethanol einen schwer löslichen Ester, dessen Schmelzpunkt (90–94 °C) bestimmt wird. (Ethanol-Identitätsprüfung)

18.2 Carbonsäureanhydride

Carbonsäureanhydride werden formal aus 2 Molekülen Carbonsäure durch Wasserentzug gebildet. Sie besitzen eine ähnlich hohe Reaktionsfähigkeit wie Carbonsäurehalogenide.

Nomenklatur

Nach der IUPAC-Nomenklatur wird an den Namen der Carbonsäuren das Suffix -**anhydrid** angehängt. Cyclische Carbonsäureanhydride werden leicht aus Dicarbonsäuren unter Abspaltung von Wasser und unter Bildung 5- oder 6-gliedriger Ringsysteme erhalten.

Acetanhydrid, Essigsäureanhydrid

$$H_3C - \overset{\overset{\displaystyle O}{\|}}{C} \diagdown_{\displaystyle O} \diagup H_3C - \underset{\underset{\displaystyle O}{\|}}{C}$$

Acetanhydrid

Dient zum Einführen der $H_3C - \overset{\overset{\displaystyle O}{\|}}{C}-$-Gruppe (Acetylierung), zur Bestimmung der Hydroxylzahl und zur Titration im wasserfreien Medium.

18.3 Carbonsäureamide

Carbonsäureamide lassen sich auffassen als Derivate des Ammoniaks (NH_3), bei dem ein H-Atom durch einen Acylrest ersetzt ist. Sie entstehen z. B. bei der Reaktion einer Carbonsäure mit Ammoniak bzw. Aminen oder bei der Einwirkung von NH_3 auf Säurechloride oder Säureanhydride. Sie werden entsprechend der Zahl der Substituenten am N-Atom in primäre, sekundäre und tertiäre Carbonsäureamide eingeteilt.

Sie reagieren langsamer als Carbonsäuren und wirken nicht mehr acylierend.

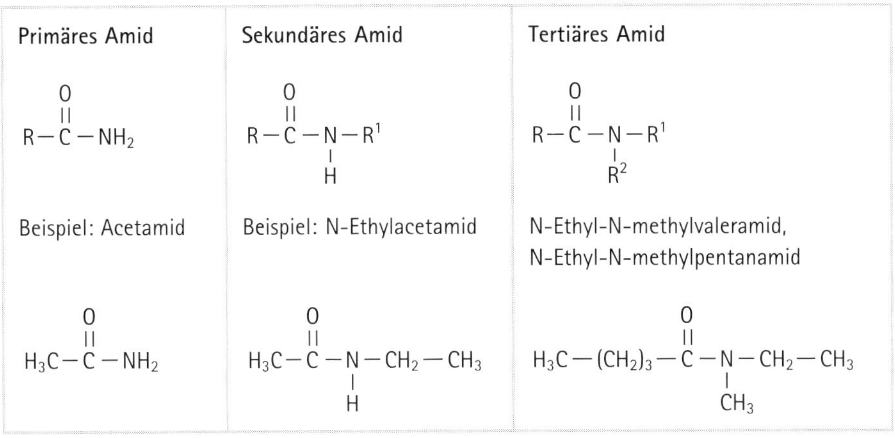

Primäres Amid	Sekundäres Amid	Tertiäres Amid
$\underset{\displaystyle R-\overset{\displaystyle O}{\overset{\|}{C}}-NH_2}{}$	$R-\overset{O}{\overset{\|}{C}}-\underset{H}{\overset{\|}{N}}-R^1$	$R-\overset{O}{\overset{\|}{C}}-\underset{R^2}{\overset{\|}{N}}-R^1$
Beispiel: Acetamid	Beispiel: N-Ethylacetamid	N-Ethyl-N-methylvaleramid, N-Ethyl-N-methylpentanamid
$H_3C-\overset{O}{\overset{\|}{C}}-NH_2$	$H_3C-\overset{O}{\overset{\|}{C}}-\underset{H}{\overset{\|}{N}}-CH_2-CH_3$	$H_3C-(CH_2)_3-\overset{O}{\overset{\|}{C}}-\underset{CH_3}{\overset{\|}{N}}-CH_2-CH_3$

Abb. 18.1 Primäres, sekundäres und tertiäres Säureamid

Nomenklatur

Nach der IUPAC-Nomenklatur wird an den Stammnamen der Acyl-Gruppe der betreffenden Carbonsäure das Suffix **-amid** angefügt. Ist die Verbindung am N-Atom substituiert, wird vor den Namen des Substituenten ein N eingesetzt.

Die Eiweißbausteine Glutamin und Asparagin sind Monosäureamide der entsprechenden Aminodicarbonsäuren

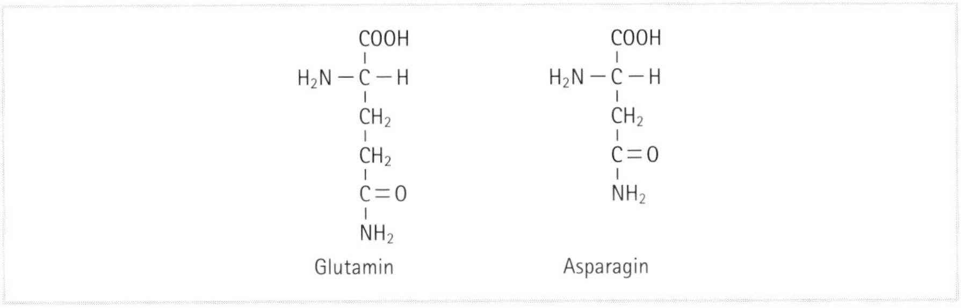

$$H_2N-\underset{\underset{\underset{\underset{NH_2}{|}}{C=O}}{\underset{|}{CH_2}}}{\overset{COOH}{\overset{|}{\underset{|}{C}-H}}} \qquad\qquad H_2N-\underset{\underset{NH_2}{\underset{|}{C=O}}}{\overset{COOH}{\overset{|}{\underset{|}{\underset{|}{C}-H}}}}$$

Glutamin   Asparagin

Abb. 18.2 Glutamin und Asparagin sind Monocarbonsäureamide

Das analgetisch wirksame Salicylsäureamid wurde bei den Derivaten der Salicylsäure besprochen.

18.4 Ureide

Einige 1-bromsubstituierte Carbonsäuren liefern mit Harnstoff schlaffördernde Ureide. Da mit ihnen Missbrauch getrieben werden kann, sind sie verschreibungspflichtig und haben kaum noch Bedeutung.

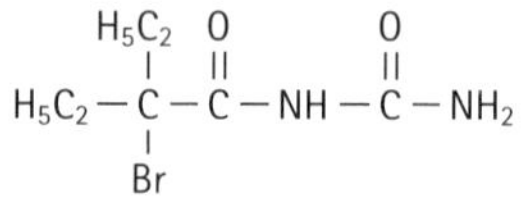

$$H_5C_2 - \overset{\overset{\displaystyle H_5C_2}{|}}{\underset{\underset{\displaystyle Br}{|}}{C}} - \overset{\overset{\displaystyle O}{\|}}{C} - NH - \overset{\overset{\displaystyle O}{\|}}{C} - NH_2$$

Carbromal

Abb. 18.3 Carbromal

18.5 Cyclische Ureide

Barbitursäuren

Dicarbonsäuren können mit Harnstoff cyclische Ureide bilden. Der wichtigste Vertreter dieser Gruppe ist die Barbitursäure, hergestellt durch Kondensation der Malonsäure mit Harnstoff.

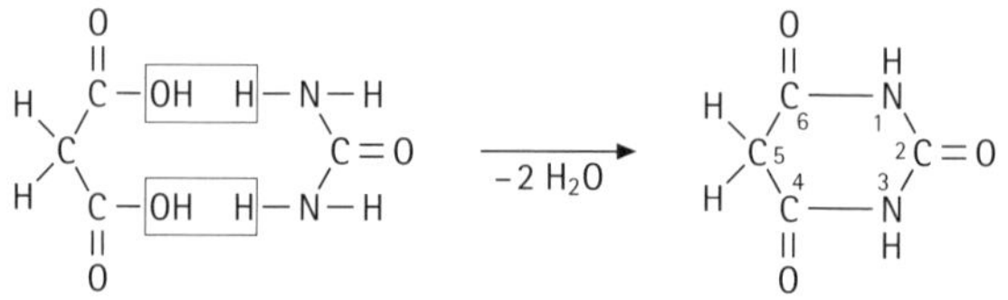

Malonsäure   Harnstoff   Barbitursäure

Abb. 18.4 Herstellung der Barbitursäure

Das Wasserstoffatom am Stickstoff ist durch seine Stellung zwischen zwei Carbonylgruppen so gelockert, dass die Verbindung auch ohne freie Carboxylgruppen die Eigenschaften einer Säure hat, die Salze bilden kann und darum den Namen Barbitursäure trägt.

Die Barbitursäure selbst zeigt keine hypnotischen Eigenschaften. Sie treten erst auf, wenn die Wasserstoffatome der CH_2-Gruppe durch Reste ersetzt sind. Substituierte Barbitursäuren dieser Art waren von großem pharmazeutischem Interesse. Sie werden im Sprachgebrauch als Barbiturate bezeichnet. Das erste hochwirksame Schlafmittel dieser Reihe war Veronal®, eine 5,5-Diethylbarbitursäure.

Heute sind die Barbiturate weitgehend von Benzodiazepinen verdrängt und als Schlafmittel gar nicht mehr zugelassen. Lediglich das Phenobarbital, das Natriumsalz der 5-Ethyl-5-phenylbarbitursäure, ist als Antiepileptikum noch von Bedeutung.

Phenobarbital

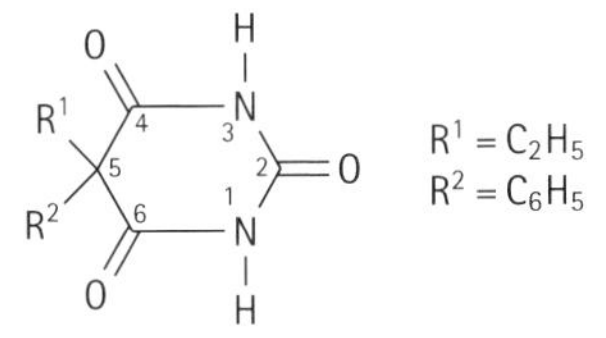

Abb. 18.5 Phenobarbital: Luminal®, Luminaletten®

Thioharnstoff liefert bei Kondensation mit Malonsäure die Thiobarbitursäure, deren Abkömmlinge ultraschnell wirken und in kürzester Zeit wieder ausgeschieden werden. Anwendung i. v. zu Kurznarkosen (Thiopental-Na Ph. Eur., Trapanal®).

18.6 Benzodiazepine

Die ersten als Sedativa eingeführten Benzodiazepine sind cyklische Säureamide. Heute sind auch andere siebengliedrige Ringe als Sedativa, Hypnotika und Kurznarkotika (i. v.) in Gebrauch. Allen gemeinsam ist das Ringsystem mit zwei Stickstoffatomen in 1- und 4-Stellung (Diazepin) und ein ankondensierter Benzolring.

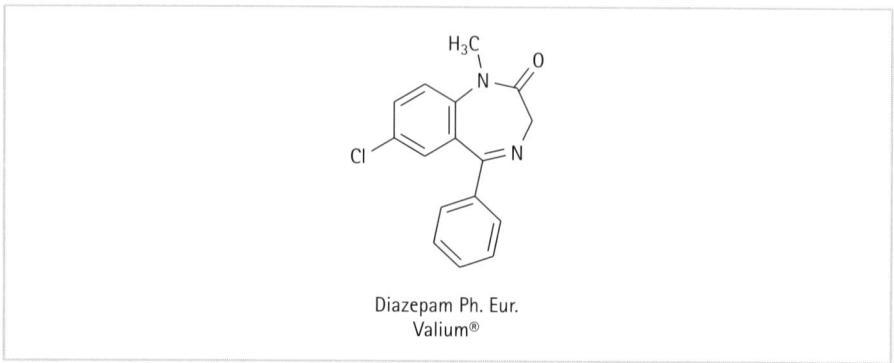

Diazepam Ph. Eur.
Valium®

Abb. 18.6 Benzodiazepin: Valium®

Zu den Säurederivaten gehören auch die **Carbonsäureester**, die wegen ihrer pharmazeutischen Bedeutung gesondert in Kapitel 19 besprochen werden.

Organische Verbindungen, ihre Eigenschaften und die wichtigen Vertreter

19 Ester

19.1 Allgemeines

Carbonsäureester entstehen aus Carbonsäuren und Alkoholen unter Abspaltung von Wasser. Durch Zusatz starker Säuren (H_2SO_4) wird das Reaktionsgleichgewicht zur Seite des Esters verschoben und somit die Ausbeute erhöht.

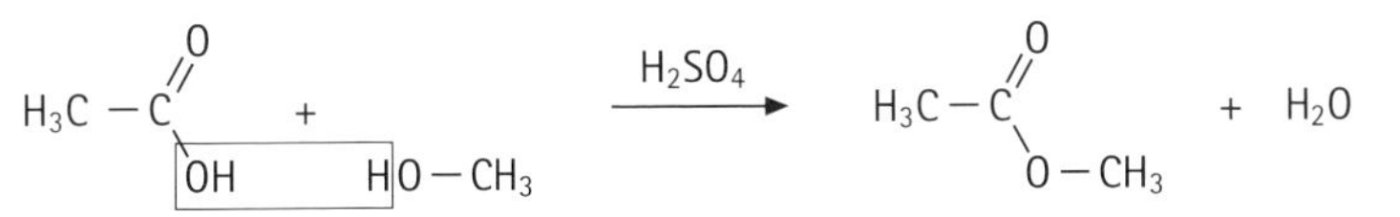

Abb. 19.1 Aus organischer Säure und Alkohol wird ein Ester gebildet

Bei der Reaktion einer anorganischen Säure wie Schwefelsäure oder Salpetersäure mit Alkohol wird ebenfalls ein Ester gebildet. Mit mehrprotonigen Säuren entstehen so saure und neutrale Ester. Man unterscheidet also Ester der Mineralsäuren, z.B. Schwefelsäureethylester (s. Abb. 19.2), und Ester der organischen Säuren, z.B. Essigsäuremethylester (s. Abb. 19.1).

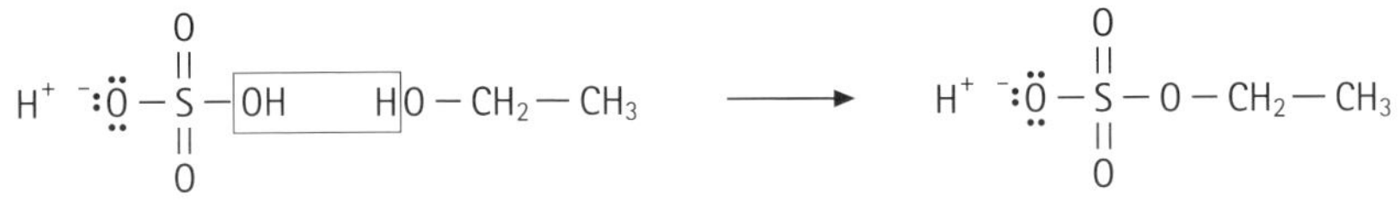

Abb. 19.2 Aus anorganischer Säure und Alkohol wird ein Ester gebildet

Borsäure wird durch Bildung eines mit grüngesäumter Flamme brennenden Borsäuretrimethylesters nachgewiesen. Schwefelsäure dient als wasserentziehendes Agens.

Eigenschaften der Ester

Carbonsäureester sind farblose, neutrale, in Wasser unlösliche Verbindungen. Die Ester der niederen Carbonsäuren sind flüssig, haben oft einen fruchtartigen Geruch und dienen als künstliche Fruchtessenzen (Birnen-, Ananas-, Rumaroma), weswegen sie auch als Fruchtether bezeichnet werden. Höhere Ester, deren Carbonsäureanteil aus einer langkettigen Monocarbonsäure besteht, sind ölig bis wachsartig.

Nomenklatur der Ester

Ester werden auf zweierlei Arten benannt:

- Der Name wird aus dem vollen Namen der Säure, dem Namen der im Alkohol enthaltenen Alkyl- oder der Arylgruppe und dem Wort **-ester** zusammengesetzt.
- Sie werden wie das Salz der bei der Esterbildung beteiligten Säure bezeichnet (s. Abb. 19.3: Nitrit, Acetat, Benzoat). Anstelle des Kations bei einem Salz wird die Bezeichnung des Alkoholrestes als Präfix vorangestellt (Ethyl-, Methyl-).

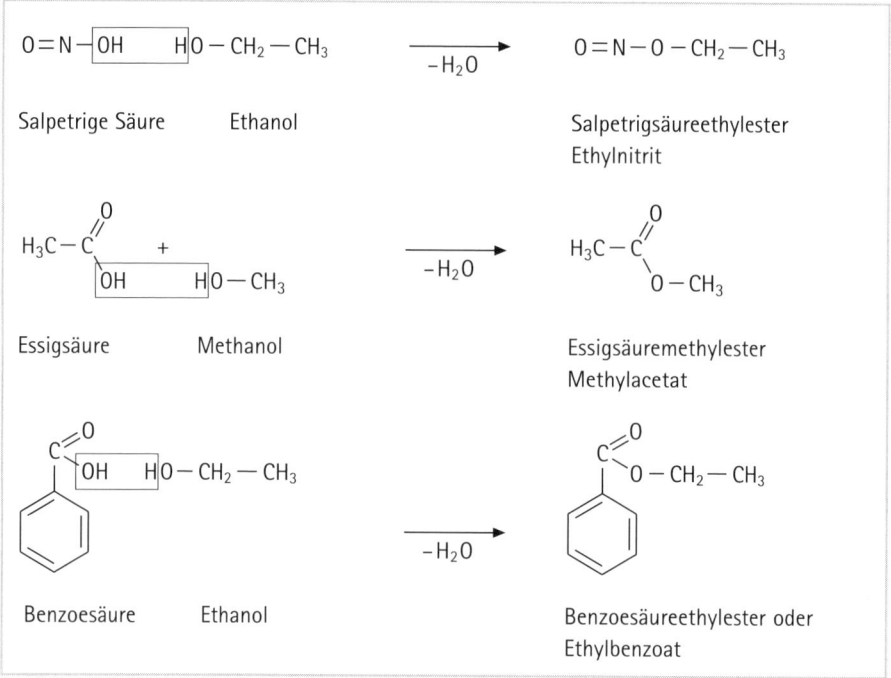

Abb. 19.3 Nomenklaturbeispiele

Wichtige Reaktionen der Ester

Ester können durch Aufnahme von Wasser in ihre Ausgangskomponenten Alkohol und Säure gespalten werden. Diese Esterhydrolyse wird Verseifung genannt. Die Bezeichnung ist von der speziellen Fettsäure-Glycerol-Spaltung mit Alkalien auf alle anderen Ester-Hydrolysen übertragen worden. Sie verläuft in Wasser sehr langsam, kann aber durch Säurezusatz katalysiert werden. Noch schneller kann man Ester mit Alkalien verseifen, es bilden sich hierbei aus den entstandenen Säuren deren Alkalisalze.

$$R-\overset{\overset{\displaystyle O}{\|}}{C}-\underline{O}-R \xrightarrow{\text{NaOH}} R-\overset{\overset{\displaystyle O}{\|}}{C}-\underline{O}|^{-}\ Na^{+}\ +\ ROH$$

Abb. 19.4 Verseifung

Die Esterspaltung kann auch durch Enzyme katalysiert werden.

Einteilung der Ester
Man unterscheidet

- Ester anorganischer Säuren
- Ester organischer Säuren
  a. Frucht„ether": Ester aus niederen und mittleren Carbonsäuren mit niederen und mittleren Alkoholen
  b. Fette: Ester der höheren und mittleren Carbonsäuren mit dem dreiwertigen Alkohol Glycerol.
  c. Wachse: Ester höherer Carbonsäuren mit höheren einwertigen Alkoholen (s. Tab. 19.1).

Tab. 19.1 Wachse (Fortsetzung s. nächste Seite)

Bezeichnung (nach Arzneibuch)	Formel	Eigenschaft	Verwendung
Palmitinsäure-myricylester	$H_{31}C_{15}-\overset{\overset{\displaystyle O}{\|}}{C}-O-C_{32}H_{65}$	Schmelzpunkt 62–66°	Hauptbestandteil des Bienenwachses

Tab. 19.1 Wachse (Fortsetzung)

Bezeichnung (nach Arzneibuch)	Formel	Eigenschaft	Verwendung
Palmitinsäure-cetylester	$H_{31}C_{15} - \overset{\displaystyle O}{\overset{\displaystyle \|}{C}} - O - C_{16}H_{33}$	Schmelzpunkt 62–66°	U. a. in künstlichem Walrat
Cerotinsäure-cerylester	$H_{51}C_{25} - \overset{\displaystyle O}{\overset{\displaystyle \|}{C}} - O - C_{26}H_{53}$	Schmelzpunkt 40–50°	U. a. im Wollwachs

19.2 Ester anorganischer Säuren

Tab. 19.2 Ester anorganischer Säuren (Fortsetzung s. nächste Seite)

Bezeichnung (nach Arzneibuch)	Formel	Sonstige Bezeichnungen	Verwendung
Salpetersäure-glycerolester Ph. Eur.	$CH_2 - O - NO_2$ $CH - O - NO_2$ $CH_2 - O - NO_2$	Glyceroltrinitrat Nitroglycerol	Erweitert die Herzkranzgefäße Nitrolingual®, Nitro Mack®, Sprengstoff
Isosorbiddinitrat Ph. Eur.	H_2C $HC - ONO_2$ CH HC $HC - ONO_2$ CH_2	ISDN	Isoket® Iso Mack® Maycor®
Salpetersäurester der Cellulose	H $CH_2 - O - NO_2$ $O_2N - O$ NO_2	Nitrocellulose	Kollodium, Schießbaumwolle

Organische Verbindungen, ihre Eigenschaften und die wichtigen Vertreter

Tab. 19.2   Ester anorganischer Säuren (Fortsetzung)

Bezeichnung (nach Arzneibuch)	Formel	Sonstige Bezeichnungen	Verwendung
Lecithin		S. u.	Wachsähnlich, Vorkommen in Nervengewebe, Eigelb, Sojabohne, Verwendung als Emulgator, Roborans
Cetylstearyl-schwefelsaures Natrium Ph. Eur.	Gemisch aus $C_{16}H_{33}OSO_{3}$-Na und $C_{18}H_{37}OSO_{3}Na$		Emulgator, Lanette E® enthalten in Emulgierendem Cetylstearylalkohol
Allylsenföl DAC	$H_2C{=}CH{-}CH_3{-}NCS$	Ol. Sinapis Allylisothiocyanat	Senfsamen, hyperämisierend

19.3   Ester organischer Säuren

Tab. 19.3   Ester organischer Säuren

Bezeichnung (nach Arzneibuch)	Formel	Sonstige Bezeichnungen	Verwendung
Ethylacetat Ph. Eur.	$H_3C-\overset{\overset{\displaystyle O}{\|\|}}{C}-O-CH_2-CH_3$	Essigsäure-ethylester	Lösungsmittel, von „Schnüfflern" missbraucht
Ester der 4-Amino-benzoesäure (s. auch nächste Tabelle)	$O{=}\underset{}{C}{-}OR$ mit Benzolring und NH_2		Lokalanästhetika

Von besonderer pharmazeutischer Bedeutung sind die in p-Stellung substituierten Benzoesäureester, die als Lokalanästhetika Verwendung finden und an örtlich begrenzten Stellen des Organismus vorübergehend Schmerzunempfindlichkeit erzielen. Die in Tabelle 19.4 abgebildeten Substanzen setzen die Erregbarkeit der schmerzvermittelnden Nerven herab und unterbrechen die Leitungsfähigkeit.

Tab. 19.4 Ester der 4-Aminobenzoesäure und der 4-Hydroxybenzoesäure

Bezeichnung (nach Arzneibuch)	Formel	Sonstige Bezeichnungen	Verwendung
Benzocain Ph. Eur.		Ethyl-4-amino-benzoat	Oberflächen-anaesthetikum
Procainhydro-chlorid Ph. Eur.		2-Diethylamino-ethyl(4-amino-benzoat)-mono-hydrochlorid	Infiltrations- u. Leitungs-anaesthesie Antiarrhythmi-kum
Tetracainhydro-chlorid Ph. Eur.		2-Dimethyl-ami-noethyl(4-butyl-aminobenzoat)-hydrochlorid	Oberflächen-anaesthetikum
Butoxycainhydro-chlorid		2-Diethylamino-ethyl-4-butoxy-benzoat-hydrochlorid Stadacain®	Oberflächen-anaesthetikum

Organische Verbindungen, ihre Eigenschaften und die wichtigen Vertreter

19.4 Fette

Fette finden sich als Reservematerial in vielen Früchten, Samen und tierischen Geweben (Olive, Kokosnuss, Leinsamen, Erdnuss, Mandel, Palmfrucht, Sojabohne, Rizinussamen u. a.), aus denen sie durch Auspressen oder Extraktion mit organischen Lösungsmitteln gewonnen werden. Die Kaltpressung liefert hochwertige Fette, während die Warmpressung qualitativ minderwertige bei besserer Ausbeute ergibt. Die Rückstände (Ölkuchen) sind ein geschätztes Viehfutter. Tierische Fette werden durch Ausschmelzen von fetthaltigem Gewebe gewonnen.

Fette sind die energiereichsten Nahrungsmittel (37 kJ/g). Beim Verdauungsvorgang werden sie durch Enzyme in Glycerol und Fettsäuren zerlegt. Nach Passieren der Darmschranke treten die Spaltstücke wieder zusammen. Entweder werden sie im Stoffwechselgeschehen abgebaut oder als Reservefette abgelagert. Der Körper vermag auch Glucose in Fett umzuformen.

Alle natürlichen Fette sind Ester des Glycerols (Triglyceride) mit unverzweigten höheren Carbonsäuren, so genannten Fettsäuren (s. Kap. 15.3). Als Fettsäuren treten ausnahmslos solche mit einer geraden Kohlenstoffanzahl (einschließlich des C der Carboxylgruppe) auf. Die drei wichtigsten sind Palmitin-, Stearin- und Ölsäure.

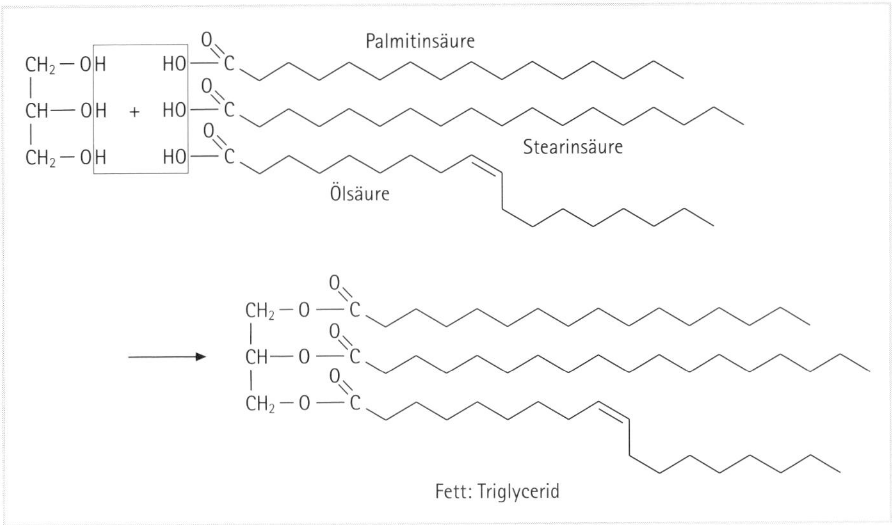

Abb. 19.5 Fette sind Triester des Glycerols und Fettsäuren (Triglyceride)

In einigen Fetten findet man auch die physiologisch wertvollen, mehrfach ungesättigten **essenziellen** Fettsäuren wie Linol- und Linolensäure. Fischöle weisen
langkettige, mehrfach ungesättigte Fettsäuren (Omegafettsäuren) auf, denen ein
protektiver Effekt für das arterielle Gefäßsystem zugeschrieben wird.

Fette sind stets Gemische verschiedener Triglyceride. Als Begleitstoffe unge-
reinigter Fette kommen Phospholipide, Sterole, Triterpene, Carotinoide, Tocophe-
role, aliphatische Alkohole, Fettsäuren, Kohlenwasserstoffe und andere hydrophobe
Substanzen vor.

Eigenschaften

Die zum Teil sehr unterschiedlichen Eigenschaften der Fette hängen von der Art der
Fettsäuren ab, die mit Glycerol verestert sind. Dabei ist erstens die Kettenlänge und
zweitens die Anzahl und Lage der Doppelbindungen maßgebend. Besonders stark
werden Schmelzpunkt und Reaktionsfähigkeit durch ungesättigte Fettsäuren beeinflusst. Der Schmelzpunkt eines Fettes ist um so niedriger und die Reaktionsfähigkeit
um so größer, je mehr Doppelbindungen in einem Fettsäuremolekül enthalten sind.
Die Doppelbindungen sind bevorzugte Angriffspunkte für Oxidationsmittel und
Enzyme, die zunächst die Ester verseifen und dann die freien Fettsäuren oxidativ in
niedere übelriechende Aldehyde und Säuren aufbrechen (Ranzigwerden). Die Doppelbindungen können bei Gegenwart von feinverteiltem Nickel Wasserstoff anlagern und zu Einfachbindungen werden. Dabei ändert sich die Konsistenz des Fettes.

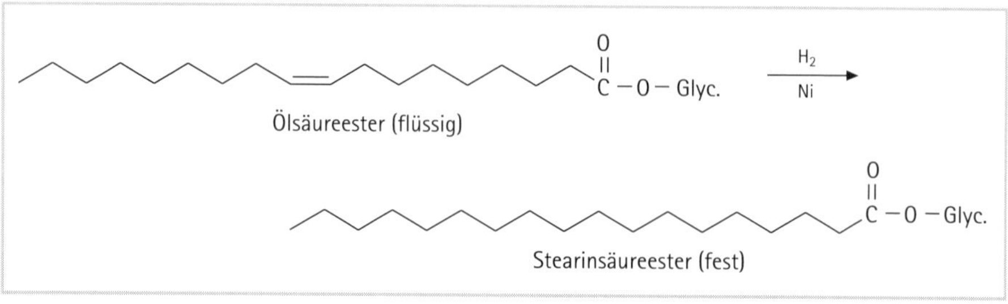

Abb. 19.6 Fetthärtung

So werden die Öle durch ihren Gehalt an ungesättigten Säuren halbfest bis fest.
Dieses Verfahren, Fetthärtung genannt, spielt bei der Margarineherstellung aus
pflanzlichen Ölen eine große Rolle.

Bei der Hydrierung tritt auch eine partielle Esterspaltung ein, so dass ein Teil der
Fette als Mono- und Diglycerid vorliegt. Diese haben wegen der freien Hydroxyl-

gruppen Emulgatorwirkung. Auch die als Hartfett, Adeps solidus Ph. Eur., Stadimol®, geführte Suppositoriengrundlage besteht aus einem Gemisch von Mono-, Di- und Triglyceriden der gesättigten höheren Carbonsäuren.

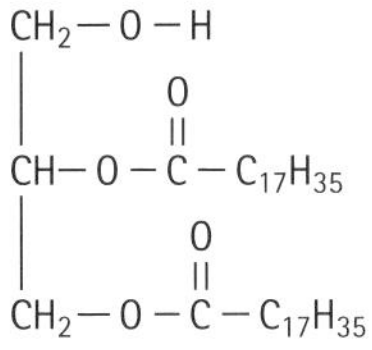

$$CH_2 - O - H$$
$$\overset{|}{CH} - O - \overset{\overset{O}{\|}}{C} - C_{17}H_{35}$$
$$\overset{|}{CH_2} - O - \overset{\overset{O}{\|}}{C} - C_{17}H_{35}$$

Diglycerid

Abb. 19.7 Diglycerid

Die Fette, in denen mehrfach ungesättigte Fettsäuren verestert sind, haben eine besondere Eigenschaft: In dünner Schicht ausgestrichen, trocknen und erhärten sie durch Sauerstoffaufnahme (trocknende Öle: Leinöl, Sesamöl; halbtrocknende Öle: Lebertran, Mohnöl). Trocknende Öle sind die Grundlage für Ölfarben.

Wichtige Vertreter der Fette und Wachse

Bei den Fetten, Ölen und Wachsen handelt es sich um Ester verschiedener Fettsäuren. In fast allen finden sich die Palmitin- und die Stearinsäure, aber es gibt noch viele andere: Öl-, Linol-, Linolen-, Arachin-, Arachidin-, Myristin-, Eicosen-, Capryl-, Caprin- und Laurinsäure und noch weitere.

Tab. 19.5 Zusammensetzung der Fette

Bezeichnung	Formel	Eigenschaften	Verwendung
Fette: Fettsäure- Glycerolester Triglyceride	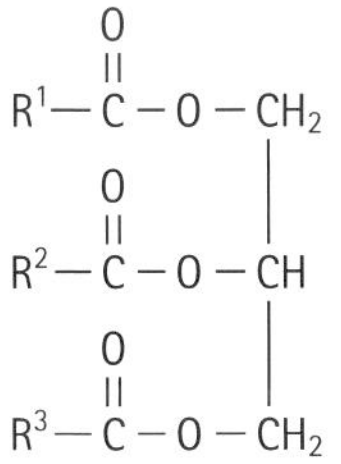 $R^1 - \overset{\overset{O}{\|}}{C} - O - CH_2$ $R^2 - \overset{\overset{O}{\|}}{C} - O - CH$ $R^3 - \overset{\overset{O}{\|}}{C} - O - CH_2$ $R = C_{15}H_{31}$ oder $C_{17}H_{35}$ oder $C_{17}H_{33}$	Je nach Fettsäure- zusammensetzung Schmp. −15 °C bis +50 °C, löslich in organischen Lösungs- mitteln	Reservestoff vieler Lebewesen. Energiereichster Bestandteil der menschlichen Nahrung. Grundlage für Salben, Supposi- torien, Verarbeitung zu Seife und Pflaster

Tab. 19.6 Wichtige Vertreter der Fette

Bezeichnung	Bezeichnung nach Ph. Eur.	Verwendung
Raffiniertes Kokosfett	Cocois oleum raffinatum	Salbengrundlage, Speisefett
Hartfett	Adeps solidus	Massa Estarium®, Stadimol®, Witepsol® Suppositoriengrundmasse
Omega-3-Fettsäuren	Omega-3 acidorum triglycerid	Ekzeme, Psoriasis, Verbrennungen, Furunkel und in der Kosmetik Umstrittene Empfehlung zur Prophylaxe von Herz-Kreislauf-Erkrankungen und Störungen des Fettstoffwechsels

Tab. 19.7 Wichtige Vertreter der Öle (Fortsetzung s. nächste Seite)

Bezeichnung	Bezeichnung nach Ph. Eur.	Verwendung
Hydriertes Baumwollsamenöl	Gossypi oleum hydrogenatum	Speiseöl, zur Margarineherstellung und Vitamin-E-Gewinnung
Hydriertes und raffiniertes Erdnussöl	Arachidis oleum hydrogenatum und raffinatum	Salbengrundlage, Speiseöl
Lebertran",4,5>Lebertran Typ A und B	Jecoris aselli oleum A + B	Hoher Gehalt an Vitamin A und D, daher Roborans, Rachitisprophylaxe
Raffiniertes Maisöl	Maydis oleum raffinatum	Speiseöl, Fetterzeugung, schwach trocknendes Öl
Natives und raffiniertes Mandelöl	Amygdalae oleum virginale und raffinatum	Arzneiträger, als reizmilderndes Mittel in Form der Emulsio oleosa, als Augen- und Ohrenöl, Salbengrundlage (Ungt. leniens)
Nachtkerzenöl	Oenothera (biennis) oleum DAC 1986	Speiseöl gegen atopisches Ekzem, bei Brustdrüsenschmerz
Natives und raffiniertes Olivenöl	Olivae oleum virginale und raffinatum	Arzneiträger für perorale und perkutane Applikation; Einreibungen, Salben; zum Austreiben von Gallensteinen

Organische Verbindungen, ihre Eigenschaften und die wichtigen Vertreter

Tab. 19.7 Wichtige Vertreter der Öle (Fortsetzung)

Bezeichnung	Bezeichnung nach Ph. Eur.	Verwendung
Raffiniertes Rapsöl	Rapae oleum raffinatum	In Linimenten, Salben; als Füllmittel für Weichgelatinekapseln, Speise-, Brenn- und Schmieröl
Hydriertes und natives Rizinusöl, Christuspalmöl, Castoröl	Ricini oleum hydrogenatum und virginale	Vorzügliches, sicher wirkendes Abführmittel auch für Kinder u. Wöchnerinnen geeignet; Lösungsmittel für Arzneistoffe; zur Haarpflege
Sesamöl	Sesami oleum raffinatum	Speiseöl; Arzneistoffträger
Hydriertes und raffiniertes Sojaöl	Sojae oleum hydrogenatum und raffinatum	Speiseöl und in der Kosmetik
Raffiniertes Sonnenblumenöl	Helianthi annui oleum raffinatum	Füllmaterial für Weichgelatinekapseln; in Salben und Cremes; Speiseöl
Natives und raffiniertes Weizenkeimöl	Tritici aestivi oleum virginale und raffinatum	Zur Vitamintherapie; in Wundsalben, Hautölen, Puder, Seifen und Gesichtspackungen

Tab. 19.8 Wichtige Vertreter der Wachse

Bezeichnung	Bezeichnung nach Ph. Eur.	Verwendung
Carnaubawachs	Cera carnauba	Pflanzliches Wachs, als Rohstoff für industrielle Wachse: Schuhcreme, Bohnermittel; zur Herstellung magensaftresistenter Tabletten
Cetiol	Oleyloleat	Trägersubstanz für fettlösliche Arzneimittel, Salbenzusatz, Lipoidphase in Lanettesalben
Gebleichtes und gelbes Wachs	Cera alba und flava	In Salben und Cremes zur Erhöhung der Konsistenz, Pseudoemulgator, in Kühlsalben, zum Polieren von Zuckerdragees
Wollwachs und hydriertes Wollwachs	Adeps (Cera) lanae und Adeps lanae hydrogenatus	Hautaffine, wasseraufnehmende Salbengrundlage, Emulgator, in Fettpudern, Weichmacher in Heftpflastern

Analytik der Fette: Fettkennzahlen

Die zahlreichen Kennzahlen, die Anhaltspunkte für die Beurteilung eines Fettes geben, gestatten keinen Einblick in den Aufbau des Moleküls. Das ist für die Charakterisierung auch gar nicht notwendig, es gilt lediglich, Verfälschungen und Verdorbenheit zu erkennen.

Tab. 19.9 Einige wichtige Kennzahlen (Fortsetzung s. nächste Seite)

Kennzahl	erfasst	gibt an	Ausführung
Verseifungszahl VZ	Freie und veresterte Carbonsäuren	Wieviel mg KOH zur Neutralisation freier und zur Verseifung veresterter Säuren in 1 g Fett erforderlich	Kochen des Fettes am Rückflusskühler mit 0,5 M ethanol. KOH. Rücktitration der nicht zur Verseifung benötigten KOH
Säurezahl SZ	Freie Säuren (zu hohe Werte lassen auf Verdorbenheit schließen)	Wieviel mg KOH zur Neutralisation der freien Säuren in 1 g Fett erforderlich	Direkte Titration mit 0,1 M KOH
Esterzahl EZ	Veresterte Säuren	Wieviel mg KOH zur Verseifung der veresterten Säuren in 1 g Fett erforderlich	Ergibt sich aus der Differenz von Verseifungs- und Säurezahl
Iodzahl IZ	Ungesättigte Säuren	Wieviel g Halogen, berechnet als Iod, an die Doppelbindungen in 100 g Fett addiert werden	Anlagerung von Iodmonobromid. Titration des nicht verbrauchten Halogens mit 0,1 M $Na_2S_2O_3$
Verhältniszahl		Quotient aus Ester- und Säurezahl	
Hydroxylzahl OHZ	Hydroxylgruppen	Wieviel mg KOH der von 1 g Fett bei der Acetylierung gebundenen Essigsäure äquivalent sind	Acetylierung mit Acetanhydrid. Freiwerdende Essigsäure wird mit 0,5 M ethanol. KOH titriert.

Organische Verbindungen, ihre Eigenschaften und die wichtigen Vertreter

Tab. 19.9 Einige wichtige Kennzahlen (Fortsetzung)

Kennzahl	erfasst	gibt an	Ausführung
Peroxidzahl POZ	Peroxide (Hinweis auf Autoxidations- prozesse)	Wieviel Milliäquiva- lente Sauerstoff in 1000 g Fett erfassbar sind	Erhitzen des Fettes in Essigsäure und Chloroform. Zusatz von KI. Titration des augeschiedenen I mit 0,1 M $Na_2S_2O_3$
Unverseifbare Anteile	Höhere Woll- wachsalkohole, Cholesterol, Verfälschung mit Paraffin	Unverseifbare Anteile in %	Nach dem Verseifen wird das Unverseifbare mit Petroläther ausgezogen und nach Verdunsten des Lösungsmittels gewogen

19.5 Lecithin

Die Glycerolphosphorsäure verfügt am Glycerol über zwei veresterungsfähige alkoholische Gruppen, an der Phosphorsäure über veresterungsfähige saure Grup- pen. Denkt man sich die alkoholischen Gruppen mit höheren Carbonsäuren, z.B. Stearin- oder Palmitinsäure, den Phosphorsäureanteil mit Cholin, einem quartären Aminoalkohol, verestert, so erhält man die Formel des Lecithins.

Gewonnen aus Eigelb oder Sojabohnen wird es als Emulgator, Rückfetter und zur „Nervenstärkung" eingesetzt. Man hofft, durch orale Lecithinzufuhr dessen Kon- zentration im Gehirn steigern zu können.

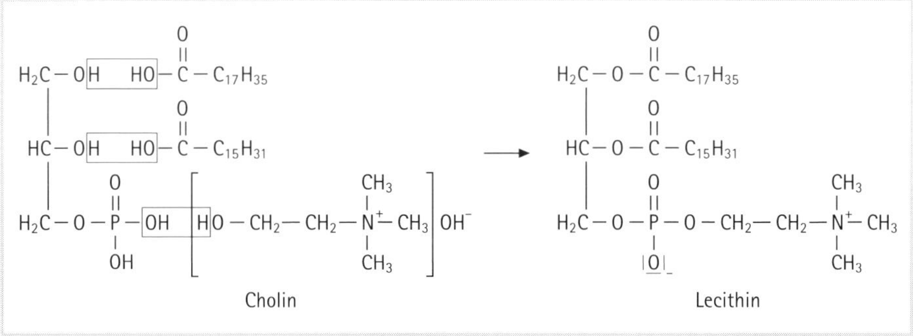

Abb. 19.8 Lecithin

Lecithin wird zur Stoffklasse der Lipoide (Lipide) gerechnet. Sie umfasst solche natürlich vorkommenden, fettähnlichen Verbindungen, die sich in typischen Fettlösungsmitteln (Ether, Benzin, Benzol, Aceton) lösen lassen, aber chemisch verschiedenen Verbindungstypen angehören. Zu ihr werden neben Lecithin und ähnlichen Verbindungen z. B. auch die natürlichen Steran-Abkömmlinge, Carotinoide und Wachse gerechnet.

20 Proteine

Proteine sind Eiweiße. Es handelt sich um hochmolekulare, vorwiegend aus **Aminosäuren** aufgebaute Naturstoffe. Proteine stellen mengenmäßig den größten Anteil der Zellsubstanzen. Es handelt sich um eine Verbindungsklasse von erstaunlicher Komplexität und Vielfalt.

Die Verknüpfung der Aminosäuren erfolgt unter Wasserabspaltung zwischen der Carboxylgruppe einer Aminosäure und der NH_2-Gruppe einer zweiten Aminosäure. So entstehen **Peptide**.

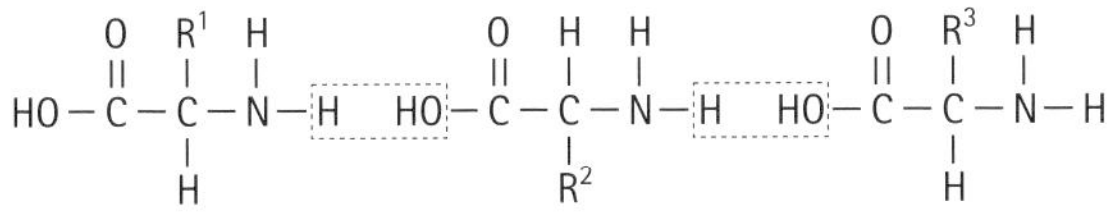

Abb. 20.1 Aminosäuren werden zu langen Ketten verknüpft

20.1 Peptide

Diese den Säureamiden ähnliche Verknüpfung —N—C— wird Peptidbindung und die entstehenden Verbindungen je nach Anzahl der beteiligten Aminosäuren Di-, Tri-, Oligo- oder Polypeptid genannt. In den Peptiden ist jede der beteiligten Aminosäuren nur mit der Carboxylgruppe und der Aminogruppe an der Bindung beteiligt, wie der Molekülausschnitt zeigt:

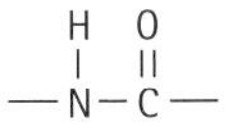

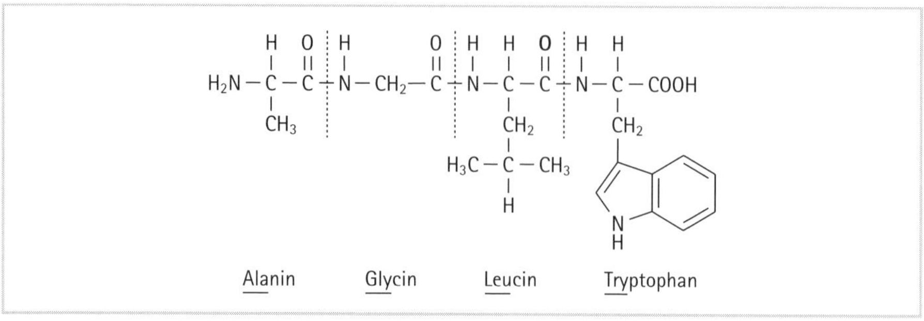

$$H_2N - \overset{\overset{\displaystyle H}{|}}{\underset{\underset{\displaystyle CH_3}{|}}{C}} - \overset{\overset{\displaystyle O}{||}}{C} + \overset{\overset{\displaystyle H}{|}}{N} - CH_2 - \overset{\overset{\displaystyle O}{||}}{C} + \overset{\overset{\displaystyle H}{|}}{N} - \overset{\overset{\displaystyle H}{|}}{C} - \overset{\overset{\displaystyle O}{||}}{C} + \overset{\overset{\displaystyle H}{|}}{N} - \overset{\overset{\displaystyle H}{|}}{C} - COOH$$

Alanin   Glycin   Leucin   Tryptophan

Abb. 20.2 Sequenz von Aminosäuren als Strukturformel

Über die Reihenfolge und Häufigkeit der einzelnen Aminosäuren innerhalb eines Polypeptids lässt sich keine Regel aufstellen. Dadurch ist die Zahl der Kombinationen ungeheuer groß und die Konstitutionsaufklärung schwierig. Weil die Art der Verknüpfung stets die gleiche ist, benutzt man eine schematische Kurzformel für die Peptide, aus der die Sequenz, das ist die Reihenfolge der Aminosäuren, ersichtlich ist (Primärstruktur) (s. Kap. 16.4.1).

Für das oben abgebildete Tetrapeptid ergibt sich dann die Kurzformel

$$H_2N - Ala - Gly - Leu - Try - COOH$$

Abb. 20.3 Schreibweise der Aminosäuren in der Drei-Buchstaben-Abkürzung

Ketten mit bis zu zehn Aminosäuren heißen Oligopeptide, bis zu hundert Aminosäuren Polypeptide und ab ca. hundert Aminosäuren spricht man von **Proteinen**.

Primärstruktur

Die Aminosäurensequenz gibt die Reihenfolge der Aminosäuren an und ist für jedes Peptid und Protein spezifisch. Diese Primärstruktur ist genetisch festgelegt und bestimmt die biologische Wirkung mit.

Sekundärstruktur

Die Sekundärstruktur beschreibt die Anordnung der Aminosäureketten. Die Kette kann schraubenartig gewickelt (α-Helix) oder – wenn die Reste wie in der Abbildung 20.2 abwechselnd in entgegengesetzter Richtung stehen – faltblattartig sein. Diese Anordnung erlaubt Querverbindungen zwischen zwei Ketten über Wasserstoffbrücken und Disulfidbrücken.

Tertiärstruktur

Die dreidimensionale Anordnung der Sekundärstrukturen im Raum zu einem Zustand größter Stabilität wird als Tertiärstruktur bezeichnet und durch Disulfid- und Wasserstoffbrücken, Ionenbeziehungen und hydrophobe Wechselwirkungen (so genannte hydrophobe Micellen) bestimmt.

Quartärstruktur

Die Quartärstruktur (Überstruktur) ergibt sich aus der Zusammensetzung einer definierten Anzahl von Proteinketten (so genannter Untereinheiten), die durch Nebenvalenzbindungen stabilisiert werden.

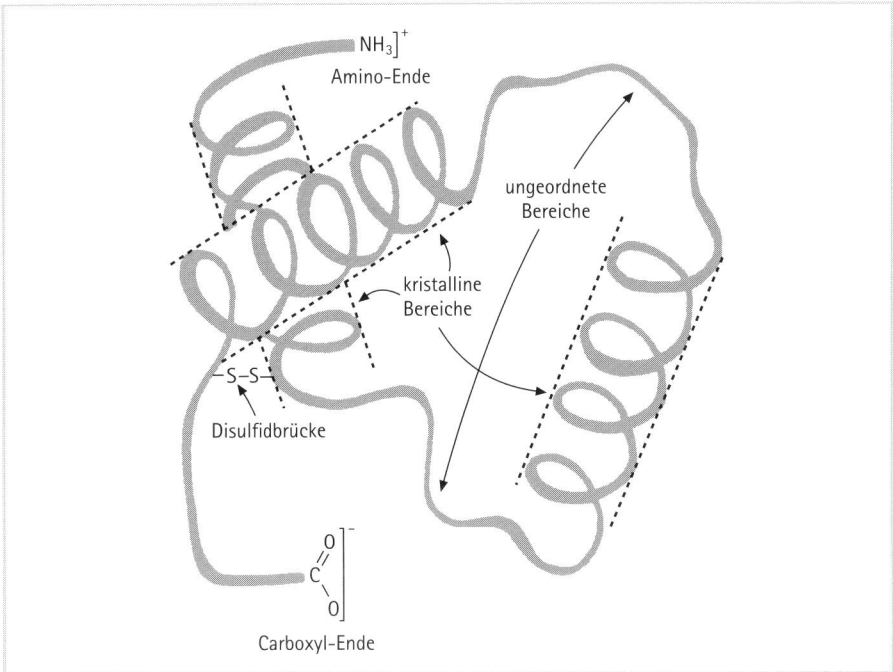

Abb. 20.4 Polypeptidkette

Zwei Ketten können sehr fest über Disulfidbrücken verknüpft sein, wenn beide Ketten an geeigneter Stelle die Aminosäure Cystein enthalten.

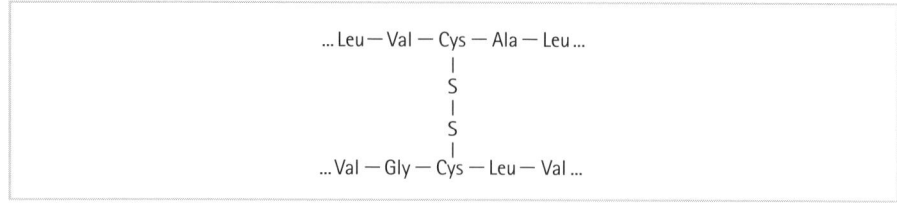

```
      ...Leu — Val — Cys — Ala — Leu...
                      |
                      S
                      |
                      S
                      |
      ...Val — Gly — Cys — Leu — Val...
```

Abb. 20.5 Beispiel für eine Disulfidbrücke

Peptide kommen im gesamten Zellbereich vor, wobei die biologischen Funktionen sehr vielseitig sind. Zahlreiche Hormone sind Peptide: Insulin, Glucagon, Corticotropin, Angiotensin, Bradykinin usw. In diese wichtige Substanzklasse gehören auch noch andere Stoffe, z. B. Releasingfaktoren und Neuropeptide wie die opiatartigen Enkephaline und Peptidtoxine. Die Gentechnologie eröffnet neue Möglichkeiten zur Synthese biologisch aktiver Peptide. Auf diese Weise können Somatostatin (Wachstumshormon), Interferon und Insulin biosynthetisch hergestellt werden. Bestimmte Antibiotika enthalten Peptide: Valinomycin und Gramicidin zum Beispiel zählen zu der Gruppe der Peptidantibiotika.

20.2 Proteine

Die Verknüpfung von hundert bis mehreren tausend Aminosäuren (das entspricht einer Molekülmasse von 10 000 bis zu 1 000 000 und mehr) führt zu den Proteinen. Die Grenze zu den Peptiden ist fließend: Man spricht im allgemeinen bei einer M_r unter 10 000 von Polypeptiden, ab 10 000 von Proteinen.

Wegen ihrer Größe diffundieren Proteinmoleküle nicht durch Membranen, sie gleichen gelöst Kolloiden und können von Kristalloiden durch Dialyse getrennt werden.

Durch Faltung und Verknäuelung der Peptidketten ergeben sich bestimmte Formen, die zur Unterscheidung in Sklero- oder Faserproteine (gefaltete oder spiralige Ketten) und Sphäroproteine (annähernd kugelförmige Gestalt des Moleküls) geführt haben.

20.2.1 Bedeutung der Proteine

Proteine oder Eiweißstoffe gehören zusammen mit Kohlenhydraten und Fetten zu den Energiespendern der menschlichen Nahrung. Proteine nehmen insofern eine

Organische Verbindungen, ihre Eigenschaften und die wichtigen Vertreter

besondere Stellung ein, als sie unentbehrlich für den Organismus sind, während die beiden anderen gegeneinander ausgetauscht oder aber zeitweilig auch ganz in der Nahrung fehlen können.

Proteine sind für den Organismus von lebenswichiger Bedeutung. Sie werden gebraucht als:

- Enzyme,
- Hormone (Peptid- und Proteohormone),
- Membranproteine (z. B. Rezeptoren, G-Proteine, Transporter),
- Stütz- bzw. Gerüstproteine (z. B. Kollagen, Elastin, Keratin),
- kontraktile Proteine: Muskelproteine, die die Bewegung ermöglichen (z. B. Aktin, Myosin),
- Plasmaproteine (z. B. Albumin),
- Transportproteine (z. B. Hämoglobin, Myoglobin, Cytochrome und andere Plasmaproteine),
- Antikörper,
- Faktoren der Blutgerinnung,
- Alloantigene (z. B. Blutgruppenantigene),
- sog. Reservesubstanzen für die Energieversorgung beim Hungern. Sie stammen vor allem aus Leber, Milz und Muskulatur und werden zur Glukoneogenese verwendet.
- Informationsträger in der Genetik.

20.2.2 Eigenschaften der Proteine

Ampholyte

Proteine sind von Natur Ampholyte. Diese Eigenschaft wird durch die Anwesenheit freier saurer und basischer Gruppen im Proteinmolekül bedingt. In Abhängigkeit vom pH-Wert des Lösungsmittels können die Proteine die Eigenschaften von Säuren oder Basen haben. In saurer Lösung wird die Aminogruppe protoniert und liegt als Kation vor, in basischer Lösung spaltet die endständige Carboxylgruppe das Proton ab und wird zum Anion. Bei einem für jedes Protein spezifischen pH-Wert, dem isoelektrischen Punkt, besitzt es keine Ladung und liegt undissoziiert und damit schwer löslich vor. Auf dem Ampholytcharakter beruht die Pufferwirkung der Proteine in biologischen Systemen.

Löslichkeit

Diese ist abhängig von der Aminosäurezusammensetzung, der Verteilung der polaren und unpolaren Aminosäuren, der Molekülgestalt und vom umgebenden Milieu (pH-Wert, Ionenstärke, Temperatur). Da die Proteine meist hydrophil sind, d. h. mit einem Wassermantel umgeben, können sie hydrophobe Substanzen einhüllen und vor dem Ausflocken schützen. Diese Schutzkolloidfunktion ist verantwortlich für die Stabilität vieler Körperflüssigkeiten. Der Zusatz nichtpolarer Lösungsmittel wie Ethanol und Aceton oder hohe Salzkonzentrationen führen zum Verlust des Wassermantels und bewirken ein Ausflocken (Aussalzung) der Proteine.

Denaturierung

Werden Proteine für kurze Zeit Hitze, extremen pH-Werten oder der Wirkung bestimmter Substanzen – wie Harnstoff oder Guanidin – ausgesetzt, so unterliegen sie einer Denaturierung, die zum Verlust der biologischen Aktivität führt. Meist werden Proteine bei einer Denaturierung unlöslich. Ein Beispiel dafür ist das Koagulieren des Hühnereiweißes beim Kochen. Bei der Denaturierung bleibt die Primärstruktur der Polypeptidbindungen intakt, nur die Polypeptidkette entfaltet sich. Dadurch wird die Tertiär- und Quartärstruktur zerstört und ein Zufallsknäuel gebildet. Hieraus kann man schließen, dass die biologische Aktivität von Proteinen nicht direkt von deren Aminosäuresequenz, sondern vielmehr von der dreidimensionalen Konfiguration der Polypeptidkette abhängt.

20.2.3 Wichtige Vertreter der Proteine

Gelatine

Gelatine, Ph. Eur. (lateinisch: gelare erstarren machen, verdichten) ist eine farb- und geruchlose, gallertartige Substanz, die beim Verkochen von Bindegewebe (Häute, Knochen, Sehnen) durch Auflösung des Sphäroproteins Glutin entsteht. Sie quillt in Wasser, löst sich beim Erwärmen (oberhalb 40–50 °C) und erstarrt beim Abkühlen zu einem Gel. Bei zu trockener Lagerung wird die Gelatine spröde, bei zu feuchter quillt sie an, wird klebrig und ist dann äußerst anfällig gegenüber Mikroorganismen. Gelatinekapseln verhalten sich unter extremen Lagerungsbedingungen ähnlich.

Nach Ph. Eur. wird das Gelbildungsvermögen geprüft. Dieses muss 150 bis 250 g betragen. Genau diese Masse in g bewirkt unter Verwendung eines Gelometers mit einem Stempel von 12,7 mm Durchmesser bei einem bei 10 °C gealterten Gel (6.67 % Gelatine) eine 4 mm tiefe Verformung.

Anwendung

Gelatine wird verwendet zur Herstellung fester Bakteriennährböden und zur Wundversorgung in Form eines Gelatineschwammes. Sie ist Grundlage für Zinkleim, Vaginalglobuli und Hart- und Weichgelatinekapseln. Gelatine wird auch als Blutplasmaexpander in Form von Derivaten (z. B. Oxypolygelatine) verwendet.

Catgut Ph. Eur. ist ein resorbierbares chirurgisches Nahtmittel aus der kollagenhaltigen Dünndarmschicht der Rinder und Schafe.

Die Faserproteine **Kollagen** und **Elastin** werden pflegenden kosmetischen Salben zugesetzt, die der alternden Haut Elastizität zurückgeben sollen.

Immunsera für Menschen und Immunsera für Tiere enthalten unspezifische oder krankheitsspezifische Immunoglobuline zur Bekämpfung von Infektionskrankheiten. Immunoglobulin von Menschen stammt von Spendern, die frei sind von Hepatitis-B-Oberflächenantigen und HIV-Antikörpern. Es enthält hauptsächlich Immunoglobulin G (IgG) und wird prophylaktisch angewandt (Beriglobin®).

Lactalbumin, Casein (aus Milch) und pflanzliche Proteine (z. B. aus der Sojabohne) sind die Grundlage für viele Schlankheitsdiäten.

Sojaprotein ist unter anderem Bestandteil kuhmilchfreier Säuglingsmilchen.

20.2.4 Analytik

Für den Apotheker ist der Nachweis im Harn wichtig. Proteine erscheinen im Harn, wenn sich die Membran der Nierengefäße krankhaft verändert hat und auch für Makromoleküle aus dem Blutserum durchlässig geworden ist.

- **Kochprobe:** Gleiche Teile filtrierter Harn und Acetatpufferlösung werden im siedenden Wasserbad erhitzt. Feinflockige Koagulation tritt ein, wenn der Harn mehr als nur Proteinspuren aufweist.
- **Sulfosalicylsäure-Probe:** 5 ml filtrierter Harn werden mit 0,5 ml 25 %iger Sulfosalicylsäurelösung versetzt. Die Reaktion ist sehr empfindlich: Schon 0,015 % Protein zeigen sich durch eine Trübung an.
- Spezialreagenz-Papiere wie Albustix® u. ä.
- Bei der Identitätsprüfung von Gelatine wird auch die Biuret-Reaktion, typisch für die Peptidbindung, durchgeführt: Die alkalische Eiweißlösung färbt sich mit Kupfer(II)-sulfat blauviolett.

21 Phenole

Phenole sind aromatische Verbindungen mit **einer oder mehreren Hydroxylgruppen**. Die einfachste Verbindung ist das Phenol. Es besteht aus einem mit einer OH-Gruppe substituierten Benzolring.

21.1 Die Eigenschaften der Phenole

Im Unterschied zu den Alkoholen ist die Reaktivität der OH-Gruppe durch das benachbarte π-Elektronensystem des aromatischen Ringes beeinflusst. So reagieren die Phenole **stärker sauer als die aliphatischen Alkohole**. Sauerstoff verfügt über zwei freie Elektronenpaare und ein Bindungselektronenpaar. Beim Phenol wird eins der beiden freien Elektronenpaare in das π-Elektronensystem des Ringes mit einbezogen, wodurch sich die Elektronendichte im Bereich des Sauerstoffes verringert. Dadurch tritt eine Lockerung der Sauerstoff-Wasserstoffbindung ein, so dass das Proton leichter abgespalten werden kann. Das entstandene Phenolation hat im Vergleich zum Alkoholation eine geringere Basizität.

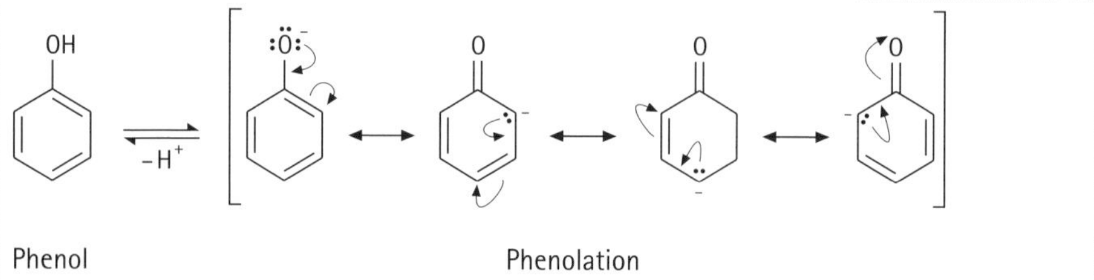

Abb. 21.1 Das freie Elektronenpaar des Sauerstoffes wird in das π-Elektronensystem des Ringes einbezogen.

Die OH-Gruppe der Phenole kann genauso wie die der aliphatischen Alkohole verestert und verethert werden.

Organische Verbindungen, ihre Eigenschaften und die wichtigen Vertreter

Essigsäurephenylester

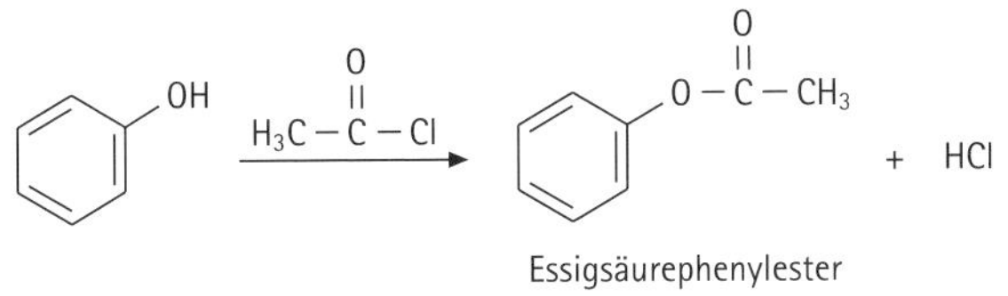

2. Bildung von Ethern.

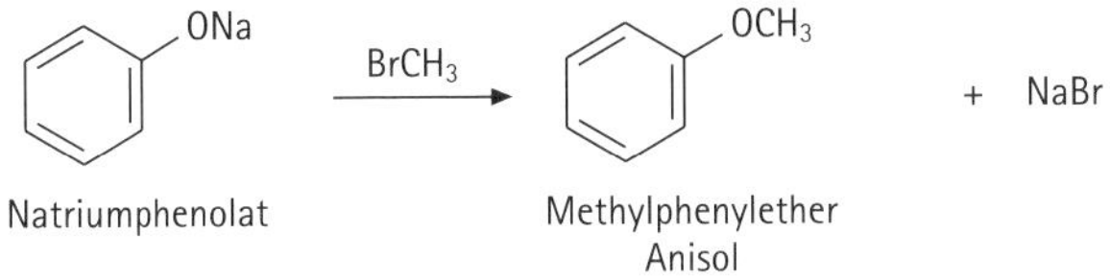

Natriumphenolat   Methylphenylether
                         Anisol

Abb. 21.2 Veresterung und Bildung von Ethern bei Phenolen

Wird aber der Benzolring mit in die Reaktion einbezogen, können die Reaktionen völlig anders verlaufen. So lässt sich der **Ring z. B. durch Brom** in Stellung 2,4,6 **elektrophil substituieren**, eine Reaktion, die bei der Identitätsprüfung und der Gehaltsbestimmung von Phenol nach Ph. Eur. durchgeführt wird.

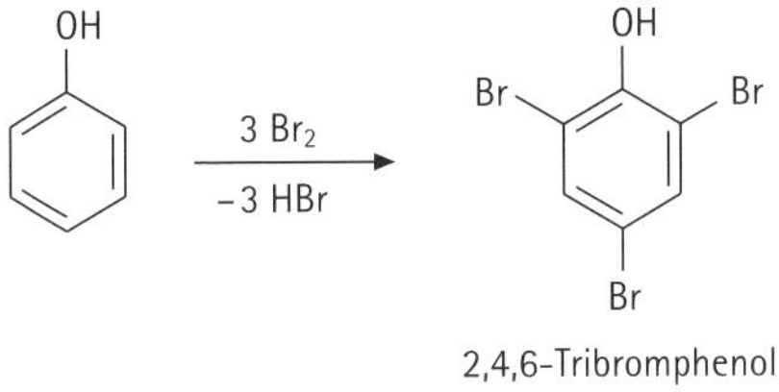

2,4,6-Tribromphenol

Abb. 21.3 Elektrophile Substitution von Brom an Phenol

Neben den **einwertigen Phenolen**, die nur eine OH-Gruppe tragen, gibt es auch **mehrwertige Phenole**, die mehrere Hydroxylgruppen enthalten. Das zweiwertige **Hydrochinon**, das leicht zum **Chinon** oxidiert werden kann, ist von besonderem Interesse (s. Kap. 22).

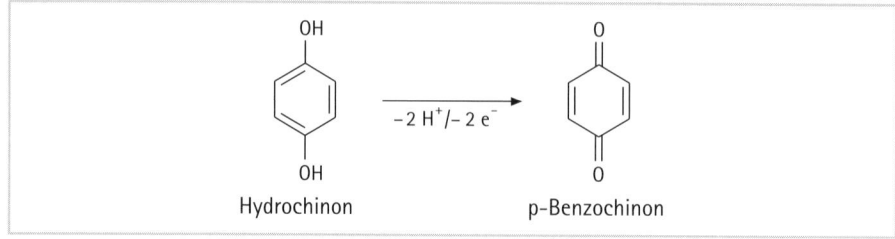

Abb. 21.4 Hydrochinon lässt sich leicht zu einem Chinon oxidieren

21.2 Wichtige Vertreter der Phenole

Wie bei den aliphatischen Alkoholen unterscheidet man auch bei den aromatischen Alkoholen zwischen ein- und mehrwertigen Verbindungen.

21.2.1 Einwertige Phenole

Phenol

OH

Phenol

Phenol wurde früher häufig als **Desinfektionsmittel** verwendet. Eine Lösung von 9,1 Teilen Wasser in 90,9 Teilen Phenol wurde als verflüssigtes Phenol (Phenolum liquefactum) in den DAC aufgenommen. Heute ist aber die medizinische Bedeutung nur noch gering, da man andere weniger toxische Desinfektionsmittel zur Verfügung hat. Phenol ist ein starkes Protoplasmagift. Es dringt schnell in die Haut ein und ruft Verätzungen hervor, die schwer heilen. Ab und zu wird es noch zur Desinfektion von Gegenständen gebraucht. Technisch dient es zur Herstellung von Salicylsäure, Pikrinsäure und Kunstharzen (Bakelit).

Substituiert man den Phenolring, kann die Verträglichkeit und die Wirksamkeit verbessert werden. Zu den substituierten Phenolen gehört z. B. **Thymol**. Seine Toxizität ist wesentlich geringer, die antiseptische Wirkung übertrifft die des

Phenols um das 25fache. Thymol findet u. a. Anwendung als Antiseptikum in Mundwässern.

Chlorierte Phenole sind ebenfalls stärker wirksam und wegen ihrer Reizlosigkeit zur Feindesinfektion (Hände, Körper, Instrumente) wesentlich besser geeignet als Phenol. Durch die Chlorierung verschwindet der durchdringende Geruch der Phenole weitgehend. Günstig für die Wirksamkeit ist die Chlorierung in para-Stellung (z. B. bei Hexachlorophen und 2-Benzyl-4-chlorphenol u. a. in Frekaderm®).

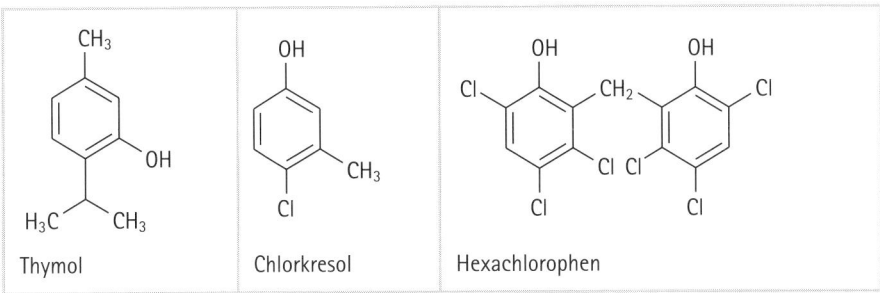

Abb. 21.5 Thymol und zwei chlorierte Phenole

21.2.2 Zweiwertige Phenole

Brenzcatechin und seine Isomeren Resorcin und Hydrochinon (s. Abb. 21.6) sind leichter oxidierbar als Phenol und werden schon durch Luftsauerstoff, besonders in alkalischer Lösung, angegriffen. Sie werden deshalb als Reduktionsmittel verwendet (photographischer Entwickler). Resorcin ist von den drei Benzoldiolen das stabilste, weil sich aus ihm kein Chinon bilden kann (s. u.). Es wird u. a. in Haarwässern, als Antiseptikum und Keratolytikum verwendet.

Resorcin ist als umweltgefährlich und sehr giftig für Wasserorganismen eingestuft.

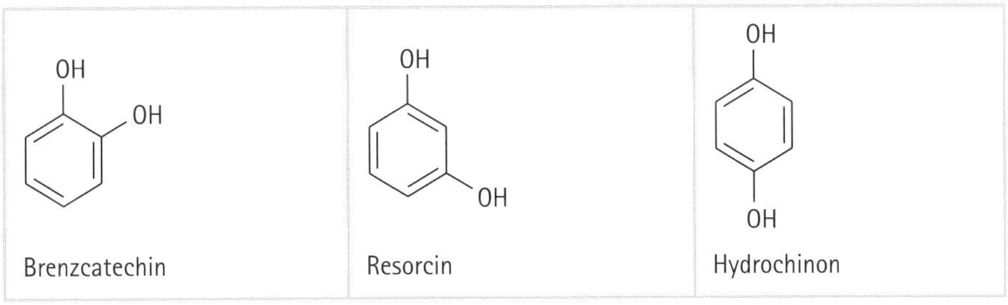

Abb. 21.6 Brenzcatechin und seine Isomeren Resorcin und Hydrochinon

Der Monomethylether des Brenzcatechins findet sich im Buchenholzteer. Unter der Bezeichnung Guajakol wurde er früher gegen Husten verwendet; an seiner Stelle wird das besser schmeckende und wirkende Derivat Guaifenesin Ph. Eur. in einigen STADA-Hustensäften eingesetzt (s. Abb. 21.7). Es findet auch Verwendung als Muskelrelaxans und Sedativum.

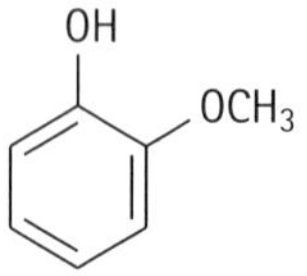

OH OCH$_3$	O—CH$_2$—CHOH—CH$_2$OH OCH$_3$
Guajakol, DAB R	Guaifenesinum Ph. Eur. (R,S)-3-(2-Methoxyphenoxy)-1,2-propandiol

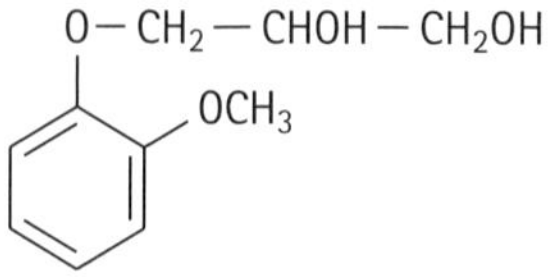

Abb. 21.7 Guajakol und Guaifenesin

Tab. 21.1 Übersicht einiger wichtiger Phenole (Fortsetzung s. nächste Seite)

Bezeichnung (nach Arzneibuch)	Formel	Sonstige Bezeichnungen	Verwendung
Einwertige Phenole			
Phenol Ph. Eur.	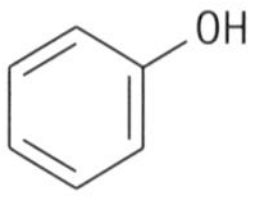 OH	Hydroxybenzol	Zur Desinfektion mit 10% Wasser = verflüssigtes Phenol DAC
Kresol	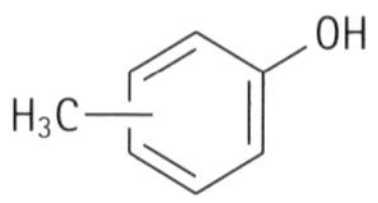 H$_3$C— OH	1-Methyl-2-hy-droxybenzol und entspr. Isomere	Rohkresol, Cresolum crudum enthält ein Gemisch der 3 Isomeren. Kresolseifenlösung mit 50% Rohkresol = Lysol.
Thymol Ph. Eur.	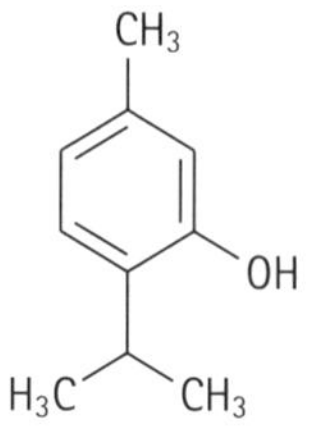 CH$_3$ OH H$_3$C CH$_3$	2-Isopropyl-5-methylphenol	Zur Desinfektion, Mundpflege, Hydrierung führt zu Menthol Isomeres = Carvacrol

Organische Verbindungen, ihre Eigenschaften und die wichtigen Vertreter

Tab. 21.1 Übersicht einiger wichtiger Phenole (Fortsetzung)

Bezeichnung (nach Arzneibuch)	Formel	Sonstige Bezeichnungen	Verwendung
Zweiwertige Phenole			
Brenzcatechin R Ph. Eur.	OH OH	1,2-Benzoldiol	Teil des Adrenalin-moleküls. Als Monomethylether = Guajakol
Resorcin Ph. Eur.	OH OH	1,3-Benzoldiol	Verwendung in der Dermatologie bakterizid fungizid
Hydrochinon R Ph. Eur.	OH OH	1,4-Benzoldiol	Verwendung als photographischer Entwickler
Dreiwertige Phenole			
Phloroglucin R Ph. Eur.	OH HO OH	1,3,5-Benzoltriol	Phloroglucin-Salzsäure = Reagenz auf verholzte Pflanzenteile (Lignin)
Kondensierte Phenole			
1-Naphthol R Ph. Eur.	OH 1	1-Hydroxy-benzobenzol	Reagenz bei parasitären Hautkrankheiten
2-Naphthol R Ph. Eur.	OH 2	2-Hydroxy-benzobenzol	s. 1-Naphthol

22 Chinone

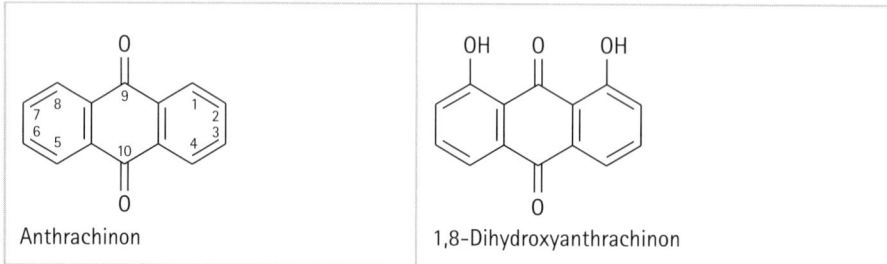

Anthrachinon

1,8-Dihydroxyanthrachinon

Abb. 22.1 Anthrachinon und 1,8-Dihydroxyanthrachinon

Ein synthetisches Anthrachinonderivat ist das Dantron R DAB, ein 1,8-Dihydroxy-anthrachinon. Auch die Farbstoffe Alizarin und Indanthren® sind Anthrachinon-abkömmlinge.

Durch Oxidation (Dehydrierung) des Brenzcatechins oder des Hydrochinons kommt man zu Chinonen.

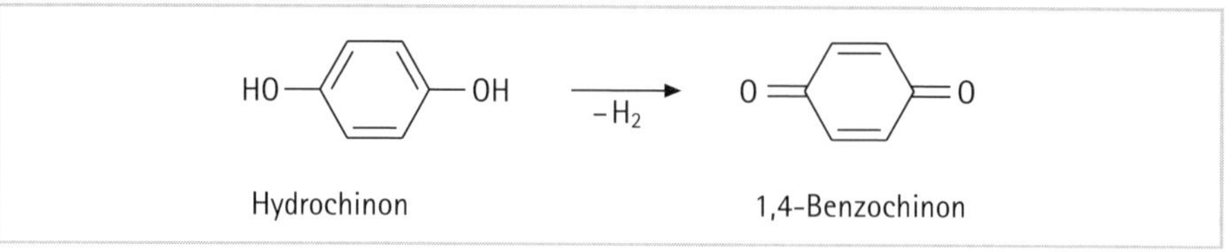

HO—⟨ ⟩—OH $\xrightarrow{-H_2}$ O=⟨ ⟩=O

Hydrochinon   1,4-Benzochinon

Abb. 22.2 Oxidation von Hydrochinon zu 1,4-Benzochinon

Chinone sind sechsgliedrige cyclische Dioxoverbindungen, in denen die Carbonyl-gruppen in den Ring eingebaut sind und mit den noch vorhandenen Doppelbin-dungen ein konjugiertes System bilden. Trotz ihrer Entstehung aus Benzolderivaten sind Chinone keine Aromaten, da ihnen das delokalisierte π-Elektronensextett fehlt.

Chinone können auch mit Benzolringen kondensiert sein; pharmazeutisch wichtig ist das Anthrachinon, dessen Derivate, glykosidisch gebunden, in vielen Abführdrogen enthalten sind, z. B. in Sennesblättern, Faulbaumrinde, Aloe und Rhabarber.

23 Ether

Ether haben die allgemeine Formel **R–O–R**. Man kann sie, wie die Alkohole, als formale Derivate des Wassers auffassen, wobei beide Wasserstoffatome durch Reste ersetzt sind. Dabei kann es sich um Alkyl- oder Arylreste handeln. Sie bestimmen die unterschiedlichen Eigenschaften der Ether.

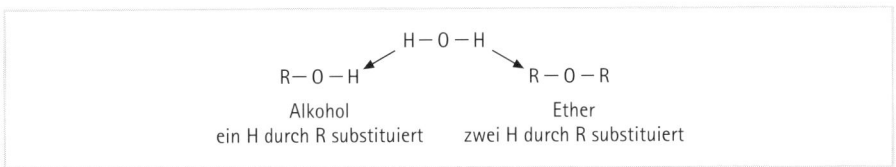

Abb. 23.1 Ether können als Derivate des Wassers aufgefasst werden

Einteilung
Ether unterscheidet man nach der Art ihrer Reste bzw. ihres Aufbaus:

- **Einfache Ether** besitzen zwei identische über den Sauerstoff gebundenen Reste, z. B. Dimethylether:
$$H_3C–O–CH_3$$

- **Gemischte Ether** verfügen über unterschiedliche Reste am Sauerstoff, z. B. Ethylmethylether:
$$H_3C–O–C_2H_5$$

- **Cyclische Ether** bilden einen geschlossenen Ring, wobei der Sauerstoff in den Ring eingebunden ist. Sie können entstehen, wenn **zwei zweiwertige Alkohole** miteinander reagieren (s. Abb. 23.2 Dioxan).

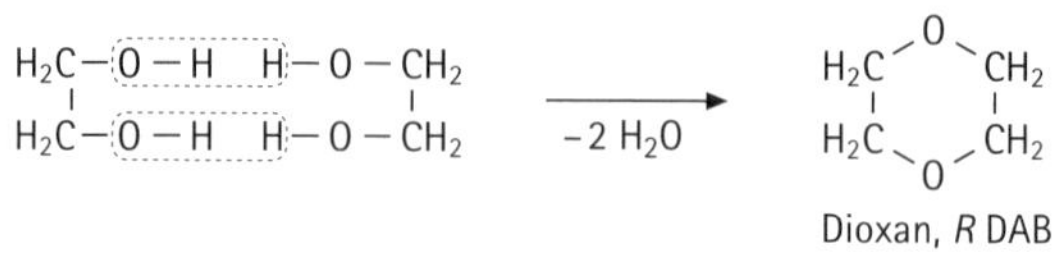

Abb. 23.2 Bildung eines cyclischen Ethers

- **Innere Ether** resultieren aus einer **inneren Ringbildung eines zweiwertigen Alkohols.** Beide Alkoholgruppen reagieren miteinander unter Abspaltung von Wasser.

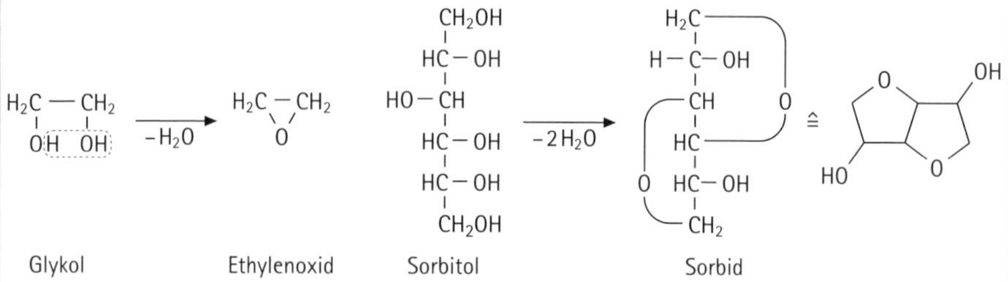

Abb. 23.3 Bildung eines inneren Ethers

23.1 Die Eigenschaften der Ether

Vom gasförmigen Dimethylether abgesehen sind alle niederen Ether leichtbeweglicher Flüssigkeiten mit charakteristischem Geruch. Ihre Siedetemperaturen liegen viel tiefer als die der Alkohole mit gleicher Kohlenstoffzahl, weil die Ethermoleküle keine Brücken untereinander bilden können, wie das bei den Alkoholen möglich ist.

Die Ether haben keine ausgeprägten hydrophilen Gruppen mehr, sie sind also schwer in Wasser löslich (Diethylether 8 %). Weil die Hydroxylgruppe fehlt, sind Ether auch wesentlich reaktionsträger als Alkohole. Diethylether ist ein ausgezeichnetes Lösungsmittel für hydrophobe organische Stoffe wie Fette und Wachse. Allerdings wird seine Verwendbarkeit durch die leichte Entzündbarkeit und die Explosivität seiner Dämpfe eingeschränkt.

23.2 Die Nomenklatur der Ether

Einfache und gemischte Ether erhalten immer die Gruppenbezeichnung **-ether** am Ende ihres Namens. Die Namen der beiden am Sauerstoffatom befindlichen Alkylreste werden in alphabetischer Reihenfolge vorangestellt.

$H_5C_2 - O - C_2H_5$

Diethylether

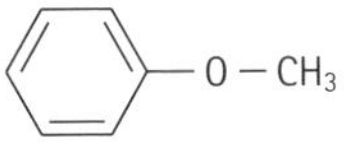

Methylphenylether

Abb. 23.4 Nomenklaturbeispiele

23.3 Wichtige Vertreter der Ether

Ether

$$H_5C_2-O-C_2H_5$$

Diethylether

Ether, mit der genauen chemischen Bezeichnung Diethylether, siedet bei 34–35 °C. Er ist mit Ethanol und fetten Ölen in jedem Verhältnis mischbar. Ether ist leicht entzündlich, sein Dampf ist schwerer als Luft und kriecht am Boden entlang. Bei längerem Stehen an der Luft entstehen durch Autoxidation Peroxide ($R-O-O-R$), die bei einer Destillation von Ether zu Explosionen führen können.

Verwendung
Ether ist ein ausgezeichnetes Lösungsmittel für organische Stoffe.
Durch die beim Einatmen von Ether eintretende Bewusstlosigkeit wurde Ether früher als Inhalationsnarkotikum verwendet. Der unangenehmen Nachwirkungen wie Übelkeit und Erbrechen wegen ist Ether heute von nebenwirkungsärmeren Inhalationsnarkotika verdrängt worden. Zu ihnen gehört das Halothan (s. Kap. 9).

V

Pharmazeutisch wichtige
Stoffgruppen

1 Chemotherapeutika

Chemotherapeutika sind Arzneimittel zur Behandlung von Infektionskrankheiten, die durch Bakterien, Viren, Protozoen, Pilze und Würmer verursacht sind. Es sind Stoffe, die in der Lage sind, Mikroorganismen im Wachstum zu hemmen (Bakteriostase) oder abzutöten (Bakterizidie), möglichst ohne den Wirt (Mensch oder Tier) in Mitleidenschaft zu ziehen. Heute ist der Begriff Chemotherapeutika auch auf Arzneimittel zur Krebsbehandlung ausgedehnt.

Man unterscheidet hierbei Chemotherapeutika im engeren Sinne und Antibiotika, wobei erstere vollsynthetisch hergestellt werden, während Antibiotika als Stoffwechselprodukte niederer Organismen gebildet werden. Ausgehend von diesen natürlichen Antibiotika wurden durch Partialsynthese neue Verbindungen mit verbesserten Eigenschaften erhalten, die auch zu den Antibiotika gerechnet werden.

Bakterien können aufgrund verschiedener Zellwandeigenschaften unterschiedlich angefärbt und damit klassifiziert werden. Dabei unterscheidet man **grampositive** Bakterien, die sich blau anfärben lassen, und **gramnegative** Bakterien, die sich zunächst nicht anfärben lassen, aber später mit einer roten Farbe sichtbar gemacht werden können. Chemotherapeutika können aufgrund ihrer Wirksamkeit gegenüber diesen Bakterientypen unterschieden werden.

1.1 Synthetische Chemotherapeutika

Nitrofuranderivate

Nitrofurantoin

Derivate des Nitrofurans werden als bakterizid wirkende Substanzen in der Urologie zur Behandlung akuter und chronischer Infekte der ableitenden Harnwege eingesetzt.

Präparat: Furadantin®

Chinolone (Gyrasehemmer)

Die Wirkung der Gyrasehemmer beruht auf der **Hemmung eines bakteriellen Enzyms, der Gyrase,** das für die Verdrillung der Bakterien-DNA nach der Zellteilung verantwortlich ist. Die Hemmung des Enzyms führt zum Absterben der Bakterien.

Als **erster Gyrasehemmer** kam die **Nalidixinsäure** in den Handel, die aber heute aufgrund ihres auf gramnegative Bakterien beschränkten Wirkungsspektrums keine Rolle mehr spielt. Gyrasehemmer der **zweiten Generation** haben ein **breiteres Wirkungsspektrum,** es umfasst neben den **gramnegativen** auch **einige grampositive Bakterien.** Bei ihnen wurde die Grundstruktur der 1-Ethyl-4-oxo-pyridin-3-carbonsäure (s. Abb. 1.1) beibehalten. Veränderungen am Molekül, vor allem die Anlagerung von Fluor, verbesserten die Wirkungsstärke und das Wirkungsspektrum und verringerten die Resistenzentwicklung. Durch die Einführung eines Piperazinringes können sie auch bei Pseudomonasinfektionen eingesetzt werden. Im Gegensatz zur Nalidixinsäure, die ausschließlich gegen Harnwegsinfekte angewendet wurde, finden die neuen Gyrasehemmer (s. Abb. 1.1) ihren Einsatz auch bei anderen Infektionserkrankungen wie z. B. Infektionen der Geschlechtsorgane, des Bauchraumes, im Hals-, Nasen-, Ohrenbereich und bei Hautinfektionen.

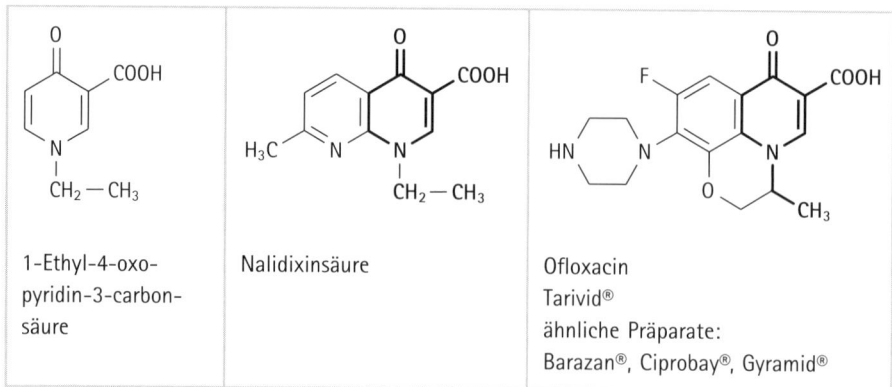

1-Ethyl-4-oxo-pyridin-3-carbonsäure

Nalidixinsäure

Ofloxacin
Tarivid®
ähnliche Präparate:
Barazan®, Ciprobay®, Gyramid®

Abb. 1.1 Bei der Nalidixinsäure und den Gyrasehemmern der zweiten Generation wurde die Grundstruktur der 1-Ethyl-4-oxo-pyridin-3-carbonsäure beibehalten

Sulfonamide

Sulfonamide sind Derivate der 4-Aminobenzolsulfonsäure (Sulfanilsäure). Wird die OH-Gruppe der Sulfonsäurefunktion durch eine Aminogruppe ersetzt, entsteht das p-Aminobenzolsulfonsäureamid (Sulfanilamid), das wiederum durch Substitution eines Wasserstoffatoms am Amidstickstoff in ein **Sulfanilamidderivat** überführt werden kann (s. Abb. 1.2). Obwohl die Bezeichnung Sulfanilamid korrekter ist, wird allgemein der Name Sulfonamid verwendet.

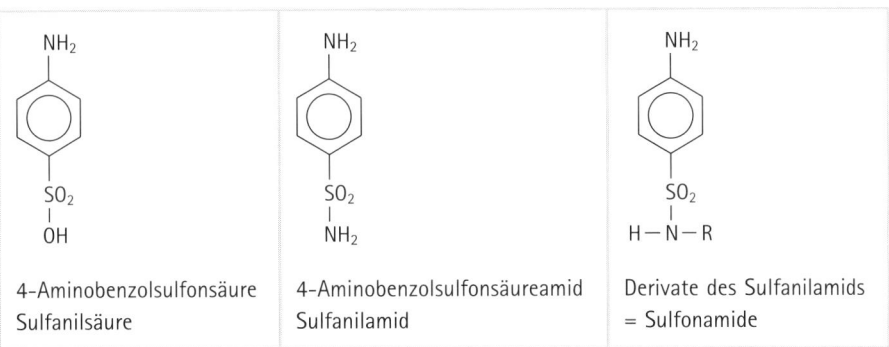

Abb. 1.2   Entwicklung der Sulfonamide aus Sulfanilsäure

Bakterien benötigen zum Wachstum die im menschlichen Organismus stets vorhandene **p-Aminobenzoesäure (PABA)**. **Sulfonamide gleichen dieser Säure** und werden von den Bakterien „irrtümlicherweise" anstelle der PABA aufgenommen. Mit diesem falschen Baustein kann das Bakterium die für die DNA-Synthese wichtige Tetrahydrofolsäure nicht bilden. Durch die **Störung der Tetrahydrofolsäuresynthese** wird das Wachstum und die Vermehrung der Bakterien gehemmt, man spricht von einer bakteriostatischen Wirkung der Sulfonamide. Sulfonamide spielen heute in der Therapie von Infektionskrankheiten durch die Zunahme resistenter Bakterienstämme eher eine untergeordnete Rolle. In **Kombination mit Trimethoprim** hingegen sind sie auch heute durchaus noch von therapeutischer Bedeutung. Die feste Kombination von Sulfamethoxazol und Trimethoprim wird zur Zeit sehr häufig verordnet (s. Trimethoprim).

Einige Sulfonamide zeigen **blutzuckersenkende Eigenschaften**. Bei der Anwendung der Sulfonamide gegen Diabetes ist die bakteriostatische Wirkung natürlich nicht erwünscht. Erst als man die aromatische Aminogruppe durch eine Methylgruppe ersetzte, entfiel die chemotherapeutische Wirkung. Das führte zur Entwicklung **peroral wirksamer Antidiabetika**, den Sulfonylharnstoff-Derivaten (z. B. Tolbutamid, Glibenclamid, Glimepirid).

",4,5>Trimethoprim

Trimethoprim

Trimethoprim ist ein Diaminobenzylpyrimidin-Derivat. Die Wirkung beruht genau wie bei den Sulfonamiden auf einer **Hemmung der Tetrahydrofolsäuresynthese**. Die Substanz greift aber an einer anderen Stelle innerhalb der Synthese ein. Eine Monotherapie mit Trimethoprim ist selten. Meistens wird eine **Kombination mit Sulfamethoxazol** verordnet, die als Co-trimoxazol (Eusaprim®, Co-trim-Tablinen®) im Handel ist. Aufgrund der beiden verschiedenen Angriffspunkte innerhalb der Folsäuresynthese wirkt die Kombination stärker als die Einzelkomponenten.

1.2 Antibiotika

Antibiotika (gr.: anti = gegen, biotikos = zum Leben gehörig) sind Stoffe biologischen Ursprungs, die in geringer Konzentration die Zellwandsynthese und damit das Wachstum niederer Lebewesen hemmen oder in deren Proteinsynthese eingreifen.

Penicillin
Penicilline **hemmen die Biosynthese der Zellwand,** das heißt sie töten das Bakterium in der Wachstumsphase ab, wenn neue Zellwände aufgebaut werden, und wirken damit bakterizid. Das Grundgerüst aller Penicilline ist die **6-Aminopenicillansäure (6-APS)**. Die wichtigsten Strukturmerkmale dieser Säure sind der **Thiazolidinring** und der **β-Lactamring (Penam)**. Die 6-APS ist Ausgangsstoff für die halbsynthetisch gewonnenen Penicilline, die heute fast ausschließlich verwendet werden.

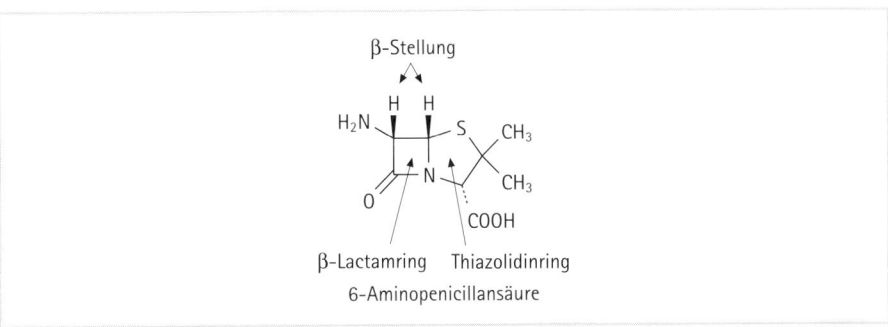

Abb. 1.3   6-APS

Zunächst gelang es, aus Schimmelpilzkulturen **Benzylpenicillin** (Penicillin G) zu isolieren. Die Einführung verschiedener Reste in die 6-Aminopenicillansäure brachte gegenüber natürlichem Penicillin G einige wichtige Vorteile.

- Benzylpenicillin ist säureempfindlich, wird bei peroraler Applikation im Magen zerstört und kann deshalb nur parenteral appliziert werden. Durch die Einführung verschiedener Reste konnten säureresistente und damit peroral anwendbare Penicilline entwickelt werden.
- Das Penicillansäuregerüst kann am β-Lactamring durch die β-Lactamase, ein Enzym, das von vielen Bakterien gebildet wird, zerstört werden. Durch Veränderungen am Molekül, wurden inzwischen **lactamaseresistente Penicilline** synthetisiert (s. Abb 1.4).
- Das Wirkungsspektrum der ersten Penicilline ist hauptssächlich auf grampositive Bakterien beschränkt. Abwandlungen am Grundgerüst führten zur Entwicklung von Breitspektrum-Penicillinen, die sowohl in gramnegativen als auch in grampositiven Bereich wirksam sind.

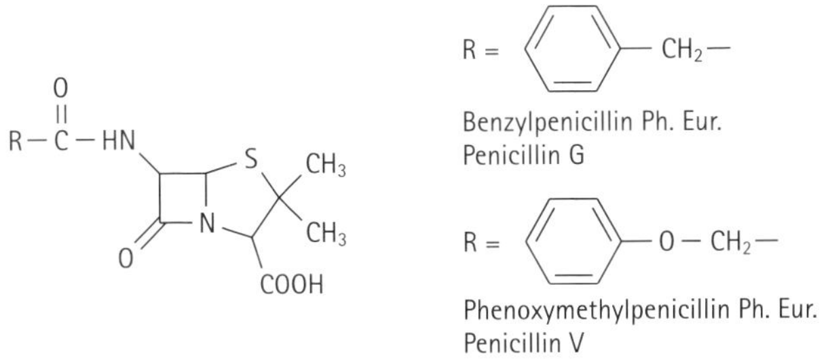

Abb. 1.4   Penicillin G und Penicillin V

Neue halbsynthetische Penicilline sind parenteral anwendbar, lactamasestabil und gegen gramnegative und grampositive Bakterien wirksam. Im Allgemeinen treten in der Penicillintherapie nur wenige Nebenwirkungen auf. Zu den wichtigsten zählen allergische Reaktionen, die je nach Disposition des Patienten und Art des verwendeten Präparates von einer leichten allergischen Hauterscheinung bis zum anaphylaktischen Schock reichen können.

Cephalosporine

Cephalosporiumarten liefern Antibiotika, die den Penicillinen nahe verwandt sind, die Cephalosporine. Der Grundkörper ist das **Cephem**, das sich vom Penam nur durch einen 6er-Ring anstelle des am Lactamring kondensierten 5er-Ringes unterscheidet.

Sie hemmen wie Penicillin die Zellwandsynthese und wirken damit auch bakterizid. Das Wirkungsspektrum gleicht dem der Breitspektrum-Penicilline.

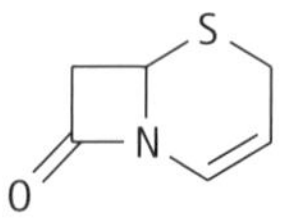

| 2-Cephem | Grundgerüst der Cephalosporine | Cefaclor (Panoral®) |

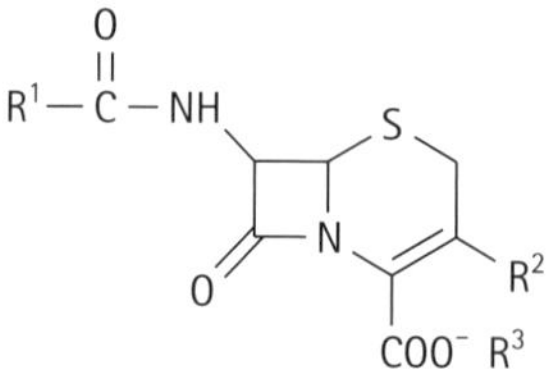

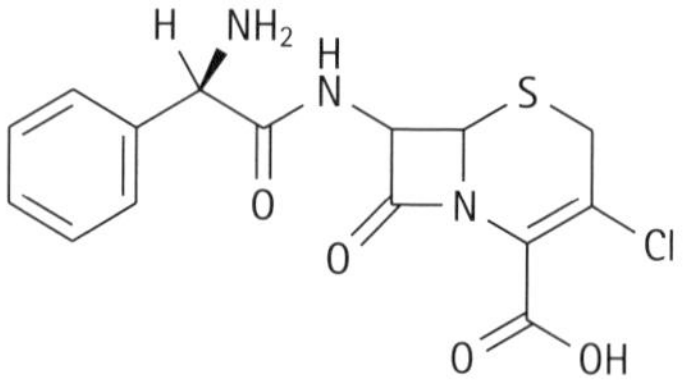

Abb. 1.5 Cephem und Cefaclor

Tab. 1.1 Übersicht einiger wichtiger Penicilline. Grundgerüst s. Abb. 1.4 (Fortsetzung s. nächste Seite)

Bezeichnung (nach Arzneibuch)	Formel R=	Eigenschaften	Präparate
Benzylpenicillin Ph. Eur.	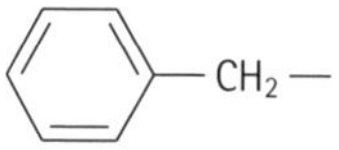 ⬡—CH$_2$—	Nicht lactamasefest Nicht oral wirksam	Penicillin Grünenthal® u. a.
Phenoxymethyl-penicillin Ph. Eur.	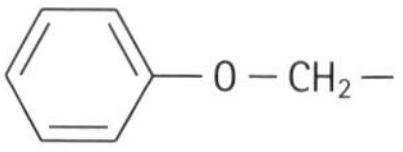 ⬡—O—CH$_2$—	Säurestabil Oral wirksam Nicht lactamasestabil	Isocillin® Megacillin®

Tab. 1.1   Übersicht einiger wichtiger Penicilline (Fortsetzung)

Bezeichnung (nach Arzneibuch)	Formel R=	Eigenschaften	Präparate
Propicillin		Oral wirksam Nicht lactamasestabil	Baycillin®
Ampicillin Ph. Eur.		Oral wirksam Nicht lactamasestabil	Binotal®
Amoxicillin		Oral wirksam Nicht lactamasestabil	Clamoxyl®
Oxacillin		Oral wirksam Lactamasestabil	Stapenor®
Flucloxacillin		Oral wirksam Lactamasestabil	Staphylex®

Tetracycline

Antibiotika, die ein Gerüst aus **vier kondensierten Sechsringen** besitzen, werden wegen ihrer nahen chemischen Verwandtschaft in der Gruppe der Tetracycline zusammengefasst. Alle Tetracycline sind säurestabil und deshalb oral anwendbare **Breitspektrum-Antibiotika**. Durch die **Hemmung der bakteriellen Proteinsynthese** wirken sie **bakteriostatisch**. Sie sind wirksam gegen **grampositive und gramnega-tive Erreger**. Das weitaus am häufigsten verordnete Tetracyclin ist derzeit das **Doxycyclin** (Vibramycin® und viele weitere). **Minocyclin** (Skid®, Lederderm®) wird systemisch bei schweren Akneformen gegeben.

Tetracycline bilden leicht mit mehrwertigen Metallkationen Komplexe, die schwer löslich sind und nicht resorbiert werden können. Aus diesem Grund sollen sie nicht zusammen mit aluminium- bzw. magnesiumhaltigen Antacida, Eisen- oder Calciumpräparaten bzw. Milch eingenommen werden.

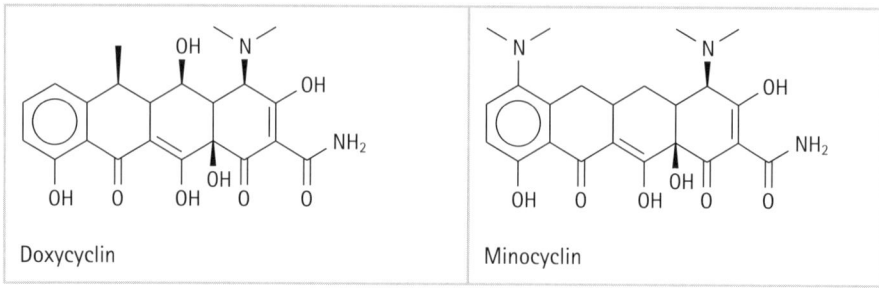

Doxycyclin Minocyclin

Abb. 1.6 Doxycyclin und Minocyclin

Makrolid-Antibiotika

In den letzten Jahrzehnten hat diese Antibiotika-Gruppe erhebliche Bedeutung erlangt. Das erste gegen die Erreger der Tuberkulose wirksame Makrolid-Antibiotikum war Rifampicin Ph. Eur. mit einem 25 gliedrigen Ring. Es hemmt wie alle Makrolid-Antibiotika die Proteinsynthese der Bakterien, wirkt bakteriostatisch und wird, um die Resistenzentwicklung hinauszuzögern, immer in Kombination mit anderen Tuberkulostatika eingesetzt.

Charakteristisch für die Makrolid-Antibiotika mit 14- bzw. 17-gliedrigen Ringsystemen sind die glykosidisch gebundenen Aminozucker. In der Ph. Eur. sind u. a. beschrieben:

- Erythromycin, z. B. Paediathromycin®
- Roxithromycin, z. B. Rulid®
- Clarithromycin (z. B. Klacid®) ist säurestabil.

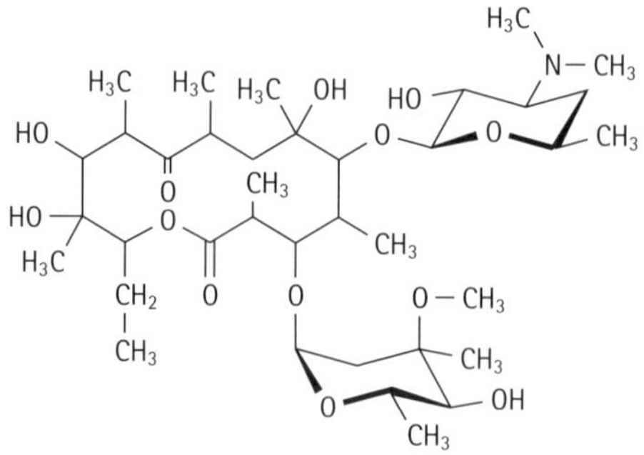

Abb. 1.7 Erythromycin, Strukturformel

Ebenfalls zu den Makroliden ist das Antimykotikum Nystatin Ph. Eur. zu rechnen. Das Ringsystem gehört wegen seiner 6 Doppelbindungen zu den Polyenen. Anwendung bei Mundsoor, starker Hefepilzbesiedlung der Darm- oder Vaginalschleimhaut (Moronal®).

2 Alkaloide und Purine

2.1 Alkaloide

Alkaloide sind im Allgemeinen basische Pflanzeninhaltsstoffe mit mindestens einem heterocyclisch gebundenen Stickstoffatom und oft starker physiologischer Wirkung.

2.1.1 Eigenschaften und Anwendung der Alkaloide

Alkaloide (d. h. alkaliähnlich) sind pharmakologisch wirksame Pflanzenbasen, die als kompliziert gebaute Derivate des Ammoniaks mit Säuren Salze bilden können.

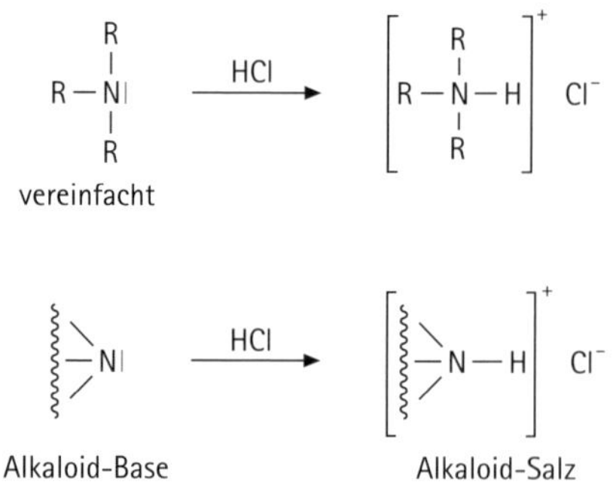

Abb. 2.1 Salzbildung bei Alkaloiden

Der Stickstoff ist häufig in ein zyklisches System eingebaut; also gehören die meisten Alkaloide ihrem Gerüst nach zu den Heterocyclen (Ausnahme: Ephedrin, Colchicin). Einfach gebaute Amine des Pflanzenreichs, z. B. Betain und Aminosäuren werden nicht zu den Alkaloiden gerechnet.

Alkaloide finden sich weit verbreitet im Pflanzenreich. Es sind Endprodukte (Exkrete) des Stoffwechsels einiger Aminosäuren z. B. des Tryptophans. In der Regel tritt in einer alkaloidführenden Pflanze ein Gemisch von nah verwandten Alkaloiden auf. So gibt es im getrockneten Milchsaft des Schlafmohns z. B. 25 Opiumalkaloide. Alkaloidführend sind häufig nur bestimmte Teile der Pflanze. Rasse,

Jahreszeit, Standort, Ernte- und Trocknungsbedingungen sind entscheidend für die Höhe des Alkaloidgehaltes und das Mischungsverhältnis der Einzelalkaloide.

In der Pflanze liegen die Alkaloide als Salze verschiedener organischer Säuren wie Essigsäure, Citronensäure, Weinsäure, Oxalsäure usw. vor. Deshalb sind sie mit hydrophilen Lösungsmitteln z. B. Wasser, stark verdünnten Säuren oder Ethanol aus der Droge extrahierbar.

Wegen ihrer besseren Löslichkeit werden in der pharmazeutischen Praxis vornehmlich Alkaloidsalze verwendet.

Die freien Alkaloide sind kristalline Substanzen, nur Nicotin, Coniin und Spartein sind flüssig. Fast alle sind optisch aktiv, wobei die linksdrehenden Formen überwiegen.

Die pharmakologische Wirksamkeit der einzelnen Alkaloide ist sehr unterschiedlich: Man findet unter ihnen solche, die analgetisch, spasmolytisch und lokalanästhetisch, und solche, die auf das Atem- und Hustenzentrum wirken. Einige weisen auch mehrere Wirkungsrichtungen nebeneinander auf.

Anwendung

Nur ein Bruchteil der bisher bekannten mehr als 2000 Alkaloide lässt sich therapeutisch einsetzen. Man erwartet von einem Therapeutikum, dass erwünschte Wirkung und Nebenwirkungen in einem optimalen Verhältnis zueinander stehen und der Abstand zwischen heilender und toxischer Dosis genügend groß ist (therapeutische Breite). Bei vielen Alkaloiden sind diese Bedingungen nicht gegeben. Durch chemische Eingriffe versucht man, das Molekül so zu verändern, dass unerwünschte Eigenschaften des natürlichen Alkaloids zurücktreten, wenn nicht sogar ganz ausgeschaltet werden. Besonders erfolgreich war man bei der Veränderung der Opiumalkaloide. Es gelang z. B. aus dem toxischen und analgetisch wenig wirksamen Thebain vorzügliche Analgetika zu schaffen. Solche halbsynthetischen Alkaloidderivate dürfen nicht als Alkaloide bezeichnet werden, obgleich sie über ein basisches Stickstoffatom verfügen und sich häufig nur geringfügig von den Ausgangsalkaloiden unterscheiden.

2.1.2   Opiumalkaloide

Der Gesamtalkaloidgehalt des Opiums beträgt etwa 25 %, davon entfallen – um nur die wichtigsten zu nennen – etwa 10 bis 20 % auf Morphin, 2 bis 12 % auf Noscapin, 0,3 bis 3 % auf Codein, 1 % auf Papaverin und etwa 0,3 % auf Thebain.

Morphin

Morphin ist das wichtigste Opiumalkaloid. Es wurde als erstes Alkaloid in den Jahren 1803–1811 von **Sertürner** entdeckt. Seine Strukturaufklärung gelang jedoch erst 1926, die Synthese 1950.

Morphin verfügt über **fünf Chiralitätszentren** mit der Konfiguration: 5R, 6S, 9R, 13S, 14R. Das Molekül besteht aus **vier verschiedenen Ringen**. Ring D ist sesselförmig, der C-Ring wannenförmig. Untereinander sind sie in trans-Stellung verknüpft. Die Verbindung zwischen den beiden Ringen B und D erfolgt in cis-Form. Charakteristisch für Morphin sind die phenolische OH-Gruppe am Ring A und der tertiäre Stickstoff am Ring D.

Aus der Formel des Morphins lassen sich das Phenanthren-Grundgerüst und die funktionellen Gruppen erkennen, die für die Eigenschaften des Moleküls verantwortlich sind.

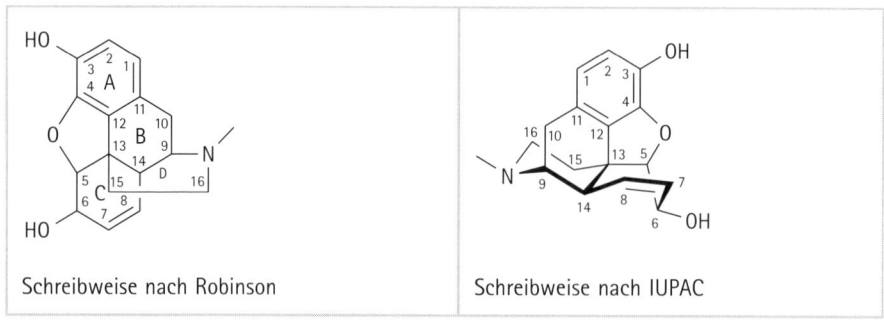

Abb. 2.2   Morphin: Die verschiedenen Schreibweisen

Um die zahlreichen Nebenwirkungen zu verringern, versuchten die Wissenschaftler das Morphinmolekül zu verändern. Dies gelang besonders gut an der reaktiven, phenolischen Hydroxylgruppe, an der alkoholischen OH-Gruppe und an der isolierten Doppelbindung. Leider war es aber nicht möglich, Derivate zu schaffen, die nebenwirkungsfrei sind. Nach wie vor fehlen analgetische Morphinderivate, die

Pharmazeutisch wichtige Stoffgruppen

keine Sucht erzeugen. Die analgetische und antitussive Wirksamkeit konnte allerdings deutlich verbessert werden. So entwickelte man z. B. durch Oxidation der alkoholischen OH-Gruppe das Hydromorphon (Dilaudid®), das um ein Vielfaches stärker analgetisch wirksam ist als Morphin.

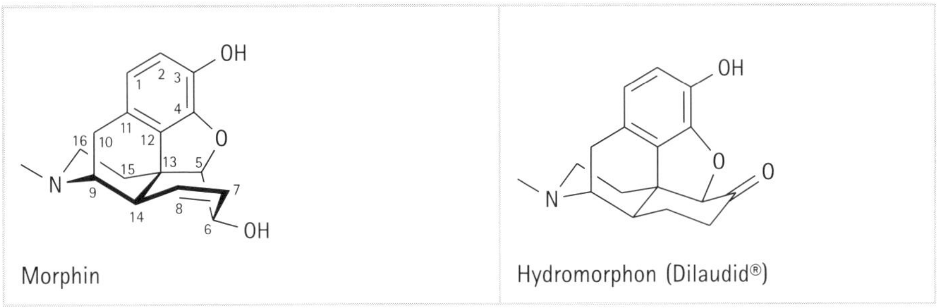

Morphin

Hydromorphon (Dilaudid®)

Abb. 2.3 Gegenüberstellung Morphin und Hydromorphon

Codein

Codein (Methylmorphin) ist wie Morphin ein Bestandteil des Opiums. Seine suchterzeugende Wirkung ist allerdings wesentlich geringer. Die therapeutisch wichtigste Eigenschaft des Codeins ist die Hemmung des Hustenzentrums. Es gilt genauso wie die später entwickelten Codeinderivate als zuverlässiges Antitussivum. Durch Veränderungen des Codeinmoleküls an der Doppelbindung bzw. an der alkoholischen OH-Gruppe, wurden Dihydrocodein (Paracodin®) und Hydrocodon (Dicodid®) entwickelt, die beide über eine noch ausgeprägtere hustenreizstillende Wirkung verfügen. Codein verstärkt die Wirksamkeit von Analgetika. Es ist deshalb Bestandteil einiger verschreibungspflichtiger Kombinationspräparate, z. B. Gelonida®.

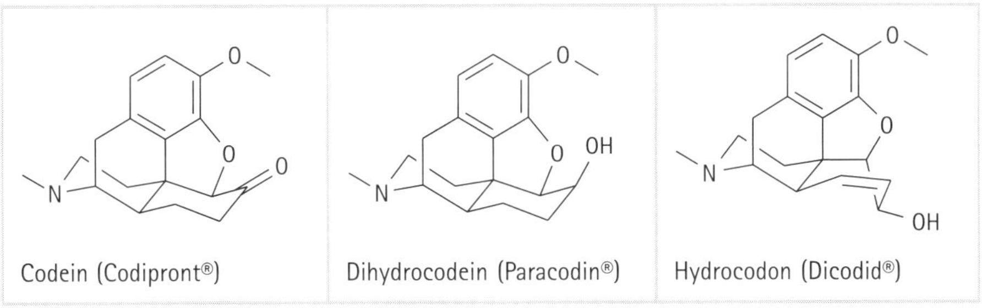

Codein (Codipront®)

Dihydrocodein (Paracodin®)

Hydrocodon (Dicodid®)

Abb. 2.4 Codein und später entwickelte Codeinderivate

Methadon

Methadon gehört zu den vollsynthetisch hergestellten Opioidderivaten. Mit Morphin hat es einige strukturelle Gemeinsamkeiten. Beide Substanzen besitzen einen basischen Stickstoff und ein quartäres Kohlenstoffatom. Methadon ist ein Racemat, wobei ausschließlich die linksdrehende Form des chiralen Moleküls, das Levomethadon (L-Polamidon®), wirksam ist. Seine analgetische Wirkung ist viermal stärker ausgeprägt als die des Morphins. Das Suchtpotenzial hingegen ist geringer, sodass Levomethadon zur Drogensubstitution zugelassen ist.

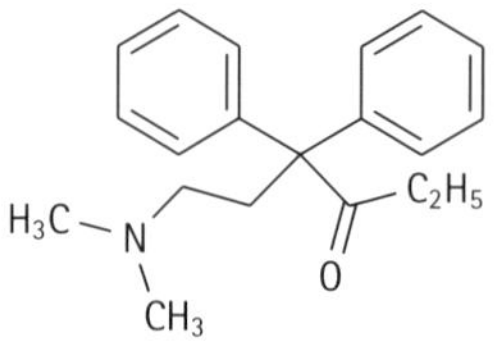

Abb. 2.5   Levomethadon

Tab. 2.1   Übersicht einiger wichtiger Alkaloide (Fortsetzung s. nächste Seite)

Bezeichnung (nach Arzneibuch)	Herkunft	Indikationen	Präparate
Ephedrin	Ephedra-Arten Ephedraceae	Asthma, Husten, Appetitzügler	
Atropin Hyoscyamin	Atropa belladonna Hyoscyamus niger Datura stramonium Solanaceae	Spasmolyticum Pupillenerweiterung, Akkomodationslähmung Antidot	Homatropin-Pos® Atropin-Pos®
Scopolamin		Reisekrankheit	Buscopan® Scopoderm TTS®
Chinin Chinidin	Chinchona pubescens Rubiaceae	Malaria, Herzarrhythmien	
Morphin	Papaver somniferum Papaveraceae	Analgetikum	Apomorphin-Woelm® MSI 10® MST 10®

Pharmazeutisch wichtige Stoffgruppen

Tab. 2.1   Übersicht einiger wichtiger Alkaloide (Fortsetzung)

Bezeichnung (nach Arzneibuch)	Herkunft	Indikationen	Präparate
Codein	Papaver somniferum Papaveraceae	Hustenstiller, Analgetikum	Paracodin®
Reserpin	Rauwolfia serpentina Apocynaceae	Antihypertonikum	
Mutterkorn-Alkaloide	Claviceps purpurea Hypocreaceae	Uteruskontraktion, Migräne Demenz	Hydergin® DCCK®
Pilocarpin	Pilocarpus jaborandi Rutaceae	In der Augenheilkunde pupillenverengend Glaukom	Pilopos® Spersacarpin®

2.2   Purine

Purine sind Ringsysteme, die aus einem sechsgliedrigen Pyrimidinring und einem fünfgliedrigen Imidazolring bestehen. Ihre Derivate kommen in der Natur im Tier- und Pflanzenreich vor. Sie spielen u. a. neben den Pyrimidinabkömmlingen als Basen der Nukleinsäuren eine wichtige Rolle. In der Arzneimitteltherapie finden Purine in Form der Xanthinderivate und im Allopurinol Verwendung.

Xanthinderivate
Purine enthalten ein kondensiertes Ringsystem, bestehend aus einem Pyrimdin-(A)- und einem Imidazolring (B). Sie kommen in jeder Zelle als Baustein der Nuklein- säuren vor. Die Oxidationsprodukte des Purins werden als Xanthine zusammenge- fasst. Ferner sind Xanthine in Form der Harnsäure ein Endprodukt des Nukleinsäure- stoffwechsels bei Mensch und Tier, besonders Vögeln. Harnsäure kann bei Stoffwechselfehlleistungen (Gicht) als Stein und Grieß in Niere oder Gelenken abgelagert werden.

Purin

Einige N-Methylxanthinderivate sind im Pflanzenreich verbreitet. Davon werden Theophyllin, Theobromin und Coffein therapeutisch verwendet. Coffein kommt in der Kaffeebohne, dem schwarzen Tee, der Colanuss und im Matetee vor, Theobromin in der Kakaobohne und Theophyllin im schwarzen Tee. Coffein und Theophyllin besitzen eine zentral stimulierende Wirkung, d.h. sie beseitigen das Gefühl der Müdigkeit und fördern die Konzentrationsfähigkeit. Bei Coffein ist diese Wirkung stärker ausgeprägt als bei Theophyllin. Trotz der anregenden Wirkung steigt der Blutdruck aufgrund der gleichzeitigen Erweiterung der Gefäße nicht an.

Coffein wirkt bei vasomotorischen Kopfschmerzen, da es zu einer Kontraktion der Hirngefäße und damit zu einer Senkung des Liquordruckes führt. Theophyllin ist ein starkes Bronchospasmolytikum. Es hat sich bei der Therapie des akuten Asthmaanfalles bewährt und wird bei chronisch obstruktiven Atemwegserkrankungen und zur Asthmaprophylaxe eingesetzt. Alle drei Xanthinderivate wirken schwach diuretisch, was zu der bekannten diuretischen Wirkung beim Genuss von Kaffee und Tee führt.

Allopurinol

Allopurinol

Gicht, bei der es zu einer erhöhten Bildung, bzw. zu einer verringerten Ausscheidung von Harnsäure kommt, gehört zu den Stoffwechselerkrankungen. Bei ihrer Therapie setzt man u. a. Urikostatika ein, Arzneistoffe die zu einer Reduzierung der Harnsäurebildung führen. Allopurinol hemmt kompetitiv die Xanthinoxidase, ein Enzym, das den Abbau der Purinderivate aus der Nahrung zu Harnsäure katalysiert.

Pharmazeutisch wichtige Stoffgruppen

Tab. 2.2   Wichtige Purinderivate

Bezeichnung (nach Arzneibuch)	Formel	Sonstige Bezeichnungen	Eigenschaften, Verwendung
Harnsäure		2,6,8-Purintrion Acid. uricum	Schwer wasserlöslich, Ablagerung in Gelenken bei Gicht
Xanthin		2,6-Purindion	
Theophyllin Ph. Eur.		1,3-Dimethyl-2,6-purindion	Als Lösungsvermittler wird Ethylendiamin zugesetzt (Theophyllin-Ethyl-diamin Ph. Eur.) Asthma, chron. obstruktive Atemwegserkrankungen
Theobromin Ph. Eur.		3,7-Dimethyl-2,6-purindion	
Coffein Ph. Eur.		1,3,7-Tri-methyl-2,6-purindion	Psychotonikum, Wirkungssteigerung vieler Analgetika
Allopurinol Ph. Eur.		1H-Pyrazolo-[3,4-d]-pyrimi-din-4-ol	Gichtmittel (Urikostatikum)

3 Hormone

Hormone sind körpereigene, physiologisch hochwirksame Substanzen, die im Organismus von innersekretorischen Drüsen oder spezialisierten Zellen gebildet und direkt in die Blutbahn abgegeben werden. Sie üben an den Wirkungsorten einen charakteristischen Einfluss aus.

Ausfälle und Störungen im Hormonhaushalt führen zu schweren und ggf. tödlich verlaufenden Krankheiten. Sie können durch Hormonsubstitution (Ergänzung) behandelt werden. Auch Veränderungen des Regelkreises durch Hormongaben können erwünscht sein (hormonale Kontrazeption). Deshalb sind Hormone wertvolle und wichtige Arzneimittel. Zu ihrer Gewinnung benutzt man aus Säugetierdrüsen isolierte Hormone (z. B. Insulin) oder Drüsenextrakte. Ebenso können Exkrete, z. B. Harn trächtiger Stuten (Presomen®) herangezogen werden. Für einfach gebaute Hormone wie z. B. Adrenalin bietet sich die Totalsynthese an. Steroidhormone werden teilsynthetisch aus Saponinen hergestellt. Immer häufiger werden schwer zugängliche, teure oder viel benötigte Hormone auf gentechnischem Weg gewonnen. Bereits seit 1983 ist ein Humaninsulin im Handel, das von Coli-Bakterien produziert ist.

Eine chemische Stoffklasse „Hormone" gibt es nicht, man unterscheidet nach ihrer Struktur drei Gruppen:

- Proteohormone, Peptidhormone
- Hormone, die sich von der Aminosäure Tyrosin ableiten,
- Steroidhormone.

3.1 Proteohormone/Peptidhormone

Proteohormone und Peptidhormone haben eine Eiweißstruktur. Zu ihnen gehören die Hormone des Hypothalamus, der Hypophyse, der Nebenschilddrüsen, des

Thymus und der Langerhansschen Inseln. **Proteohormone** haben ein höheres Molekulargewicht als **Peptidhormone**. Ein typisches Proteohormon ist das ACTH (Corticotropin). Zu den Peptidhormonen zählen z. B. Insulin, Glucagon, Angiotensin und Somatotropin.

3.2 Tyrosin-abgeleitete Hormone

Tyrosin ist eine optische aktive aromatische Aminosäure, die von Menschen aus L-Phenylalanin aufgebaut wird. Sie ist u. a. zum Aufbau der Schilddrüsenhormone notwendig.

3.2.1 Schilddrüsenhormone

In der Schilddrüse werden zwei verschiedene Hormone gebildet, das **Triiodthyronin** (T_3, Liothyronin) und das **L-Thyroxin** (T_4, Levothyroxin). Beide leiten sich von der Aminosäure Tyrosin ab. T_4 besitzt 4 Iodatome an den beiden Ringen, T_3 dagegen lediglich drei. Obwohl beide Hormone gemeinsam freigesetzt werden, stellt vermutlich Triiodthyronin die eigentliche Wirkform dar. Es entsteht im Gewebe aus T_4 durch Abspaltung eines Iodatoms.

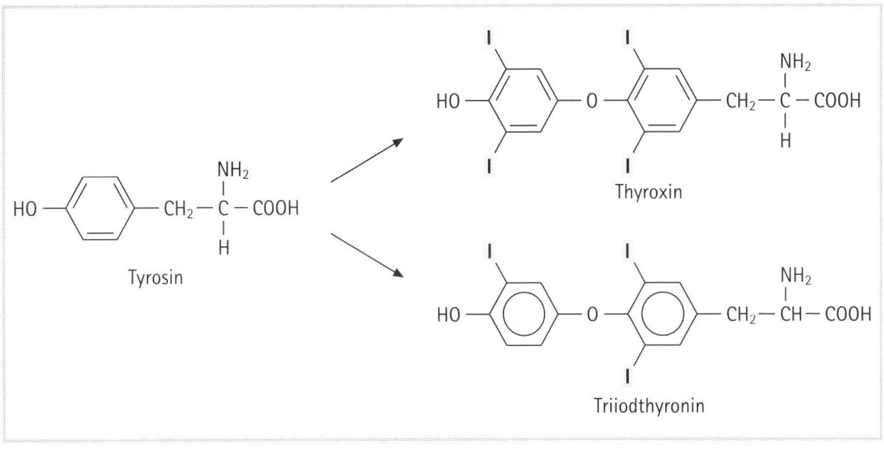

Abb. 3.1 Tyrosin und die abgeleiteten Schilddrüsenhormone Thyroxin und Triiodthyronin

Schilddrüsenhormone steuern u. a. die Stoffwechselvorgänge im Körper, stimulieren die Proteinsynthese und beeinflussen das Wachstum und die körperliche Entwicklung. Bei einer Schilddrüsenunterfunktion (Hypothyreose) gleicht man den Hormonmangel durch Substitution von L-Thyroxin (L-Thyroxin Henning®, Euthyrox®) bzw. Triiodthyronin (Thybon®) aus.

3.2.2 Hormone des Nebennierenmarks

Das Nebennierenmark bildet aus der Aminosäure Tyrosin **Noradrenalin,** das überwiegend zu **Adrenalin** methyliert wird.

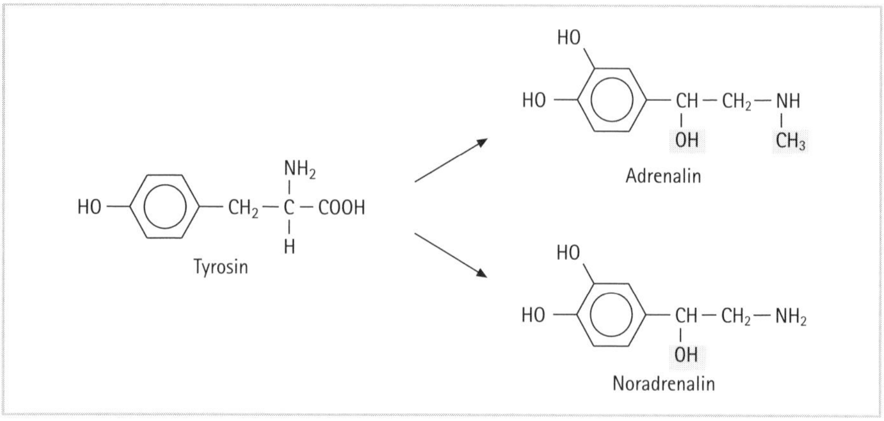

Abb. 3.2 Tyrosin, Noradrenalin, Adrenalin

Beide Hormone gleichen sich in ihrer Struktur, haben aber durch den Angriff an verschiedenen sympathischen Rezeptortypen jeweils eine unterschiedliche Wirkung. Man unterscheidet α- und β-**Rezeptoren**, die jeweils in die beiden Subtypen α_1- und α_2-**Rezeptoren** und β_1- und β_2-**Rezeptoren** unterteilt werden. Am Herzmuskel findet man hauptsächlich β_1- und an der Bronchialmuskulatur β_2-Rezeptoren. α_1-Rezeptoren kommen vor allem an den Gefäßen vor. Die Erregung der Rezeptoren hat verschiedene Wirkungen zur Folge. So führt z. B. die Erregung der β_1-Rezeptoren zu einer verstärkten Kontraktion des Herzmuskels, die der β_2-Rezeptoren zu einer Erschlaffung der Bronchialmuskulatur. Stoffe, die α_1-Rezeptoren ansprechen, lösen die Kontraktion vieler Gefäße aus. Adrenalin und Noradrenalin aktivieren den Sympathikus. Sie greifen an den α- und β-Rezeptoren an. Während Adrenalin alle vier Rezeptortypen aktiviert, spricht Noradrenalin kaum auf die β_2-Rezeptoren an.

Pharmazeutisch wichtige Stoffgruppen

Stoffe, die wie Adrenalin und Noradrenalin an den sympathischen Rezeptoren angreifen und sie stimulieren, nennt man Sympathomimetika und unterteilt sie je nach Angriffsort in α- bzw. β-Sympathomimetika. Arzneimittel, die vorwiegend β$_2$-Rezeptoren ansprechen, also β-Sympathomimetika, werden als Asthmamittel eingesetzt. Sie haben zwei Substituenten am Benzolring, von denen mindestens einer eine phenolische OH-Gruppe sein muss. Die strukturelle Ähnlichkeit zum Adrenalin ist bei vielen noch gut erkennbar.

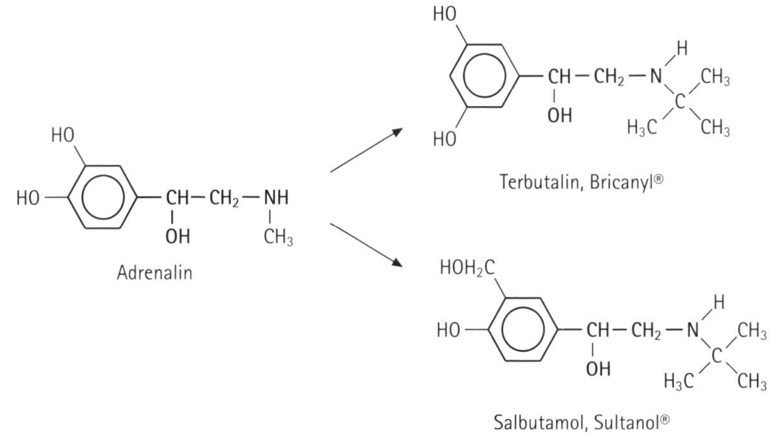

Abb. 3.3   Aus Adrenalin entwickelte β-Sympathomimetika

Norfenefrin (Novadral®) ist ein α-Sympathomimetikum, das bei Hypotonie angewendet wird. Fehlen beide Hydroxylgruppen, so entstehen Ephedrinabkömmlinge, die als Anregungsmittel und Appetitzügler verwendet werden (Recatol®). Die Vorsilbe „Nor" weist auf den Stickstoff hin, der nicht substituiert ist (N ohne Rest = NOR).

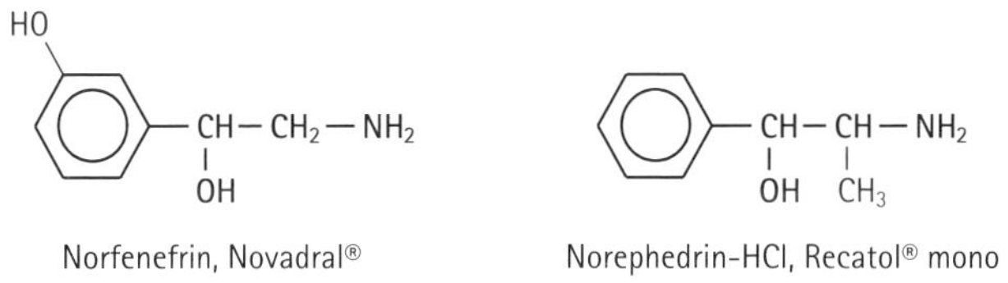

Abb. 3.4   α-Sympathomimetika

Auch Arzneistoffe, die in Nasentropfen eine Schleimhautabschwellung bewirken, gehören zu den α-Sympathomimetika. Die Strukturähnlichkeit zum Adrenalin ist kaum noch vorhanden (Rhinospray®, Olynth®, Nasivin® u. a.).

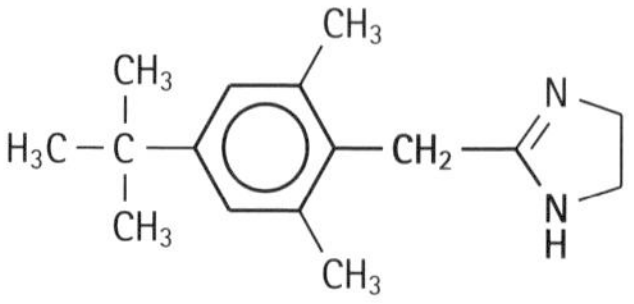

Xylometazolin, Olynth®, Otriven®

Abb. 3.5 α-Sympathomimetika

Die β-Rezeptorenblocker sind eine unverzichtbare Arzneimittelgruppe u. a. zur Behandlung der Hypertonie, der KHK, des Glaukoms. Mit den β-Sympathomimetika haben sie den aromatischen Ring mit der stickstoffhaltigen Seitenkette gemeinsam. Phenolische Gruppen fehlen. Prototypen sind Propranolol, z. B. in Dociton®, und Metoprolol, z. B. in Beloc®, beide sind in der Ph. Eur. beschrieben.

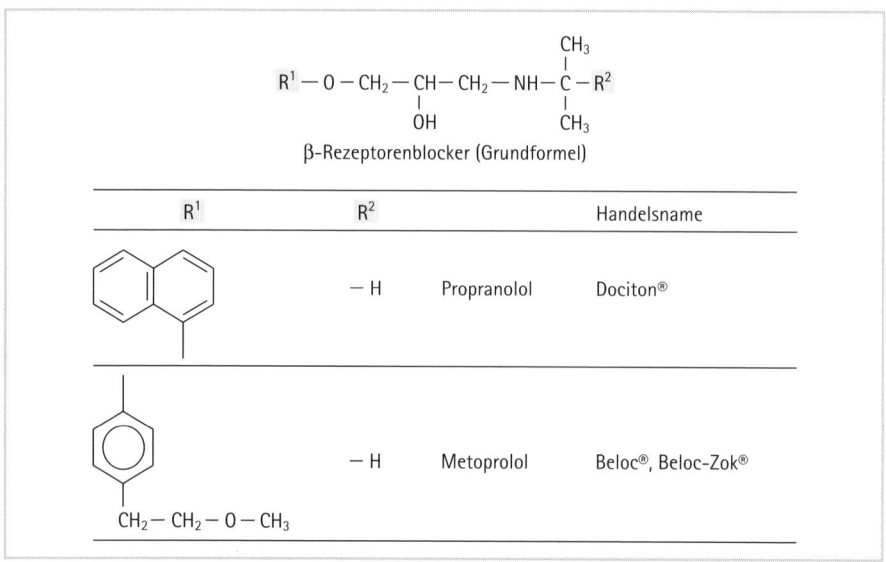

β-Rezeptorenblocker (Grundformel)

R^1	R^2		Handelsname
	— H	Propranolol	Dociton®
	— H	Metoprolol	Beloc®, Beloc-Zok®

Abb. 3.6 β-Rezeptorenblocker

Pharmazeutisch wichtige Stoffgruppen

3.3 Steroidhormone

Zu den Steroidhormonen gehören die weiblichen Sexualhormone, die **Estrogene** und **Gestagene**, sowie die männlichen Sexualhormone, die **Androgene**, und die in der Nebennierenrinde gebildeten **Glucocorticoide** und **Mineralocorticoide**.

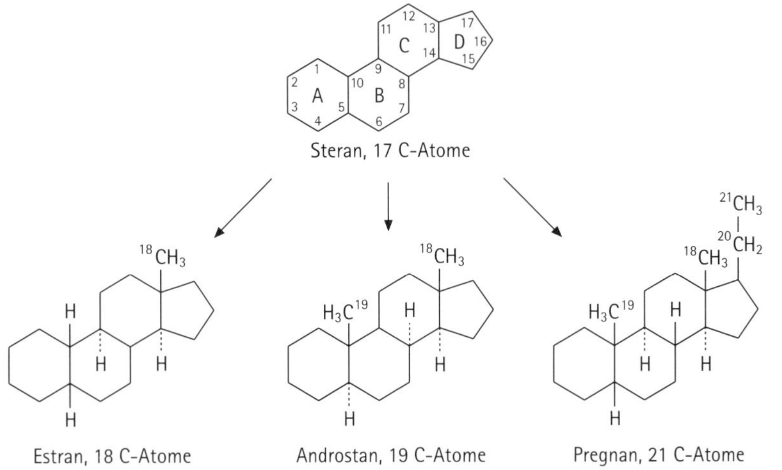

Abb. 3.7 Steran in das Grundgerüst der Steroidhormone

Grundgerüst ist das tetracyclische Steran auch Gonan genannt. Die Ringe können zueinander in cis- oder trans-Verknüpfung stehen. Im Organismus entstehen Steroidhormone aus Cholesterol.

3.3.1 Hormone der Nebennierenrinde

Aus der Nebennierenrinde sind bis heute etwa 40 Steroidhormone isoliert worden, die sich ihrem Wirkungstypus nach grob in Glucocorticoide und Mineralocorticoide einteilen lassen. Erstere wirken auf den Kohlenhydratstoffwechsel; Mineralocorticoide beeinflussen den Mineralhaushalt.

Mineralocorticoide

Aldosteron und **Desoxycorton** (11-Desoxycorticosteron) halten das Natrium-Kalium-Gleichgewicht im Organismus aufrecht und besitzen dadurch eine antidiuretische Wirkung. **Aldosteron** ist das wichtigste Mineralocorticoid. Es trägt in C_{13} eine Aldehydgruppe und in C_{11} eine Hydroxylgruppe, die miteinander zu einer Halbacetalgruppierung reagieren.

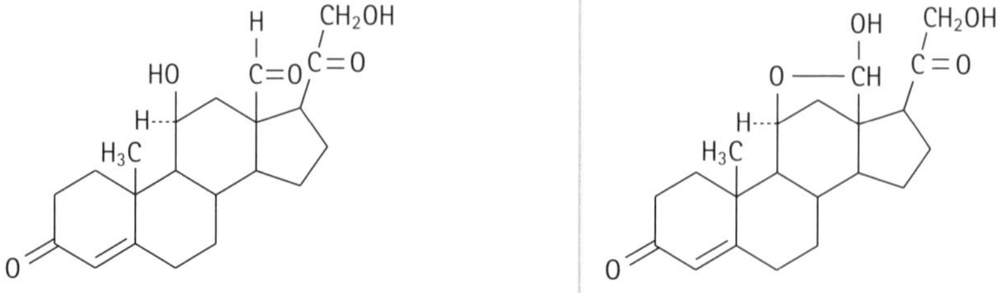

Aldosteron – offene Form

Halbacetalform

Abb. 3.8 Aldosteron

Desoxycorton kommt ebenfalls natürlich vor. Es hat die gleiche Wirkung, ist allerdings schwächer als Aldosteron.

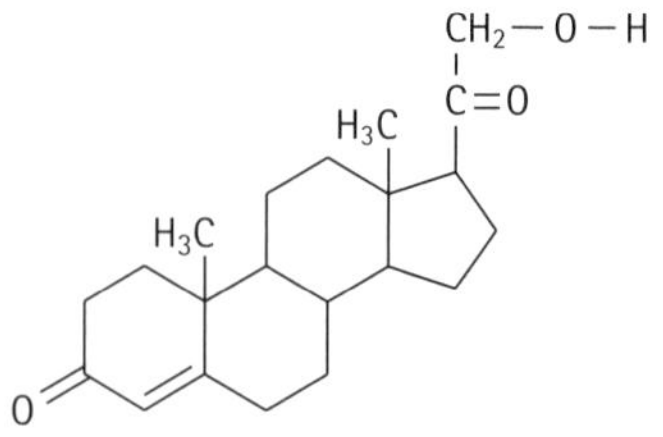

Abb. 3.9 Desoxycorticosteron, Desoxycorton

Als Diuretikum und Antihypertonikum ist der Aldosteron-Antagonist (Gegenspieler) **Spironolacton** (Aldactone®) therapeutisch bedeutungsvoll. Spironolacton konkurriert durch seine strukturelle Ähnlichkeit mit Aldosteron um die Mineralocorticoidrezeptoren.

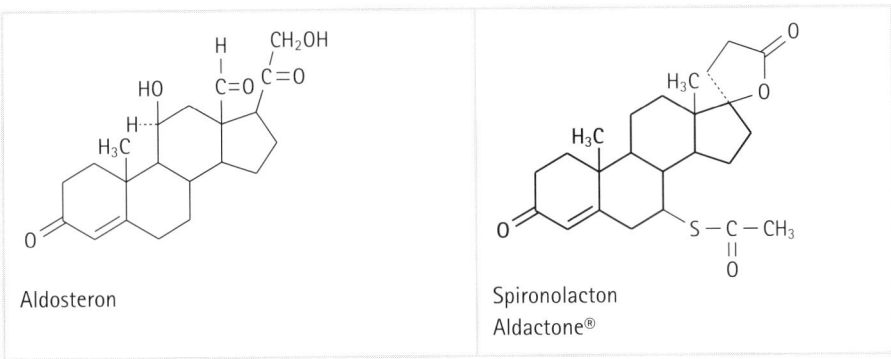

Aldosteron

Spironolacton
Aldactone®

Abb. 3.10 Aldosteron und Spironolacton

Glucocorticoide

Wie die Mineralocorticoide gehören auch die Glucocorticoide zur Stoffklasse der Steroide. Die wichtigsten natürlich gebildeten Glucocorticoide sind das **Hydrocortison** (Cortisol) und das **Cortison**. Ausgangsstoff der Biosynthese der Glucocorticoide ist das in Kapitel 11.4.2 bereits erwähnte **Cholesterol**, wobei als Zwischenstufe das weibliche Sexualhormon Progesteron entsteht.

Cortison und Hydrocortison werden weniger im Sinne einer Substitutionstherapie eingesetzt als ihrer pharmakologischen Wirkung wegen. Sie wirken **antiphlogistisch, antiallergisch, antirheumatisch und immunsuppressiv.** Durch Einführung einer weiteren Doppelbindung am C_1 wurden Corticoide synthetisiert, die den natürlichen Vertretern in ihrer Wirkung überlegen sind und in der Therapie weniger Nebenwirkungen zeigen. Als Beispiele hierfür sind das **Prednisolon** (Decortin H®) und das **Prednison** (Decortin®) zu nennen, deren glucocorticoide Wirkung viermal stärker ausgeprägt ist als die des Hydrocortison.

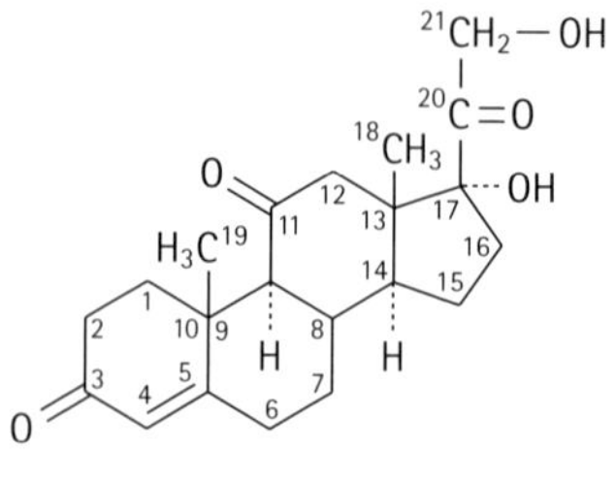

Cortison

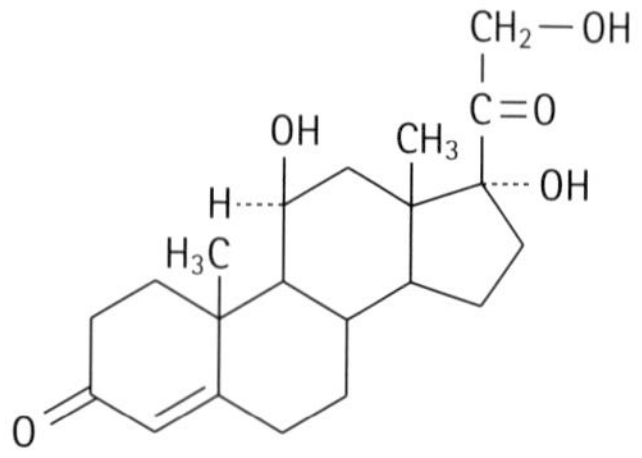

Hydrocortison

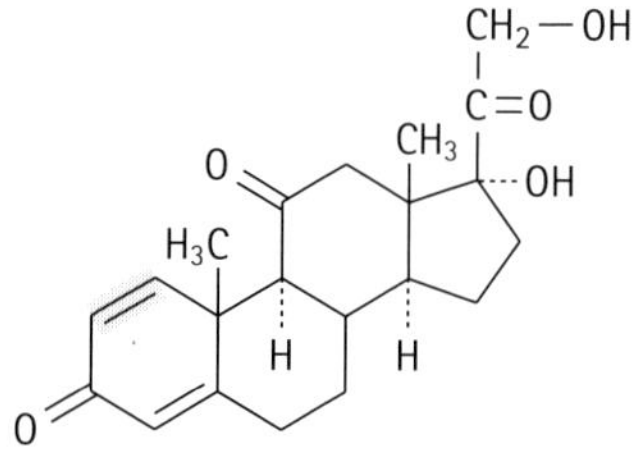

Prednison

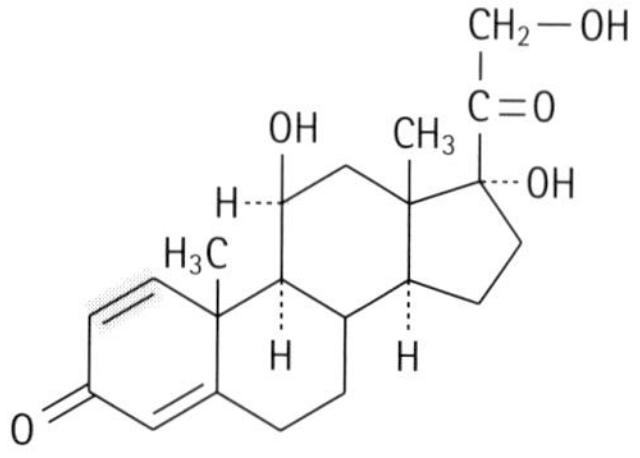

Prednisolon

Abb. 3.11 Cortison, Hydrocortison und deren Derivate

Eine weitere Wirkungssteigerung und gleichzeitig Minderungen der Nebenwirkungen ergibt sich durch die Einführung verschiedener Substituenten. Die **Substitution von Fluor am C-9** zum Beispiel erhöht die mineralocorticoide und die glucocorticoide Wirkung. Eine **Methylgruppe in Position C-16** verstärkt ausschließlich den glucocorticoiden Effekt.

Tab. 3.1 Strukturvariationen

Substituenten an					
6	9	16	17	INN	Präparat®
F(α)		CH_3(α)	OH fehlt	Fluocortolon	Ultralan®
	F(α)	CH_3(α)		Dexamethason	Fortecortin®
	F(α)	CH_3(β)		Betamethason	Betnesol®
	F(α)	OH(α)		Triamcinolon	Volon®

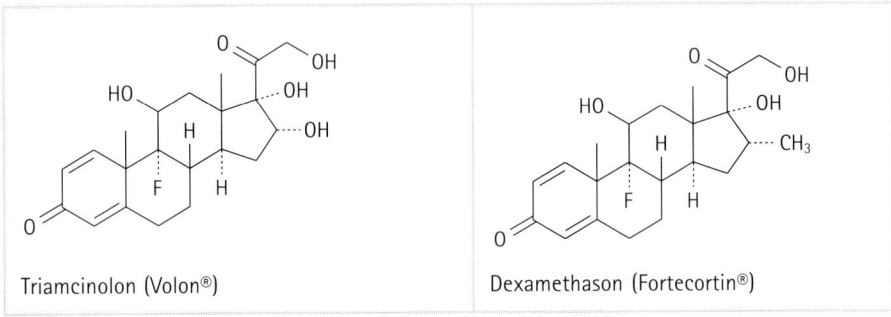

Triamcinolon (Volon®)

Dexamethason (Fortecortin®)

Abb. 3.12 Glucocorticoide mit unterschiedlichen Substituenten

Die äußerliche Anwendung der Glucocorticoide gegen zahlreiche Hauterkrankungen erfordert ein gutes Eindringen der Wirkstoffe in die Haut, was wiederum von den lipophilen Eigenschaften der Substanzen abhängt. **Die Veresterung der OH-Gruppen an C-17 und C-21 steigert die Lipophilie.** Sie verbessert die Penetrationsfähigkeit und damit die Wirksamkeit der Glucocorticoide. **Fehlt die OH-Gruppe am C-17 vollständig**, ist das Molekül weniger polar und damit lipophiler. Leider sinken durch das Entfernen der Hydroxylgruppe die antiphlogistischen Eigenschaften.

Oft wird gefordert, dass ein Arzneistoff, der zur topischen Anwendung gedacht ist, keine systemische Wirksamkeit entfalten soll. **Fluocortinbutylester** erfüllt diese Forderung, da der Ester nach der Resorption leicht hydrolysiert wird und die entstandene Säure systemisch unwirksam ist.

Fluocortinbutyl (Vaspit®)

Flumetasonpivalat (Locacorten®)

Abb. 3.13 Äußerlich anwendbare Glucocorticoide

3.3.2 Weibliche Sexualhormone

Die Eierstöcke, auch Ovarien genannt, sind Bildungsorte der weiblichen Sexualhormone, der **Estrogene** und **Gestagene**. Sie gehören ebenfalls zu den Steroidhormonen und sind aus dem Cholesterol entstanden.

Estrogene

Der Sammelbegriff Estrogene umschließt sowohl natürliche Follikelhormone als auch partialsynthetische Hormone und Stoffe mit gleicher Wirkung.

Die Follikelhormone werden durch Einwirkung von FSH (follikelstimulierendes Hormon) und LH (luteinisierendes Hormon) im Follikel gebildet und bewirken – wenn ein bestimmtes Verhältnis der Konzentrationen von FSH/LH erreicht ist – den Eisprung in der Mitte des Zyklus. Außerdem bereiten die Follikelhormone die Uterusschleimhaut auf die Einlagerung des befruchteten Eis vor, spielen eine wichtige Rolle während der Schwangerschaft und bestimmen die äußeren Geschlechtsmerkmale.

Das physiologisch wirksamste natürlich vorkommende Estrogen ist das **Estradiol**. Der Ring A des Estrangrundgerüstes ist beim Estradiol aromatisch, wodurch die Methylgruppe in C-10, die bei den meisten Steranabkömmlingen zu finden ist, fehlt. Durch Veresterung einer oder beider Hydroxylgruppen des Estradiols mit organischen Säuren (Benzoesäure, Valeriansäure) erhält man Präparate mit verlängerter Wirkungsdauer. Die Anlagerung einer Ethinyl-Gruppe am C-17 sowie die Veretherung der aromatischen Hydroxylgruppe schafft oral wirksame Estrogenderivate.

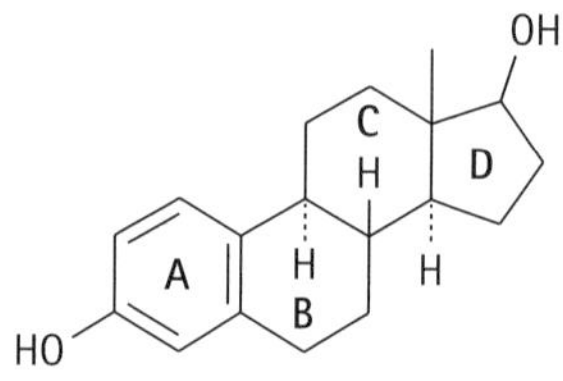

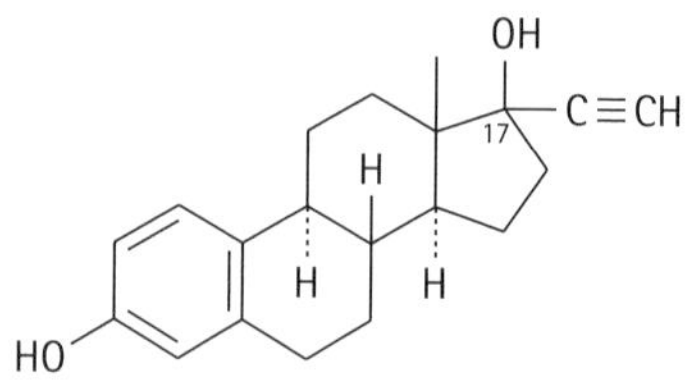

Abb. 3.14   Estradiol und Ethinylestradiol

Gestagene

Unter Gestagenen versteht man die natürlichen Gelbkörper-Hormone und Derivate des Testosterons, die auch gestagene Wirkung zeigen.

Progesteron, das eigentlich gestagene Hormon, wird unter dem Einfluß von LTH (luteotropes Hormon) in der zweiten Zyklushälfte vom Gelbkörper (Corpus luteum) gebildet. Es ist zur Erhaltung einer Schwangerschaft notwendig und unterdrückt durch den Rückkoppelungsmechanismus die Ausschüttung von FSH, so dass kein weiterer Eisprung stattfinden kann. Diese Wirkung wird in den oralen Kontrazeptiva ausgenutzt. Progesteron ist ein Pregnanderivat und dadurch den NNR-Hormonen chemisch verwandt.

Da Progesteron kaum oral wirksam ist und die parenterale Anwendung nur eine kurze Wirkungsdauer zeigt, suchte man nach alternativen Verbindungen. Die Einführung **einer OH-Gruppe am C-17** mit anschließender **Veresterung** brachte schließlich eine deutliche Verlängerung der Wirkungsdauer (Hydroxyprogesteroncapronat = Proluton®-Depot).

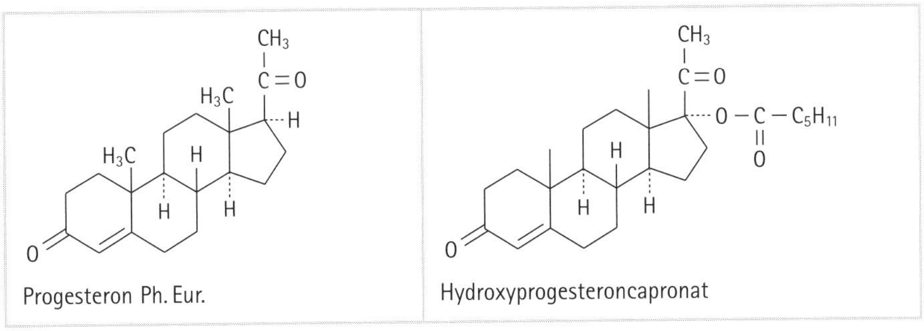

Abb. 3.15 Progesteron und das Progesteronderivat: Hydroxyprogesteroncapronat

Oral wirksam sind Gestagene, die sich vom Testosteron, dem männlichen Keimdrüsenhormon, ableiten. Hierzu führte man am C-17 des Testosteron eine Ethinylgruppe ein und gelangte so zum peroral anwendbaren **Ethisteron**, das sich durch seine abgeschwächte androgene und gleichzeitig verstärkte gestagene Wirkung auszeichnet. Beim **Norethisteron** (17-Ethinyl-19-nortestosteron), das man in vielen Kontrazeptiva findet, ist die orale Wirksamkeit gegenüber dem Progesteron nochmals um ein Vielfaches gesteigert (Conceplan® M, Eve® 20). Verzichtet man auf die Sauerstofffunktion am C-3, erhält man das **Lynestrenol** (Orgametril®). Durch eine Ethylgruppe am C-13 kann die orale Wirksamkeit noch weiter gesteigert werden. Die als Norgestrel bezeichnete Substanz ist in ihrer linksdrehenden Form besonders wirksam. Sie ist unter dem Namen D-(–)-Norgestrel oder **Levonorgestrel** (Microlut®) im Handel.

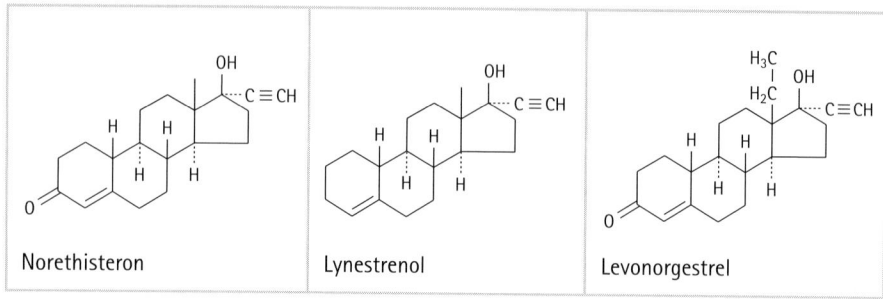

Abb. 3.16 Vom Testosteron abgeleitete Gestagene

4   Nichtopioide Analgetika

Mit Ausnahme der Anilin-Derivate hemmen die nicht opioiden Analgetika die Cyclooxigenasen und damit die Prostaglandinsynthese. Da Prostaglandine an der Entstehung von Schmerzen, Entzündungen und Fieber beteiligt sind, wirken Prostaglandinsynthesehemmer analgetisch, antipyretisch und meistens auch noch antiphlogistisch. Leider sind damit aber auch zahlreiche Nebenwirkungen verbunden wie z. B. die Schädigung der Magenschleimhaut und eine verstärkte Magensaftproduktion.

Man unterscheidet auf Grund ihrer chemischen Eigenschaften **saure** und **nicht saure Analgetika**. Saure Analgetika haben ihre Hauptwirkung in der Peripherie, d. h. am Ort der Schmerzentstehung, und verfügen zusätzlich zur **analgetischen** und **antipyretischen** über eine **antiphlogistische Wirkung**. Sie gehören im Gegensatz zu den ebenfalls antiphlogistisch wirkenden Glucocorticoiden nicht zu den Steroiden und werden deshalb als nichtsteroidale Antiphlogistika (NSAID: non steroidal anti inflammatory drugs) oder nichtsteroidale Antirheumatika (NSAR) bezeichnet. Hierzu gehören u. a. die Acetylsalicylsäure, Ibuprofen und Diclofenac. Eine Ausnahme bilden die COX-2-selektiven nichtsteroidalen Antiphlogistika, die entzündungshemmend sind, aber keine sauren Eigenschaften besitzen. Analgetika ohne sauren Charakter wie die Anilin-Derivate zeigen dagegen keine antiphlogistischen Eigenschaften.

4.1   Salicylsäure–Derivate

Geschichte
Bereits in der Antike verwendete man Teeaufgüsse der Weidenrinde gegen Fieber, Schmerzen und Folgen der Gicht. Aufzeichnungen der Äbtissin Hildegard von Bingen aus dem Mittelalter beweisen die Anwendung der geschälten Weidenrinde gegen Blutungen, Fieber und Harnleiden. Im 19. Jahrhundert gelang die Isolierung

des Salicins aus der Rinde der Salix alba, der Silberweide, aus dem dann wenig später durch Oxidation die Salicylsäure gewonnen wurde. 1877 gelang die Synthese des etwas besser verträglichen Natriumsalicylats. Beide Substanzen waren ein großer Erfolg in der Geschichte der Pharmazie und Medizin. Sie wurden erfolgreich als Antipyretika und Analgetika bei Rheuma, Gicht und Gelenkschmerzen eingesetzt. Leider war ihre Anwendung mit erheblichen Nebenwirkungen wie gastrointestinale Mikroblutungen, Bildung von Ulcera und Hemmung der Blutgerinnung verbunden. Aus diesem Grund suchte man nach einer besser verträglichen Alternative, die man in der Acetylsalicylsäure fand. Felix Hoffmann synthetisierte 1897 diesen Arzneistoff, indem er die phenolische OH-Gruppe der Salicylsäure mit Acetanhydrid veresterte und erreichte dadurch nicht nur eine bessere Verträglichkeit, sondern auch eine stärkere analgetische und antipyretische Wirkung. Acetylsalicylsäure (Aspirin®) wurde zu einem der wichtigsten Arzneistoffe des 20. Jahrhunderts (s. Abb. 4.1). 1954 entdeckte man, dass ASS (Acetylsalicylsäure) neben den bisher bekannten Wirkungen die **Thrombozytenaggregation hemmt** und setzte sie fortan zur Thromboseprophylaxe ein (vgl. Kap. IV 16.2.1).

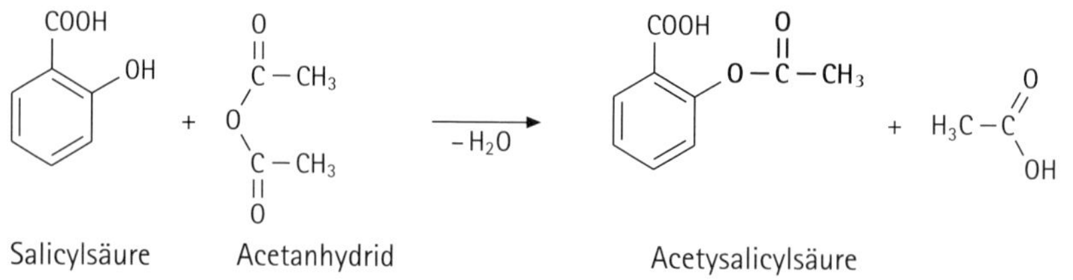

Abb. 4.1   Synthese von ASS aus Salicylsäure

Eigenschaften

ASS ist eine schwache Säure, die in Essigsäure und Salicylsäure gespalten werden kann. Diese Spaltung ist vor allem bei feuchter und unsachgemäßer Lagerung von Bedeutung und am eindeutigen Geruch nach Essigsäure zu erkennen.

Nebenwirkungen

Wie bereits erwähnt stehen die Nebenwirkungen der ASS in direktem Zusammenhang mit ihrer Wirkung, der Hemmung der Prostaglandinsynthese. So muss bei der Einnahme von ASS, auch wenn sie mit magensaftresistenten Überzügen versehen oder als Zäpfchen verwendet wird, mit entsprechenden Nebenwirkungen gerechnet werden.

Pharmazeutisch wichtige Stoffgruppen

4.2 Essigsäure-Derivate

Vertreter der Essigsäure-Derivate sind z. B. die als Antirheumatika eingesetzten Wirkstoffe **Indometacin** (Amuno®) und **Diclofenac** (Voltaren®). Beide gehören zu den stark wirksamen **Antiphlogistika.** Sie wurden mit dem Ziel synthetisiert eine Substanz zu finden, der die Nebenwirkungen der ASS fehlen. Diese Hoffnung erfüllte sich nicht, da die Nebenwirkungen, wie bereits erwähnt, durch die Hemmung der Prostaglandinsynthese ausgelöst werden.

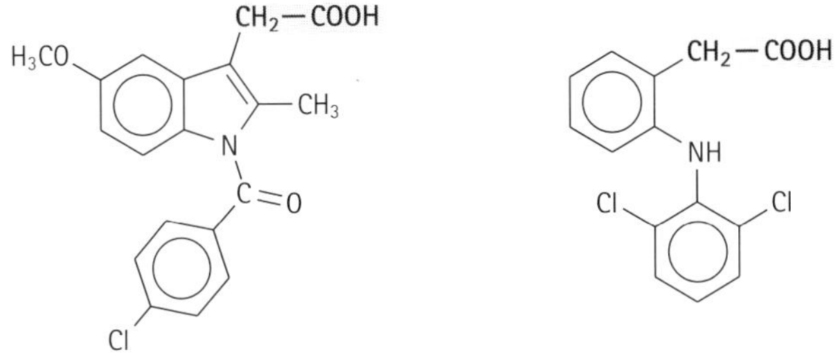

Indometacin Diclofenac

Abb. 4.2 Essigsäure-Derivate

4.3 Propionsäure-Derivate

Propionsäure-Derivate sind am C_2 der Säure substituierte Moleküle. Zu ihnen gehören z. B. **Ibuprofen, Ketoprofen** und **Naproxen.** Sie sind chiral (vgl. Ka. IV 7), wobei die S-(+)-Enantiomere wirksamer sind als die R-(–)-Enantiomere. Mit Ausnahme von Naproxen, das als S-(+)-Enantiomer verwendet wird, sind die Propionsäure-Derivate in der Regel als Racemate im Handel. Ihre Wirkungen und Nebenwirkungen gleichen denen der Essigsäure-Derivate.

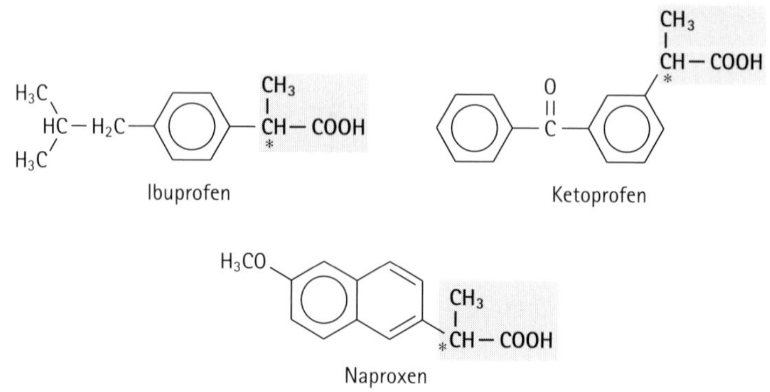

Abb. 4.3 Propionsäure-Derivate

4.4 Oxicame

Oxicame hemmen auch die Cyclooxigenasen und werden als **Analgetika** und **Antiphlogistika** u. a. bei entzündlichen und schmerzhaften Erkrankungen des Bewegungsapparates und bei Gicht eingesetzt. Zu ihnen gehören die Wirkstoffe **Piroxicam** (Felden®) und **Meloxicam** (Mobec®).

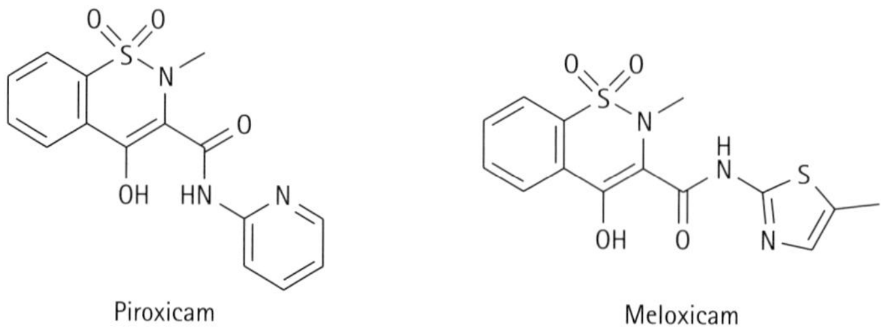

Abb. 4.4 Oxicame: Beispiele

4.5   Anthranilsäure-Derivate

Tauscht man die OH-Gruppe der Salicylsäure gegen eine NH_2-Gruppe aus, gelangt man zur Anthranilsäure. Ihre Derivate zeigen deshalb Ähnlichkeiten mit der Salicylsäure, aber auch mit den analgetisch wirksamen Anilin-Derivaten (s. Kap. 4.6). Sie werden therapeutisch als **Analgetika** und **Antiphlogistika** verwendet. Hierzu gehören die Mefenaminsäure (Parkemed®), die hauptsächlich als Analgetikum angewendet wird, und die als Antiphlogistikum eingesetzte Flufenaminsäure (nur äußerlich).

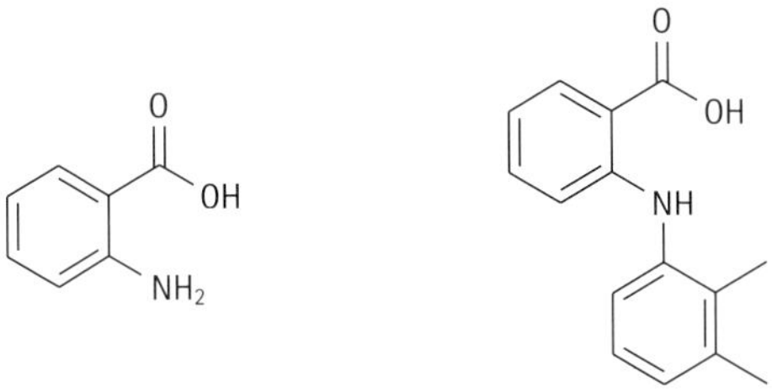

Anthranilsäure   Mefenaminsäure

Abb. 4.5   Anthranilsäure und Mefenaminsäure

4.6   Anilin-Derivate

Das erste Anilin-Derivat war das 1886 entwickelte **Acetanilid**, dem dann ein Jahr später das **Phenacetin** folgte. Bei beiden Arzneistoffen bestand die Gefahr der Methämoglobinämie, bei Phenacetin trat daneben bei dauerhafter, missbräuchlicher Verwendung eine Schädigung der Niere (Phenacetinniere) auf. So suchte man nach einer Substanz, die den gleichen Nutzen, aber weniger Nebenwirkungen besaß.1893 gelang die Synthese von **Paracetamol** (Acetaminophen = N-Acetyl-4-aminophenol), dessen phenolische OH-Gruppe im Gegensatz zu der des Phenacetins nicht substituiert ist. Es gilt als gutes Analgetikum und Antipyretikum, hat aber durch die fehlenden Hemmung der Cyclooxigenasen und den vorwiegend zentralen Angriffsort kaum antiphlogistische Eigenschaften. Paracetamol zeigt in normaler Dosierung weniger Nebenwirkungen als Phenacetin und gilt auch heute noch als eines der wichtigsten Analgetika und Antipyretika vor allem in der Pädiatrie (ben-u-ron®).

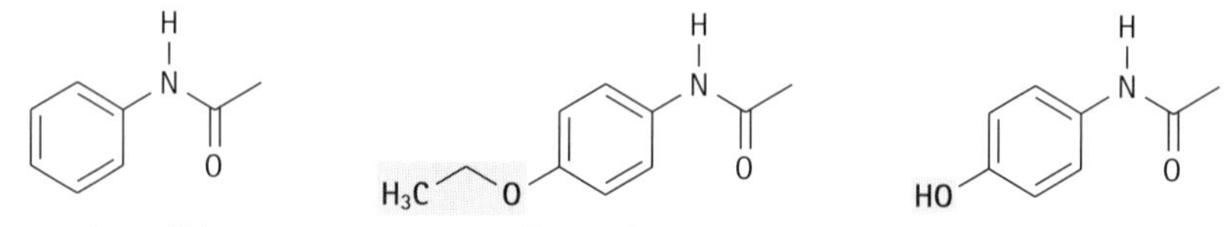

Abb. 4.6   Anilin-Derivate: Entwicklungsschritte zum Paracetamol

4.7   Pyrazol-Derivate

Pyrazol-Derivate unterteilt man je nach chemischer Struktur in die **Pyrazolin-5-one** mit einem 3-Pyrazolingrundgerüst und die **Pyrazolidin-3,5-dione,** die über einen Pyrazolidinring als Grundstruktur verfügen.

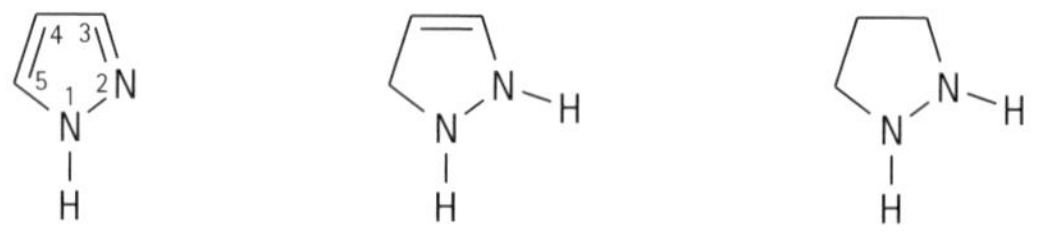

Abb. 4.7   Die verschiedenen Grundgerüste der Pyrazol-Derivate

4.7.1   Pyrazolin-5-one

1883 entdeckte Ludwig Knorr das **Phenazon**, das 1885 mit dem Namen Antipyrin® als Analgetikum und Antiphlogistikum in den Handel kam, und auch heute noch in einigen Mono- und Kombinationspräparaten zu finden ist. Größere Bedeutung erlangte jedoch **Aminophenazon** (Pyramidon®), das ebenfalls auf einem Pyrazol-grundgerüst aufgebaut war, jedoch am C_4 eine Dimethylaminogruppe trug. Es hatte eine stärkere antipyretische Wirkung als Antipyrin und zusätzlich noch analgeti-sche, antiphlogistische und spasmolytische Eigenschaften. Aufgrund seiner kanze-rogenen Nebenwirkungen nahm man es 1978 aus dem Handel. Auf der Suche nach einer ähnlichen, nebenwirkungsärmeren Substanz ersetzten die Wissenschaftler die substituierte Aminogruppe am C_4 durch einen 2-Propylrest und kamen so zum **Propyphenazon** (Isopropylphenazon), das als Analgetikum schnell an Bedeutung gewann, die es auch heute noch hat. Durch den Wunsch nach einem gut wasserlöslichen und damit parenteral anwendbaren Aminophenazon-Derivat synthetisierte man das Noramidopyrinmethansulfonat-Natrium, das wir unter der Bezeichnung **Metamizol-Natrium** (Novalgin®) kennen. Metamizol hat zusätzlich zur analgetischen auch eine spasmolytische Wirkung und wird bei Kolikschmerzen angewendet. Anfang der Achtzigerjahre wurde die Substanz aufgrund des Verdachtes, eine Agranulozytose auslösen zu können, unter Rezeptpflicht gestellt und soll der Therapie starker Schmerzen vorbehalten bleiben.

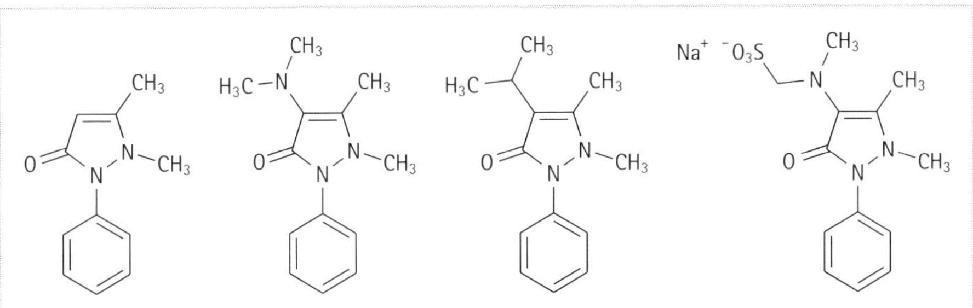

Abb. 4.8   Beispiele: Pyrazolin-5-one

4.7.2   Pyrazolidin-3,5-dione

Das erste Pyrazolidindion, das **Phenylbutazon**, wurde 1949 zunächst auf der Suche nach einem Lösungsvermittler für Aminophenazon gefunden, bei dem sich herausstellte, dass seine antiphlogistische Wirkung sogar stärker war als die des Aminophenazons. Phenylbutazon (Ambene®) ist aber aufgrund seiner schweren Nebenwirkungen wie Blutbildveränderungen und Nierenfunktionsstörungen auf die Anwendung bei akuten Schüben von Morbus Bechterew, chronischem Gelenkrheumatismus und akutem Gichtanfall eingeschränkt.

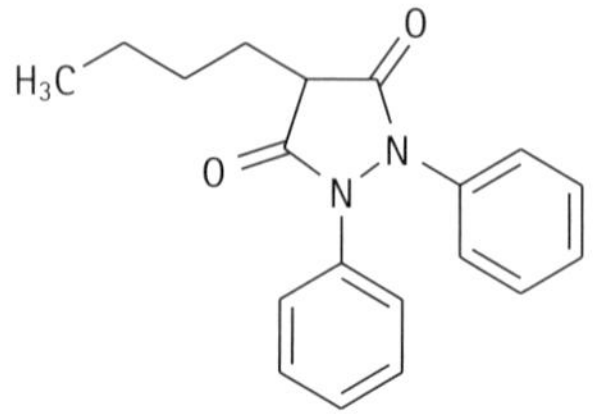

Abb. 4.9   Phenylbutazon

4.8   COX-2-selektive nichtsteroidale Antiphlogistika

Das Enzym Cyclooxigenase (COX), das an der Synthese der Prostaglandine beteiligt ist, tritt in zwei Formen auf. Dazu gehört die COX-1, die physiologisch in den meisten Geweben vorkommt und u. a. in der Magenschleimhaut für die Synthese der protektiven Prostaglandine verantwortlich ist, und die COX-2, die meist erst dann in größeren Mengen gebildet wird, wenn eine Entzündung im Körper abläuft. Da man die antipyretische, analgetische und antiphlogistische Wirkung der NSAID der Hemmung der COX-2, viele Nebenwirkungen aber der COX-1-Hemmung zuschreibt, suchte man nach Arzneistoffen, die selektiv auf die COX-2-wirken. Mit **Rofecoxib** (VIOXX®) und **Celecoxib** (Celebrex®) fand man zwei Arzneistoffe, die ausschließlich die COX-2 hemmen. Sie sind zwar nicht nebenwirkungsfrei, gastrointestinale Beschwerden treten aber im Vergleich zu anderen NSAID seltener auf. Zur Zeit sind sie nur zur Anwendung bei degenerativen Gelenkerkrankungen bzw. rheumatoider Arthritis zugelassen.

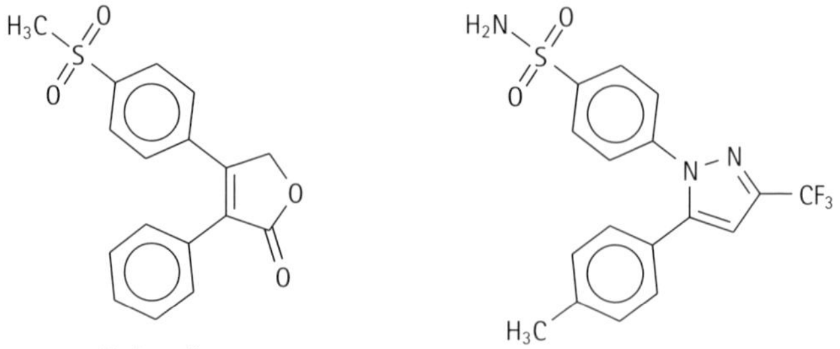

Abb. 4.10   COX-2-selektive nichtsteroidale Antiphlogistika

Pharmazeutisch wichtige Stoffgruppen

5 Vitamine

Vitamine sind niedermolekulare Wirkstoffe, die in der Regel als Nahrungsbestandteil zusätzlich zu den Nährstoffen (Protein, Fett und Kohlenhydrate) dem Organismus zugeführt werden müssen. Sie sind zur Aufrechterhaltung der Lebensvorgänge unentbehrlich und können nicht durch andere Stoffe ersetzt werden.

Eine Synthese im Körper ist nicht möglich, es sei denn aus zugeführten Provitaminen, die zwar noch nicht die Wirkung der Vitamine haben, aber in naher chemischer Verwandtschaft zu ihnen stehen. Ein Teil der Vitamine wird nicht nur als Nahrungsbestandteil aufgenommen, sondern auch von der gesunden Darmflora des eigenen Körpers synthetisiert.

5.1 Nomenklatur und Einteilung der Vitamine

Eine Ordnung der Vitamine nach chemischen Gesichtspunkten ist nicht möglich, weil sie sowohl den Gerüsten wie den funktionellen Gruppen nach ganz verschiedenen Stoffklassen angehören. Auch die alphabetische Benennung mit Großbuchstaben ist willkürlich; sie hat historische Ursachen und sagt nichts über Chemie, Eigenschaften oder Wirkungsort aus. Deshalb trägt jedes Vitamin auch noch andere Bezeichnungen, die sich entweder auf den chemischen Charakter (z. B. Nicotinsäurereamid) oder auf die Wirkungsweise beziehen (z. B. Calciferol = Vitamin D_2). Das Arzneibuch verfährt bei der Nomenklatur nicht einheitlich. So findet man einmal die Einordnung nach der Buchstabenklassifikation (Vitamin A), andere muß man unter ihrem Freinamen (z. B. Tocopherol) suchen.

Allgemein üblich ist eine grobe Unterteilung in wasserlösliche (B, C) und fettlösliche Vitamine (A, D, E, K). Sie gibt immerhin einen Anhaltspunkt, in welchen Nahrungsmitteln das Vitamin in höhere Dosen vermutlich anzutreffen ist. Für fettlösliche Vitamine, nämlich A und D, besteht die Gefahr, daß sie länger im

Organismus verbleiben, also eine gewisse Speicherung erfahren und u. U. durch Überdosierung schwere Schäden hervorrufen.

5.2 Ascorbinsäure

Das einzige Vitamin, dessen Untersuchung im Apothekenlabor Bedeutung hat, da es nicht nur als Fertigarzneimittel geführt wird, ist Vitamin C (Ascorbinsäure). Ascorbinsäure ist ein γ-Lacton, also ein intramolekularer Ester. Die Ph. Eur. bezeichnet sie nicht als Lacton, sondern als Derivat des Furans: 5-(1,2-Dihydroxyethyl)-3,4-dihydroxy-2(5H)-furanon.

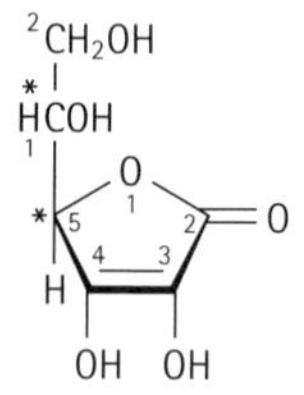

Abb. 5.1   Ascorbinsäure

Ascorbinsäure ist eine schwache einprotonige Säure: Das Proton der OH-Gruppe an C_4 kann abgespalten werden, die 5-prozentige Lösung hat einen pH-Wert von 2,2 (s. Abb. 5.2). Durch ihren sauren Charakter setzt Ascorbinsäure aus Natriumhydrogencarbonat Kohlendioxid in Freiheit (Prinzip der Vitamin-C-Brausetabletten). Dabei bildet sich das Mononatriumsalz.

Aus der Formel sind 2 Asymmetriezentren ersichtlich (s. Abb. 5.1). Die spezifische Drehung der 10-prozentigen Lösung beträgt +21°.

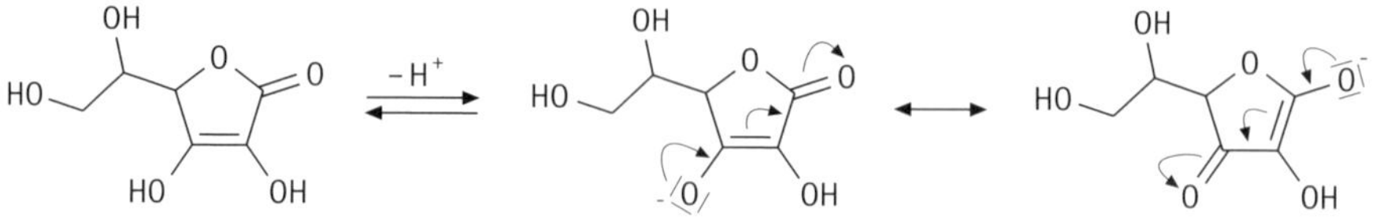

Abb. 5.2   Resonanzstabilisiertes Anion der Ascorbinsäure

Aufgrund der Doppelbindung reduziert Ascorbinsäure Silbernitrat schon bei Zimmertemperatur und kann mit 0,1 N-Iodlösung quantitativ zu Dehydroascorbinsäure oxidiert werden (Gehaltsbestimmung).

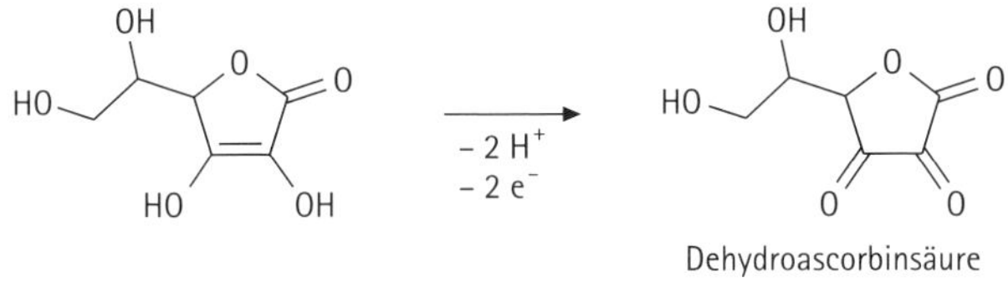

Abb. 5.3 Reduktion der Ascorbinsäure

Ascorbinsäure ist nur bei Ausschluss von Wasser beständig, daher werden Fertigpräparaten häufig Trocknungstabletten beigegeben. In feuchter Luft wird sie oxidativ abgebaut. Spuren von Schwermetallen können den Abbau katalytisch beschleunigen, deshalb ist die Prüfung auf Schwermetalle besonders wichtig und die Lagerung in Metallbehältern nicht gestattet. Zersetzungsvorgänge zeigen sich durch Gelb- bis Braunfärbung. Das Arzneibuch läßt eine sehr schwache Gelbfärbung noch zu, da dadurch die Wirkung nicht beeinträchtigt ist.

Hochgradiger Mangel an Ascorbinsäure war früher bei Seeleuten, die wochenlang von Schiffszwieback und Speck leben mussten, nicht selten: Der Zahnhalteapparat veränderte sich, die Wände der Blutgefäße wurden brüchig. Todesfälle durch Skorbut kamen häufig vor. Solche Avitaminosen kommen unter der heutigen Ernährungssituation praktisch nicht mehr vor. Trotzdem ist eine Ergänzung (Supplementierung) der Nahrung mit Ascorbinsäure in vielen Fällen sinnvoll, weil der tägliche Bedarf stark schwanken kann (75–125 mg) und unter Stress, bei Infektionskrankheiten u. a. erhöht ist. Ascorbinsäure ist an vielen Redox-Vorgängen im Organismus beteiligt und ein Antioxidans und Radikalfänger.

Tab. 5.1   Fettlösliche Vitamine

Kenn-zeichen	Bezeichnung (Arzneibuch)	Formel	Bedarf pro Tag
A	Vitamin A Synon. Retinol Ph. Eur.		4–5000 IE = 1,2–1,5 mg
D_2	Ergocalciferol Ph. Eur.		200–400 IE = 0,005–0,01 mg
D_3	Colecalciferol Ph. Eur.		
E	α-Tocopherol Ph. Eur.		10–25 mg, 10–25 IE
K_1	Phytomenadion Ph. Eur.		nicht bekannt Vitamin-K-Produktion der Darmflora ist ausreichend
K_3	Menadion Ph. Eur. (synth. herges-tellt) Synon. Methyl-naphthochinon		

Vorkommen	Funktion	Mangelerscheinung	Präparate®
Fischlebertran, z. B.: Dorsch, Heilbutt, Butter, Kalbsleber, Eigelb Synthese Provitamin: Carotin in Karotten, Spinat, Paprika, Tomaten	Aufbau und Schutz des Epithels Bestandteil des Sehpigments	Nachtblindheit, Xerophthalmie (Austrocknung der Augenhornhaut) Schädigung aller Schleimhäute, Abwehrkräfte gegen Infekte vermindert, Körperwachstum beeinträchtigt	A-Mulsin® A-Vicotrat®
Fischleberöle Schweineleber, Butter, Eigelb Provitamin: Ergosterol in Hefe, Dehydro- cholesterol, gebildet aus Cholesterol	fördert die Resorption des Ca^{2+} aus dem Darm, Einbau in die Knochen- matrix, Verhinderung der Phosphatausscheidung im Harn	Rachitis Störungen im Calcium- und Phos- phat-Stoffwechsel Osteoporose	Vigantol®
Weizenkeimöl, Getreidekeimlinge, Samenöle	Antioxidans im Gewebe, schützt empfindliche und ungesättigte Fett- säuren im Körper Beziehung zum Hormonhaushalt Antioxidans in Salbengrundlagen	beim Menschen nicht bekannt. Evtl. Zusammenhang mit Arteriosklerose, Krebs, Rheuma etc. Beim Tier: Fertilitätsstörung	Optovit® Evion®
Blattgemüse, Kartoffeln, Tomaten, Leber. Synthese durch Darmbakterien, K_3 nur synthetisch	Einfluß auf Blutgerinnung. Beteiligt am Knochenaufbau	Blutungsneigung Verlängerung der Blutungszeit	Konakion®

Tab. 5.2 Wasserlösliche Vitamine (Fortsetzung s. folgende Seiten)

Kennzeichen	Bezeichnung (Arzneibuch)	Formel
B_1	Thiaminchlorid-hydrochlorid Synon. Aneurin-hydrochlorid Ph. Eur.	
B_2	Riboflavin Synon. Lactoflavin Ph. Eur.	
B_6	Pyridoxinhydro-chlorid Ph. Eur.	
B_{12}	Cyanocobalamin Ph. Eur.	Formel s. Ph. Eur.
B-Fak-toren	Nicotinsäure Ph. Eur. Nicotinamid Ph. Eur.	

Bedarf pro Tag	Vorkommen	Funktion	Mangel-erscheinung	Präpa-rate®
1–1,5 mg	Pericarp der Gramineen; Hefe, Leber, Niere, Hirn, Milch	Nimmt an vielen Reaktionen im Kohlenhydrat- und Fettstoffwechsel teil Coenzymbestandteil	Beriberi Neuritiden Polyneuritis	Beta-bion®
1,2–5 mg	Leber, Niere, Herz, Milch, Hülsenfrüchte, Synthese durch Darmbakterien	Greift ein in den Kohlenhydrat-, Fett-, Eiweiß- und Nucleinsäurestoffwechsel, Beteiligung am Sehvorgang	Hautabschuppung an Nase, Lidern, Ohren, Entzündung der Mundwinkel, Bindehautentzündung, Lichtempfindlichkeit	nur in Kombinationspräparaten z. B. BVK Roche®
1–2 mg	Hefe, Rindfleisch, Schweine- und Rinderleber, Dorschleber, Sojabohne, Getreidevollkorn, Zuckerrübenmelasse	Bestandteil zahlreicher Enzyme zur Übertragung von NH_2 zur Decarboxylierung von Aminosäuren	Störungen im Eiweißauf- und -abbau; epileptiforme Krämpfe, entzündliche Haut- und Schleimhautveränderungen	Hexobion®
1–3 µg	Leber, Niere, Herz, Hirn, Fisch, Käse, Kulturen von Streptomyces, Synth. durch Darmbakterien	Reifung der Erythrozyten	Perniziöse Anämie	Cytobion®
15 mg	Hefe, Pilze, Leber, Niere. Tryptophan ist das Provitamin, das in der Leber zu N. umgebaut wird	Bestandteil von Enzymen zur Wasserstoffübertragung (Codehydrogenase)	Pellagra Dermatitis	Nicobion®

Tab. 5.2   Wasserlösliche Vitamine (Fortsetzung)

Kenn-zeichen	Bezeichnung (Arzneibuch)	Formel
	Folsäure Ph. Eur.	
	Pantothensäure	
C	Ascorbinsäure Ph. Eur.	
H	Biotin	

Bedarf pro Tag	Vorkommen	Funktion	Mangel-erscheinung	Präpa-rate®
0,5–1 mg	Hefe, Leber, Niere, Hühnerei, Spinat, Spargel. Synthese durch Darmbakterien	Bestandteil von Enzymen zur Methylgruppenübertragung. Mitwirkung bei Hämoglobin- und Purinsynthese	Anaemie	Folsan®
6–10 mg	Hefe, Eigelb, Fleisch und Innereien von Kalb und Rind, Tomaten, Spinat	Bestandteil des Coenzyms A, wichtiges Enzym für Auf- und Abbau der Kohlenhydrate, Fette, Eiweiß; Biosynthese des Cholesterols	Appetitlosigkeit Schlaflosigkeit, Muskelschwäche verminderte Immunabwehr	Bepanthen®
75–100 mg	Hagebutten, schw. Johannisbeere, Sanddorn Citrusfrüchte, Kohlrabi, Nebennieren. Synthese aus Sorbitol	Redox-Verbindung, Radikalfänger. Beeinflußt die Bildung von Knochen, Knorpel, Zähnen, Bindegewebe. Stärkt das Immunsystem	Klassische Avitaminose: Skorbut, Blutungen in Haut, Schleimhaut, Muskel. Veränderung der Zähne. Hypovitaminose: Frühjahrsmüdigkeit, verminderte Widerstandskraft, Wachstumsstörungen	Cebion®
0,15–0,3 mg	Hefe, Gemüse, Leber. Synthese durch Darmbakterien	Wahrscheinlich als Coenzym an Stoffwechselreaktionen beteiligt Hautschutzvitamin	Hautveränderungen Appetitlosigkeit Muskelschmerz nervöse Übererregbarkeit	Priorin® Biotin® BIO-H-TIN®

Sachregister

A

A-Mulsin® 581
A-Vicotrat® 581
ACC 492
Acetacidium 230
Acetal 431
Acetaldehyd 410, 414 f.
Acetamid 370, 459, 501
Acetaminophen 573
Acetanhydrid 459, 500
Acetanilid 385, 573 f.
Acetat 106, 462, 464
Acetat-Puffer 462
Acetatseide 462
Acetazolamid 497
Aceton 370, 410, 412, 416 f.
Acetyl-CoA 461, 487
Acetylcellulosen 462
Acetylchlorid 459, 499
Acetylcystein 492
Acetylen 309
Acetylene 280
Acetylierung 500
Acetylsalicylsäure 482 f., 569 f.
– Anwendung 483
– Eigenschaften 570
– Identitätsprüfung 482
– Nebenwirkungen 570
Achiralität 358 ff.
Acidität 341, 447, 450, 455, 470, 475
Acidum aceticum s. Essigsäure
Acridin 326
Acrolein 370, 415
Acrylat 464
Acrylsäure 464
ACTH 557
Actinoide 23 f., 241
Acylierungsmittel 499
Acylrest 498
Adamantan 385

Addition 327, 330
– elektrophile 327, 372
– nucleophile 327
– radikalische 327
– von Alkohol 333
– von Brom 332
– von Wasser 333
Adipinsäure 455
Adrenalin 366, 556, 558 ff.
Aerosil® 165, 168
Agar 439
Aggregatzustand 208 f., 227
Aglykon 441 ff.
AgNO₃ s. Silbernitrat
Aknefug® simplex 376
Aktin 523
Aktivierungsenergie 68 f.
Aktivkohle 157, 163
Al(OH)₃ s. Aluminiumhydroxid
Alabaster 140, 142
Alanin 520
L-Alanin 457, 474
Alaun 153
Alaunstein 153
Albumin 523
Albustix® 525
AlCl₃ × 6 H₂O s. Aluminium-
   chlorid-Hexahydrat
Aldactone® 562 f.
Aldarsäure 428
Aldehyd 368
Aldehyde 408 ff.
– Eigenschaften 409
– Nomenklatur 409 ff.
– Oxidation 411
– Reaktionen 411
– Reduktion 411
– wichtige Vertreter 413 ff.
Aldohexosen 422
Aldonsäure 428
Aldose 421, 428
Aldosteron 561 ff.

Alginate 439
Alginsäure 439
Algostadol® 486
Alicyclen 279
– ungesättigt 280
Alizarin 532
Alka-Seltzer® 483
Alkalimetalle 15, 32, 124 ff.
– Analytik 135
– Eigenschaften 124 f.
– Verbindungen 127
Alkaloidderivate 549
Alkaloide 380, 384, 548 ff.
– Anwendung 548 f.
– Eigenschaften 548
– Salzbildung 548
Alkane 280 ff., 284 f.
– Bindungsverhältnisse 281
– Drehbarkeit der Bindung 281
– Eigenschaften 283
– homologe Reihe 293 f.
– Löslichkeit 284
– Molekülschreibweise 282
– Nomenklatur 291
– Oxidation 284
– Vorkommen und Darstel-
   lung 284
– wichtige Vertreter 286 ff.
Alkene 274, 280, 301 ff.
– Bindungen 301 ff.
– Drehbarkeit der Bindung 303
– Nomenklatur 304
– wichtige Vertreter 306 f.
Alkine 275, 280, 308 ff.
– Bindungen 308 f.
– Nomenklatur 309
Alkoholate 391
Alkohole 368, 389 ff.
– Bildung von Alkohola-
   ten 391
– Bildung von Estern 391
– Bildung von Ethern 391

Ampicillin 545
Amuno® 571
Amygdalin 162
Amylopektin 435 f.
Amylose 435 f.
Amylum s. Stärke
Analgetika 384, 570, 572 ff.
– nicht saure 569
– nichtopioide 569 ff.
– nichtsteroidale 472, 483
– saure 569
Anämie 585
– perniziöse 583
Androgene 561
Aneurinhydrochlorid 582
Angiotensin 522, 557
Angriff, elektrophiler 329, 331, 335
Anhydrid
– Fumarsäure 356
– Phthalsäure 471
Anilin 371, 379 f., 382, 384 ff.
Anilin-Derivate 569, 573 f.
Anion 6, 25, 34, 39 ff.
Anode 82, 86 f.
Antacidum 144
Anthocyane 441
Anthracen 318, 320
Anthrachinon 532
Anthranilsäure 573
Anthranilsäure-Derivate 573
Anthranoide 443
Anthrazit 158
Anthrone 443
Antibiotika 539, 542 ff.
Antidepressiva 497
Antidiabetika 496, 542
Antiepileptika 503
Antihistaminika 326, 384
Antihydral® 385
Antimon 172, 191
Antimykotika 325
Antiphlogistika 571 ff.
– COX-2-selektive 569, 576
– nichtsteroidale 569
Antipoden, optische 360 ff.
Antipyretika 570, 573 f.
Antipyrin® 574

Antirheumatika, nichtsteroidale 569
apolar s. Lösungsmittel
Apomorphin-Woelm® 552
Aqua ad iniectabilia 213
Aqua demineralisata 211
Aqua destillata 212
Aqua fontana 212
Aqua purificata 212
äquatorial 426 f.
Arabinose 435
Arabinsäure 439
Arabisches Gummi 439
Arachidinsäure 513
Arachidonsäure 454
Arachinsäure 513
Arbutin 442 f.
Arctuvan® 385
Arginin 489
Argon 239
– Edelgaskonfiguration 47
Arsen 172, 190
Arsen(III)-oxid 190
Arthritis 258
Arylhalogenide 374
Ascorbinsäure 477, 486, 578 f., 584
– Reduktion 579
– resonanzstabilisiertes Anion 578
Asparagin 490, 501
Asparaginsäure 490
Aspirin® 483, 570
Aspro® 483
ASS s. Acetylsalicylsäure
Assoziat, dimeres 451
Astat 223
asymmetrisch 314 f.
asymmetrisches
  C-Atom 357 ff., 362, 423
– in Aminosäuren 492
– Nomenklatur 363
Atom 4 f.
Atomaufbau 5
Atombindung 35, 46, 123
– s. a. Elektronenpaarbindung
Atomdurchmesser 4
Atomkern 4 f.

Atommasse 5, 8
– absolute 8
– relative 9 f.
Atomradius 28 ff., 32
Atropin 552
Atropin-Pos® 552
Ätzkalk 141
Ätzmittel 260, 476, 479
Ätznatron 130
– s. a. Natriumhydroxid
Autoprotolyse 93, 96
Avogadro-Konstante 11, 67
axial 426 f.
azeotrope Gemische 397
Azopt® 497
Azulen 319 f.

B

Backpulver 130
Bactrim® 496
Baeyer-Spannungstheorie 352
Bakterien 539, 543 ff.
Barazan® 540
Barbiturate 503
Barbitursäuren 325, 502
Barium 136, 145
– Analytik 147
Bariumcarbonat 145
Bariumchlorid 145 f.
Bariumhydroxid 145 f.
Bariumhydroxidlösung 170
Bariumnitrat 145
Bariumsulfat 145 ff., 216, 221
Bariumverbindungen 145 f.
Barytwasser 145 ff., 170
Basekonstante 103 f.
Basen 88 ff., 92 f.
– mehrwertig 109
Basenstärke 102, 110
$BaSO_4$ s. Bariumsulfat
Batterie 82
Baumwolle 437
Baumwollsamenöl 514
Baycillin® 545
Beloc® 560

Beloc-Zok® 560
ben-u-ron® 574
Bentonit 153
Benzaldehyd 415
Benzalkoniumchlorid 381, 385, 468
Benzapyren 318
Benzin 285, 287
Benzocain 370, 510
Benzodiazepine 387, 503 f., 503
Benzoesäure 369, 472
Benzoesäureethylester 506
Benzol 311, 317, 319
Benzolring, Bindungsverhält-nisse 312
Benzopyren 320
Benzpyren 318 f.
Benzylalkohol 406
Benzylpenicillin 543 f.
Bepanthen® 585
Beriberi 583
Beriglobin® 525
Berliner Blau 171, 251 f.
Bernsteinsäure 455, 471
Beryllium 136
Berzelius 267
Betabion® 583
Betaine s. Tenside, zwitter-ionische
Betamethason 564
Betnesol® 564
Bezugsredoxsystem 83
Bicarbonatpuffer 161
Bienenwachs 507
Bilirubin 324
Bindigkeit 38, 63, 291 f.
Bindungen
- π- 303, 309, 331, 334
- σ- 302, 311, 331
- aromatische 311
- delokalisierte 312
- Disulfid- 520 ff.
- Ionenbindung 38
- koordinative 52 ff.
- metallische 57
- polare 341
- polarisierte 49

- Vollacetal 431
- Wasserstoffbrücken 412, 451, 520
- zwischenmolekulare 59
Bindungsstärke 42
Bindungstypen 38
Binotal® 545
BIO-H-TIN® 585
Biotin 584 f.
Biphenyl 320
Bismut 172, 191
Bismutcarbonat, basisches 191
Bismutgallat
- Anwendung 485
- basisches 191, 485
Bismutnitrat, basisches 185, 191
Bismutsubgallat s. Bismutgallat
Bismutverbindungen 191
Bisphosphonate 189
Bittersalz 140
Biuret-Reaktion 525
Blaugel 166, 168, 253
Blausäure 101, 106, 162
Blei 155
Blei(II)-sulfid, Löslichkeit 44
Bleiacetat 169
Bleichkalk 232
Bleioxid 169
Bleipflastersalbe 169
Bleiverbindungen 169
Blutlaugensalz
- gelbes 54, 250
- rotes 250
Bohr, Atommodell 12 ff.
Bolus alba 153, 168
Bor 148
Borate 150
Borax 132, 149 f.
Borgruppe 15
- Eigenschaften 148 f.
- Verbindungen 149
2-Bornanon 417
Borsäure 106, 149
- Analytik 154
- Salze 150
Borsäuretrimethylester 154, 395 f., 505

Br₂ s. Brom
Bradykinin 522
Braunkohle 158
Braunstein 246 f.
Breitspektrum-Antibiotika 545
Brennspiritus 398
Brenzcatechin 529, 531
Brenztraubensäure 457, 474, 487 f.
Bricanyl® 559
Briefumschlag 289
Brinzolamid 497
Brom 223 f., 226, 233
Bromid 105, 225
- Analytik 235 f.
- pharmazeutische Verwen-dung 233
Bromsäure 229
Bromverbindungen 233
Bromwasserstoff 228
Bromwasserstoffsäure 105, 228
Bronze 168, 253
Bufadienolid-Typ 477
Butansäure s. Buttersäure
Butazolidin® 419
Butoxycainhydrochlorid 510
Buttersäure 452 f., 464
Butyrat 464
γ-Butyrolacton 477
BVK Roche® 583

C

C–C-Bindung, σ- 303
C-Glykoside 443
Caesium 124
CaF₂ s. Calciumfluorid
Cahn 364
Calcium 136, 140 f.
- Analytik 147
- pharmazeutische Verwen-dung 141
Calciumcarbonat 140 ff., 144
Calciumchlorid 141, 144
Calciumchloridhypochlorit 232

H

H$_2$ s. Wasserstoff
H$_2$CO$_3$ s. Kohlensäure
H$_2$O s. Wasser
H$_2$O$_2$ s. Wasserstoffperoxid
H$_2$S s. Schwefelwasserstoff
H$_2$SO$_4$ s. Schwefelsäure
H$_3$BO$_3$ s. Borsäure
H$_3$O$^+$ s. Hydroxoniumion
H$_3$PO$_3$ s. Phosphorige Säure
H$_3$PO$_4$ s. Phosphorsäure
H-Brücken s. Wasserstoff-
  brückenbindung
Halbacetal 425, 431, 441
Halbelement 83
Halbmetalle 25 f.
- Eigenschaften 27
Halbzelle 83
Halogencarbonsäuren 448,
  457, 474 ff.
Halogene 15, 223 f., 226 f.
- Analytik 235 ff.
- Eigenschaften 223 ff.
- Verbindungen 225 ff.
Halogenkohlenwasser-
  stoffe 372 ff.
Halogenwasserstoffe 228
- Wasserstoffbrücke 227
Halogenwasserstoffsäuren 228
Halothan 371, 375, 377
Hämoglobin 249, 324 f., 523
Harnsäure 326, 553 ff.
Harnstoff 162 f.
Härte 143
Härtegrad 143
Hartfett 513 f.
Hartparaffin 286, 288
Hauptgruppe 15, 23
- Elemente 24
Hauptquantenzahl 16
Haworth, Schreibweise 426
HCl s. Salzsäure
HClO$_2$ s. Chlorige Säure
HClO$_3$ s. Chlorsäure
HClO$_4$ s. a. Perchlorsäure
HCN s. Blausäure

Helium 239 f.
- Edelgaskonfiguration 47
Henderson–Hasselbalch 115
Heparin 440
Heptose 422
Heptulosen 422
Herzglykoside 290, 442 ff.
Heterocyclen 279, 321 ff., 548
Heterolyse 330, 332
heterolytische Spaltung 331
Heteroside 441 f.
Hexachlorcyclohexan 378
Hexachlorophen 371, 376, 378,
  529
Hexacyanoferrat(II) 53, 163,
  171, 249
Hexacyanoferrat(III) 249
Hexamethylentetramin 385
Hexansäure 453, 464
Hexobion® 583
Hexose 422
Hexulosen 422
HF s. Flusssäure
Hinreaktion 71 f.
Hirschhornsalz 184
Histamin 325
Histidin 325, 490
HNO$_2$ s. Salpetrige Säure
HNO$_3$ s. Salpetersäure
HOCl s. Hypochlorige Säure
höhere Monocarbonsäuren s.
  Fettsäuren
Höllenstein 185
Holoside 441 f.
Homatropin-Pos® 552
homologe Reihe 294
- der Dicarbonsäuren 454
- der Monocarbonsäuren 453
Homolyse 330
homolytische Spaltung 334,
  337
Hormone 556 ff.
Hühneraugenpflaster 482
Hund'sche Regel 21
Hybridisierung 271 ff., 274, 302
- sp- 275, 308
- sp^2- 274 f., 311, 321 f.
- sp^3- 271

Hybridorbitale 275
- sp- 274 f., 308
- sp^2- 274, 302, 311
- sp^3- 272 f.
Hydergin® 553
Hydratation 43
Hydratationsenergie 43 f.
Hydrazin 177
Hydrid 124
Hydrochinon 442 f., 528 f.,
  531 f.
Hydrocodon 551
Hydrocortison 563 f.
Hydrogencarbonat 161 f.
Hydrogenium peroxydatum s.
  Wasserstoffperoxid
Hydrogensulfat 215
Hydrolyse 95
Hydromorphon 551
hydrophil 466
Hydrophile Salbe 400
- wasserhaltig 400
hydrophob 466
Hydrotalcit 151
Hydroxid 92, 106, 110, 203
Hydroxoniumion 91 f., 97, 105,
  110, 121, 450
4-Hydroxybenzoesäure 484
p-Hydroxybenzoesäure 484
p-Hydroxybenzoesäuremethy-
  lester 484
p-Hydroxybenzoesäurepropy-
  lester 484
Hydroxybenzol 530
Hydroxycarbonsäuren 448,
  457, 476 f.
- wichtige Vertreter 478 ff.
Hydroxylgruppe 368, 474
- von Kohlenhydraten 420,
  425
Hydroxylzahl 516
Hydroxyprogesteroncapro-
  nat 567
2-Hydroxy-1,2,3-propantricar-
  bonsäure s. Citronensäure
α-Hydroxypropionsäure s.
  Milchsäure
hygroskopisch 127

Polysorbat 405
Polyvidon-Iod 234
Polyvinylchlorid 340
Porphin 324
Potenzialdifferenz 83
Pottasche 133
Präfix 294
Prednisolon 563 f.
Prednison 563 f.
Pregnanderivate 567
Prelog 364
Presomen® 556
Primärstruktur in Protei-
 nen 520
Primojel® 437
Priorin® 585
Procainhydrochlorid 510
Produkt 67, 70
Progesteron 563, 567
Projektion 352 ff., 363 ff.,
 423 f., 426
Proluton®-Depot 567
2-Propanol 400, 406
Propansäure s. Propionsäure
Propenol 412
Propicillin 545
Propionaldehyd 410
Propionat 464
Propionsäure 341, 369, 453,
 464
Propionsäure-Derivate 571
Propranolol 560
Propylenglykol 407
Propyphenazon 325, 575
Prostaglandine 483, 569
Prostaglandinsynthesehem-
 mer 569 ff.
Proteine 366, 448, 488, 519 ff.,
 522 ff.
– Analytik 525
– Anwendung 525
– Bedeutung 522
– Eigenschaften 523 f.
– Löslichkeit 524
– Pufferwirkung 523
– wichtige Vertreter 524 f.
Proteohormone 556 f., 557

Protolyse 91 f.
– Carbonsäuren 447
Proton 4 f., 8, 90
PSE 6
– s. a. Periodensystem
Puffer 112, 114, 177, 450
– Ammoniak/Ammonium 113
– Beispiele 114
– Citrat-Puffer 481
– Essigsäure/Acetat 462
– Phthalat-Puffer 471
Pufferkapazität 115 f.
Pulvis aerophorus laxans 480
Punkt, isoelektrischer 491, 523
Purin 326
Purine 553 ff.
PVC 340
PVP-Iod 234
Pyramidon® 574
Pyranose 425
Pyrazin 325
Pyrazol 325, 383, 574
Pyrazol-Analgetika 418
Pyrazol-Derivate 574
Pyrazolidin 383, 574
Pyrazolidin-3,5-dione 574 f.
3-Pyrazolin 574
Pyrazolin-5-one 574 f.
Pyridin 321 f., 325, 383
– Salzbildung 322
Pyridoxinhydrochlorid 582
Pyrimethamin 496
Pyrimidin 325
Pyrophosphorsäure 189
Pyrrol 321 ff., 325, 383
Pyrrolidin 383
Pyruvate 488

Q

Quantenzahl 19 f.
quartäre Ammoniumsalze 381
quartäre Ammoniumsalzver-
 bindungen 468
quartäre Ammoniumverbin-
 dungen 324

quartäres Ammoniumion 381
Quartärstruktur in Protei-
 nen 521
Quarz 164
Quarzglas 164
Quasiemulgator 153
Quecksilber 263
– Analytik 264
– Eigenschaften 261
– Toxikologie 262
Quecksilber(II)-amidochlo-
 rid 263
Quecksilber(I)-chlorid 262 f.
Quecksilber(II)-chlorid 262 f.
Quecksilber(II)-iodid 263
Quecksilber(II)-oxid 263
Quecksilber(II)-sulfid 262
– Löslichkeit 44
Quecksilbersulfid 263
Quecksilberverbindun-
 gen 261 ff.

R

R-S-System 363 ff.
Racemate 365 f.
Rachitis 581
Radikalbildung 334
Radikale 181, 199, 330, 334,
 337, 376
radikalische Addition 327
radikalische Substitution 372
Radikalkettenreaktion s. Ket-
 tenreaktion
Radium 136, 146
Radon 239
Raffinose 430
Ranzigwerden 512
Rapsöl 515
Reagenzien
– elektrophile 328 ff.
– nucleophile 328
Reaktion 71
– endotherm 70
– exotherm 69

Steinkohle 158
meta-Stellung 314
ortho-Stellung 314
para-Stellung 314
Stellungsisomerie 347 ff.
Steran 290, 444, 561
Stereoisomere 349
Stereoisomerie 346 f., 349 ff.,
  362
– Bedeutung 366
– von Kohlenhydraten 423
Steroide 290, 444, 563
Steroidhormone 290, 556,
  561 ff.
Stickstoff 172, 174 ff.
– Eigenschaften 174
– Elektronenpaarbindung 47
– Strukturformel 174
– Verbindungen 185
Stickstoffdioxid 182
Stickstoffgruppe 15, 172 ff.
– Analytik 192 ff.
– Eigenschaften 172 f.
stickstoffhaltige Verbindun-
  gen 379 ff.
Stickstoffmonoxid 181
Stickstoffverbindungen, phar-
  mazeutische 183 ff.
Stilben 321
Stöchiometrie 65
Stoffe 3
Strontium 136, 145
Strophantin 443
Strukturformel 62, 269, 282 f.,
  291 ff., 346
Strukturisomerie 346 f.
Strychnosalkaloide 326
Styrol 320
Substituenten 295 ff., 359
– äquatoriale 351
– axiale 351
– Einflüsse bei Carbonsäu-
  ren 456
– homologe Reihe 296
– verzweigte 299
Substitution 327, 330
– elektrophile 327, 335
– nucleophile 327, 339, 372

– radikalische 327
Succinate 471
Suffix 294
Sulfalen 496
Sulfamethoxazol 496, 541 f.
Sulfanilamid 497
Sulfanilsäure 541
Sulfat 105, 215
– Analytik 220 f.
Sulfid 214
– Analytik 220
Sulfit 217
– Analytik 220 f.
Sulfoamide 494
Sulfochloride 494
Sulfoester 494
Sulfonamide 494, 496 f., 541
Sulfonatogruppe 368, 468
Sulfonierung 336
– von Aromaten 494
Sulfonsäure 368
Sulfonsäureamide s. Sulfon-
  amide
Sulfonsäurechloride 494
Sulfonsäureester 494
Sulfonsäuren 494 f.
Sulfonylharnstoff-Deriva-
  te 542
Sulfosalicylsäure-Probe 525
Sulfur colloidale 218
Sulfur depuratum 218
Sulfur dispersissimum 218
Sulfur praecipitatum 218
Sulfur sublimatum 218
Sulpirid 497
Sultanol® 559
Summenformel 62, 269 f., 282,
  346
– partielle 293
Süßstoff 495
Symmetrieebene 358 ff.
Symmetriezentrum 359
symmetrisch 314 f.
Sympathikus 558
Sympathomimetika 559
α-Sympathomimetika 559 f.
β-Sympathomimetika 559 f.

Synproportionierung 81
R-S-System 363 ff.

T

Talk 138
Talkum 167 f.
Talose 424
Tannacomp® 485
Tannin 484 f.
Tarivid® 540
Tautomerie 412 f.
Teerseife 466
Teilladung 48
Tellur 195, 219
Temperatur
– Einfluss auf Gleichgewichts-
  reaktionen 75
– Einfluss auf Reaktions-
  geschwindigkeit 72
Tenside 467 f.
Terbutalin 559
Terpene 306
– cyclische 400
– Diterpene 306 f.
– Polyterpene 307
– Sesquiterpene 306
– Tetraterpene 306 f.
– Triterpene 306
Tertiärstruktur in Proteinen 521
Testosteron 567
Tetra 377
Tetraalkylammoniumchlo-
  rid 468 f.
Tetrabrombrenzkatechinbis-
  mut 191
Tetracainhydrochlorid 510
Tetracen 320
Tetrachlorkohlenstoff 377
Tetrachlormethan 377
Tetracycline 545 f.
– Komplexbildung 545
Tetraeder 269 f.
– Bindungswinkel 50
Tetraedermodell 269, 271 ff.
Tetraederwinkel 270, 274, 288

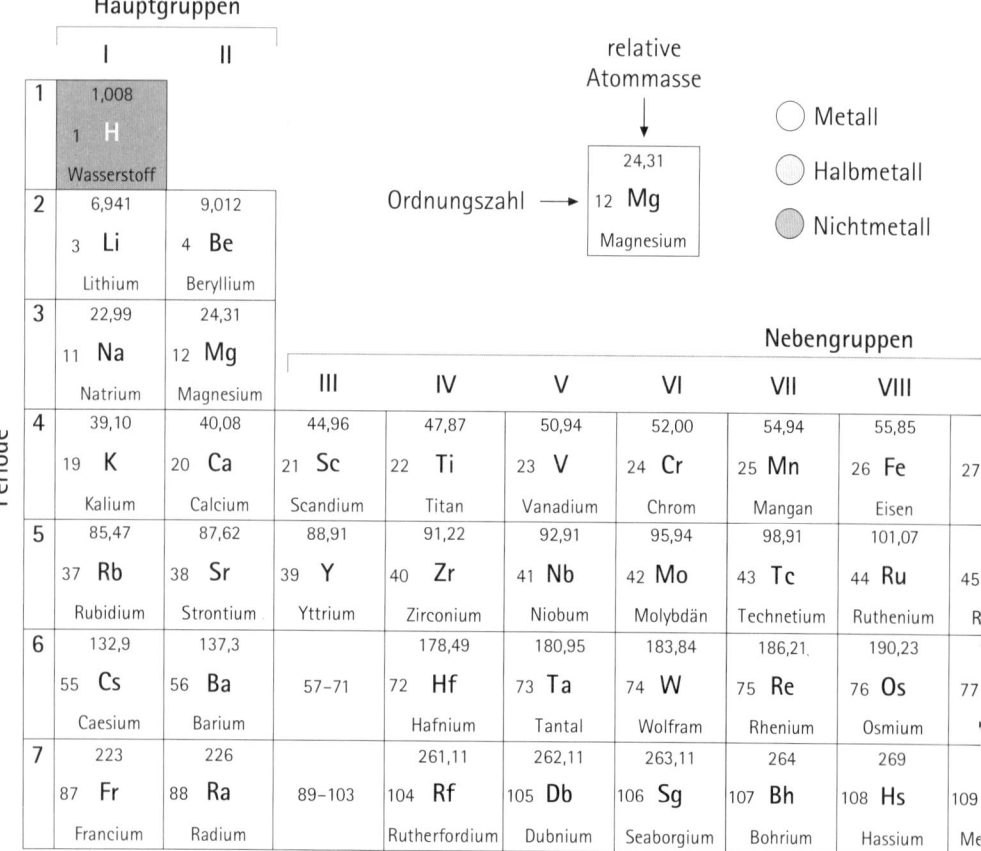

Periode

Hauptgruppen

Nebengruppen

relative Atommasse

Ordnungszahl →

| 24,31 |
| 12 Mg |
| Magnesium |

○ Metall
◐ Halbmetall
● Nichtmetall

Periode

	I	II	III	IV	V	VI	VII	VIII
1	1,008 1 **H** Wasserstoff							
2	6,941 3 **Li** Lithium	9,012 4 **Be** Beryllium						
3	22,99 11 **Na** Natrium	24,31 12 **Mg** Magnesium						
4	39,10 19 **K** Kalium	40,08 20 **Ca** Calcium	44,96 21 **Sc** Scandium	47,87 22 **Ti** Titan	50,94 23 **V** Vanadium	52,00 24 **Cr** Chrom	54,94 25 **Mn** Mangan	55,85 26 **Fe** Eisen / 27
5	85,47 37 **Rb** Rubidium	87,62 38 **Sr** Strontium	88,91 39 **Y** Yttrium	91,22 40 **Zr** Zirconium	92,91 41 **Nb** Niobium	95,94 42 **Mo** Molybdän	98,91 43 **Tc** Technetium	101,07 44 **Ru** Ruthenium / 45 R
6	132,9 55 **Cs** Caesium	137,3 56 **Ba** Barium	57–71	178,49 72 **Hf** Hafnium	180,95 73 **Ta** Tantal	183,84 74 **W** Wolfram	186,21 75 **Re** Rhenium	190,23 76 **Os** Osmium / 77
7	223 87 **Fr** Francium	226 88 **Ra** Radium	89–103	261,11 104 **Rf** Rutherfordium	262,11 105 **Db** Dubnium	263,11 106 **Sg** Seaborgium	264 107 **Bh** Bohrium	269 108 **Hs** Hassium / 109 Me

138,91 57 **La** Lanthan	140,12 58 **Ce** Cer	140,91 59 **Pr** Praseodym	144,24 60 **Nd** Neodym	144,92 61 **Pm** Promethium	150,36 62 **Sm** Samarium	151,96 63 **Eu** Europium
227,03 89 **Ac** Actinium	232,04 90 **Th** Thorium	231,04 91 **Pa** Protactinium	238,03 92 **U** Uran	237,05 93 **Np** Neptunium	244,06 94 **Pu** Plutonium	243,06 95 **Am** Americium